数学分析讲义

（第二册）

陈天权　编著

北京大学出版社

PEKING UNIVERSITY PRESS

图书在版编目(CIP)数据

数学分析讲义·第二册/陈天权编著. —北京: 北京大学出版社,
2010. 3

ISBN 978-7-301-15875-3

Ⅰ. 数⋯ Ⅱ. 陈⋯ Ⅲ. 数学分析–高等学校–教材 Ⅳ. O.17

中国版本图书馆 CIP 数据核字（2009）第 171114 号

书 名：	数学分析讲义(第二册)	
著名责任者：	陈天权 编著	
责 任 编 辑：	刘 勇	
标 准 书 号：	ISBN 978-7-301-15875-3/O.0797	
出 版 发 行：	北京大学出版社	
地 址：	北京市海淀区成府路 205 号 100871	
网 址：	http://www.pup.cn 电子邮箱：zpup@pup.pku.edu.cn	
电 话：	邮购部 62752015 发行部 62750672 编辑部 62752021	
	出版部 62754962	
印 刷 者：	北京虎彩文化传播有限公司	
经 销 者：	新华书店	
	890 毫米×1240 毫米 A5 15.125 印张 420 千字	
	2010 年 3 月第 1 版 2025 年 1 月第 6 次印刷	
定 价：	38.00 元	

内 容 简 介

本书是作者在清华大学数学科学系(1987—2003)及北京大学数学科学学院(2003—2009)给本科生讲授数学分析课的讲稿的基础上编成的. 一方面, 作者力求以近代数学(集合论, 拓扑, 测度论, 微分流形和微分形式)的语言来介绍数学分析的基本知识, 以使同学尽早熟悉近代数学文献中的表述方式. 另一方面在篇幅允许的范围内, 作者尽可能地介绍数学分析与其他学科(特别是物理学)的联系, 以使同学理解自然现象一直是数学发展的重要源泉. 全书分为三册. 第一册包括: 集合与映射, 实数与复数, 极限, 连续函数类, 一元微分学和一元函数的 Riemann 积分; 第二册包括: 点集拓扑初步, 多元微分学, 测度和积分; 第三册包括: 调和分析初步和相关课题, 复分析初步, 欧氏空间中的微分流形, 重线性代数, 微分形式和欧氏空间中的流形上的积分. 每章都配有丰富的习题, 它除了提供同学训练和熟悉正文中的内容外, 也介绍了许多补充知识.

本书可作为高等院校数学系攻读数学、应用数学、计算数学的本科生数学分析课程的教材或教学参考书, 也可作为需要把数学当做重要工具的同学(例如攻读物理的同学)的教学参考书.

本书在 2012 年第 2 次重印时, 对书中的练习题按小节进行了调整, 并在书末增加了习题的提示, 以减轻读者在做题时的难度. 如果读者在阅读本书时遇到困难, 可与作者联系. 电子邮件: tchen@math.tsinghua.edu.cn

作 者 简 介

陈天权 1959 年毕业于北京大学数学力学系. 曾讲授过数学分析, 高等代数, 实变函数, 复变函数, 概率论, 泛函分析等课程. 主要的研究方向是非平衡态统计力学.

目 录

第 7 章　点集拓扑初步

§7.1　拓 扑 空 间

本讲义的第三章讨论了实数列和复数列 (与实函数和复函数) 的极限概念. 每引进一个极限概念, 都必须重复基本上相似的叙述. 在极限概念的基础上第四章讨论了 (实数域到实数域, 实数域到复数域, 复数域到复数域的) 映射的连续性概念. 每引进一个连续映射的概念, 也必须重复基本上相似的叙述. 有时对于某种特殊情形 (例如, 在闭区间 $[a, b]$ 的端点 a 或 b 处的函数的连续性), 还必须另加说明. 在第四章中还讨论了函数列的一致收敛性概念, 它在许多方面和数列收敛概念相似, 但必须重复进行讨论. 在数学的进一步发展中, 我们还会遇到类似的收敛性与连续性的概念, 它们虽然互相有异, 但在许多方面极其相似. 因此, 有必要把所有这样的问题放在一个更大的, 更为抽象的框架中统一处理, 以免不必要的重复. 在第一册 §4.1 练习 4.1.2 中, 我们知道, **R** 到 **R**(或 **C** 到 **C**) 的映射的连续性的概念可以通过 **R**(或 **C**) 上的开集概念来刻画. 这就是我们将在本章引进由开集概念刻画的 "拓扑空间" 这个抽象的数学概念的缘由. 我们只介绍拓扑空间理论中的已成为分析学的重要工具的数学概念和结果. 事实上, 这些概念已成为数学界常用的共同语言. 不了解它们将使我们难于与当今数学界进行认真的交流. 所以, 同学们有必要努力掌握它.

定义 7.1.1　设 X 是个集合. X 上的一个**拓扑** $\mathcal{T}$ 是由 X 的一些子集组成的满足以下条件的子集族:

(i) 设 A 是一个指标集, 则

$$\forall \alpha \in A(U_\alpha \in \mathcal{T}) \Longrightarrow \bigcup_{\alpha \in A} U_\alpha \in \mathcal{T};$$

(ii) $F = \{1, \cdots, n)$ 是有限个指标组成的指标集, 则

$$\forall j \in F(U_j \in \mathcal{T}) \Longrightarrow \bigcap_{j \in F} U_j \in \mathcal{T};$$

(iii) $\varnothing \in \mathcal{T}, X \in \mathcal{T}$.

集合 X 和 X 上的一个拓扑 $\mathcal{T} \subset 2^X$ 组成的二元组 $(X, \mathcal{T})$ 称为一个**拓扑空间**, 其中 2^X 表示 X 的子集的全体构成的集合. 当 $\mathcal{T}$ 已从上下文可以无误地确定时, 也简称 X 是个拓扑空间. $\mathcal{T}$ 中的元素称为 (关于拓扑 $\mathcal{T}$ 的) **开集**.

例 7.1.1　设 X 是个集合, $\mathcal{P}(X)$(也常记做 2^X) 是 X 的全部子集组成的子集族. 显然, $\mathcal{P}(X)$ 满足定义 7.1.1 中的条件 (i), (ii) 和 (iii), 故 $(X, \mathcal{P}(X))$ 是个拓扑空间, 称为 X 上的**离散拓扑空间**, $\mathcal{P}(X)$ 称为 X 上的**离散拓扑**.

例 7.1.2　设 X 是个集合, X 的子集族 $\{X, \varnothing\}$ 显然满足定义 7.1.1 中的条件 (i), (ii) 和 (iii), 故 $(X, \{X, \varnothing\})$ 是个拓扑空间, 称为 X 上的**平凡拓扑空间**, $\{X, \varnothing\}$ 称为 X 上的**平凡拓扑**.

应当指出, 离散拓扑空间和平凡拓扑空间是拓扑空间概念的两个极端: 最强和最弱的拓扑 (强与弱的确切定义将在稍后给出). 除了用它们来说明拓扑空间的概念外, 通常它们没有多大用处, 因为它们实在太简单, 不可能由离散拓扑空间和平凡拓扑空间概念得出任何深刻结果.

例 7.1.3　$\mathbf{R}$ 上的**普通拓扑**是指 $\mathbf{R}$ 的所有可以表示成开区间的并的集合组成的集族. 易见, 这个集族满足定义 7.1.1 中的条件 (i), (ii) 和 (iii). $\mathbf{R}$ 上的 "普通拓扑" 常记做 $\mathcal{U}$. (参看第一册 §2.5 附加习题 2.5.1 及 2.5.2.)

例 7.1.4　$\mathbf{R} \cup \{-\infty\}$ 上的**上拓扑**是指 $\mathbf{R} \cup \{-\infty\}$ 的所有形如 $[-\infty, a), a \in \mathbf{R}$ 的左无穷开区间, 空集 $\varnothing$ 和 $\mathbf{R} \cup \{-\infty\}$ 组成的集族 $\mathcal{T}_u$. 不难检验, $(\mathbf{R} \cup \{-\infty\}, \mathcal{T}_u)$ 满足拓扑应满足的三个条件.

例 7.1.5　$\mathbf{R} \cup \{\infty\}$ 上的**下拓扑**是指 $\mathbf{R} \cup \{\infty\}$ 的所有形如 $(a, \infty], a \in \mathbf{R}$ 的右无穷开区间, 空集 $\varnothing$ 和 $\mathbf{R} \cup \{\infty\}$ 组成的集族 $\mathcal{T}_l$. 同学们不难检验, $(\mathbf{R} \cup \{\infty\}, \mathcal{T}_l)$ 满足拓扑应满足的三个条件.

例 7.1.6　$\mathbf{R}^n$ 上的**普通拓扑** $\mathcal{U}$ 是由这样的子集组成的子集族 $\mathcal{U}$:

$$G \in \mathcal{U} \Longleftrightarrow \forall \mathbf{x} \in G \exists \varepsilon > 0 (\mathbf{B}(\mathbf{x}, \varepsilon) \subset G),$$

其中 $\mathbf{B}(\mathbf{x}, \varepsilon) = \{\mathbf{y} \in \mathbf{R}^n : |\mathbf{y} - \mathbf{x}| < \varepsilon\}$ 是以 $\mathbf{x}$ 为球心, ε 为半径的开球, $\mathbf{R}^n$ 中向量 $\mathbf{z} = (z_1, \cdots, z_n)$ 的长度是欧氏空间中的长度: $|\mathbf{z}| =$

$$\left[\sum_{j=1}^{n} z_j^2\right]^{1/2}.$$ 易见, 这个集族满足定义 7.1.1 中的条件 (i), (ii) 和 (iii). 例 7.1.3 是本例的特例.

例 7.1.7 $C[0,1]$ 表示定义在闭区间 $[0,1]$ 上的全体实值连续函数构成的集合. $C[0,1]$ 上的**最大绝对值拓扑** (或称**一致收敛拓扑**) $\mathcal{M}$ 定义为

$$\mathcal{M} = \{G \subset C[0,1] : \forall x \in G \exists \varepsilon > 0(\mathbf{B}(x,\varepsilon) \subset G)\},$$

其中 $\mathbf{B}(x,\varepsilon) = \{y \in C[0,1] : |y-x| = \max_{t\in[0,1]} |y(t)-x(t)| < \varepsilon\}$ 是以 x **为球心**, ε **为半径的** $C[0,1]$ **中的开球**, $|z| = \max_{0\leqslant t\leqslant 1} |z(t)|$ 称为函数 $z = z(t) \in C[0,1]$ 在 $(C[0,1],\mathcal{M})$ 中的**长度**(或称**范数**或称**模**). 易见, $(C[0,1],\mathcal{M})$ 满足定义 7.1.1 中的条件 (i), (ii) 和 (iii).

例 7.1.8 我们用 $C[0,1]$ 表示闭区间 $[0,1]$ 上的全体实值连续函数构成的集合. $C[0,1]$ 上的**绝对值积分拓扑** $\mathcal{I}$ 定义为

$$\mathcal{I} = \{G \subset C[0,1] : \forall x \in G \exists \varepsilon > 0(\mathbf{B}(x,\varepsilon) \subset G)\},$$

其中 $\mathbf{B}(x,\varepsilon) = \left\{y \in C[0,1] : |y-x|_{\mathcal{I}} = \int_0^1 |y(t)-x(t)|dt < \varepsilon\right\}$ 是以 x **为球心**, ε **为 (绝对值积分) 半径的开球**, $C[0,1]$ 中的函数 $z = z(t)$ 在 $(C[0,1],\mathcal{I})$ 中的**长度**(或称**范数**或称**模**) 是 $|z|_{\mathcal{I}} = \int_0^1 |z(t)|dt$. 易见, $(C[0,1],\mathcal{I})$ 满足定义 7.1.1 中的条件 (i), (ii) 和 (iii).

例 7.1.9 我们将用 $\mathcal{R}[0,1]$ 表示闭区间 $[0,1]$ 上的全体实值 Riemann 可积函数构成的集合. 在 $\mathcal{R}[0,1]$ 上引进关系 $\sim$ 如下:

$$f \sim g \Longleftrightarrow \int_0^1 |f(t)-g(t)|dt = 0.$$

易见, $\sim$ 是 $\mathcal{R}[0,1]$ 上的一个等价关系. 由这个等价关系产生的等价类全体记做 $R[0,1]$. 为简单起见, 我们通常不区分等价类及代表这个等价类的任何函数, 只是作以下约定: 两个等价的函数将看成是相同的函数. $R[0,1]$ 上的拓扑 $\mathcal{I}_1$ 定义为

$$\mathcal{I}_1 = \{G \subset R[0,1] : \forall x \in G \exists \varepsilon > 0(\mathbf{B}(x,\varepsilon) \subset G)\},$$

其中 $\mathbf{B}(x,\varepsilon) = \left\{ y \in C[0,1] : |y-x|_{\mathcal{I}_1} = \int_0^1 |y(t)-x(t)|dt < \varepsilon \right\}$ 是以 x 为球心, ε 为半径的开球, $R[0,1]$ 中的函数 $z = z(t)$ 在 $(\mathcal{R}[0,1], \mathcal{I}_1)$ 中的长度 (或称范数) 是 $|z|_{\mathcal{I}_1} = \int_0^1 |z(t)|dt$. 易见, $(\mathcal{R}[0,1], \mathcal{I}_1)$ 满足定义 7.1.1 中的条件 (i), (ii) 和 (iii).

值得指出的是, 例 7.1.7 和例 7.1.8 是在同一个集合 $C[0,1]$ 上赋予了两个不同的拓扑 $\mathcal{M}$ 和 $\mathcal{I}$. 因此, 得到了两个不同的拓扑空间:$(C[0,1], \mathcal{M})$ 和 $(C[0,1], \mathcal{I})$. 而例 7.1.8 和例 7.1.9 是在不同的集合 $C[0,1]$ 和 $R[0,1]$ 上赋予了两个不同的, 但十分相似的拓扑 $\mathcal{I}$ 和 $\mathcal{I}_1$.

定义 7.1.2 设 $\mathcal{T}_1$ 和 $\mathcal{T}_2$ 是集合 X 上的两个拓扑, 若 $\mathcal{T}_1 \subset \mathcal{T}_2$, 则称**拓扑 $\mathcal{T}_1$ 比拓扑 $\mathcal{T}_2$ 弱**, 或称**拓扑 $\mathcal{T}_2$ 比拓扑 $\mathcal{T}_1$ 强**.

易见, X 上的平凡拓扑是 X 上的拓扑中最弱的拓扑, 即它比 X 上的任何拓扑都要弱. X 上的离散拓扑是 X 上的拓扑中最强的拓扑, 即它比 X 上的任何拓扑都要强. $\mathbf{R}$ 上的上拓扑和下拓扑均弱于 $\mathbf{R}$ 上的普通拓扑. 例 7.1.7 和例 7.1.8 是在同一个集合 $C[0,1]$ 上赋予了两个不同的拓扑 $\mathcal{M}$ 和 $\mathcal{I}$, 同学可以自行证明: $\mathcal{M}$ 比 $\mathcal{I}$ 强.

定义 7.1.3 设 X 是拓扑空间, $x \in X$, $N \subset X$. N 称为 x 的一个**邻域**, 若有开集 G 使得 $x \in G \subset N$. 这时, 我们称 x 为 N 的一个**内点**.

含有点 x 的开集 G 必是 x 的邻域, 它称为 x 的一个**开邻域**. 显然, 点 x 的任何邻域都包含点 x 的一个开邻域.

命题 7.1.1 X 的子集 G 是开集, 当且仅当 G 的任何点都是 G 的内点.

证 若 G 是开集, 则

$$\forall x \in G (x \in G \subset G).$$

故 G 是 G 的任何点的邻域, 换言之, G 的任何点都是 G 的内点.

反之, 若 G 的任何点都是 G 的内点, 则

$$\forall x \in G \exists U_x \in \mathcal{T} (x \in U_x \subset G),$$

其中 $\mathcal{T}$ 表示 X 上的拓扑. 这时, $G \supset \bigcup_{x \in G} U_x$. 又对于任何 $x \in G$, $x \in U_x$. 故 $G \subset \bigcup_{x \in G} U_x$. 因此

$$G = \bigcup_{x \in G} U_x \in \mathcal{T},$$

即 G 是开集. □

定义 7.1.4 设 X 是拓扑空间, $F \subset X$. F 称为**闭集**, 假若 $F^C = X \setminus F$ 是开集.

由 de Morgan 对偶原理, X 的全体闭集构成的集族 $\mathcal{F}$ 应具有以下性质:

(a) 设 A 是个指标集, 则 $\forall \alpha \in A(F_\alpha \in \mathcal{F}) \implies \bigcap_{\alpha \in A} F_\alpha \in \mathcal{F}$;

(b) 设 B 是个由有限个指标组成的指标集, 则

$$\forall \alpha \in B(F_\alpha \in \mathcal{F}) \implies \bigcup_{\alpha \in B} F_\alpha \in \mathcal{F};$$

(c) $X \in \mathcal{F}, \varnothing \in \mathcal{F}$.

定义 7.1.5 设 X 是拓扑空间, $E \subset X$. E 的**闭包**, 记做 $\overline{E}$, 定义为所有包含 E 的闭集之交.

由闭集的性质 (a), E 的闭包 $\overline{E}$ 也是闭集. 事实上, 定义 7.1.5 是在说, E 的闭包 $\overline{E}$ 是包含 E 的最小闭集, 即任何包含 E 的闭集必包含 E 的闭包 $\overline{E}$. 由此, E 是闭集, 当且仅当 $E = \overline{E}$. $\overline{E}$ 的另一个刻画是

命题 7.1.2 设 X 是拓扑空间, $E \subset X$, 则对于任何 $x \in X$, 有

$$x \in \overline{E} \iff \forall x \text{ 的开邻域 } U(U \cap E \neq \varnothing)$$
$$\iff \forall x \text{ 的邻域 } V(V \cap E \neq \varnothing). \tag{7.1.1}$$

证 为了证明 (7.1.1) 中的第一个双箭头, 只需证明双箭头两端的命题的否定命题等价, 即:

$$\forall x \in X(x \notin \overline{E} \iff \exists x \text{的开邻域} U(U \cap E = \varnothing)).$$

若 $x \notin \overline{E}$, 则 $x \in (\overline{E})^C$. $(\overline{E})^C$ 是 x 的一个开邻域, 且 $E \cap (\overline{E})^C = \varnothing$. "$\implies$" 证得.

反之, 若 $\exists x$的开邻域$U(U \cap E = \varnothing)$, 则 U^C 是闭集, 且 $x \notin U^C, E \subset U^C$. 按定义 7.1.5, $\overline{E} \subset U^C$, 故 $x \notin \overline{E}$. "$\impliedby$" 也证得.

(7.1.1) 中的第二个双箭头的向左的一半是显然的. 向右的一半证明如下: 若

$$\forall x 的开邻域 U (U \cap E \neq \varnothing),$$

而 V 是 x 的邻域, 则有 x 的开邻域 U, 使得 $x \in U \subset V$. 由此

$$V \cap E \supset U \cap E \neq \varnothing. \qquad \square$$

定义 7.1.6   设 X 是拓扑空间, $E \subset X$, 点 $x \in X$ 称为集 E 的一个**极限点**(或称**聚点**), 假若对于 x 的任何邻域 U, 有 $E \cap (U \setminus \{x\}) \neq \varnothing$. E 的极限点的全体称为 E 的**导集**, 记做 E'. $x \in E$ 称为 E 的一个**孤立点**, 若 x 非 E 的极限点.

命题 7.1.2 告诉我们:

$$\overline{E} = E' \cup E. \tag{7.1.2}$$

易见, 若 $E = X$, 点 x 是 X 的孤立点, 当且仅当 $\{x\}$ 是 X 的一个开集.

定义 7.1.7   设 X 是拓扑空间, $E \subset X$, E 的**内核**, 记做 E° 或 $\mathrm{int}\, E$, 定义为 E 的全体开子集之并.

不难看出, E° 是 E 的最大开子集. E° 也是 E 的内点的全体. 另外, 不难看出,

$$E^\circ = \overline{E^C}^{\,C}.$$

定义 7.1.8   设 X 是拓扑空间, $E \subset X$, $\overline{E} \setminus E^\circ$ 称为 E 的**拓扑边界**, 简称为**边界**.

易见, $\overline{E} \setminus E^\circ = \overline{E} \cap (E^\circ)^C = \overline{E} \cap \overline{E^C}$. 因此, E 的边界是闭集. 另外, E 是既开又闭的, 当且仅当 E 的边界是空集. 这是因为 $\overline{E} \setminus E^\circ = \varnothing \Longleftrightarrow \overline{E} = E^\circ \Longleftrightarrow \overline{E} = E = E^\circ \Longleftrightarrow E$ 既开又闭.

定义 7.1.9   设 X 是拓扑空间, $D \subset E \subset X$, D 称为 E **中的稠密集**, 若 $\overline{D} \supset E$. 特别, $D \subset X$ 称为是拓扑空间 X **中的稠密集**, 若 $\overline{D} = X$.

由命题 7.1.2 不难看出, $D \subset X$ 在 X 中**稠密**, 当且仅当对于 X 的任何非空开集 G, 有 $G \cap D \neq \varnothing$.

例 7.1.10 有理数集 $\mathbf{Q}$ 和无理数集 $\mathbf{R} \setminus \mathbf{Q}$ 在赋予普通拓扑的 $\mathbf{R}$ 中均稠密. 但有理数集 $\mathbf{Q}$ 和无理数集 $\mathbf{R} \setminus \mathbf{Q}$ 在赋予离散拓扑的 $\mathbf{R}$ 中均非稠密.

定义 7.1.10 设 X 是拓扑空间, 若 X 有至多可数个点组成的稠密子集, 则 X 称为**可分的**.

显然, 赋予普通拓扑的 $\mathbf{R}$ 是可分的, 赋予离散拓扑的 $\mathbf{R}$ 是不可分的.

练　习

我们先引进一个概念:

定义 7.1.11 设 E 是个非空集合. 由 E 的一些子集组成的子集族 $\mathcal{F}$ 称为一个**滤子**, 若 $\mathcal{F}$ 满足以下条件:

(a) 任何包含 $\mathcal{F}$ 中某集合的 E 的子集必属于 $\mathcal{F}$;

(b) $\mathcal{F}$ 中两个集合之交必属于 $\mathcal{F}$;

(c) $E \in \mathcal{F}$;

(d) $\varnothing \notin \mathcal{F}$.

7.1.1 以下 14 个集族中哪些是滤子? 哪些不是?

(i) 非空集合 E 的全体子集组成之集族.

(ii) 设 E 是拓扑空间, $a \in E$, 点 a 的邻域全体组成之集族 (它称为点 a 的邻域滤子).

(iii) 设 $E = \mathbf{R} \cup \{\infty\}$, 集族 $\{(a, \infty) : a \in \mathbf{R}\}$.

(iv) 设 $E = \mathbf{R} \cup \{-\infty\}$, 集族 $\{[-\infty, a) : a \in \mathbf{R}\}$.

(v) 设 $E = \mathbf{R}$, 集族 $\{(-\infty, a) \cup (b, \infty) : a, b \in \mathbf{R}\}$.

(vi) 设 $E = \mathbf{N}$, 集族 $\left\{ \{n \in \mathbf{N} : n \geqslant m\} : m \in \mathbf{N} \right\}$.

(vii) 设 $E = \mathbf{Z}$, 集族 $\left\{ \{n \in \mathbf{Z} : |n| \geqslant m\} : m \in \mathbf{N} \right\}$.

(viii) 设 $E = \mathbf{R}$, 集族 $\{S \subset E : \exists a \in \mathbf{R}(S \supset (a, \infty))\}$.

(ix) 设 $E = \mathbf{R}$, 集族 $\{S \subset E : \exists a \in \mathbf{R}(S \supset (-\infty, a))\}$.

(x) 设 $E = \mathbf{R}$, 集族 $\{S \subset E : \exists a, b \in \mathbf{R}(S \supset (-\infty, a) \cup (b, \infty))\}$.

(xi) 设 $E = \mathbf{N}$, 集族 $\left\{ S \subset \mathbf{N} \left(\exists m \in \mathbf{N}(S \supset \{n \in \mathbf{N} : n \geqslant m\}) \right) \right\}$.

(xii) 设 $E = \mathbf{Z}$, 集族 $\left\{ S \subset \mathbf{Z} \left(\exists m \in \mathbf{N}(S \supset \{n \in \mathbf{Z} : |n| \geqslant m\}) \right) \right\}$.

(xiii) 给定了一个 $\mathbf{R}$ 上的有界闭区间 $[a, b]$ 以及闭区间 $[a, b]$ 上的一个分划

$$\mathcal{C} : a = x_0 < x_1 < \cdots < x_{n-1} < x_n = b,$$

并在分划的每个小区间上选一个点 $\xi_i \in [x_{i-1}, x_i]$, 这个选出的点组成的集合称为从属于上述分划的选点组, 记做 $\boldsymbol{\xi} = (\xi_1, \cdots, \xi_n)$. $E = \{(\mathcal{C}, \boldsymbol{\xi})\}$ 表示所有 $[a, b]$

上的分划及从属于这个分划的选点组 $\boldsymbol{\xi}$ 形成的组对 $(C, \boldsymbol{\xi})$ 构成的集合. 集族

$$\left\{ S_\delta = \{(C, \boldsymbol{\xi}) : C\text{的小区间长度的最大者} = \max_{1 \leqslant i \leqslant n} (x_i - x_{i-1}) < \delta\} : \delta > 0 \right\}.$$

(xiv) 给定了拓扑空间 E 上的一个点列

$$x_1, x_2, \cdots, x_k, \cdots,$$

构造 E 上的一个集族:

$$\mathcal{B} = \left\{ \{x_k, x_{k+1}, \cdots\} : k \in \mathbf{N} \right\}.$$

我们再引进一个概念:

定义 7.1.12　设 E 是个非空集合. 由 E 的一些子集组成的子集族 $\mathcal{B}$ 称为一个**滤子基**, 若 $\mathcal{B}$ 满足以下条件:

(a) $\mathcal{B}$ 中两个集合之交必包含一个属于 $\mathcal{B}$ 的集合;

(b) $\mathcal{B} \neq \varnothing, \varnothing \notin \mathcal{B}$.

7.1.2　试证:

(i) 滤子必是滤子基.

(ii) $\mathcal{B}$ 是滤子基, 当且仅当 E 的子集族

$$\mathcal{F} = \{S \subset E : \exists A \in \mathcal{B}(S \supset A)\}$$

是个滤子. 如此得到的滤子 $\mathcal{F}$ 称为**由滤子基 $\mathcal{B}$ 生成的滤子**.

(iii) 任意多个滤子之交仍是滤子.

7.1.3　问: 练习 7.1.1 中的 14 个集族中哪些是滤子基? 哪些不是? 试构造三个其他的滤子基.

我们还引进一个概念:

定义 7.1.13　设 E 是个非空集合. $\mathcal{F}$ 和 $\mathcal{F}'$ 是由 E 的一些子集组成的两个滤子. $\mathcal{F}$ 称为比 $\mathcal{F}'$ **更精细**(或称$\mathcal{F}'$ 比 $\mathcal{F}$ **更粗糙**), 若 $\mathcal{F} \supset \mathcal{F}'$. $\mathcal{B}$ 和 $\mathcal{B}'$ 是由 E 的一些子集组成的两个滤子基. $\mathcal{B}$ 称为比 $\mathcal{B}'$ **更精细**(或称$\mathcal{B}'$ 比 $\mathcal{B}$ **更粗糙**), 若对于任何 $S' \in \mathcal{B}'$, 有 $S \in \mathcal{B}$, 使得 $S \subset S'$.

7.1.4　试证:

(i) 滤子基 $\mathcal{B}$ 比滤子基 $\mathcal{B}'$ 更精细, 当且仅当由滤子基 $\mathcal{B}$ 生成的滤子比由滤子基 $\mathcal{B}'$ 生成的滤子更精细.

(ii) 滤子基 (或滤子) 之间 "更精细" 的关系具有传递性: 设滤子基 $\mathcal{B}_1$ 比滤子基 $\mathcal{B}_2$ 更精细, 又滤子基 $\mathcal{B}_2$ 比滤子基 $\mathcal{B}_3$ 更精细, 则滤子基 $\mathcal{B}_1$ 必比滤子基 $\mathcal{B}_3$ 更精细.

(iii) E 是一个非空集合. 给定了 E 的点组成的一个点列

$$\mathcal{S} : x_1, x_2, \cdots, x_k, \cdots,$$

构造 E 的点集构成的如下集族：

$$\mathcal{B} = \Big\{ \{x_k, x_{k+1}, \cdots\} : k \in \mathbf{N} \Big\},$$

则 $\mathcal{B}$ 是个滤子基 (称为对应于点列 $\mathcal{S}$ 的滤子基).

(iv) 符号同 (iii). 又设

$$\mathcal{S}_1 : x_{k_1}, x_{k_2}, \cdots, x_{k_j}, \cdots$$

是点列 $\mathcal{S}$ 的子列, 则对应于点列 $\mathcal{S}_1$ 的滤子基比对应于点列 $\mathcal{S}$ 的滤子基更精细.

7.1.5 设 E 和 F 是两个集合, 映射 $f : E \to F$, $\mathcal{B}$ 是 E 上的一个滤子基. 试证：以下集族

$$f(\mathcal{B}) = \{f(S) : S \in \mathcal{B}\}$$

是 F 上的一个滤子基.

7.1.6 设 E 和 F 是两个集合, 映射 $f : E \to F$, $\mathcal{B}'$ 是 F 上的一个滤子基. 试证：

(i) 以下集族

$$f^{-1}(\mathcal{B}') = \{f^{-1}(S) : S \in \mathcal{B}'\}$$

是 E 上的一个滤子基, 当且仅当 $\mathcal{B}'$ 中的集合都与 $f(E)$ 相交：

$$\forall S \in \mathcal{B}'(S \cap f(E) \neq \varnothing).$$

(ii) 若 $\mathcal{B}$ 是 E 上的滤子基, 则 $f^{-1}(f(\mathcal{B})) = \{f^{-1}(f(S)) : S \in \mathcal{B}\}$ 也是 E 上的滤子基, 一般来说, $f^{-1}(f(\mathcal{B}))$ 比 $\mathcal{B}$ 更粗糙.

7.1.7 设 X 是拓扑空间, $E \subset X$, 试证：$X \setminus E^\circ = \overline{X \setminus E}$.

§7.2 连续映射

定义 7.2.1 设 X 和 Y 是两个拓扑空间, 映射 $f : X \to Y$ 称为**在点 $x \in X$ 处连续**, 假若对于点 $f(x)$ 在 Y 中的任何邻域 N, $f^{-1}(N)$ 是点 x 的邻域. X 到 Y 的映射 f 称为**在集合 $A \subset X$ 上连续**, 若对于任何点 $x \in A$, 它在点 x 处连续. 若 f 在 X 上连续, 便简称 f **连续**.

因为点 x 的任何邻域都包含点 x 的一个开邻域, 映射 f 在点 x 处连续, 当且仅当对于点 $f(x)$ 的任何开邻域 N, $f^{-1}(N)$ 是点 x 的邻域.

由第四章中定义在 $\mathbf{R}$ 的区间上的实值函数的连续性概念的定义可知, 以上定义的连续性概念是第四章中引进的实数轴上定义的实值函数的连续性概念在拓扑空间上的直接推广.

例 7.2.1 设 X 和 Y 是两个拓扑空间, $f : X \to Y$ 是**常映射**, 即

$$\exists c \in Y \forall x \in X(f(x) = c),$$

则 f 连续.

这是因为对于任何点 $x \in X$ 和点 $f(x)$ 的任何邻域 N, $\forall y \in X(f(y) = c \in N)$. 换言之, $f^{-1}(N) = X$, X 当然是 x 的邻域. 故 f 在任何点 $x \in X$ 处连续.

例 7.2.2　设 $(X, \mathcal{T}_1)$ 和 $(X, \mathcal{T}_2)$ 是两个建立在同一个集合 X 上的两个拓扑空间, $\mathrm{id}_X : X \to X$ 是恒等映射: $\forall x \in X(\mathrm{id}_X(x) = x)$, 则 $\mathcal{T}_1$ 比 $\mathcal{T}_2$ 强, 当且仅当恒等映射 id 看成 $(X, \mathcal{T}_1)$ 到 $(X, \mathcal{T}_2)$ 的映射时是连续的.

命题 7.2.1　设 X 和 Y 是两个拓扑空间, 映射 $f : X \to Y$, 则映射 f 连续的充分必要条件是: 对于任何 Y 中的开集 G, $f^{-1}(G)$ 在 X 中是开集.

证　设映射 $f : X \to Y$ 连续, 而 $G \subset Y$ 是 Y 中的一个开集. 对于任意的 $x \in f^{-1}(G)$, $f(x) \in G$, 开集 G 是 $f(x)$ 的一个邻域. 因 $f : X \to Y$ 连续, $f^{-1}(G)$ 是 x 的邻域. 由于 x 是 $f^{-1}(G)$ 中的任意的点和命题 7.1.1, $f^{-1}(G)$ 在 X 中是开集.

反之, 假设对于任何 Y 中的开集 G, $f^{-1}(G)$ 在 X 中必是开集. 对于任何 $x \in X$ 和任何 $f(x)$ 的邻域 N, 有开集 G, 使得 $f(x) \in G \subset N$. 因此, $x \in f^{-1}(G) \subset f^{-1}(N)$. 按假设, $f^{-1}(G)$ 在 X 中开, 故 $f^{-1}(N)$ 是 x 的邻域. f 在 x 处连续. 因 x 是 X 中的任意的点, f 在 X 上连续.

$\square$

注　命题 7.2.1 是第一册 §4.1 的练习 4.1.2 在一般拓扑空间上的推广.

因为 $f^{-1}(Y \setminus A) = X \setminus f^{-1}(A)$(参看第一册 §1.3 练习 1.3.5(i)), 我们得到命题 7.2.1 如下的对偶表述:

命题 7.2.2　设 X 和 Y 是两个拓扑空间, 则映射 $f : X \to Y$ 在 X 上连续的充分必要条件是: 对于任何 Y 中的闭集 F, $f^{-1}(F)$ 在 X 中是闭集.

命题 7.2.3　设 X, Y 和 Z 是三个拓扑空间, $f : X \to Y$ 和 $g : Y \to Z$ 是两个连续映射, 则复合映射 $g \circ f : X \to Z$ 是连续映射.

证 设 $G \subset Z$ 是 Z 中的开集, 则

$$(g \circ f)^{-1}(G) = f^{-1}[g^{-1}(G)].$$

因 g 连续, $g^{-1}(G)$ 在 Y 中是开集. 又因 f 连续, $f^{-1}[g^{-1}(G)]$ 在 X 中是开集. 故 $(g \circ f)^{-1}(G) = f^{-1}[g^{-1}(G)]$ 是 X 中的开集. 因 $G \subset Z$ 是 Z 中的任意开集, 故 $g \circ f$ 在 X 上连续. □

定义 7.2.2 设 X 和 Y 是两个拓扑空间, 双射 $f : X \to Y$ 称为 X 和 Y 之间的一个**同胚 (映射)**, 若 f 和 f^{-1} 分别是 $X \to Y$ 和 $Y \to X$ 的连续映射. 两个拓扑空间称为**同胚的**, 若这两个拓扑空间之间存在同胚 (映射).

两个拓扑空间之间的同胚关系是等价关系. 因此, 拓扑空间按同胚关系分成许多等价类. 拓扑学就是研究同胚 (映射) 下不变性质的几何学. 换言之, 拓扑学就是研究刻画按同胚关系分成的同一等价类中的拓扑空间的特征的数学.

例 7.2.3 开区间 $(-\pi/2, \pi/2)$ 和 $\mathbf{R}$ 是同胚的. 这是因为映射

$$\tan : (-\pi/2, \pi/2) \to \mathbf{R}$$

是同胚映射, 换言之, $\tan : (-\pi/2, \pi/2) \to \mathbf{R}$ 和 $\arctan : \mathbf{R} \to (-\pi/2, \pi/2)$ 皆为连续映射.

例 7.2.4 开区间 $(-\pi, \pi)$ 和任何开区间 $(a, b)(a < b)$ 都同胚. 它们之间的同胚映射可以通过适当的平移和相似变换得到. 因而, 任何开区间 $(a, b)(a < b)$ 和 $\mathbf{R}$ 是同胚的.

例 7.2.5 开区间 $(a, b)(a < b)$ 和任何两个不相交开区间的并 $(c, d) \cup (e, f)(c < d < e < f)$ 不同胚. 这是因为, 若映射 $g : (a, b) \to (c, d) \cup (e, f)$ 是同胚, 则有 $x, y \in (a, b)$ 使得

$$g(x) = \frac{c + d}{2}, \quad g(y) = \frac{e + f}{2}.$$

因为

$$\frac{c + d}{2} < \frac{d + e}{2} < \frac{e + f}{2},$$

由连续函数的介值定理, 应该有 $z \in (a, b)$, 使得

$$g(z) = \frac{d + e}{2} \notin (c, d) \cup (e, f).$$

这与 $g : (a, b) \to (c, d) \cup (e, f)$ 矛盾.

练   习

7.2.1   (i) 设 f 是拓扑空间 X 到 $\mathbf{R} \cup \{-\infty\}$ 上的映射, $x \in X$. f 称为**在点 x 处上半连续的**, 假若

$$\forall \alpha > f(x) \exists x \text{的邻域} U\big(f(U) \subset [-\infty, \alpha) \big).$$

若 f 在 X 的每一点 x 处上半连续, 则称 f 在 X 上上半连续. 在 $\mathbf{R} \cup \{-\infty\}$ 上引进上拓扑 $\mathcal{T}_u$(参看例 7.1.4) 后, 试证: f 在 X 上上半连续, 当且仅当 $f : X \to (\mathbf{R} \cup \{-\infty\}, \mathcal{T}_u)$ 是连续的.

(ii) 叙述并证明和 (i) 相对应的关于 f 在点 x 处下半连续的命题.

(iii) 设 f 是拓扑空间 X 到 $\mathbf{R}$ 上的映射, $x \in X$. 试证: f 在点 x 处连续, 当且仅当 f 在点 x 处既上半连续, 又下半连续.

(iv) 设 $\{f_\beta : \beta \in I\}$ 是拓扑空间 X 到 $\mathbf{R}$ 上的一族在 x 处上半连续的映射, 其中 $x \in X$. 拓扑空间 X 到 $\mathbf{R}$ 上的映射 ϕ 定义如下:

$$\forall y \in X \Big(\phi(y) = \inf_{\beta \in I} f_\beta(y) \Big).$$

试证: ϕ 在 x 处上半连续.

(v) 设 $\big\{ f_i : i \in \{1, \cdots, n\} \big\}$ 是拓扑空间 X 到 $\mathbf{R}$ 上的有限个在 x 处上半连续的映射, 其中 $x \in X$. 拓扑空间 X 到 $\mathbf{R}$ 上的映射 ψ 定义如下:

$$\forall y \in X \Big(\psi(y) = \sup_{1 \leqslant i \leqslant n} f_i(y) \Big).$$

试证: ψ 在点 x 处上半连续.

(vi) 叙述并证明与 (iv) 和 (v) 相对应的关于**下半连续映射**的命题.

(vii) 设 f 和 g 是拓扑空间 X 到 $\mathbf{R}$ 上的两个连续映射, 试证: $f \vee g$ 和 $f \wedge g$ 是 X 到 $\mathbf{R}$ 的连续映射, 其中

$$(f \vee g)(x) = \max(f(x), g(x)), \quad (f \wedge g)(x) = \min(f(x), g(x)).$$

(viii) 设 f 和 g 上半连续, 且 $\lambda > 0$. 试证: $f + g$ 和 λf 也上半连续.

7.2.2   设 X 和 Y 是两个拓扑空间, $f : X \to Y$, 则以下两个条件中的任何一条都是 f 连续的充分必要条件:

(i) $\forall F \subset Y \Big(\overline{f^{-1}(F)} \subset f^{-1}(\overline{F}) \Big)$;

(ii) $\forall E \subset X (f(\overline{E}) \subset \overline{f(E)})$.

§7.3   度 量 空 间

正像极限概念常通过距离来描述一样, 我们要遇到的拓扑空间中,

大量的是通过空间中两点的距离来刻画它的拓扑的. 这种由距离刻画它的拓扑的拓扑空间便是以下要引进的度量空间:

定义 7.3.1 设 X 是个非空集合. 映射 $\rho : X \times X \to \mathbb{R}$ 称为 X 上的一个**度量**(也称**距离**), 假若它满足以下条件:

(i) $\forall x, y \in X(\rho(x, y) \geqslant 0)$, 且 $\rho(x, y) = 0 \iff x = y$;

(ii) $\forall x, y \in X(\rho(x, y) = \rho(y, x))$;

(iii) $\forall x, y, z \in X(\rho(x, z) \leqslant \rho(x, y) + \rho(y, z))$.

这时, (X, ρ) 称为**度量空间**. 当 ρ 可从上下文确定时, 也称 X 为**度量空间**.

定义 7.3.2 设 (X, ρ) 为度量空间, $a \in X, r \in (0, \infty]$, 则集合

$$\mathbf{B}(a, r) = \{x \in X : \rho(a, x) < r\}$$

称为 (**度量空间** (X, ρ) **中的**) 以 a **为球心**, r **为半径的开球**.

命题 7.3.1 设 (X, ρ) 为度量空间, $A \in 2^X$, 定义在 A 上取正实数值或 ∞ 的函数之全体记做 $\mathcal{P}_A$. 给定了 $A \in 2^X$ 和 $r \in \mathcal{P}_A$, 令

$$G_{A,r} = \bigcup_{a \in A} \mathbf{B}(a, r(a)),$$

则 X 的子集族

$$\mathcal{T} = \{G_{A,r} : A \in 2^X, r \in \mathcal{P}_A\} \tag{7.3.1}$$

满足拓扑空间的三个条件 (定义 7.1.1 的 (i), (ii), (iii)).

证 设 I 是一个指标集, 对于每个 $\alpha \in I$, 有 $A_\alpha \in 2^X$ 和映射

$$r_\alpha : A_\alpha \to (0, \infty]$$

与之对应. 我们要证明 $\bigcup_{\alpha \in I} G_{A_\alpha, r_\alpha} \in \mathcal{T}$. 换言之, 我们要证明: 有 $A \subset X$ 和映射 $r : A \to (0, \infty]$, 使得

$$G_{A,r} = \bigcup_{\alpha \in I} G_{A_\alpha, r_\alpha}.$$

为此, 设

$$A = \bigcup_{\alpha \in I} A_\alpha,$$

并定义

$$\forall a \in A\left(r(a) = \sup_{\{\alpha : a \in A_\alpha\}} r_\alpha(a)\right),$$

上面等式右端的 $\sup\limits_{\{\alpha : a \in A_\alpha\}}$ 表示对一切满足条件 $a \in A_\alpha$ 的 α 求上确界. 由 A 的定义, 满足条件 $a \in A_\alpha$ 的 α 至少有一个. 不难看出,

$$G_{A,r} \supset \bigcup_{\alpha \in I} G_{A_\alpha, r_\alpha}.$$

反之, 设 $x \in G_{A,r}$, 则有 $a \in A$, 使得 $x \in \mathbf{B}(a, r(a))$. 由 A 和 r 的定义, 有 $\alpha \in I$, 使得 $a \in A_\alpha$, 且

$$x \in \mathbf{B}(a, r_\alpha(a)) \subset G_{A_\alpha, r_\alpha} \subset \bigcup_{\alpha \in I} G_{A_\alpha, r_\alpha}.$$

这就证明了 $G_{A,r} \subset \bigcup\limits_{\alpha \in I} G_{A_\alpha, r_\alpha}$. 和已经证明了的反方向的包含关系结合起来, 便得: $G_{A,r} = \bigcup\limits_{\alpha \in I} G_{A_\alpha, r_\alpha}$. 定义 7.1.1 的 (i) 成立.

设 $J = \{1, \cdots, n\}$ 是由有限个指标构成的指标集, 对于每个 $j \in J$, 有 $A_j \subset X$ 和映射 $r_j : A_j \to (0, \infty]$. 又设

$$x \in \bigcap_{j \in J} G_{A_j, r_j},$$

则对于任何 $j \in J$, 有 $a_j(x) \in A_j$, 使得

$$\forall j \in J(\rho(a_j(x), x) < r_j(a_j(x))).$$

令

$$r(x) = \min_{j \in J} \big(r_j(a_j(x)) - \rho(a_j(x), x)\big),$$

易见, $r(x) > 0$. 我们将证明:

$$\bigcap_{j \in J} G_{A_j, r_j} = \bigcup_{x \in \bigcap\limits_{j \in J} G_{A_j, r_j}} \mathbf{B}(x, r(x)). \tag{7.3.2}$$

设 $y \in \bigcup\limits_{x \in \bigcap\limits_{j \in J} G_{A_j, r_j}} \mathbf{B}(x, r(x))$, 必有 $x \in \bigcap\limits_{j \in J} G_{A_j, r_j}$, 使得 $y \in \mathbf{B}(x, r(x))$. 换言之,

$$\rho(y, x) < r(x) = \min_{j \in J} \big(r_j(a_j(x)) - \rho(a_j(x), x)\big).$$

故
$$\forall j \in J\big(\rho(y, a_j(x)) \leqslant \rho(y, x) + \rho(a_j(x), x) < r_j(a_j(x))\big).$$

因 $\forall j \in J(a_j(x) \in A_j)$, 我们有

$$y \in \bigcap_{j \in J} G_{A_j, r_j}.$$

这就证明了：

$$\bigcap_{j \in J} G_{A_j, r_j} \supset \bigcup_{x \in \bigcap_{j \in J} G_{A_j, r_j}} \mathbf{B}(x, r(x)).$$

反过来的包含关系

$$\bigcap_{j \in J} G_{A_j, r_j} \subset \bigcup_{x \in \bigcap_{j \in J} G_{A_j, r_j}} \mathbf{B}(x, r(x))$$

是显然的. 等式 (7.3.2) 证得. 定义 7.1.1 的 (ii) 成立.

因
$$\varnothing = G_{\varnothing, r}, \quad X = G_{X, 1},$$

定义 7.1.1 的 (iii) 成立. □

定义 7.3.3 设 (X, ρ) 是度量空间, 由集合 X 和命题 7.3.1 的 (7.3.1) 式中的 $\mathcal{T}$ 所确定的拓扑空间 $(X, \mathcal{T})$ 称为**度量空间 (X, ρ) 上由度量 ρ 诱导所得的拓扑空间**, 简称**度量空间 (X, ρ) 的 (诱导) 拓扑空间**.

以后除非有相反的申明, 当度量空间 (X, ρ) 看成是一个拓扑空间时, 总是指它的 (诱导) 拓扑空间.

由命题 7.3.1 的证明, 我们还得到以下两个推论:

推论 7.3.1 设 (X, ρ) 为度量空间, $G \subset X$ 是开集的充分必要条件是:

$$\forall x \in G \exists r > 0(\mathbf{B}(x, r) \subset G).$$

由这个推论还可得到以下

推论 7.3.2 设 (X, ρ) 为度量空间, $x \in X$, 则单点集 $\{x\}$ 是闭集.

在 §7.1 中我们介绍了拓扑空间的九个例: 例 7.1.1 到例 7.1.9. 在这九个例中, 除了例 7.1.2, 例 7.1.4 和例 7.1.5 外, 另外六个拓扑空间中的任一个都可由某个 (通过引进适当的度量的) 度量空间诱导所得.

例 7.3.1   例 7.1.1 中的 X 上引进度量

$$\rho(x,y) = \begin{cases} 1, & \text{当 } x \neq y \text{ 时}, \\ 0, & \text{当 } x = y \text{ 时} \end{cases}$$

后所得的度量空间将诱导出 X 上的离散拓扑.

例 7.3.2   例 7.1.3 中的拓扑空间 $\mathbf{R}, \mathcal{U}$ 可通过 $\mathbf{R}$ 上的以下度量的度量空间诱导而得:

$$\rho(x,y) = |x - y|.$$

例 7.3.3   例 7.1.6 中的拓扑空间 $\mathbf{R}^n, \mathcal{U}$ 可通过 $\mathbf{R}^n$ 上的以下度量的度量空间诱导而得:

$$\rho(\mathbf{x}, \mathbf{y}) = \sqrt{\sum_{j=1}^{n}(x_j - y_j)^2}.$$

例 7.3.4   例 7.1.7 中的拓扑空间 $C[0,1], \mathcal{M}$ 可通过 $C[0,1]$ 上的以下度量的度量空间诱导而得:

$$\rho(x,y) = \max_{0 \leqslant t \leqslant 1} |x(t) - y(t)|.$$

例 7.3.5   例 7.1.8 中的拓扑空间 $C[0,1], \mathcal{I}$ 可通过 $C[0,1]$ 上的以下度量的度量空间诱导而得:

$$\rho(x,y) = \int_0^1 |x(t) - y(t)| dt.$$

例 7.3.6   例 7.1.9 中的拓扑空间 $R[0,1], \mathcal{I}_1$ 可通过 $R[0,1]$ 上的以下度量的度量空间诱导而得:

$$\rho(x,y) = \int_0^1 |x(t) - y(t)| dt.$$

请同学们自己检验: 以上引进的度量满足度量空间的度量的三个条件, 以及这些度量空间诱导而得的拓扑空间恰是我们在 §7.1 中的对应的拓扑空间. 我们将来会证明: 例 7.1.2, 例 7.1.4 和例 7.1.5 中的三个拓扑空间均不可能由度量空间诱导而得.

我们还可以引进以下的度量空间及由它们诱导而得的拓扑空间:

例 7.3.7 设

$$l^2 = \left\{ \mathbf{x} = (x_1, \cdots, x_n, \cdots) : x_n \in \mathbf{R}, n = 1, 2, \cdots; \sum_{n=1}^{\infty} (x_n)^2 < \infty \right\},$$

l^2 上的度量定义为

$$\rho(\mathbf{x}, \mathbf{y}) = \sqrt{\sum_{n=1}^{\infty} (x_n - y_n)^2}.$$

可以证明 (l^2, ρ) 是个度量空间: 作为 Minkowski 不等式 (参看第一册 §5.7 的例 5.7.4) 的特例, Euclid 空间 $\mathbf{R}^N$ 的度量满足三角形不等式:

$$\sqrt{\sum_{n=1}^{N} (x_n - z_n)^2} \leqslant \sqrt{\sum_{n=1}^{N} (x_n - y_n)^2} + \sqrt{\sum_{n=1}^{N} (y_n - z_n)^2}.$$

让不等式两边取极限 $(N \to \infty)$, 得到

$$\sqrt{\sum_{n=1}^{\infty} (x_n - z_n)^2} \leqslant \sqrt{\sum_{n=1}^{\infty} (x_n - y_n)^2} + \sqrt{\sum_{n=1}^{\infty} (y_n - z_n)^2}.$$

这就是说, (l^2, ρ) 满足度量空间中的三角形不等式. 顺便指出, 以上的不等式 (让 $\mathbf{y} = \mathbf{0}$) 告诉我们, $\forall \mathbf{x}, \mathbf{z} \in l^2 (\rho(\mathbf{x}, \mathbf{z}) < \infty)$. 很容易检验 l^2 满足度量空间的另外两个条件.

例 7.3.8 设 $\mathcal{X}$ 表示闭区间 $[a, b]$ 上的实值 (Riemann) 可积函数全体. 在 $\mathcal{X}$ 引进等价关系 $\sim$ 如下:

$$f \sim g \Longleftrightarrow \int_a^b |f(t) - g(t)|^2 dt = 0.$$

由等价关系 "$\sim$" 产生的等价类全体记做 X.

在 X 上引进度量

$$\forall f, g \in X \left(\rho(f, g) = \sqrt{\int_a^b |f(x) - g(x)|^2 dx} \right).$$

不难检验, (X, ρ) 是个度量空间. (主要一点是检验三角形不等式, 把积分看成是 Riemann 和的极限, 而对应的 Riemann 和的三角形不等式在例 7.3.7 中已经讨论过了.)

命题 7.3.2　设 (X, ρ) 和 (Y, ρ') 是两个度量空间, $x \in X$, 映射 $f: X \to Y$, 则 f 在点 x 处连续, 当且仅当

$$\forall \varepsilon > 0 \exists \delta > 0 \forall y \in X(\rho(x, y) < \delta \implies \rho'(f(x), f(y)) < \varepsilon).$$

证　这可由推论 7.3.1 得到.　　　　　　　　　　　　　　　□

命题 7.3.2 正好是实数域到实数域的映射的连续性概念的直接推广. 命题 7.3.2 也可改述为以下形式:

命题 7.3.3　设 (X, ρ) 和 (Y, ρ') 是两个度量空间, $x \in X$, 映射 $f: X \to Y$, 则 f 在点 x 处连续, 当且仅当对于任何点列 $\{x_n : n \in \mathbf{N}\} \subset X$, 有

$$\lim_{n \to \infty} \rho(x_n, x) = 0 \implies \lim_{n \to \infty} \rho'(f(x_n), f(x)) = 0. \tag{7.3.3}$$

这个命题的证明留给同学自行完成.

我们通常把满足条件 $\lim\limits_{n \to \infty} \rho(x_n, x) = 0$ 的点列 $\{x_n\}$ 称为收敛于 x 的点列, 记做 $x = \lim\limits_{n \to \infty} x_n$. 命题 7.3.3 中的 (7.3.3) 可改写成

$$\lim_{n \to \infty} x_n = x \implies \lim_{n \to \infty} f(x_n) = f(x). \tag{7.3.3}'$$

这样的表述与第三章关于数列极限的表述就更接近了.

我们自然地还可以得到以下的一致连续性概念的推广:

定义 7.3.4　设 (X, ρ) 和 (Y, ρ') 是两个度量空间, 若映射 $f: X \to Y$ 满足条件

$$\forall \varepsilon > 0 \exists \delta > 0 \forall x, y \in X(\rho(x, y) < \delta \implies \rho'(f(x), f(y)) < \varepsilon),$$

则 f 称为在 X 上**一致连续**的映射.

应该指出, 一致连续性概念对于普通的拓扑空间之间的映射是无意义的, 它只对度量空间之间的映射才是有意义的. (有一种特殊的拓扑空间, 称为一致空间, 在它上面可以建立一致连续的概念, 我们不去讨论一致空间的理论了.)

练 习

7.3.1 设 E 是实数域 $\mathbf{R}$(或复数域 $\mathbf{C}$) 上的 (可能有限维, 也可能无限维的) 向量空间 (或称线性空间), 映射

$$|\cdot|_E : E \to \mathbf{R}$$

称为 E 上的一个**范数**, 假若它满足以下三个条件:

(a) $\forall x \in E(|x|_E \geqslant 0, \text{且} |x|_E = 0 \Longleftrightarrow x = 0)$;

(b) $\forall x \in E \forall \lambda \in \mathbf{R}(\text{或}\mathbf{C})(|\lambda x|_E = |\lambda||x|_E)$;

(c) $\forall x, y \in E(|x + y|_E \leqslant |x|_E + |y|_E)$.

$(E, |\cdot|_E)$ 称为**赋范向量空间** (或称赋范线性空间, 或称线性赋范空间). 有时, 当范数 $|\cdot|_E$ 已在上下文中不言自明时, 赋范向量空间 $(E, |\cdot|_E)$ 也简记做 E.

试证:

(i) (E, ρ) 是个度量空间, 其中

$$\forall x, y \in E\Big(\rho(x, y) = |x - y|_E\Big).$$

(ii) 设 X 是个紧拓扑空间, $C(X)$ 表示 X 上定义的连续实值函数的全体, 又

$$\forall f \in C(X)\left(|f|_{C(X)} = \sup_{x \in X} |f(x)|\right),$$

则 $\Big(C(X), |\cdot|_{C(X)}\Big)$ 是个实数域上的赋范向量空间.

(iii) 设 X 是个紧拓扑空间, $C(X, \mathbf{C})$ 表示 X 上定义的连续复值函数的全体, 又

$$\forall f \in C(X, \mathbf{C})\left(|f|_{C(X, \mathbf{C})} = \sup_{x \in X} |f(x)|\right),$$

则 $\Big(C(X, \mathbf{C}), |\cdot|_{C(X, \mathbf{C})}\Big)$ 是个复数域上的赋范向量空间.

(iv) $\mathcal{R}([a, b])$ 表示有界闭区间 $[a, b]$ 上的 Riemann 可积 (实值) 函数的全体. 在 $\mathcal{R}([a, b])$ 上引进关系 "$\sim$" 如下:

$$\forall f, g \in \mathcal{R}([a, b])\left(f \sim g \Longleftrightarrow \int_a^b |f(x) - g(x)| dx = 0\right),$$

则 "$\sim$" 是等价关系.

注 $\mathcal{R}([a, b])$ 相对于这个等价关系的等价类全体记做 $R([a, b])$, 同一等价类中的函数的积分是相等的, 以后为了方便我们把同一等价类中的函数看做是相同的, 也不再区分等价类及等价类中的函数代表.

(v) 设 $f, g \in \mathcal{R}([a, b])$, 则

$$\int_a^b |f(x) - g(x)| dx = 0 \Longleftrightarrow \int_a^b |f(x) - g(x)|^2 dx = 0.$$

(vi) $R([a,b])$ 上定义范数如下:

$$\forall f \in R([a,b])\left(|f|_{R^2([a,b])} = \left[\int_a^b |f(x)|^2 dx\right]^{1/2}\right),$$

则 $\left(R([a,b]), |\cdot|_{R^2([a,b])}\right)$ 是个赋范向量空间.

7.3.2 设 X 是度量空间, $a \in X, r > 0$. 试证: $\overline{B(a,r)} \subset \{x \in X : \rho(x,a) \leqslant r\}$. 试举例说明 $\overline{B(a,r)} = \{x \in X : \rho(x,a) \leqslant r\}$ 未必成立.

7.3.3 设 X 是个拓扑空间. $\{U_\alpha : \alpha \in A\}$ 是点 x 的一些邻域组成的集合, $\{U_\alpha : \alpha \in A\}$ 称为 x 的一个**邻域基**, 假若对于 x 的任何邻域 V, 有一个 $\alpha \in A$, 使得 $U_\alpha \subset V$. 试证:

(i) 对于任何 $x \in X$, x 的开邻域全体是 x 的一组邻域基.

(ii) 设 X 是个度量空间, 则每个点 $x \in X$ 都有一组由可数个邻域组成的邻域基, 简称为可数邻域基.

注 设 X 是个拓扑空间, 若每个点 $x \in X$ 都有一组由可数个邻域组成的邻域基, 则称 X 是一个**满足第一可数公理的拓扑空间**. (ii) 也可改述为: 度量空间满足第一可数公理.

(iii) 设 X 是个拓扑空间, 点 $x \in X$ 有一组可数邻域基, $E \subset X$, 则 $x \in \overline{E}$, 当且仅当有 X 的点列 $\{x_n\}$, 使得 $\forall n \in \mathbf{N}(x_n \in E)$, 且 $x = \lim\limits_{n \to \infty} x_n$.

(iv) 设 X 和 Y 是两个拓扑空间, $x \in X, y \in Y$, $\{U_\alpha : \alpha \in A\}$ 和 $\{V_\beta : \beta \in B\}$ 分别是 x 和 y 的邻域基, 则使得 $y = f(x)$ 的映射 $f : X \to Y$ 在 x 点处连续的充分必要条件是:

$$\forall \beta \in B \exists \alpha \in A\Big(f(U_\alpha) \subset V_\beta\Big).$$

§7.4　拓扑子空间, 拓扑空间的积和拓扑空间的商

定义 7.4.1 设 $(X, \mathcal{T})$ 是个拓扑空间, $Y \subset X$. 令

$$\mathcal{T}_Y = \{G \cap Y : G \in \mathcal{T}\},$$

则 $(Y, \mathcal{T}_Y)$ 是个拓扑空间, 它称为 $(X, \mathcal{T})$ 的一个**拓扑子空间**, $\mathcal{T}_Y$ 称为拓扑 $\mathcal{T}$ 在 Y 上的**相对拓扑**.

$(Y, \mathcal{T}_Y)$ 是个拓扑空间这一事实, 即满足拓扑空间定义中的三个条件 (定义 7.1.1 中的 (i), (ii) 和 (iii)), 是很易检验的, 我们把它留给同学自己去做了.

设 $(X, \mathcal{T})$ 是个拓扑空间, $Y \subset X$, 则拓扑 $\mathcal{T}$ 在 Y 上的相对拓扑 $\mathcal{T}_Y$ 是使得嵌入映射 $i : Y \to X$ 是连续映射的 Y 上最弱的拓扑, 其中

嵌入映射 $i : Y \to X$ 定义为:

$$\forall y \in Y \big(i(y) = y\big).$$

假设给了两个拓扑空间 $(X, \mathcal{T})$ 和 $(Y, \mathcal{S})$. 又给了映射 $f : X \to Y$, 而 $f(X)$ 在 Y 中的拓扑子空间以 $(f(X), \mathcal{S}_{f(X)})$ 表示. 映射 $f_1 : X \to f(X)$ 定义为

$$\forall x \in X \big(f_1(x) = f(x)\big).$$

则 f 连续, 当且仅当看做 $(X, \mathcal{T})$ 到 $(f(X), \mathcal{S}_{f(X)})$ 的映射 f_1 连续.

这两条命题 (我们未把它们列在编号的命题中) 的证明虽然都很简单, 但对初学者却是很好的练习, 所以留给同学自己补出证明的细节了.

设 $(X, \mathcal{T})$ 和 $(Y, \mathcal{T}_Y)$ 如定义 7.4.1 所示. 任何 $S \in \mathcal{T}_Y$ 称为 Y 上的**相对开集**, 或称为在拓扑子空间 Y 中的开集. 特别, $Y = Y \cap X$ 在拓扑子空间 Y 中是开集. 当且仅当 $Y \in \mathcal{T}$(即 Y 是拓扑空间 X 中的开集) 时, 拓扑子空间 Y 中的开集在拓扑空间 X 中也是开集. 设 $E \subset Y$ 在 Y 中**相对闭**, 即 $Y \setminus E = Y \cap G$, 其中 G 在 X 中是开集. 因 $E = Y \setminus (Y \setminus E) = Y \setminus (Y \cap G) = (Y \cap X) \setminus (Y \cap G) = Y \cap (X \setminus G)$, 故 E 在 Y 的相对拓扑中闭, 必有 X 中的一个闭集 F, 使得 $E = F \cap Y$. 这个命题的逆命题也可利用上述等式去证明. 故 E 在 Y 的相对拓扑中闭, 当且仅当有 X 中的一个闭集 F, 使得 $E = F \cap Y$. 由此不难得出, 当且仅当 Y 在 X 中闭时, Y 中的所有的相对闭集在 X 中也闭. 若 (X, ρ) 是个度量空间, $Y \subset X$, 则 ρ 在 $Y \times Y$ 上的限制 (为了书写简便, 仍记做 ρ) 显然是 Y 上的一个度量, (Y, ρ) 称为 (X, ρ) 的**度量子空间**. 这个度量子空间诱导出的 Y 上的拓扑恰是度量空间 (X, ρ) 在 X 上诱导出的拓扑在 Y 上的相对拓扑. 若无误解的可能, 常把 Y 称为 X 的**子空间** (既可看成度量子空间, 也可看成拓扑子空间).

以上的讨论中包含许多命题. 这些命题的证明细节都留给同学自己去补出.

定义 7.4.2 设 $(X, \mathcal{T})$ 是个拓扑空间. $\mathcal{B} \subset \mathcal{T}$ 称为拓扑 $\mathcal{T}$ 的一组**基**, 若

$$\forall G \in \mathcal{T} \bigg(G = \bigcup_{\substack{U \in \mathcal{B} \\ U \subset G}} U\bigg).$$

注 以上定义中的条件也可改写成

$$\forall G \in \mathcal{T} \forall x \in G \exists U \in \mathcal{B}(x \in U \subset G).$$

下面的命题将告诉我们, 什么样的集族可以成为某个拓扑的基?

命题 7.4.1 设 X 是个集合, $\mathcal{B}$ 是 X 的子集构成的一个子集族, 则 $\mathcal{B}$ 是某个 X 上的拓扑的一组基的充分必要条件是:

(i) $\bigcup\limits_{U \in \mathcal{B}} U = X$;

(ii) 对于 $\mathcal{B}$ 的任何有限子集 $\{U_1, \cdots, U_n\}$ 和任何 $x \in \bigcap\limits_{j=1}^{n} U_j$, 必有 $V \in \mathcal{B}$, 使得

$$x \in V \subset \bigcap_{j=1}^{n} U_j.$$

证 若 $\mathcal{B}$ 是拓扑 $\mathcal{T}$ 的一组基. 因 $X \in \mathcal{T}$ 和定义 7.4.2 后的注中关于基的条件的改述, 我们有

$$\forall x \in X \exists U_x \in \mathcal{B}(x \in U_x \subset X).$$

故

$$X \subset \bigcup_{x \in X} U_x \subset \bigcup_{U \in \mathcal{B}} U \subset X.$$

条件 (i) 成立.

又对于 $\mathcal{B}$ 的任何有限子集 $\{U_1, \cdots, U_n\}$ 和任何 $x \in \bigcap\limits_{j=1}^{n} U_j$, 因 $\bigcap\limits_{j=1}^{n} U_j \in \mathcal{T}$, 必有 $V \in \mathcal{B}$, 使得 $x \in V \subset \bigcap\limits_{j=1}^{n} U_j$. 条件 (ii) 也成立.

反之, 设 $\mathcal{B}$ 满足条件 (i) 和 (ii). 令

$$\mathcal{T} = \left\{ G \subset X : G = \bigcup_{\substack{U \in \mathcal{B} \\ U \subset G}} U \right\}.$$

以上关于 $\mathcal{T}$ 的定义也可改述为

$$G \in \mathcal{T} \Longleftrightarrow \forall x \in G \exists U_x \in \mathcal{B}(x \in U_x \subset G).$$

利用条件 (i) 不难检验 $X \in \mathcal{T}$. 注意到以下事实: 假若 $J = \varnothing$ 表示空指标集, 则 $\bigcup\limits_{\alpha \in J} E_\alpha = \varnothing$. 我们有

$$\varnothing = \bigcup_{\substack{U \in \mathcal{B} \\ U \subset \varnothing}} U,$$

所以 $\varnothing \in \mathcal{T}$. 今设 I 是个指标集, 且

$$\forall \alpha \in I (G_\alpha \in \mathcal{T}),$$

则由 $\mathcal{T}$ 的定义, $\forall \alpha \in I \left(G_\alpha = \bigcup_{\substack{U \subset G_\alpha \\ U \in \mathcal{B}}} U \right)$. 因此

$$\bigcup_{\alpha \in I} G_\alpha = \bigcup_{\alpha \in I} \bigcup_{\substack{U \subset G_\alpha \\ U \in \mathcal{B}}} U \subset \bigcup_{\substack{U \subset \cup_{\alpha \in I} G_\alpha \\ U \in \mathcal{B}}} U \subset \bigcup_{\alpha \in I} G_\alpha.$$

因而

$$\bigcup_{\alpha \in I} G_\alpha = \bigcup_{\substack{U \subset \cup_{\alpha \in I} G_\alpha \\ U \in \mathcal{B}}} U.$$

由 $\mathcal{T}$ 的定义,

$$\bigcup_{\alpha \in I} G_\alpha \in \mathcal{T}.$$

最后设

$$G_j \in \mathcal{T}(j = 1, \cdots, n), \quad x \in \bigcap_{j=1}^{n} G_j,$$

则

$$\forall j \in \{1, \cdots, n\} \exists U_j \in \mathcal{B}(x \in U_j \subset G_j).$$

由条件 (ii), 有 $V \in \mathcal{B}$ 使得

$$x \in V \subset \bigcap_{j=1}^{n} U_j \subset \bigcap_{j=1}^{n} G_j.$$

因此

$$\bigcap_{j=1}^{n} G_j = \bigcup_{\substack{U \in \mathcal{B} \\ U \subset \cap_{j=1}^{n} G_j}} U.$$

这就证明了 $\bigcap_{j=1}^{n} G_j \in \mathcal{T}$. 这样, 我们证明了: $\mathcal{T}$ 满足拓扑三条件 (定义 7.1.1 的条件 (i), (ii) 和 (iii)). 由 $\mathcal{T}$ 的定义, $\mathcal{B}$ 的确是 $\mathcal{T}$ 的一组基. $\square$

例 7.4.1 在 $(\mathbf{R}, \mathcal{U})$ 上, 其中 $\mathcal{U}$ 是 $\mathbf{R}$ 上的普通拓扑, 开区间族 $\{(a,b) : a, b \in \mathbf{Q}, a < b\}$ 是 $\mathcal{U}$ 的一组基. 在 $(\mathbf{R}^n, \mathcal{U})$ 上, 其中 $\mathcal{U}$ 表示 $\mathbf{R}^n$ 上的普通拓扑, 开球族 $\{B(\mathbf{a}, r) : r \in \mathbf{Q}, \mathbf{a} \in \mathbf{Q}^n\}$ 是 $\mathcal{U}$ 的一组基.

例 7.4.2 设 (X, ρ) 是个度量空间. X 上由度量 ρ 诱导而得的拓扑 $\mathcal{T}$ 可以如下定义: 开球族 $\{\mathbf{B}(x, r) : x \in X, r > 0\}$ 是拓扑 $\mathcal{T}$ 的一组基. X 上由度量 ρ 诱导而得的拓扑 $\mathcal{T}$ 是在命题 7.3.1 的证明中定义的. 同学可以证明以下两个命题:

(1) 任何开球是命题 7.3.1 的证明中定义的拓扑中的开集;

(2) 任何命题 7.3.1 的证明中定义的拓扑中的开集都是一些开球之并.

定义 7.4.3 具有由可数个元素组成的一组基的拓扑空间称为是满足**第二可数公理**的拓扑空间.

$(\mathbf{R}, \mathcal{U})$ 和 $(\mathbf{R}^n, \mathcal{U})$ 都是满足第二可数公理的拓扑空间.

应该指出, 一旦给了拓扑空间的基, 这个拓扑空间的开集 (作为这个基中集合之并) 就完全确定了. 换言之, 基确定了拓扑. 但是, 同一个拓扑空间的基可以有好几个. 例如, 拓扑空间 $(\mathbf{R}, \mathcal{U})$ 上的全体开集构成一个基. 又, $(\mathbf{R}, \mathcal{U})$ 上的全体开区间也构成一个基. 例 7.4.1 告诉我们: $(\mathbf{R}, \mathcal{U})$ 上的全体左右端点均为有理数的开区间也构成一个基.

定义 7.4.4 设 $(X_j, \mathcal{T}_j)(j = 1, \cdots, n)$ 是 n 个拓扑空间. n 个集合 $X_j(j = 1, \cdots, n)$ 的**笛卡儿积** $\prod\limits_{j=1}^{n} X_j$ 定义为

$$\prod_{j=1}^{n} X_j = \{(x_1, \cdots, x_n) : x_j \in X_j \ (j = 1, \cdots, n)\}.$$

(它是第一册 §1.6 附加习题 1.6.1 的推广.) 在笛卡儿积 $\prod\limits_{j=1}^{n} X_j$ 上定义**乘积拓扑**如下: 乘积拓扑的一组基是 $\prod\limits_{j=1}^{n} X_j$ 的子集族 $\left\{ \prod\limits_{j=1}^{n} U_j : U_j \in \mathcal{T}_j \right\}$. 赋予乘积拓扑后的笛卡儿积 $\prod\limits_{j=1}^{n} X_j$ 称为 n 个拓扑空间 $(X_j, \mathcal{T}_j)(j = 1, \cdots, n)$ 的**乘积 (拓扑) 空间**.

容易看出, 子集族 $\left\{ \prod\limits_{j=1}^{n} U_j : U_j \in \mathcal{T}_j \right\}$ 满足命题 7.4.1 中的两个条件, 它的确是某拓扑的一组基. 应该指出的是: 一般来说, 子集族 $\left\{ \prod\limits_{j=1}^{n} U_j : U_j \in \mathcal{T}_j \right\}$ 并不满足拓扑三条件(定义 7.1.1 的 (i), (ii) 和 (iii)).

因此, 它并非笛卡儿积 $\prod_{j=1}^{n} X_j$ 上的拓扑, 而只是某拓扑的一组基.

若 $(X_j, \rho_j)(j = 1, \cdots, n)$ 是 n 个度量空间. 在笛卡儿积 $\prod_{j=1}^{n} X_j$ 上定义乘积度量如下

$$\rho((x_1, \cdots, x_n), (y_1, \cdots, y_n)) = \max_{1 \leqslant j \leqslant n} \rho_j(x_j, y_j). \tag{7.4.1}$$

不难看出, 乘积度量 ρ 满足度量空间中的度量应满足的三条件 (定义 7.3.1 的条件 (i), (ii) 和 (iii)). 因此, $\left(\prod_{j=1}^{n} X_j, \rho \right)$ 的确是度量空间, 称为 $(X_j, \rho_j)(j = 1, \cdots, n)$ 的**乘积度量空间**. 乘积度量空间 $\left(\prod_{j=1}^{n} X_j, \rho \right)$ 上的诱导拓扑恰是 n 个度量空间 $(X_j, \rho_j)(j = 1, \cdots, n)$ 上的诱导拓扑的乘积拓扑. 同学们可以自行证明这一点.

设 $X = \prod_{j=1}^{n} X_j$, 则映射

$$\pi_j : X \to X_j, \pi_j((x_1, \cdots, x_n)) = x_j$$

称为乘积空间 $X = \prod_{j=1}^{n} X_j$ 到它的第 j 个分量空间 (或称坐标空间) 上的**投影 (映射)**.

引理 7.4.1 设 $(X_j, \mathcal{T}_j)(j = 1, \cdots, n)$ 是 n 个拓扑空间, $X = \prod_{j=1}^{n} X_j$, $\mathcal{T}$ 是 X 上的乘积拓扑, 则投影 (映射)$\pi_j : X \to X_j$ 是连续的.

证 设 $G \subset X_j$ 是拓扑空间 $(X_j, \mathcal{T}_j)$ 中的开集, 则

$$\pi_j^{-1}(G) = \left(\prod_{k=1}^{j-1} X_k \right) \times G \times \left(\prod_{k=j+1}^{n} X_k \right) \in \mathcal{T}.$$

所以, π_j 连续. □

命题 7.4.2 设 $(Y, \mathcal{S}), (X_j, \mathcal{T}_j)(j = 1, \cdots, n)$ 是 $n + 1$ 个拓扑空间, $X = \prod_{j=1}^{n} X_j$, $\mathcal{T}$ 是 X 上的乘积拓扑, 则映射 $f : Y \to X$ 连续的充分必要条件是: 对于每个 $j \in \{1, \cdots, n\}$, 映射 $\pi_j \circ f : Y \to X_j$ 是连续的, 其中 $\pi_j : X \to X_j$ 是投影 (映射).

证   必要性是命题 7.2.3 和引理 7.4.1 的推论. 充分性证明如下:

假设对于每个 $j \in \{1, \cdots, n\}$, 映射 $\pi_j \circ f : Y \to X_j$ 连续. 故对于任何 $G_j \in \mathcal{T}_j(j = 1, \cdots, n)$, 有

$$(\pi_j \circ f)^{-1}(G_j) \in \mathcal{S}.$$

但

$$(\pi_j \circ f)^{-1}(G_j) = f^{-1}[\pi_j^{-1}(G_j)] = f^{-1}\left(\prod_{k=1}^{j-1} X_k \times G_j \times \prod_{k=j+1}^{n} X_k \right),$$

故

$$f^{-1}\left(\prod_{k=1}^{j-1} X_k \times G_j \times \prod_{k=j+1}^{n} X_k \right) \in \mathcal{S}.$$

由此

$$f^{-1}\left(\prod_{j=1}^{n} G_j \right) = f^{-1}\left(\bigcap_{j=1}^{n} \left[\prod_{k=1}^{j-1} X_k \times G_j \times \prod_{k=j+1}^{n} X_k \right] \right)$$

$$= \bigcap_{j=1}^{n} f^{-1}\left(\prod_{k=1}^{j-1} X_k \times G_j \times \prod_{k=j+1}^{n} X_k \right) \in \mathcal{S}.$$

因为集族 $\left\{ \prod\limits_{j=1}^{n} G_j : G_j \in \mathcal{T}_j, j = 1, \cdots, n \right\}$ 是乘积拓扑 $\mathcal{T}$ 的基. 任何 $\mathcal{T}$ 中的元素均可表成基中元素之并, 而并的原像等于原像的并. 所以, 乘积拓扑 $\mathcal{T}$ 的元素关于映射 f 的原像必开, 故 f 连续.   □

注 1   顺便指出, 在以上证明过程中, 我们得到了以下很有用的命题:

设 $(X, \mathcal{T})$ 和 $(Y, \mathcal{S})$ 是两个拓扑空间. $\mathcal{B}$ 是 $(Y, \mathcal{S})$ 的一组基, 则映射 $f : X \to Y$ 是连续映射的充分必要条件是:

$$\forall G \in \mathcal{B}(f^{-1}(G) \in \mathcal{T}).$$

注 2   映射 $\pi_j \circ f : Y \to X_j$ 也称为映射 $f : Y \to X$ 的第 j 个分量或第 j 个坐标. 因而, 命题 7.4.2 告诉我们, 映射 $f : Y \to X$ 连续, 当且仅当它的所有的分量 (或坐标) 连续.

注 3 让注 2 中的 $Y = X = \prod\limits_{j=1}^{n} X_j$ 和 $f = \mathrm{id}_X$, 我们便得到如下命题: $\prod\limits_{j=1}^{n} X_j$ 上的乘积拓扑是使得 n 个投影映射 $\pi_j(j = 1, \cdots, n)$ 连续的 $\prod\limits_{j=1}^{n} X_j$ 上的最弱的拓扑.

设 $\{\mathcal{T}_\alpha : \alpha \in I\}$ 是集合 X 上的一族拓扑, 则 $\mathcal{T} = \bigcap\limits_{\alpha \in I} \mathcal{T}_\alpha$ 也满足拓扑三条件 (定义 7.1.1 的 (i), (ii) 和 (iii)), 因而它也是 X 上的一个拓扑. 它比所有的拓扑 $\{\mathcal{T}_\alpha : \alpha \in I\}$ 都弱. 另一方面, 同学不难证明, 若 $\mathcal{S}$ 是 X 上的一个比所有的拓扑 $\{\mathcal{T}_\alpha : \alpha \in I\}$ 都弱的拓扑, 则 $\mathcal{S}$ 比 $\mathcal{T}$ 弱. 换言之, $\mathcal{T}$ 是 X 上比所有的拓扑 $\{\mathcal{T}_\alpha : \alpha \in I\}$ 都弱的拓扑中的最强者.

设 $\mathcal{S}$ 是集合 X 的一个子集族, 则 $\mathcal{Q} = \bigcap\limits_{X上的拓扑 \mathcal{T} \supset \mathcal{S}} \mathcal{T}$ 是 X 上的一个拓扑, 它是包含 $\mathcal{S}$ 的最弱的拓扑. 这时, 我们称 $\mathcal{Q}$ 是**由 $\mathcal{S}$ 生成的拓扑**, 也称 $\mathcal{S}$ 是拓扑 $\mathcal{Q}$ 的一组**亚基**. 若 $\mathcal{B}$ 是由子集族 $\mathcal{S}$ 中所有可能的有限个元素之交组成的集族, 不难证明, $\mathcal{B}$ 是拓扑 $\mathcal{Q}$ 的一组基, 换言之, 对应于基 $\mathcal{B}$ 的拓扑恰是**由 $\mathcal{S}$ 生成的拓扑.**

注 若我们的讨论在空间 X 中进行, 换言之, 讨论中遇到的集合都是 X 的子集. $\varnothing$ 表示空指标集, 则 $\bigcap\limits_{\alpha \in \varnothing} E_\alpha = X$. 这条命题的依据是第一册 §1.1 的练习 1.1.1. 由这条命题出发, X 属于由子集族 $\mathcal{S}$ 中所有可能的有限个元素之交组成的集族

为了将以上关于有限个拓扑空间乘积的概念推广到无限多个拓扑空间乘积的概念上去, 我们有必要从另外的角度去观察有限个拓扑空间乘积的概念.

有限个非空集 $X_j(j = 1, \cdots, n)$ 的笛卡儿积 $\prod\limits_{j=1}^{n} X_j$ 中的点 $(x_1, \cdots, x_n)$ 可以看成是满足条件

$$\forall j \in \{1, \cdots, n\}(x_j \in X_j)$$

的一个映射 $\mathbf{x} : \{1, \cdots, n\} \to \bigcup\limits_{j=1}^{n} X_j$ 之**图像**, 其中 $x_j = \mathbf{x}(j)(j = 1, \cdots, n)$.

映射之图像与映射是一一对应的. 所以, 有限个非空集 $X_j (j = 1, \cdots, n)$ 的笛卡儿积 $\prod\limits_{j=1}^{n} X_j$ 可以用以下的方法等价地定义: 记 $I = \{1, \cdots, n\}$, 则笛卡儿积 $\prod\limits_{j=1}^{n} X_j$ 定义为满足条件

$$\forall j \in I (x_j = \mathbf{x}(j) \in X_j)$$

的映射 $\mathbf{x} : I \to \bigcup\limits_{j \in I} X_j$ 之全体.

现在我们模仿上述想法去建立任意多个 (可有限多个, 也可无限多个) 非空集的笛卡儿积的概念.

设 I 是个指标集, 对于每个 $\alpha \in I$, X_α 是个非空集, **集合族** $\{X_\alpha : \alpha \in I\}$ **的笛卡儿积** $\prod\limits_{\alpha \in I} X_\alpha$ 定义如下: $\prod\limits_{\alpha \in I} X_\alpha$ 是满足条件

$$\forall \alpha \in I (x_\alpha = \mathbf{x}(\alpha) \in X_\alpha)$$

的映射 $\mathbf{x} : I \to \bigcup\limits_{\alpha \in I} X_\alpha$ 之全体.

若 $\forall \alpha \in I (X_\alpha = X)$, 则记 $X^I = \prod\limits_{\alpha \in I} X_\alpha$. 因为在给定的条件下, $\bigcup\limits_{\alpha \in I} X_\alpha = X$, 所以, 这时 X^I 恰是所有 I 到 X 的映射之全体.

对于每个 $\alpha \in I$, 映射

$$\pi_\alpha : \prod_{\beta \in I} X_\beta \to X_\alpha, \quad \pi_\alpha(\mathbf{x}) = x_\alpha$$

称为**笛卡儿积** $\prod\limits_{\beta \in I} X_\beta$ **到第** α **个分量 (坐标) 空间的投影 (映射)**.

现在我们可以定义任意多个拓扑空间的拓扑积 (或称乘积拓扑) 的概念了.

注意到命题 7.4.2 后的注 3, 一族拓扑空间的笛卡尔积上的乘积拓扑可以如下定义:

定义 7.4.5   假设对于每个 $\alpha \in I$, $(X_\alpha, \mathcal{T}_\alpha)$ 是个拓扑空间, $\{X_\alpha, \alpha \in I\}$ 的笛卡儿积 $\prod\limits_{\alpha \in I} X_\alpha$ **上的乘积拓扑**定义为使得所有坐标投影 $\pi_\alpha (\alpha \in I)$ 都是连续映射的最弱拓扑.

笛卡儿积 $\prod\limits_{\beta \in I} X_\beta$ 上给了个拓扑 $\mathcal{T}$. 对于每个固定的 $\alpha \in I$, 为了使得 $\pi_\alpha : \prod\limits_{\beta \in I} X_\beta \to X_\alpha$ (相对于拓扑 $\mathcal{T}$ 和拓扑 $\mathcal{T}_\alpha$) 连续, 当且仅当笛卡儿积 $\prod\limits_{\beta \in I} X_\beta$ 的子集族

$$\pi_\alpha^{-1}(\mathcal{T}_\alpha) = \{\pi_\alpha^{-1}(G) : G \in \mathcal{T}_\alpha\}$$

应是拓扑 $\mathcal{T}$ 的子集. 因此, 笛卡儿积 $\prod\limits_{\beta \in I} X_\beta$ 上的乘积拓扑应是由集族

$$\bigcup_{\alpha \in I} \pi_\alpha^{-1}(\mathcal{T}_\alpha) = \bigcup_{\alpha \in I} \{\pi_\alpha^{-1}(G) : G \in \mathcal{T}_\alpha\}$$

生成的拓扑, 换言之, 它应是包含集族 $\bigcup\limits_{\alpha \in I} \pi_\alpha^{-1}(\mathcal{T}_\alpha)$ 的最弱的拓扑. 具体地说, 集族 $\bigcup\limits_{\alpha \in I} \pi_\alpha^{-1}(\mathcal{T}_\alpha)$ 中各种可能的有限个元素之交构成乘积拓扑的一组基. 易见, 集族 $\bigcup\limits_{\alpha \in I} \pi_\alpha^{-1}(\mathcal{T}_\alpha)$ 中有限个元素之交具有形式:

$$\prod_{\alpha \in I} G_\alpha,$$

其中除了有限个指标 $\beta_j (j = 1, \cdots, n)$ 外, $G_\alpha = X_\alpha$, 对于那有限个指标 $\beta_j (j = 1, \cdots, n)$, $G_{\beta_j} \in \mathcal{T}_{\beta_j}$. 这里可以更清楚地看出, 定义 7.4.5 的确是定义 7.4.4 的推广. 和命题 7.4.2 的证明一样, 我们可以得到

命题 7.4.3 设 $(Y, \mathcal{S})$ 和 $(X_\alpha, \mathcal{T}_\alpha)(\alpha \in I)$ 是拓扑空间, $X = \prod\limits_{\alpha \in I} X_\alpha$, $\mathcal{T}$ 是 X 上的乘积拓扑, 则映射 $f : Y \to X$ 连续的充分必要条件是: 对于每个 $\alpha \in I$, 映射 $\pi_\alpha \circ f : Y \to X_\alpha$ 连续.

因证明和命题 7.4.2 的完全一样, 留给同学自行完成了.

定义 7.4.6 设 $(Y, \mathcal{S})$ 和 $(X, \mathcal{T})$ 是两个拓扑空间, 映射 $f : Y \to X$ 称为**开映射**, 若

$$\forall G \in \mathcal{S}(f(G) \in \mathcal{T}).$$

因为并的像等于像的并, 故映射 $f : Y \to X$ 是开映射, 当且仅当

$$\forall G \in \mathcal{B}(f(G) \in \mathcal{T}),$$

其中 $\mathcal{B}$ 是 $(Y, \mathcal{S})$ 的一组基.

命题 7.4.4   设 $\{(X_\alpha, \mathcal{T}_\alpha) : \alpha \in I\}$ 是一族拓扑空间, $X = \prod\limits_{\alpha \in I} X_\alpha$, $\mathcal{T}$ 是 X 上的乘积拓扑, 则对于每个 $\alpha \in I$, 坐标投影 $\pi_\alpha : X \to X_\alpha$ 是开映射.

证   集族 $\bigcup\limits_{\alpha \in I} \pi_\alpha^{-1}(\mathcal{T}_\alpha)$ 中有限个元素 $\pi_{\beta_j}^{-1}(G_{\beta_j})(j = 1, \cdots, n)$(其中 $G_{\beta_j} \in \mathcal{T}_{\beta_j}(j = 1, \cdots, n)$) 之交具有形式:

$$\bigcap_{j=1}^{n} \pi_{\beta_j}^{-1}(G_{\beta_j}) = \prod_{\alpha \in I} G_\alpha,$$

其中当 $\alpha \notin \{\beta_1, \cdots, \beta_n\}$ 时, $G_\alpha = X_\alpha$, 而当 $\alpha = \beta_j(j = 1, \cdots, n)$ 时, $G_\alpha = G_{\beta_j} \in \mathcal{T}_{\beta_j}$. 因而, $\forall \alpha \in I(G_\alpha \in \mathcal{T}_\alpha)$.

令

$$\pi_\alpha \Big(\prod_{\alpha \in I} G_\alpha \Big) = G_\alpha \in \mathcal{T}_\alpha.$$

因集族

$$\Big\{ \prod_{\alpha \in I} G_\alpha : 除有限个 \ \alpha \ 外 \ G_\alpha = X_\alpha, \ 对于那有限个 \ \alpha, G_\alpha \in \mathcal{T}_\alpha \Big\}$$

构成乘积拓扑 $\mathcal{T}$ 的一组基, 故 π_α 是开映射.   □

定义 7.4.7   设 $(Y, \mathcal{S})$ 是拓扑空间, X 是集合, $f : Y \to X$ 是满映射. X 的子集族

$$\mathcal{T} = \{G \subset X : f^{-1}(G) \in \mathcal{S}\}$$

满足拓扑三条件 (定义 7.1.1 的 (i), (ii) 和 (iii)). $\mathcal{T}$ 称为 $(Y, \mathcal{S})$ 关于映射 f 在 X 上生成的**商拓扑**. $(X, \mathcal{T})$ 称为由映射 f 产生的**商拓扑空间**.

显然, 映射 $f : Y \to X$ 是 $(Y, \mathcal{S})$ 到 $(X, \mathcal{T})$ 上的连续映射. 事实上, $\mathcal{T}$ 是使得映射 $f : Y \to X$ 连续的 X 上最强的拓扑.

例 7.4.3   在 $\mathbf{R}$ 和 $\mathbf{C}(= \mathbf{R}^2)$ 上的拓扑都指的是普通拓扑. 考虑 $\mathbf{R} \to \mathbf{C}$ 的映射

$$f : \theta \mapsto \mathrm{e}^{\mathrm{i}\theta} \equiv \cos\theta + \mathrm{i}\sin\theta.$$

$f(\mathbf{R})$ 是复平面上的以 0 为圆心的单位圆周. 作为复平面的子集, $f(\mathbf{R})$ 可以看成 $\mathbf{C}$ 的拓扑子空间, 记做 $(f(\mathbf{R}), \mathcal{S})$, 其中 $\mathcal{S}$ 是 $f(\mathbf{R})$ 关于 $\mathbf{C}$ 的

拓扑的相对拓扑. 另一方面, 集合 $f(\mathbf{R})$ 上又可赋予关于映射 $f : \mathbf{R} \to \mathbf{C}$ 的商拓扑, 由此得到的拓扑空间记做 $(f(\mathbf{R}), \mathcal{Q})$. $f(\mathbf{R})$ 上的这两个拓扑是一样的, 换言之, 恒等映射 $\mathrm{id} : f(\mathbf{R}) \to f(\mathbf{R})$ 是 $(f(\mathbf{R}), \mathcal{Q})$ 到 $(f(\mathbf{R}), \mathcal{S})$ 上的同胚.

显然, f 是 $\mathbf{R} \to \mathbf{C}$ 的连续映射. 故 f 也是 $\mathbf{R} \to f(\mathbf{R})$ 的连续映射, 其中 $f(\mathbf{R})$ 上被赋予关于 $\mathbf{C}$ 的拓扑的相对拓扑. $f(\mathbf{R})$ 上关于映射 f 的商拓扑是使得映射 f 连续的 $f(\mathbf{R})$ 上最强的拓扑. 因此, $f(\mathbf{R})$ 上关于 $\mathbf{C}$ 的拓扑的相对拓扑弱于 $f(\mathbf{R})$ 上关于映射 f 的商拓扑.

假若利用 (以后要引进的) 紧空间的概念及将在 §7.6 要介绍的推论 7.6.4, 那么立刻可得到 $f(\mathbf{R})$ 上 $\mathbf{C}$ 的相对拓扑强于 $f(\mathbf{R})$ 上关于映射 f 的商拓扑的结论.

现在我们不利用推论 7.6.4 而直接去证明 $f(\mathbf{R})$ 上在 $\mathbf{C}$ 中的相对拓扑强于 $f(\mathbf{R})$ 上关于映射 f 的商拓扑的结论. 为此, 我们愿意对 $f(\mathbf{R})$ 上关于映射 f 的商拓扑作较具体的刻画. 设 $E \subset f(\mathbf{R})$ 是商拓扑 $\mathcal{Q}$ 中的开集. 假若 $\varnothing \neq f(\mathbf{R}) \setminus E$, 则有 θ_0 使得对一切 $n \in \mathbf{Z}$, 有 $\mathrm{e}^{\mathrm{i}(\theta_0 + 2n\pi)} \notin E$(注意: f 是以 2π 为周期的周期函数. 映射 f 相当于把一根 (无限长) 的直线以 2π 为周期地卷在圆周上!). 易见,

$$f^{-1}(E) = \bigcup_{n \in \mathbf{Z}} \left(f^{-1}(E) \cap (\theta_0 + 2n\pi, \theta_0 + 2(n+1)\pi) \right).$$

因为 f 是以 2π 为周期的周期函数, $f^{-1}(E) \cap (\theta_0 + 2n\pi, \theta_0 + 2(n+1)\pi)$ 与 $f^{-1}(E) \cap (\theta_0, \theta_0 + 2\pi)$ 是可以通过平移而重合在一起的两个集合, 注意到平移是 $\mathbf{R}$ 到自身的同胚映射, 这两个集合在 $\mathbf{R}$ 中同时开或同时不开. 所以 $f^{-1}(E)$ 在 $\mathbf{R}$ 中开, 当且仅当 $f^{-1}(E) \cap (\theta_0, \theta_0 + 2\pi)$ 在 $\mathbf{R}$ 中开. 由商拓扑的定义, $E \in \mathcal{Q}$, 当且仅当 $f^{-1}(E) \cap (\theta_0, \theta_0 + 2\pi)$ 在 $\mathbf{R}$ 中开.

首先, 我们应指出, 映射

$$\psi : (\rho, \theta) \mapsto \rho \mathrm{e}^{\mathrm{i}\theta}$$

是

$$(1/2, 3/2) \times (\theta_0, \theta_0 + 2\pi) \to \left\{ z = \rho \mathrm{e}^{\mathrm{i}\theta} : \frac{1}{2} < \rho < \frac{3}{2}, \theta \in (\theta_0, \theta_0 + 2\pi) \right\}$$

的同胚映射, 而且集合

$$\left\{ z = \rho \mathrm{e}^{\mathrm{i}\theta} : \frac{1}{2} < \rho < \frac{3}{2}, \theta \in (\theta_0, \theta_0 + 2\pi) \right\}$$

在 **C** 中是开集.

一旦 $f^{-1}(E) \cap (\theta_0, \theta_0 + 2\pi)$ 在 **R** 中是开集, 则 **C** 中的集合

$$\left\{ z = \rho \mathrm{e}^{\mathrm{i}\theta} : \frac{1}{2} < \rho < \frac{3}{2}, \theta \in f^{-1}(E) \cap (\theta_0, \theta_0 + 2\pi) \right\}$$

$$= \psi \big((1/2, 3/2) \times [f^{-1}(E) \cap (\theta_0, \theta_0 + 2\pi)] \big)$$

在 **C** 的开集

$$\left\{ z = \rho \mathrm{e}^{\mathrm{i}\theta} : \frac{1}{2} < \rho < \frac{3}{2}, \theta \in (\theta_0, \theta_0 + 2\pi) \right\}$$

中是相对开集, 故在 **C** 中也是开集. 因

$$E = \left\{ z = \rho \mathrm{e}^{\mathrm{i}\theta} : \frac{1}{2} < \rho < \frac{3}{2}, \theta \in f^{-1}(E) \cap (\theta_0, \theta_0 + 2\pi) \right\} \cap f(\mathbf{R}),$$

故 $E \subset f(\mathbf{R})$ 在 **C** 中的相对拓扑中是开集. 这就证明了 $f(\mathbf{R})$ 上 **C** 中的相对拓扑强于 $f(\mathbf{R})$ 上关于映射 f 的商拓扑

这个非常简单的例子的讨论也费了不小的篇幅. 同学们必须牢记它的几何意义才不致在跟踪证明的线索时迷失方向. 以下的例子比上例要复杂, 但讨论的思路是一样的, 我们省略它们的证明了.

例 7.4.4 $\mathbf{R}^2$ 中的代表元素记做 (θ, ζ), $\mathbf{R}^3$ 中的代表元素记做 (x, y, z). 构作 $\mathbf{R}^2$ 到 $\mathbf{R}^3$ 的映射 φ 如下:

$$\begin{pmatrix} x \\ y \\ z \end{pmatrix} = \varphi \begin{pmatrix} \theta \\ \zeta \end{pmatrix} = \begin{pmatrix} r\cos\theta \\ r\sin\theta \\ \zeta \end{pmatrix},$$

其中 r 是一个固定的常数. $\varphi(\mathbf{R}^2)$ 是 $\mathbf{R}^3$ 中的一个 (无限长) 的圆柱面, z 轴是圆柱的轴, r 是圆柱的 (圆) 截面的半径. φ 可以看成 $\mathbf{R}^2$ 到 $\varphi(\mathbf{R}^2)$ 的一个满射. $\varphi(\mathbf{R}^2)$ 上有三个拓扑: 由 φ 产生的商拓扑,

$\varphi(\mathbf{R}^2) = \{(x, y) \in \mathbf{R}^2 : x^2 + y^2 = r^2\} \times \mathbf{R}$ 看成圆周和直线的笛卡儿积上的乘积拓扑和作为 $\mathbf{R}^3$ 的子集而产生的相对拓扑. 三者是一样的. 证明留给同学了.

例 7.4.5 设 $\mathbf{R}^2$ 中的代表元素记做 (θ, ψ), $\mathbf{R}^3$ 中的代表元素记做 (x, y, z). 构作 $\mathbf{R}^2$ 到 $\mathbf{R}^3$ 的映射 φ 如下:

$$\begin{pmatrix} x \\ y \\ z \end{pmatrix} = \varphi \begin{pmatrix} \theta \\ \psi \end{pmatrix} = \begin{pmatrix} r\cos\theta + s\cos\theta\cos\psi \\ r\sin\theta + s\sin\theta\cos\psi \\ s\sin\psi \end{pmatrix},$$

其中 r 和 s 是满足条件 $0 < s < r$ 的两个常数. $\varphi(\mathbf{R}^2) \subset \mathbf{R}^3$ 是三维空间 $\mathbf{R}^3$ 中的**环面** (犹如救生圈, 参看图 7.4.1). $\varphi(\mathbf{R}^2)$ 上有三个拓扑: 由 φ 产生的商拓扑, 环面看成两个圆周的笛卡儿积上的乘积拓扑和作为 $\mathbf{R}^3$ 的子集而产生的相对拓扑. 三者是一样的. 证明留给同学了.

例 7.4.6 设 $r > a > 0$ 是给定的常数, $\mathbf{R} \times [-a, a]$ 中的代表元素记做 (θ, ζ), $\mathbf{R}^3$ 中的代表元素记做 (x, y, z). 构作 $\mathbf{R} \times [-a, a]$ 到 $\mathbf{R}^3$ 的映射 φ 如下:

$$\begin{pmatrix} x \\ y \\ z \end{pmatrix} = \varphi \begin{pmatrix} \theta \\ \zeta \end{pmatrix} = \begin{pmatrix} r\cos\theta + \zeta\cos\theta\sin(\theta/2) \\ r\sin\theta + \zeta\sin\theta\sin(\theta/2) \\ \zeta\cos(\theta/2) \end{pmatrix}.$$

$\varphi(\mathbf{R} \times [-a, a]) \subset \mathbf{R}^3$ 称为 **Möbius带** (参看图 7.4.2). φ 可以看成笛卡儿积 $\mathbf{R} \times [-a, a]$ 到 $\varphi(\mathbf{R} \times [-a, a])$ 的一个满射. $\varphi(\mathbf{R} \times [-a, a])$ 上有两个拓扑: 由 φ 产生的商拓扑和作为 $\mathbf{R}^3$ 的子集而产生的相对拓扑. 两者是一样的. 证明留给同学了.

例 7.4.7 设 $\mathbf{R}^2$ 中的代表元素记做 (θ, ψ), $\mathbf{R}^4$ 中的代表元素记做 (x, y, z, w). 构作 $\mathbf{R}^2$ 到 $\mathbf{R}^4$ 的映射 φ 如下:

$$\begin{pmatrix} x \\ y \\ z \\ w \end{pmatrix} = \varphi \begin{pmatrix} \theta \\ \psi \end{pmatrix} = \begin{pmatrix} r\cos\theta + s\cos\theta\cos\psi \\ r\sin\theta + s\sin\theta\cos\psi \\ s\sin\psi\cos(\theta/2) \\ s\sin\psi\sin(\theta/2) \end{pmatrix},$$

其中 r 和 s 是满足条件 $0 < s < r$ 的两个常数. $\varphi(\mathbf{R}^2) \subset \mathbf{R}^4$ 是四维空间 $\mathbf{R}^4$ 中的一个二维曲面, 称为 **Klein瓶**(参看图 7.4.3). $\varphi(\mathbf{R}^2)$ 上有两

个拓扑: 由 φ 产生的商拓扑和作为 $\mathbf{R}^4$ 的子集而产生的相对拓扑. 两者是一样的. 证明留给同学了.

  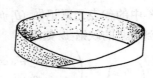 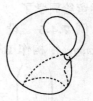

图 7.4.1 环面　　图 7.4.2 Möbius 带　　图 7.4.3 Klein 瓶

练　习

7.4.1 设 X 和 Y 是两个拓扑空间, 映射 $f : X \to Y$ 的图像是指 $X \times Y$ 的子集合

$$G = G(f) = \left\{ \left(x, f(x) \right) \in X \times Y : x \in X \right\}.$$

(i) 设映射

$$\varphi : X \to G(f), \quad \forall x \in X \left(\varphi(x) = (x, f(x)) \right),$$

试证: φ 是双射.

(ii) $X \times Y$ 上的两个投影映射记为

$$\pi_1 : X \times Y \to X, \quad \pi_1 \left((x, y) \right) = x,$$

$$\pi_2 : X \times Y \to Y, \quad \pi_2 \left((x, y) \right) = y.$$

试证:

$$\pi_1 \circ \varphi = \mathrm{id}_X, \quad \pi_2 \circ \varphi = f, \quad \varphi^{-1} = \pi_1 |_G.$$

(iii) 试证: φ^{-1} 连续.

(iv) 试证: f 连续 $\iff \varphi$ 是同胚.

7.4.2 设 X 是满足第二可数公理的拓扑空间, 则它的任何基 $\{V_\alpha : \alpha \in A\}$ 都有一组可数子基.

§7.5　完备度量空间

以前我们已经接触过度量空间中点列的极限的概念, 现在再把它推广成拓扑空间中点列的极限的概念:

定义 7.5.1 设 X 是个拓扑空间, $\{x_n\}$ 是 X 中的一个点列, $x \in X$. $\{x_n\}$ 被称为**收敛于** x **的**, 记做 $n \to \infty$ 时 $x_n \to x$, 或记做 $\lim\limits_{n \to \infty} x_n = x$, 若对于 x 的任何邻域 U, 有一个 n_0, 使得

$$n \geqslant n_0 \Longrightarrow x_n \in U.$$

定义 7.5.2 拓扑空间 X 称为 **Hausdorff空间**, 若对于 X 中的任何两个不同的点 x 和 y, 必有 x 的邻域 U 和 y 的邻域 V, 使得

$$U \cap V = \varnothing.$$

由度量空间 (X, ρ) 诱导出的拓扑空间 X 必是 Hausdorff 空间. 这是因为, 对于 $x, y \in X$, 若 $x \neq y$, 则 $\rho(x, y) > 0$. 可以证明,

$$\mathbf{B}\big(x, \rho(x, y)/2\big) \cap \mathbf{B}\big(y, \rho(x, y)/2\big) = \varnothing.$$

不然, 有 $z \in \mathbf{B}\big(x, \rho(x, y)/2\big) \cap \mathbf{B}\big(y, \rho(x, y)/2\big)$. 由三角形不等式,

$$\rho(x, y) \leqslant \rho(x, z) + \rho(z, y) < \frac{\rho(x, y)}{2} + \frac{\rho(x, y)}{2} = \rho(x, y).$$

这个矛盾证明了由度量空间诱导出的拓扑空间必是 Hausdorff 空间.

例 7.1.2 中的平凡拓扑空间 X, 当 X 至少有两个点时, 便不是 Hausdorff 空间, 因此, 它不是由某度量空间诱导出的拓扑空间. 例 7.1.4 和例 7.1.5 均非 Hausdorff 空间, 因此, 它们也不是由某度量空间诱导出的拓扑空间.

命题 7.5.1 设 X 是 Hausdorff 空间, $\{x_n\}$ 是 X 中的一个点列. 假若两个等式 $\lim\limits_{n \to \infty} x_n = x$ 和 $\lim\limits_{n \to \infty} x_n = y$ 同时成立, 则 $x = y$.

证 设 $x \neq y$. 因 X 是 Hausdorff 空间, 有 x 的邻域 U 和 y 的邻域 V, 使得 $U \cap V = \varnothing$. 又因 $\lim\limits_{n \to \infty} x_n = x$ 且 $\lim\limits_{n \to \infty} x_n = y$, 有 $n_1, n_2 \in \mathbf{N}$, 使得

$$\forall n \geqslant n_1 (x_n \in U) \text{ 且 } \forall n \geqslant n_2 (x_n \in V).$$

故

$$\forall n \geqslant \max(n_1, n_2)(x_n \in U \cap V = \varnothing).$$

这个矛盾说明了 $x \neq y$ 的假设是错误的. $\qquad\square$

命题 7.5.2 设 X 是度量空间, $x \in X$, $E \subset X$, 则 $x \in \overline{E}$ 的充分必要条件是: 有一个收敛于 x 的 E 的点列 $\{x_n\}$. 特别, E 是闭集的充分必要条件是: E 的任何收敛点列的极限都在 E 中.

证　设 $x \in \overline{E}$, 则对于任何 $n \in \mathbf{N}$, $\mathbf{B}(x, 1/n) \cap E \neq \varnothing$. 选 $x_n \in \mathbf{B}(x, 1/n) \cap E$, 则 $x_n \in E$ 且 $\lim\limits_{n \to \infty} x_n = x$.

反之, 假设有一个收敛于 x 的 E 的点列 $\{x_n\}$, 则对于任何 x 的邻域 U, 有 $n_0 \in \mathbf{N}$, 使得当 $n \geqslant n_0$ 时, $x_n \in U$, 即, $U \cap E \neq \varnothing$. 这就证明了 $x \in \overline{E}$. 由此, E 是闭集的充分必要条件是: E 的任何收敛点列的极限都在 E 中. □

命题 7.5.3　设 X 是度量空间, Y 是拓扑空间, 映射 $f: X \to Y$ 在点 $x \in X$ 连续的充分必要条件是: 对于任何极限为 x 的 X 中的收敛点列 $\{x_n\}$, 必有

$$\lim_{n \to \infty} f(x_n) = f(\lim_{n \to \infty} x_n).$$

证　假设映射 $f: X \to Y$ 在点 $x \in X$ 处连续, 且 $\lim\limits_{n \to \infty} x_n = x$. 又设 U 是 $f(x)$ 的一个邻域, 则 $f^{-1}(U)$ 是 x 的邻域. 故有 $n_0 \in \mathbf{N}$, 使得 $n \geqslant n_0$ 时, $x_n \in f^{-1}(U)$. 换言之, $n \geqslant n_0$ 时, $f(x_n) \in U$. 所以,

$$\lim_{n \to \infty} f(x_n) = f(x).$$

反之, 假设对于任何收敛于 x 的 X 的点列 $\{x_n\}$, 必有 $\lim\limits_{n \to \infty} f(x_n) = f(x)$. 又若 f 在 x 点处不连续, 则有 $f(x)$ 的一个邻域 U, 使得 $f^{-1}(U)$ 不是 x 的邻域. 因此, 对于任何 $n \in \mathbf{N}$, 必有 $y_n \in \mathbf{B}(x, 1/n) \setminus f^{-1}(U)$. 显然, $\lim\limits_{n \to \infty} y_n = x$ 且 $f(y_n) \notin U$, 故 $\lim\limits_{n \to \infty} f(y_n) \neq f(x)$. 这和假设矛盾. □

定义 7.5.3　度量空间中的序列 $\{x_n\}$ 称为 **Cauchy列**(或称**基本列**), 假若对于任何正数 ε, 有 $n_0 \in \mathbf{N}$ 使得

$$n, m \geqslant n_0 \Longrightarrow \rho(x_n, x_m) < \varepsilon.$$

度量空间称为**完备的度量空间**, 若它的任何 Cauchy 列皆收敛.

易见, 收敛列必是 Cauchy 列. 例 7.3.1, 例 7.3.2, 例 7.3.3, 例 7.3.4 和例 7.3.7 都是完备度量空间, 但例 7.3.5, 例 7.3.6 和例 7.3.8 不完备. 前五个空间的完备性留给同学自己去讨论, 后三个空间的不完备性将在以后章节中讨论.

命题 7.5.4　设 X 是完备的度量空间, $E \subset X$, 则 E 作为度量空间 X 的度量子空间是完备的, 当且仅当 E 在 X 中是闭集.

证 E 中的点列是 E 中的 Cauchy 列的充分必要条件是: 这个点列是 X 中的 Cauchy 列. 另一方面, E 中的点列是 E 中的收敛列, 当且仅当它是 X 中的收敛列且它的极限属于 E. 由此便得命题的证明.

$\square$

下面的几条定理给出了完备度量空间的一些较深刻且很有用的性质.

定理 7.5.1(Baire 纲定理) 设 X 是完备度量空间, $\{G_n \subset X : n \in \mathbf{N}\}$ 是一串 X 的稠密开集, 则 $\bigcap\limits_{n=1}^{\infty} G_n$ 在 X 中稠密.

证 设 $p \in X$, $\mathbf{B}_0$ 是以 p 为球心和正数 ε_0 为半径的开球: $\mathbf{B}_0 = \mathbf{B}(p, \varepsilon_0)$. 为了证明 $\bigcap\limits_{n=1}^{\infty} G_n$ 在 X 中稠密, 只需证明

$$\left(\bigcap_{n=1}^{\infty} G_n \right) \cap \mathbf{B}_0 \neq \varnothing.$$

因 G_1 稠密且开, $\mathbf{B}_0 \cap G_1$ 非空且开. 故有 $x_1 \in \mathbf{B}_0 \cap G_1$ 和 $\varepsilon_1 > 0$, 使得以 x_1 为球心 $2\varepsilon_1$ 为半径的开球 $\mathbf{B}(x_1, 2\varepsilon_1) \subset \mathbf{B}_0 \cap G_1$. 为了以后讨论的方便, 我们可以要求: $\varepsilon_1 \leqslant \varepsilon_0/2$. 记 $\mathbf{B}_1 = \mathbf{B}(x_1, \varepsilon_1)$, 则 $\overline{\mathbf{B}}_1 \subset \mathbf{B}(x_1, 2\varepsilon_1) \subset \mathbf{B}_0 \cap G_1$ (注意: 利用练习 7.5.1(i) 后的注的结论, 我们有 $\overline{\mathbf{B}}_1 \subset \{q \in X : \rho(q, x_1) \leqslant \varepsilon_1\} \subset \mathbf{B}(x_1, 2\varepsilon_1)$). 设已经得到 X 的 n 个点组成的点列

$$x_0 = p, x_1, \cdots, x_n$$

和 n 个正数组成的正数列

$$\varepsilon_0, \varepsilon_1, \cdots, \varepsilon_n,$$

它们满足条件:

$$\varepsilon_j \leqslant \frac{\varepsilon_{j-1}}{2}, \quad j = 1, 2, \cdots, n,$$

及

$$\overline{\mathbf{B}}_j \subset \mathbf{B}_{j-1} \cap G_j, \quad j = 1, 2, \cdots, n,$$

其中 $\mathbf{B}_j = \mathbf{B}(x_j, \varepsilon_j), j = 1, \cdots, n$. 因 G_{n+1} 是稠密开集, $\mathbf{B}_n \cap G_{n+1}$ 是非空开集. 故有 $x_{n+1} \in X$ 和 $\varepsilon_{n+1} > 0$, 使得 $\mathbf{B}(x_{n+1}, 2\varepsilon_{n+1}) \subset \mathbf{B}_n \cap G_{n+1}$ 且 $\varepsilon_{n+1} \leqslant \varepsilon_n/2$. 记 $\mathbf{B}_{n+1} = \mathbf{B}(x_{n+1}, \varepsilon_{n+1})$, 则有

$$\overline{\mathbf{B}}_{n+1} \subset \mathbf{B}(x_{n+1}, 2\varepsilon_{n+1}) \subset \mathbf{B}_n \cap G_{n+1}.$$

这样, 我们归纳地构造了完备度量空间 X 中的一个点列

$$x_1, \cdots, x_n, \cdots$$

和一个正数列

$$\varepsilon_1, \cdots, \varepsilon_n, \cdots.$$

它们满足条件:

$$\varepsilon_n \leqslant \frac{\varepsilon_{n-1}}{2} \quad (n \in \mathbf{N}), \tag{7.5.1}$$

$$\overline{\mathbf{B}}_n \subset \mathbf{B}_{n-1} \cap G_n \quad (n \in \mathbf{N}), \tag{7.5.2}$$

其中 $\mathbf{B}_n = \mathbf{B}(x_n, \varepsilon_n)(n \in \mathbf{N})$. 由 (7.5.1),

$$\rho(x_n, x_{n+p}) \leqslant \sum_{j=1}^{p} \rho(x_{n+j-1}, x_{n+j}) \leqslant \sum_{j=1}^{p} \varepsilon_{n+j-1}$$

$$\leqslant \sum_{j=1}^{p} 2^{1-j} \varepsilon_n \leqslant 2 \cdot 2^{1-n} \varepsilon_1.$$

故点列 $\{x_n\}$ 是 Cauchy 列. 由 X 的完备性, $\lim\limits_{n \to \infty} x_n$ 存在. 又因 $\overline{\mathbf{B}}_{n+1} \subset \overline{\mathbf{B}}_n$, 有

$$\lim_{n \to \infty} x_n \in \bigcap_{n=0}^{\infty} \overline{\mathbf{B}}_n \subset \bigcap_{n=1}^{\infty} \left(G_n \cap \mathbf{B}_{n-1} \right) \subset \left(\bigcap_{n=1}^{\infty} G_n \right) \cap \mathbf{B}_0.$$

由此

$$\left(\bigcap_{n=1}^{\infty} G_n \right) \cap \mathbf{B}_0 \neq \varnothing.$$

所以, $\bigcap\limits_{n=1}^{\infty} G_n$ 稠密. □

作为 Baire 纲定理的应用, 我们引进以下的 Osgood 定理. 历史上是 Osgood 先于 Baire 得到他的定理, 然后 Baire 模仿 Osgood 定理的证明方法才得到了 Baire 纲定理的.

定理 7.5.2(Osgood 定理)　设 X 是个完备度量空间, 又设对于每个点 $x \in X$, 连续实值函数列 $\{f_n : n \in \mathbf{N}\}$ 在 x 点的值集 $\{f_n(x) \in \mathbf{R} : n \in \mathbf{N}\}$ 在 $\mathbf{R}$ 中有界, 则有个非空开集 $V \subset X$ 和 $M \in \mathbf{R}$, 使得

$$\forall x \in V \forall n \in \mathbf{N}(|f_n(x)| \leqslant M).$$

证 设 $n \in \mathbf{N}$ 和 $M \in \mathbf{R}$, 令

$$U_{n,M} = \{x \in X : |f_n(x)| > M\}.$$

因 f_n 连续, 对于任何 $n \in \mathbf{R}$ 和 $M \in \mathbf{R}$, $U_{n,M}$ 是 X 中的开集. 故集合

$$G_M = \bigcup_{n=1}^{\infty} U_{n,M}$$

也是开集. 根据假设,

$$\forall x \in X \exists M_x \in \mathbf{R} \forall n \in \mathbf{N}(|f_n(x)| \leqslant M_x).$$

换言之,

$$\forall x \in X \exists M_x \in \mathbf{R}(x \notin G_{M_x}).$$

因为 $M_1 < M_2 \Longrightarrow G_{M_1} \supset G_{M_2}$, 故

$$\bigcap_{m=1}^{\infty} G_m = \varnothing.$$

因此, 由定理 7.5.1(Baire 纲定理), 有某个 $m \in \mathbf{N}$ 使得 G_m 非稠密. 故有某非空开集 V, 使得 $V \cap G_m = \varnothing$. 换言之,

$$\forall x \in V \forall n \in \mathbf{N}(|f_n(x)| \leqslant m). \qquad \square$$

定理 7.5.3(Banach 不动点定理) 设 (X, ρ) 是完备度量空间, 映射 $f : X \to X$ 是压缩映射, 换言之, 有 $\alpha \in [0, 1)$, 使得

$$\forall x, y \in X(\rho(f(x), f(y)) \leqslant \alpha \rho(x, y)),$$

则有唯一的一个 $\xi \in X$ 使得 $\xi = f(\xi)$(满足这个方程的点 ξ 称为**映射 f 的一个不动点**). 任取 $x_0 \in X$, 令 $x_{n+1} = f(x_n)(n = 0, 1, \cdots)$, 则有

$$\xi = \lim_{n \to \infty} x_n.$$

注 满足定理所述条件 $\forall x, y \in X(\rho(f(x), f(y)) \leqslant \alpha \rho(x, y)), 0 \leqslant \alpha < 1$ 的映射称为**压缩映射**. **Banach 不动点定理**有时也称为**压缩映射原理**.

证 任取 $x_0 \in X$, 令 $x_{n+1} = f(x_n)(n = 0, 1, \cdots)$, 则

$$\rho(x_{n+1}, x_n) = \rho(f(x_n), f(x_{n-1}))$$
$$\leqslant \alpha \rho(x_n, x_{n-1}) \ (n = 1, 2, \cdots).$$

根据数学归纳原理, 对于一切自然数 n, 有

$$\rho(x_{n+1}, x_n) \leqslant \alpha^n \rho(x_1, x_0).$$

由此, 对一切 $p \in \mathbf{N}$, 有

$$\rho(x_{n+p}, x_n) \leqslant \sum_{j=1}^{p} \rho(x_{n+j}, x_{n+j-1}) \leqslant \rho(x_1, x_0) \sum_{j=1}^{p} \alpha^{n+j-1}$$

$$= \frac{\alpha^n \rho(x_1, x_0)(1 - \alpha^p)}{1 - \alpha} \leqslant \frac{\rho(x_1, x_0)}{1 - \alpha} \alpha^n.$$

因

$$\lim_{n \to \infty} \frac{\rho(x_1, x_0)}{1 - \alpha} \alpha^n = 0,$$

故点列 $\{x_n\}$ 是 Cauchy 列. 因 X 完备, $\lim\limits_{n \to \infty} x_n$ 在 X 中存在. 记 $\xi = \lim\limits_{n \to \infty} x_n$, 则

$$f(\xi) = f\left(\lim_{n \to \infty} x_n\right) = \lim_{n \to \infty} f(x_n) = \lim_{n \to \infty} x_{n+1} = \xi.$$

这样证明了 ξ 就是不动点, 不动点的存在性得证.

若有两个不动点 ξ 和 η:

$$f(\xi) = \xi, \quad f(\eta) = \eta,$$

则

$$\rho(\xi, \eta) = \rho(f(\xi), f(\eta)) \leqslant \alpha \rho(\xi, \eta).$$

因 $0 \leqslant \alpha < 1$. 若 $\alpha = 0$, 显然 $\rho(\xi, \eta) = 0$. 若 $0 < \alpha < 1$, 则 $(1 - \alpha)\rho(\xi, \eta) \leqslant 0$, 故 $\rho(\xi, \eta) = 0$. 换言之, 无论如何, $\xi = \eta$. 不动点只能有一个.   □

作为 Banach 不动点定理得一个应用, 我们证明以下这个关于**常微分方程Cauchy问题局部解的存在唯一定理**:

定理 7.5.4(Picard)   设 G 是 $\mathbf{R}^2$ 中的开集, $f : G \to \mathbf{R}$ 是 G 上的有界连续实值函数, 且满足关于第二变量的 **Lipschitz 条件**, 换言之, 有常数 $M \in \mathbf{R}$, 使得

$$\forall (x, y_1), (x, y_2) \in G\big(|f(x, y_1) - f(x, y_2)| \leqslant M|y_1 - y_2|\big), \tag{7.5.3}$$

则对于任何 $(x_0, y_0) \in G$, 有某个 (依赖于 G, f 和 (x_0, y_0) 的) 正的常数 δ, 使得微分方程

$$\frac{dy}{dx} = f(x, y) \tag{7.5.4}$$

满足初 (值) 条件

$$y(x_0) = y_0 \tag{7.5.5}$$

的解 $y = y(x)$ 在区间 $I = [x_0 - \delta, x_0 + \delta]$ 上存在且唯一.

注 求满足初条件 (7.5.5) 的微分方程 (7.5.4) 的解的问题称为微分方程 (7.5.4) 的初值问题, 或称为 Cauchy 问题. 初 (值) 条件也常称为 Cauchy 条件.

证 我们先证明以下的命题: Cauchy 问题 (7.5.4) 和 (7.5.5) 与在连续函数空间 $C[x_0 - \delta, x_0 + \delta]$ 中的以下积分方程问题是等价的:

$$\forall x \in I \left(y(x) = y_0 + \int_{x_0}^{x} f(t, y(t)) dt \right), \tag{7.5.6}$$

其中 δ 是某个尚待确定的正数. 理由是: 满足初条件 (7.5.5) 的微分方程 (7.5.4) 的解 $y = y(x)$ 在区间 $I = [x_0 - \delta, x_0 + \delta]$ 上必连续, 因而复合函数 $f(x, y(x))$ 在区间 $I = [x_0 - \delta, x_0 + \delta]$ 上连续. 对微分方程 (7.5.4) 两端在 $[x_0, x]$ 上求积分并注意到 (7.5.5), 由 Newton-Leibniz 公式 (定理 6.3.3) 便得 (7.5.6). 另一方面, 当 $y(t) \in C[x_0 - \delta, x_0 + \delta]$ 时, 方程 (7.5.6) 右端的积分当 $x \in I$ 时有意义. 按微积分学基本定理 (定理 6.3.1), 积分方程 (7.5.6) 的解必是满足初条件 (7.5.5) 的微分方程 (7.5.4) 的解. 下面我们想用 Banach 不动点定理来证明 Picard 关于积分方程 (7.5.6)(即, 与它等价的满足初条件 (7.5.5) 的常微分方程 Cauchy 问题) 的解的存在唯一性定理. 为此, 我们应选择 $\delta > 0$, 并构造一个由完备的度量空间 $C[x_0 - \delta, x_0 + \delta]$(它的完备性将在以后说明) 的一个闭子集 X 到自身的压缩映射 T, 使得 T 的不动点恰相当于积分方程 (7.5.6) 的解.

首先, 构造完备的度量空间 X. 为此目的选择 $\delta > 0$ 如下: 因 f 有界, 即

$$\exists K > 0 \forall (x, y) \in G(|f(x, y)| \leqslant K), \tag{7.5.7}$$

又因 G 是 $\mathbf{R}^2$ 中开集, 有常数 $\delta > 0$, 使得 $M\delta < 1$(M 是不等式 (7.5.3) 中的 Lipschitz 常数) 且

$$\{(x,y) : |x - x_0| < \delta, |y - y_0| < K\delta\} \subset G.$$

记 $I = [x_0 - \delta, x_0 + \delta]$, 并把 $I \to [y_0 - K\delta, y_0 + K\delta]$ 的连续函数的全体记为 X. $C[x_0 - \delta, x_0 + \delta]$ 上的度量 ρ 是:

$$\forall g_1, g_2 \in X \left(\rho(g_1, g_2) = \max_{t \in I} |g_1(t) - g_2(t)| \right).$$

(因连续函数在闭区间上达到极值, 如上定义的 ρ 有意义.) 又因连续函数列的一致收敛的极限是连续函数, $C[x - 0 - \delta, x_0 + \delta]$ 是完备的. 因 X 是 $C[x - 0 - \delta, x_0 + \delta]$ 的闭子集, (X, ρ) 是个完备的度量空间.

其次定义映射 $T : X \to X$ 如下:

$$\forall g \in X \left((Tg)(x) = y_0 + \int_{x_0}^{x} f(t, g(t))dt \right).$$

首先应证明 T 的确把 X 映入 X. 即, 对于任何 $g \in X$. Tg 的确在 X 中. Tg 作为 x 的函数显然是连续的. 故只需证明: $Tg(x) \in [y_0 - K\delta, y_0 + K\delta]$, 这是因为

$$\forall x \in I |Tg(x) - y_0| = \left| \int_{x_0}^{x} f(t, g(t))dt \right| \leqslant K|x - x_0| \leqslant K\delta.$$

其次, 我们应证明 T 是个压缩映射. 由 Lipschitz 条件 (7.5.3), 对于任何 $x \in I$, 我们有

$$\begin{aligned}
|Tg_1(x) - Tg_2(x)| &= \left| \int_{x_0}^{x} f(t, g_1(t))dt - \int_{x_0}^{x} f(t, g_2(t))dt \right| \\
&\leqslant \int_{x_0}^{x} |f(t, g_1(t)) - f(t, g_2(t))|dt \\
&\leqslant M\delta \max_{x \in I} |g_1(x) - g_2(x)| \leqslant M\delta\rho(g_1, g_2).
\end{aligned}$$

在选取 δ 时我们曾对 δ 作了如下要求: $M\delta < 1$, 故 T 是压缩映射.

Banach 不动点定理告诉我们, T 有唯一的一个不动点 $y(x) \in X$, 它满足条件: $T(y(x)) = y(x)$. 而满足条件 $T(y(x)) = y(x)$ 的 $y(x) \in X$ 就是方程 (7.5.6) 的解. □

注 1 应该注意的是, Picard 定理只是说, 常微分方程的 Cauchy 问题 (即满足条件 (7.5.4) 与 (7.5.5)) 在区间 $[x_0 - \delta, x_0 + \delta]$ 上的解是存在唯一的, 其中 δ 是一个依赖于方程及初条件的正数. 因此, Picard 定理只得到了微分方程的 Cauchy 问题 (7.5.4) 与 (7.5.5) 的局部解. 整体解的问题相当复杂.

注 2 数学发展的历史是这样的: 先有 Picard 定理, Banach 不动点定理是 Banach 在引进 Banach 空间的概念后将 Picard 的方法用 Banach 空间的语言推广后得到的.

练 习

7.5.1 (i) 设 (X, ρ) 是个度量空间, 试证:
$$\forall p, q, x, y \in X\Big(|\rho(p, q) - \rho(x, y)| \leqslant \rho(p, x) + \rho(q, y)\Big).$$

注 (i) 的结论告诉我们, 映射 $\rho: X \times X \to \mathbf{R}$ 是连续的, 其中 $X \times X$ 上赋予了乘积拓扑.

(ii) 设 (X, ρ) 是个度量空间, $\{x_n\}$ 是 X 中的一个 Cauchy 列. 若 $\{x_n\}$ 有一个收敛的子列 $\{x_{n_k}\}$, 且
$$\lim_{k \to \infty} x_{n_k} = \xi,$$
则 $\{x_n\}$ 是 X 中的一个收敛列, 且
$$\lim_{n \to \infty} x_n = \xi.$$

(iii) X 中的全体 Cauchy 列 $\{x_n\}$ 构成一个集合 $\mathcal{C}$, 在 $\mathcal{C}$ 中引进关系 "$\sim$" 如下:
$$\forall \{x_n\}, \{y_n\}(\{x_n\} \sim \{y_n\} \Longleftrightarrow \lim \rho(x_n, y_n) = 0).$$
试证: "$\sim$" 是个等价关系.

(iv) $\mathcal{C}$ 中由等价关系 $\sim$ 产生的等价类全体记做 $\mathcal{X}$. 定义 $\mathcal{X} \times \mathcal{X} \to \mathbf{R}_+$ 的映射 d: 记 ξ 为含有代表 $\{x_n\}$ 的等价类, η 为含有代表 $\{y_n\}$ 的等价类, 令
$$d(\xi, \eta) = \lim_{n \to \infty} \rho(x_n, y_n).$$
试证以下三点:
 (a) 以上等式右端的极限存在;
 (b) 所定义的 $d(\xi, \eta)$ 不依赖于 ξ 的代表 $\{x_n\}$ 和 η 的代表 $\{y_n\}$ 的选择;
 (c) d 满足度量空间的距离应满足的三个条件.

(v) 定义映射 $i: X \to \mathcal{X}$ 如下:
$$\forall x \in X\Big(i(x) = \{x_n\}, \text{其中} \forall n \in \mathbf{N}(x_n = x)\Big),$$

试证：映射 i 是单射，且保持距离不变：

$$\forall x, y \in X(d(i(x), i(y)) = \rho(x, y)).$$

(vi) (X, ρ) 中的 Cauchy 列的子列也是 Cauchy 列.

(vii) (X, ρ) 中的 Cauchy 列与它的任何子列 (在 (iii) 中的等价关系意义下) 等价.

(viii) 任何度量空间中的 Cauchy 列 $\{x_n\}$ 必有子列 $\{x_{n_k}\}$, 使得

$$\forall k \in \mathbf{N} \forall m \in \mathbf{N}\Big(\rho(x_{n_k}, x_{n_{k+m}}) < 2^{-k}\Big).$$

(ix) 试证：$(\mathcal{X}, d)$ 是完备的.

(x) 试证：$i(X)$ 在 $(\mathcal{X}, d)$ 中是稠密的.

注 1   两个度量空间 (X, ρ) 和 (Y, d), 若有保持距离不变的单射 $i : X \to Y$, 且 (Y, d) 是完备的, 又 $i(X)$ 在 Y 中稠密. 则称 (Y, d) 是 (X, ρ) 的**完备化**. 刚才证明了, 任何度量空间都有完备化. 同学可以证明：任何度量空间的完备化 (在同胚意义下) 是唯一的. 以上结论可以改述为：任何度量空间有唯一确定的完备化.

注 2   在第一册的 §2.7(第二章的补充教材二) 中, 我们介绍了德国数学家 Dedekind 的用分割的方法把有理数域扩张成实数域. 德国数学家 Cantor 则用完备化的方法把有理数域扩张成实数域. 这是完备化方法最早的引进. 本讲义还会用完备化的方法处理其他问题.

7.5.2   设 X 是拓扑空间, $A \subset X$ 称为 X 中的**处处不稠密集**, 假若

$$\forall 非空开集 G \subset X \exists 非空开集 O \subset G \cap A^C.$$

试问：

(i) $\mathbf{Q}$ 在 $\mathbf{R}$ 中处处不稠密否?

(ii) $\mathbf{R} \times \{0\}$ 在 $\mathbf{R}^2$ 中处处不稠密否?

(iii) $\{(x, y, z) \in \mathbf{R}^3 : x^2 + y^2 + z^2 = 1\}$ 在 $\mathbf{R}^3$ 中处处不稠密否?

(iv) $\bigcup\limits_{n \in \mathbf{N}} \{(x, y, z) \in \mathbf{R}^3 : x^2 + y^2 + z^2 = n\}$ 在 $\mathbf{R}^3$ 中处处不稠密否?

(v) $\bigcup\limits_{n \in \mathbf{N}} \{(x, y, z) \in \mathbf{R}^3 : x^2 + y^2 + z^2 = 1/n\}$ 在 $\mathbf{R}^3$ 中处处不稠密否?

(vi) $\bigcup\limits_{\substack{r \in \mathbf{Q} \\ r > 0}} \{(x, y, z) \in \mathbf{R}^3 : x^2 + y^2 + z^2 = r\}$ 在 $\mathbf{R}^3$ 中处处不稠密否?

(vii) 设 X 是非空的离散拓扑空间, $x \in X$, $\{x\}$ 在 X 中处处不稠密否?

(viii) 若 $A \subset X$ 是 X 中的处处不稠密集, $\overline{A}$ 是 X 中的处处不稠密集否?

7.5.3   设 X 是拓扑空间, $A \subset X$ 称为 X 中的**第一纲集**, 若有可数个 X 中的处处不稠密集 $\{M_n : n \in \mathbf{N}\}$, 使得

$$A = \bigcup_{n \in \mathbf{N}} M_n.$$

X 中的非第一纲集称为 X 中的**第二纲集**.

注 X 中的第一纲集被认为是 X 中极稀疏之集, 或在 X 中所占 "份量" 很小之集. X 中的第二纲集被认为是 X 中极不稀疏之集, 或在 X 中所占 "份量" 很大之集. 在数学研究 (例如在动力系统的研究) 中, 我们无法证明一个依赖于 $x \in X$ 的命题对于一切 $x \in X$ 成立, 但却能证明它对于某第二纲集中的一切 x 均成立, 这时便认为该命题 "相当普遍地" 成立了. 不难看出, X 中的第一纲集的子集仍是 X 中的第一纲集. 可数个第一纲集之并仍为第一纲集.

试证:

(i) 设 X 是非空完备度量空间, $F_n(n = 1, 2, \cdots)$ 是 X 中的可数个闭集. 若 $\overset{\infty}{\underset{n=1}{\bigcup}} F_n$ 的内核非空, 则至少有一个 $n_0 \in \mathbf{N}$, 使得 F_{n_0} 的内核非空.

(ii) 非空完备度量空间 X 是 X 中的第二纲集.

(iii) 设 X 是非空完备度量空间, 则 X 的非空开集是第二纲集.

(iv) 设 X 是非空完备度量空间, 则 X 的第一纲集的余集是 X 中的稠密集.

(v) $\mathbf{Q}$ 是 $\mathbf{R}$ 中的第一纲集.

(vi) $\mathbf{R} \setminus \mathbf{Q}$ 是 $\mathbf{R}$ 中的第二纲集.

7.5.4 (i) 令

$$
\sigma_0(x) = \begin{cases} x - 2n, & \text{若 } 2n \leqslant x \leqslant 2n+1, n \in \mathbf{Z}, \\ 2n+2-x, & \text{若 } 2n+1 < x \leqslant 2n+2, n \in \mathbf{Z}. \end{cases}
$$

σ_0 称为标准锯齿函数. 试证: σ_0 是周期为 2 的连续函数, $0 \leqslant \sigma_0 \leqslant 1$, 且构成 σ_0 的图像的每根直线段的斜率为 ± 1.

(ii) (压缩) 锯齿函数 σ_λ^μ 定义为

$$
\sigma_\lambda^\mu(x) = \mu \sigma_0 \left(\frac{x}{\lambda} \right),
$$

其中 $\lambda > 0, \mu > 0$. 试求出 (压缩) 锯齿函数 σ_λ^μ 的周期, 上下确界和构成它的图像的每根直线段的斜率.

(iii) 设 ϕ 是个逐段线性函数, $\varepsilon > 0$, 则有一个 (压缩) 锯齿函数 σ_λ^μ 使得它的绝对值的上确界不大于 ε, 且构成它的图像的每根直线段的斜率的绝对值比构成 ϕ 的图像的每根直线段的斜率的绝对值的极大值还大 $1/\varepsilon$.

(iv) 试证: 逐段线性函数在 $C[a, b]$ 中稠密.

(v) 令

$$
R_n = \left\{ f \in C[a, b] : \forall x \in \left[a, b - \frac{1}{n} \right] \exists h > 0 \left(\left| \frac{f(x+h) - f(x)}{h} \right| > n \right) \right\}
$$

和

$$
L_n = \left\{ f \in C[a, b] : \forall x \in \left[a + \frac{1}{n}, b \right] \exists h < 0 \left(\left| \frac{f(x+h) - f(x)}{h} \right| > n \right) \right\}.
$$

试证: R_n 和 L_n 在 $C[a, b]$ 中稠密.

(vi) 试证: R_n 和 L_n 在 $C[a,b]$ 中是开集.

(vii) 试证: $C[a,b] \setminus R_n$ 和 $C[a,b] \setminus L_n$ 在 $C[a,b]$ 中处处不稠密.

(viii) 设 $f \in C[a,b]$ 在 $[a,b)$ 上至少有一点处右可微. 试证:

$$f \in \bigcup_{n \in \mathbf{N}} \{C[a,b] \setminus R_n\}.$$

设 $f \in C[a,b]$ 在 $[a,b)$ 上至少有一点处左可微. 试证:

$$f \in \bigcup_{n \in \mathbf{N}} \{C[a,b] \setminus L_n\}.$$

(ix) $C[a,b]$ 中在闭区间 $[a,b]$ 上处处不可微的函数全体是第二纲集, 特别, 在闭区间 $[a,b]$ 上处处不可微而处处连续的函数存在.

注   本题 (ix) 的结论比 §5.8 附加习题 5.8.1 的结果要强.

7.5.5   设函数 $f : \mathbf{R} \to \mathbf{R}$. 令

$$f_1(x) = \inf_{\varepsilon>0} \sup_{|y-x|<\varepsilon} f(y), \quad f_2(x) = \sup_{\varepsilon>0} \inf_{|y-x|<\varepsilon} f(y).$$

试证:

(i) $f_1(x) \leqslant f(x) \leqslant f_2(x)$, 且 f_1 下连续, 而 f_2 上连续. f 在 x 处连续的充分必要条件是 $f_1(x) = f_2(x)$.

(ii) 又记

$$G_n = \{x \in \mathbf{R} : f_2(x) - f_1(x) < 1/n\},$$

则 G_n 是开集, 且 f 在 x 处连续的充分必要条件是 $x \in \bigcap_{n=1}^{\infty} G_n$.

(iii) 若函数 $f : \mathbf{R} \to \mathbf{R}$ 在一个稠密集上连续, 则 G_n 是稠密开集, 而 G_n^C 是处处不稠密集, 因而 $\bigcup_{n=1}^{\infty} G_n^C$ 是第一纲集, 而 $\bigcap_{n=1}^{\infty} G_n$ 是第二纲集.

(iv) 不存在这样的函数 $f : \mathbf{R} \to \mathbf{R}$, 它在有理点连续, 而在无理点间断.

下面这个题想利用滤子与滤子基的概念将极限概念推广到一般的拓扑空间上去. (请参看练习 7.1.1, 7.1.2 和 7.1.3 前的定义 7.1.11, 7.1.12 和 7.1.13).

7.5.6   设 E 是个拓扑空间, $\mathcal{B}$ 是 E 上的一个滤子基, $x_0 \in E$.$\mathcal{B}$ 称为收敛于 x_0 的(或称$\mathcal{B}$ 有极限 x_0), 若 $\mathcal{B}$ 生成的滤子比 x_0 的全体邻域构成的滤子 (称为 x_0 的邻域滤子) 更精细 (关于滤子及滤子基的定义参看练习 7.1.1, 7.1.2 与 7.1.3.). 这时, 记做 $\lim \mathcal{B} = x_0$. 试证:

(i) $\mathcal{B}$ 和 $\mathcal{B}'$ 是 E 上的两个滤子基, $x_0 \in E$. 若 $\mathcal{B}$ 收敛于 x_0, 且 $\mathcal{B}'$ 比 $\mathcal{B}$ 更精细, 则 $\mathcal{B}'$ 也收敛于 x_0.

(ii) $\left\{ \mathcal{B}_\alpha : \alpha \in I \right\}$ 是 E 上的一族滤子基, 其中指标集 I 可能是有限集, 也可能是无限集, $x_0 \in E$, 对于每个 $\alpha \in I$, $\mathcal{F}_\alpha$ 是 $\mathcal{B}_\alpha$ 生成的滤子. 若 $\mathcal{F} = \bigcap_{\alpha \in I} \mathcal{F}_\alpha$ 且 $\forall \alpha \in I (\lim \mathcal{B}_\alpha = x_0)$, 则 $\lim \mathcal{F} = x_0$.

注   这个结果可以看做定理 3.6.1(Heine 定理) 的推广.

(iii) 若 E 是个 Hausdorff 空间, 设 $\mathcal{B}$ 是 E 上的一个有极限的滤子基, 则它的极限是唯一确定的.

(iv) 对于练习 7.1.1(xiv) 中的拓扑空间 E 上的点列

$$x_1, x_2, \cdots, x_k, \cdots$$

和 E 上对应于这个点列的的滤子基:

$$\mathcal{B} = \left\{ \{x_k, x_{k+1}, \cdots\} : k \in \mathbf{N} \right\},$$

试证: 极限 $\lim\limits_{k \to \infty} x_k$ 存在, 当且仅当极限 $\lim \mathcal{B}$ 存在. 这时, 有

$$\lim_{k \to \infty} x_k = \lim \mathcal{B}.$$

注 点列的极限概念是滤子基的极限概念的特例. 所以, 滤子基的极限概念是点列的极限概念的推广. 度量空间的拓扑可用点列的极限刻画, 因度量空间的子集合是闭的, 当且仅当由这个子集合的点构成的收敛点列的极限都在这个子集合中. 但一般的拓扑空间的拓扑是无法用点列的极限刻画的, 它必须用滤子基的极限才能刻画. 请参看练习 7.5.9.

(v) 给定了一个 $\mathbf{R}$ 上的有界闭区间 $[a, b]$, 闭区间 $[a, b]$ 上的一个分划

$$\mathcal{C} : a = x_0 < x_1 < \cdots < x_{n-1} < x_n = b$$

和在分划的每个小区间上选一个点 $\xi_i \in [x_{i-1}, x_i]$, 这个选点组称为从属于上述分划的选点组, 记做 $\boldsymbol{\xi} = (\xi_1, \cdots, \xi_n)$. $E = \{(\mathcal{C}, \boldsymbol{\xi})\}$ 表示所有 $[a, b]$ 上的分划及从属于这个分划的选点组 $\boldsymbol{\xi}$ 形成的组对 $(\mathcal{C}, \boldsymbol{\xi})$ 构成的集合. 又给定了一个映射 $f : [a, b] \to \mathbf{R}$, 对应于任何 $(\mathcal{C}, \boldsymbol{\xi}) \in E$, 构筑 Riemann 和:

$$\mathcal{R}(f; \mathcal{C}, \xi) = \sum_{i=1}^n f(\xi_i)(x_i - x_{i-1}).$$

对应于 E 的子集族

$$\left\{ S_\delta = \{(\mathcal{C}, \boldsymbol{\xi}) : \mathcal{C} \text{的小区间长度的最大者} = \max_{1 \leqslant i \leqslant n} (x_i - x_{i-1}) < \delta\} : \delta > 0 \right\},$$

有 $\mathbf{R}$ 上的子集族

$$\mathcal{B} = \left\{ \{\mathcal{R}(f; \mathcal{C}, \xi) : \max_{1 \leqslant i \leqslant n} (x_i - x_{i-1}) < \delta\} : \delta > 0 \right\}.$$

试证:

(a) $\mathcal{B}$ 是个 $\mathbf{R}$ 上的滤子基;

(b) f 在 $[a, b]$ 上可积的充分必要条件是滤子基 $\mathcal{B}$ 收敛, 这时

$$\int_a^b f \, dx = \lim \mathcal{B}.$$

注   Riemann 积分定义中的极限既不是数列的极限, 也不是函数的极限. 按练习 7.5.6 中 (v) 的结果, 它是滤子基极限概念的特例.

7.5.7   设 (X, ρ) 是一个完备度量空间, Z 是个拓扑空间. 映射 $f : X \times Z \to X$ 是一个相对于 Z 中变元一致的, 关于 X 中变元的压缩映射, 即满足条件:

$$\exists \alpha \in [0, 1) \forall x, y \in X \forall z \in Z \Big(\rho(f(x, z), f(y, z)) \leqslant \alpha \rho(x, y) \Big),$$

又当 X 的变元 x 固定时, 由映射 $f : X \times Z \to X$ 得到的映射 $f_x : Z \to X, f_x(z) \equiv f(x, z)$ 是一个 Z 上的连续的映射. 试证:

(i) 对于任何 $z \in Z$, 有唯一的一个 $\xi(z) \in X$ 使得 $\xi(z) = f(\xi(z), z)$(满足这方程的 $\xi(z)$ 称为带参变元 z 的映射 $\mathbf{f}(\cdot, z)$ 的不动点).

(ii) $\xi(z)$ 是连续依赖于 z 的.

注   可以利用这个 **Banach** 不动点定理的加强形式得到 **Picard** 关于常微分方程 **Cauchy** 问题的存在唯一定理的加强形式: 除了解的 (局部) 存在唯一性外, 还有以下两条结论:

(a) Cauchy 问题的解对初条件是连续依赖的;

(b) 若微分方程

$$\frac{dy}{dx} = f(x, y, z)$$

的右端连续地依赖于参数 z, 则解也连续地依赖于 z.

7.5.8   (i) 试将定理 7.5.4(Picard 关于常微分方程 Cauchy 问题的存在唯一定理) 推广到常微分方程组去:

设 G 是 $\mathbf{R}^{n+1}$ 中的开集, $\mathbf{f} : G \to \mathbf{R}^n$ 是 G 上的有界连续实值函数: $(x, \mathbf{y}) \mapsto \mathbf{f}(x, \mathbf{y})$, 且满足关于第二变量的 Lipschitz 条件: 有常数 $M \in \mathbf{R}$, 使得

$$\forall (x, \mathbf{y}_1), (x, \mathbf{y}_2) \in G(|\mathbf{f}(x, \mathbf{y}_1) - \mathbf{f}(x, \mathbf{y}_2)| \leqslant M |\mathbf{y}_1 - \mathbf{y}_2|),$$

则对于任何 $(x_0, \mathbf{y}_0) \in G$, 有某个 (依赖于 G, $\mathbf{f}$ 和 $(x_0, \mathbf{y}_0)$ 的) 正的常数 δ, 使得微分方程

$$\frac{d\mathbf{y}}{dx} = \mathbf{f}(x, \mathbf{y})$$

满足初 (值) 条件

$$\mathbf{y}(x_0) = \mathbf{y}_0$$

的解 $\mathbf{y} = \mathbf{y}(x)$ 在区间 $I = [x_0 - \delta, x_0 + \delta]$ 上存在且唯一.

(ii) 请把练习 7.5.7 关于解对初条件及参数的连续依赖性推广到常微分方程组上去.

7.5.9   设 E 是个拓扑空间, $S \subset E, x_0 \in E$, 则 $x_0 \in \overline{S}$, 当且仅当有滤子基 $\mathcal{B}$, 使得

$$x_0 = \lim \mathcal{B}, \text{ 且 } \forall G \in \mathcal{B}(G \subset S).$$

特别, $S \subset E$ 是闭集, 当且仅当满足条件 $\forall G \in \mathcal{B}(G \subset S)$ 的收敛的滤子基 $\mathcal{B}$ 的极限均属于 S.

7.5.10 本题想证明例 7.3.7 中的空间 l^2 的完备性. 设

$$\{\boldsymbol{\xi}_n = (x_1^{(n)}, \cdots, x_m^{(n)}, \cdots) : n = 1, 2, \cdots\}$$

是 l^2 中的一个 Cauchy 列. 试证:

(i) 对于每个 $m \in \mathbf{N}$, 数列 $\{x_m^{(n)} : n = 1, 2, \cdots\}$ 是 $\mathbf{R}$ 中的一个 Cauchy 列;

(ii) 记 $y_m = \lim\limits_{n \to \infty} x_m^{(n)}$, 则 $\boldsymbol{\eta} = (y_1, \cdots, y_m \cdots) \in l^2$;

(iii) 在 l^2 中, $\lim\limits_{n \to \infty} \boldsymbol{\xi}_n = \boldsymbol{\eta}$;

(iv) l^2 是完备度量空间. 因而它的闭子集, 特别, 它的闭球是完备度量空间.

注 在第 10 章中, 建立在测度与积分理论的基础上, 我们有比练习 7.5.10 的结果更一般的结果.

§7.6 紧 空 间

在第二, 第三和第四章及它们的习题中, 我们发现 Heine-Borel 有限覆盖定理常常起到重要的作用. 许多其他的分析问题的解决也要用到 Heine-Borel 有限覆盖定理的方法. 因此, 我们有必要引进以下概念.

定义 7.6.1 设 X 是拓扑空间, $E \subset X$. 设 A 是个指标集, $\mathcal{G} = \{G_\alpha : \alpha \in A\}$ 称为 E 的一组**开覆盖**, 假若对于每个 $\alpha \in A$, G_α 是开集, 且

$$E \subset \bigcup_{\alpha \in A} G_\alpha.$$

若 A 是有限集, 则 $\mathcal{G} = \{G_\alpha : \alpha \in A\}$ 称为 E 的一组**有限开覆盖**. 若 $B \subset A$, 且

$$E \subset \bigcup_{\alpha \in B} G_\alpha,$$

则称 $\mathcal{G}' = \{G_\alpha : \alpha \in B\}$ 为 $\mathcal{G} = \{G_\alpha : \alpha \in A\}$ 的 (关于 E 的)**子覆盖**. E 的一组开覆盖 $\mathcal{G} = \{G_\alpha : \alpha \in A\}$ 称为**能有限覆盖** E, 假若它有 (关于 E 的) **有限子覆盖**.

定义 7.6.2 设 X 是拓扑空间, $K \subset X$. K 称为**紧集**, 若 K 的任何开覆盖有有限子覆盖. 当 $K = X$ 时, X 称为**紧空间**.

例 7.6.1 $\mathbf{R}$ 中的有界闭区间是 $\mathbf{R}$ 中的紧集.

在第一册 §2.3 的练习 2.3.3 中我们已经证明: $\mathbf{R}$ 中的有界闭区间 $[a, b]$ 被一族开区间 $\{I_\alpha : \alpha \in A\}$ 覆盖时, 则该开区间族有有限子覆盖.

若有界闭区间 $[a,b]$ 被一族开集 $\{G_\beta : \beta \in B\}$ 覆盖. 因开区间全体构成 $\mathbf{R}$ 的普通拓扑的一组基, 每个 G_β 可以写成一些开区间之并. 所以, 有界闭区间 $[a,b]$ 必被一族开区间 $\{J_\gamma : \gamma \in \Gamma\}$ 覆盖, 其中 Γ 是一个指标集, 且这族开区间中的每个开区间 J_γ 必是开集族 $\{G_\beta : \beta \in B\}$ 中某开集 $G_{\beta(\gamma)}$ 的子集:

$$\forall \gamma \in \Gamma \exists \beta(\gamma) \in B(J_\gamma \subset G_{\beta(\gamma)}).$$

既然开区间族 $\{J_\gamma : \gamma \in \Gamma\}$ 有有限子覆盖 $\{J_{\gamma_j} : j = 1, \cdots, n\}$:

$$[a,b] \subset \bigcup_{j=1}^{n} J_{\gamma_j},$$

显然,

$$[a,b] \subset \bigcup_{j=1}^{n} G_{\beta(\gamma_j)}.$$

这样, 我们用第一册 §2.3 的练习 2.3.3 的结论证明了 $[a,b]$ 的紧性.

同学们也可以模仿第一册 §2.3 的练习 2.3.3 的证明方法直接证明 $[a,b]$ 的紧性.

命题 7.6.1   设 X 是拓扑空间, $K \subset X$, 则 K 是紧集, 当且仅当 K 看做 X 的拓扑子空间时是紧空间.

证   设 K 是 X 中的紧集. K 看成 X 的拓扑子空间, $\{G_\alpha : \alpha \in A\}$ 是这个拓扑子空间 K 的一组开覆盖. 由相对拓扑的定义, 对于每个 $\alpha \in A$, 我们有 X 中的开集 O_α, 使得

$$G_\alpha = O_\alpha \cap K.$$

显然, $\{O_\alpha : \alpha \in A\}$ 是 K(作为 X 的子集) 的开覆盖. 故有有限个指标 $\{\alpha_j \in A : j = 1, \cdots, n\}$, 使得

$$K \subset \bigcup_{j=1}^{n} O_{\alpha_j}.$$

由此

$$K = K \cap K \subset \left(\bigcup_{\alpha \in A} O_\alpha \right) \cap K = \bigcup_{j=1}^{n} (O_{\alpha_j} \cap K) = \bigcup_{j=1}^{n} G_{\alpha_j}.$$

因此, K 看成 X 的拓扑子空间时是紧空间.

反之, 设 K 看成 X 的拓扑子空间时是紧空间. 若有 X 中的开集族 $\{O_\alpha : \alpha \in A\}$, 使得

$$K \subset \bigcup_{\alpha \in A} O_\alpha.$$

令

$$\forall \alpha \in A(G_\alpha = O_\alpha \cap K),$$

则每个 $G_\alpha : \alpha \in A$ 是 X 的拓扑子空间 K 中的开集, 且

$$K = K \cap K \subset \left(\bigcup_{\alpha \in A} O_\alpha\right) \cap K = \bigcup_{\alpha \in A}(O_\alpha \cap K) = \bigcup_{\alpha \in A} G_\alpha.$$

故有有限个指标 $\{\alpha_j \in A : j = 1, \cdots, n\}$, 使得

$$K \subset \bigcup_{j=1}^n G_{\alpha_j} \subset \bigcup_{j=1}^n O_{\alpha_j}.$$

这就证明了: K 看做 X 的子集时是紧集. $\qquad\square$

命题 7.6.2 拓扑空间 X 是紧空间, 当且仅当 X 的任一族闭子集 $\{K_\alpha, \alpha \in I\}$, 只要

$$\forall 有限集 J \subset I\left(\bigcap_{\alpha \in J} K_\alpha \neq \varnothing\right),$$

便一定有 $\bigcap_{\alpha \in I} K_\alpha \neq \varnothing$.

特别, 若拓扑空间 X 是紧空间, 当 $\{K_n\}$ 是 X 的一串非空闭子集, 且

$$\forall n \in \mathbf{N}(K_{n+1} \subset K_n),$$

则 $\bigcap_{n=1}^\infty K_n \neq \varnothing$.

证 由 de Morgan 对偶原理, 命题的前半段是紧空间定义 (定义 7.6.2) 的对偶陈述. 后半段是前半段的特例. $\qquad\square$

命题 7.6.3 设 X 是拓扑空间, $K \subset X$ 是紧集, $F \subset K$ 是闭集, 则 F 也是紧集.

证   设 $\{G_\alpha : \alpha \in A\}$ 是 F 的一组开覆盖:

$$F \subset \bigcup_{\alpha \in A} G_\alpha,$$

则

$$K = F \cup (K \setminus F) \subset \left(\bigcup_{\alpha \in A} G_\alpha \right) \cup (X \setminus F).$$

F 闭, 故 $X \setminus F$ 开, 因而 $\{X \setminus F\} \cup \{G_\alpha : \alpha \in A\}$ 是 K 的一组开覆盖. 由 K 的紧性, 这组开覆盖有有限子覆盖. 这有限子覆盖中可能有 $X \setminus F$, 也可能没有 $X \setminus F$. 无论是哪一种情形, A 中有有限个指标 $\alpha_1, \cdots, \alpha_n$, 使得

$$K \subset \left[\bigcup_{j=1}^n G_{\alpha_j} \right] \cup (X \setminus F).$$

由此

$$F = F \cap K \subset \left\{ \left[\bigcup_{j=1}^n G_{\alpha_j} \right] \cup (X \setminus F) \right\} \cap F = \left[\bigcup_{j=1}^n G_{\alpha_j} \right] \cap F \subset \bigcup_{j=1}^n G_{\alpha_j}.$$

$\{G_{\alpha_j} : j = 1, \cdots, n\}$ 是 $\{G_\alpha : \alpha \in A\}$ 关于 F 的一组有限子覆盖, 故 F 是紧集.   □

推论 7.6.1 $\mathbf{R}$ 的任何有界闭子集都是紧的.

证 $\mathbf{R}$ 的任何有界闭子集都是某有界闭区间的闭子集. 由命题 7.6.3 和例 7.6.1, 它应是紧集.   □

命题 7.6.4   设 X 是 Hausdorff 空间, $K \subset X$ 是紧集, 则 K 是闭集.

证   给定了 $x \notin K$, 对于任何 $y \in K$, 则 $x \neq y$. 因 X 是 Hausdorff 空间, 有开集 G_y 和 U_y, 使得

$$x \in G_y, y \in U_y \text{ 且 } G_y \cap U_y = \varnothing.$$

因

$$K \subset \bigcup_{y \in K} U_y,$$

作为紧集的 K 应有 $\{U_y : y \in K\}$ 的有限子覆盖. 换言之, 有有限个 K 中的点

$$y_1, \cdots, y_n \in K,$$

使得

$$K \subset \bigcup_{1 \leqslant l \leqslant n} U_{y_l}.$$

另一方面

$$x \in \bigcap_{1 \leqslant j \leqslant n} G_{y_j},$$

且

$$K \cap \left(\bigcap_{1 \leqslant j \leqslant n} G_{y_j} \right) \subset \left(\bigcup_{1 \leqslant l \leqslant n} U_{y_l} \right) \cap \left(\bigcap_{1 \leqslant j \leqslant n} G_{y_j} \right)$$

$$\subset \bigcup_{1 \leqslant l \leqslant n} \left(U_{y_l} \cap \left(\bigcap_{1 \leqslant j \leqslant n} G_{y_j} \right) \right) \subset \bigcup_{1 \leqslant l \leqslant n} (U_{y_l} \cap G_{y_l}) = \varnothing.$$

作为有限个开集之交的 $\bigcap_{1 \leqslant j \leqslant n} G_{y_j}$ 是 x 的一个开邻域, 故 x 不在 K 的闭包中. K 是闭集. □

推论 7.6.2 **R** 的子集是紧的, 当且仅当它是有界闭集.

证 "当" 的部分已包含在推论 7.6.1 中. 因 **R** 是 Hausdorff 空间, 由命题 7.6.4, 紧集必闭. 因该紧集被开区间族 $\{(-n, n) : n \in \mathbf{N}\}$ 覆盖, 故它应被有限个这样的开区间覆盖, 它必有界. "仅当" 部分也得证. □

定理 7.6.1 设 X 是紧空间, Y 是拓扑空间, $f : X \to Y$ 是连续映射, 则 $f(X)$ 是紧集.

证 设 $\{U_\alpha : \alpha \in A\}$ 是 $f(X)$ 的一组开覆盖, 则 $\{f^{-1}(U_\alpha) : \alpha \in A\}$ 是一组开集. 又因

$$X = f^{-1}(f(X)) \subset f^{-1} \left(\bigcup_{\alpha \in A} U_\alpha \right) = \bigcup_{\alpha \in A} f^{-1}(U_\alpha),$$

故 $\{f^{-1}(U_\alpha) : \alpha \in A\}$ 是 X 的一组开覆盖. 因 X 紧, A 中有有限个指标

$$\alpha_1, \cdots, \alpha_n \in A,$$

使得

$$X \subset \bigcup_{j=1}^{n} f^{-1}(U_{\alpha_j}),$$

所以

$$f(X) \subset f\left[\bigcup_{j=1}^{n} f^{-1}(U_{\alpha_j})\right] = \bigcup_{j=1}^{n} f[f^{-1}(U_{\alpha_j})] \subset \bigcup_{j=1}^{n} U_{\alpha_j}.$$

因此, $f(X)$ 的开覆盖 $\{U_\alpha : \alpha \in A\}$ 有有限子覆盖. $\qquad\square$

推论 7.6.3 设 X 是紧空间, $f : X \to \mathbf{R}$ 是连续映射, 则 $f(X) \subset \mathbf{R}$ 是有界集, 且 $\sup f(X), \inf f(X) \in f(X)$, 换言之, f 在 X 上是有界函数, 且达到最大与最小值.

证 由定理 7.6.1, $f(X)$ 在 $\mathbf{R}$ 中是紧的. 由推论 7.6.2, $f(X)$ 在 $\mathbf{R}$ 中是有界闭集. 推论的前半个结论已证得. 不难证明: 若 Y 是 $\mathbf{R}$ 中的有界集, 则 $\sup Y$ 与 $\inf Y$ 或属于 Y, 或是 Y 的极限点, 换言之, $\sup Y \in \overline{Y}, \inf Y \in \overline{Y}$. 特别, 假若 Y 是闭集, 则 $\sup Y \in Y, \inf Y \in Y$. $\square$

注 若 $X = [a, b]$, 推论 7.6.3 便成为定理 4.2.2 与定理 4.2.3 这两个闭区间上连续函数的整体性质了.

推论 7.6.4 设 X 是紧空间, Y 是 Hausdorff 空间, 映射 $f : X \to Y$ 是连续双射, 则 f^{-1} 连续, 换言之, f 是同胚.

证 为了证明 f^{-1} 连续, 只须证明 f 把闭集映成闭集. 设 $F \subset X$ 是闭集, 因 X 紧, F 应紧. 因此 $f(F)$ 也应紧. Y 是 Hausdorff 空间, 由命题 7.6.4, $f(F)$ 闭. $\qquad\square$

定理 7.6.2 设 (X, ρ) 是紧度量空间, (Y, d) 是度量空间, $f : X \to Y$ 是连续映射, 则 f 在 X 上是一致连续的, 换言之,

$$\forall \varepsilon > 0 \exists \delta > 0 \forall x, y \in X \big(\rho(x, y) < \delta \Longrightarrow d(f(x), f(y)) < \varepsilon\big).$$

证 给定了 $\varepsilon > 0$, 由 f 的连续性,

$$\forall x \in X \exists \delta(x) > 0 \big(\rho(x, y) < 2\delta(x) \Longrightarrow d(f(x), f(y)) < \varepsilon/2\big).$$

由于

$$X \subset \bigcup_{x \in X} \mathbf{B}(x, \delta(x))$$

及 X 的紧性, 有 X 的有限个点 $x_1, x_2, \cdots, x_n$, 使得

$$X \subset \bigcup_{j=1}^{n} \mathbf{B}(x_j, \delta(x_j)).$$

令
$$\delta = \min_{1 \leqslant j \leqslant n} \delta(x_j) > 0.$$

今设 $x, y \in X$, 且 $\rho(x, y) < \delta$, 则必有某个 $j \in \{1, \cdots, n\}$, 使得 $x \in \mathbf{B}(x_j, \delta(x_j))$. 因

$$\rho(y, x_j) \leqslant \rho(y, x) + \rho(x, x_j) < \delta + \delta(x_j) \leqslant 2\delta(x_j),$$

有

$$d(f(y), f(x_j)) < \varepsilon/2.$$

又因 $\rho(x, x_j) < \delta(x_j) < 2\delta(x_j)$, 故

$$d(f(x), f(x_j)) < \varepsilon/2.$$

所以

$$d(f(y), f(x)) \leqslant d(f(y), f(x_j)) + d(f(x_j), f(x)) < \varepsilon/2 + \varepsilon/2 = \varepsilon.$$

这就证明了 f 在 X 上的一致连续性. $\qquad\qquad\qquad\square$

注 1　定理 7.6.2 是定理 4.2.4 的推广.

注 2　我们在定理 4.2.4 后的注中曾指出证明连续函数在有界闭区间上的一致连续性的最好途径是利用 Lebesgue 数的存在性. 为此, 同学应先叙述并证明紧度量空间上的 Lebesgue 数存在定理.

定义 7.6.3　设 E 是度量空间 X 的子集, E 的**直径**定义为

$$\mathrm{diam}E = \sup_{x, y \in E} \rho(x, y).$$

集合 E 称为**有界的**, 若 $\mathrm{diam}E < \infty$.

定义 7.6.4　设 E 是度量空间 X 的子集, $\varepsilon > 0$. 集合 $F \subset X$ 称为 E 的一个 **ε-网**, 若

$$E \subset \bigcup_{x \in F} \mathbf{B}(x, \varepsilon).$$

集合 E 称为**全有界的**, 若对于任何 $\varepsilon > 0$, E 有一个由有限点集组成的 ε-网 (简称**有限 ε-网**). 换言之, 有 X 的有限子集 $\{x_1, \cdots, x_n\}$, 使得

$$E \subset \bigcup_{j=1}^{n} \mathbf{B}(x_j, \varepsilon).$$

命题 7.6.5 设 E 是度量空间 X 的子集. 若集合 E 是全有界的, 则对于任何 $\varepsilon > 0$, E 有一个子集, 它是 E 的有限 ε- 网, 换言之, 有有限集 $\{x_1, \cdots, x_n\} \subset E$, 使得

$$E \subset \bigcup_{j=1}^{n} \mathbf{B}(x_j, \varepsilon).$$

证 集合 E 是全有界的, 则对于任何 $\varepsilon > 0$, 有 X 的有限子集 $\{y_1, \cdots, y_n\}$, 使得

$$E \subset \bigcup_{j=1}^{n} \mathbf{B}(y_j, \varepsilon/2).$$

不妨设 $\forall j \in \{1, \cdots, n\}(E \cap \mathbf{B}(y_j, \varepsilon/2) \neq \varnothing)$(不然, 把那些使 $E \cap \mathbf{B}(y_j, \varepsilon/2) = \varnothing$ 的 j 丢弃). 在每个 $E \cap \mathbf{B}(y_j, \varepsilon/2)$ 中选一个 x_j. 我们有

$$\forall z \in \mathbf{B}(y_j, \varepsilon/2)\big(\rho(z, x_j) \leqslant \rho(z, y_j) + \rho(y_j, x_j) < \varepsilon/2 + \varepsilon/2 = \varepsilon\big).$$

换言之, $\mathbf{B}(y_j, \varepsilon/2) \subset \mathbf{B}(x_j, \varepsilon)$. 所以,

$$E \subset \bigcup_{j=1}^{n} \mathbf{B}(y_j, \varepsilon/2) \subset \bigcup_{j=1}^{n} \mathbf{B}(x_j, \varepsilon). \qquad \square$$

以下两个命题的证明十分简单, 留给同学了.

命题 7.6.6 $\mathbb{R}$ 中任何有界集都是全有界的.

命题 7.6.7 设 E 是度量空间 X 的全有界集, 则

(i) E 有界;

(ii) E 的闭包 $\overline{E}$ 也全有界;

(iii) E 的任何子集全有界.

定义 7.6.5 拓扑空间 X 称为**列紧的**, 或称**具有 Bolzano-Weierstrass 性质的**, 若 X 的每个点列有收敛子列.

为了以后讨论的方便, 我们引进以下两个很有用的引理.

引理 7.6.1 有收敛子列的 Cauchy 列必收敛.

证 设 $\{x_n\}$ 是 Cauchy 列, 且 $\{x_n\}$ 有收敛子列 $\{x_{n_k}\}$, 后者的极限记为 y:

$$y = \lim_{k \to \infty} x_{n_k},$$

则

$$\forall \varepsilon > 0 \exists k_0 \in \mathbf{N} \forall k \geqslant k_0 (\rho(y, x_{n_k}) < \varepsilon/2).$$

又因 $\{x_n\}$ 是 Cauchy 列, 对于以上给定的 ε, 有 $N \in \mathbf{N}$, 使得

$$\forall n \geqslant N \forall m \geqslant N (\rho(x_n, x_m) < \varepsilon/2).$$

选一个自然数 $k_1 \geqslant k_0 (k_0$ 是以前讨论中确定了的那个 $k_0)$ 使得 $n_{k_1} \geqslant N$, 则对于任何自然数 $n \geqslant N$ 必有

$$\rho(y, x_n) \leqslant \rho(y, x_{n_{k_1}}) + \rho(x_{n_{k_1}}, x_n) < \varepsilon/2 + \varepsilon/2 = \varepsilon.$$

这就证明了 $\lim\limits_{n \to \infty} x_n = y$. □

引理 7.6.2 设 $\{x_n\}$ 是度量空间 X 的一个点列. $y \in X$ 是 $\{x_n\}$ 的某子列的极限的充分必要条件是

$$\forall \varepsilon > 0 (\{m \in \mathbf{N} : x_m \in \mathbf{B}(y, \varepsilon)\} \text{是无限集}).$$

证 若 $\{x_n\}$ 有子列 $x_{n_k} (k = 1, 2, \cdots)$ 收敛于 y, 则对于任何 $\varepsilon > 0$ 有 $K \in \mathbf{N}$, 使得 $k \geqslant K$ 时, 便有 $x_{n_k} \in \mathbf{B}(y, \varepsilon)$, 换言之, $\{m \in \mathbf{N} : x_m \in \mathbf{B}(y, \varepsilon)\} \supset \{m = n_k : k \geqslant K\}$. 故 $\{m \in \mathbf{N} : x_m \in \mathbf{B}(y, \varepsilon)\}$ 是无限集.

假设

$$\forall \varepsilon > 0 (\{m \in \mathbf{N} : x_m \in \mathbf{B}(y, \varepsilon)\} \text{是无限集}),$$

则有无限多个自然数 $m \in \mathbf{N}$, 使得 $x_m \in \mathbf{B}(y, 1)$. 以 n_1 表示满足上述条件的自然数 $m \in \mathbf{N}$ 中的最小者. 若已选得 k 个自然数:

$$n_1 < n_2 < \cdots < n_k,$$

使得

$$x_{n_j} \in \mathbf{B}(y, 1/j) \quad (j = 1, \cdots, k).$$

按上述假设, $\{m \in \mathbf{N} : x_m \in \mathbf{B}(y, \varepsilon)\} \not\subset \{m \in \mathbf{N} : m \leqslant n_k\}$, 换言之, 至少有一个自然数 $m \in \mathbf{N}$, 使得

$$m > n_k, \quad \text{且} \quad x_m \in \mathbf{B}(y, 1/(k+1)).$$

以 n_{k+1} 表示满足上述条件的自然数中的最小者, 便得 $k+1$ 个自然数:

$$n_1 < n_2 < \cdots < n_{k+1},$$

使得

$$x_{n_j} \in \mathbf{B}(y, 1/j) \quad (j = 1, \cdots, k+1).$$

根据数学归纳原理, 有一个自然数序列:

$$n_1 < n_2 < \cdots < n_k < \cdots,$$

使得

$$x_{n_j} \in \mathbf{B}(y, 1/j) \quad j = 1, \cdots, k, \cdots.$$

显然, $y = \lim\limits_{j \to \infty} x_{n_j}$. □

现在我们可以讨论度量空间的紧性的三种等价的刻画了.

定理 7.6.3 X 是度量空间, 则以下三个关于 X 的条件中有一条成立时, 另两条也成立:

(i) X 是紧的;

(ii) X 是列紧的;

(iii) X 是全有界且完备的.

证   先证明 (i)$\Longrightarrow$(ii). 假设 X 紧, 我们要证明 X 列紧. 为此我们用反证法. 假设 X 中的点列 $\{x_n\}$ 无收敛子列, 由引理 7.6.2,

$$\forall y \in X \exists \varepsilon_y > 0 (\{n \in \mathbf{N} : x_n \in \mathbf{B}(y, \varepsilon_y)\} \text{是有限集}).$$

因 X 紧且

$$X \subset \bigcup_{y \in X} \mathbf{B}(y, \varepsilon_y),$$

有有限多个 X 的点

$$y_1, \cdots, y_m,$$

使得

$$X \subset \bigcup_{j=1}^{m} \mathbf{B}(y_j, \varepsilon_{y_j}).$$

因

$$\mathbf{N} = \{n \in \mathbf{N} : x_n \in X\} \subset \left\{n \in \mathbf{N} : x_n \in \bigcup_{j=1}^{m} \mathbf{B}(y_j, \varepsilon_{y_j})\right\}$$

$$\subset \bigcup_{j=1}^{m} \{n \in \mathbf{N} : x_n \in \mathbf{B}(y_j, \varepsilon_{y_j})\},$$

上式左端是无限集 (事实上是可数集), 而作为有限多个有限集之并的右端应是有限集. 这个矛盾证明了 X 列紧.

再证 (ii)$\Longrightarrow$(iii). 假设 X 列紧但非全有界, 则有 $\varepsilon > 0$, 使得 X 无有限 ε-网. 任选 $x_1 \in X$, 则 $X \setminus \mathbf{B}(x_1, \varepsilon) \neq \varnothing$. 设已选得 $x_1, \cdots, x_n \in X$, 使得

$$\forall j, k \in \{1, \cdots, n\}(j \neq k \Rightarrow \rho(x_j, x_k) \geqslant \varepsilon).$$

因 X 无有限 $\varepsilon-$ 网, 故

$$X \setminus \bigcup_{j=1}^{n} \mathbf{B}(x_j, \varepsilon) \neq \varnothing.$$

任选

$$x_{n+1} \in X \setminus \bigcup_{j=1}^{n} \mathbf{B}(x_j, \varepsilon),$$

则得 X 的 $n+1$ 个点 $x_1, \cdots, x_{n+1}$, 使得

$$\forall j, k \in \{1, \cdots, n+1\}(j \neq k \Rightarrow \rho(x_j, x_k) \geqslant \varepsilon).$$

归纳地, 我们得到一个 X 的点列 $x_1, \cdots, x_n, \cdots$, 使得

$$\forall j, k \in \mathbf{N}(j \neq k \Rightarrow \rho(x_j, x_k) \geqslant \varepsilon).$$

显然, 点列 $\{x_n\}$ 无收敛子列 (甚至无 Cauchy 子列). 这个矛盾证明了 X 全有界.

由引理 7.6.1, 列紧的度量空间 X 必完备, 所以 (iii) 成立.

最后证明 (iii)$\Longrightarrow$(i). 假设 X 全有界且完备. 又设 $\{U_\alpha : \alpha \in A\}$ 是 X 的一组开覆盖. 若 $\{U_\alpha : \alpha \in A\}$ 无有限子覆盖, 我们将推出矛盾. 因 X 全有界, 有有限个直径不大于 1 的开集 $G_1^{(1)}, \cdots, G_{n_1}^{(1)}$, 使得

$$X = \bigcup_{j=1}^{n_1} G_j^{(1)}. \tag{7.6.1}$$

(7.6.1) 右端的 n_1 个开集中至少有一个不能被 $\{U_\alpha : \alpha \in A\}$ 有限覆盖, 记它为 O_1. O_1 也全有界. 故有有限个直径不大于 1/2 的开集

$G_1^{(2)}, \cdots, G_{n_2}^{(2)}$, 使得

$$O_1 = \bigcup_{j=1}^{n_2} G_j^{(2)}. \tag{7.6.2}$$

(7.6.2) 右端的 n_2 个开集中至少有一个不能被 $\{U_\alpha : \alpha \in A\}$ 有限覆盖, 记它为 O_2. 用归纳法, 可得一串递减的非空开集

$$O_1 \supset O_2 \supset \cdots \supset O_n \supset \cdots. \tag{7.6.3}$$

它们具有如下性质:

(1) 对于任何自然数 n, O_n 不能被 $\{U_\alpha : \alpha \in A\}$ 有限覆盖;

(2) 对于任何自然数 n, $\mathrm{diam} O_n < 1/n$.

对于任何自然数 n, 选一个点 $x_n \in O_n$, 这样我们得到一个点列 $\{x_n\}$. 由 (7.6.3) 和性质 (2), 点列 $\{x_n\}$ 是 Cauchy 列. 因 X 完备, 存在极限

$$x = \lim_{n \to \infty} x_n \in X.$$

有 $\alpha \in A$, 使得 $x \in U_\alpha$. 因 U_α 开, 故有 $\delta > 0$, 使得 $\mathbf{B}(x, 2\delta) \subset U_\alpha$, 因 $x = \lim_{n \to \infty} x_n$,

$$\exists n_0 \in \mathbf{N} \forall n \geqslant n_0 (x_n \in \mathbf{B}(x, \delta)). \tag{7.6.4}$$

由性质 (2),

$$\exists n_1 \in \mathbf{N} \forall n \geqslant n_1 (\mathrm{diam} O_n < \delta).$$

又因 $x_n \in O_n$, 故

$$\forall n \geqslant n_1 (O_n \subset \mathbf{B}(x_n, \delta)). \tag{7.6.5}$$

由 (7.6.4) 和 (7.6.5), 有

$$\forall n \geqslant \max(n_0, n_1)(O_n \subset \mathbf{B}(x, 2\delta) \subset U_\alpha).$$

但这与性质 (1)(O_n 不能被 $\{U_\alpha : \alpha \in A\}$ 有限覆盖) 矛盾. □

定理 7.6.3 给出了紧度量空间的刻画. 当然也给出了度量空间中紧集的刻画. 假若该度量空间是某个具体的函数空间, 它的紧子集的刻画在函数论或微分方程理论中常常十分有用. 本讲义只讨论一个最简单的情形. 为此, 我们先引进以下的记法: 设 X 和 Y 是两个拓扑

空间, $C(X, Y)$ 表示 $X \to Y$ 的连续映射的全体. 若 $Y = \mathbf{R}$, 则简记做 $C(X) = C(X, \mathbf{R})$.

命题 7.6.8 设 X 和 (Y, ρ) 分别是紧拓扑空间和度量空间. 引进映射 $d : C(X, Y) \times C(X, Y) \to \mathbf{R}$ 如下:

$$\forall f, g \in C(X, Y) \big(d(f, g) = \sup_{x \in X} \rho(f(x), g(x)) \big),$$

则 $(C(X, Y), d)$ 是个度量空间, 如上定义的 d 常称为 $C(X, Y)$ 上的**一致度量**, 它是最大绝对值范数的推广. 若 Y 完备, 则 $(C(X, Y), d)$ 也完备.

注 连续函数列 $\{f_n\}$ 在度量空间 $(C(X, Y), d)$ 中收敛于 f, 当且仅当连续函数列 $\{f_n\}$ 在 X 上一致收敛于 f. 这就是 "一致度量" 称谓的来源. 由一致度量诱导出的 $C(X, Y)$ 上的拓扑称为**一致收敛拓扑**, 有时, 简称**一致拓扑**.

证 $(C(X, Y), d)$ 是个度量空间的证明很容易, 留给同学了. 今设 Y 完备, 我们要证明 $C(X, Y)$ 的完备性. 设 $\{f_n\}$ 是 $C(X, Y)$ 中的 Cauchy 列, 则对于任何 $x \in X$, 有

$$\rho(f_n(x), f_m(x)) \leqslant d(f_n, f_m).$$

因此, 由 $\lim\limits_{n, m \to \infty} d(f_n, f_m) = 0$ 可推出 $\lim\limits_{n, m \to \infty} \rho(f_n(x), f_m(x)) = 0$. 所以对于任何 $x \in X$, $\{f_n(x)\}$ 是 Y 中的 Cauchy 列, 因而它收敛, 记

$$f(x) = \lim_{n \to \infty} f_n(x).$$

换言之, 对于任何 $x \in X$,

$$\lim_{n \to \infty} \rho(f(x), f_n(x)) = 0. \tag{7.6.6}$$

由于 $\{f_n\}$ 是 $(C(X, Y), d)$ 中的 Cauchy 列, 故对任何 $\varepsilon > 0$, 有自然数 n_0, 使得任何两个自然数 $n, m \geqslant n_0$, 必有

$$d(f_m, f_n) = \sup_{x \in X} \rho(f_m(x), f_n(x)) < \varepsilon.$$

因此, 对于任何 $\varepsilon > 0$ 和任何 $x \in X$, 只要 $n \geqslant n_0$ 便有

$$\rho(f(x), f_n(x)) = \lim_{m \to \infty} \rho(f_m(x), f_n(x)) \leqslant \varepsilon. \tag{7.6.7}$$

下面我们要证明 $f \in C(X,Y)$, 换言之, 要证明 f 在 X 上连续: 对于任何 $x, y \in X$, 有 (n_0 如前所述)

$$\rho(f(x), f(y)) \leqslant \rho(f(x), f_{n_0}(x)) + \rho(f_{n_0}(x), f_{n_0}(y)) + \rho(f_{n_0}(y), f(y))$$
$$\leqslant 2\varepsilon + \rho(f_{n_0}(x), f_{n_0}(y)).$$

因 f_{n_0} 在 x 处连续, 有一个 x 的邻域 U, 只要 $y \in U$, 上式右端最后一项 $< \varepsilon$. 这就证明了 $f \in C(X,Y)$. 由 (7.6.7),

$$\forall n \geqslant n_0 (d(f, f_n) \leqslant \varepsilon).$$

这就证明了 $\{f_n\}$ 在 $C(X,Y)$ 中收敛于 $f \in C(X,Y)$.   □

定义 7.6.6　设 X 是拓扑空间, (Y, ρ) 是度量空间, $\mathcal{F} \subset C(X,Y)$, $x \in X$. 我们称 $\mathcal{F}$ **在 x 处等度连续**, 若

$$\forall \varepsilon > 0 \exists x \text{ 的邻域 } U \forall y \in U \forall f \in \mathcal{F} (\rho(f(y), f(x)) < \varepsilon).$$

若对于任何 $x \in X$, $\mathcal{F}$ 在 x 处等度连续, 便称 $\mathcal{F}$ **在 X 上是等度连续的**.

定理 7.6.4(Arzelà-Ascoli 定理)　设 X 是紧空间, (Y, ρ) 是紧度量空间, 则度量空间 $(C(X,Y), d)$ 的子集 $\mathcal{F}$ 是全有界的, 当且仅当 $\mathcal{F}$ 是等度连续的.

证　假设 $\mathcal{F}$ 是等度连续的, 则对于任何给定的 $\varepsilon > 0$ 和任何 $x \in X$, 有 x 的邻域 U_x, 使得

$$\forall y \in U_x \forall f \in \mathcal{F} (\rho(f(x), f(y)) < \varepsilon/3). \tag{7.6.8}$$

因 $X \subset \bigcup_{x \in X} U_x$ 且 X 是紧空间, 故有 X 的有限个点:

$$x_1, \cdots, x_n,$$

使得

$$X \subset \bigcup_{j=1}^{n} U_{x_j}. \tag{7.6.9}$$

令

$$Z = \{(f(x_1), \cdots, f(x_n)) : f \in \mathcal{F}\} \subset Y^n.$$

乘积度量空间 Y^n 中的度量是

$$\tilde{\rho}((y_1, \cdots, y_n), (z_1, \cdots, z_n)) = \max_{1 \leqslant j \leqslant n} \rho(y_j, z_j).$$

因 Y 是紧度量空间, Y 必全有界. 对于任何 $\varepsilon > 0$, Y 有 ε-网 $W = \{w_1, \cdots, w_m\}$. 容易看出, W^n 是 Y^n 的 ε-网 (参看练习 7.6.4 的 (i)). 因此, Y^n 全有界. 作为 Y^n 的子集的 Z 也是全有界的, 换言之, 对于任何 $\varepsilon > 0$, 有 $\mathcal{F}$ 的有限个元素 $f_1, \cdots, f_p$, 使得

$$\forall f \in \mathcal{F} \exists j \in \{1, \cdots, p\} \left(\max_{1 \leqslant k \leqslant n} \rho(f(x_k), f_j(x_k)) < \varepsilon/3 \right). \tag{7.6.10}$$

对于任何 $x \in X$, 由 (7.6.9), 有某个 $k \in \{1, \cdots, n\}$ 使得 $x \in U_{x_k}$. 因而, 注意到 $\mathcal{F}$ 的等度连续的条件 (7.6.8) 和 Z 的全有界的条件 (7.6.10), 我们得到

$$\rho(f(x), f_j(x)) \leqslant \rho(f(x), f(x_k)) + \rho(f(x_k), f_j(x_k)) + \rho(f_j(x_k), f_j(x))$$
$$\leqslant \varepsilon/3 + \varepsilon/3 + \varepsilon/3 = \varepsilon.$$

这就证明了 $\{f_1, \cdots, f_p\}$ 是 $\mathcal{F}$ 的 ε-网. 所以 $\mathcal{F}$ 是全有界的.

反之, 设 $\mathcal{F}$ 是全有界的. 对于任给的 $\varepsilon > 0$, $\mathcal{F}$ 有 $\varepsilon/3$-网 $\{f_1, \cdots, f_p\}$. 故对于任何 $f \in \mathcal{F}$, 有某个 $j \in \{1, \cdots, p\}$, 使得

$$d(f, f_j) = \sup_{z \in X} \rho(f(z), f_j(z)) < \varepsilon/3. \tag{7.6.11}$$

另一方面, 对于给定的 $x \in X$, 有 x 的邻域 U_x, 使得

$$\forall y \in U_x \forall j \in \{1, \cdots, p\} (\rho(f_j(y), f_j(x)) < \varepsilon/3). \tag{7.6.12}$$

由 (7.6.11) 和 (7.6.12), 对于任何 $f \in \mathcal{F}$ 和任何 $y \in U_x$, 我们有

$$\rho(f(x), f(y)) \leqslant \rho(f(x), f_j(x)) + \rho(f_j(x), f_j(y)) + \rho(f_j(y), f(y))$$
$$\leqslant \varepsilon/3 + \varepsilon/3 + \varepsilon/3 = \varepsilon.$$

这就证明了 $\mathcal{F}$ 的等度连续性.   □

推论 7.6.5   设 X 是紧空间, (Y, ρ) 是紧度量空间, $\mathcal{F} \subset C(X, Y)$. 若 $\mathcal{F}$ 是等度连续的, 则 $\mathcal{F}$ 的任何点列都有 $C(X, Y)$ 中的收敛子列.

证   由命题 7.6.8, $C(X, Y)$ 完备. 由 Arzelà-Ascoli 定理, $\mathcal{F}$ 全有界. 因此, $\overline{\mathcal{F}}$ 完备且全有界. 由定理 7.6.3, $\overline{\mathcal{F}}$ 列紧. $\mathcal{F}$ 的任何点列都有收敛子列. □

推论 7.6.6   设 X 是紧空间, $\mathcal{F} \subset C(X)$ 是等度连续的, 且对于任何 $x \in X$, 有 $M_x \in \mathbf{R}$ 使得 $\forall f \in \mathcal{F}(|f(x)| \leqslant M_x)$, 则 $\mathcal{F}$ 中的任何函数列必有一致收敛的子列.

证   因 $\mathcal{F} \subset C(X)$ 是等度连续的, 对于任何 $x \in X$, 有 x 的邻域 U_x, 使得

$$\forall y \in U_x \forall f \in \mathcal{F}(|f(y) - f(x)| \leqslant 1).$$

故

$$\forall y \in U_x \forall f \in \mathcal{F}(|f(y)| \leqslant M_x + 1).$$

因 X 是紧空间, 有 X 的有限个点 $x_1, \cdots, x_n$, 使得

$$X \subset \bigcup_{j=1}^{n} U_{x_j}.$$

因此

$$\forall x \in X \forall f \in \mathcal{F}\left(|f(x)| \leqslant \max_{1 \leqslant j \leqslant n} M_{x_j} + 1\right).$$

这就证明了 $\mathcal{F} \subset C(X, [-M, M])$, 其中 $M = \max\limits_{1 \leqslant j \leqslant n} M_{x_j} + 1$. 因 $[-M, M]$ 作为有界闭区间是紧集, 推论 7.6.6 便是推论 7.6.5 的推论. □

练   习

7.6.1   设 E 是个拓扑空间, $\mathcal{B}$ 是 E 上的一个滤子基, $x_0 \in E$. x_0 称为滤子基 $\mathcal{B}$ 的一个**聚点**(或称极限点, 有的文献也称它为**接触点**), 假若

$$\forall S \in \mathcal{B} \forall x_0 \text{的邻域} U(S \cap U \neq \varnothing).$$

试证:

(i) 若 $x_0 = \lim \mathcal{B}$, 则 x_0 是 $\mathcal{B}$ 的聚点.

(ii) 若 E 是个 Hausdorff 空间, 而 $\mathcal{B}$ 是 E 上的一个滤子基. 假设 $\mathcal{B}$ 有极限, 则它的接触点只有一个, 这唯一的接触点就是 $\mathcal{B}$ 的极限.

(iii) 给了两个滤子基 $\mathcal{B}_1$ 和 $\mathcal{B}_2$, 若

$$\forall A_1 \in \mathcal{B}_1 \forall A_2 \in \mathcal{B}_2(A_1 \cap A_2 \neq \varnothing),$$

则一定有比滤子基 $\mathcal{B}_1$ 和 $\mathcal{B}_2$ 更精细的滤子基.

(iv) 拓扑空间 E 是紧空间, 当且仅当 E 上的任一个滤子基 $\mathcal{B}$ 都至少有一个 E 上的比 $\mathcal{B}$ 更精细的收敛的滤子基.

注 陈述 "E 上的任一个滤子基 $\mathcal{B}$ 都至少有一个 E 上的比 $\mathcal{B}$ 更精细的收敛的滤子基" 是 Bolzano-Weierstrass 性质的推广了的形式.

(v) 若 E 是个紧空间, $\mathcal{B}$ 是 E 上的一个滤子基. 设 $\mathcal{B}$ 的聚点只有一个, 则 $\mathcal{B}$ 收敛于这唯一的一个聚点.

7.6.2 设 X 是度量空间, $x \in X$, $E \subset X$. **点 x 到 E 的距离**定义为

$$\rho(x, E) = \inf_{y \in E} \rho(x, y).$$

注 有时, $\rho(x, E)$ 也记做 $\mathrm{dist}(x, E)$.

(i) 证明: 函数 $x \mapsto \rho(x, E)$ 在 X 上一致连续.

(ii) 证明: $\overline{E} = \{x \in X : \rho(x, E) = 0\}$. 特别, 若 E 闭, 则

$$E = \{x \in X : \rho(x, E) = 0\} = \bigcap_{n=1}^{\infty} \{x \in X : \rho(x, E) \leqslant 1/n\}.$$

(iii) 对于任何 $\alpha > 0$, 试证: 集合 $\{x \in X : \rho(x, E) < \alpha\}$ 是开集.

(iv) 试证: X 中的任何闭集可以表成可数个开集之交.

(v) 设 E 和 F 是 X 的两个互不相交的闭集, 令

$$f(x) = \frac{\rho(x, E)}{\rho(x, E) + \rho(x, F)}.$$

试证: f 是 X 上的实值连续函数, 且 $0 \leqslant f \leqslant 1$, $E = f^{-1}(\{0\})$, $F = f^{-1}(\{1\})$.

(vi) 设 E 和 F 是 X 的两个互不相交的闭集, 试证: X 有两个开集 U 和 V, 使得

$$E \subset U, \quad F \subset V, \quad U \cap V = \varnothing.$$

注 若拓扑空间 X 的任何两个互不相交的闭集一定分别包含在两个互不相交的开集之中, 则拓扑空间 X 称为**正规 (拓扑) 空间**. 因此, 度量空间必正规.

(vii) 假设 X 是完备度量空间, E 是 X 的闭子集, 则 E 作为 X 的度量子空间也是完备的.

(viii) 设 K 和 F 分别是度量空间 X 中的紧集与闭集, 且 $K \cap F = \varnothing$. 试证:

$$\inf_{\substack{x \in K \\ y \in F}} \rho(x, y) > 0.$$

(ix) 设 K 和 F 分别是度量空间 X 中的紧集与闭集, 且 $K \cap F = \varnothing$. 试证: 有一个开集 U, 使得

$$K \subset U \text{ 且 } \overline{U} \cap F = \varnothing.$$

(x) 若 X 是度量空间, $K \subset X$ 是紧集, $\{U_\alpha\}_{\alpha \in A}$ 是 X 中一族覆盖 K 的开集: $K \subset \bigcup\limits_{\alpha \in A} U_\alpha$. 试证: 必有有限个开集 $\{V_j\}_{j=1}^n$, 使得每个 $j \in \{1, \cdots, n\}$ 有一个 $\alpha(j) \in A$ 与之对应, 这族开集 $\{V_j\}_{j=1}^n$ 和对应的 $\alpha(j) \in A$ 有以下三条性质:

(a) $j \neq k \Longrightarrow \alpha(j) \neq \alpha(k)$;

(b) 对于每个 j, $\overline{V_j} \subset U_{\alpha(j)}$;

(c) $K \subset \bigcup\limits_{j=1}^n V_j$.

7.6.3 (i) 设 $\mathcal{B}$ 是拓扑空间 X 的一组基. 拓扑空间 X 是紧空间的充分必要条件是: 由 $\mathcal{B}$ 中元素组成的 X 的覆盖必有有限子覆盖;

(ii) 设 X 和 Y 是两个紧空间, $X \times Y$ 是它们的乘积空间. 试证: $X \times Y$ 是紧空间.

注   (ii) 的结果可以推广成以下的定理: 设 $\{X_\alpha : \alpha \in J\}$ 是一族紧拓扑空间, 则拓扑积 $\prod\limits_{\alpha \in J} X_\alpha$ 是紧拓扑空间. 这个定理称为吉洪诺夫定理, 是前苏联数学家吉洪诺夫第一个证明的. 因为它的证明要用到选择公理或与它等价的命题, 本讲义不去讨论了.

7.6.4 (i) 设 X 和 Y 是两个度量空间, $\varepsilon > 0$, 而 $x_1, \cdots, x_m$ 和 $y_1, \cdots, y_n$ 分别是 X 和 Y 中的两个 ε 网. 试证: 乘积度量空间 $X \times Y$ 中的 mn 个点构成的点集

$$\{(x_i, y_j) : i = 1, \cdots, m; j = 1, \cdots, n\}$$

是 $X \times Y$ 中的一个 ε 网, 乘积度量空间上的度量用 (7.4.1) 的方式定义.

(ii) 设 X 和 Y 是两个全有界的度量空间. 试证: $X \times Y$ 是个全有界的度量空间.

7.6.5 设 E 是有限维实 (或复) 赋范向量空间, 即有有限个向量 $\mathbf{e}_1, \cdots, \mathbf{e}_n$ 组成的 E 的一组基. 在有限维实 (或复) 赋范向量空间 E 上定义一个实值函数 $|\cdot|_\infty : E \to \mathbf{R}$ 如下:

$$\left| \sum_{j=1}^n a_j \mathbf{e}_j \right|_\infty = \max_{1 \leqslant j \leqslant n} |a_j|.$$

试证:

(i) $|\cdot|_\infty$ 是个范数, 由这个范数诱导出的有限维实 (或复) 赋范向量空间 E 上的拓扑恰是把有限维实 (或复) 赋范向量空间 E 看成有限个 $\mathbf{R}$ 的笛卡儿积 $\mathbf{R}^n$(或有限个 $\mathbf{C}$ 的笛卡儿积 $\mathbf{C}^n$) 时的乘积拓扑 (由高等代数的知识, 任何有限维实 (或复) 向量空间和 $\mathbf{R}^n$(或 $\mathbf{C}^n$) 同构). 因而点集 $\{\mathbf{x} : |\mathbf{x}|_\infty \leqslant 1\}$ 是紧集.

(ii) 假若 $|\cdot|_1$ 是有限维实 (或复) 赋范向量空间 E 上的另一个范数, 则有一个 $M \in \mathbf{R}$, 使得

$$\forall \mathbf{x} \in E(|\mathbf{x}|_1 \leqslant M|\mathbf{x}|_\infty).$$

(iii) 作为有限维实 (或复) 赋范向量空间 E 上的一个范数, $|\cdot|_1$ 是有限维实

(或复) 赋范向量空间 $(E, |\cdot|_\infty)$ 上的一个连续函数. 因此, 有一个正数 m, 使得

$$\forall \mathbf{x} \in E(|\mathbf{x}|_\infty = 1 \Longrightarrow |\mathbf{x}|_1 \geqslant m).$$

(iv) 有正数 m 和 M, 使得

$$\forall \mathbf{x} \in E(m|\mathbf{x}|_\infty \leqslant |\mathbf{x}|_1 \leqslant M|\mathbf{x}|_\infty),$$

因此, 恒等映射 $\mathrm{id}_E : (E, |\cdot|_1) \to (E, |\cdot|_\infty)$ 是同胚. 假若 $|\cdot|_2$ 是有限维实 (或复) 赋范向量空间 E 上的另一个范数, 则相对于有限维实 (或复) 向量空间 E 上的任何两个范数 $|\cdot|_1$ 和 $|\cdot|_2$ 产生的两个度量空间是同胚的, 恒等映射便是同胚映射.

(v) 设 E 和 F 是两个有限维线性空间, $|\cdot|_E$ 和 $|\cdot|_F$ 分别是 E 和 F 上的范数. A 是 E 到 F 的线性变换, 则

(a) 有 $M > 0$, 使得

$$\forall \mathbf{x}(|A(\mathbf{x})|_F \leqslant M|\mathbf{x}|_E);$$

(b) A 是连续映射.

7.6.6 在例 7.3.7 的空间 l^2 中考虑以下点列:

$$\{\boldsymbol{\lambda}_n = (\delta_1^n, \cdots, \delta_m^n, \cdots), \quad n = 1, 2, \cdots\},$$

其中 δ_m^n 表示 Kronecker delta:

$$\delta_m^n = \begin{cases} 1, & \text{若 } m = n, \\ 0, & \text{若 } m \neq n. \end{cases}$$

试证: (i) 点列 $\{\boldsymbol{\lambda}_n, n = 1, 2, \cdots\}$ 在空间 l^2 的闭单位球中;

(ii) 点列 $\{\boldsymbol{\lambda}_n, n = 1, 2, \cdots\}$ 在空间 l^2 中无收敛子列;

(iii) 空间 l^2 中有非紧的有界闭集.

7.6.7 设 (X, ρ) 是度量空间. E 和 D 是 X 中两个互不相交的集合, E 是紧集, $f : E \to \mathbf{R}$ 是连续映射, 本练习的目的是要证明以下的

Tietz 延拓定理: 存在连续映射: $F : E \cup D \to \mathbf{R}$, 使得

$$\forall x \in E\Big(F(x) = f(x)\Big).$$

因为 E 紧, 有 $m \in \mathbf{R}$, 使得 $\forall x \in E(|f(x)| \leqslant m)$.

(i) 令

$$A = \{x \in E : f(x) \leqslant -m/3\}, \quad B = \{x \in E : f(x) \geqslant m/3\}.$$

假设 $A \neq \varnothing \neq B$. 定义映射 $f_1 : E \cup D \to \mathbf{R}$ 如下:

$$f_1(x) = \frac{m[\rho(x, A) - \rho(x, B)]}{3[\rho(x, A) + \rho(x, B)]}.$$

试证: f_1 在 $E \cup D$ 上连续, 且满足以下两个不等式:

$$\forall x \in E \cup D\Big(|f_1(x)| \leqslant m/3\Big) \text{ 和 } \forall x \in E\Big(|f(x) - f_1(x)| \leqslant 2m/3\Big).$$

(ii) 仍用 (i) 中的记法. 但假设 A 和 B 中有一个是空集. 试修改 f_1 的定义, 使得 (i) 的结论依然成立.

(iii) 利用归纳原理, 试证: 存在 $E \cup D$ 上连续的一列函数 $\{f_n\}_{n=1}^{\infty}$, 使得对于任何 $n \in \mathbf{N}$, 满足以下两个不等式:

$$\forall x \in E \cup D\Big(|f_n(x)| \leqslant m/3^n\Big) \text{ 和 } \forall x \in E\Big(|f(x) - f_n(x)| \leqslant (2/3)^n m\Big).$$

(iv) 令

$$F(x) = \sum_{n=1}^{\infty} f_n(x).$$

试证: F 在 $E \cup D$ 上连续, 且

$$\forall x \in E\Big(f(x) = F(x)\Big).$$

(v) Tietz 延拓定理成立.

7.6.8   设 X 和 Y 是两个拓扑空间, 映射 $f : X \to Y$ 的图像是指 $X \times Y$ 的子集合

$$G = G(f) = \{\Big(x, f(x)\Big) \in X \times Y : x \in X\}.$$

试证: 若 X 是个紧 Hausdorff 空间, 则 f 连续的充分必要条件是: $G(f)$ 是紧集.

§7.7   Stone-Weierstrass 逼近定理

早在 19 世纪德国数学家 Weierstrass 就知道闭区间上的任何连续函数都可被一串多项式一致逼近. 还知道 $\mathbf{R}$ 上的任何以 2π 为周期的周期连续函数都可被一串三角多项式一致逼近. Weierstrass 的这个结果有很多推广, 证明的思路也变化多端. 其中以上世纪中叶美国数学家 M.H.Stone 的推广最为有用, 证明的思路也比较自然. 本节将介绍这个重要的推广, 它常被称为 Stone-Weierstrass 逼近定理.

为了叙述和证明我们的主要定理, 先引进一条引理, 它是 Weierstrass 逼近定理的很特殊的情形, 因而证明方法很多 (参看第一册 §6.4 练习 6.4.5 的 (v) 及本节练习 7.7.2 的 (iv)).

引理 7.7.1   对于任何正数 M, 在闭区间 $[-M, M]$ 上, 有一串多项式 $\{q_n\}$ 一致地收敛于 $|x|$.

证　不妨设 $M = 1$. 因 $M > 1$ 时, 可以通过自变量换元 $y = x/M$ 化成 $M = 1$ 的情形. 构造多项式列 $\{q_n\}$ 如下:

$$q_0(x) \equiv 1$$

$$\forall n \geqslant 1 \big(q_{n+1}(x) = [x^2 + 2q_n(x) - (q_n(x))^2]/2\big).$$

利用归纳法可以证明, 多项式列 $\{q_n(x)\}$ 满足以下条件:

$$\forall x \in [-1, 1]\big(|x| \leqslant q_{n+1}(x) \leqslant q_n(x) \leqslant 1\big) \quad (n = 0, 1, \cdots). \tag{7.7.1}$$

事实上, 当 $n = 0$ 时, 不等式 $|x| \leqslant q_0(x)$ 显然成立. 另一方面, 因为

$$q_{n+1} = [x^2 + 1 - (1 - q_n)^2]/2,$$

易见,

$$\forall x \in [-1, 1]\forall n \in \mathbf{Z}_+\big(q_{n+1} \leqslant [1 + 1 - (1 - q_n)^2]/2 \leqslant 1\big).$$

根据数学归纳原理, 可以证明

$$\forall x \in [-1, 1]\forall n \in \mathbf{Z}_+\big(q_n(x) \geqslant |x|\big).$$

事实上, 若 $|x| \leqslant q_n(x) \leqslant 1$, 则对于一切 $x \in [-1, 1]$, 我们有

$$\begin{aligned}
q_{n+1} &= [x^2 + 1 - (1 - q_n)^2]/2 \\
&\geqslant [x^2 + 1 - (1 - |x|)^2]/2 \\
&= [x^2 + 1 - (1 - 2|x| + x^2)]/2 = |x|.
\end{aligned}$$

最后, 我们有

$$\begin{aligned}
q_{n+1} &= [x^2 + 1 - (1 - q_n)^2]/2 \\
&= [x^2 + 1 - (1 - 2q_n + q_n^2)]/2 \\
&= [2q_n + x^2 - q_n^2)]/2 \leqslant q_n.
\end{aligned}$$

所以, $\{q_n\}$ 是 $[-1, 1]$ 上一串单调不增的非负的多项式, 因而有极限. 记

$$q = \lim_{n \to \infty} q_n.$$

由 q_n 的递推式的定义, 有

$$q = [x^2 + 2q - q^2]/2.$$

换言之, $x^2 - q^2 = 0$. 因 $q(x) = \lim\limits_{n\to\infty} q_n(x) \geqslant |x|$, 故 $q(x) \equiv |x|$. 因 $|x|$ 在 $[-1, 1]$ 上连续, 由 Dini 定理 (第一册 §4.4 的练习 4.4.3), $\{q_n\}$ 在 $[-1, 1]$ 上一致收敛于 q.　　　　　　　□

下面我们要引进一个概念.

定义 7.7.1　对于 $a, b \in \mathbf{R}$, 记 $a \vee b = \max(a, b)$ 和 $a \wedge b = \min(a, b)$. 若 $f, g : X \to \mathbf{R}$, 定义 $f \vee g : X \to \mathbf{R}$ 为 $\forall x \in X((f \vee g)(x) = f(x) \vee g(x))$, 和 $f \wedge g : X \to \mathbf{R}$ 为 $\forall x \in X((f \wedge g)(x) = f(x) \wedge g(x))$.

定理 7.7.1　设 X 是紧空间, $\mathcal{L} \subset C(X)$ 具有以下性质:

(i) $\forall f, g \in \mathcal{L} \forall a, b \in \mathbf{R}(af + bg \in \mathcal{L})$;

(ii) $\forall f, g \in \mathcal{L}(f \vee g, f \wedge g \in \mathcal{L})$;

(iii) $\forall x, y \in X(x \neq y \Longrightarrow \exists f \in \mathcal{L}(f(x) \neq f(y)))$;

(iv) $\forall c \in \mathbf{R}$(常函数 $c \in \mathcal{L}$),

则 $\overline{\mathcal{L}} = C(X)$, 其中 $\overline{\mathcal{L}}$ 表示 $\mathcal{L}$ 在 $C(X)$ 的一致拓扑中的闭包.

证　由条件 (i), (iii) 和 (iv), 我们有以下结论:

设 x 和 y 是 X 中的两个不同的点, $a, b \in \mathbf{R}$. 我们可以证明: 有 $f \in \mathcal{L}$, 使得 $f(x) = a, f(y) = b$. 事实上, 由 (iii), 有 $g \in \mathcal{L}$ 使得 $g(x) \neq g(y)$. 容易看出, 存在 $s, t \in \mathbf{R}$, 使得

$$\begin{pmatrix} a \\ b \end{pmatrix} = \begin{pmatrix} sg(x) + t \\ sg(y) + t \end{pmatrix} = \begin{pmatrix} g(x) & 1 \\ g(y) & 1 \end{pmatrix} \begin{pmatrix} s \\ t \end{pmatrix},$$

因为这是关于未知量 s 和 t 的系数行列式为 $g(x) - g(y) \neq 0$ 的线性方程组, 它的解存在唯一. 让 $f = sg + t$, 上述结论得证.

现在我们去完成定理 7.7.1 的证明. 设 $f \in C(X)$, ε 是个给定的正数. 我们要构造一个 $g \in \mathcal{L}$, 使得 $\sup\limits_{z \in X} |f(z) - g(z)| < \varepsilon$.

对于 X 的任何两个 (未必不同的) 点 x 和 y, 有 $g_{xy} \in \mathcal{L}$, 使得等式 $g_{xy}(x) = f(x)$ 和 $g_{xy}(y) = f(y)$ 成立. (注意: 函数 g_{xy} 依赖于 x 和 y.) 由于 f 和 g_{xy} 都连续, 有 y 的开邻域 U_{xy} (注意: 开邻域 U_{xy} 依赖于 x 和 y.), 使得

$$\forall z \in U_{xy}(g_{xy}(z) < f(z) + \varepsilon).$$

因 X 紧, 有 X 的有限个点 $y_1, \cdots, y_n$ 使得 $X \subset \bigcup_{j=1}^{n} U_{x,y_j}$. 令

$$g_x = g_{xy_1} \wedge \cdots \wedge g_{xy_n},$$

则 $g_x \in \mathcal{L}$ 且

$$\forall z \in X(g_x(z) < f(z) + \varepsilon), \ \overline{\text{而}} \ g_x(x) = f(x).$$

因 g_x 和 f 连续, x 有开邻域 V_x, 使得

$$\forall z \in V_x(g_x(z) > f(z) - \varepsilon).$$

又因 X 紧, 有 X 的有限个点 $x_1, \cdots, x_m$ 使得 $X \subset \bigcup_{j=1}^{m} V_{x_j}$. 令

$$g = g_{x_1} \vee \cdots \vee g_{x_m}.$$

显然, $g \in \mathcal{L}$ 且

$$\forall z \in X\big(f(z) - \varepsilon < g(z) < f(z) + \varepsilon\big). \qquad \Box$$

注 条件 (i) 是要求 $\mathcal{L}$(相对于通常的函数运算) 是个向量 (线性) 空间. 条件 (ii) 是要求 $\mathcal{L}$(相对于通常的函数大小比较) 是个格(lattice). 满足 (i) 和 (ii) 的集合称为**向量格**. 条件 (iii) 要求 $\mathcal{L}$ 能分辨 X 的点. 定理 7.7.1 是说, 含有常函数的能分辨 X 的点的 $C(X)$ 的子向量格在 $C(X)$ 中稠密. 这个定理是美国数学家 M.H.Stone 在 20 世纪 40 年代 获得的, 它实际上是下一个称为 Stone-Weierstrass 逼近定理的证明中 的关键.

定理 7.7.2(Stone-Weierstrass 逼近定理) 设 X 是紧空间, $A \subset C(X)$ 具有以下性质:

(i) $\forall f, g \in A \forall a, b \in \mathbf{R}(af + bg \in A)$;

(ii) $\forall f, g \in A(fg \in A)$;

(iii) $\forall x, y \in X(x \neq y \Longrightarrow \exists f \in A(f(x) \neq f(y)))$;

(iv) $\forall c \in \mathbf{R}(常函数 c \in A)$,

则 $\overline{A} = C(X)$.

证 因 $\overline{A}$ 也满足性质 (i), (ii), (iii) 和 (iv). 不妨假设 A 在 $C(X)$ 中闭. 定理 7.7.2 的条件 (i), (iii) 和 (iv) 与定理 7.7.1 的条件 (i), (iii)

和 (iv) 完全一样. 定理 7.7.2 的结论与定理 7.7.1 的结论也完全一样. 故只须证明定理 7.7.1 的条件 (ii) 可以是定理 7.7.2 的条件 (i), (ii), (iii) 和 (iv) 的推论就可以了. 换言之, 我们应证明:

$$\forall f, g \in A(f \vee g, f \wedge g \in A).$$

注意到

$$a \vee b = \frac{a+b}{2} + \frac{|a-b|}{2}, \quad a \wedge b = \frac{a+b}{2} - \frac{|a-b|}{2},$$

我们只须证明

$$\forall f \in A(|f| \in A).$$

今设 $f \in A$, 因 X 紧, 有 $M \in \mathbf{R}$, 使得

$$\forall x \in X(f(x) \in [-M, M]).$$

由引理 7.7.1, 有多项式序列 $\{p_n\}$, 使得 $p_n(t)$ 在 $[-M, M]$ 上一致收敛于 $|t|$. 故函数列 $\{p_n(f)\}$ 在 X 上一致收敛于 $|f|$. 由条件 (i) 和 (ii), $p_n(f) \in A$. 因 A 闭, 所以, $|f| \in A$. ☐

推论 7.7.1   设 K 是 $\mathbf{R}$ 的有界闭集, A 表示实系数多项式 (看做 K 上的函数) 的全体. 则 $\overline{A} = C(K)$.

证 A 满足 Stone-Weierstrass 逼近定理的所有条件. ☐

下面的推论 7.7.2 是推论 7.7.1 的特例.

推论 7.7.2(Weierstrass 多项式逼近定理)   有界闭区间 $[a, b]$ 上的实系数多项式全体记做 $P([a, b])$, 则 $\overline{P([a, b])} = C([a, b])$. 换言之, 对于 $[a, b]$ 上的任何 (实值) 连续函数 f, 总有一串实系数多项式 $\{p_n\}$ 在闭区间 $[a, b]$ 上一致收敛于 f.

推论 7.7.3(Weierstrass 三角多项式逼近定理) $\mathbf{R}$ 上以 2π 为周期的实值连续函数可以被以下形状的 "三角多项式" 一致逼近:

$$T_n(x) = \frac{a_0}{2} + \sum_{k=1}^{n}(a_k \cos kx + b_k \sin kx), \qquad (7.7.2)$$

其中 $a_n, b_n \in \mathbf{R}$.

注   三角多项式的首项 $a_0/2$ 只是个常数, 之所以写成 $a_0/2$ 而不写成更为简单的 a_0, 只是为了在 Fourier 级数理论 (参看第 11 章) 中的方便.

证　$\mathbf{R}$ 上以 2π 为周期的实值连续函数可以被看成是单位圆周上的连续函数, 自变量 x 恰是弧度. 形状为 (7.7.2)"三角多项式" 的全体在单位圆周上满足 Stone-Weierstrass 定理的四个条件.　　□

推论 7.7.4　设 X 和 Y 是两个紧空间, 且设 $C(X)$ 和 $C(Y)$ 能分别分辨紧空间 X 和 Y. 设 $f(x, y) \in C(X \times Y)$, 则对于任意给定的 $\varepsilon > 0$, 有 $n \in \mathbf{N}$ 和 $g_j(x) \in C(X), h_j(y) \in C(Y), k_j \in \mathbf{N}(j = 1, \cdots, n)$, 使得

$$\forall (x, y) \in X \times Y \left(\left| f(x, y) - \sum_{j=1}^{n} k_j g_j(x) h_j(y) \right| < \varepsilon \right).$$

证　对于任何自然数 n, 任何在 X 上的 n 个连续函数 $g_j(j = 1, \cdots, n)$ 和任何在 Y 上的 n 个连续函数 $h_j(j = 1, \cdots, n)$ 以及任何 n 个实数 $k_j(j = 1, \cdots, n)$, 构造出的以下形状

$$\sum_{j=1}^{n} k_j g_j(x) h_j(y)$$

的函数之全体在拓扑空间 $X \times Y$ 上满足 Stone-Weierstrass 逼近定理中的四个条件.　　□

注 1　推论 7.7.4 可以用来把推论 7.7.1, 推论 7.7.2 和推论 7.7.3 的结论推广到多元情形.

注 2　满足什么样条件的拓扑空间 X 才使得 $C(X)$ 能分辨 X? 这个问题在点集拓扑中是有讨论的. 本讲义不讨论这个问题了.

练　习

7.7.1　闭区间 $[a, b]$ 上的函数 g 称为闭区间 $[a, b]$ 上的**逐段线性函数**, 若闭区间 $[a, b]$ 上有有限个点

$$a = x_0 < x_1 < \cdots < x_n = b, \tag{7.7.3}$$

使得 g 在每个右开左闭的小区间 $[x_k, x_{k+1}](k = 0, 1, \cdots, n)$ 上是线性函数 (即一次多项式). 若这个逐段线性函数在闭区间 $[a, b]$ 上连续, 换言之, 在这些右开左闭的小区间的端点 $x_1 < x_2 < \cdots < x_{n-1}$ 处左右两边的线性函数正好相等: $g(x_k - 0) = g(x_k + 0)(k = 1, \cdots, n - 1)$, 则这个逐段线性函数称为在闭区间 $[a, b]$ 上的**连续逐段线性函数**.

试证:

(i) 闭区间 $[a, b]$ 上的任何连续逐段线性函数 g 均可表成如下形式:

$$\forall x \in [a, b] \left(g(x) = g(a) + \sum_{j=1}^{n-1} k_j (x - x_j)^+ \right),$$

其中 $x_j (j = 0, 1, \cdots, n)$ 是满足条件 (7.7.3) 中的分点, $k_j (j = 0, 1, \cdots, n)$ 是 $(n+1)$ 个常数, 而

$$y^+ = \frac{y + |y|}{2} = \begin{cases} y, & \text{若 } y > 0; \\ 0, & \text{若 } y \leqslant 0. \end{cases}$$

(ii) 闭区间 $[a, b]$ 上的连续逐段线性函数全体在 $C([a, b])$ 空间中构成一个稠密集;

(iii) 设 $c \in \mathbf{R}$, 利用引理 7.7.1, 有多项式序列 $\{p_n\}$, 它在 $\mathbf{R}$ 的任何紧子集上一致收敛于 $|x - c|$;

(iv) 有界闭区间 $[a, b]$ 上的实系数多项式全体记做 $P([a, b])$, 则 $\overline{P([a, b])} = C([a, b])$(常称为 Weierstrass 多项式逼近定理).

7.7.2 本题想给出引理 7.7.1($|x|$ 在闭区间 $[-1, 1]$ 上能被一串常数项为零的多项式一致逼近) 的另一个证明.

(i) 试证: 以下级数在 $[0, 1]$ 上一致收敛:

$$\sqrt{t + \varepsilon^2} = \sqrt{\left(t - \frac{1}{2} \right) + \varepsilon^2 + \frac{1}{2}}$$

$$= \sqrt{\varepsilon^2 + \frac{1}{2}} \sum_{n=0}^{\infty} \frac{(-1)^{n-1}(2n-3)!!}{n! 2^n} \left(\frac{t - \frac{1}{2}}{\varepsilon^2 + \frac{1}{2}} \right)^n.$$

(ii) 试证: 对于任何 $\varepsilon > 0$, 有多项式 P, 使得

$$\forall x \in [-1, 1] \left(|P(x^2) - \sqrt{x^2 + \varepsilon^2}| < \varepsilon \right).$$

(iii) $\varepsilon > 0$ 和多项式 P 如 (ii) 中所述, 试证: $|P(0)| < 2\varepsilon$.

(iv) $\varepsilon > 0$ 和多项式 P 如 (ii) 中所述. 记 $Q(x) = P(x) - P(0)$, 试证:

$$\forall x \in [-1, 1] \left(|Q(x^2) - |x|| < 4\varepsilon \right).$$

7.7.3 设 $p \in \mathbf{N}$, 函数 $f : [0, 1] \to \mathbf{R}$ 是连续的. 试证:

(i) 对于任何 $x, y \in \mathbf{C}$, 以下恒等式成立:

$$[e^y + (1 - x)]^p = \sum_{m=0}^{p} \binom{p}{m} e^{my} (1 - x)^{p-m}.$$

(ii) 对于任何 $x \in \mathbf{R}$, 以下恒等式成立:

$$1 = \sum_{m=0}^{p} \binom{p}{m} x^m (1 - x)^{p-m}.$$

(iii) 对于任何 $x > 0$, 以下恒等式成立:

$$px = \sum_{m=0}^{p} m \binom{p}{m} x^m (1-x)^{p-m}.$$

(iv) 对于任何 $x > 0$, 以下恒等式成立:

$$px + p(p-1)x^2 = \sum_{m=0}^{p} m^2 \binom{p}{m} x^m (1-x)^{p-m}.$$

(v) 关于 f 的 p 次 **Bernstein 多项式**定义为:

$$B_p[f](x) = \sum_{m=0}^{p} f\left(\frac{m}{p}\right) \binom{p}{m} x^m (1-x)^{p-m},$$

则 $f(x) - B_p[f](x) = \mathrm{I} + \mathrm{II}$, 其中

$$\mathrm{I} = \sum_{|m-px| \leqslant p^{3/4}} \left[f(x) - f\left(\frac{m}{p}\right) \right] \binom{p}{m} x^m (1-x)^{p-m},$$

而

$$\mathrm{II} = \sum_{|m-px| > p^{3/4}} \left[f(x) - f\left(\frac{m}{p}\right) \right] \binom{p}{m} x^m (1-x)^{p-m}.$$

(vi) 我们有以下命题:

$$\forall \varepsilon > 0 \exists P \in \mathbf{N} \forall x \in [0,1] (p \geqslant P \Longrightarrow |\mathrm{I}| < \varepsilon).$$

(vii) 假设我们有 $M \in \mathbf{R}$, 使得 $\forall x \in [0,1](|f(x)| \leqslant M)$, 则

$$|\mathrm{II}| < M \frac{p^{-1/2}}{2}.$$

(viii) 我们有以下极限等式:

$$\lim_{p \to \infty} B_p[f] = f(x),$$

且以上极限在 $[0,1]$ 上是一致收敛的.

注　这里给出了 Weierstrass 多项式逼近定理的又一个证明. 这是个构造性证明, 因为 (v) 中的 Bernstein 多项式可通过 f 具体地构造出来. 这个证明属于乌克兰数学家 Bernstein, 他是概率论专家, 证明的背景是概率论中的 (关于二项分布的) 大数定理.

(ix) Bernstein 多项式在 $\mathbf{R}$ 上有以下估计:

$$\forall x \in \mathbf{R} \left(|B_p[f](x)| \leqslant M(|x| + |1-x|)^p \right).$$

特别, $\displaystyle \sup_{0 \leqslant x \leqslant 1} |B_p[f](x)| \leqslant \sup_{0 \leqslant x \leqslant 1} |f(x)|.$

7.7.4 设 X 是紧空间, $C(X, \mathbf{C})$ 表示 X 上的连续复值函数的全体. 在 $C(X, \mathbf{C})$ 上引进距离

$$\forall f \in C(X, \mathbf{C}) \forall g \in C(X, \mathbf{C}) \Big(\rho(f, g) = \sup_{x \in X} |f(x) - g(x)| \Big),$$

$C(X, \mathbf{C})$ 便成为度量空间. 设 $A \subset C(X, \mathbf{C})$ 满足以下五个条件:

(i) $\forall f, g \in A \forall a, b \in \mathbf{C}(af + bg \in A)$;

(ii) $\forall f, g \in A(f \cdot g \in A)$;

(iii) $\forall f \in A(\overline{f} \in A)$; ($\overline{f}(x) = \overline{f(x)}$ 表示 $f(x)$ 的共轭数.)

(iv) $\forall x, y \in X \Big(x \neq y \Longrightarrow \exists f \in A(f(x) \neq f(y)) \Big)$;

(v) $1 \in A$,

试证: $\overline{A} = C(X, \mathbf{C})$.

注 1 $\overline{A}$ 表示 A 在度量空间 $C(X, \mathbf{C})$ 中的闭包.

注 2   本题的结论称为**复值连续函数的 Stone-Weierstrass 定理**.

§7.8   连 通 空 间

定义 7.8.1   拓扑空间 X 称为**不连通的**, 若 X 有两个开集 U 和 V, 使得

$$X = U \cup V, \quad U \cap V = \varnothing \quad \text{且} \quad U \neq \varnothing \neq V.$$

非不连通的空间称为**连通空间**, 换言之, 满足以下条件的空间称为连通空间: 若 X 有两个开集 U 和 V, 使得

$$X = U \cup V \quad \text{且} \quad U \cap V = \varnothing,$$

则 U 和 V 中至少有一个是空集. 拓扑空间 X 的子集 A 称为**连通的**, 若 A 关于由 X 上的拓扑诱导得到的相对拓扑是连通的.

以下命题的证明很容易, 留给同学了.

命题 7.8.1   拓扑空间 X 是连通的, 当且仅当 X 不可能表示成两个互不相交的非空闭集之并, 或等价地, X 的既开又闭的子集只有两个: X 和 $\varnothing$. X 的子集 A 是连通的, 当且仅当对于 X 的任何两个开集 U 和 V,

$$A \subset U \cup V \quad \text{且} \quad A \cap U \cap V = \varnothing \Longrightarrow A \subset U \text{ 或 } A \subset V.$$

定理 7.8.1 $\mathbf{R}$ 的子集 A 是连通的, 当且仅当 A 是个区间 (包括开的, 闭的, 半开半闭的, 或有限或无限的区间).

为了证明这个定理, 我们需要一个引理.

引理 7.8.1 $\mathbf{R}$ 的非空子集 I 是 (开的, 闭的, 或半开半闭的) 区间, 当且仅当 I 满足以下条件:

$$a, b \in I, \quad a < c < b \Longrightarrow c \in I. \tag{7.8.1}$$

证 条件 (7.8.1) 的必要性显然. 若条件 (7.8.1) 成立, 令

$$m = \inf I, \quad M = \sup I,$$

其中 m, M 可能取正负无穷大. 不难看出, I 不含有任何小于 m 或大于 M 的数. 还可证明: I 含有任何大于 m 且小于 M 的数. 若 $m < c < M$, 则有 $a, b \in I$ 使得 $m \leqslant a < c < b \leqslant M$. 由条件 (7.8.1), $c \in I$. 故 I 是以 m 和 M 分别为左右端点的 (开的, 闭的或半开半闭的) 区间. □

现在可以给出定理 7.8.1 的证明了.

定理 7.8.1 的证明 假设 $A \subset \mathbf{R}$ 是连通集, 若 $A = \varnothing$, A 当然是区间. 设 $A \neq \varnothing$, 为了证明 A 是区间, 由引理 7.8.1, 只需证明条件 (7.8.1) 满足. 为此, 我们用反证法: 假设

$$\exists a, b \in A, \quad \text{和} \quad c \in (a, b), \quad \text{但} \quad c \notin A, \tag{7.8.2}$$

则

$$A = [A \cap (-\infty, c)] \cup [A \cap (c, \infty)].$$

易见, $A \cap (-\infty, c)$ 和 $A \cap (c, \infty)$ 是两个非空的不相交的 (关于 A 的相对拓扑的) 开集. 故 A 不连通. 这就证明了: 连通集 A 必是区间.

今设 A 是区间, 我们要证明 A 连通. 若不然, 便有 $\mathbf{R}$ 的开集 U 和 V, 使得 $A = (U \cap A) \cup (V \cap A)$, $U \cap V \cap A = \varnothing$ 且 $U \cap A \neq \varnothing \neq V \cap A$. 选 $a \in U \cap A$ 和 $b \in V \cap A$, 不妨设 $a < b$, 则 $[a, b] \subset A \subset U \cup V$, $U \cap [a, b] \neq \varnothing \neq V \cap [a, b]$. 在非空闭区间 $[a, b]$ 上定义实值函数 f 如下:

$$f(x) = \begin{cases} 1, & \text{当 } x \in U \cap [a, b] \text{ 时}, \\ 0, & \text{当 } x \in V \cap [a, b] \text{ 时}. \end{cases}$$

因 U 和 V 均为 $\mathbf{R}$ 的开集, $U \cap [a, b]$ 和 $V \cap [a, b]$ 均为 $[a, b]$ 的 (相对) 开集, 而对于任何 $S \subset \mathbf{R}$, $f^{-1}(S)$ 只可能为以下的四个集合之

一: $\varnothing, U \cap [a, b], V \cap [a, b]$ 以及 $[a, b]$. 它们都是 $[a, b]$ 中的相对开集. 故函数 f 在 $[a, b]$ 上连续. 又 $f(a) = 1$, $f(b) = 0$ 且 f 在闭区间 $[a, b]$ 上取的值不是 0 便是 1. 这与一元连续函数的介值定理矛盾. 这个矛盾证明了区间 A 的连通性.   □

定理 7.8.2   设 X 和 Y 是两个拓扑空间, $f : X \to Y$ 是连续映射. 若 X 连通, 则 $f(X)$ 也连通.

证   考虑映射

$$f_1 : X \to f(X), \quad \forall x \in X \big(f_1(x) = f(x) \big).$$

f_1(关于 X 的拓扑及 $f(X)$ 在 Y 中的相对拓扑而言) 是连续的满射. 设 A 是 $f(X)$ 的既开又闭子集, 则 $f_1^{-1}(A)$ 在 X 中既开又闭. 因 X 连通, $f_1^{-1}(A) = X$ 或 $f_1^{-1}(A) = \varnothing$. 因 f_1 满, $f_1^{-1}(A) = X \Longrightarrow A = f_1(X) = f(X)$. 又因 f_1 满, $f_1^{-1}(A) = \varnothing \Longrightarrow A = \varnothing$ (参看 §1.4 的练习 1.4.1 的 (ii)). 这就证明了 $f(X)$ 中的既开又闭集只有两个: $f(X)$ 和 $\varnothing$.   □

注   当定理 7.8.2 中的 $X = [a, b]$ 及 $Y = \mathbf{R}$ 时, 注意到定理 7.8.1, 我们就得到闭区间上实值连续函数的介值定理 (推论 4.2.1). 定理 7.8.2 是介值定理的推广. 闭区间 $[a, b]$ 上的连续函数的整体性质只有介值定理是 $[a, b]$ 的连通性的表现, 其他的都是 $[a, b]$ 的紧性的表现.

命题 7.8.2   设 X 是拓扑空间, 对于每个 $\alpha \in A$(A 是指标集), E_α 是 X 中的一个连通集, 且 $\bigcap\limits_{\alpha \in A} E_\alpha \neq \varnothing$, 则 $\bigcup\limits_{\alpha \in A} E_\alpha$ 是连通集.

证   设 $S \subset \bigcup\limits_{\alpha \in A} E_\alpha$ 是 $\bigcup\limits_{\alpha \in A} E_\alpha$ 中的 $\Big($关于 $\bigcup\limits_{\alpha \in A} E_\alpha$ 的相对拓扑的$\Big)$ 既开又闭集, 则对于每个 $\alpha \in A$, $S \cap E_\alpha$ 在 E_α 中是 (关于 E_α 的相对拓扑的) 既开又闭集. 因 E_α 连通, 故对于每个 $\alpha \in A$, $S \cap E_\alpha = \varnothing$ 或 $S \cap E_\alpha = E_\alpha$. 只要有一个 $\alpha_0 \in A$, 使得 $S \cap E_{\alpha_0} = E_{\alpha_0}$, 则 $S \supset \bigcap\limits_{\alpha \in A} E_\alpha \neq \varnothing$. 故 $\forall \alpha \in A(S \cap E_\alpha \neq \varnothing)$. 因此

$$\forall \alpha \in A(S \cap E_\alpha = E_\alpha).$$

所以

$$S \cap \Big(\bigcup\limits_{\alpha \in A} E_\alpha \Big) = \bigcup\limits_{\alpha \in A} (S \cap E_\alpha) = \bigcup\limits_{\alpha \in A} E_\alpha \Longrightarrow S = \bigcup\limits_{\alpha \in A} E_\alpha.$$

假若

$$\forall \alpha \in A(S \cap E_\alpha = \varnothing),$$

则

$$S \cap \left(\bigcup_{\alpha \in A} E_\alpha \right) = \bigcup_{\alpha \in A} (S \cap E_\alpha) = \varnothing \Longrightarrow S = \varnothing.$$

这就证明了 $\bigcup_{\alpha \in A} E_\alpha$ 中的 $\left($ 关于 $\bigcup_{\alpha \in A} E_\alpha$ 的相对拓扑的 $\right)$ 既开又闭集不是空集便是 $\bigcup_{\alpha \in A} E_\alpha$. 所以, $\bigcup_{\alpha \in A} E_\alpha$ 连通. $\qquad\square$

命题 7.8.3 设 X 是拓扑空间, E 是 X 中的连通集, 则 $\overline{E}$ 也是连通集.

证 用反证法. 设 F 和 C 是 $\overline{E}$ 的 (关于 $\overline{E}$ 相对拓扑的) 两个闭子集, 且

$$\overline{E} = F \cup C, \quad F \cap C = \varnothing, \quad F \neq \varnothing \neq C.$$

因 $\overline{E}$ 在 X 中闭, F 和 C 是 X 中的两个闭集, 今

$$E = (F \cap E) \cup (C \cap E), \quad (F \cap E) \cap (C \cap E) = \varnothing,$$

$F \cap E$ 及 $C \cap E$ 在 E 中相对闭. 又因 E 连通, 由命题 7.8.1, $F \cap E$ 及 $C \cap E$ 中有一个为 E. 换言之, $E \subset F$ 或 $E \subset C$. 所以, $\overline{E} \subset F$ 或 $\overline{E} \subset C$. 这与反证法的假设矛盾. 故 $\overline{E}$ 连通. $\qquad\square$

定义 7.8.2 设 X 是拓扑空间, $x \in X$. X **在点 x 处的连通成分**(简称**成分**)C_x 定义为所有含有点 x 的 X 的连通子集之并.

命题 7.8.4 设 X 是拓扑空间, $x \in X$, C_x 表示在点 x 处的 X 的连通成分, 则

(i) $\forall x \in X(C_x$ 是连通闭集$)$;

(ii) $\forall x, y \in X(C_x = C_y$ 或 $C_x \cap C_y = \varnothing)$.

证 由命题 7.8.2, C_x 连通. 由命题 7.8.3, $\overline{C_x}$ 也连通. 由定义 7.8.2, $C_x = \overline{C_x}$. 所以 C_x 是连通闭集. (i) 证得. 若 $C_x \cap C_y \neq \varnothing$, 由命题 7.8.2, $C_x \cup C_y$ 连通. 由定义 7.8.2, $C_x = C_x \cup C_y = C_y$. (ii) 证得. $\qquad\square$

定义 7.8.3 拓扑空间 X 称为**全不连通的**, 假若

$$\forall x \in X(C_x = \{x\}).$$

$S \subset X$ **称为全不连通的**, 假若 S 关于它的相对拓扑是全不连通的.

易见, 拓扑空间 X 是全不连通的, 当且仅当 X 的连通子集都是单点集.

例 7.8.1 $\mathbf{Q}$ 和 $\mathbf{R} \setminus \mathbf{Q}$ 都是全不连通的.

$\mathbf{Q}$ 的全不连通性的理由如下: 设 $\{a, b\} \subset S \subset \mathbf{Q}$, 其中 $a < b$. 一定有 $c \in (a, b) \cap \mathbf{R} \setminus \mathbf{Q}$, 则 $S = (S \cap (-\infty, c)) \cup (S \cap (c, \infty))$, 而 $S \cap (-\infty, c) \neq \varnothing \neq S \cap (c, \infty)$ 且 $S \cap (-\infty, c)$ 与 $S \cap (c, \infty)$ 在 S 中均相对开. $\mathbf{R} \setminus \mathbf{Q}$ 的全不连通性的理由相仿.

例 7.8.2(Cantor 三分集)   我们要构造 $[0, 1]$ 的一个闭子集 K, 它是全不连通的, 但它的每个点都不是孤立点. 先引进一个由某个闭区间到两个闭子区间的构造方法:

设 $I = [a, b]$ 是个有界闭区间, 其中 $a < b$. 令 $I' = [a, (2a + b)/3], I'' = [(a + 2b)/3, b]$, 显然,

$$I' \cup I'' = I \setminus ((2a + b)/3, (a + 2b)/3) \quad \text{且} \quad I' \cap I'' = \varnothing.$$

三个区间 $I', I'', ((2a + b)/3, (a + 2b)/3)$ 的长度都等于 I 的长度的三分之一, 前两个是闭区间, 最后一个是开区间. 三者两两不相交. 我们把这种构造方法记为

$$\mathcal{T} I = I' \cup I''.$$

易见, I 的两个端点仍属于 $\mathcal{T} I$. 若 $S = \bigcup_{j=1}^{n} I_j$ 是 n 个两两不相交的闭区间 $I_j (j = 1, \cdots, n)$ 之并, 则我们定义:

$$\mathcal{T} S = \bigcup_{j=1}^{n} \mathcal{T} I_j.$$

易见, $\mathcal{T} S$ 是 $2n$ 个两两不相交的闭区间 $I_j', I_j'' (j = 1, \cdots, n)$ 之并, $\mathcal{T} S \subset S$ 且

$$\sum_{j=1}^{n} (|I_j'| + |I_j''|) = \frac{2}{3} \sum_{j=1}^{n} |I_j|,$$

其中 $|J|$ 表示区间 J 的长度. 对有限个两两不相交的闭区间作用 $\mathcal{T}$ 后, 区间长度和将缩小 2/3 倍.

今归纳地构造 $[0,1]$ 的闭子集序列 (K_n) 如下:

$$K_n = \begin{cases} [0,1], & \text{当 } n = 0 \text{ 时,} \\ \mathcal{T}K_{n-1}, & \text{当 } n \geqslant 1 \text{ 时.} \end{cases}$$

由归纳原理可知, K_n 是 2^n 个两两不相交的长度为 3^{-n} 的闭区间之并, 每个这样的闭区间恰是 K_n 的一个连通成分. 构成 K_n 的这些闭区间的长度和为 $(2/3)^n$. 当 $n \to \infty$ 时, 构成 K_n 的这些闭区间的长度和将趋于零. 令 $K = \bigcap\limits_{n=0}^{\infty} K_n$. K 常称为 **Cantor三分集**. K_n 是 2^n 个闭区间之并, 它当然是闭集, 所以它们的交 $K = \bigcap\limits_{n=0}^{\infty} K_n$ 是闭集. 又因 K_n 不可能包含长度超过 3^{-n} 的区间, $K = \bigcap\limits_{n=0}^{\infty} K_n$ 不可能包含长度为正数的区间, 故 K 的连通子集只能是单点集. 换言之, K 是全不连通的. 也因为 K 不可能包含长度为正数的区间, K 无内点. 最后设 $x \in K$, 则对于任何 n, 有某个作为 K_n 的连通成分的闭区间含有点 x. 这个闭区间的两个端点中至少有一个不同于 x, 任选一个记为 x_n. 这个端点 x_n 将属于所有的 $K_p(p = 0, 1, \cdots)$, 对于任何 $n \in \{0, 1, \cdots\}$, x_n 是属于 K 的异于 x 的一个点, 且它与 x 的距离小于或等于 3^{-n}. 所以, $x = \lim\limits_{n \to \infty} x_n$. 故 x 非 K 的孤立点. 换言之, $K' = K$. 满足条件 $E' = E$ 的 E 称为**完全集**, 因此 Cantor 三分集是完全集.

若把 $[0,1]$ 的数用三进位小数表示 (每一位小数都是 $\{0,1,2\}$ 中的一个):

$$\forall x \in [0,1] \forall n \in \mathbf{N} \exists a_n \in \{0,1,2\} \left(x = \sum_{n=1}^{\infty} \frac{a_n}{3^n} \right).$$

这样 $[0,1]$ 与所有的由 $\{0,1,2\}$ 这三个阿拉伯数字构成的无限序列之间似乎有一个对应关系. 但应注意的是, 有些 $[0,1]$ 中的数可以有两种三进位表示, 例如

$$\frac{1}{3} + \sum_{n=2}^{\infty} \frac{0}{3^n} = \frac{0}{3} + \sum_{n=2}^{\infty} \frac{2}{3^n}.$$

这种有两个三进位表示的数全是有理数, 所以只有至多可数个. 又因任何无限集 M 与一个可数集之并的基数仍与 M 的基数相等, 故 $[0,1]$

与所有的由 $\{0,1,2\}$ 这三个阿拉伯数字构成的无限序列集的基数应相等. 不难看出, K_1 中的数的三进位小数恰为 $0.a_1\cdots$, 其中 $a_1 \neq 1$. K_2 中的数的三进位小数恰为 $0.a_1a_2\cdots$, 其中 $a_1 \neq 1 \neq a_2$. K 中的数的三进位小数表示中 "1" 将永不出现, 即只用 "0" 和 "2" 这两个阿拉伯数字便可把 K 的数 (三进位地) 表示出来. 反之, 任何只用 "0" 和 "2" 这两个阿拉伯数字表示出来的三进位数均属于 K. 因此, 每个 K 中的数的三进位表示与 $[0,1]$ 中某数的二进位表示成一一对应 (只须将 "2" 换成 "1"). 因此, K 的基数等于 $[0,1]$ 的基数, 即 $\mathbf{R}$ 的基数. 一个十分有趣的事实是, 任给 $\varepsilon > 0$, K 可以被有限个区间盖住, 这有限个区间的长度和小于 ε. 另一方面, K 的基数却等于 $\mathbf{R}$ 的基数, 因而大于 $\mathbf{N}$ 的基数.

练　习

7.8.1　所有 n 行 n 列的矩阵构成一个与 $\mathbf{R}^{n^2}$ 同胚的有限维线性空间. 假若在它上面定义**算子范数**如下: 对于任何 n 行 n 列的矩阵 A,

$$\|A\| = \sup_{|\mathbf{x}|=1} |A\mathbf{x}|,$$

上式右端的 n 维向量的范数 $|\cdot|$ 定义如下:

$$\forall \mathbf{y} = (y_1,\cdots,y_n) \in \mathbf{R}^n \left(|\mathbf{y}| = \sqrt{\sum_{k=1}^{n} y_k^2}\right).$$

试证: 这个 (算子) 范数有以下性质:

$$\|A + B\| \leqslant \|A\| + \|B\|, \quad \|cA\| = |c| \cdot \|A\|,$$

$$\|AB\| \leqslant \|A\| \cdot \|B\|, \quad \|A\| = 0 \Longleftrightarrow A = O.$$

注　由练习 7.6.5, 这个范数与所有 n 行 n 列的矩阵构成的 (有限维) 赋范线性空间的其他范数等价.

7.8.2　所有 n 行 n 列的可逆矩阵构成 $\mathbf{R}^{n^2}$ 中的一个拓扑子空间 $GL(n)$. 问: 它是开的吗? 它是闭的吗? 它是连通的吗?

7.8.3　连接拓扑空间 X 中点 x 和 y 的一条道路是指满足条件 $\gamma(0)=x, \gamma(1)=y$ 的连续映射 $\gamma : [0,1] \to X$. 拓扑空间 X 称为**道路连通**的, 若对于任何 $x, y \in X$, 有连接点 x 和 y 的一条道路. 试证:

(i) 假设拓扑空间 X 中的点 x 和 y 之间有道路连接, 又设拓扑空间 X 的点 y 和 z 之间有道路连接. 试证: 点 x 和 z 之间也有道路连接.

(ii) 道路连通的拓扑空间必连通.

(iii) 设

$$X = \{(t, \sin(1/t)) \in \mathbf{R}^2 : t \neq 0\} \cup \{(0, t) \in \mathbf{R}^2 : |t| \leqslant 1\}.$$

X 作为 $\mathbf{R}^2$ 的拓扑子空间是连通的.

(iv) 设

$$X = \{(t, \sin(1/t)) \in \mathbf{R}^2 : t \neq 0\} \cup \{(0, t) \in \mathbf{R}^2 : |t| \leqslant 1\}.$$

X 作为 $\mathbf{R}^2$ 的拓扑子空间不是道路连通的.

(v) 对于 $\mathbf{R}^n$ 中的连通开集 G 中的任何两点 $\mathbf{p}$ 和 $\mathbf{q}$, 必有有限个直线段构成的折线 l, 使得 $l \subset G$, 且 l 将 $\mathbf{p}$ 和 $\mathbf{q}$ 连接了起来.

(vi) $\mathbf{R}^n$ 中的连通开集必道路连通.

7.8.4 试证：

(i) $\mathbf{R}$ 的任何非空开集 G 是可数个或有限个两两互不相交的开区间 I_n 之并, 且非空开集 G 的这种分解是唯一的.

(ii) 任给 $\delta > 0$, $\mathbf{R}^n$ 中的任何开集 G 是至多可数个两两不相交的, 直径小于 δ 的, 左开右闭的立方块之并.

7.8.5 集合 $C \subset \mathbf{R}^d$ 称为**凸集**, 假若

$$\forall \mathbf{x}, \mathbf{y} \in C \forall \lambda \in [0, 1]\big(\lambda \mathbf{x} + (1 - \lambda \mathbf{y}) \in C\big).$$

试证：

(i) $\{C_\alpha : \alpha \in A\}$ 是个凸集族, 则 $\bigcap\limits_{\alpha \in A} C_\alpha$ 也是凸集.

(ii) 设 $S \subset \mathbf{R}^n$, 则集合

$$K = \left\{ \sum_{j=1}^n \lambda_j \mathbf{x}_j : n \in \mathbf{N}, \mathbf{x}_j \in S, 0 \leqslant \lambda_j \leqslant 1, \sum_{j=1}^n \lambda_j = 1 \right\}$$

是凸集, 且任何包含 S 的凸集 C 必包含 K, 换言之, K 是包含 S 的最小凸集.

注 K 称为 S 的**凸包**, 它是包含 S 的最小的凸集.

(iii) 凸集的闭包也是凸集. 若 K 为 S 的凸包, 则 $\overline{K}$ 是包含 S 的最小的闭凸集.

(iv) $\mathbf{R}^d$ 中的凸集是道路连通的, 因而也是连通的.

7.8.6 试证：

(i) 设 X 和 Y 是两个拓扑空间, $X \times Y$ 是它们的乘积空间. 对于任何 $x \in X$, 试证：把 $\{x\} \times Y$ 看成 $X \times Y$ 的子空间, 映射

$$\pi_2 : \{x\} \times Y \to Y, \quad \pi_2(x, y) = y$$

是同胚. 又对于任何 $y \in Y$, 试证：$X \times \{y\}$ 作为 $X \times Y$ 的拓扑子空间, 映射

$$\pi_1 : X \times \{y\} \to X, \quad \pi_1(x, y) = x$$

是同胚.

(ii) 设 X 和 Y 是两个连通拓扑空间, $\forall x \in X \forall y \in Y\big(({\{x\}} \times Y) \cup (X \times {\{y\}})$ 连通$\big)$.

(iii) 设 X 和 Y 是两个连通拓扑空间, 则 $X \times Y$ 连通.

7.8.7 设 $F \subset \mathbf{R}^n$ 是闭集, 其中 $n > 1$, 则或 $F = \mathbf{R}^n$, 或 $F = \varnothing$, 或 F 的边界至少有无穷多个点.

7.8.8 设 f 是闭区间 $[a, b]$ 上无穷次可微的实值函数, 其中 $a < b$, 且满足条件:

$$\forall x \in [a, b] \exists n \in \mathbf{N} \forall m \geqslant n(f^{(m)}(x) = 0).$$

注 本题的目的是证明: 满足上述条件的 f 在闭区间 $[a, b]$ 上等于一个多项式. 分以下几步完成此一任务.

(i) 对于任何 $n \in \mathbf{N}$, 记

$$V_n = \{x \in [a, b] : \forall m \geqslant n(f^{(m)}(x) = 0)\}.$$

试证: 对于每个 $n \in \mathbf{N}$, V_n 在 $[a, b]$ 中闭, 且至少有一个 $n_0 \in \mathbf{N}$, 使得 V_{n_0} 在 $[a, b]$ 中非处处不稠密. 因而, V_{n_0} 至少包含有一个 $[a, b]$ 的相对开的非空子区间, 在这个相对开的非空子区间上 f 是个 $n_0 - 1$ 次多项式.

(ii) 记

$$G = \{x \in (a, b) : \exists \varepsilon_x > 0 (f \text{ 在开区间 } (x - \varepsilon_x, x - \varepsilon_x) \text{ 上是个多项式})\}.$$

试证: G 是 $\mathbf{R}$ 上的开集.

(iii) 记 $G = \bigcup\limits_{\alpha} I_\alpha$, 其中 $\{I_\alpha : \alpha \in A\}$ 是有限个或可数个两两不相交的开区间 (每个 I_α 是 G 的连通成分, 参看练习 7.8.4 的 (i)). 试证: f 在每个开区间 I_α 上是多项式. 而对于任何满足条件 $J \supset I_\alpha$ 且 $J \neq I_\alpha$ 的开区间 $J \subset (a, b)$, f 在 J 上不可能是多项式.

注 假若我们能证明 $G = (a, b)$, f 在闭区间 $[a, b]$ 上等于一个多项式的结论便得到了. 下面我们用反证法达到此一目的.

(iv) 假设 $(a, b) \setminus G \neq \varnothing$. 试证: 至少有一个 $n_1 \in \mathbf{N}$, 使得 $n_1 \geqslant n_0$ 且 $V_{n_1} \cap ((a, b) \setminus G)$ 在 $(a, b) \setminus G$ 中非处处不稠密, 换言之, 至少有一个开区间 J, 使得 $J \cap ((a, b) \setminus G) \subset V_{n_1} \cap ((a, b) \setminus G)$ 且 $J \cap ((a, b) \setminus G) \neq \varnothing$.

(v) 试证: $(a, b) \setminus G$ 既无孤立点, 又无内点.

(vi) 试证: $((a, b) \setminus G) \cap V_{n_1}$ 在 $(a, b) \setminus G$ 中闭.

(vii) 假设 $(a, b) \setminus G \neq \varnothing$, 则 G 的连通成分分解 $G = \bigcup_\alpha I_\alpha$ 中至少有一个 $I_\alpha = (u, v)$, 它具有如下性质: $I_\alpha = (u, v)$ 的两个端点中至少有一个不是 (a, b) 的端点, 且这个不是 (a, b) 端点的 $I_\alpha = (u, v)$ 的端点属于开区间 J, 其中 J 是 (iv) 中所述之开区间.

(viii) 设 f 在 $[p,q]$ 上是个多项式，其中 $p < q$，且 f 在 $[p,q]$ 的某点处的阶数大于或等于 k 的导数皆为零．试证：f 在 $[p,q]$ 上是一个次数不大于 $k-1$ 的多项式．

(ix) 假设 $(a,b) \setminus G \neq \varnothing$．由 (iv)，至少有一个自然数 $n_1 \geqslant n_0$ 和一个开区间 J，使得 $J \cap ((a,b) \setminus G) \subset V_{n_1} \cap ((a,b) \setminus G)$ 且 $J \cap ((a,b) \setminus G) \neq \varnothing$．今设 $I_\alpha = (u,v)$ 是 G 的一个连通成分，它的两个端点中至少有一个不是 (a,b) 的端点，且这个不是 (a,b) 端点的 $I_\alpha = (u,v)$ 的端点属于 J. $\big($ (vii) 保证了这样的 G 的连通成分 $I_\alpha = (u,v)$ 的存在. $\big)$ 试证：$(u,v) \subset V_{n_1}$．

(x) 假设 $(a,b) \setminus G \neq \varnothing$．开区间 J 如 (iv) 中所述，它使得 $J \cap ((a,b) \setminus G) \subset V_{n_1} \cap ((a,b) \setminus G)$ 且 $J \cap ((a,b) \setminus G) \neq \varnothing$．试证：$J \cap (a,b) \subset V_{n_1}$．

(xi) 试证：$G = (a,b)$．因而，f 在 $[a,b]$ 上是个多项式．

*§7.9   补充教材一：Urysohn 引理

我们愿意重述一下正规拓扑空间的概念．

定义 7.9.1   拓扑空间 X 称为**正规拓扑空间**，若对于 X 的任何两个互不相交的闭集 F_1 和 F_2，有两个互不相交的开集 G_1 和 G_2，使得 $F_1 \subset G_1$ 和 $F_2 \subset G_2$．

命题 7.9.1   紧的 Hausdorff 拓扑空间 X 必是正规的．

证   设 F_1 和 F_2 是 X 的两个互不相交的闭集．因 X 是紧的 Hausdorff 拓扑空间，F_1 和 F_2 是紧集．对于任何 $x \in F_1$ 和 $y \in F_2$，因 X 是 Hausdorff 拓扑空间，有开集 $G_{(x,y)}$ 和 $O_{(x,y)}$，使得

$$x \in G_{(x,y)}, \ y \in O_{(x,y)}, \quad \text{且} \quad G_{(x,y)} \cap O_{(x,y)} = \varnothing.$$

因 F_2 是紧集，有有限个点 $y_i \in F_2 (i = 1, \cdots, n)$，使得

$$F_2 \subset \bigcup_{i=1}^{n} O_{(x,y_i)}.$$

记

$$G_x = \bigcap_{i=1}^{n} G_{(x,y_i)}, \ O_x = \bigcup_{i=1}^{n} O_{(x,y_i)}.$$

G_x 和 O_x 都是开集，且

$$x \in G_x, \ F_2 \subset O_x \quad \text{且} \quad G_x \cap O_x = \varnothing.$$

因 F_1 也是紧集，有有限个点 $x_j \in F_1 (j = 1, \cdots, m)$，使得

$$F_1 \subset \bigcup_{j=1}^{m} G_{x_j}.$$

记

$$G = \bigcup_{j=1}^{m} G_{x_j}, \quad O = \bigcap_{j=1}^{m} O_{x_j}.$$

易见, G 和 O 都是开集, 且

$$F_1 \subset G, \ F_2 \subset O \quad \text{且} \quad G \cap O = \varnothing. \qquad\qquad \square$$

定理 7.9.1(Urysohn 引理)　设 X 是个正规拓扑空间, A 和 B 是 X 的两个互不相交的闭集, 则有连续函数 $f : X \to [0,1]$, 使得

$$f(x) = \begin{cases} 0, & \text{当 } x \in A \text{ 时,} \\ 1 & \text{当 } x \in B \text{ 时.} \end{cases}$$

证　若 A 与 B 中有一个为空集合, 定理显然成立. 今设 $A \neq \varnothing \neq B$.

设 t 是 $[0,1]$ 上的二进位的有理数:

$$t = \frac{m}{2^n}, \quad m = 0, 1, \cdots, 2^n, \quad n = 0, 1, \cdots.$$

对于每个二进位有理数 t, 可以构造一个开集 O_t, 使得开集族 $\{O_t\}$ 满足以下条件:

$$O_0 \supset A, \ O_1 = B^C, \quad \text{且} \quad \forall \tau < t \big(\overline{O}_\tau \subset O_t \big). \qquad (7.9.1)$$

构造的程序如下: 因 X 正规, 有开集 O_0, 使得 $A \subset O_0 \subset \overline{O}_0 \subset B^C$.

对于 $n = 0$ 和 $m = 0$, 我们选 O_0. 对于 $n = 0$ 和 $m = 1$, 我们选 $O_1 = B^C$.

对于 $n = 1$ 和 $m = 0, 1, 2$, 我们要选 $O_0, O_{1/2}, O_1$. O_0, O_1 已选定. 由于 X 正规, 有一个 $O_{1/2}$, 使得

$$\overline{O}_0 \subset O_{1/2} \subset \overline{O}_{1/2} \subset O_1.$$

同理, 对于 $n = 2$ 和 $m = 0, 1, 2, 3, 4$, 我们可以选得 $O_{m/4}, m = 0, 1, 2, 3, 4$, 使得

$$\overline{O}_0 \subset O_{1/4} \subset \overline{O}_{1/4} \subset O_{1/2} \subset \overline{O}_{1/2} \subset O_{3/4} \subset \overline{O}_{3/4} \subset O_1.$$

归纳地, 我们可以对任何二进位有理数 t, 选定一个开集 O_t, 使得 (7.9.1) 得到满足.

构筑了满足 (7.9.1) 的开集族 $\{O_t\}$ 后, 我们在 X 上定义函数 f 如下:

$$f(x) = \begin{cases} 1, & \text{当 } x \in B \text{ 时,} \\ \displaystyle\inf_{x \in O_t} t, & \text{当 } x \in B^C \text{ 时.} \end{cases}$$

显然, 如此定义的 f 显然满足条件: $\forall x \in A \big(f(x) = 0 \big), \forall x \in B \big(f(x) = 1 \big)$. 又对于任何 $s \in (0, 1]$, 有

$$\{x \in X : f(x) < s\} = \bigcup_{\text{二进位有理数 } t < s} O_t$$

和

$$\{x \in X : f(x) \leqslant s\} = \bigcap_{\text{二进位有理数 } t > s} O_t = \bigcap_{\text{二进位有理数 } t > s} \overline{O}_t.$$

所以, $\{x \in X : f(x) < s\}$ 是开集, 而 $\{x \in X : f(x) \leqslant s\}$ 是闭集. 由此, 任何开区间 $I = (s_1, s_2)$ 在映射 f 下的原像 $f^{-1}(I)$ 是开集, f 连续. □

*§7.10　补充教材二：Jordan 曲线定理

本节将证明以下定理:

定理 7.10.1(Jordan 曲线定理)　假设 $\mathcal{C} \subset \mathbf{R}^2$ 是一条简单封闭曲线 (简称 Jordan 曲线), 换言之, 有同胚映射 $f : S^1 \to \mathcal{C}$. 则 $\mathbf{R}^2 \setminus \mathcal{C}$ 是不连通集, 它恰由两个连通成分构成, 其中一个连通成分是有界的, 另一个是无界的.

注　法国数学家 Jordan 在 1892 年出版的经典著作《分析教程》中介绍并证明了以上这个直观上似乎非常显然的定理. Jordan 的证明冗长复杂. 这让人认识到了直观上似乎没有疑问的结论也需要给予严格的数学证明是近代数学必须遵守的规则. 不久, 有人指出: Jordan 的证明是有漏洞的, 而且修补 Jordan 证明中的漏洞并非易事. 这又让人看到了纯粹数学的一个使人吃惊的特色: 看似简单明了的事在严格的逻辑探讨中可以非常复杂. 事实上, 这里的复杂性来源于我们理解的'简单封闭曲线'是一个非常广泛的概念, 因为数学上严格的连续性概念与直观上无确切定义的连续性概念有着很大的区别. 1905 年美国数学家 O.Veblen 给出了 Jordan 曲线定理的第一个正确的严格证明. 本讲义即将介绍的证明是上世纪下半叶由 **Helge Tverberg** 给出的. 它并未用到代数拓扑或微分拓扑的工具, 只用了点集拓扑及中学平面几何的知识. 因此, 被称为 Jordan 曲线定理的一个初等证明. 当然, 初等证明并非意味着是容易的证明, 它还是相当拐弯抹角的. 我们特辟这节补充教材来介绍它的原因是: 一方面, 它可作为我们学过的点集拓扑知识的应用; 另一方面, 它在今后 (例如第 12 章复分析) 的讨论中也会遇到它.

证明分成很多步. 先证明 Jordan 曲线定理的一个特殊情形.

定理 7.10.2(多边形的 Jordan 曲线定理)　假设 $\mathcal{C} \subset \mathbf{R}^2$ 是一条简单封闭的多边形曲线 (简称 Jordan 多边形), 换言之, 它是由有限多个直线段连接起来的简单封闭曲线. 则 $\mathbf{R}^2 \setminus \mathcal{C}$ 是不连通集, 它由两个连通成分构成, 每个连通成分的边界都是 $\mathcal{C}$, 且一个连通成分是有界的, 另一个是无界的.

证　设 $\mathbf{p} \in \mathbf{R}^2 \setminus \mathcal{C}$. 起点在 $\mathbf{p}$ 处的半直线 r 称为 $\mathbf{p}$ 处的一根射线. 对于 $\mathbf{p} \notin \mathcal{C}$, $P(r, \mathbf{p})$ 表示射线 r 与 Jordan 多边形 $\mathcal{C}$ 的在以下约定意义下的交点个数: 设 r 通过 $\mathcal{C}$ 的一个顶点 V 或盖住 $\mathcal{C}$ 的一个直线段 L. 我们把这样的相交计作是两次相交, 若这个顶点 V 或直线段 L 的 $\mathcal{C}$ 上相邻两个线段处于射线 r 的同一边; 不然, 计作是一次相交 (参看图 7.10.1). 当射线 r 绕着起点 $\mathbf{p}$ 连续旋转

时, 除非 r 碰着 $\mathcal{C}$ 的某顶点或压在 $\mathcal{C}$ 的某直线段上时, $P(r,\mathbf{p})$ 是不会改变的; 当 r 碰着 $\mathcal{C}$ 的某顶点或压在 $\mathcal{C}$ 的某直线段上时, $P(r,\mathbf{p})$ 虽会改变, 但根据以上的约定, $P(r,\mathbf{p})$ 的奇偶性是不会改变的. 我们根据 $P(r,\mathbf{p})$ 的奇偶性称 $\mathbf{p}$ 为奇点或偶点. 全体奇点构成的集合记做 X_o, 全体偶点构成的集合记做 X_e. 显然, $\mathbf{R}^2 \setminus \mathcal{C} = X_e \cup X_o$ 和 $X_e \cap X_o = \varnothing$. 我们可以证明: X_e 和 X_o 均为 $\mathbf{R}^2 \setminus \mathcal{C}$ 的开集. $\mathcal{C}$ 作为紧集 S^1 在连续映射下的像应是紧集, 因而是闭集. 设 $\mathbf{p} \in X_e$, 则有 $\varepsilon > 0$, 使得 $\mathbf{B}^2(\mathbf{p}, \varepsilon) \subset \mathbf{R}^2 \setminus \mathcal{C}$. 设 $\mathbf{q} \in \mathbf{B}^2(\mathbf{p}, \varepsilon)$. 记 $r_\mathbf{p}$ 为起点在 $\mathbf{p}$ 向着点 $\mathbf{q}$ 的射线, 而 $r_\mathbf{q}$ 为起点在 $\mathbf{q}$ 与 $r_\mathbf{p}$ 同向的射线. 易见, $P(r_\mathbf{p}, \mathbf{p}) = P(r_\mathbf{q}, \mathbf{q})$. 所以, $\mathbf{q} \in X_e$. 故 $\mathbf{B}^2(\mathbf{p}, \varepsilon) \subset X_e$, X_e 开. 同理, X_o 开. 因紧集 $\mathcal{C}$ 有界, 当 $|\mathbf{p}|$ 充分大时, 必有一条以 $\mathbf{p}$ 为起点的射线与 $\mathcal{C}$ 不相交, 故 $\mathbf{p} \in X_e$. 所以, $X_e \neq \varnothing$. 选一条以 $\mathbf{p} \in X_e$ 为起点并与 $\mathcal{C}$ 的一个非顶点相交且不与 $\mathcal{C}$ 的任何直线段重叠的射线 r, r 与 $\mathcal{C}$ 的交点中最接近 $\mathbf{p}$ 的交点记为 $\mathbf{q}$. 在射线 r 上非常靠近 $\mathbf{q}$ 但处于 $\mathbf{q}$ 两侧的点 $\mathbf{a}$ 和 $\mathbf{b}$ 的奇偶性正好相反, 因此, $X_e \neq \varnothing \neq X_o$. 所以, $\mathbf{R}^2 \setminus \mathcal{C}$ 至少有两个连通成分.

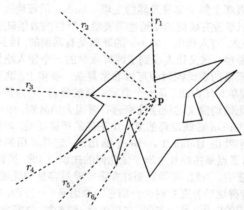

图 7.10.1　按约定, 有 $P(r_1, \mathbf{p}) = P(r_2, \mathbf{p}) = P(r_3, \mathbf{p}) = 1$, $P(r_4, \mathbf{p}) = 5$, $P(r_5, \mathbf{p}) = P(r_6, \mathbf{p}) = 3$

我们要证明: X_e 与 X_o 均道路连通. 为此, 选 $\mathcal{C}$ 上的一个直线段, $\mathbf{a}$ 与 $\mathbf{b}$ 是 $\mathbf{R}^2 \setminus \mathcal{C}$ 中的两个点, 它们非常接近所选的直线段, 但分处直线段的两侧. 因此, 它们不属于 X_e 与 X_o 中同一个集合. 不妨设 $\mathbf{a} \in X_e, \mathbf{b} \in X_o$. 设 $\mathbf{c} \in \mathbf{R}^2 \setminus \mathcal{C}$, 则显然有一条以 $\mathbf{c}$ 为起点的直线段 $s \subset \mathbf{R}^2 \setminus \mathcal{C}$, 使得 s 的终点非常靠近 $\mathcal{C}$. 然后从 s 的这个终点出发沿着非常靠近 $\mathcal{C}$ 但不碰到 $\mathcal{C}$ 的折线前进, 我们最终会抵达线段 $[\mathbf{a}, \mathbf{q}]$ 或 $[\mathbf{q}, \mathbf{b}]$ 上的一点, 其中 $\mathbf{q}$ 表示 $[\mathbf{a}, \mathbf{b}]$ 与上述所选直线段之交点 (请同学详述这条折线的构筑). 这就证明了 X_e 与 X_o 是道路连通的. $\mathbf{R}^2 \setminus \mathcal{C}$ 恰有两个连通成分. 因 X_e 和 X_o 开, 且 $\mathcal{C}$ 的任一点的邻域中至少有两点分处于过该点的 $\mathcal{C}$ 的直线段的两侧, 换言之, 这个邻域既与 X_e 相交又与 X_o 相交, 故 $\mathcal{C}$ 是 X_e 与 X_o

的公共边界.   □

在以下的讨论中, 我们总是作如下约定. 在映射 $(x, y) \mapsto x + \mathrm{i}y$ 下, 二维实平面与复平面看成同一个东西: $\mathbf{R}^2 = \mathbf{C}$. 为了证明一般的 Jordan 曲线定理, 我们需要一系列的引理. 先介绍以下这个完全属于初等数学的引理:

引理 7.10.1 设 $E \subset \mathbf{S}^1 = \{\mathrm{e}^{2\pi\mathrm{i}\theta} : \theta \in \mathbf{R}\}$, 且满足条件:

$$\forall x \in E \forall y \in E\left(|x - y| < \sqrt{3}\right),$$

则 $\mathbf{S}^1$ 上盖住 E 的最小闭圆弧的长度不超过 $2\pi/3$.

证 当 E 是空集, 单点集或只有两个点的集合时, 引理的结论自然成立. 今设 E 至少有三个点. 在 E 中任取两个点 a 和 b. 不妨设 $a = \mathrm{e}^{2\pi\mathrm{i}/3}, b = \mathrm{e}^{2\pi\mathrm{i}\theta}$, 其中 $\theta \in (1/3, 2/3)$. 又设 $c = \mathrm{e}^{2\pi\mathrm{i}\phi} \in E, a \neq c \neq b$. 由于 c 与 a 及 b 之间的距离小于 $\sqrt{3}$, 可以选取 $\phi \in (\theta - 1/3, 2/3) \subset (0, 2/3)$. 以后 E 中的点永远写成 $\mathrm{e}^{2\pi\mathrm{i}\phi}, \phi \in (\theta - 1/3, 2/3)$. 令 $\psi_1 = \inf\{\phi \in (\theta - 1/3, 2/3) : \mathrm{e}^{2\pi\mathrm{i}\phi} \in E\}, \psi_2 = \sup\{\phi \in (\theta - 1/3, 2/3) : \mathrm{e}^{2\pi\mathrm{i}\phi} \in E\}$. 下面我们要证明: $\psi_2 - \psi_1 \leqslant 1/3$. 不然, 有 $\phi_j \in (\theta - 1/3, 2/3)$, 使得 $\mathrm{e}^{2\pi\mathrm{i}\phi_j} \in E, j = 1, 2$, 且 $\phi_2 - \phi_1 > 1/3$. 注意到 $\phi_j \in (0, 2/3)$, 有 $\phi_1 + 1 - \phi_2 > 1 - 2/3 = 1/3$. 这与 $|\mathrm{e}^{2\pi\mathrm{i}\phi_1} - \mathrm{e}^{2\pi\mathrm{i}\phi_2}| < \sqrt{3}$ 矛盾. 故盖住 E 的由 $\mathrm{e}^{2\pi\mathrm{i}\psi_1}$ 到 $\mathrm{e}^{2\pi\mathrm{i}\psi_2}$ 张成的最小闭圆弧的长度不超过 $2\pi/3$.   □

注 假若将引理中的条件

$$\forall x \in E \forall y \in E\left(|x - y| < \sqrt{3}\right)$$

换成

$$\forall x \in E \forall y \in E\left(|x - y| \leqslant \sqrt{3}\right),$$

引理的结论就可能不成立了. 一个简单的例子是: 单位圆周的内接等边三角形的三个顶点构成的集合是满足这修改后的条件的. 但是, 盖住它的最小闭圆弧的长度却是 $4\pi/3$.

为了证明一般的 Jordan 曲线定理, 我们还需要 Jordan 曲线可以用 Jordan 多边形 (在某种意义下) 任意逼近的以下的定理:

引理 7.10.2 假设 $\mathcal{C}$ 是由连续映射 $f : \mathbf{S}^1 \to \mathbf{R}^2$ 确定的 Jordan 曲线, 则对于任何 $\varepsilon > 0$, 有一个由连续映射 $f' : \mathbf{S}^1 \to \mathbf{R}^2$ 确定的 Jordan 多边形 $\mathcal{C}'$, 使得

$$\forall x \in \mathbf{S}^1\left(|f(x) - f'(x)| < \varepsilon\right).$$

证 因 f 在紧集 $\mathbf{S}^1$ 上一致连续, 所以有 $\varepsilon_1 > 0$, 使得

$$|x - y| < \varepsilon_1 \Longrightarrow |f(x) - f(y)| < \varepsilon/2,$$

其中 ε 是引理叙述中的 ε. 因 $f : \mathbf{S}^1 \to \mathcal{C}$ 是同胚, 故有 $\varepsilon_2 > 0$, 使得

$$|f(x) - f(y)| < \varepsilon_2 \Longrightarrow |x - y| < \min(\varepsilon_1, \sqrt{3}).$$

记 $\delta = \min(\varepsilon/2, \varepsilon_2)$. 将 $\mathcal{C}$ 用有限多个直径为 δ 的, 且除了可能有的公共边界外两两互不相交的正方形 $Q_1, \cdots, Q_n$ 覆盖. 因 $\delta \leqslant \varepsilon_2$, 根据引理 7.10.1, 盖住

$f^{-1}(Q_1)$ 的 $\mathbf{S}^1$ 上的最小闭圆弧 A_1 的长度不大于 $2\pi/3$, 故 $A_1 \neq \mathbf{S}^1$. 定义映射 $f_1 : \mathbf{S}^1 \to \mathbf{R}^2$ 如下:

$$f_1(\exp(2\pi it)) = \begin{cases} f(\exp(2\pi it)), & \text{若 } \exp(2\pi it) \notin A_1, \\ \left(1 - \dfrac{t-a}{b-a}\right) f(\exp(2\pi ia)) + \dfrac{t-a}{b-a} f(\exp(2\pi ib)), & \text{若 } \exp(2\pi it) \in A_1, \end{cases}$$

其中 $A_1 = \{\exp(2\pi it) : a \leqslant t \leqslant b\}$. 记 $\mathcal{C}_1 = f_1(\mathbf{S}^1)$, 它当然是条 Jordan 曲线 (请同学补出它是简单闭曲线的证明). 将 f 和 $\mathcal{C}$ 分别换成 f_1 和 $\mathcal{C}_1$ 的过程称为把 $f(A_1)$ 拉直的过程. 应该注意的是: $f(A_1) \subset Q_1$ 未必成立. 还应注意的是: $f_1^{-1}(Q_i) \subset f^{-1}(Q_i), i = 2, 3, \cdots, n$. 从 f_1 出发用同样的方法可以把 $f_1(A_2)$ 拉直, 其中 A_2 表示盖住 $f_1^{-1}(Q_2)$ 的 $\mathbf{S}^1$ 上的最小闭圆弧, 从而获得映射 f_2 及对应的 Jordan 曲线 $\mathcal{C}_2 = f_2(\mathbf{S}^1)$ (若 $f_1^{-1}(Q_2) = \varnothing$, 则令 $f_2 = f_1, \mathcal{C}_2 = \mathcal{C}_1$). 反复施行上述的方法 n 次, 我们得到 $f_n : \mathbf{S}^1 \to \mathbf{R}^2$ 及 Jordan 多边形 $\mathcal{C}_n = f_n(\mathbf{S}^1)$. 下面我们将证明:

$$\forall x \in \mathbf{S}^1 \big(|f(x) - f_n(x)| < \varepsilon \big).$$

设 $x \in \mathbf{S}^1$. 若 $f(x) = f_n(x)$, 上述不等式当然成立. 今设 $f(x) \neq f_n(x)$, 则有一个 $j \in \{1, 2, \cdots, n\}$, 使得 $f_n(x) = f_j(x) \neq f_{j-1}(x)$, 这里我们约定: $f_0 = f$. 由以上的构造方法, $x \in A_j$, 其中 A_j 表示一个闭圆弧, 它的端点记为 y 和 z. 由构造方法, $f_j(y) = f(y), f_j(z) = f(z)$. 故有

$$|f(x) - f_n(x)| = |f(x) - f(y) + f(y) - f_n(x)|$$
$$= |f(x) - f(y) + f_j(y) - f_j(x)|$$
$$\leqslant |f(x) - f(y)| + |f_j(y) - f_j(x)|$$
$$\leqslant |f(x) - f(y)| + \delta$$
$$\leqslant |f(x) - f(y)| + \varepsilon/2.$$

因 $|f(z) - f(y)| \leqslant \delta \leqslant \varepsilon_2$, 有 $|z - y| \leqslant \varepsilon_1$. 根据引理 7.10.1, A_j 的弧长小于 $2\pi/3$. 因此, $|x - y| < |z - y|$, 所以 $|x - y| < \varepsilon_1$, 因而 $|f(x) - f(y)| < \varepsilon/2$. 故

$$|f(x) - f_n(x)| < \varepsilon/2 + \varepsilon/2 = \varepsilon.$$

只要将 f_n 作为引理中的 f', 引理的结论成立. $\qquad \square$

我们再引进一条引理.

引理 7.10.3 假设 $\mathcal{C}$ 是由连续映射 $f : \mathbf{S}^1 \to \mathbf{R}^2$ 确定的 Jordan 多边形, 则 $\mathbf{R}^2 \setminus \mathcal{C}$ 的有界连通成分包含一个开圆盘, 它的边界圆周在 $\mathcal{C}$ 的两个点 $f(a)$ 及 $f(b)$ 与 $\mathcal{C}$ 相遇, 且 $|a - b| \geqslant \sqrt{3}$.

证 每个包含在 $\mathbf{R}^2 \setminus \mathcal{C}$ 的有界连通成分内并与 $\mathcal{C}$ 至少有两点相遇的闭圆盘由它的圆心的两个坐标, 半径及与 $\mathcal{C}$ 相遇的两点 $f(a)$ 与 $f(b)$ 所对应的两个点 a 及 b 的四个坐标所刻画. 因此, 所有包含在 $\mathbf{R}^2 \setminus \mathcal{C}$ 的有界连通成分内并与

$\mathcal{C}$ 至少有两点相遇的闭圆盘由七个实数刻画, 它们构成 $\mathbf{R}^7$ 中的一个有界集. 由 Bolzano-Weierstrass 定理, 有一个包含在 $\mathbf{R}^2 \setminus \mathcal{C}$ 的有界连通成分内的开圆盘 D, 它的边界圆周 ∂D 在 $\mathcal{C}$ 的某两个点 $f(a)$ 及 $f(b)$ 与 $\mathcal{C}$ 相遇, 且 $|a-b|$ 达到所有包含在 $\mathbf{R}^2 \setminus \mathcal{C}$ 的有界连通成分内的且它的边界圆周在 $\mathcal{C}$ 的某两个点 $f(a_1)$ 及 $f(b_1)$ 与 $\mathcal{C}$ 相遇的开圆盘对应的 $|a_1 - b_1|$ 的极大值. 我们想证明: $|a-b| \geqslant \sqrt{3}$. 用反证法, 假设 $|a-b| < \sqrt{3}$. 这时 a 和 b 是 $\mathbf{S}^1$ 上某个长度大于 $4\pi/3$ 的某圆弧 A 的两个端点. 因为 $\max(|a-c|, |b-c|) > |a-b|$ 对任何 $c \in A \setminus \{a, b\}$ 成立, 所以,

$$\partial D \cap \Big(f(A) \setminus \{f(a), f(b)\} \Big) = \varnothing.$$

Jordan 多边形 $\mathcal{C}$ 在 $f(A)$ 上的顶点记为 $f(v_1), \cdots, f(v_n)$, 它们是由 $f(a)$ 到 $f(b)$ 按顺序排的. 我们面临以下四种情形: (i) $v_1 \neq a, v_n \neq b$; (ii) $v_1 \neq a, v_n = b$; (iii) $v_1 = a, v_n \neq b$; (iv) $v_1 = a, v_n = b$. 对这四种情形分别推导出矛盾如下. 情形 (i) 时: 圆周 ∂D 与直线段 $[f(a), f(v_1)]$ 相切于 $f(a)$, 又与直线段 $[f(v_n), f(b)]$ 相切于 $f(b)$. 不难证明: 存在一个非常接近 D 的包含在 $\mathbf{R}^2 \setminus \mathcal{C}$ 的有界连通成分内的开圆盘 D', 它与直线段 $[f(a), f(v_1)]$ 相切于 $f(a')$, 又与直线段 $[f(v_n), f(b)]$ 相切于 $f(b')$, 其中 $f(a') \in (f(a), f(v_1)), f(b') \in (f(v_n), f(b))$. 因 $|a' - b'| > |a - b|$, 我们得到了矛盾, 故情形 (i) 是不可能出现的 (参看图 7.10.2(a)). 情形 (ii) 时: 圆周 ∂D 与直线段 $[f(a), f(v_1)]$ 相切于 $f(a)$, 又通过 $f(b)$, 且圆盘 D 与以 $f(b)$ 为顶点的 Jordan 多边形 $\mathcal{C}$ 的两个直线段只相交于 $f(b)$. 不难证明: 存在一个非常接近 D 的包含在 $\mathbf{R}^2 \setminus \mathcal{C}$ 的有界连通成分内的开圆盘 D', 它与直线段 $[f(a), f(v_1)]$ 相切于 $f(a')$, 圆周 $\partial D'$ 通过 $f(b)$, 且圆盘 D' 与以 $f(b)$ 为顶点的 Jordan 多边形 $\mathcal{C}$ 的两个直线段只相交于 $f(b)$. 又是个矛盾. 情形 (ii) 也是不可能出现的 (参看图 7.10.2(b)). 情形 (iii), 与情形 (ii) 相似, 也是不可能出现的. 最后处理情形 (iv): 记直线段 $[f(a), f(b)]$ 与 $f(A)$ 所围成的区域 (注意: 这里我们用了多边形的 Jordan

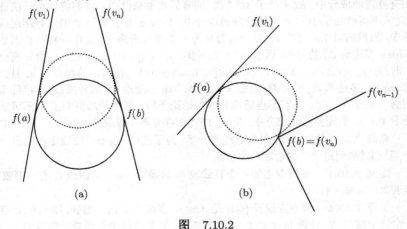

(a)   (b)

图   7.10.2

曲线定理!) 为 R, 从直线段 $[f(a), f(b)]$ 的中点出发, 沿着直线段 $[f(a), f(b)]$ 的中垂线向 R 内的那根半直线移动, 以那根半直线上的点为圆心画一个过 $f(a)$ 及 $f(b)$ 的圆周. 这种移动可能有两个结局: (1) 移动到半直线的某一点, 圆周围住的开圆仍在 R 内, 但圆周已与直线段 $[f(a), f(v_2)]$ 或 $[f(b), f(v_{n-1})]$ 之一相切; (2) 移动到半直线的某一点, 圆周围住的开圆仍在 R 内, 但圆周与 $f(A) \setminus \{f(a), f(b)\}$ 相遇了. 根据已证明的 (ii) 和 (iii), (1) 是不可能出现的. 根据前段最后的讨论, (2) 也是不可能出现的. 这就证明了 $|a - b| \geqslant \sqrt{3}$. □

现在我们可以证明 Jordan 曲线定理 (定理 7.10.1) 了. 我们把 Jordan 曲线定理分解成以下两个命题, 证明因此也分成两步.

命题 7.10.1 若 $\mathcal{C}$ 是 Jordan 曲线, 则 $\mathbf{R}^2 \setminus \mathcal{C}$ 至少有两个连通成分.

证 显然, $\mathbf{R}^2 \setminus \mathcal{C}$ 至少有一个无界连通成分. 下面我们要证明 $\mathbf{R}^2 \setminus \mathcal{C}$ 至少有一个有界连通成分. 根据引理 7.10.2, 有一串 Jordan 多边形 $\mathcal{C}_n$ 逼近 $\mathcal{C}$: 设 $\mathcal{C}_n$ 和 $\mathcal{C}$ 分别由同胚映射 $f_n : \mathbf{S}^1 \to \mathcal{C}_n (n \in \mathbf{N})$ 和 $f : \mathbf{S}^1 \to \mathcal{C}$ 所刻画, 且

$$\forall x \in \mathbf{S}^1 \big(|f(x) - f_n(x)| < \varepsilon_n \big), \quad 且 \quad \lim_{n \to \infty} \varepsilon_n = 0.$$

根据引理 7.10.3, 在每个 Jordan 多边形 $\mathcal{C}_n$ 内有一个圆周 S_n, 它含有 $\mathcal{C}_n$ 的两个点 $f_n(a_n)$ 与 $f_n(b_n)$, 且 $|a_n - b_n| \geqslant \sqrt{3}$. 记 S_n 的圆心为 z_n, 由 Bolzano-Weierstrass 定理, 点列 $\{z_n\}$ 有收敛子列. 不妨设点列 $\{z_n\}$ 收敛于 z. 我们要证明: 当 n 充分大时, z 与 z_n 属于 $\mathbf{R}^2 \setminus \mathcal{C}_n$ 的同一个连通成分. 理由如下: 因 f 是同胚, 有 $\delta > 0$, 使得 $|f(x) - f(y)| < \delta \implies |x - y| < \sqrt{3}$, 换言之, $|x - y| \geqslant \sqrt{3} \implies |f(x) - f(y)| \geqslant \delta$. 有 $N \in \mathbf{N}$, 使得 $n \geqslant N \implies \varepsilon_n < \delta/4$. 由此, $n \geqslant N \implies |f_n(x) - f_n(y)| > \delta/2$. 故 $\mathrm{diam} S_n > \delta/2$. 因此, $d(z_n, \mathcal{C}_n) > \delta/4$. 但是, 当 n 充分大时, $|z - z_n| < \delta/4$. 因此, 当 n 充分大时, z 与 z_n 处于 $\mathbf{R}^2 \setminus \mathcal{C}_n$ 的同一个连通成分中. 又因 z_n 处于 $\mathbf{R}^2 \setminus \mathcal{C}_n$ 的有界连通成分中, 故 z 处于 $\mathbf{R}^2 \setminus \mathcal{C}_n$ 的有界连通成分中. 我们将用反证法证明: z 不可能处于 $\mathbf{R}^2 \setminus \mathcal{C}$ 的无界连通成分中. 假设 z 处于 $\mathbf{R}^2 \setminus \mathcal{C}$ 的无界连通成分中. 根据练习 7.8.3 的 (v), 有一条起点为 z 的连续道路 $g : [0, 1] \to \mathbf{R}^2 \setminus \mathcal{C}$ 到达 Jordan 多边形 $\mathcal{C}_n$ 的外部. 因 $g([0, 1])$ 是紧集, 故 $d(g([0, 1]), \mathcal{C}) = \delta > 0$. 当 n 充分大时, $|f(x) - f_n(x)| < \delta/2$. 所以, $d(g([0, 1], \mathcal{C}_n) > \delta/2$. $g([0, 1])$ 的起点为 z, 且到达 Jordan 多边形 $\mathcal{C}_n$ 的外部, 因而 z 也在 Jordan 多边形 $\mathcal{C}_n$ 的外部. 这与已经得到的 z 处于 $\mathbf{R}^2 \setminus \mathcal{C}_n$ 的有界连通成分中的结论矛盾. 这个矛盾证明了 z 不可能处于 $\mathbf{R}^2 \setminus \mathcal{C}$ 的无界连通成分中. 所以, $\mathbf{R}^2 \setminus \mathcal{C}$ 有界连通成分. □

命题 7.10.1 是 Jordan 曲线定理的一半. 为了证明 Jordan 曲线定理的另一半, 我们需要引进一个概念和两个引理.

定义 7.10.1 复平面上的一个直线段 $[a, b]$ 称为 Jordan 曲线 $\mathcal{C}$ 的一根**弦**, 假若 $\mathcal{C} \cap [a, b] = \{a, b\}$.

引理 7.10.4 假若直线段 $[a, b]$ 是 Jordan 多边形 $\mathcal{C}$ 的一根弦, 则 $\mathbf{R}^2 \setminus \mathcal{C}$ 有一个连通成分 X, 使得 $[a, b] \subset X \cup \mathcal{C}$, 且 $X \setminus [a, b]$ 是由两个连通成分构成的.

证 前半部分只是道路连通必连通这个命题的推论. 后半部分证明如下：
Jordan 多边形 $\mathcal{C}$ 被 a,b 两点分成两段 $\mathcal{C}_1'$ 及 $\mathcal{C}_2'$, $\mathcal{C}_1 = [a,b] \cup \mathcal{C}_1'$ 和 $\mathcal{C}_2 = [a,b] \cup \mathcal{C}_2'$ 构成两个 Jordan 多边形. 若 X 是被 Jordan 多边形 $\mathcal{C}$ 围住的内部, 则被 Jordan 多边形 $\mathcal{C}_i$ 围住的内部 $X_i (i = 1, 2)$ 满足以下等式：$X = X_1 \cup X_2$ 和 $X_1 \cap X_2 = \varnothing$. 这两个等式都可以由定理 7.10.2 证明中关于 Jordan 多边形 $\mathcal{C}$ 内部的点由该点出发的射线与 Jordan 多边形交点个数的奇偶性的刻画去证明. 当 X 是 $\mathbf{R}^2 \setminus \mathcal{C}$ 的无界连通成分时, Jordan 多边形 $\mathcal{C}$ 被 a,b 两点分成两段 $\mathcal{C}_1'$ 及 $\mathcal{C}_2'$, $\mathcal{C}_1 = [a,b] \cup \mathcal{C}_1'$ 和 $\mathcal{C}_2 = [a,b] \cup \mathcal{C}_2'$ 构成两个 Jordan 多边形. 这时, 两个被 Jordan 多边形 $\mathcal{C}_i$ 围住的内部 $X_i (i = 1, 2)$ 中有一个, 记它为 X_1, 包含在 X 中：$X_1 \subset X$. 而另一个却包含 X 的余集, 记它为 $X_2 : X_2^C \subset X$. 这时, 我们有以下等式：$X = X_1 \cup X_2^C$ 和 $X_1 \cap X_2^C = \varnothing$. 这些命题也都可以由定理 7.10.2 证明中关于 Jordan 多边形 $\mathcal{C}$ 内部的点由该点出发的射线与 Jordan 多边形交点个数的奇偶性的刻画去证明. □

引理 7.10.5 设 $\mathcal{C}$ 是 Jordan 多边形, a,b 两点属于 $\mathbf{R}^2 \setminus \mathcal{C}$ 的同一个连通成分 X, 且有 $\delta > 0$, 使得 $d(\{a, b\}, \mathcal{C}) > \delta$. 又假设 a,b 两点满足以下条件：对于 $\mathcal{C}$ 的任何长度小于 2δ 的弦 $[c, d] \subset X \cup \mathcal{C}$, a,b 两点必属于 $X \setminus [c, d]$ 的同一个连通成分. 在以上假设下, 我们有以下结论：在 X 中有一条连接 a 和 b 的道路 $g : [0,1] \to X$, 使得 $d(g([0,1]), \mathcal{C}) \geqslant \delta$.

注 证明的思路如下：将一个半径为 δ 的圆盘的圆心置于点 a 处, 然后把圆盘保持在 X 内连续地拖拉到圆心置于点 b 处的圆盘. 假若这种拖拉得以完成, 圆盘的圆心的轨迹便是所要求的道路 g. 使得这种拖拉无法完成的唯一可能的障碍是有一根长度小于 2δ 的弦. 而这是引理中关于弦的假设所不容许的. 证明的细节如下：

证 不妨假设 a 及 b 均在 $\mathcal{C}$ 围住的内部, 外部处理更容易. 圆盘的拖拉分成三个阶段：(I) $\mathcal{C}$ 上有一点 α, 使得 $d(a, \alpha) = d(a, \mathcal{C})$. 又设 α_1 是线段 $[a, \alpha]$ 上这样一个点, 使得线段 $[\alpha_1, \alpha]$ 的长度等于 δ. 因为 $d(a, \alpha) = d(a, \mathcal{C})$, 将圆心在 a 处半径为 δ 的开圆盘沿直线段 $[a, \alpha]$ 把圆心拉至 α_1 的拖拉过程中是不会碰上 $\mathcal{C}$ 的. 拖拉的 (II) 阶段开始时有 $d(a, \mathcal{C}) = \delta$, 然后将这个与 $\mathcal{C}$ 在 α 处相切的开圆盘一直保持与 $\mathcal{C}$ 相切的状态向前拖拉. 这里, 我们应做两点解释：(1) 所谓相切拖拉在经过 $\mathcal{C}$ 的顶点时有两种情况：(i) 顶点处对着 $\mathcal{C}$ 围住的内部所张的角大于 π, 这时圆盘滚过顶点到达与下一根边相切后再沿新边相切拖拉 (圆盘的圆心的轨迹在顶点附近呈现一个以顶点为圆心半径为 δ 的圆弧, 该圆弧在 $\mathcal{C}$ 围住的内部, 在圆弧的端点处恰与圆心的拉来及拉走时的两根直线轨迹相切). (ii) 顶点处对着 $\mathcal{C}$ 围住的内部所张的角小于 π, 这时圆盘尚未碰上顶点即到达与下一根边相切的位置, 这时它就应沿新边相切拖拉. (2) 所谓向前拖拉是这样理解的：圆心处于 α_1 的圆盘沿着与之相切的 $\mathcal{C}$ 的直线段有两个方向可以拖拉. 向前拖拉是指这样的拖拉, 作微小拖拉后的切点到圆心的直线段的延长到 $\mathcal{C}$ 的第一个交点的直线段 l 使得 $\mathcal{C} \setminus l$ 分成两个连通成分, 而 a 和 b 恰分处于不同的连通成分. 以后将继续沿着这个方向与 $\mathcal{C}$ 相切拖拉, 直到出现以下状况为止: 切点到圆心的直线段的延长到 $\mathcal{C}$ 的第一个交点的直线段 λ 使得 $\mathcal{C} \setminus \lambda$ 分成两个连通成分, 而 a 和 b 恰处于同一个的连通成分. 根据引理的假设, 在这样的拖拉过程中, 开圆盘是不会与 $\mathcal{C}$ 相遇的. 换言之, 我们能无障碍地将圆盘拖拉到这样的位置: 由 b 到圆盘新位置的圆心连线的延长线与 $\mathcal{C}$ 的交点恰是最后的圆盘与 $\mathcal{C}$ 的一根直线段的切点. (III) 和 (I) 阶段的拖拉相似, 但方向相反. 和 (I) 的讨论一样, 将圆盘从这个新位置直线地拖拉到圆心在 b 处的位置上是不会有障碍的.　　□

现在我们可以证明 Jordan 曲线定理的另一半了.

命题 7.10.2　若 $\mathcal{C}$ 是 Jordan 曲线, 则 $\mathbf{R}^2 \setminus \mathcal{C}$ 最多只有两个连通成分.

证　假设 $\mathbf{R}^2 \setminus \mathcal{C}$ 有三个或三个以上的连通成分, 并设 p, q, r 是分属于三个不同的连通成分的三个点. 记 $\varepsilon = d(\{p, q, r\}, \mathcal{C}) > 0$. 根据引理 7.10.2, 有一列 Jordan 多边形 $\mathcal{C}_n (n = 1, 2, \cdots)$, 它们由映射 $f_n (n = 1, 2, \cdots)$ 所描述, 且 $\lim\limits_{n \to \infty} \sup\limits_{0 \leqslant t \leqslant 1} |f(t) - f_n(t)| = 0$, 其中 f 是描述 Jordan 曲线 $\mathcal{C}$ 的映射. 所以, 当 n 充分大时, $\sup\limits_{0 \leqslant t \leqslant 1} |f(t) - f_n(t)| < \varepsilon/2$, 因此, n 充分大时, $d(\{p, q, r\}, \mathcal{C}_n) > \varepsilon/2$. 根据多边形的 Jordan 曲线定理 (定理 7.10.2), $\mathbf{R}^2 \setminus \mathcal{C}_n$ 只有两个连通成分. 故 p, q, r 中有两点属于 $\mathbf{R}^2 \setminus \mathcal{C}_n$ 的同一个连通成分 X_n. 我们不妨假设: $\{p, q, r\}$ 中有两点, 不妨设为 p, q, 属于 $\mathbf{R}^2 \setminus \mathcal{C}_n$ 的同一个连通成分 $X_n (n = 1, 2, \cdots)$. 假若以上假设不成立, 通过适当选取子列便可以使所选子列满足假设中的条件.

假若有一个 $\delta \in (0, \varepsilon)$ 和无穷多个自然数 n 具有如下性质: 在 X_n 中有连接 p 和 q 的道路 g_n 使得 $d(g_n([0, 1]), \mathcal{C}_n) \geqslant \delta$. 注意到以下事实: 当 n 充分大时, $\forall t \in [0, 1](|f_n(t) - f(t)| < \delta/2)$. 因此, 有无穷多个自然数 n 具有如下性质: $d(g_n([0, 1]), \mathcal{C}) > \delta/2$. 这说明 p 和 q 属于 $\mathbf{R}^2 \setminus \mathcal{C}$ 的同一个连通成分中. 但是, 在前段开始时我们就假设 p, q, r 分属于 $\mathbf{R}^2 \setminus \mathcal{C}$ 的三个不同的连通成分. 这个矛盾说明了本段开始时假设的 δ 不可能存在. 不妨假设: 对于在 X_n 中连接 p 和 q 的任何道路 g_n 必有 $\lim\limits_{n \to \infty} \delta_n = 0$, 其中 $\delta_n = d(g_n([0, 1]), \mathcal{C}_n)$. 假若这个假设不成立, 通过适当选取子列便可以使所选子列满足假设中的条件. 根据引理 7.10.5, 对于每个 n, $\mathcal{C}_n$ 有长度不大于 δ_n 的弦 Γ_n, 它具有如下性质: p 和 q 分属于 $X_n \setminus \Gamma_n$ 的两个不同的连通成分. 弦 Γ_n 的两个端点记为 $f_n(a_n)$ 和 $f_n(b_n)$, 因 $\lim\limits_{n \to \infty} \delta_n = 0$, 故 $\lim\limits_{n \to \infty} (f_n(b_n) - f_n(a_n)) = 0$. 考虑到 f_n 一致逼近 f, 有

$$\lim_{n \to \infty} (f(b_n) - f(a_n)) = 0.$$

因 f 是同胚, 我们有

$$\lim_{n \to \infty} (b_n - a_n) = 0. \tag{7.10.1}$$

因 p 和 q 分属于 $X_n \setminus \Gamma_n$ 的两个不同的连通成分, 对于无穷多个 n, 点 p 和点 q 中至少有一个, 记它为 p, 属于 $X_n \setminus \Gamma_n$ 的被 Γ_n 及 $f_n(A_n)$ 围住的连通成分 K_n, 其中 A_n 是 $\mathbf{S}^1$ 上端点为 a_n 和 b_n 的弧长较小的那一段弧. 因 f_n 一致收敛,

f_n 等度连续. 由 (7.10.1), $f_n(A_n)$ 的长度趋于零. 又因 Γ_n 的长度不大于 δ_n. 故 $\lim\limits_{n\to\infty}$ diam$K_n = 0$. 总结之, 有单调递增的正整数列 $n_i(i=1,2,\cdots)$, 使得

$$p \in K_{n_i}, \quad i = 1, 2, \cdots.$$

当 i 充分大时, diam$K_{n_i} < \varepsilon$(其中 ε 是证明开始时引进的正数: $d(\{p,q,r\},\mathcal{C}) = \varepsilon$). 由此, $|p - f(a_{n_i})| < \varepsilon$, 但它与 $d(\{p,q,r\},\mathcal{C}) = \varepsilon$ 矛盾. 这个矛盾证明了命题 7.10.2.

□

Jordan 曲线定理 (定理 7.10.1) 是命题 7.10.1 与命题 7.10.2 的推论.

应该指出, Jordan 曲线定理还包含其他的论断. 我们将在第 12 章中再回来讨论.

进一步阅读的参考文献

本章只介绍分析中常用的点集拓扑的知识. 以下的文献中的关于拓扑的章节可以参考:

[1] 的第三章的第 **2, 3, 4** 节介绍点集拓扑的基本概念. 第五章的第 **4** 节介绍 Stone-Weierstrass 逼近定理及其应用.

[5] 本书是一本关于点集拓扑的经典著作, 虽然老了一些, 但经常被引到. 特别, 关于滤子及滤子基有详细介绍.

[6] 的第六章介绍点集拓扑的基本概念. 第七章的第 **6** 节介绍 Stone-Weierstrass 逼近定理及其应用.

[8] 的第一章较详细地介绍了点集拓扑的基本概念.

[10] 的第一章介绍了欧氏空间上的点集拓扑.

[13] 的第二卷的第二章介绍了欧氏空间上的点集拓扑.

[15] 的第十九章扼要地介绍了点集拓扑的基本概念.

[17] 的第七章简略地介绍了点集拓扑的基本概念.

[22] 的第十二章较详细地介绍了点集拓扑的基本概念.

[23] 的第二章较详细地介绍了点集拓扑的基本概念.

[25] 的第九章较详细地介绍了点集拓扑的基本概念.

第 8 章　多元微分学

§8.1　微分和导数

由 §7.6 的练习 7.6.5, $\mathbf{R}^n$ 上任两个范数所产生的拓扑是完全一样的. 在以后的讨论中, 除非有相反的申明, $\mathbf{R}^n$ 总被看成是一个赋范线性空间. $\mathbf{R}^n$ 上的范数可以理解成任何一个范数, 记做 $|\cdot|_{\mathbf{R}^n}$, 有时简记做 $|\cdot|$. 在具体的问题中, 我们常常挑选一个最便于对该问题进行计算操作的范数. 若未作具体的申明, 我们常把 $|\cdot|$ 理解成 n 维欧氏空间中的向量长度.

定义 8.1.1　设 $U \subset \mathbf{R}^n$, $\mathbf{p}$ 是 U 的一个内点, 映射 $\mathbf{f}: U \to \mathbf{R}^m$. $\mathbf{f}$ 称为**在点 $\mathbf{p} \in U$ 处可微的**, 假若有一个线性映射 $L: \mathbf{R}^n \to \mathbf{R}^m$, 使得

$$\lim_{\mathbf{h} \to \mathbf{0}} \frac{1}{|\mathbf{h}|}[\mathbf{f}(\mathbf{p} + \mathbf{h}) - \mathbf{f}(\mathbf{p}) - L\mathbf{h}] = \mathbf{0}. \tag{8.1.1}$$

若 $\mathbf{f}$ 在 U 的每一点处可微, 则 $\mathbf{f}$ 称为**在 U 上是可微的**.

注 1　线性映射 $L: \mathbf{R}^n \to \mathbf{R}^m$ 是满足以下条件的 $\mathbf{R}^n \to \mathbf{R}^m$ 的映射:

$$\forall a, b \in \mathbf{R} \forall \mathbf{u}, \mathbf{v} \in \mathbf{R}^n \big(L(a\mathbf{u} + b\mathbf{v}) = aL(\mathbf{u}) + bL(\mathbf{v}) \big).$$

线性映射 $L: \mathbf{R}^n \to \mathbf{R}^m$ 作用在向量 $\mathbf{v}$ 上的结果记做 $L\mathbf{v}$, 有时也记做 $L(\mathbf{v})$.

注 2　以上定义中的线性映射 L 假若存在, 它是唯一确定的. 事实上, 若有 L_1 和 L_2 同时满足方程 (8.1.1), 则有

$$\lim_{\mathbf{h} \to \mathbf{0}} \frac{1}{|\mathbf{h}|}[L_1\mathbf{h} - L_2\mathbf{h}] = \mathbf{0}.$$

让 $\mathbf{h} = \lambda\mathbf{k}$ 代入上式, 其中 $\mathbf{k}$ 是任何非零向量, $\lambda > 0$. 让 $\lambda \to 0$, 上式变成

$$\frac{1}{|\mathbf{k}|}[L_1\mathbf{k} - L_2\mathbf{k}] = \mathbf{0}.$$

故

$$\forall \mathbf{k} \neq \mathbf{0}(L_1\mathbf{k} - L_2\mathbf{k} = \mathbf{0}).$$

因此, $L_1 = L_2$.

定义 8.1.2 假若映射 $\mathbf{f} : U \to \mathbf{R}^m$ 在点 $\mathbf{p} \in U$ 处可微, 则 (8.1.1) 中唯一确定的线性映射 L 称为**映射 $\mathbf{f}$ 在点 $\mathbf{p} \in U$ 处的微分**, 记做 $d\mathbf{f_p}$. 线性映射 $d\mathbf{f_p}$ 相对于 $\mathbf{R}^n$ 和 $\mathbf{R}^m$ 的标准基的矩阵称为**映射 $\mathbf{f}$ 在点 $\mathbf{p} \in U$ 处的导数**, 记做 $\mathbf{f}'(\mathbf{p})$.

注 1 设 $\mathbf{R}^n$ 的一组基是由向量组 $\{\mathbf{e}_1, \mathbf{e}_2, \cdots, \mathbf{e}_n\}$ 组成的, 又设 $\mathbf{R}^m$ 的一组基是由向量组 $\{\mathbf{f}_1, \mathbf{f}_2, \cdots, \mathbf{f}_m\}$ 组成的, 而线性映射 L 由下式确定:

$$L\mathbf{e}_j = \sum_{i=1}^{m} a_j^i \mathbf{f}_i, \quad j = 1, 2, \cdots, n.$$

若

$$\mathbf{u} = \sum_{j=1}^{n} u^j \mathbf{e}_j \quad \text{和} \quad \mathbf{v} = \sum_{i=1}^{m} v^i \mathbf{f}_i,$$

则

$$L\mathbf{u} = \sum_{j=1}^{n} u^j L\mathbf{e}_j = \sum_{j=1}^{n} u^j \sum_{i=1}^{m} a_j^i \mathbf{f}_i = \sum_{i=1}^{m} \left(\sum_{j=1}^{n} a_j^i u^j \right) \mathbf{f}_i.$$

线性映射 L 相对于 $\mathbf{R}^n$ 的基 $\{\mathbf{e}_1, \mathbf{e}_2, \cdots, \mathbf{e}_n\}$ 和 $\mathbf{R}^m$ 的基 $\{\mathbf{f}_1, \mathbf{f}_2, \cdots, \mathbf{f}_m\}$ 的矩阵是

$$[a_j^i] = \begin{bmatrix} a_1^1 & a_2^1 & \cdots & a_n^1 \\ a_1^2 & a_2^2 & \cdots & a_n^2 \\ \vdots & \vdots & & \vdots \\ a_1^m & a_2^m & \cdots & a_n^m \end{bmatrix}.$$

基向量组 $\{\mathbf{e}_1, \mathbf{e}_2, \cdots, \mathbf{e}_n\}$ 称为 $\mathbf{R}^n$ 的标准基, 假若写成行向量,

$$\mathbf{e}_j = (\delta_{1j}, \delta_{2j}, \cdots, \delta_{nj}) \quad (j = 1, 2, \cdots, n).$$

列向量便是上式的转置.

注 2 文献中关于微分和导数的名称和记法并不统一. 有人把 $d\mathbf{f_p}$ 称为点 $\mathbf{p}$ 处的导数, 或 **Fréchet导数**, 并记做 $D\mathbf{f}$, 或 $\mathbf{f}'$. 这与本讲义的 $\mathbf{f}'(\mathbf{p})$ 不同. 有时, 本讲义的 $\mathbf{f}'(\mathbf{p})$ 称为 $\mathbf{f}$ 在点 $\mathbf{p}$ 处的 **Jacobi矩阵**, 它的行列式称为**$\mathbf{f}$ 在点 $\mathbf{p}$ 处的 Jacobi 行列式**, 记做 $J_{\mathbf{f}}(\mathbf{p})$. 在线性代

数中, 当线性映射的定义域空间及值域空间中都给定了一组基向量后, 这个线性映射与关于这对基向量组的它的矩阵之间有一一对应, 因而, 当线性映射的定义域空间及值域空间中都给定了一组基向量后, 线性映射与对应的矩阵常常不加区分. 在这个意义下, 微分和导数在一对标准基向量组确定后也可以不加区分. 通常, 若不作相反的申明, 我们总是把 $\mathbf{R}^n$ 和 $\mathbf{R}^m$ 中的标准基当作基向量组. 所以, 微分和导数常常可以不加区分. 因此, 很多文献中 (请参看本讲义的 §8.9) 只有导数概念而不谈微分, 或只有微分概念而不谈导数. 在本讲义关于有限维空间上的微分学中, 微分是个线性映射, 导数便是微分所对应的 (相对于一对标准基的) 矩阵. 这样的称谓也许与一元情形比较接近.

注 3   有时映射 $\mathbf{f}: U \to \mathbf{R}^m$ 的定义域 U 并非 $\mathbf{R}^n$ 中的开集. 将来我们会讨论很一般的情形. 在本章中, 我们只讨论以下两个推广了的情形.

(1) U 是 $\mathbf{R}^n$ 的某线性子空间 E 的开集. 这时 E 将线性地并保持范数不变地与某个 $\mathbf{R}^k$ 同构. 因此映射 $\mathbf{f}: U \to \mathbf{R}^m$ 的微分 $d\mathbf{f_p}$ 完全和以前一样定义. 它是满足以下关系式的唯一的线性映射:

$$\lim_{\substack{\mathbf{h} \to \mathbf{0} \\ \mathbf{h} \in E}} \frac{1}{|\mathbf{h}|} [\mathbf{f}(\mathbf{p} + \mathbf{h}) - \mathbf{f}(\mathbf{p}) - d\mathbf{f_p}\mathbf{h}] = \mathbf{0}. \tag{8.1.1}'$$

应注意的是, 我们这里强调 $\mathbf{h} \in E$, 故 $d\mathbf{f_p}$ 是 E 到 $\mathbf{R}^m$ 的线性映射.

(2) U 是 $\mathbf{R}^n$ 的某仿射子空间 $E = \mathbf{a} + F$ 的开集, 其中 F 是 $\mathbf{R}^n$ 的某线性子空间. 这时, 映射 $\mathbf{f}: U \to \mathbf{R}^m$ 的微分 $d\mathbf{f_p}$ 定义为满足以下关系式的唯一的线性映射:

$$\lim_{\substack{\mathbf{h} \to \mathbf{0} \\ \mathbf{h} \in F}} \frac{1}{|\mathbf{h}|} [\mathbf{f}(\mathbf{p} + \mathbf{h}) - \mathbf{f}(\mathbf{p}) - d\mathbf{f_p}\mathbf{h}] = \mathbf{0}. \tag{8.1.1}''$$

故 $d\mathbf{f_p}$ 是 F 到 $\mathbf{R}^m$ 的线性映射.

例 8.1.1   设 $\mathbf{f}$ 是仿射变换:

$$\mathbf{f}(\mathbf{p}) = \mathbf{c} + L\mathbf{p},$$

其中 $\mathbf{c} \in \mathbf{R}^m$ 是常向量, L 是 $\mathbf{R}^n \to \mathbf{R}^m$ 的线性映射, 则

$$\lim_{\mathbf{h} \to \mathbf{0}} \frac{1}{|\mathbf{h}|} [\mathbf{f}(\mathbf{p} + \mathbf{h}) - \mathbf{f}(\mathbf{p}) - L\mathbf{h}] = \lim_{\mathbf{h} \to \mathbf{0}} \frac{1}{|\mathbf{h}|} [L(\mathbf{p} + \mathbf{h}) - L(\mathbf{p}) - L\mathbf{h}] = \mathbf{0}.$$

故 $df_{\mathbf{p}} = L$.

特别, 我们常用 $\mathbf{x} : \mathbf{x} \mapsto \mathbf{x}$ 表示 $\mathbf{R}^n$ 到自身的恒等映射, 则 $d\mathbf{x}_{\mathbf{p}} = d\mathbf{x} = I$, 其中 I 表示 $\mathbf{R}^n$ 到自身的恒等映射, 这时 $d\mathbf{x}_{\mathbf{p}}$ 不依赖于 $\mathbf{p}$, 故常把足标 $\mathbf{p}$ 省略了. 我们又常用 $x_j : \mathbf{x} \mapsto x_j$ 表示 $\mathbf{R}^n$ 到 $\mathbf{R}$ 的 (第 j 个) 坐标映射, 则 dx_j(也常把足标 $\mathbf{p}$ 省略) 表示如下的 $\mathbf{R}^n \to \mathbf{R}$ 的线性映射 (到第 j 分量的投影映射):

$$dx_j\left(\sum_{k=1}^{n} a_k \mathbf{e}_k \right) = a_j.$$

(参看 §8.4 的练习 8.4.5.)

注 1 当 $m = n = 1$ 时, 仿射变换是 $f(x) = c + ax$. 它的微分是线性映射: $x \mapsto ax$. 通常, 数 a 可以看做这个线性映射 (在两组标准基下的) 的 (一行一列的) 矩阵. 这和一元 (仿射) 函数的导数等于一个 (不依赖于 x 的) 数 a 相吻合. 但在高维情形, 仿射变换的微分是个 (不依赖于 $\mathbf{p}$ 的) 线性映射, 导数则是个 (不依赖于 $\mathbf{p}$ 的) 矩阵.

注 2 若 $\mathbf{f} : \mathbf{R}^n \supset D \to \mathbf{R}^m$ 是个一般的区域 (区域指的是连通开集)D 上的可微映射, 应注意的是 $d\mathbf{f}$ 是 $D \to \mathcal{L}(\mathbf{R}^n, \mathbf{R}^m)$ 的映射 $\mathbf{p} \mapsto d\mathbf{f}_{\mathbf{p}} = L_{\mathbf{p}}$, 即当 $\mathbf{p}$ 固定时, $\mathbf{f}_{\mathbf{p}} = L_{\mathbf{p}}$ 是个线性映射, 但这个线性映射随着 $\mathbf{p}$ 变化而变化. 应注意的是这个线性映射相对于 $\mathbf{p}$ 的依赖关系通常是非线性的.

例 8.1.2 设 Q 是 $\mathbf{R}^n$ 上的 (实) 二次型:

$$Q(\mathbf{x}) = \mathbf{x}\mathbf{B}\mathbf{x}^T = [x_1, \cdots, x_n] \begin{bmatrix} b_{11} & b_{12} & \cdots & b_{1n} \\ b_{21} & b_{22} & \cdots & b_{2n} \\ \vdots & \vdots & & \vdots \\ b_{n1} & b_{n2} & \cdots & b_{nn} \end{bmatrix} \begin{bmatrix} x_1 \\ x_2 \\ \vdots \\ x_n \end{bmatrix},$$

其中 (实) 矩阵

$$\mathbf{B} = \begin{bmatrix} b_{11} & b_{12} & \cdots & b_{1n} \\ b_{21} & b_{22} & \cdots & b_{2n} \\ \vdots & \vdots & & \vdots \\ b_{n1} & b_{n2} & \cdots & b_{nn} \end{bmatrix}$$

是对称矩阵. 换言之, $\forall i, j \in \{1, \cdots, n\}(b_{ij} = b_{ji})$. 这时,

$$Q(\mathbf{x}) = \sum_{j=1}^{n} b_{jj} x_j^2 + 2 \sum_{i<k} b_{ik} x_i x_k.$$

由此

$$Q(\mathbf{x} + \mathbf{h}) = Q(\mathbf{x}) + 2(x_1, \cdots, x_n) \begin{bmatrix} b_{11} & b_{12} & \cdots & b_{1n} \\ b_{21} & b_{22} & \cdots & b_{2n} \\ \vdots & \vdots & & \vdots \\ b_{n1} & b_{n2} & \cdots & b_{nn} \end{bmatrix} \begin{bmatrix} h_1 \\ h_2 \\ \vdots \\ h_n \end{bmatrix}$$

$$+ (h_1, \cdots, h_n) \begin{bmatrix} b_{11} & b_{12} & \cdots & b_{1n} \\ b_{21} & b_{22} & \cdots & b_{2n} \\ \vdots & \vdots & & \vdots \\ b_{n1} & b_{n2} & \cdots & b_{nn} \end{bmatrix} \begin{bmatrix} h_1 \\ h_2 \\ \vdots \\ h_n \end{bmatrix}.$$

因

$$(h_1, \cdots, h_n) \begin{bmatrix} b_{11} & b_{12} & \cdots & b_{1n} \\ b_{21} & b_{22} & \cdots & b_{2n} \\ \vdots & \vdots & & \vdots \\ b_{n1} & b_{n2} & \cdots & b_{nn} \end{bmatrix} \begin{bmatrix} h_1 \\ h_2 \\ \vdots \\ h_n \end{bmatrix} = o(|\mathbf{h}|),$$

故 Q 在 $\mathbf{x}$ 的微分是

$$dQ_{\mathbf{x}} = 2\mathbf{x}\mathbf{B}.$$

确切些说, 对于任何 (行) 向量 $\mathbf{h} \in \mathbf{R}^n$,

$$dQ_{\mathbf{x}}\mathbf{h} = 2\mathbf{x}\mathbf{B}\mathbf{h}^T.$$

而 Q 在 $\mathbf{x}$ 的导数是以下的一行 n 列矩阵:

$$Q'(\mathbf{x}) = 2(x_1, \cdots, x_n) \begin{bmatrix} b_{11} & b_{12} & \cdots & b_{1n} \\ b_{21} & b_{22} & \cdots & b_{2n} \\ \vdots & \vdots & & \vdots \\ b_{n1} & b_{n2} & \cdots & b_{nn} \end{bmatrix}.$$

注   在一元微分学中有公式: $(bx^2)' = 2bx$. 例 8.1.2 恰是这个公式的推广. 应注意的是, n 阶矩阵的乘法不满足交换律, 所以因子的左和右至关重要.

例 8.1.3   设 M_n 表示 n 行 n 列的 (实) 矩阵全体组成的 n^2 维线性空间 $\mathbf{R}^{n^2}$. 它上面有多种范数能使它成为赋范线性空间. 由练习 7.6.5, 这些范数诱导出的拓扑是同一个拓扑. 下面的范数也许是最常用的范数 (称为**算子范数**):

$$||A|| = \sup_{|\mathbf{x}|=1} |A\mathbf{x}|,$$

其中 $|\mathbf{v}| = \left[\sum\limits_{k=1}^{n} |v_k|^2\right]^{1/2}$ 是 Euclid 空间 $\mathbf{R}^n$ 中的范数. 由练习 7.8.1, 这个算子范数有以下性质:

$$||A + B|| \leqslant ||A|| + ||B||;$$
$$||cA|| = |c|||A||;$$
$$||AB|| \leqslant ||A||||B||;$$
$$||A|| = 0 \Longleftrightarrow A = O.$$

这四个性质中的前两个和最后一个性质是一般范数所共有的, 但第三个性质是一般范数未必有, 但算子范数是具有的. 好在它所诱导出的拓扑与其他范数所诱导出的拓扑一致 (练习 7.6.5), 对于求极限 (包括求导数) 来说, 用任何范数得到的结果都是一样的. 因此, 除非作出相反的申明, 我们以后关于算子用的范数总是算子范数.

$M_n \to M_n$ 的指数映射 exp 定义如下:

$$\exp A = \sum_{n=0}^{\infty} \frac{A^n}{n!}.$$

不难看出, 上式右端的矩阵级数在 M_n 中收敛.

为了求 $d\exp A|_{A=\mathbf{0}}$, 我们注意到

$$\exp H - \exp \mathbf{0} = \sum_{n=1}^{\infty} \frac{H^n}{n!} = H + \mathbf{o}(H),$$

故 $d\exp A|_{A=0} = I = \exp\mathbf{0}$.

今设 $A \neq \mathbf{0}$. 注意到

$$(A + H)^n = A^n + \sum_{k=1}^{n} A^{n-k} H A^{k-1} + \alpha_n(A, H),$$

其中 $\alpha_n(A, H)$ 满足以下关系: 当 $\|H\| \leqslant \|A\|$ 时,

$$\|\alpha_n(A, H)\| \leqslant \|H\|^2 \|A\|^{n-2} \sum_{j=2}^{n} \binom{n}{j}$$
$$\leqslant \|H\|^2 \|A\|^{n-2} 2^n = 4\|H\|^2 (2\|A\|)^{n-2}.$$

因此

$$\exp(A + H) = \exp A + \sum_{n=1}^{\infty} \frac{1}{n!} \sum_{k=1}^{n} A^{n-k} H A^{k-1} + \beta(A, H),$$

其中

$$\|\beta(A, H)\| \leqslant 4\|H\|^2 \exp(2\|A\|) = o(\|H\|).$$

故

$$d\exp_A(H) = \sum_{n=1}^{\infty} \frac{1}{n!} \sum_{k=1}^{n} A^{n-k} H A^{k-1}. \tag{8.1.2}$$

特别, 当 A 与 H 可交换时: $AH = HA$, 有

$$d\exp_A(H) = \sum_{n=1}^{\infty} \frac{1}{n!} \sum_{k=1}^{n} A^{n-k} H A^{k-1} = \sum_{n=1}^{\infty} \frac{1}{n!} \sum_{k=1}^{n} A^{n-1} H$$
$$= \sum_{n=1}^{\infty} \frac{1}{(n-1)!} A^{n-1} H = \sum_{n=0}^{\infty} \frac{A^n}{n!} H = \exp(A) \cdot H. \tag{8.1.3}$$

同学们一定发现它和一元微分学中的公式 $de^x = e^x dx$ 之间的相似之处. 应注意的是: $n > 1$ 时, n 行 n 列的矩阵的乘法一般不满足交换律, 它的微分的表达形式 (8.1.2) 要比 (8.1.3) 复杂些.

以下命题的证明很简单, 请同学自行完成.

命题 8.1.1 若 $\mathbf{f}$ 和 $\mathbf{g}$ 在 $\mathbf{p}$ 处可微, 则 $\mathbf{f} + \mathbf{g}$ 在 $\mathbf{p}$ 处可微, 且 $d(\mathbf{f} + \mathbf{g})_{\mathbf{p}} = d\mathbf{f}_{\mathbf{p}} + d\mathbf{g}_{\mathbf{p}}$; 若 $\mathbf{f}$ 在 $\mathbf{p}$ 处可微, c 是个常数, 则 $c\mathbf{f}$ 在 $\mathbf{p}$ 处可微, 且 $d(c\mathbf{f})_{\mathbf{p}} = cd\mathbf{f}_{\mathbf{p}}$.

命题 8.1.2　设 $U \subset \mathbf{R}^n$ 是开集, 映射 $\mathbf{f} = (f_1, \cdots, f_m)^T : U \to \mathbf{R}^m (\mathbf{R}^m$ 中的向量写成列向量), 则 $\mathbf{f}$ 在点 $\mathbf{p}$ 处可微, 当且仅当对于每个 $j \in \{1, \cdots, m\}$, f_j 在点 $\mathbf{p}$ 处可微. 这时

$$d\mathbf{f_p}(\mathbf{h}) = ((df_1)_{\mathbf{p}}(\mathbf{h}), \cdots, (df_m)_{\mathbf{p}}(\mathbf{h}))^T,$$

或它的矩阵 (导数) 用分块矩阵来表示:

$$\mathbf{f}'(\mathbf{p}) = \begin{bmatrix} f_1'(\mathbf{p}) \\ f_2'(\mathbf{p}) \\ \vdots \\ f_m'(\mathbf{p}) \end{bmatrix},$$

其中每个 $f_i'(\mathbf{p})$ 表示一个 n 维行向量, 即一个一行 n 列矩阵.

证　易见, 对于任意的 $\mathbf{a} = (a_1, a_2, \cdots, a_m) \in \mathbf{R}^m$, 有

$$\max_{1 \leqslant j \leqslant m} |a_j| \leqslant |\mathbf{a}| \leqslant \sum_{j=1}^{m} |a_j|,$$

其中 $|\mathbf{a}|$ 表示向量 $\mathbf{a}$ 的 Euclid 长度. 由此, 向量的极限的任何命题等价于向量的每个分量的命题. 而求导实际上是一个特殊的求极限.　□

命题 8.1.3　设映射 $\mathbf{f}$ 在点 $\mathbf{p}$ 处可微, $C > ||d\mathbf{f_p}||$, 则

$$\exists \delta > 0 \forall \mathbf{h} \in B(\mathbf{0}, \delta)(|\mathbf{f}(\mathbf{p} + \mathbf{h}) - \mathbf{f}(\mathbf{p})| \leqslant C|\mathbf{h}|).$$

特别, $\mathbf{f}$ 在点 $\mathbf{p}$ 处连续.

证　令

$$\varepsilon = C - ||d\mathbf{f_p}|| > 0.$$

因 $\mathbf{f}$ 在 $\mathbf{p}$ 点处可微,

$$\exists \delta > 0(|\mathbf{h}| < \delta \Longrightarrow |\mathbf{f}(\mathbf{p} + \mathbf{h}) - \mathbf{f}(\mathbf{p}) - d\mathbf{f_p}\mathbf{h}| \leqslant \varepsilon|\mathbf{h}|).$$

故

$$|\mathbf{f}(\mathbf{p} + \mathbf{h}) - \mathbf{f}(\mathbf{p})| \leqslant |d\mathbf{f_p}\mathbf{h}| + \varepsilon|\mathbf{h}| \leqslant ||d\mathbf{f_p}|||\mathbf{h}| + \varepsilon|\mathbf{h}| = C|\mathbf{h}|.\quad □$$

命题 8.1.4　设映射 $f : U \to \mathbf{R}$ 在点 $\mathbf{p} \in U$ 处可微, 其中 $U \subset \mathbf{R}^n$ 是开集. 若 f 在点 $\mathbf{p}$ 处达到局部极大或局部极小, 则 $df_{\mathbf{p}} = \mathbf{0}$.

注　f 在点 **p** 处达到局部极大意味着有一个点 **p** 的邻域 $V \subset U$, 使得

$$f(\mathbf{p}) = \sup_{\mathbf{x} \in V} f(\mathbf{x}).$$

f 在点 **p** 处达到局部极小的定义可相仿地给出.

证　不妨设 f 在点 **p** 处达到局部极大. 换言之, 有 $\delta > 0$, 使得

$$\forall \mathbf{q} \in U \big(|\mathbf{q} - \mathbf{p}| < \delta \Longrightarrow f(\mathbf{q}) \leqslant f(\mathbf{p}) \big).$$

又由 f 在点 **p** 处的可微性, 有

$$0 \geqslant f(\mathbf{p} + \mathbf{h}) - f(\mathbf{p}) = df_{\mathbf{p}}\mathbf{h} + r(\mathbf{h}), \tag{8.1.4}$$

其中 $r(\mathbf{h})$ 是比 **h** 更高阶的无穷小:

$$|\mathbf{h}| \to 0 \Longrightarrow r(\mathbf{h})/|\mathbf{h}| \to 0.$$

对于任何 $\mathbf{v} \in \mathbf{R}^n$ 和充分小的 $t > 0$, 让 $\mathbf{h} = t\mathbf{v}$ 代入 (8.1.4) 式, 有

$$0 \geqslant t df_{\mathbf{p}}\mathbf{v} + r(t\mathbf{v}),$$

换言之,

$$df_{\mathbf{p}}\mathbf{v} \leqslant -r(t\mathbf{v})/t.$$

让 $t \to 0$, 得到

$$df_{\mathbf{p}}\mathbf{v} \leqslant 0.$$

以上不等式对一切 $\mathbf{v} \in \mathbf{R}^n$ 成立. 把 **v** 换成 $-\mathbf{v}$, 便有

$$df_{\mathbf{p}}\mathbf{v} \geqslant 0.$$

故

$$df_{\mathbf{p}}\mathbf{v} = 0.$$

所以

$$df_{\mathbf{p}} = 0.$$

f 在点 **p** 处达到局部极小时, 把 f 换成 $-f$, 便得上述结论.　□

定理 8.1.1(锁链法则) 设 $U \subset \mathbf{R}^n$ 和 $V \subset \mathbf{R}^m$, U 和 V 分别是 $\mathbf{R}^n$ 和 $\mathbf{R}^m$ 中的开集. 映射 $\mathbf{f} : U \to \mathbf{R}^m$ 和 $\mathbf{g} : V \to \mathbf{R}^k$ 且 $\mathbf{f}(U) \subset V$. 又设 $\mathbf{f}$ 在点 $\mathbf{p}$ 处可微, $\mathbf{q} = \mathbf{f}(\mathbf{p})$, $\mathbf{g}$ 在点 $\mathbf{q}$ 处可微, 则 $\mathbf{g} \circ \mathbf{f}$ 在点 $\mathbf{p}$ 处可微, 且 $d(\mathbf{g} \circ \mathbf{f})_{\mathbf{p}} = d\mathbf{g}_{\mathbf{q}} \circ d\mathbf{f}_{\mathbf{p}}$. 用导数的语言表示, 有 $(\mathbf{g} \circ \mathbf{f})'(\mathbf{p}) = \mathbf{g}'(\mathbf{q})\mathbf{f}'(\mathbf{p})$.

证 因 $\mathbf{f}$ 和 $\mathbf{g}$ 分别在 $\mathbf{p}$ 和 $\mathbf{q} = \mathbf{f}(\mathbf{p})$ 处可微, 故 $\mathbf{p}$ 和 $\mathbf{q}$ 分别是 U 和 V 的内点, 因而, $\mathbf{p}$ 是 $\mathbf{g} \circ \mathbf{f}$ 的定义域 $U \cap \mathbf{f}^{-1}(V)$ 的内点. 对于范数充分小的 $\mathbf{h}$ 和 $\mathbf{k}$, 令

$$\mathbf{r_f}(\mathbf{h}) = \mathbf{f}(\mathbf{p} + \mathbf{h}) - \mathbf{f}(\mathbf{p}) - d\mathbf{f_p}\mathbf{h},$$

$$\mathbf{r_g}(\mathbf{k}) = \mathbf{g}(\mathbf{q} + \mathbf{k}) - \mathbf{g}(\mathbf{q}) - d\mathbf{g_q}\mathbf{k}.$$

由可微性的定义, 有

$$\lim_{\mathbf{h} \to \mathbf{0}} \mathbf{r_f}(\mathbf{h})/|\mathbf{h}| = \mathbf{0}, \quad \lim_{\mathbf{k} \to \mathbf{0}} \mathbf{r_g}(\mathbf{k})/|\mathbf{k}| = \mathbf{0}.$$

让上式中的 $\mathbf{k}$ 取以下的值

$$\mathbf{k} = \mathbf{k}(\mathbf{h}) = \mathbf{f}(\mathbf{p} + \mathbf{h}) - \mathbf{f}(\mathbf{p}),$$

注意到 $\mathbf{q} = \mathbf{f}(\mathbf{p})$, 当 $\mathbf{p} \in U$ 和 $\mathbf{p} + \mathbf{h} \in U$ 时, 我们有

$$(\mathbf{g} \circ \mathbf{f})(\mathbf{p} + \mathbf{h}) - (\mathbf{g} \circ \mathbf{f})(\mathbf{p}) = \mathbf{g}(\mathbf{q} + \mathbf{k}) - \mathbf{g}(\mathbf{q}) = d\mathbf{g_q}\mathbf{k} + \mathbf{r_g}(\mathbf{k})$$
$$= d\mathbf{g_q}(\mathbf{f}(\mathbf{p} + \mathbf{h}) - \mathbf{f}(\mathbf{p})) + \mathbf{r_g}(\mathbf{k}) = d\mathbf{g_q}(d\mathbf{f_p}\mathbf{h} + \mathbf{r_f}(\mathbf{h})) + \mathbf{r_g}(\mathbf{k})$$
$$= d\mathbf{g_q}(d\mathbf{f_p}\mathbf{h}) + d\mathbf{g_q}(\mathbf{r_f}(\mathbf{h})) + \mathbf{r_g}(\mathbf{k}).$$

另一方面,

$$\frac{|d\mathbf{g_q}(\mathbf{r_f}(\mathbf{h})) + \mathbf{r_g}(\mathbf{k})|}{|\mathbf{h}|} \leqslant ||d\mathbf{g_q}|| \frac{|\mathbf{r_f}(\mathbf{h})|}{|\mathbf{h}|} + \frac{|\mathbf{r_g}(\mathbf{k})|}{|\mathbf{k}|} \frac{|\mathbf{k}|}{|\mathbf{h}|}$$
$$= ||d\mathbf{g_q}|| \frac{|\mathbf{r_f}(\mathbf{h})|}{|\mathbf{h}|} + \frac{|\mathbf{r_g}(\mathbf{k})|}{|\mathbf{k}|} \frac{|\mathbf{f}(\mathbf{p} + \mathbf{h}) - \mathbf{f}(\mathbf{p})|}{|\mathbf{h}|}.$$

由公式 (8.1.1)$'$, 当 $|\mathbf{h}|$ 充分小时, $|\mathbf{f}(\mathbf{p} + \mathbf{h}) - \mathbf{f}(\mathbf{p})|/|\mathbf{h}| = |d\mathbf{f_p}(\mathbf{h}/|\mathbf{h}|) + \mathbf{o}(1)|$ 有界. 特别, 当 $|\mathbf{h}| \to 0$ 时, $|\mathbf{k}| = |\mathbf{f}(\mathbf{p} + \mathbf{h}) - \mathbf{f}(\mathbf{p})| \to 0$. 因此, 当 $|\mathbf{h}| \to 0$ 时, $\dfrac{|\mathbf{r_f}(\mathbf{h})|}{|\mathbf{h}|}$ 和 $\dfrac{|\mathbf{r_g}(\mathbf{k})|}{|\mathbf{k}|}$ 均趋于零. 所以, 当 $|\mathbf{h}| \to 0$ 时, 上式右端是 $o(|\mathbf{h}|)$. 等式 $d(\mathbf{g} \circ \mathbf{f})_{\mathbf{p}} = d\mathbf{g_q} \circ d\mathbf{f_p}$ 证毕. $\square$

练   习

8.1.1　设 M_n 表示 n 行 n 列的实矩阵全体, $M_{2n,n}$ 表示 $2n$ 行 n 列的实矩阵全体. 易见 $M_{2n,n} = M_n \times M_n$. M_n 可看成 $\mathbf{R}^{n^2}$, 而 $M_{2n,n}$ 可看成 $\mathbf{R}^{2n^2}$. 考虑映射

$$\mathbf{g}: M_{2n,n} \to M_n, \quad \mathbf{g}\left(\begin{pmatrix} A \\ B \end{pmatrix}\right) = AB$$

和

$$\mathbf{f}: M_n \to M_{2n,n}, \quad \mathbf{f}(A) = \begin{pmatrix} A \\ A \end{pmatrix}.$$

(i) 记 $\mathbf{v} = \begin{pmatrix} A \\ B \end{pmatrix}$ 和 $\mathbf{h} = \begin{pmatrix} X \\ Y \end{pmatrix}$, 试证:

$$d\mathbf{g}_{\mathbf{v}}(\mathbf{h}) = XB + AY.$$

注　以上公式也可写成以下更熟悉的形式:

$$d(AB) = (dA)B + AdB.$$

必须指出, 上式中的 A, B 和 AB 出现在微分号下时, 表示如下的三个 $M_{2n,n} \to M_n$ 的映射:

$$A: \begin{pmatrix} A \\ B \end{pmatrix} \mapsto A, \quad B: \begin{pmatrix} A \\ B \end{pmatrix} \mapsto B, \quad AB: \begin{pmatrix} A \\ B \end{pmatrix} \mapsto AB.$$

而公式 $d(AB) = (dA)B + AdB$ 应作如下理解:

$$d(AB)\begin{pmatrix} A \\ B \end{pmatrix}\begin{pmatrix} X \\ Y \end{pmatrix} = (dA)\begin{pmatrix} A \\ B \end{pmatrix}\begin{pmatrix} X \\ Y \end{pmatrix}B + AdB\begin{pmatrix} A \\ B \end{pmatrix}\begin{pmatrix} X \\ Y \end{pmatrix}.$$

(ii) 试求: $d\mathbf{f}_A(X) = ?$

(iii) 利用 $\mathbf{g} \circ \mathbf{f}(A) = A^2$, 试求: $d(A^2) = ?$

8.1.2　在 M_n 上引进算子范数 $\|\cdot\|$ (参看例 8.1.3) 后成为与 $\mathbf{R}^{n^2}$ 同胚的完备度量空间.

(i) 设 $\|X\| < 1$, 则 $I + X$ 是可逆矩阵, 且

$$(I + X)^{-1} = \sum_{n=0}^{\infty} (-1)^n X^n.$$

(ii) 设 $A \in M_n$ 可逆, $X \in M_n$ 的算子范数足够小. 试证: $A + X$ 可逆, 且

$$(A + X)^{-1} = \sum_{n=0}^{\infty} (-1)^n A^{-1}(XA^{-1})^n.$$

注　物理学家常把以上展式称为 **Born** 展开, **Max Born** 是英国物理学家. 他因给出了量子力学的统计解释而获物理学诺贝尔奖.

(iii) 试证：$GL(n, \mathbf{R})(n$ 阶可逆实矩阵全体) 是 M_n 中的开集.

(iv) 映射 $(\mathrm{inv}) : GL(n, \mathbf{R}) \to GL(n, \mathbf{R})$ 定义如下：$(\mathrm{inv})(A) = A^{-1}$. 试证：inv 是 $GL(n, \mathbf{R})$ 到自身的可微映射, 且对于任何 $A \in GL(n, \mathbf{R})$, 有

$$d_A(\mathrm{inv})(X) = -A^{-1}XA.$$

以上公式的另一个表达方式是

$$d(A^{-1}) = -A^{-1}(dA)A^{-1},$$

其中微分号下的 A 与 A^{-1} 必须理解成映射, 参看练习 8.1.1(i) 的注.

注   以上关于 $d(A^{-1})$ 的公式被物理学家称为 **Born 近似**.

(v) 设 $t \mapsto A(t)$ 是 $(-\varepsilon, \varepsilon) \to GL(n, \mathbf{R})$ 的可微映射. 令

$$C(t) = A(t)BA(t)^{-1},$$

其中 B 是个不依赖于 t 的 n 阶矩阵, 而 $A(0) = I$, 且 $A'(0) = X$. 试证：

$$C'(0) = [X, B],$$

右端的表示式 $[X, B] \equiv XB - BX$ 称为 X 和 B 的**换位算子**(**commutator**).

8.1.3   设 $f(x, y) = (y - x^2)(y - 3x^2)$. 问：

(i) 原点 $\mathbf{0} = (0, 0)$ 是 f 的局部极值点吗？

(ii) f 在每一条过原点的直线上的限制, 看做一元函数, 是否在原点达到局部极值？

8.1.4   矩阵 $A = [a^i_j]_{1 \leqslant i, j \leqslant n}$ 可以看做欧氏空间 $\mathbf{R}^n$ 到自身的线性映射. 它的算子范数是如下定义的：

$$||A|| = \sup_{|\mathbf{x}|=1} |A\mathbf{x}|.$$

而 A 的**迹范数**定义如下：

$$||A||_{\mathrm{tr}} = \sqrt{\sum_{1 \leqslant i, j \leqslant n} |a^i_j|^2} = \sqrt{\mathrm{tr} A^T A}.$$

试证：

$$||A|| \leqslant ||A||_{\mathrm{tr}} \leqslant \sqrt{n}||A||.$$

8.1.5   本题想讨论 $M_n \to M_n$ 的指数映射的一些重要性质及应用.

(i) 试证：在 M_n 的任何 (相对于算子范数, 当然也就是相对于 M_n 上的任何范数的) 有界集上, 以下等式是一致收敛的：

$$\exp A = \sum_{n=0}^{\infty} \frac{A^n}{n!},$$

且 $||\exp A|| \leqslant \exp(||A||)$.

(ii) 试证:

$$\exp A = \lim_{n \to \infty} \left(I + \frac{A}{n}\right)^n.$$

(iii) 设 $A \in M_n$, $t \in \mathbf{R}$, $\mathbf{v} \in \mathbf{R}^n$ 及 $\mathbf{f}(t) = e^{tA}\mathbf{v}$. 试证: $\mathbf{f}(t)$ 是以下常微分方程组的 Cauchy 问题在 $\mathbf{R}$ 上的唯一解:

$$\frac{d\mathbf{f}}{dt} = A\mathbf{f}(t); \quad \mathbf{f}(0) = \mathbf{v}.$$

§8.2 中 值 定 理

定义 8.2.1 设 $\mathbf{a}, \mathbf{b} \in \mathbf{R}^n$, 记

$$[\mathbf{a}, \mathbf{b}] = \{\mathbf{x} \in \mathbf{R}^n : \exists \lambda \in [0, 1](\mathbf{x} = \lambda\mathbf{a} + (1 - \lambda)\mathbf{b})\},$$

它被称为**连接点 a 和点 b 的直线段**. 集合 $E \subset \mathbf{R}^n$ 称为**凸集合**, 假若

$$\forall \mathbf{a}, \mathbf{b} \in E([\mathbf{a}, \mathbf{b}] \subset E).$$

定理 8.2.1(中值定理) 设 $E \subset \mathbf{R}^n$ 是 $\mathbf{R}^n$ 的开集, 若映射 $f : E \to \mathbf{R}$ 在 E 的每一点处都可微, 则对于任何 $[\mathbf{a}, \mathbf{b}] \subset E$, 有 $\mathbf{c} \in [\mathbf{a}, \mathbf{b}]$, 使得

$$f(\mathbf{b}) - f(\mathbf{a}) = df_{\mathbf{c}}(\mathbf{b} - \mathbf{a}) = f'(\mathbf{c})(\mathbf{b} - \mathbf{a}).$$

证 令

$$\phi(t) = t\mathbf{b} + (1 - t)\mathbf{a},$$

有

$$[\mathbf{a}, \mathbf{b}] = \{\phi(t) : t \in [0, 1]\}.$$

易见, $\phi'(t) = \mathbf{b} - \mathbf{a}$(右端看做行向量, 即一行 n 列矩阵). 令

$$g = f \circ \phi : [0, 1] \to \mathbf{R}.$$

由定理 8.1.1, g 在 $[0, 1]$ 上可微, 且

$$dg_t = df_{\phi(t)} \circ d\phi_t, \quad \text{等价地}, \quad g'(t) = f'(\phi(t))(\mathbf{b} - \mathbf{a}).$$

按一元数值函数的中值定理, 有 $c \in (0, 1)$ 使得

$$g'(c) = g(1) - g(0).$$

记 $\mathbf{c} = \phi(c)$, 注意到 $\phi(1) = \mathbf{b}$, $\phi(0) = \mathbf{a}$, 便有

$$f(\mathbf{b}) - f(\mathbf{a}) = f'(\mathbf{c})(\mathbf{b} - \mathbf{a}).\qquad\qquad\square$$

注 应该注意的是, 对于向量值函数, 如上形式的中值定理 (定理 8.2.1) 并不存在. 这可以由下面的例子说明.

例 8.2.1 设 $\mathbf{f} : [0, 2\pi] \to \mathbf{R}^3$ 定义为: 对于任何 $t \in [0, 2\pi]$,

$$\mathbf{f}(t) = (\cos t, \sin t, t).$$

易见

$$\mathbf{f}'(t) = (-\sin t, \cos t, 1).$$

对于任何 $t \in (0, 2\pi)$, $\mathbf{f}'(t)$ 的第一和第二分量不可能同时为零. 但 $\mathbf{f}(2\pi) - \mathbf{f}(0) = (0, 0, 2\pi)$. 所以, 对于任何 $t \in (0, 2\pi)$,

$$\mathbf{f}(2\pi) - \mathbf{f}(0) \neq \mathbf{f}'(t) \cdot 2\pi.$$

以下的推论很容易证明, 留给同学自行完成.

推论 8.2.1(数值多元函数的有限增量定理) 设 $U \subset \mathbf{R}^n$ 是凸的开集, 映射 $f : U \to \mathbf{R}$ 在 U 上可微, 且 $||df_{\mathbf{p}}|| \leqslant M$ 对于一切点 $\mathbf{p} \in U$ 成立, 则

$$\forall \mathbf{a}, \mathbf{b} \in U(|f(\mathbf{b}) - f(\mathbf{a})| \leqslant M|\mathbf{b} - \mathbf{a}|).$$

以下是上述推论在向量值函数情形的推广.

推论 8.2.2(向量值多元函数的有限增量定理) 设 $U \subset \mathbf{R}^n$ 是凸的开集, 映射 $\mathbf{f} : U \to \mathbf{R}^m$ 在 U 上可微, 且 $||df_{\mathbf{p}}|| \leqslant M$ 对于一切点 $\mathbf{p} \in U$ 成立, 则

$$\forall \mathbf{a}, \mathbf{b} \in U(|\mathbf{f}(\mathbf{b}) - \mathbf{f}(\mathbf{a})| \leqslant M|\mathbf{b} - \mathbf{a}|).$$

证 若 $\mathbf{f}(\mathbf{b}) - \mathbf{f}(\mathbf{a}) = 0$, 结论当然成立. 以下讨论中总是假设 $\mathbf{f}(\mathbf{b}) - \mathbf{f}(\mathbf{a}) \neq 0$. 在 $\mathbf{R}^m$ 中任取一个单位向量 $\mathbf{u}, |\mathbf{u}| = 1$, 映射 $\phi : \mathbf{R}^m \to \mathbf{R}$ 定义如下:

$$\phi(\mathbf{t}) = \mathbf{u} \cdot \mathbf{t}.$$

易见, $d\phi_{\mathbf{t}} = \phi$, 或等价地, $\phi'(\mathbf{t}) = \mathbf{u}$(看做一行 m 列矩阵), 由此, $||d\phi|| = |\mathbf{u}| = 1$. 令 $g = \phi \circ \mathbf{f}$. 由锁链法则, $dg_{\mathbf{p}} = d\phi_{\mathbf{f}(\mathbf{p})} \circ d\mathbf{f}_{\mathbf{p}}$. 因此,

$$||dg_{\mathbf{p}}|| \leqslant ||d\phi_{\mathbf{f}(\mathbf{p})}|| \cdot ||d\mathbf{f}_{\mathbf{p}}|| = ||d\mathbf{f}_{\mathbf{p}}|| \leqslant M.$$

利用推论 8.2.1, 有

$$\forall \mathbf{u} \in \mathbf{R}^m(|\mathbf{u}| = 1 \Longrightarrow |\mathbf{u} \cdot (\mathbf{f}(\mathbf{b}) - \mathbf{f}(\mathbf{a}))| = |g(\mathbf{b}) - g(\mathbf{a})| \leqslant M|\mathbf{b} - \mathbf{a}|).$$

选单位向量 $\mathbf{u} = (\mathbf{f}(\mathbf{b}) - \mathbf{f}(\mathbf{a}))/|\mathbf{f}(\mathbf{b}) - \mathbf{f}(\mathbf{a})|$, 便有 $\mathbf{u} \cdot (\mathbf{f}(\mathbf{b}) - \mathbf{f}(\mathbf{a})) = |\mathbf{f}(\mathbf{b}) - \mathbf{f}(\mathbf{a})|$, 推论得证. $\square$

注 利用定理 5.9.3, 我们可以得到比推论 8.2.2 更加好的 (条件更弱, 结论不变的) 向量值多元函数的有限增量定理. 但对于本讲义以后的讨论来说, 推论 8.2.2 已经足够, 所以我们不去讨论那个更加好的向量值多元函数的有限增量定理了.

推论 8.2.3 设 $U \subset \mathbf{R}^n$ 是连通开集, 映射 $\mathbf{f} : U \to \mathbf{R}^m$ 在 U 上可微, 且 $d\mathbf{f}_{\mathbf{p}} = \mathbf{0}$ 对于一切点 $\mathbf{p} \in U$ 成立, 则

$$\exists \mathbf{c} \in \mathbf{R}^m \forall \mathbf{x} \in U(\mathbf{f}(\mathbf{x}) = \mathbf{c}).$$

证 选一个点 $\mathbf{c} \in \mathbf{f}(U)$, 则集合

$$S = \{\mathbf{x} \in U : \mathbf{f}(\mathbf{x}) = \mathbf{c}\} \neq \varnothing.$$

作为闭集 $\{\mathbf{c}\}$ 关于映射 $\mathbf{f}$ 的原像, $S = \mathbf{f}^{-1}(\{\mathbf{c}\})$ 是 (U 的相对拓扑的) 闭集. 设 $\mathbf{a} \in S$, $\mathbf{a}$ 有凸的开邻域 (例如, 以 $\mathbf{a}$ 为球心, 半径充分小的开球)$V \subset U$. 因 $d\mathbf{f}_{\mathbf{p}} = \mathbf{0}$ 对于一切点 $\mathbf{p} \in V$ 成立, 由推论 8.2.2, $\forall \mathbf{x} \in V(|\mathbf{f}(\mathbf{x}) - \mathbf{f}(\mathbf{a})| \leqslant 0 \cdot |\mathbf{b} - \mathbf{a}| = 0)$, 故 $\forall \mathbf{x} \in V(\mathbf{f}(\mathbf{x}) = \mathbf{c})$. 因 $V \subset S$, S 应是 (U 的相对拓扑的) 开集. U 是连通的, 作为非空的 (U 的相对拓扑的) 既开又闭的集合, $S = U$, 即, $\forall \mathbf{x} \in U(\mathbf{f}(\mathbf{x}) = \mathbf{c})$. $\square$

§8.3 方向导数和偏导数

定义 8.3.1 设 $U \subset \mathbf{R}^n$ 是开集, $\mathbf{f} : U \to \mathbf{R}^m$, $\mathbf{p} \in U$, $\mathbf{q} \in \mathbf{R}^n$, 且有 $\varepsilon > 0$ 使得 $[\mathbf{p} - \varepsilon\mathbf{q}, \mathbf{p} + \varepsilon\mathbf{q}] \subset U$, 函数 $\mathbf{g}(t) = \mathbf{f}(\mathbf{p} + t\mathbf{q})$ 在区间

$[-\varepsilon, \varepsilon]$ 上有定义. 假若 $\mathbf{g}$ 在 $t = 0$ 处可微, 即

$$\mathbf{g}(t) = \mathbf{g}(0) + d\mathbf{g}_0 t + \mathbf{r}(t), \quad \lim_{t \to 0} \frac{|\mathbf{r}(t)|}{t} = 0,$$

则称f 在点 $\mathbf{p}$ 处沿 $\mathbf{q}$ 方向是可微的. $d\mathbf{g}_0$ 称为f 在点 $\mathbf{p}$ 处沿 $\mathbf{q}$ 方向的方向微分, 或称f 在点 $\mathbf{p}$ 处沿 $\mathbf{q}$ 方向的方向导数, 记做

$$D_\mathbf{q}\mathbf{f}(\mathbf{p}) = \lim_{t \to 0} \frac{\mathbf{f}(\mathbf{p} + t\mathbf{q}) - \mathbf{f}(\mathbf{p})}{t} = d\mathbf{g}_0(1),$$

其中 $d\mathbf{g}_0(1)$ 表示线性映射 $d\mathbf{g}_0$ 作用在一维单位向量 1 上的值.

注 1 假若 $\mathbf{f}$ 在点 $\mathbf{p}$ 处沿任何方向 $\mathbf{q} \in \mathbf{R}^n$ 都是可微的, 有的文献称 **f 在点 p 处是 (在)Gâteaux(意义下) 可微的**, $\mathbf{f}$ 在点 $\mathbf{p}$ 处的方向导数也常称为 **Gâteaux导数**(Gâteaux 自己称它为**一次变分**).

注 2 在这里, 称谓 "方向微分" 与 "方向导数" 已不加区别.

我们特别感兴趣的是 $\mathbf{f}$ 在点 $\mathbf{p}$ 处沿坐标向量 $\mathbf{e}_k(k = 1, \cdots, n)$ 方向的方向导数, 这样的方向导数常称为**偏导数**.

定义 8.3.2 设 $U \subset \mathbf{R}^n$ 是开集, 映射 $\mathbf{f} : U \to \mathbf{R}^m$, $\mathbf{p} \in U$, 则 $\mathbf{f}$ 在点 $\mathbf{p}$ 处沿 $\mathbf{e}_k$ 方向的方向导数 (假若存在) 称为**f 在点 p 处的第 k 个偏导数**, 记做

$$D_k\mathbf{f}(\mathbf{p}) = \frac{\partial \mathbf{f}}{\partial x_k}(\mathbf{p}) = \lim_{t \to 0} \frac{\mathbf{f}(\mathbf{p} + t\mathbf{e}_k) - \mathbf{f}(\mathbf{p})}{t}.$$

注 $\mathbf{e}_k$ 表示第 k 个标准基向量: $\mathbf{e}_k = (\delta_{1k}, \cdots, \delta_{nk})$.

命题 8.3.1 设 $U \subset \mathbf{R}^n$ 是开集, 映射 $\mathbf{f} : U \to \mathbf{R}^m$, $\mathbf{p} \in U$. 假若 $\mathbf{f}$ 在点 $\mathbf{p}$ 处是可微的, 则 $\mathbf{f}$ 在点 $\mathbf{p}$ 处沿任何方向 $\mathbf{q}$ 都是可微的, 且

$$D_\mathbf{q}\mathbf{f}(\mathbf{p}) = d\mathbf{f}_\mathbf{p}(\mathbf{q}).$$

特别,

$$D_k\mathbf{f}(\mathbf{p}) = \frac{\partial \mathbf{f}}{\partial x_k}(\mathbf{p}) = d\mathbf{f}_\mathbf{p}(\mathbf{e}_k).$$

证 因 $\mathbf{f}$ 在点 $\mathbf{p}$ 处是可微的, 当 $|t|$ 充分小时, 有

$$\mathbf{f}(\mathbf{p} + t\mathbf{q}) - \mathbf{f}(\mathbf{p}) = d\mathbf{f}_\mathbf{p}(t\mathbf{q}) + \mathbf{r}(t\mathbf{q}),$$

其中

$$\lim_{t\to 0} \frac{\mathbf{r}(t\mathbf{q})}{t} = \mathbf{0}.$$

由此,

$$\lim_{t\to 0} \frac{\mathbf{f}(\mathbf{p} + t\mathbf{q}) - \mathbf{f}(\mathbf{p})}{t} = \lim_{t\to 0} \left[d\mathbf{f}_{\mathbf{p}}(\mathbf{q}) + \frac{\mathbf{r}(t\mathbf{q})}{t} \right] = d\mathbf{f}_{\mathbf{p}}(\mathbf{q}). \qquad \square$$

推论 8.3.1　设 $U \subset \mathbf{R}^n$ 是开集, $\mathbf{p} \in U$, $\mathbf{q} = (q_1, \cdots, q_n) \in \mathbf{R}^n$, 映射 $\mathbf{f} : U \to \mathbf{R}^m$. 假若 $\mathbf{f}$ 在点 $\mathbf{p}$ 处是可微的, 则

$$d\mathbf{f}_{\mathbf{p}}(\mathbf{q}) = \sum_{k=1}^{n} q_k D_k \mathbf{f}(\mathbf{p}) = \sum_{k=1}^{n} q_k \frac{\partial \mathbf{f}}{\partial x_k}(\mathbf{p}).$$

注　在讨论它的证明之前我们愿意先解释一下上式的涵义. 因 $q_k = dx_k(\mathbf{q})$(参看例 8.1.1), 上式又可写成以下形式:

$$d\mathbf{f}_{\mathbf{p}} = \sum_{k=1}^{n} \frac{\partial \mathbf{f}}{\partial x_k}(\mathbf{p}) dx_k.$$

特别, $m = 1$ 时, 上式变成

$$d f_{\mathbf{p}} = \sum_{k=1}^{n} \frac{\partial f}{\partial x_k}(\mathbf{p}) dx_k.$$

这个公式和经典的 (或传统的) 公式在形式上是完全一致的. 但它们的涵义完全不同. 现在这个公式的两端都是映射, 它是一个关于映射的等式. 而传统的公式的两端都是微分, 它是一个关于微分的等式, 或者说, 是一个关于无穷小量的线性部分的等式, 这很容易产生误解.

证　线性映射 $d\mathbf{f}_{\mathbf{p}}$ 作用在 $\mathbf{q}$ 上后得到的值是

$$d\mathbf{f}_{\mathbf{p}}(\mathbf{q}) = d\mathbf{f}_{\mathbf{p}} \left(\sum_{k=1}^{n} q_k \mathbf{e}_k \right) = \sum_{k=1}^{n} q_k d\mathbf{f}_{\mathbf{p}}(\mathbf{e}_k)$$

$$= \sum_{k=1}^{n} q_k D_k \mathbf{f}(\mathbf{p}) = \sum_{k=1}^{n} q_k \frac{\partial \mathbf{f}}{\partial x_k}(\mathbf{p}). \qquad \square$$

若将微分改用导数 (也称 Jacobi 矩阵) 表述, 推论 8.3.1 便成以下形式:

推论 8.3.2 设 $U \subset \mathbf{R}^n$ 是开集, 映射 $\mathbf{f} : U \to \mathbf{R}^m$, $\mathbf{p} \in U$, 而

$$\mathbf{f} = \begin{pmatrix} f_1 \\ \vdots \\ f_m \end{pmatrix} \in \mathbf{R}^m.$$

假若 $\mathbf{f}$ 在点 $\mathbf{p}$ 处是可微的, 则

$$\mathbf{f}'(\mathbf{p}) = [D_1\mathbf{f}(\mathbf{p}), D_2\mathbf{f}(\mathbf{p}), \cdots, D_n\mathbf{f}(\mathbf{p})]$$

$$= \begin{bmatrix} D_1 f_1(\mathbf{p}) & D_2 f_1(\mathbf{p}) & \cdots & D_n f_1(\mathbf{p}) \\ D_1 f_2(\mathbf{p}) & D_2 f_2(\mathbf{p}) & \cdots & D_n f_2(\mathbf{p}) \\ \vdots & \vdots & & \vdots \\ D_1 f_m(\mathbf{p}) & D_2 f_m(\mathbf{p}) & \cdots & D_n f_m(\mathbf{p}) \end{bmatrix}$$

$$= \begin{bmatrix} \dfrac{\partial f_1}{\partial x_1}(\mathbf{p}) & \dfrac{\partial f_1}{\partial x_2}(\mathbf{p}) & \cdots & \dfrac{\partial f_1}{\partial x_n}(\mathbf{p}) \\ \dfrac{\partial f_2}{\partial x_1}(\mathbf{p}) & \dfrac{\partial f_2}{\partial x_2}(\mathbf{p}) & \cdots & \dfrac{\partial f_2}{\partial x_n}(\mathbf{p}) \\ \vdots & \vdots & & \vdots \\ \dfrac{\partial f_m}{\partial x_1}(\mathbf{p}) & \dfrac{\partial f_m}{\partial x_2}(\mathbf{p}) & \cdots & \dfrac{\partial f_m}{\partial x_n}(\mathbf{p}) \end{bmatrix}.$$

上式中的矩阵便是用 $\mathbf{f}$ 的分量的偏导数表示的 $\mathbf{f}$ 的导数, 或称为 **Jacobi 矩阵**.

现在我们可以把定理 8.1.1 中的锁链法则用偏导数来表示. 假设定理 8.1.1 中的条件成立, 记 $\mathbf{h} = \mathbf{g} \circ \mathbf{f}$, 则有

$$D_j h_i(\mathbf{p}) = \sum_{k=1}^{m} (D_k g_i)(\mathbf{f}(\mathbf{p}))(D_j f_k)(\mathbf{p}).$$

若记 $y_k = f_k(x_1, \cdots, x_n)$ 和 $z_j = g_j(y_1, \cdots, y_m)$, 锁链法则的经典写法是

$$\frac{\partial z_i}{\partial x_j} = \sum_{k=1}^{m} \frac{\partial z_i}{\partial y_k} \frac{\partial y_k}{\partial x_j}.$$

$\mathbf{h} = \mathbf{g} \circ \mathbf{f}$ 的微分可写成

$$d\mathbf{h}_{\mathbf{p}} = d(\mathbf{g} \circ \mathbf{f})_{\mathbf{p}} = \sum_{k=1}^{m} \frac{\partial \mathbf{g}}{\partial y_k}(\mathbf{f}(\mathbf{p})) d(f_k)_{\mathbf{p}}. \qquad (8.3.1)$$

上式告诉我们, 复合映射 $\mathbf{h} = \mathbf{g} \circ \mathbf{f}$ 的微分似乎跟 $\mathbf{g}$ 的微分在形式上完全一样, 只须把 $\mathbf{f}$ 看成是自变量就行了. 这个结果被称为**一次微分形式不变性**, 它是推论 5.2.2 在多元情形的推广. 这个结果在本讲义的第 14 和 15 章中还将被推广到更为一般的微分形式上去.

命题 8.3.1 的逆命题是不成立的: 函数在某点各个方向的方向导数存在 (更别说只有各个偏导数了) 未必能保证它一定可微. 这可由下面的例子看出.

例 8.3.1   令

$$f(x, y) = \begin{cases} 2|x|y(x^2 + y^2)^{-1/2}, & \text{若 } x^2 + y^2 > 0, \\ 0, & \text{若 } x = y = 0. \end{cases}$$

$\mathbf{R}^2$ 上的单位向量可写成 $\mathbf{q} = (\cos\theta, \sin\theta), 0 \leqslant \theta < 2\pi$. 我们有以下关于函数 f 沿 $\mathbf{q}$ 方向的方向导数的表示式:

$$D_{\mathbf{q}}f(\mathbf{0}) = \lim_{t \to 0} \frac{1}{t} \cdot \frac{2t|t||\cos\theta|\sin\theta}{|t|} = 2|\cos\theta|\sin\theta.$$

特别,

$$\frac{\partial f}{\partial x}(\mathbf{0}) = \frac{\partial f}{\partial y}(\mathbf{0}) = 0.$$

假若 f 在点 $\mathbf{0}$ 处可微, 由推论 8.3.1, 我们有

$$D_{\mathbf{q}}f(\mathbf{0}) = d\mathbf{f_0}(\mathbf{q}) = q_1 \frac{\partial \mathbf{f}}{\partial x}(\mathbf{0}) + q_2 \frac{\partial \mathbf{f}}{\partial y}(\mathbf{0}) = 0.$$

这与已经得到的 $D_{\mathbf{q}}f(\mathbf{0}) = 2|\cos\theta|\sin\theta$ 矛盾, 故 f 在点 $\mathbf{0}$ 处不可微.

然而, 我们有以下的结果:

定理 8.3.1   设 $U \subset \mathbf{R}^n$ 是开集, 映射 $f: U \to \mathbf{R}, \mathbf{p} \in U$. 假若

$$\exists \mathbf{p} \text{ 的邻域 } V \forall j \in \{1, \cdots, n\} \forall \mathbf{q} \in V (D_j f(\mathbf{q}) \text{ 存在且在 } V \text{ 上连续}),$$

则 f 在 $\mathbf{p}$ 处可微.

证   记

$$r(\mathbf{h}) = f(\mathbf{p} + \mathbf{h}) - f(\mathbf{p}) - \sum_{j=1}^{n} h_j D_j f(\mathbf{p}),$$

我们要证明:

$$\lim_{\mathbf{h}\to\mathbf{0}} \frac{r(\mathbf{h})}{|\mathbf{h}|} = 0.$$

令

$$\mathbf{k}_j = \sum_{i=1}^{j} h_i \mathbf{e}_i, \quad j = 1, \cdots, n.$$

为方便计, 约定 $\mathbf{k}_0 = \mathbf{0}$. 显然, $\mathbf{k}_n = \mathbf{h}$. 假若在 $\mathbf{R}^n$ 上赋于欧氏空间的范数, 易见, $|\mathbf{k}_j| \leqslant |\mathbf{h}|$. 反复使用中值定理, 我们有

$$\begin{aligned}
r(\mathbf{h}) &= \sum_{j=1}^{n} [f(\mathbf{p}+\mathbf{k}_j) - f(\mathbf{p}+\mathbf{k}_{j-1}) - h_j D_j f(\mathbf{p})] \\
&= \sum_{j=1}^{n} [f(\mathbf{p}+\mathbf{k}_{j-1}+h_j \mathbf{e}_j) - f(\mathbf{p}+\mathbf{k}_{j-1}) - h_j D_j f(\mathbf{p})] \\
&= \sum_{j=1}^{n} h_j [D_j f(\mathbf{q}_j) - D_j f(\mathbf{p})],
\end{aligned}$$

其中 $\mathbf{q}_j$ 是 $\mathbf{p}+\mathbf{k}_{j-1}+h_j \mathbf{e}_j$ 到 $\mathbf{p}+\mathbf{k}_{j-1}$ 线段上的一个点. 由 $D_j f(j = 1, \cdots, n)$ 在 $\mathbf{p}$ 点处的连续性, 对于任何 $\varepsilon > 0$, 有 $\delta > 0$, 使得

$$\forall j \in \{1, \cdots, n\} \big(|\mathbf{q}-\mathbf{p}| < \delta \Longrightarrow |D_j f(\mathbf{q}) - D_j f(\mathbf{p})| < \varepsilon/n \big).$$

因 $|\mathbf{h}| < \delta \Longrightarrow |\mathbf{k}_j| < \delta \Longrightarrow |\mathbf{q}_j - \mathbf{p}| < \delta (j = 1, \cdots, n)$, 故

$$|\mathbf{h}| < \delta \Longrightarrow |r(\mathbf{h})| \leqslant \frac{\varepsilon}{n} \sum_{j=1}^{n} |h_j| \leqslant \varepsilon |\mathbf{h}|. \qquad \square$$

练 习

8.3.1 设 $G \subset \mathbf{R}^m$ 是开集, 函数 $f : G \to \mathbf{R}$ 称为 n 次齐次函数, 若

$$\forall \mathbf{x} \in \mathbf{R}^m \forall \lambda \in \mathbf{R} \big(\mathbf{x} \in G, \lambda \mathbf{x} \in G \Longrightarrow f(\lambda \mathbf{x}) = \lambda^n f(\mathbf{x}) \big).$$

函数 $f : G \to \mathbf{R}$ 称为 n 次正齐次函数, 若

$$\forall \mathbf{x} \in \mathbf{R}^m \forall \lambda \in \mathbf{R} \big(\mathbf{x} \in G, \lambda \mathbf{x} \in G \Longrightarrow f(\lambda \mathbf{x}) = |\lambda|^n f(\mathbf{x}) \big).$$

函数 $f : G \to \mathbf{R}$ 称为**局部 n 次齐次函数**, 若对于任何 $\mathbf{x} \in G$, 有 $\mathbf{x}$ 的邻域 U, 使得 f 在 U 上是 n 次齐次函数.

(i) 试证: 若 $G \subset \mathbf{R}^m$ 是凸开集, 则 G 上任何局部 n 次齐次函数是 n 次齐次函数;

(ii) 令 $L = \{(x, y) \in \mathbf{R}^2 : x = 2, y \geqslant 0\}$, 试证: $\mathbf{R}^2 \setminus L$ 上的函数

$$f(x, y) = \begin{cases} y^4/x, & \text{若 } x > 2, y > 0, \\ y^3, & \text{若 } x < 2 \text{ 且 } y > 0, \text{ 或 } y \leqslant 0 \end{cases}$$

在 $\mathbf{R}^2 \setminus L$ 上局部 (3 次) 齐次, 但非 (3 次) 齐次;

(iii) 试证: 若可微函数 $f : G \to \mathbf{R}$ 在开集 $G \subset \mathbf{R}^m$ 上是局部 n 次齐次的, 则在 G 上 f 满足(关于齐次函数的)Euler 等式:

$$x_1 \frac{\partial f}{\partial x_1}(x_1, \cdots, x_m) + \cdots + x_m \frac{\partial f}{\partial x_m}(x_1, \cdots, x_m) = n f(x_1, \cdots, x_m);$$

(iv) 试证: 若函数 f 在开集 $G \subset \mathbf{R}^m$ 上可微并满足 (iii) 中的 Euler 等式, 则 f 在 G 上局部 n 次齐次.

8.3.2 (i) 设 $U \subset \mathbf{R}^3$ 是开集, $f \in C^3(U)$, $(x_0, y_0, z_0) \in U$, $f(x_0, y_0, z_0) = 0$, 且

$$\left. \frac{\partial f}{\partial x} \right|_{(x,y,z)=(x_0,y_0,z_0)} \neq 0, \quad \left. \frac{\partial f}{\partial y} \right|_{(x,y,z)=(x_0,y_0,z_0)} \neq 0, \quad \left. \frac{\partial f}{\partial z} \right|_{(x,y,z)=(x_0,y_0,z_0)} \neq 0.$$

试证: 在 (x_0, y_0, z_0) 的某小邻域内, 由隐函数方程

$$f(x, y, z) = 0$$

定义的三个函数 $x(y, z), y(x, z)$ 和 $z(x, y)$ 满足方程:

$$\frac{\partial z}{\partial y} \cdot \frac{\partial y}{\partial x} \cdot \frac{\partial x}{\partial z} = -1.$$

(ii) 对于以下的 **Clapeyron理想气体状态方程**检验上述结果:

$$\frac{PV}{T} = C,$$

其中 C 是个常数.

(iii) 试将上述结果推广到 n 维空间上去.

8.3.3   设 $\mathbf{f} = (f_1, f_2) : U \to \mathbf{R}^2$ 是一次连续可微的映射, 其中 $U \subset \mathbf{R}^2$ 是开集. 又设 $\mathbf{f}(\mathbf{x}) = (f_1(\mathbf{x}), f_2(\mathbf{x}))$ 满足 **Cauchy-Riemann方程组**:

$$\frac{\partial f_1}{\partial x_1} = \frac{\partial f_2}{\partial x_2}, \quad \frac{\partial f_1}{\partial x_2} = -\frac{\partial f_2}{\partial x_1}.$$

试证:

(i) $\mathbf{f}'(\mathbf{x}) = \mathbf{0} \iff \det \mathbf{f}'(\mathbf{x}) = 0$;

(ii) 再设 $\mathbf{g}(\mathbf{y}) = (g_1(\mathbf{y}), g_2(\mathbf{y})) : V \to U$ 是一次连续可微的映射, 其中 $V \subset \mathbf{R}^2$ 是开集. 又设 $\mathbf{g}(\mathbf{y}) = (g_1(\mathbf{y}), g_2(\mathbf{y}))$ 满足 Cauchy-Riemann 方程组:

$$\frac{\partial g_1}{\partial y_1} = \frac{\partial g_2}{\partial y_2}, \quad \frac{\partial g_1}{\partial y_2} = -\frac{\partial g_2}{\partial y_1},$$

则复合映射 $\mathbf{f} \circ \mathbf{g}$ 也满足 Cauchy-Riemann 方程组.

8.3.4 设 $G \subset \mathbf{R}^m$ 是开集. 若

$$\forall \mathbf{x} \in G \exists \mathbf{v}(\mathbf{x}) \in \mathbf{R}^m,$$

我们说, G 上定义了一个 (m 维) 向量场 $\mathbf{v}(\mathbf{x})$. (m 维) **向量场** $\mathbf{v}(\mathbf{x})$ 称为一个**位 (势) 场**, 若有一个 G 上定义的数值函数 $U(\mathbf{x})$, 使得

$$\mathbf{v}(\mathbf{x}) = \operatorname{grad} U(\mathbf{x}),$$

换言之,

$$\forall i \in \{1, \cdots, m\} \left(v_i(\mathbf{x}) = \frac{\partial U}{\partial x_i} \right).$$

这时, $-U(\mathbf{x})$ 常称为**向量场 $\mathbf{v}(\mathbf{x})$ 的位 (势) 函数**, 向量场 $\mathbf{v}(\mathbf{x})$ 常称为**函数 $U(\mathbf{x})$ 的梯度场**. 微分算子 grad 称为**梯度算子**.

(i) 在 $\mathbf{R}^3$ 的点 $\mathbf{a}$ 处置有一个质量为 m 的质点, 由 Newton 万有引力定律, 它在点 $\mathbf{x} \neq \mathbf{a}$ 处的引力场为 $\mathbf{F}(\mathbf{x})$, 换言之, 点 $\mathbf{a}$ 处的质量为 m 的质点作用在置于点 $\mathbf{x}$ 处的单位质量的质点上的引力是

$$\mathbf{F}(\mathbf{x}) = -\frac{m}{|\mathbf{x} - \mathbf{a}|^3} (\mathbf{x} - \mathbf{a}).$$

试证: $\mathbf{F}(\mathbf{x})$ 在 $\mathbf{R}^3 \setminus \{\mathbf{a}\}$ 上是位 (势) 场, 它的位 (势) 函数是

$$U(\mathbf{x}) = \frac{m}{|\mathbf{x} - \mathbf{a}|}.$$

注 上述位势函数常称为 **Newton位 (势)**.

(ii) 试构作在 n 个点 $\mathbf{a}_j = (\xi_j, \eta_j, \zeta_j)(j = 1, \cdots, n)$ 分别置有质量为 $m_j(j = 1, \cdots, n)$ 的质点组生成的 **Newton引力场**(单点 Newton 引力场之和) 和它所对应的位 (势) 场;

(iii) 试构作在 n 个点 $(\xi_j, \eta_j, \zeta_j)(j = 1, \cdots, n)$ 处分别置有电荷量为 $e_j(j = 1, \cdots, n)$ 的点电荷组生成的**静电力场**(静电力场作用在处于点 $\mathbf{x}$ 的单位电荷上的力) 和它所对应的位 (势) 场.

§8.4 高阶偏导数与 Taylor 公式

设 $f : \Omega \to \mathbf{R}$. 假若对于某开集 $U \subset \Omega$ 中的一切点 $\mathbf{p}$ 偏导数 $D_j f(\mathbf{p})$ 都存在. $D_j f$ 可以看成 Ω 到全体一行一列矩阵组成的线性空间的映射, 也就是说, $D_j f$ 可以看成 Ω 到 $\mathbf{R}$ 的映射. 这样, 就有可能讨论在某点 $\mathbf{p} \in U$ 处 $D_j f$ 的偏导数 $D_k D_j f = D_k(D_j f)$, 其中 $1 \leqslant k \leqslant n$. $D_k D_j f$ 称为 f 的**二阶偏导数**. 归纳地, 我们可以定义 f 的 r **阶偏导数**

$D_{j_1}D_{j_2}\cdots D_{j_r}f$, $j_i \in \{1,\cdots,n\}$. 常用 $D_j^2 f$ 表示 $D_j D_j f$. 有时也用以下记法表示 r 阶偏导数:

$$D_{j_1}D_{j_2}\cdots D_{j_r}f = \frac{\partial^r f}{\partial x_{j_1}\partial x_{j_2}\cdots \partial x_{j_r}}.$$

在一定的条件下, r 阶偏导数 $D_{j_1}D_{j_2}\cdots D_{j_r}f$, $j_i \in \{1,\cdots,n\}$ 与求导的顺序无关, 这就是下面的定理 8.4.1 的结论. 为了证明定理 8.4.1, 先引进一个阐明重极限与累次极限之间关系的引理.

引理 8.4.1   设 $(0,0) \in U \subset \mathbf{R}^2$, U 是开集, 映射 $f : U \setminus \{(0,0)\} \to \mathbf{R}$. 若二重极限 (即把 f 看成由度量空间 $U \setminus \{(0,0)\}$ 到度量空间 $\mathbf{R}$ 的映射后取的极限)

$$\lim_{(x,y)\to(0,0)} f(x,y) = A$$

存在, 且对于绝对值充分小的 y, 极限

$$\lim_{x\to 0} f(x,y)$$

存在, 则累次极限

$$\lim_{y\to 0}\lim_{x\to 0} f(x,y)$$

存在, 而且

$$\lim_{y\to 0}\lim_{x\to 0} f(x,y) = \lim_{(x,y)\to(0,0)} f(x,y).$$

注   二重极限等式

$$\lim_{(x,y)\to(0,0)} f(x,y) = A$$

的确切意义是

$$\forall \varepsilon > 0 \exists \delta > 0 \forall (x,y) \in U\left(0 < \sqrt{x^2+y^2} < \delta \Longrightarrow |f(x,y)-A| < \varepsilon\right).$$

而累次极限等式

$$\lim_{y\to 0}\lim_{x\to 0} f(x,y) = B$$

的确切意义是: 有 $\delta > 0$, 使得任何 $y \in (-\delta,0)\cup(0,\delta)$, 极限 $\lim_{x\to 0} f(x,y)$ 存在, 且

$$\lim_{y\to 0}\left[\lim_{x\to 0} f(x,y)\right] = B.$$

证 因二重极限等式 $\lim\limits_{(x,y)\to(0,0)} f(x,y) = A$ 成立, 即

$$\forall \varepsilon > 0 \exists \delta > 0 \forall x \in (-\delta, \delta) \forall y \in (-\delta, \delta)(|f(x,y) - A| < \varepsilon),$$

由假设, 对于绝对值充分小的 y, $\lim\limits_{x\to 0} f(x,y)$ 存在, 由上式我们有

$$\forall \varepsilon > 0 \exists \delta > 0 \forall y \in (-\delta, \delta)(|\lim\limits_{x\to 0} f(x,y) - A| \leqslant \varepsilon).$$

这就证明了累次极限

$$\lim\limits_{y\to 0} \lim\limits_{x\to 0} f(x,y)$$

的存在, 且

$$\lim\limits_{y\to 0} \lim\limits_{x\to 0} f(x,y) = \lim\limits_{(x,y)\to(0,0)} f(x,y). \qquad \square$$

定理 8.4.1(Schwarz 定理) 设 $\Omega \subset \mathbf{R}^n$ 是开集, 点 $\mathbf{p} \in \Omega$, 映射 $f : \Omega \to \mathbf{R}$. 又设 $D_i f, D_j f$ 和 $D_j D_i f$ 在 $\mathbf{p}$ 的一个邻域中存在且它们在 $\mathbf{p}$ 处都是连续的, 则二阶偏导数 $D_i D_j f(\mathbf{p})$ 存在, 且 $D_i D_j f(\mathbf{p}) = D_j D_i f(\mathbf{p})$.

证 不妨设 $n = 2, i = 1$ 和 $j = 2$, $\mathbf{p} = (a,b) \in \Omega$. 因 Ω 是开集, 我们有 $\delta > 0$, 使得

$$|s - a| < \delta, \ |t - b| < \delta \Longrightarrow (s,t) \in \Omega.$$

记

$$\Delta(h,k) = f(a+h, b+k) - f(a+h, b) - f(a, b+k) + f(a,b),$$

则

$$\begin{aligned}
\frac{\Delta(h,k)}{hk} &= \frac{1}{k} \frac{[f(a+h, b+k) - f(a+h, b)] - [f(a, b+k) - f(a,b)]}{h} \\
&= \frac{1}{k}[D_1 f(a+\theta h, b+k) - D_1 f(a+\theta h, b)] \\
&= D_2 D_1 f(a+\theta h, b+\vartheta k),
\end{aligned} \tag{8.4.1}$$

其中 $0 < \theta, \vartheta < 1$. 由方程 (8.4.1) 及 $D_2 D_1 f$ 在 $\mathbf{p}$ 点处的连续性, 有以下极限等式成立:

$$\lim\limits_{(h,k)\to(0,0)} \frac{\Delta(h,k)}{hk} = D_2 D_1 f(a,b). \tag{8.4.2}$$

另一方面, 我们有

$$
\begin{aligned}
\lim_{k \to 0} &\frac{\Delta(h,k)}{hk} \\
&= \lim_{k \to 0} \frac{1}{h} \frac{[f(a+h,b+k) - f(a,b+k)] - [f(a+h,b) - f(a,b)]}{k} \\
&= \frac{D_2 f(a+h,b) - D_2 f(a,b)}{h}.
\end{aligned}
$$

由引理 8.4.1,

$$
D_1 D_2 f(a,b) = \lim_{h \to 0} \lim_{k \to 0} \frac{\Delta(h,k)}{hk} = \lim_{(h,k) \to (0,0)} \frac{\Delta(h,k)}{hk} = D_2 D_1 f(a,b).
$$

$\square$

定义 8.4.1   设 Ω 是开集, 映射 $f : \Omega \to \mathbf{R}$. f 称为**(属于)**$C^r(\Omega)$ **类的**, 记做 $f \in C^r(\Omega)$, 假若 f 的所有 r 阶偏导数在 Ω 上都存在且连续. (当然, 这蕴涵了 f 的阶数低于 r 的偏导数在 Ω 上存在且连续.) 若对于任何 $r \in \mathbf{N}$, $f \in C^r(\Omega)$, 则称 $f \in C^\infty(\Omega)$. $C^0(\Omega)$ 表示 Ω 上连续函数的全体. 又记

$$
C_0^r(\Omega) = \{ f \in C^r(\Omega) : \operatorname{supp} f \text{ 紧} \},
$$

其中 $r \in \mathbf{N} \cup \{0\} \cup \{\infty\}$, 而 $\operatorname{supp} f$ 表示使 (连续) 函数 f 不等于零的点全体构成的集合的闭包: $\operatorname{supp} f = \overline{\{ \mathbf{x} \in \Omega : f(\mathbf{x}) \neq 0 \}}$. $\operatorname{supp} f$ 称为 (连续) 函数 f 的**支集**.

显然, 我们有

$$
C^0(\Omega) \supset C^1(\Omega) \supset \cdots \supset C^{r-1}(\Omega) \supset C^r(\Omega) \supset \cdots,
$$

且

$$
C^\infty(\Omega) = \bigcap_{r=0}^{\infty} C^r(\Omega).
$$

向量值函数 $\mathbf{f} = (f_1, \cdots, f_m)$ 称为 C^r **类的**, 若它的每个分量函数 f_j 是 C^r 类的.

若 $f \in C^r, r > 1$, 反复使用定理 8.4.1, 在 f 的直到 r 阶的混合偏导数在某开集上均连续的条件下, 则 f 的 r 阶的混合偏导数在该开集

上可以写成以下的标准形式:

$$D_{j_1} D_{j_2} \cdots D_{j_r} f = D_1^{\alpha_1} D_2^{\alpha_2} \cdots D_n^{\alpha_n} f,$$

其中 $\alpha_i = \sum_{k=1}^{r} \delta_{j_k,i}$. 显然, $\sum_{i=1}^{n} \alpha_i = r$. n 个指标组成的指标组 $\boldsymbol{\alpha} = (\alpha_1, \cdots, \alpha_n)$ 称为**重指标**, $r = \sum_{i=1}^{n} \alpha_i$ 称为 $\boldsymbol{\alpha}$ 的阶, 记做 $|\boldsymbol{\alpha}|$. 我们还愿意引进重指标的阶乘如下: 设 $\boldsymbol{\alpha} = (\alpha_1, \cdots, \alpha_n)$, 记

$$\boldsymbol{\alpha}! = \alpha_1! \cdots, \alpha_n!.$$

重指标能帮我们将许多记法写得更为紧凑.

相应的偏导数有以下简化的记法:

$$D_1^{\alpha_1} D_2^{\alpha_2} \cdots D_n^{\alpha_n} f = \frac{\partial^{|\boldsymbol{\alpha}|} f}{\partial x_1^{\alpha_1} \cdots \partial x_n^{\alpha_n}} = D^{\boldsymbol{\alpha}} f = \frac{\partial^{\boldsymbol{\alpha}} f}{\partial \mathbf{x}^{\boldsymbol{\alpha}}}.$$

设 $\boldsymbol{\alpha} = (\alpha_1, \cdots, \alpha_n)$, $r = |\boldsymbol{\alpha}|$, 则 $D^{\boldsymbol{\alpha}}$ 写成 $D_{j_1} \cdots D_{j_r}$ 的方式. 由定理 8.4.1, 在 f 的直到 r 阶的混合偏导数在某开集上均连续的条件下, 求导顺序的改变不影响求得导数之值. 把这些相等的导数归并在一起, 它们的个数是

$$\binom{r}{\boldsymbol{\alpha}} = \frac{r!}{\boldsymbol{\alpha}!} = \frac{r!}{\alpha_1! \alpha_2! \cdots \alpha_n!},$$

它是二项系数的推广, 常称为**多项系数**.

设 $\boldsymbol{\alpha} = (\alpha_1, \cdots, \alpha_n), \mathbf{x} = (x_1, \cdots, x_n)$, 记

$$\mathbf{x}^{\boldsymbol{\alpha}} = x_1^{\alpha_1} \cdots x_n^{\alpha_n},$$

则 n 元多项式可以写成 $\sum_{|\boldsymbol{\alpha}| \leqslant r} c_{\boldsymbol{\alpha}} \mathbf{x}^{\alpha}$, 常数 $c_{\boldsymbol{\alpha}}$ 称为多项式的系数.

引进了重指标后, 我们有可能把 n 元函数的 Taylor 公式用以下的方式简洁地写出来了.

定理 8.4.2(多元函数的 Taylor 展开公式) 设 U 是 $\mathbf{R}^n$ 中的开凸集, $f : U \to \mathbf{R}$ 是 C^{r+1} 类的函数, $r \geqslant 0$. 若 $\mathbf{p} \in U$ 和 $\mathbf{q} = \mathbf{p} + \mathbf{h} \in U$,

则有 $\theta \in (0,1)$, 使得以下**多元函数的公式**成立:

$$f(\mathbf{q}) = \sum_{|\boldsymbol{\alpha}| \leqslant r} \frac{D^{\boldsymbol{\alpha}} f(\mathbf{p})}{\boldsymbol{\alpha}!} \mathbf{h}^{\boldsymbol{\alpha}} + \sum_{|\boldsymbol{\alpha}|=r+1} \frac{D^{\boldsymbol{\alpha}} f(\mathbf{p}+\theta\mathbf{h})}{\boldsymbol{\alpha}!} \mathbf{h}^{\boldsymbol{\alpha}}.$$

证   固定 $\mathbf{p}$ 和 $\mathbf{q} = \mathbf{p}+\mathbf{h}$, 其中 $\mathbf{h} = (h_1, \cdots, h_n)$. 令

$$g(t) = f(\mathbf{p}+t\mathbf{h}), \quad 0 \leqslant t \leqslant 1.$$

g 在 $[0,1]$ 上是一元 C^{r+1} 类的函数. 由一元函数的 Taylor 公式, 有

$$f(\mathbf{p}+\mathbf{h}) = g(1) = \sum_{k=0}^{r} \frac{g^{(k)}(0)}{k!} + \frac{g^{(r+1)}(\theta)}{(r+1)!}, \tag{8.4.3}$$

其中 $\theta \in (0,1)$.

根据锁链法则,

$$g'(t) = \sum_{i=1}^{n} D_i f(\mathbf{p}+t\mathbf{h}) h_i,$$

$$g''(t) = \sum_{j=1}^{n} D_j \left(\sum_{i=1}^{n} D_i f(\mathbf{p}+t\mathbf{h}) h_i \right) h_j$$

$$= \sum_{i,j=1}^{n} D_j D_i f(\mathbf{p}+t\mathbf{h}) h_i h_j.$$

归纳地, 并进行同类项归并, 我们有

$$g^{(k)}(t) = \sum_{j_1, \cdots, j_k} D_{j_1} \cdots D_{j_k} f(\mathbf{p}+t\mathbf{h}) h_{j_1} \cdots h_{j_k}$$

$$= \sum_{|\boldsymbol{\alpha}|=k} \binom{k}{\boldsymbol{\alpha}} D^{\boldsymbol{\alpha}} f(\mathbf{p}+t\mathbf{h}) \mathbf{h}^{\boldsymbol{\alpha}}.$$

把上述结果代入 (8.4.3), 便得所要的多元函数的 Taylor 公式.   □

多元函数的 Taylor 公式右端第一项

$$\sum_{|\boldsymbol{\alpha}| \leqslant r} \frac{D^{\boldsymbol{\alpha}} f(\mathbf{p})}{\boldsymbol{\alpha}!} \mathbf{h}^{\boldsymbol{\alpha}}$$

称为多元函数的 Taylor 多项式. 第二项称为多元函数的 Taylor 公式的 Lagrange 余项.

注 本节只介绍了高阶偏导数, 未引进高阶微分的概念. 在补充教材一 (§8.9) 中, 我们将介绍有限维或无限维空间上的高阶微分的概念. 本节的 Taylor 公式是用偏导数的语言写出来的. 在补充教材一 (§8.9) 中, 因为没有线性空间的基的概念, 我们将用高阶微分的语言写出 Taylor 公式.

练 习

8.4.1 我们愿意先将一元实值函数的临界点概念推广到高维映射上去:

定义 8.4.2 设 $U(\mathbf{x}) \subset \mathbf{R}^m$ 是 $\mathbf{x}$ 的邻域, 映射 $f : U(\mathbf{x}) \to \mathbf{R}^n$ 在点 $\mathbf{x}$ 处可微. 点 $\mathbf{x}$ 称为映射 f 的一个**临界点**, 若 $f'(\mathbf{x})$ 的秩 $< \min(m, n)$. 特别, 当 $n = 1$ 时, 点 $\mathbf{x}$ 是映射 $f : U(\mathbf{x}) \to \mathbf{R}$ 的一个临界点, 当且仅当

$$\frac{\partial f}{\partial x_j} = 0, \quad j = 1, \cdots, m.$$

当映射 $f : U(\mathbf{x}) \to \mathbf{R}$ 在点 $\mathbf{x}$ 的一个邻域内二次连续可微时, 若

$$\frac{\partial f}{\partial x_j} = 0, \quad j = 1, \cdots, m,$$

但

$$\det \begin{bmatrix} \dfrac{\partial^2 f}{\partial x_1^2} & \cdots & \dfrac{\partial^2 f}{\partial x_1 \partial x_m} \\ \vdots & & \vdots \\ \dfrac{\partial^2 f}{\partial x_m \partial x_1} & \cdots & \dfrac{\partial^2 f}{\partial x_m^2} \end{bmatrix} \neq 0,$$

则称点 $\mathbf{x}$ 是映射 $f : U(\mathbf{x}) \to \mathbf{R}$ 的**非退化临界点**.

注 上述由二阶偏导数构成的行列式称为映射 f 的 **Hesse 行列式**(英语为 **Hessian**), 对应的矩阵称为 **Hesse 矩阵**.

(i) 设 $U(\mathbf{x}) \subset \mathbf{R}^m$ 是 $\mathbf{x}$ 的邻域, 映射 $f : U(\mathbf{x}) \to \mathbf{R}$ 在点 $\mathbf{x}$ 处可微. 又设映射 $f : U(\mathbf{x}) \to \mathbf{R}$ 在点 $\mathbf{x}$ 处达到局部极大 (或局部极小). 试证: 点 $\mathbf{x}$ 是映射 f 的一个临界点.

(ii) 设 $f : \overline{\mathbf{B}}(\mathbf{0}, r) \to \mathbf{R}$ 是闭球 $\overline{\mathbf{B}}(\mathbf{0}, r)$ 上的实值连续函数, 在开球 $\mathbf{B}(\mathbf{0}, r)$ 上可微, 且在球面 $\overline{\mathbf{B}}(\mathbf{0}, r) \setminus \mathbf{B}(\mathbf{0}, r)$ 上恒等于零. 试证: 开球 $\mathbf{B}(\mathbf{0}, r)$ 内必有临界点.

(iii) 二维单位闭圆盘 $\overline{\mathbf{B}}(\mathbf{0}, 1)$ 上的三维向量值函数 $\mathbf{g} : \overline{\mathbf{B}}(\mathbf{0}, r) \to \mathbf{R}^3$ 定义如下:

$$\mathbf{g}\left(\begin{bmatrix} x \\ y \end{bmatrix} \right) = \begin{bmatrix} x^2 + y^2 - 1 \\ x(x^2 + y^2 - 1) \\ y(x^2 + y^2 - 1) \end{bmatrix}.$$

试证: $\mathbf{g}$ 在二维单位闭圆盘 $\overline{\mathbf{B}}(\mathbf{0},1)$ 上连续, 在二维单位开圆盘 $\mathbf{B}(\mathbf{0},1)$ 上可微, 在一维单位圆周 $\{(x,y) \in \mathbf{R}^2 : x^2 + y^2 = 1\}$ 上恒等于零, 且在二维单位开圆盘 $\mathbf{B}(\mathbf{0},1)$ 内无临界点.

8.4.2 设 $U(\mathbf{x}) \subset \mathbf{R}^m$ 是 $\mathbf{x}$ 的开邻域, 映射 $f : U(\mathbf{x}) \to \mathbf{R}$ 属于 $C^n(U(\mathbf{x}))$, 且 $[\mathbf{x}, \mathbf{x} + \mathbf{h}] \subset U(\mathbf{x})$, 其中 $\mathbf{h} = (h_1, \cdots, h_m)$, 则有以下形式的 Taylor 展开:

$$f(\mathbf{x} + \mathbf{h}) - f(\mathbf{x}) = \sum_{k=1}^{n-1} \frac{1}{k!} (h_1 D_1 + \cdots + h_m D_m)^k f(\mathbf{x}) + r_n(\mathbf{x}, \mathbf{h}),$$

其中

$$r_n(\mathbf{x}, \mathbf{h}) = \int_0^1 \frac{(1-t)^{n-1}}{(n-1)!} (h_1 D_1 + \cdots + h_m D_m)^n f(\mathbf{x} + t\mathbf{h}) dt.$$

以上形式的 $r_n(\mathbf{x}, \mathbf{h})$ 的表达式称为 **Taylor展开的积分余项**.

8.4.3 设 $G \subset \mathbf{R}^m$ 是 $\mathbf{R}^m$ 中的开集, $f : G \to \mathbf{R}$ 是二次连续可微函数, $\mathbf{x} = (x_1, \cdots, x_m)$ 是 $\mathbf{R}^m$ 中的点 $\mathbf{x}$ 的坐标 (分量) 表示. 由等式

$$\Delta f(x_1, \cdots, x_m) = \sum_{j=1}^m \frac{\partial^2 f}{\partial x_j^2}(x_1, \cdots, x_m)$$

定义的微分算子

$$\Delta = \sum_{j=1}^m \frac{\partial^2}{\partial x_j^2}$$

称为 **Laplace算子**.

(i) 设 $f : G \to \mathbf{R}$ 和 $g : G \to \mathbf{R}$ 是两个二次连续可微函数, 试证:

$$\Delta(fg) = f\Delta g + 2\text{grad}f \cdot \text{grad}g + g\Delta f,$$

其中梯度算子 grad 定义如下:

$$\text{grad}f = \left(\frac{\partial f}{\partial x_1}, \cdots, \frac{\partial f}{\partial x_m} \right),$$

而 $\mathbf{x} \cdot \mathbf{y}$ 表示 $\mathbf{x}$ 和 $\mathbf{y}$ 在 m 维欧氏空间中的内积 (点乘)(有时, 也用 $(\mathbf{x}, \mathbf{y})_{\mathbf{R}^m}$ 表示 $\mathbf{x}$ 和 $\mathbf{y}$ 在 m 维欧氏空间中的内积 (点乘)).

(ii) 试证:

$$\forall \mathbf{x} \in \mathbf{R}^m \setminus \{\mathbf{0}\} \forall p \in \mathbf{C} \Big(\text{grad}(|\mathbf{x}|^p) = p|\mathbf{x}|^{p-2}\mathbf{x} \Big)$$

和

$$\forall \mathbf{x} \in \mathbf{R}^m \setminus \{\mathbf{0}\} \forall p \in \mathbf{C} \Big(\Delta(|\mathbf{x}|^p) = p(p + m - 2)|\mathbf{x}|^{p-2} \Big).$$

特别,

$$\forall \mathbf{x} \in \mathbf{R}^m \setminus \{\mathbf{0}\} \Big(\Delta\big(|\mathbf{x}|^{2-m}\big) = 0 \Big).$$

注   满足方程 $\Delta g = 0$ 的函数称为**调和函数**, 故函数 $|\mathbf{x}|^{2-m}$ 在 $\mathbf{R}^m \setminus \{\mathbf{0}\}$ 上是调和函数.

(iii) 试证：对一切 $\mathbf{x} \in \mathbf{R}^m \setminus \{\mathbf{0}\}$ 和一切 $p \in \mathbf{R}$, 有

$$\Delta(|\mathbf{x}|^p f(\mathbf{x})) = |\mathbf{x}|^p \Delta f(\mathbf{x}) + 2p|\mathbf{x}|^{p-2}\mathbf{x} \cdot \mathrm{grad} f(\mathbf{x}) + p(p+m-2)|\mathbf{x}|^{p-2} f(\mathbf{x}).$$

(iv) 又若 f 是 d 次正齐次函数, 其中 $d \in \mathbf{R}$, 即满足以下关系式的函数：对于一切 $\lambda > 0$ 和一切 $\mathbf{x} \in \mathbf{R}^m$, 有

$$f(\lambda \mathbf{x}) = \lambda^d f(\mathbf{x}).$$

试证：

$$\forall \mathbf{x} \in \mathbf{R}^m \setminus \{\mathbf{0}\} \Big(\Delta(|\mathbf{x}|^{2-m-2d} f(\mathbf{x})) = |\mathbf{x}|^{2-m-2d} \Delta f(\mathbf{x}) \Big).$$

特别,

$$\forall \mathbf{x} \in \mathbf{R}^m \setminus \{\mathbf{0}\} \Big(\Delta(|\mathbf{x}|^{-m}) = 2m|\mathbf{x}|^{-m-2} \Big).$$

(v) 设 $f : [0, \infty) \times \mathbf{R}^m \to \mathbf{R}$ 定义为

$$f(t, x_1, \cdots, x_m) = \frac{1}{(2a\sqrt{\pi t})^m} \exp\left(-\frac{|\mathbf{x}|^2}{4a^2 t} \right),$$

试证：f 满足以下的热 **(传导) 方程**：

$$\frac{\partial f}{\partial t} = a^2 \Delta f,$$

其中

$$\Delta f = \sum_{j=1}^{m} \frac{\partial^2 f}{\partial x_j^2}.$$

8.4.4 在量子力学中, **角动量算子**定义为以下的三维向量值微分算子：

$$\mathbf{L} = (L_1, L_2, L_3) : C^\infty(\mathbf{R}^3) \to \left[C^\infty(\mathbf{R}^3, \mathbf{C}^3) \right]^3,$$

$$\begin{aligned} (\mathbf{L}f)(\mathbf{x}) &= \Big(\mathrm{grad} f(\mathbf{x}) \Big) \times \mathbf{x} \\ &= \left(\frac{\partial f}{\partial x_2}x_3 - \frac{\partial f}{\partial x_3}x_2, \frac{\partial f}{\partial x_3}x_1 - \frac{\partial f}{\partial x_1}x_3, \frac{\partial f}{\partial x_1}x_2 - \frac{\partial f}{\partial x_2}x_1 \right) \in \mathbf{R}^3. \end{aligned}$$

对于两个由某线性空间到自身的线性算子 A 和 B, A 和 B 的**换位算子**定义为

$$[A, B] = AB - BA.$$

(i) 试证：

$$[L_1, L_2] = L_3, \quad [L_2, L_3] = L_1, \quad [L_3, L_1] = L_2.$$

(ii) 以后把 $\mathbf{L} = (L_1, L_2, L_3)$ 看成为 $C^\infty(\mathbf{R}^3, \mathbf{C}) \to \left[C^\infty(\mathbf{R}^3, \mathbf{C}^3) \right]^3$ 的算子, 记

$$H = 2\mathrm{i}L_3, \quad X = L_1 + \mathrm{i}L_2, \quad Y = -L_1 + \mathrm{i}L_2.$$

试证:

$$\frac{1}{i}Y = (x_1 - ix_2)\frac{\partial}{\partial x_3} - x_3\left(\frac{\partial}{\partial x_1} - i\frac{\partial}{\partial x_2}\right),$$

$$\frac{1}{i}X = (x_1 + ix_2)\frac{\partial}{\partial x_3} - x_3\left(\frac{\partial}{\partial x_1} + i\frac{\partial}{\partial x_2}\right),$$

$$[H, X] = 2X, \quad [H, Y] = -2Y, \quad [X, Y] = H.$$

(iii) **Casimir 算子** $C : C^\infty(\mathbf{R}^3) \to C^\infty(\mathbf{R}^3)$ 定义为

$$C = -\sum_{i=1}^{3} L_i^2.$$

试证: $[C, L_i] = 0 (i = 1, 2, 3)$.

(iv) **Euler 算子** $E : C^\infty(\mathbf{R}^3) \to C^\infty(\mathbf{R}^3)$ 定义为

$$E(f)(\mathbf{x}) = (\mathbf{x}, \operatorname{grad} f(\mathbf{x})) = \sum_{i=1}^{3} x_i \frac{\partial f}{\partial x_i}(\mathbf{x}).$$

算子 $|\cdot|^2 : C^\infty(\mathbf{R}^3) \to C^\infty(\mathbf{R}^3)$ 定义为

$$(|\cdot|^2 f)(\mathbf{x}) = |\mathbf{x}|^2 f(\mathbf{x}).$$

试证:

$$-C + E(E + I) = |\cdot|^2 \Delta.$$

(v) 试证:

$$C = \frac{1}{2}\left(XY + YX + \frac{1}{2}H^2\right) = YX + \frac{1}{2}H + \frac{1}{4}H^2.$$

8.4.5 设 $\boldsymbol{\alpha} = (\alpha_1, \cdots, \alpha_n)$ 和 $\boldsymbol{\beta} = (\beta_1, \cdots, \beta_n)$ 是重指标, $\mathbf{R}^n$ 到自身的恒等映射记做

$$\mathbf{x} = (x_1, \cdots, x_n) : (x_1, \cdots, x_n) \mapsto (x_1, \cdots, x_n).$$

换言之,

$$x_j : (x_1, \cdots, x_n) \mapsto x_j (j = 1, \cdots, n).$$

试证: (i) $x_j'(\mathbf{x}) = (\delta_{1j}, \cdots, \delta_{ij}, \cdots, \delta_{nj}), dx_j = x_j : (x_1, \cdots, x_n) \mapsto x_j (i = 1, \cdots, n)$.

(ii) 对于可微函数 f, 有

$$df = \sum_{j=1}^{n} \frac{\partial f}{\partial x_j} dx_j.$$

注   以上公式的形式早就为人熟知了. 但它的涵义和传统的解释不同: 现在公式左右两端都代表线性算子, 公式左右两端的传统解释是无穷小量.

(iii) 映射 $\mathbf{x}^{\boldsymbol{\beta}}$ 的导数在 **0** 点的值是

$$D^{\boldsymbol{\alpha}} \mathbf{x}^{\boldsymbol{\beta}}(\mathbf{0}) = \begin{cases} \boldsymbol{\alpha}!, & \text{若 } \boldsymbol{\alpha} = \boldsymbol{\beta}, \\ 0, & \text{其他情形}. \end{cases}$$

(iv) 设 $\boldsymbol{\alpha}$ 是满足条件 $|\boldsymbol{\alpha}| \leqslant r$ 的重指标, 则

$$P(\mathbf{x}) = \sum_{|\boldsymbol{\alpha}| \leqslant r} \frac{c_{\boldsymbol{\alpha}}}{\boldsymbol{\alpha}!} \mathbf{x}^{\boldsymbol{\alpha}}$$

是满足以下条件的次数小于或等于 r 的唯一的多项式: 对一切 $|\boldsymbol{\alpha}| \leqslant r$ 的 $\boldsymbol{\alpha}$, 有

$$D^{\boldsymbol{\alpha}} P(\mathbf{0}) = c_{\boldsymbol{\alpha}}.$$

注 (iv) 告诉我们: f 的 r 次 Taylor 多项式是与 f 的次数小于或等于 r 的导数在 $\mathbf{0}$ 点的值相等的唯一的次数小于或等于 r 的多项式.

8.4.6 考虑地球在太阳的引力场中的运动. 在三维物理空间中选取这样的坐标系使得太阳置于坐标的原点. 地球在时刻 t 的位置是 $\mathbf{r}(t)$. 太阳作用于地球的引力是

$$-km\frac{\mathbf{r}(t)}{\left(r(t)\right)^3}, \tag{8.4.4}$$

其中 m 是地球的质量, $k = GS$, G 是引力常数, S 是太阳的质量, $r(t) = |\mathbf{r}(t)|$. 由 Newton 力学的第二定律,

$$\frac{d^2\mathbf{r}(t)}{dt^2} = -k\frac{\mathbf{r}(t)}{\left(r(t)\right)^3}. \tag{8.4.5}$$

(i) 记 $\mathbf{r} = (x, y, z)$, 而

$$V(\mathbf{r}) = -km\frac{1}{r}.$$

试证:

$$-\mathrm{grad}V = -km\frac{\mathbf{r}(t)}{\left(r(t)\right)^3}, \tag{8.4.6}$$

其中 grad 是梯度算子, 重温它的定义:

$$\mathrm{grad}V = \left(\frac{\partial V}{\partial x}, \frac{\partial V}{\partial y}, \frac{\partial V}{\partial z}\right).$$

方程 (8.4.5) 可改写成如下形式:

$$m\frac{d^2\mathbf{r}(t)}{dt^2} = -\mathrm{grad}V. \tag{8.4.7}$$

注 方程 (8.4.6) 告诉我们, 引力场 (8.4.4) 是 (某个) 函数的梯度, 凡是等于某个函数的梯度的力场称为**保守力场**. 引力场 (8.4.4) 是保守力场, V 称为引力场 (8.4.4) 的位势.

(ii) 试证:

$$\frac{d}{dt}\left(\mathbf{r} \times \frac{d\mathbf{r}}{dt}\right) = \mathbf{0},$$

换言之, $\mathbf{r} \times \dfrac{d\mathbf{r}}{dt}$ 是个不依赖于时间 t 的 (常) 三维向量.

注 (ii) 的结论称为**角动量守恒定律**.

(iii) 地球的运动轨迹在一个平面上.

(iv) 在下面的讨论中, 我们把常向量 $\mathbf{r} \times \dfrac{d\mathbf{r}}{dt}$ 取作坐标系的 z 轴, 地球的运动轨迹在 xy 平面上. 在 xy 平面上引进极坐标

$$\mathbf{r}(t) = \begin{pmatrix} x(t) \\ y(t) \end{pmatrix} = \begin{pmatrix} r(t)\cos\theta(t) \\ r(t)\sin\theta(t) \end{pmatrix}.$$

试证:

$$m\big(r(t)\big)^2 \frac{d\theta(t)}{dt} = M, \tag{8.4.8}$$

其中 $r(t) = |\mathbf{r}(t)|$, 而 M 是个不依赖于时间 t(但依赖于初条件) 的常数.

(v) 试证:

$$\frac{m}{2}\left|\frac{d\mathbf{r}(t)}{dt}\right|^2 + V\big(\mathbf{r}(t)\big) = E,$$

其中 E 是个不依赖于时间 t(但依赖于初条件) 的常数.

(vi) 试证:

$$\frac{m}{2}\left[\left(\frac{dr(t)}{dt}\right)^2 + r^2\left(\frac{d\theta(t)}{dt}\right)^2\right] + V\big(\mathbf{r}(t)\big) = E.$$

(vii) 试证:

$$\frac{m}{2}\left(\frac{dr(t)}{dt}\right)^2 + \frac{M^2}{2mr^2(t)} + V\big(\mathbf{r}(t)\big) = E. \tag{8.4.9}$$

(viii) 试证:

$$\frac{d\theta}{dr} = \pm\frac{M}{mr^2}\left[\frac{2}{m}\left(E - \frac{M^2}{2mr^2} + km\frac{1}{r}\right)\right]^{-1/2},$$

其中 $\pm$ 的选取由 r 对 t 在该区间上是递增还是递减而决定.

(ix) 设 r_0 是地球的近日点: $r_0 = \min\limits_{t\in\mathbf{R}} r(t)$. 当地球经过近日点后的半年内 r 是 t 的递增函数, 故 (viii) 的公式中的符号应为 "$+$". 在地球到达近日点之前的半年内 r 是 t 的递减函数, 故 (viii) 的公式中的符号应为 "$-$". 试证:

$$E - \frac{M^2}{2mr_0^2} + km\frac{1}{r_0} = 0.$$

(x) 设 $x = M/(mr)$. $x_0 = M/(mr_0)$ 是对应于近日点的 x 的值. θ 在近日点的值取为 0, 换言之, 极坐标的极轴取在太阳与地球的近日点的连线上. 试证:

$$\theta = \mp\int_{x_0}^{x}\left(-u^2 + \frac{2km}{M}u + \frac{2E}{m}\right)^{-1/2}du$$

$$= \mp\arccos\frac{x - km/M}{(k^2m^2/M^2 + 2E/m)^{1/2}}\Bigg|_{x=M/(mr_0)}^{x=M/(mr)}.$$

(xi) 试证:

$$r = \frac{M^2}{km^2} \left[\left(1 + \frac{2EM^2}{k^2 m^3} \right)^{1/2} \cos\theta + 1 \right]^{-1}.$$

(xii) 试证: 当总能 $E < 0$(地球便是这个情形) 时, 轨道将是个椭圆. 当总能 $E \geqslant 0$ (初速度很大的飞船便是这个情形) 时, 轨道将是个抛物线或双曲线. 无论哪一种情形, 太阳永远在轨道的一个焦点上. 前一情形的物体 (如地球) 将永远在太阳系中运行. 后一情形的物体 (如初速度很大的飞船) 将飞离太阳系.

注 太阳系中行星的轨道是椭圆曲线这个结论称为 **Kepler第一定律**. (iv) 的结论称为**扇形面积速度守恒定律**, 也称为 **Kepler第二定律**. 这两条定律 (以及另一条定律) 是从 Kepler 的老师 **Tycho** 和 **Kepler** 两代人长期观察而积累起来的大量的天文观察数据中由 Kepler 分析和总结出来的. 有一次,**Edmond Halley**(即发现哈雷彗星运行规律的哈雷) 向 **Isaac Newton** 提出挑战: "您能否从太阳作用于行星的力是一个向着太阳并与太阳的距离的平方成反比的的假设出发, 证明行星的轨道是条椭圆曲线?" Isaac Newton 回答说: "我已经完成了这一命题的证明." Halley 要求 Newton 将证明以书的形式写出来, 并愿意提供出版所需的经费. 这就是 Newton 的划时代的巨著《自然哲学的数学原理》的由来. 在证明过程中,Newton 发明了一种如今称之为**微积分**的新的数学方法. 但是, Newton 认为这种新的数学方法在逻辑上尚未严谨到足以发表的程度, 在《自然哲学的数学原理》中他仍然用古老的 (几何的) 方法去完成证明. 本题的证明方法是在 Newton 工作的基础上后人用微积分的工具加以完善后得到的.《自然哲学的数学原理》的出版在人类探索大自然奥秘的过程中是一个重要的里程碑, 它开启了人类系统地以数学为工具去发掘大自然基本规律的绚丽事业. 三百余年后的今天, 这个宏伟的事业还在波澜壮阔地发展着.

8.4.7 设 $\mathbf{x}, \mathbf{y} \in \mathbf{R}^n$, $\boldsymbol{\alpha}$ 是重指标, $f, g \in C^{|\boldsymbol{\alpha}|}(\mathbf{R}^n, \mathbf{R})$.

(i) 试证:

$$\frac{(\mathbf{x} + \mathbf{y})^{\boldsymbol{\alpha}}}{\boldsymbol{\alpha}!} = \sum_{\boldsymbol{\beta} \leqslant \boldsymbol{\alpha}} \frac{\mathbf{x}^{\boldsymbol{\beta}}}{\boldsymbol{\beta}!} \frac{\mathbf{y}^{\boldsymbol{\alpha}-\boldsymbol{\beta}}}{(\boldsymbol{\alpha} - \boldsymbol{\beta})!}$$

和

$$\frac{D^{\boldsymbol{\alpha}}(fg)}{\boldsymbol{\alpha}!} = \sum_{\boldsymbol{\beta} \leqslant \boldsymbol{\alpha}} \frac{D^{\boldsymbol{\beta}} f}{\boldsymbol{\beta}!} \frac{D^{\boldsymbol{\alpha}-\boldsymbol{\beta}} g}{(\boldsymbol{\alpha} - \boldsymbol{\beta})!},$$

其中求和号 $\sum\limits_{\boldsymbol{\beta} \leqslant \boldsymbol{\alpha}}$ 表示对一切满足条件 $\forall i \in \{1, \cdots, n\}(\beta_i \leqslant \alpha_i)$ 的重指标求和.

(ii) 下面我们用 $(\mathbf{x}, \mathbf{y})$ 表示 $\mathbf{x}$ 与 $\mathbf{y}$ 的内积. 试证:

$$\forall \mathbf{x}, \mathbf{y} \in \mathbf{R}^n \forall k \in \mathbf{N} \cup \{0\} \left(\frac{(\mathbf{x}, \mathbf{y})^k}{k!} = \sum_{|\boldsymbol{\alpha}|=k} \frac{\mathbf{x}^{\boldsymbol{\alpha}} \mathbf{y}^{\boldsymbol{\alpha}}}{\boldsymbol{\alpha}!} \right),$$

特别,

$$\forall \mathbf{x} \in \mathbf{R}^n \forall k \in \mathbf{N} \cup \{0\} \left(\frac{(\sum_{1 \leqslant j \leqslant n} x_j)^k}{k!} = \sum_{|\boldsymbol{\alpha}|=k} \frac{\mathbf{x}^{\boldsymbol{\alpha}}}{\boldsymbol{\alpha}!} \right).$$

8.4.8 试证: (i) 设 $u(x,y)$ 是平面开集 G 上的二元二次连续可微函数, 在以下的极坐标变换下

$$\begin{cases} x = r \cos \phi, \\ y = r \sin \phi, \end{cases}$$

Laplace 算子 $\Delta = \dfrac{\partial^2}{\partial x^2} + \dfrac{\partial^2}{\partial y^2}$ 变成以下形式:

$$\Delta u = \frac{1}{r} \left[\frac{\partial}{\partial r} \left(r \frac{\partial u}{\partial r} \right) + \frac{\partial}{\partial \phi} \left(\frac{1}{r} \frac{\partial u}{\partial \phi} \right) \right].$$

(ii) 若 $u(x,y)$ 在平面开集 G 上满足 Laplace 方程 $\Delta u = 0$, 则函数

$$v(x,y) = u\left(\frac{x}{r^2}, \frac{y}{r^2} \right) \quad (r^2 = x^2 + y^2)$$

也在 G' 上满足 Laplace 方程, 其中 G' 是 G 在关于单位球面的反演映射

$$(x,y) \mapsto (x/r^2, y/r^2)$$

下的像, 其中 $r^2 = x^2 + y^2$.

注 在反演映射下, $(0,0)$ 映成 (∞, ∞), (∞, ∞) 则应成 $(0,0)$. 在下面要讨论的 $\mathbf{R}^n (n \geqslant 3)$ 的情形也有同样的结果.

(iii) 设 $u(x,y,z)$ 是三维开集 G 上的三元二次连续可微函数, 在以下的球坐标变换下

$$\begin{cases} x = r \sin \theta \cos \phi, \\ y = r \sin \theta \sin \phi, \\ z = r \cos \theta, \end{cases}$$

Laplace 算子 $\Delta = \dfrac{\partial^2}{\partial x^2} + \dfrac{\partial^2}{\partial y^2} + \dfrac{\partial^2}{\partial z^2}$ 变成以下形式:

$$\Delta u = \frac{1}{r^2 \sin \theta} \left[\frac{\partial}{\partial r} \left(r^2 \sin \theta \frac{\partial u}{\partial r} \right) + \frac{\partial}{\partial \theta} \left(\sin \theta \frac{\partial u}{\partial \theta} \right) + \frac{\partial}{\partial \phi} \left(\frac{1}{\sin \theta} \frac{\partial u}{\partial \phi} \right) \right].$$

(iv) 若 $u(x,y,z)$ 在平面开集 G 上满足 Laplace 方程 $\Delta u = 0$, 则函数

$$v(x,y,z) = \frac{1}{r} u\left(\frac{x}{r^2}, \frac{y}{r^2}, \frac{z}{r^2} \right) \quad (r^2 = x^2 + y^2 + z^2)$$

也在 G' 上满足 Laplace 方程, 其中 G' 是 G 在关于单位球面 $x^2 + y^2 + z^2 = 1$ 的反演映射 $(x,y,z) \mapsto (x/r^2, y/r^2, z/r^2)$ 下的像.

(v) 若 $u(x_1, x_2, \cdots, x_n)$ 在 n 维开集 G 上满足 Laplace 方程 $\Delta u = 0$, 则函数

$$v(x_1, x_2, \cdots, x_n) = \frac{1}{r^{n-2}} u\left(\frac{x_1}{r^2}, \frac{x_2}{r^2}, \cdots, \frac{x_n}{r^2}\right) \quad (r^2 = x_1^2 + x_2^2 + \cdots + x_n^2)$$

也在 G' 上满足 Laplace 方程, 其中 G' 表示 G 在关于单位球面 $x_1^2 + \cdots + x_n^2 = 1$ 的反演映射

$$(x_1, \cdots, x_n) \mapsto (x_1/r^2, \cdots, x_n/r^2)$$

下的像. 特别,

$$\Delta \frac{1}{r^{n-2}} = 0, \quad r \neq 0.$$

当 $n = 2$ 时, 有

$$\Delta \ln r = 0, \quad r \neq 0.$$

§8.5 反函数定理与隐函数定理

设 U 是 $\mathbf{R}^n$ 的开集, $\mathbf{p} \in U$, 映射 $\mathbf{f} : U \to \mathbf{R}^m$ 在 $\mathbf{p}$ 处可微. 即使映射 $\mathbf{f} : U \to \mathbf{R}^m$ 是单射而且 $V = f(U)$ 是 $\mathbf{R}^m$ 中的开集, 这时映射 $\mathbf{f} : U \to V$ 是双射, 它的逆映射 $\mathbf{g} = \mathbf{f}^{-1} : V \to U$ 存在, 但这个逆映射未必在 $\mathbf{f}(\mathbf{p})$ 处可微. 以下的例子可以说明这一点.

例 8.5.1 映射 $f : \mathbf{R} \to \mathbf{R}$ 定义为

$$f(x) = x^3.$$

f 是 $\mathbf{R} \to \mathbf{R}$ 的双射, 且在 $\mathbf{R}$ 上处处可微. 但它的逆映射

$$f^{-1}(y) = y^{1/3}$$

在 $y = 0$ 处不可微.

事实上, 由锁链法则 (定理 8.1.1) 知道, 若可微映射 $\mathbf{f}$ 有可微的逆映射 $\mathbf{f}^{-1}$, 则

$$d(\mathbf{f}^{-1})_{\mathbf{q}} \circ d\mathbf{f}_{\mathbf{p}} = d(\mathbf{f}^{-1} \circ \mathbf{f})_{\mathbf{p}} = d\mathbf{I} = \mathbf{I}.$$

由此, $d\mathbf{f}_{\mathbf{q}}^{-1}$ 是 $d\mathbf{f}_{\mathbf{p}}$ 的逆映射. 因此, 映射 $\mathbf{f}$ 在点 $\mathbf{p}$ 的一个邻域内的限制有可微逆映射 $\mathbf{f}^{-1}$ 的一个必要条件是 $d\mathbf{f}_{\mathbf{p}}$ 可逆. 特别, 若映射 $\mathbf{f}$ 在点 $\mathbf{p}$ 的一个邻域内的限制有可微逆映射 $\mathbf{f}^{-1}$, 则必有 $n = m$. 换言之, 定义域是 n 维空间的开集, 则有可微的逆映射的可微映射的值域必须

是 n 维空间中的开集, 也即, 维数是局部微分同胚的不变量. 这个对于局部微分同胚成立的结论也适用于有连续逆映射的连续映射, 换言之, 维数在同胚映射下是不变的. 不过, 这个结论的证明就麻烦多了, 通常要用到代数拓扑的知识. 这已超出了本讲义的范围.

定理 8.5.1(反函数定理) 假设 $\Omega \subset \mathbf{R}^n$ 是开集, 映射 $\mathbf{f} : \Omega \to \mathbf{R}^n$ 是 C^r 类的 $(r \geqslant 1)$, $\mathbf{p} \in \Omega$, 且 $d\mathbf{f_p}$ 是可逆的, 则 $\mathbf{p}$ 有个开邻域 U, 使得 $\mathbf{f}$ 在 U 上是单射, $V = \mathbf{f}(U)$ 是 $\mathbf{R}^n$ 中的开集, $\mathbf{f}|_U$ 的逆映射 $\mathbf{g} = (\mathbf{f}|_U)^{-1}$ 是 C^r 类的, 且

$$d\mathbf{g_{f(p)}} \equiv d[(\mathbf{f}|_U)^{-1}]_{\mathbf{f(p)}} = (d\mathbf{f_p})^{-1}.$$

证 证明分六步走:

(1) 先把讨论限制在满足条件 $\mathbf{p} = \mathbf{0}$, $\mathbf{f(p)} = \mathbf{f(0)} = \mathbf{0}$, $d\mathbf{f_p} = d\mathbf{f_0} = \mathbf{I}$ 的情形. 在以下的 (2), (3) 和 (4) 这三步中, 我们要证明: 在上述的限制条件下, 有个以 $\mathbf{0}$ 为球心的开球 U, 使得映射 $\mathbf{f}|_U$ 的逆映射 $\mathbf{g} = (\mathbf{f}|_U)^{-1}$ 存在, 它的定义域以 $\mathbf{0}$ 为内点, 且 $d((\mathbf{f}|_U)^{-1})_{\mathbf{0}} = (d\mathbf{f_0})^{-1} = \mathbf{I}$. 不受上述限制的一般情形将留到第 (5) 步解决. 第 (6) 步将证明 $\mathbf{f}|_U$ 的逆映射 $\mathbf{g} = (\mathbf{f}|_U)^{-1}$ 是 C^r 类的这个命题.

(2) 对于 (1) 中所限制的情形, 我们要证明: 有个以 $\mathbf{0}$ 为球心的开球 $U = \mathbf{B}(\mathbf{0}, \delta)$, $\delta > 0$, 对于任何 $\mathbf{s} \in U$, $\|d\mathbf{f_s} - \mathbf{I}\| < 1/2$ 且 $\mathbf{f}|_U$ 是单射.

证明如下: 因映射 $\mathbf{f} : \Omega \to \mathbf{R}^n$ 是 C^1 类的, 有 $\delta > 0$, 使得以 $\mathbf{0}$ 为球心 δ 为半径的开球 $U = \mathbf{B}(\mathbf{0}, \delta)$ 具有以下性质:

$$\forall \mathbf{s} \in U(\|\mathbf{I} - d\mathbf{f_s}\| < 1/2).$$

注意到: $d\mathbf{I} \equiv \mathbf{I}$, 我们有

$$\forall \mathbf{s} \in U(\|d(\mathbf{I} - \mathbf{f})_{\mathbf{s}}\| < 1/2).$$

由向量值多元函数的有限增量定理 (推论 8.2.2),

$$\forall \mathbf{s} \in U \forall \mathbf{t} \in U\left(|\mathbf{s} - \mathbf{t} - [\mathbf{f(s)} - \mathbf{f(t)}]| \leqslant \frac{|\mathbf{s} - \mathbf{t}|}{2}\right).$$

因此,

$$\forall \mathbf{s} \in U \forall \mathbf{t} \in U\left(|\mathbf{f(s)} - \mathbf{f(t)}| \geqslant \frac{|\mathbf{s} - \mathbf{t}|}{2}\right). \tag{8.5.1}$$

故 $\mathbf{f}|_U$ 是单射.

(3) 对于 (1) 中所限制的情形, 我们要证明: $\mathbf{f}(U)$ 是 $\mathbf{0}$ 的一个邻域, 换言之, 有一个 $\varepsilon > 0$, 使得以 $\mathbf{0}$ 为球心, ε 为半径的开球 $V = \mathbf{B}(\mathbf{0}, \varepsilon)$ 满足条件: $V \subset \mathbf{f}(U)$. 这就是说, $\mathbf{0}$ 是 $\mathbf{f}(U)$ 的内点.

应该指出, (3) 是反函数定理证明中关键的一步, 它的证明如下: 令 $\varepsilon = \delta/4$, 其中 δ 是 (2) 中的 δ. 记 $V = \mathbf{B}(\mathbf{0}, \varepsilon)$ 与 $K = \overline{\mathbf{B}(\mathbf{0}, 2\varepsilon)}$. 显然, $K \subset U = \mathbf{B}(\mathbf{0}, \delta)$. 任意给定了 $\mathbf{t} \in V$, 对于一切 $\mathbf{s} \in U$, 令 $\mathbf{F}(\mathbf{s}) = \mathbf{t} + \mathbf{s} - \mathbf{f}(\mathbf{s})$. 我们定义了映射 $\mathbf{F} : U \to \mathbf{R}^n$. 由 (2), 对一切 $\mathbf{s} \in U$, $\|d\mathbf{F_s}\| = \|\mathbf{I} - d\mathbf{f_s}\| < 1/2$. 由向量值多元函数的有限增量定理 (推论 8.2.2), 对于任何 $\mathbf{s}_1, \mathbf{s}_2 \in U$,

$$|\mathbf{F}(\mathbf{s}_1) - \mathbf{F}(\mathbf{s}_2)| \leqslant \frac{|\mathbf{s}_1 - \mathbf{s}_2|}{2}. \qquad (8.5.2)$$

特别, 对于任何 $\mathbf{s} \in U$,

$$|\mathbf{F}(\mathbf{s}) - \mathbf{t}| = |\mathbf{F}(\mathbf{s}) - \mathbf{F}(\mathbf{0})| \leqslant \frac{|\mathbf{s}|}{2}.$$

所以, 对于任何 $\mathbf{s} \in K$ (注意: $\mathbf{t} \in V$),

$$|\mathbf{F}(\mathbf{s})| \leqslant |\mathbf{t}| + \frac{|\mathbf{s}|}{2} < \varepsilon + \frac{2\varepsilon}{2} = 2\varepsilon.$$

换言之, 我们有

$$\mathbf{F}(K) \subset K. \qquad (8.5.3)$$

由关系式 (8.5.2) 和 (8.5.3), $\mathbf{F}$ 是 K 到自身的压缩映射. 作为 $\mathbf{R}^n$ 的有界闭球的 K 当然是完备度量空间. 由 Banach 不动点定理 (定理 7.5.3), $\mathbf{F}$ 有唯一的不动点 $\mathbf{s} \in K$:

$$\mathbf{s} = \mathbf{F}(\mathbf{s}) = \mathbf{t} + \mathbf{s} - \mathbf{f}(\mathbf{s}).$$

换言之, 对于任何 $\mathbf{t} \in V$, 有唯一的 $\mathbf{s} \in K$, 使得

$$\mathbf{t} = \mathbf{f}(\mathbf{s}).$$

也就是说

$$\mathbf{f}(U) \supset \mathbf{f}(K) \supset V.$$

所以, $\mathbf{0}$ 是 $\mathbf{f}(U)$ 的内点.

(4) 对于 (1) 中所限制的情形, 我们要证明: 有一个 C^1 类的映射 $\mathbf{g} : V \to U$ 具有以下三条性质:

$$\forall \mathbf{t} \in V\big(\mathbf{f}(\mathbf{g}(\mathbf{t})) = \mathbf{t}\big),$$

$$\forall \mathbf{s} \in \mathbf{f}^{-1}(V)\big(\mathbf{g}(\mathbf{f}(\mathbf{s})) = \mathbf{s}\big),$$

且

$$d\mathbf{g_0} = \mathbf{I}.$$

证明如下: 由 (2) 和 (3), 对于任何 $\mathbf{t} \in V$, 有唯一的一个 $\mathbf{s} \in K \subset U$, 使得

$$\mathbf{f}(\mathbf{s}) = \mathbf{t}.$$

记这个被 $\mathbf{t} \in V$ 唯一确定的 $\mathbf{s} \in K \subset U$ 为 $\mathbf{s} = \mathbf{g}(\mathbf{t})$. 显然, 映射 $\mathbf{g} : V \to K \subset U$ 有性质: $\forall \mathbf{t} \in V\big(\mathbf{f}(\mathbf{g}(\mathbf{t})) = \mathbf{t}\big)$. 由此便可证明: $\forall \mathbf{s} \in \mathbf{f}^{-1}(V)\big(\mathbf{g}(\mathbf{f}(\mathbf{s})) = \mathbf{s}\big)$. 具体证明如下: 根据已经证得的等式, 我们有

$$\forall \mathbf{s} \in \mathbf{f}^{-1}(V)\big(\mathbf{f}[\mathbf{g}(\mathbf{f}(\mathbf{s}))] = \mathbf{f}(\mathbf{s})\big).$$

根据 (2) 中证明的命题: $\mathbf{f}|_U$ 是单射便有结论:

$$\forall \mathbf{s} \in \mathbf{f}^{-1}(V)\big(\mathbf{g}(\mathbf{f}(\mathbf{s})) = \mathbf{s}\big).$$

要证明的三条性质中只剩下最后一条还没有证明.

下面证明映射 $\mathbf{g}$ 在 $\mathbf{0}$ 处可微, 且 $d\mathbf{g_0} = \mathbf{I}$: 由 (8.5.1),

$$\forall \mathbf{t_1}, \mathbf{t_2} \in V\big(|\mathbf{g}(\mathbf{t_1}) - \mathbf{g}(\mathbf{t_2})| \leqslant 2|\mathbf{t_1} - \mathbf{t_2}|\big). \tag{8.5.1$'$}$$

由此, $\mathbf{g}$ 在 V 上连续. 因 $d\mathbf{f_0} = \mathbf{I}$, 当 $\mathbf{h} \in \mathbf{f}^{-1}(V)$ 时, $\mathbf{f}(\mathbf{h}) = \mathbf{h} + \mathbf{r}(\mathbf{h})$, 其中

$$\lim_{\mathbf{h} \to \mathbf{0}} \frac{\mathbf{r}(\mathbf{h})}{|\mathbf{h}|} = \mathbf{0}.$$

由 (8.5.1)$'$, 当 $\mathbf{h} \in \mathbf{f}^{-1}(V)$ 时, 有

$$|\mathbf{g}(\mathbf{h}) - \mathbf{h}| = |\mathbf{g}(\mathbf{f}(\mathbf{h}) - \mathbf{r}(\mathbf{h})) - \mathbf{g}(\mathbf{f}(\mathbf{h}))| \leqslant 2|\mathbf{r}(\mathbf{h}))| = o(|\mathbf{h}|),$$

这就证明了 $\mathbf{g}$ 在 $\mathbf{0}$ 处可微, 且 $d\mathbf{g_0} = \mathbf{I}$.

到此为止, 所有的讨论都是只对 (1) 中所限制的情形进行的. 下面我们要证明一般情形 (即不受 (1) 中所述限制的情形) 的反函数定理.

(5) 现在讨论 (未必满足 (1) 中限制条件的) 一般情形.

假设 $C^1(\Omega)$ 类的 $\mathbf{f}$ 只满足条件: $d\mathbf{f_p}$ 是可逆的. 令

$$\mathbf{f_1}(\mathbf{x}) = [d\mathbf{f_p}]^{-1}[\mathbf{f}(\mathbf{x} + \mathbf{p}) - \mathbf{f}(\mathbf{p})].$$

换言之,

$$\mathbf{f_1} = \psi \circ \mathbf{f} \circ \phi^{-1},$$

其中 $\phi, \psi : \mathbf{R}^n \to \mathbf{R}^n$ 定义如下:

$$\phi(\mathbf{z}) = \mathbf{z} - \mathbf{p}, \quad \psi(\mathbf{y}) = [d\mathbf{f_p}]^{-1}(\mathbf{y} - \mathbf{f}(\mathbf{p})).$$

显然, $\phi^{-1}(\mathbf{x}) = \mathbf{x} + \mathbf{p}$. 故

$$\mathbf{f_1}(\mathbf{0}) = \psi \circ \mathbf{f} \circ \phi^{-1}(\mathbf{0}) = \psi \circ \mathbf{f}(\mathbf{p}) = [d\mathbf{f_p}]^{-1}(\mathbf{f}(\mathbf{p}) - \mathbf{f}(\mathbf{p})) = \mathbf{0}.$$

又因 $d(\phi^{-1})_\mathbf{0} = \mathbf{I}$, $d\mathbf{f}_{\phi^{-1}(\mathbf{0})} = d\mathbf{f_p}$, $d\psi_{\mathbf{f(p)}} = [d\mathbf{f_p}]^{-1}$, 根据锁链法则,

$$d(\mathbf{f_1})_\mathbf{0} = d\psi_{\mathbf{f(p)}} \circ d\mathbf{f}_{\phi^{-1}(\mathbf{0})} \circ d(\phi^{-1})_\mathbf{0} = [d\mathbf{f_p}]^{-1} \circ d\mathbf{f_p} \circ \mathbf{I} = \mathbf{I}.$$

换言之, $\mathbf{f_1}$ 满足 (1) 中所述的限制条件. $\mathbf{f_1}$ 在 $\mathbf{0}$ 的一个开邻域中有逆映射, 且逆映射在 $\mathbf{0}$ 处的微分为恒等映射. 显然, ϕ, ψ 都是无穷次连续可微的, 注意到 $\mathbf{f}^{-1} = \phi^{-1} \circ (\mathbf{f_1})^{-1} \circ \psi$, 我们有

$$\begin{aligned}
d(\mathbf{f}^{-1})_{\mathbf{f(p)}} &= d(\phi^{-1} \circ (\mathbf{f_1})^{-1} \circ \psi)_{\mathbf{f(p)}} \\
&= d(\phi^{-1})_\mathbf{0} d[(\mathbf{f_1})^{-1}]_\mathbf{0} d\psi_{\mathbf{f(p)}} = [d\mathbf{f_p}]^{-1}.
\end{aligned}$$

最后一个等式的推导用到了已经证明的以下三条事实:

(i) $d[(\mathbf{f_1})^{-1}]_\mathbf{0} = \mathbf{I}$;

(ii) $d\psi_{\mathbf{f(p)}} = [d\mathbf{f_p}]^{-1}$;

(iii) $d(\phi^{-1})_\mathbf{0} = \mathbf{I}$,

其中 (i) 是 (4) 的推论.

同时, 因为 ϕ 和 ψ 都是微分同胚, 我们证得了 $\mathbf{f}(\mathbf{p})$ 是 $\mathbf{f}(U)$ 的内点. 所以, 开集在映射 $\mathbf{f}$ 下的像是开集.

(6) 现在只剩下 $\mathbf{f}^{-1} \in C^r$ 的证明了. 因 $\mathbf{f}$ 是 C^r 类的. $d\mathbf{f_p}$ 是 C^{r-1} 类的. M_n 表示 $n \times n$ 的实矩阵的全体构成的集合. M_n 与 $\mathbf{R}^{n^2}$ 之间有自然的双射, 这个双射把 $\mathbf{R}^{n^2}$ 上的拓扑转移到 M_n 上. 用 $GL(n)$ 表示 $n \times n$ 的可逆实矩阵的全体. 因为实矩阵到它的行列式的映射 $\det$ 是 $M_n \to \mathbf{R}$ 的连续映射, 而 $GL(n)$ 恰为行列式非零的矩阵之全体, 作为开集 $\mathbf{R} \setminus \{0\}$ 在连续映射 $\det$ 下的原像的 $GL(n)$ 应是 $M_n = \mathbf{R}^{n^2}$ 中的开集. inv 表示可逆矩阵到它的逆矩阵的映射: $\mathrm{inv} : GL(n) \to GL(n), \mathrm{inv}(M) = M^{-1}$. 注意到逆矩阵的表示式 ($M^{-1}$ 的元素是用 M 的元素构成的两个行列式之商表示的, 且商的分母非零), 映射 inv 是无穷次可微的. 利用归纳法可以证明, 映射 $d(\mathbf{f}^{-1})_\mathbf{q} = [d\mathbf{f_{f^{-1}(q)}}]^{-1} = \mathrm{inv}(d\mathbf{f_{f^{-1}(q)}})$ 相对于自变量 $\mathbf{q}$ 是 C^{r-1} 类的. 故 $\mathbf{f}^{-1}$ 是 C^r 类的. □

注   这证明过程的六步中, 最关键的是第 (3) 步. 它用到了 Banach 不动点定理. 为了应用 Banach 不动点定理, 我们需要构造映射 $\mathbf{F}$ 和它的定义域 V, 然后证明映射 $\mathbf{F}$ 和它的定义域 V 满足 Banach 不动点定理中所述的条件, 换言之, 我们要证明以下三点: (1) $\mathbf{F}(V) \subset V$; (2) $\mathbf{F}$ 是压缩映射; (3) V 是完备度量空间.

定理 8.5.2(隐函数定理)   设 Ω 是 $\mathbf{R}^{n+m}$ 中的开集, $\mathbf{f} : \Omega \to \mathbf{R}^m$ 是 C^r 类映射, $r \geqslant 1$. 任给点 $\mathbf{p} = \begin{pmatrix} \mathbf{a} \\ \mathbf{b} \end{pmatrix} \in \Omega(\mathbf{a} \in \mathbf{R}^n, \mathbf{b} \in \mathbf{R}^m)$. $\mathbf{f}$ 过点 $\mathbf{p}$ 的 "等高曲面"(简称 "等高面")Σ 定义为

$$\Sigma = \{\mathbf{q} \in \Omega : \mathbf{f}(\mathbf{q}) = \mathbf{f}(\mathbf{p})\}.$$

又, $S \in \mathcal{L}(\mathbf{R}^n, \mathbf{R}^m)$ 和 $T \in \mathcal{L}(\mathbf{R}^m)$ 分别表示映射 $\mathbf{f}$ 在点 $\mathbf{p}$ 处的微分在 $\mathbf{R}^n$ 和 $\mathbf{R}^m$ 上如下的限制:

$$S(\mathbf{h}) = d\mathbf{f_p} \begin{pmatrix} \mathbf{h} \\ \mathbf{0} \end{pmatrix}, \quad T(\mathbf{k}) = d\mathbf{f_p} \begin{pmatrix} \mathbf{0} \\ \mathbf{k} \end{pmatrix}.$$

换言之,

$$d\mathbf{f_p} \begin{pmatrix} \mathbf{h} \\ \mathbf{k} \end{pmatrix} = S(\mathbf{h}) + T(\mathbf{k}).$$

若 T 可逆, 则点 $\mathbf{p} = \begin{pmatrix} \mathbf{a} \\ \mathbf{b} \end{pmatrix} \in \mathbf{R}^{n+m}$ 有个邻域 $U \subset \Omega$, 点 $\mathbf{a} \in \mathbf{R}^n$ 有个邻域 W 和一个 C^r 类映射 $\mathbf{g} : W \to \mathbf{R}^m$, 使得 $\Sigma \cap U$ 恰是映射 $\mathbf{g} : W \to \mathbf{R}^m$ 的图像:

$$\Sigma \cap U = \left\{ \begin{pmatrix} \mathbf{s} \\ \mathbf{g}(\mathbf{s}) \end{pmatrix} : \mathbf{s} \in W \right\}, \tag{8.5.4}$$

且

$$d\mathbf{g_a} = -T^{-1}S. \tag{8.5.5}$$

在证明隐函数定理之前, 先对隐函数定理的涵义作如下解释:

注 1　关系式 (8.5.4) 的涵义是

$$\forall \mathbf{s} \in W \left(\mathbf{f} \begin{pmatrix} \mathbf{s} \\ \mathbf{g}(\mathbf{s}) \end{pmatrix} = \mathbf{f}(\mathbf{p}) \right). \tag{8.5.6}$$

也就是说, $\mathbf{g}(\mathbf{s})$ 是**隐函数方程** $\mathbf{f} \begin{pmatrix} \mathbf{s} \\ \mathbf{t} \end{pmatrix} = \mathbf{f}(\mathbf{p})$ 的解 $\mathbf{t} = \mathbf{g}(\mathbf{s})$. 因 $\mathbf{p}$ 是固定的点, 因而 $\mathbf{f}(\mathbf{p})$ 也是固定的点. $\mathbf{s}$ 才是在 W 中活动的点. $\mathbf{t} = \mathbf{g}(\mathbf{s})$ 是隐函数方程中的未知函数, 常称 $\mathbf{g}(\mathbf{s})$ 为由隐函数方程 $\mathbf{f} \begin{pmatrix} \mathbf{s} \\ \mathbf{t} \end{pmatrix} = \mathbf{f}(\mathbf{p})$ 确定的**隐函数**.

注 2　为了和矩阵运算相协调, 我们把 $\mathbf{R}^{n+m}$ 中的向量写成列向量. 但这样和通常的函数的自变量写成行向量的习惯不一致. 不少文献中, 也把 $\mathbf{R}^{n+m}$ 中的向量写成为行向量, 这样可以少占些篇幅, 且与通常的函数的自变量写成行向量相一致. 当然, 这样做在作线性映射时应注意它和矩阵运算有一个转置的对应关系. 我们这样的写法是为了同学能更好地与高等代数中学到的知识相比较, 这对理解隐函数定理是十分重要的.

注 3　隐函数定理中 T 可逆的条件用矩阵的语言来表述应是这样的: $\mathbf{f}$ 的 Jacobi 矩阵 $\mathbf{f}'(\mathbf{p})$ 的最右边的 m 列是 m 个线性无关的 m 维列向量. 假若只假设矩阵 $\mathbf{f}'(\mathbf{p})$ 的秩为 m, 那么可以通过列向量的置换使得矩阵 $\mathbf{f}'(\mathbf{p})$ 的最右边的 m 列是 m 个线性无关的 m 维列向量.

隐函数的微分公式用矩阵来表示：$\mathbf{g}'(\mathbf{a}) = -B^{-1}A$, 其中 A 是线性变换 S 的矩阵, 它是由矩阵 $\mathbf{f}'(\mathbf{p})$ 的最左边的 n 列构成的 $m \times n$ 矩阵, B 是线性变换 T 的矩阵, 它是由矩阵 $\mathbf{f}'(\mathbf{p})$ 的最右边的 m 列构成的 $m \times m$ 矩阵.

注 4   (8.5.5) 用矩阵的语言来表述: 记 $y_j = x_{n+j}(j = 1, \cdots, m)$, 则

$$\frac{\partial \mathbf{y}}{\partial \mathbf{x}} = -\left(\frac{\partial \mathbf{f}}{\partial \mathbf{y}}\right)^{-1} \frac{\partial \mathbf{f}}{\partial \mathbf{x}},$$

其中

$$\frac{\partial \mathbf{y}}{\partial \mathbf{x}} = \frac{\partial(y_1, \cdots, y_m)}{\partial(x_1, \cdots, x_n)} = \left[\frac{\partial y_j}{\partial x_i}\right]$$

是 $\mathbf{y} = \mathbf{g}(\mathbf{x})$ 的 Jacobi 矩阵. 方程右端的两个矩阵分别是

$$\frac{\partial \mathbf{f}}{\partial \mathbf{y}} = \left[\frac{\partial f_k}{\partial y_j}\right], \quad \frac{\partial \mathbf{f}}{\partial \mathbf{x}} = \left[\frac{\partial f_k}{\partial x_i}\right].$$

证   我们想通过反函数定理来证明隐函数定理. 为此, 我们需要构造一个能用得上反函数定理的映射, 使得它的反函数 (逆映射) 的表示式中有一部分恰是我们所需要的隐函数.

不妨设 $\mathbf{f}(\mathbf{p}) = \mathbf{0}$. 定义映射 $\mathbf{F} : \Omega \to \mathbf{R}^{n+m}$ 如下:

$$\mathbf{F}\begin{pmatrix} \mathbf{s} \\ \mathbf{t} \end{pmatrix} = \begin{pmatrix} \mathbf{s} \\ \mathbf{f}\begin{pmatrix} \mathbf{s} \\ \mathbf{t} \end{pmatrix} \end{pmatrix}.$$

易见, $\mathbf{F}$ 在 Ω 上是 C^r 类的, 且

$$d\mathbf{F}_{\mathbf{p}}\begin{pmatrix} \mathbf{h} \\ \mathbf{k} \end{pmatrix} = \begin{pmatrix} \mathbf{h} \\ d\mathbf{f}_{\mathbf{p}}\begin{pmatrix} \mathbf{h} \\ \mathbf{k} \end{pmatrix} \end{pmatrix}.$$

特别, 注意到 $S(\mathbf{h})$ 和 $T(\mathbf{k})$ 的定义, 我们有

$$d\mathbf{F}_{\mathbf{p}}\begin{pmatrix} \mathbf{h} \\ \mathbf{k} \end{pmatrix} = \begin{pmatrix} \mathbf{h} \\ S(\mathbf{h}) + T(\mathbf{k}) \end{pmatrix}. \tag{8.5.7}$$

或者, 用分块线性映射 (犹如分块矩阵) 的形式表达 $\mathbf{R}^{n+m}$ 上的线性变换 $d\mathbf{F_p}$:

$$d\mathbf{F_p} = \begin{bmatrix} \mathbf{I}_n & \mathbf{O}_{n\times m} \\ S & T \end{bmatrix}. \tag{8.5.8}$$

因为 T 可逆, $d\mathbf{F_p}$ 非奇异. 由反函数定理, $\mathbf{p} = \begin{pmatrix} \mathbf{a} \\ \mathbf{b} \end{pmatrix} \in \Omega$ 有邻域 U 和 $\mathbf{F}(\mathbf{p}) = \begin{pmatrix} \mathbf{a} \\ \mathbf{0} \end{pmatrix} \in \mathbf{R}^{n+m}$ 有邻域 V, 使得 $\mathbf{F}|_U$ 是 U 和 V 之间的 C^r 类双射, 而它的逆映射 $\mathbf{G}$ 是 V 到 U 的 C^r 类双射. 不妨设 V 具有以下形式

$$V = \left\{ \begin{pmatrix} \mathbf{s} \\ \mathbf{t} \end{pmatrix} : |\mathbf{s} - \mathbf{a}| < \varepsilon, |\mathbf{t}| < \varepsilon \right\},$$

其中 $\varepsilon > 0$. (若 V 不具有以上形式, 通过缩小可以把 V 换成具有以上形式的 V 的子集 V_1, 当然, $U = \mathbf{G}(V)$ 也要换做 $U_1 = \mathbf{G}(V_1)$. 以后就假定 V 具有以上形式.) 记

$$W = \{\mathbf{s} \in \mathbf{R}^n : |\mathbf{s} - \mathbf{a}| < \varepsilon\}.$$

因 $\mathbf{G}$ 是 $\mathbf{F}$ 的逆映射:

$$\forall \begin{pmatrix} \mathbf{s} \\ \mathbf{t} \end{pmatrix} \in U \left(\mathbf{G} \begin{pmatrix} \mathbf{s} \\ \mathbf{f}\begin{pmatrix} \mathbf{s} \\ \mathbf{t} \end{pmatrix} \end{pmatrix} = \begin{pmatrix} \mathbf{s} \\ \mathbf{t} \end{pmatrix} \right),$$

故 $\mathbf{G}$ 具有形式

$$\forall \begin{pmatrix} \mathbf{u} \\ \mathbf{v} \end{pmatrix} \in V \left(\mathbf{G}\begin{pmatrix} \mathbf{u} \\ \mathbf{v} \end{pmatrix} = \begin{pmatrix} \mathbf{u} \\ \phi\begin{pmatrix} \mathbf{u} \\ \mathbf{v} \end{pmatrix} \end{pmatrix} \right), \tag{8.5.9}$$

其中 $\phi : V \to \mathbf{R}^m$ 是 C^r 类映射. 现在我们可以给出所求隐函数的定义了. 记 C^r 类映射 $\mathbf{g} : W \to \mathbf{R}^m$ 为如下的映射:

$$\mathbf{g}(\mathbf{s}) = \phi\begin{pmatrix} \mathbf{s} \\ \mathbf{0} \end{pmatrix}. \tag{8.5.10}$$

当 $\mathbf{q} = \begin{pmatrix} \mathbf{s} \\ \mathbf{t} \end{pmatrix} \in \Sigma$ 时, $\mathbf{f}(\mathbf{q}) = \mathbf{f}(\mathbf{p}) = \mathbf{0}$. 因此, 按映射 $\mathbf{G}$ 和 $\mathbf{g}$ 的定义,

一切 $\begin{pmatrix} \mathbf{s} \\ \mathbf{t} \end{pmatrix} \in \Sigma \cap U$ 必满足以下方程:

$$\begin{pmatrix} \mathbf{s} \\ \mathbf{t} \end{pmatrix} = \mathbf{G} \begin{pmatrix} \mathbf{s} \\ \mathbf{f} \begin{pmatrix} \mathbf{s} \\ \mathbf{t} \end{pmatrix} \end{pmatrix} = \mathbf{G} \begin{pmatrix} \mathbf{s} \\ \mathbf{0} \end{pmatrix} = \begin{pmatrix} \mathbf{s} \\ \phi \begin{pmatrix} \mathbf{s} \\ \mathbf{0} \end{pmatrix} \end{pmatrix} = \begin{pmatrix} \mathbf{s} \\ \mathbf{g}(\mathbf{s}) \end{pmatrix}.$$

由此, $\mathbf{t} = \mathbf{g}(\mathbf{s})$. 这就证明了: 若 $\begin{pmatrix} \mathbf{s} \\ \mathbf{t} \end{pmatrix} \in U$, 且 $\mathbf{f} \begin{pmatrix} \mathbf{s} \\ \mathbf{t} \end{pmatrix} = \mathbf{f}(\mathbf{p}) = \mathbf{0}$,

则 $\mathbf{t} = \mathbf{g}(\mathbf{s})$. 换言之, U 中等高面 Σ 上的点均在 $\mathbf{g}$ 的图像上.

反之, 若 $\mathbf{s} \in W$, 则

$$\mathbf{f} \begin{pmatrix} \mathbf{s} \\ \mathbf{g}(\mathbf{s}) \end{pmatrix} = \mathbf{f} \begin{pmatrix} \mathbf{s} \\ \phi \begin{pmatrix} \mathbf{s} \\ \mathbf{0} \end{pmatrix} \end{pmatrix}.$$

因 $\mathbf{G} \begin{pmatrix} \mathbf{s} \\ \mathbf{0} \end{pmatrix} = \begin{pmatrix} \mathbf{s} \\ \phi \begin{pmatrix} \mathbf{s} \\ \mathbf{0} \end{pmatrix} \end{pmatrix}$ 和 $\mathbf{G} = \mathbf{F}^{-1}$, 并注意到 $\mathbf{F}$ 的定义, 我们

有以下等式:

$$\begin{pmatrix} \mathbf{s} \\ \mathbf{0} \end{pmatrix} = \mathbf{F} \begin{pmatrix} \mathbf{s} \\ \phi \begin{pmatrix} \mathbf{s} \\ \mathbf{0} \end{pmatrix} \end{pmatrix} = \begin{pmatrix} \mathbf{s} \\ \mathbf{f} \begin{pmatrix} \mathbf{s} \\ \phi \begin{pmatrix} \mathbf{s} \\ \mathbf{0} \end{pmatrix} \end{pmatrix} \end{pmatrix},$$

故

$$\mathbf{f} \begin{pmatrix} \mathbf{s} \\ \mathbf{g}(\mathbf{s}) \end{pmatrix} = \mathbf{f} \begin{pmatrix} \mathbf{s} \\ \phi \begin{pmatrix} \mathbf{s} \\ \mathbf{0} \end{pmatrix} \end{pmatrix} = \mathbf{0}.$$

这就证明了 $\mathbf{g}$ 的图像上的点均在等高面 Σ 上. 换言之, $\mathbf{g}(\mathbf{s})$ 必满足隐

函数方程. 注意到

$$\begin{pmatrix} \mathbf{s} \\ \phi\begin{pmatrix} \mathbf{s} \\ \mathbf{0} \end{pmatrix} \end{pmatrix} = \mathbf{G}\begin{pmatrix} \mathbf{s} \\ \mathbf{0} \end{pmatrix} \in \mathbf{G}(V) = U,$$

我们得到: 在 U 中隐函数方程的解恰是 $\mathbf{g}$.

最后我们要确定隐函数的导数的表示式. 由 (8.5.8) 和反函数定理,

$$d\mathbf{G}_{(\mathbf{a},\mathbf{0})} = (d\mathbf{F}_{\mathbf{p}})^{-1} = \begin{bmatrix} \mathbf{I}_n & \mathbf{O}_{n\times m} \\ -T^{-1}S & T^{-1} \end{bmatrix}. \tag{8.5.11}$$

由 $\mathbf{g}$ 的定义 (参看 (8.5.9) 和 (8.5.10)), 有

$$\mathbf{G}\begin{pmatrix} \mathbf{u} \\ \mathbf{0} \end{pmatrix} = \begin{pmatrix} \mathbf{u} \\ \mathbf{g}(\mathbf{u}) \end{pmatrix}. \tag{8.5.12}$$

注意到 (8.5.11), 有

$$d\mathbf{G}_{(\mathbf{a},\mathbf{0})}\begin{bmatrix} \mathbf{h} \\ \mathbf{0} \end{bmatrix} = \begin{bmatrix} \mathbf{I}_n & \mathbf{O}_{n\times m} \\ -T^{-1}S & T^{-1} \end{bmatrix}\begin{bmatrix} \mathbf{h} \\ \mathbf{0} \end{bmatrix} = \begin{bmatrix} \mathbf{h} \\ -T^{-1}S(\mathbf{h}) \end{bmatrix}. \tag{8.5.13}$$

由 (8.5.12),

$$d\mathbf{G}_{(\mathbf{a},\mathbf{0})}\begin{bmatrix} \mathbf{h} \\ \mathbf{0} \end{bmatrix} = \begin{bmatrix} \mathbf{h} \\ d\mathbf{g}_{\mathbf{a}}(\mathbf{h}) \end{bmatrix}. \tag{8.5.14}$$

比较 (8.5.13) 与 (8.5.14), 得到

$$d\mathbf{g}_{\mathbf{a}} = -T^{-1}S. \qquad \Box$$

定义 8.5.1 从 $\mathbf{R}^m$ 中的开集 U 到 $\mathbf{R}^m$ 中的开集 V 的双射 φ 称为**开集 U 到开集 V 的 C^r 类微分同胚**, 假若 φ 和 φ^{-1} 都是 C^r 类的映射.

由此, 反函数定理可改述如下:

定理 8.5.1′(反函数定理) 设 $\Omega \subset \mathbf{R}^n$ 是开集, 映射 $\mathbf{f} : \Omega \to \mathbf{R}^n$ 是 C^r 类的 $(r \geqslant 1)$, $\mathbf{p} \in \Omega$, $d\mathbf{f}_{\mathbf{p}}$ 是可逆的, 则 $\mathbf{p}$ 有个邻域 U, 使得 $\mathbf{f}$ 是 U 到 $V = \mathbf{f}(U)$ 的 C^r 类微分同胚, 且 $V = \mathbf{f}(U)$ 是开集.

注   由上述反函数定理 (定理 8.5.1 和定理 8.5.1′), 我们有以下结果: 设 $\Omega \subset \mathbf{R}^n$ 是开集, 映射 $\mathbf{f}: \Omega \to \mathbf{R}^n$ 是 C^r 类的, $r \geqslant 1$, 且对于任何 $\mathbf{p} \in \Omega$, $d\mathbf{f_p}$ 是可逆的, 则对于任何开集 $U \subset \Omega$, $V = \mathbf{f}(U)$ 是开集.

定义 8.5.2   定义在开集 $U \subset \mathbf{R}^m$ 上的微分同胚 $\mathbf{g}: U \to \mathbf{g}(U) \subset \mathbf{R}^m$ 称为**初等微分同胚**, 如果有某个 $j \in \{1, \cdots, m\}$, 使得映射 $\mathbf{g}: \mathbf{x} = (x_1, \cdots, x_m) \mapsto \mathbf{y} = (y_1, \cdots, y_m)$ 具有形式:

$$y_i = \begin{cases} x_i, & i \neq j, \\ g_j(x_1, \cdots, x_m), & i = j. \end{cases}$$

换言之, 初等微分同胚下像点与原像点之间 (最多) 除了一个坐标外, 其他坐标都是相同的. 恒等映射是初等微分同胚.

显然, 为使上述形式的映射 $\mathbf{g}: U \to \mathbf{g}(U) \subset \mathbf{R}^m$ 是微分同胚, 必须 (注意: 下式中的 j 是定义 8.5.2 中的那个 j)

$$\forall \mathbf{x} \in U \left(\frac{\partial g_j}{\partial x_j}(\mathbf{x}) \neq 0 \right).$$

定理 8.5.3   设 $G \subset \mathbf{R}^m$ 是开集, 映射 $\mathbf{f}: G \to \mathbf{f}(G) \subset \mathbf{R}^m$ 是微分同胚, 则任意点 $\mathbf{x}_0 \in G$ 有个开邻域 U, 使得

$$\forall \mathbf{x} \in U \big(\mathbf{f}(\mathbf{x}) = \mathbf{g}_1 \circ \cdots \circ \mathbf{g}_m(\mathbf{x}) \big),$$

其中的 $\mathbf{g}_1, \cdots, \mathbf{g}_m$ 是 m 个初等微分同胚.

证   利用数学归纳原理来证明本定理. 若映射 $\mathbf{f}: G \to \mathbf{R}^m$ 本身是初等微分同胚 (即, 它只改变一个坐标), 结论当然成立. 假设映射只改变 $k-1$ 个坐标时, 它能局部地写成 $k-1$ 个初等微分同胚的乘积的结论成立. 今设映射 $\mathbf{f}: G \to \mathbf{R}^m$ 改变 k 个坐标: 映射 $\mathbf{f} = (f_1, \cdots, f_m): \mathbf{x} = (x_1, \cdots, x_m) \mapsto \mathbf{y} = (y_1, \cdots, y_m)$ 具有形式

$$\begin{cases} y_1 = f_1(x_1, \cdots, x_m), \\ \cdots\cdots\cdots \\ y_k = f_k(x_1, \cdots, x_m), \\ y_{k+1} = x_{k+1}, \\ \cdots\cdots\cdots \\ y_m = x_m. \end{cases}$$

(为了书写方便, 我们假定被改变的是前 k 个坐标. 一般情形可通过对值空间的基向量作适当的置换变成以上情形). 因它是微分同胚, 它的导数 (即 Jacobi 矩阵) 在 G 上非奇异. 但它的导数是

$$\begin{bmatrix} \dfrac{\partial f_1}{\partial x_1} & \cdots & \dfrac{\partial f_1}{\partial x_k} & \dfrac{\partial f_1}{\partial x_{k+1}} & \cdots & \dfrac{\partial f_1}{\partial x_m} \\ \vdots & & \vdots & \vdots & & \vdots \\ \dfrac{\partial f_k}{\partial x_1} & \cdots & \dfrac{\partial f_k}{\partial x_k} & \dfrac{\partial f_k}{\partial x_{k+1}} & \cdots & \dfrac{\partial f_k}{\partial x_m} \\ 0 & \cdots & 0 & 1 & \cdots & 0 \\ \vdots & & \vdots & \vdots & & \vdots \\ 0 & \cdots & 0 & 0 & \cdots & 1 \end{bmatrix},$$

故以下矩阵非奇异:

$$\begin{bmatrix} \dfrac{\partial f_1}{\partial x_1} & \cdots & \dfrac{\partial f_1}{\partial x_k} \\ \vdots & & \vdots \\ \dfrac{\partial f_k}{\partial x_1} & \cdots & \dfrac{\partial f_k}{\partial x_k} \end{bmatrix}.$$

这个矩阵的 k 个行向量线性无关, 前 $(k-1)$ 行必有一个 $(k-1)$ 阶子式非零. 不妨设这个 $(k-1)$ 阶子式是由最左边的 $(k-1)$ 列构成的 (不然, 可通过对自变量空间的基向量作适当的置换变成以上情形). 因为该 $(k-1)$ 阶主子式连续, 应有 $\mathbf{x}_0$ 的一个邻域, 使得这个 $(k-1)$ 阶主子式在该邻域中非零. 今构造映射 $\mathbf{g}: G \to \mathbf{R}^m, \mathbf{g}: \mathbf{x} = (x_1, \cdots, x_m) \mapsto \mathbf{u} = (u_1, \cdots, u_m)$ 如下:

$$\begin{cases} u_1 = f_1(x_1, \cdots, x_m), \\ \cdots\cdots\cdots \\ u_{k-1} = f_{k-1}(x_1, \cdots, x_m), \\ u_k = x_k, \\ \cdots\cdots\cdots \\ u_m = x_m. \end{cases} \tag{8.5.15}$$

不难看出, $\mathbf{g}$ 在 $\mathbf{x}_0$ 的一个邻域中的 Jacobi 行列式非零. 由反函数定理, $\mathbf{g}$ 在 $\mathbf{x}_0$ 的一个邻域 U 上是个微分同胚. 设 $\mathbf{g}|_U$ 的可微的逆映射

$(\mathbf{g}|_U)^{-1} = (\phi_1, \cdots, \phi_m)$ 在点 $\mathbf{u}_0 = \mathbf{g}(\mathbf{x}_0)$ 的邻域 $V = \mathbf{g}(U)$ 上的表达式是

$$
\mathbf{g}^{-1}(\mathbf{u}) = \begin{bmatrix} \phi_1(\mathbf{u}) \\ \phi_2(\mathbf{u}) \\ \vdots \\ \phi_m(\mathbf{u}) \end{bmatrix} = \begin{bmatrix} x_1 \\ x_2 \\ \vdots \\ x_m \end{bmatrix},
$$

其中 $\mathbf{u}$ 与 $\mathbf{x}$ 的关系由方程 (8.5.15) 确定. 由等式

$$
\begin{cases}
y_1 = f_1 \circ \mathbf{g}^{-1}(\mathbf{u}) = u_1, \\
\cdots\cdots\cdots\cdots \\
y_{k-1} = f_{k-1} \circ \mathbf{g}^{-1}(\mathbf{u}) = u_{k-1}, \\
y_k = f_k \circ \mathbf{g}^{-1}(\mathbf{u}), \\
y_{k+1} = f_{k+1} \circ \mathbf{g}^{-1}(\mathbf{u}) = u_{k+1}, \\
\cdots\cdots\cdots\cdots \\
y_m = f_m \circ \mathbf{g}^{-1}(\mathbf{u}) = u_m
\end{cases}
$$

定义了一个在 $\mathbf{u}_0 = \mathbf{g}(\mathbf{x}_0)$ 的邻域 $V = \mathbf{g}(U)$ 内的微分同胚 $\mathbf{h} = \mathbf{f} \circ \mathbf{g}^{-1}$. 这个在 $\mathbf{u}_0 = \mathbf{g}(\mathbf{x}_0)$ 的邻域 $V = \mathbf{g}(U)$ 内的微分同胚 $\mathbf{h}$ 是个初等微分同胚. 由归纳法假设, $\mathbf{g} = \mathbf{g}_1 \circ \cdots \circ \mathbf{g}_{k-1}$, 其中 $\mathbf{g}_j (j = 1, \cdots, k-1)$ 是 $k-1$ 个初等微分同胚. 故 $\mathbf{f} = \mathbf{h} \circ \mathbf{g} = \mathbf{h} \circ \mathbf{g}_1 \circ \cdots \circ \mathbf{g}_{k-1}$. 定理归纳地证毕. $\qquad\square$

练　习

8.5.1　设 Ω 是点 $\mathbf{0}$ 在 $\mathbf{R}^n$ 中的一个开邻域, 映射 $\mathbf{f} : \Omega \to \mathbf{R}^n$ 是可微的, $d\mathbf{f_s}$ 在 $\mathbf{s} = \mathbf{0}$ 处连续, 且 $\mathbf{f}(\mathbf{0}) = \mathbf{0}$, $d\mathbf{f_0} = \mathbf{I}$. 试证:

(i) $\exists \delta > 0 (|\mathbf{s}| \leqslant \delta \Longrightarrow \|\mathbf{I} - d\mathbf{f_s}\| < 1/2)$.

(ii) 设 $\varepsilon \in (0, \delta/4)$, 任选一个使得 $|\mathbf{t}| < \varepsilon$ 的 $\mathbf{t} \in \mathbf{R}^n$. 记 $\varphi(\mathbf{s}) = |\mathbf{f}(\mathbf{s}) - \mathbf{t}|^2$, $K = \{\mathbf{s} : |\mathbf{s}| \leqslant 4\varepsilon\}$, 则 K 是紧集, φ 在 K 上连续, φ 在 K 上的最小值将在 K 的一个内点 $\mathbf{s}_0$ 处达到, 因此有点 $\mathbf{s}_0 \in K^\circ$, 使得 $d\varphi(\mathbf{s}_0) = \mathbf{0}$.

(iii) $\forall \mathbf{h} \in \mathbf{R}^n \big((\mathbf{f}(\mathbf{s}_0) - \mathbf{t}) \cdot (d\mathbf{f_{s_0}} \mathbf{h}) = 0 \big)$, 其中 $\mathbf{s}_0$ 是 (ii) 中所述的 $\mathbf{s}_0$.

(iv) $\mathbf{f}(\mathbf{s}_0) = \mathbf{t}$, 换言之, $\mathbf{f}(K) \supset B(\mathbf{0}, \varepsilon)$.

注　这是反函数定理证明中第 (3) 步 (也是最关键的一步) 的一个替代证法. 这里只用了初等微积分而未用 Banach 不动点定理. 但应指出的是, 这里用了有界闭球 K 的紧性, 所以这个方法不适用于无限维情形.

8.5.2 设 U 是点 $\mathbf{x}_0 \in \mathbf{R}^m$ 的开邻域, $\mathbf{f} : U \to \mathbf{R}^n$ 是 C^r 类映射, $r \geqslant 1$. 又设映射 $\mathbf{f}$ 的导数 (或称 Jacobi 矩阵) $\mathbf{f}'(\mathbf{x})$ 的秩对于一切 $\mathbf{x} \in U$ 恒等于 k. 试证:

(i) 将 $\mathbf{R}^m$ 和 $\mathbf{R}^n$ 的坐标向量的顺序作适当变换后, 存在 $\mathbf{x}_0$ 的开邻域 $O(\mathbf{x}_0)$, 使得映射 $\mathbf{f}$ 的导数 (或称 Jacobi 矩阵) $\mathbf{f}'(\mathbf{x})$ 的左上角 k 阶主子式在 $\mathbf{x}_0$ 的开邻域 $O(\mathbf{x}_0)$ 上恒不为零, 本题的以下小题中永远假设 $\mathbf{f}$ 的 Jacobi 矩阵 $\mathbf{f}'(\mathbf{x})$ 的左上角 k 阶主子式在 $\mathbf{x}_0$ 的开邻域 $O(\mathbf{x}_0)$ 上恒不为零.

(ii) 设映射 $\mathbf{f} = (f_1, \cdots, f_n) : (x_1, \cdots, x_m) \mapsto (y_1, \cdots, y_n)$ 具有以下形式:

$$\begin{cases} y_1 = f_1(x_1, \cdots, x_m), \\ \cdots\cdots\cdots\cdots\cdots \\ y_k = f_k(x_1, \cdots, x_m), \\ y_{k+1} = f_{k+1}(x_1, \cdots, x_m), \\ \cdots\cdots\cdots\cdots\cdots \\ y_n = f_n(x_1, \cdots, x_m), \end{cases}$$

则如下定义的映射 $\boldsymbol{\varphi} = (\varphi_1, \cdots, \varphi_m) : O(\mathbf{x}_0) \to \mathbf{R}^m$:

$$\begin{cases} u_1 = \varphi_1(x_1, \cdots, x_m) = f_1(x_1, \cdots, x_m), \\ \cdots\cdots\cdots\cdots\cdots\cdots\cdots\cdots\cdots \\ u_k = \varphi_k(x_1, \cdots, x_m) = f_k(x_1, \cdots, x_m), \\ u_{k+1} = \varphi_{k+1}(x_1, \cdots, x_m) = x_{k+1}, \\ \cdots\cdots\cdots\cdots\cdots\cdots\cdots\cdots \\ u_m = \varphi_m(x_1, \cdots, x_m) = x_m \end{cases}$$

在 $\mathbf{x}_0$ 的某个开邻域 $\tilde{O}(\mathbf{x}_0) \subset O(\mathbf{x}_0)$ 上的限制是 $\tilde{O}(\mathbf{x}_0)$ 到 $\boldsymbol{\varphi}\big(\tilde{O}(\mathbf{x}_0)\big)$ 的 C^r 类的微分同胚, 而其中的 $\boldsymbol{\varphi}\big(\tilde{O}(\mathbf{x}_0)\big)$ 是 $\mathbf{R}^m$ 中的开集.

(iii) 记 $\mathbf{u}_0 = \boldsymbol{\varphi}(\mathbf{x}_0)$, $\tilde{O}(\mathbf{u}_0)$ 是包含在 $\boldsymbol{\varphi}\big(\tilde{O}(\mathbf{x}_0)\big)$ 中的 $\mathbf{u}_0$ 的一个凸邻域, (不难看出, 总可以找到这样的 $\tilde{O}(\mathbf{u}_0)$, 例如, 选一个以 $\mathbf{u}_0$ 为球心的半径充分小的开球.) 映射 $\mathbf{g} = (g_1, \cdots, g_n) = \mathbf{f} \circ \boldsymbol{\varphi}^{-1} : \tilde{O}(\mathbf{u}_0) \to \mathbf{R}_{\mathbf{y}}^n$ 的分量表示是:

$$\begin{cases} y_1 = f_1 \circ \boldsymbol{\varphi}^{-1}(u_1, \cdots, u_m) = g_1(u_1, \cdots, u_m), \\ \cdots\cdots\cdots\cdots\cdots\cdots\cdots\cdots\cdots \\ y_k = f_k \circ \boldsymbol{\varphi}^{-1}(u_1, \cdots, u_m) = g_k(u_1, \cdots, u_m), \\ y_{k+1} = f_{k+1} \circ \boldsymbol{\varphi}^{-1}(u_1, \cdots, u_m) = g_{k+1}(u_1, \cdots, u_m), \\ \cdots\cdots\cdots\cdots\cdots\cdots\cdots\cdots\cdots \\ y_n = f_n \circ \boldsymbol{\varphi}^{-1}(u_1, \cdots, u_m) = g_n(u_1, \cdots, u_m), \end{cases}$$

则

$$\forall \mathbf{u} = (u_1, \cdots, u_m) \in \tilde{O}(\mathbf{u}_0) \forall i \in \{1, \cdots, k\} \big(g_i(u_1, \cdots, u_m) = u_i \big).$$

(iv) 在 $\tilde{O}(\mathbf{u}_0)$ 上 (iii) 中的 $g_{k+1}, \cdots, g_n$ 不依赖于 $u_{k+1}, \cdots, u_m$, 故映射 $\mathbf{g}$ 具有形式:

$$
\begin{cases}
y_1 = g_1(u_1, \cdots, u_m) = u_1, \\
\cdots\cdots\cdots\cdots\cdots\cdots \\
y_k = g_k(u_1, \cdots, u_m) = u_k, \\
y_{k+1} = g_{k+1}(u_1, \cdots, u_m) = g_{k+1}(u_1, \cdots, u_k), \\
\cdots\cdots\cdots\cdots\cdots\cdots\cdots \\
y_n = g_n(u_1, \cdots, u_m) = g_n(u_1, \cdots, u_k).
\end{cases}
$$

(v) 记 $\mathbf{y}_0 = \mathbf{g}(\mathbf{u}_0)$, 在 $\mathbf{y}_0$ 的邻域 $\mathbf{g}\big(\tilde{O}(\mathbf{u}_0)\big)$ 上定义 C^r 类映射 $\boldsymbol{\psi}$ 如下:

$$
\begin{cases}
v_1 = y_1 = \psi_1(\mathbf{y}), \\
\cdots\cdots\cdots\cdots \\
v_k = y_k = \psi_k(\mathbf{y}), \\
v_{k+1} = y_{k+1} - g_{k+1}(y_1, \cdots, y_k) = \psi_{k+1}(\mathbf{y}), \\
\cdots\cdots\cdots\cdots \\
v_n = y_n - g_n(y_1, \cdots, y_k) = \psi_n(\mathbf{y}),
\end{cases}
$$

则 $\boldsymbol{\psi}$ 是点 $\mathbf{y}_0 \in \mathbf{R}^n_{\mathbf{y}}$ 的某邻域 $\tilde{O}(\mathbf{y}_0) \subset \mathbf{g}\big(\tilde{O}(\mathbf{u}_0)\big)$ 到点 $\mathbf{v}_0 \in \mathbf{R}^n_{\mathbf{v}}$ 的邻域 $\tilde{O}(\mathbf{v}_0) = \boldsymbol{\psi}(\tilde{O}(\mathbf{y}_0))$ 的一个 C^r 类微分同胚.

(vi) $\mathbf{u}_0$ 有充分小的邻域 $O(\mathbf{u}_0) \subset \tilde{O}(\mathbf{u}_0)$, 使得映射 $\boldsymbol{\psi} \circ \mathbf{f} \circ \boldsymbol{\varphi}^{-1} : O(\mathbf{u}_0) \to \mathbf{R}^n_{\mathbf{v}}$ 具有以下形式:

$$
\begin{cases}
v_1 = (\boldsymbol{\psi} \circ \mathbf{f} \circ \boldsymbol{\varphi}^{-1})_1(\mathbf{u}) = u_1, \\
\cdots\cdots\cdots\cdots\cdots\cdots\cdots \\
v_k = (\boldsymbol{\psi} \circ \mathbf{f} \circ \boldsymbol{\varphi}^{-1})_k(\mathbf{u}) = u_k, \\
v_{k+1} = (\boldsymbol{\psi} \circ \mathbf{f} \circ \boldsymbol{\varphi}^{-1})_{k+1}(\mathbf{u}) = 0, \\
\cdots\cdots\cdots\cdots\cdots\cdots\cdots \\
v_n = (\boldsymbol{\psi} \circ \mathbf{f} \circ \boldsymbol{\varphi}^{-1})_n(\mathbf{u}) = 0.
\end{cases}
$$

(vii) 当 $k = n$ 时, 点 $\mathbf{y}_0 = \mathbf{f}(\mathbf{x}_0)$ 是 $\mathbf{f}(U)$ 的内点.

(viii) 当 $k < n$ 时, 则在点 $\mathbf{x}_0$ 的某个小邻域上有下面 $n - k$ 个等式成立:

$$
f_i(x_1, \cdots, x_m) = g_i\big(f_1(x_1, \cdots, x_m), \cdots, f_k(x_1, \cdots, x_m)\big), \quad i = k+1, \cdots, n.
$$

(ix) $\mathbf{R}^n$ 有线性子空间 N_1 和 N_2, 且 $\mathbf{R}^n = N_1 + N_2 = \{\mathbf{x}_1 + \mathbf{x}_2 : \mathbf{x}_1 \in N_1, \mathbf{x}_2 \in N_2\}$, $N_1 \cap N_2 = \{0\}$, 换言之, $\mathbf{R}^n$ 是线性子空间 N_1 和 N_2 的直接和: $\mathbf{R}^n = N_1 \oplus N_2$. 其中 $\dim N_1 = k$. 定义映射 $\mathbf{f}_1 : U \to N_1$ 和 $\mathbf{f}_2 : U \to N_2$, 使之满足如下条件:

$$
\forall \mathbf{x} \in U\big(\mathbf{f}(\mathbf{x}) = \mathbf{f}_1(\mathbf{x}) + \mathbf{f}_2(\mathbf{x}), \mathbf{f}_1(\mathbf{x}) \in N_1, \mathbf{f}_2(\mathbf{x}) \in N_2\big).
$$

换言之, $\mathbf{f}_1 = \boldsymbol{\pi}_1 \circ \mathbf{f}$ 和 $\mathbf{f}_2 = \boldsymbol{\pi}_2 \circ \mathbf{f}$, 其中 $\boldsymbol{\pi}_1$ 是 $\mathbf{R}^n$ 沿着 N_2 的方向到 N_1 上的投影, 而 $\boldsymbol{\pi}_2$ 是 $\mathbf{R}^n$ 沿着 N_1 的方向到 N_2 上的投影, 则有开集 O, 使得 $\mathbf{x}_0 \in O \subset U$, 并具有以下性质:

(a) $\mathbf{f}_1(O)$ 在 N_1 中开;

(b) $\forall \mathbf{n}_1 \in \mathbf{f}_1(O) \exists$唯一的一个 $\mathbf{n}_2 \in N_2 \big(\mathbf{n}_1 + \mathbf{n}_2 \in \mathbf{f}(O)\big)$.

注 1 把 $\mathbf{R}^n$ 看成线性子空间 N_1 和 N_2 的直接和. 设映射 $\boldsymbol{\varphi} : \mathbf{f}_1(O) \to N_2$ 定义为

$$\forall \mathbf{n}_1 \in \mathbf{f}_1(O) \big(\boldsymbol{\varphi}(\mathbf{n}_1) = \mathbf{n}_2\big),$$

其中 $\mathbf{n}_1, \mathbf{n}_2$ 恰是 (ix) 中 (b) 所述的 $\mathbf{n}_1, \mathbf{n}_2$, 则 $\boldsymbol{\varphi}$ 的图像是 $\mathbf{f}(O)$ 的子集. 确切些说, (ix) 的结论恰是说: $\mathbf{f}(O) \cap (\mathbf{f}_1(O) \times N_2)$ 是定义在 $\mathbf{f}_1(O)$ 上的某映射的图像. 换言之, 任何能用参数 $\mathbf{y} = \mathbf{f}(\mathbf{x})$ 表示的 C^r 类曲面总可以局部地看成某 C^r 类映射 $\boldsymbol{\varphi} : \mathbf{f}_1(O) \to N_2$ 的图像:

$$\mathbf{f}(O) \cap (\mathbf{f}_1(O) \times N_2) = \{\mathbf{n}_1 + \boldsymbol{\varphi}(\mathbf{n}_1) : \mathbf{n}_1 \in \mathbf{f}_1(O)\}.$$

注 2 结论 (iv) 是反函数定理的加强形式 (当 $n = m = k$ 时, (iv) 就是反函数定理). (vi) 称为**秩定理**. 也有文献把 (ix) 称为**秩定理**的. 应注意的是: (iv) 非常有用.

注 3 仿照线性相关和线性无关的概念, 可以引进如下**函数相关**与**函数无关**的概念.

定义 8.5.3 连续函数组

$$f_1(x_1, \cdots, x_m), \cdots, f_n(x_1, \cdots, x_m)$$

称为在点 $\mathbf{x}_0 = (x_{01}, \cdots, x_{0m})$ 的邻域内**函数无关** (或称函数独立)的, 如果对于任何定义在点

$$\mathbf{y}_0 = (y_{01}, \cdots, y_{0n}) = \big(f_1(\mathbf{x}_0), \cdots, f_n(\mathbf{x}_0)\big) = \mathbf{f}(\mathbf{x}_0)$$

的邻域中的连续函数 $F(y_1, \cdots, y_n)$, 只要等式

$$F\big(f_1(x_1, \cdots, x_m), \cdots, f_n(x_1, \cdots, x_m)\big) = 0$$

在点 $\mathbf{x}_0$ 的某邻域中成立, 必有 $F(y_1, \cdots, y_n) \equiv 0$ 在 $\mathbf{y}_0$ 的某邻域中成立. 非函数无关的连续函数组称为**函数相关的**.

(vii) 和 (viii) 告诉我们: 对于光滑函数组

$$f_1(x_1, \cdots, x_m), \cdots, f_n(x_1, \cdots, x_m),$$

当 $k = n$ 时, 函数无关; 当 $k < n$ 时, 函数相关.

8.5.3 设映射 $\Phi : [0, \infty) \times ([0, \pi])^{n-2} \times [0, 2\pi) \to \mathbf{R}^n$ 定义如下:

$$\mathbf{x} = (x_1, \cdots, x_n) = \Phi(r, \varphi_1, \cdots, \varphi_{n-1}) = \Phi(\boldsymbol{\varphi}),$$

其中 $\mathbf{x}$ 与 $\boldsymbol{\varphi}$ 之间的关系由下式确定:

$$\begin{cases} x_1 = r \cos\varphi_1, \\ x_2 = r \sin\varphi_1 \cos\varphi_2, \\ \quad \cdots\cdots\cdots \\ x_{n-1} = r \sin\varphi_1 \sin\varphi_2 \cdots \sin\varphi_{n-2} \cos\varphi_{n-1}, \\ x_n = r \sin\varphi_1 \sin\varphi_2 \cdots \sin\varphi_{n-2} \sin\varphi_{n-1}, \end{cases}$$

Φ 称为 (同一点的)n 维球坐标到 n 维直角坐标的映射. 又设 $\mathbf{F} = (F_1, \cdots, F_n)$, 其中

$$\begin{cases} F_1(x_1, \cdots, x_n, r, \varphi_1, \cdots, \varphi_{n-1}) = r^2 - (x_1^2 + x_2^2 + \cdots + x_n^2), \\ F_2(x_1, \cdots, x_n, r, \varphi_1, \cdots, \varphi_{n-1}) = r^2 \sin^2 \varphi_1 - (x_2^2 + \cdots + x_n^2), \\ F_3(x_1, \cdots, x_n, r, \varphi_1, \cdots, \varphi_{n-1}) = r^2 \sin^2 \varphi_1 \sin^2 \varphi_2 - (x_3^2 + \cdots + x_n^2), \\ \cdots\cdots\cdots\cdots\cdots \\ F_n(x_1, \cdots, x_n, r, \varphi_1, \cdots, \varphi_{n-1}) = r^2 \sin^2 \varphi_1 \cdots \sin^2 \varphi_{n-1} - x_n^2. \end{cases}$$

试证:

(i) 假若 $\mathbf{x} = (x_1, \cdots, x_n)$ 和 $\boldsymbol{\varphi} = (r, \varphi_1, \cdots, \varphi_{n-1})$ 分别是 (同一点的)n 维直角坐标和 n 维球坐标, 换言之, 它们满足本题开始时所述的方程组, 则有

$$\mathbf{F}(\mathbf{x}, \boldsymbol{\varphi}) = \mathbf{F}(x_1, \cdots, x_n, r, \varphi_1, \cdots, \varphi_{n-1}) = \mathbf{0};$$

(ii) $\mathbf{F}$ 关于 $\mathbf{x}$ 的 Jacobi 行列式等于

$$J_{\mathbf{F}}(\mathbf{x}) = (-1)^n 2^n x_1 \cdots x_n$$
$$= (-1)^n 2^n r^n \sin^{n-1} \varphi_1 \sin^{n-2} \varphi_2 \cdots \sin \varphi_{n-1} \cos \varphi_1 \cos \varphi_2 \cdots \cos \varphi_{n-1};$$

(iii) $\mathbf{F}$ 关于 $\boldsymbol{\varphi}$ 的 Jacobi 行列式等于

$$J_{\mathbf{F}}(\boldsymbol{\varphi}) = 2^n r^{2n-1} \sin^{2n-3} \varphi_1 \sin^{2n-5} \varphi_2 \cdots \sin \varphi_{n-1} \cos \varphi_1 \cos \varphi_2 \cdots \cos \varphi_{n-1};$$

(iv) 直角坐标相对于球坐标的 Jacobi 行列式等于

$$J_{\mathbf{x}}(\boldsymbol{\varphi}) = r^{n-1} \sin^{n-2} \varphi_1 \sin^{n-3} \varphi_2 \cdots \sin \varphi_{n-2}.$$

8.5.4　设

$$p(x) = \sum_{i=0}^{n} a_i x^i$$

是实系数多项式, c_0 是 $p_0(x) = \sum_{i=0}^{n} a_i^0 x^i$ 的一个单根, 即 $p_0(c_0) = 0$, 但 $p_0'(c_0) \neq 0$. 试证: 有 $\eta > 0$ 和 $\delta > 0$, 使得当 $|a_i - a_i^0| < \eta (i = 0, 1, \cdots, n)$ 时, 在区间 $(c_0 - \delta, c_0 + \delta)$ 内有 $p(x)$ 的单根 c, 且 c 是系数 $a_0, a_1, \cdots, a_n$ 的 C^∞ 函数.

8.5.5　设 $\mathbf{x}_0 \in \mathbf{R}^n$, $\delta > 0$, $\overline{\mathbf{B}} = \overline{\mathbf{B}}(\mathbf{x}_0, \delta)$ 是 $\mathbf{R}^n$ 中以 $\mathbf{x}_0$ 为中心 δ 为半径的闭球, 映射 $\mathbf{f} : \overline{\mathbf{B}} \to \mathbf{R}^n$. 又设 $A : \mathbf{R}^n \to \mathbf{R}^n$ 是非奇异线性映射, $\varepsilon \in [0, 1)$, 使得

(i) 映射 $\mathbf{F}(\mathbf{x}) \equiv \mathbf{x} - A(\mathbf{f}(\mathbf{x}))$ 是 $\overline{\mathbf{B}} \to \mathbf{R}^n$ 的压缩映射, 压缩系数不大于 ε:

$$\forall \mathbf{x}, \mathbf{y} \in \overline{\mathbf{B}}(|\mathbf{F}(\mathbf{x}) - \mathbf{F}(\mathbf{y})| \leqslant \varepsilon |\mathbf{x} - \mathbf{y}|);$$

(ii) $|A\mathbf{f}(\mathbf{x}_0)| \leqslant (1 - \varepsilon)\delta$.

试证: 有唯一的 $\mathbf{x} \in \overline{\mathbf{B}}$, 使得

$$\mathbf{f}(\mathbf{x}) = 0; \quad \text{且 } |\mathbf{x} - \mathbf{x}_0| \leqslant \frac{1}{1 - \varepsilon} |A\mathbf{f}(\mathbf{x}_0)|.$$

8.5.6 本题想用练习 8.5.5 的结果给出隐函数定理的一个 (不借助于反函数定理的) 直接证明. 为此, 重述隐函数定理中的假设: $\Omega \subset \mathbf{R}^{n+m}$ 是开集, $\mathbf{f} : \Omega \to \mathbf{R}^m$ 是 C^r 类映射, $r \geqslant 1$, $\mathbf{p} = (\mathbf{a}, \mathbf{b}) \in \Omega$, $S \in \mathcal{L}(\mathbf{R}^n, \mathbf{R}^m)$ 和 $T \in \mathcal{L}(\mathbf{R}^m)$ 定义如下:

$$S(\mathbf{h}) = d\mathbf{f_p}(\mathbf{h}, \mathbf{0}), \quad T(\mathbf{k}) = d\mathbf{f_p}(\mathbf{0}, \mathbf{k}).$$

设 $\mathbf{f}(\mathbf{p}) = \mathbf{f}(\mathbf{a}, \mathbf{b}) = \mathbf{0}$, 又设 T 可逆. 试证:

(i) 对于任何 $\varepsilon \in (0, 1)$, 一定有 $\delta > 0$ 和 $\eta > 0$, 使得任何 $\mathbf{x} \in \mathbf{B}(\mathbf{a}, \eta)$ 和 $\mathbf{y} \in \mathbf{B}(\mathbf{b}, \delta)$ 必满足以下三个关系式:

(1) $(\mathbf{x}, \mathbf{y}) \in \Omega$;

(2) $\forall \mathbf{k} \in \mathbf{R}^m \left(|\mathbf{k} - T^{-1} d\mathbf{f}_{(\mathbf{x}, \mathbf{y})}(\mathbf{0}, \mathbf{k})| \leqslant \varepsilon |\mathbf{k}| \right)$;

(3) $|T^{-1} \mathbf{f}(\mathbf{x}, \mathbf{b})| \leqslant (1 - \varepsilon) \delta$.

(ii) 设 Σ 是 $\mathbf{f}$ 过点 $\mathbf{p}$ 的等高 (超曲) 面:

$$\Sigma = \{ \mathbf{q} \in \Omega : \mathbf{f}(\mathbf{q}) = \mathbf{f}(\mathbf{p}) = \mathbf{0} \},$$

则对于任何 $\varepsilon \in (0, 1)$, 点 $\mathbf{p} = (\mathbf{a}, \mathbf{b}) \in \mathbf{R}^{n+m}$ 有个邻域 U, 点 $\mathbf{a} \in \mathbf{R}^n$ 有个邻域 W 和唯一的一个 C^r 类映射 $\mathbf{g} : W \to \mathbf{R}^m$, 使得

$$\Sigma \cap U = \left\{ \big(\mathbf{x}, \mathbf{g}(\mathbf{x}) \big) : \mathbf{x} \in W \right\},$$

换言之, $\mathbf{f}\big(\mathbf{x}, \mathbf{g}(\mathbf{x}) \big) = \mathbf{0}$, 而且对于任何 $\mathbf{x} \in W$, 有

$$|\mathbf{g}(\mathbf{x}) - \mathbf{b}| \leqslant \frac{1}{1 - \varepsilon} |T^{-1}(\mathbf{f}(\mathbf{x}, \mathbf{b}))| = \frac{1}{1 - \varepsilon} |T^{-1}(\mathbf{f}(\mathbf{x}, \mathbf{b}) - \mathbf{f}(\mathbf{a}, \mathbf{b}))|.$$

由此证明 $\mathbf{g}$ 在 $\mathbf{a}$ 点处连续.

(iii) 定义映射 $R : \Omega \to \mathbf{R}^m$ 如下:

$$\begin{aligned} R(\mathbf{x}, \mathbf{y}) &= \mathbf{f}(\mathbf{x}, \mathbf{y}) - [\mathbf{f}(\mathbf{a}, \mathbf{b}) + d\mathbf{f}_{(\mathbf{a}, \mathbf{b})}(\mathbf{x} - \mathbf{a}, \mathbf{y} - \mathbf{b})] \\ &= \mathbf{f}(\mathbf{x}, \mathbf{y}) - d\mathbf{f}_{(\mathbf{a}, \mathbf{b})}(\mathbf{x} - \mathbf{a}, \mathbf{y} - \mathbf{b}). \end{aligned}$$

试证:

$$|R(\mathbf{x}, \mathbf{y})| = o([|\mathbf{x} - \mathbf{a}|^2 + |\mathbf{y} - \mathbf{b}|^2]^{1/2}).$$

(iv) 证明: $\mathbf{g}$ 在点 $\mathbf{a}$ 处可微, 且 $d\mathbf{g_a} = -T^{-1} S$.

(v) 因映射 $\mathbf{x} \mapsto d\mathbf{f}_{(\mathbf{x}, \mathbf{g}(\mathbf{x}))}(\mathbf{0}, \cdot)$ (作为 $\mathbf{a}$ 的一个邻域到 m 行 m 列矩阵空间 M_m 的映射) 在点 $\mathbf{a}$ 处连续, 必有 $\eta_3 > 0$, 使得

$$\forall \mathbf{x} \in \mathbf{B}(\mathbf{a}, \eta_3) \left((\mathbf{x}, \mathbf{g}(\mathbf{x})) \in U, \mathbf{f}(\mathbf{x}, \mathbf{g}(\mathbf{x})) = \mathbf{0}, \text{且} d\mathbf{f}_{(\mathbf{x}, \mathbf{g}(\mathbf{x}))}(\mathbf{0}, \cdot) \text{可逆} \right).$$

由此证明: $\mathbf{g}$ 在一切点 $\mathbf{x} \in \mathbf{B}(\mathbf{a}, \eta_1)$ 处可微, 且

$$d\mathbf{g_x} = -\mathcal{T}_\mathbf{x}^{-1} S_\mathbf{x},$$

其中 $\mathcal{S}_{\mathbf{x}} \in \mathcal{L}(\mathbf{R}^n, \mathbf{R}^m)$ 和 $\mathcal{T}_{\mathbf{x}} \in \mathcal{L}(\mathbf{R}^m)$ 定义如下:

$$\mathcal{S}_{\mathbf{x}}(\mathbf{h}) = d\mathbf{f}_{(\mathbf{x}, \mathbf{g}(\mathbf{x}))}(\mathbf{h}, \mathbf{0}), \quad \mathcal{T}_{\mathbf{x}}(\mathbf{k}) = d\mathbf{f}_{(\mathbf{x}, \mathbf{g}(\mathbf{x}))}(\mathbf{0}, \mathbf{k}).$$

(vi) 试证: $\mathbf{g}$ 在一切点 $\mathbf{x} \in \mathbf{B}(\mathbf{a}, \eta_1)$ 处 r 次连续可微.

8.5.7 设 $p: \mathbf{C} \to \mathbf{C}$ 是一个 (复系数的)n 次多项式, 且 $n \geqslant 1$. 试证:

(i) $\lim\limits_{|z| \to \infty} p(z) = \infty$, 换言之, $\forall M \in \mathbf{R} \exists L \in \mathbf{R}\Big(|z| > L \Longrightarrow |p(z)| > M\Big)$.

(ii) $p(\mathbf{C})$ 是 $\mathbf{C}$ 中的闭集.

(iii) 对于任何复系数多项式 $p(z) = p(x + \mathrm{i}y) = p_1(x, y) + \mathrm{i}p_2(x, y)$, $p(z)$ 关于复自变量 z 的导数定义为

$$p'(z) = \lim_{\substack{h \to 0 \\ h \in \mathbf{C}}} \frac{p(z + h) - p(z)}{h},$$

则

$$p'(z) = na_n z^{n-1} + \cdots + a_1.$$

(iv) 另一方面, 我们有

$$p'(z) = \frac{\partial p_1}{\partial x} + \mathrm{i}\frac{\partial p_2}{\partial x} = \frac{\partial p_2}{\partial y} - \mathrm{i}\frac{\partial p_1}{\partial y}.$$

因而 $p_1(x, y)$ 和 $p_2(x, y)$ 满足 Cauchy-Riemann 方程组:

$$\frac{\partial p_1}{\partial x} = \frac{\partial p_2}{\partial y}, \quad \frac{\partial p_2}{\partial x} = -\frac{\partial p_1}{\partial y},$$

且有

$$\left| \begin{array}{cc} \dfrac{\partial p_1}{\partial x} & \dfrac{\partial p_1}{\partial y} \\ \dfrac{\partial p_2}{\partial x} & \dfrac{\partial p_2}{\partial y} \end{array} \right| = |p'(z)|^2.$$

(v) p' 在 $\mathbf{C}$ 中至多有有限个零点.

(vi) $p(\mathbf{C})$ 在 $\mathbf{C}$ 中至少有一个内点.

(vii) $p(\mathbf{C})$ 的边界 $\partial p(\mathbf{C}) \subset p(\mathbf{C})$.

(viii) $\forall z \in \partial p(\mathbf{C})(p'(z) = 0)$.

(ix) $\partial p(\mathbf{C})$ 是有限集.

(x) $p(\mathbf{C}) = \mathbf{C}$. 换言之, 对于任何 $w \in \mathbf{C}$, 有 $z \in \mathbf{C}$, 使得 $p(z) = w$. 这就是**代数基本定理**.

8.5.8 反函数定理 (定理 8.5.1) 的结论只保证了函数在一点的一个充分小的邻域中有反函数, 换言之, 我们只知道函数的反函数局部地存在. 下面我们要给出反函数整体地存在的一个充分条件.

设 U 是 $\mathbf{R}^n$ 中的开集, $\mathbf{f} \in C^1(U, \mathbf{R}^n)$, 且 $d\mathbf{f}$ 在 U 的每一点都是可逆线性映射.

(i) 试证: $\mathbf{f}: U \to V \equiv \mathbf{f}(U)$ 是微分同胚, 当且仅当 $\mathbf{f}$ 是单射.

为了下面讨论方便, 先引进一个概念:

定义 8.5.4 设 $\mathbf{f} : \mathbf{R}^n \to \mathbf{R}^n$ 是一个连续映射. 还设 Z 是个连通拓扑空间, $\phi : Z \to \mathbf{R}^n$ 和 $\phi_1 : Z \to \mathbf{R}^n$ 是两个连续映射, 且 $\mathbf{f} \circ \phi_1 = \phi$. 则 ϕ_1 称为 ϕ(关于 $\mathbf{f}$) 的**提升**(lifting).

(ii) 设 $\mathbf{f} : \mathbf{R}^n \to \mathbf{R}^n$ 是一次连续可微的映射. 又设

$$\forall \mathbf{x} \in \mathbf{R}^n \left(d\mathbf{f_x} \text{ 可逆} \right).$$

还设 Z 是个连通拓扑空间, $\phi_1, \phi_2 : Z \to \mathbf{R}^n$ 是两个连续映射. 最后假设有一点 $z \in Z$, 使得 $\phi_1(z) = \phi_2(z)$, 且 $\mathbf{f} \circ \phi_1 = \mathbf{f} \circ \phi_2$. 试证: $\phi_1 \equiv \phi_2$, 换言之, 同一个映射的两个关于 $\mathbf{f}$ 的提升, 只要在某一点的值相等, 必恒等.

(iii) 设 $\mathbf{f} : \mathbf{R}^n \to \mathbf{R}^n$ 是一次连续可微的映射. 又设

$$\forall \mathbf{x} \in \mathbf{R}^n \left(d\mathbf{f_x} \text{ 可逆} \right) \quad \text{且} \quad \exists K \in \mathbf{R} \forall \mathbf{x} \in \mathbf{R}^n \left(\|d\mathbf{f_x}^{-1}\| \leqslant K \right).$$

再设 $\mathbf{x} \in \mathbf{R}^n, \mathbf{y} = \mathbf{f}(\mathbf{x})$. 试证: 对于任何 $\mathbf{z} \in \mathbf{R}^n$, 有一个一次连续可微的映射 $\tilde{\gamma} : [0,1] \to \mathbf{R}^n$, 使得 $\tilde{\gamma}(0) = \mathbf{x}$, 且它是映射 $\gamma(t) = (1-t)\mathbf{y} + t\mathbf{z}$ 关于 $\mathbf{f}$ 的提升. 这个提升满足以下形式的 Lipschitz 条件:

$$|\tilde{\gamma}(s) - \tilde{\gamma}(t)| \leqslant K |\mathbf{z} - \mathbf{y}| |s - t|.$$

由以上结论, 我们顺便得到, $\mathbf{f}$ 是满射.

为了下面讨论方便, 再引进一个概念:

定义 8.5.5 连续映射 $\gamma : [0,1] \to \mathbf{R}^n$ 称为 $\mathbf{R}^n$ 中的一条**回路**(或称**封闭曲线**), 若 $\gamma(0) = \gamma(1)$.

(iv) 设 $\mathbf{f} : \mathbf{R}^n \to \mathbf{R}^n$ 是一次连续可微的映射, 且

$$\forall \mathbf{x} \in \mathbf{R}^n \left(d\mathbf{f_x} \text{可逆} \right), \quad \text{又} \quad \exists K \in \mathbf{R} \forall \mathbf{x} \in \mathbf{R}^n \left(\|d\mathbf{f_x}^{-1}\| \leqslant K \right).$$

还设 $\mathbf{f}(\mathbf{x}) = 0$, 而 γ 是起点为 $0 = \mathbf{f}(\mathbf{x})$ 的 $\mathbf{R}^n$ 中的回路, $Z = \{(t,s) : 0 \leqslant s, t \leqslant 1\}$, 映射 $\phi : Z \to \mathbf{R}^n$ 定义为 $\phi(t,s) = s\gamma(t)$. 试证: 映射 ϕ 有一个 (关于 $\mathbf{f}$) 提升 $\tilde{\phi} : Z \to \mathbf{R}^n$, 使得 $\forall t \in [0,1] \left(\tilde{\phi}(t,0) = \mathbf{x} \right)$, 且 $\tilde{\phi}(0,1) = \tilde{\phi}(1,1) = \mathbf{x}$.

(v) 设 $\mathbf{f} : \mathbf{R}^n \to \mathbf{R}^n$ 是一次连续可微的映射, 又设

$$\forall \mathbf{x} \in \mathbf{R}^n \left(d\mathbf{f_x} \text{可逆} \right) 且 \exists K \in \mathbf{R} \forall \mathbf{x} \in \mathbf{R}^n \left(\|d\mathbf{f_x}^{-1}\| \leqslant K \right).$$

试证: 任何起点为 $\mathbf{y} = \mathbf{f}(\mathbf{x})$ 的 $\mathbf{R}^n$ 中的回路 γ 必有一个起点为 $\mathbf{x}$ 的 $\mathbf{R}^n$ 中的回路 $\tilde{\gamma}$ 为它的提升.

(vi) 设 $\mathbf{f} : \mathbf{R}^n \to \mathbf{R}^n$ 是一次连续可微的映射, 又设

$$\forall \mathbf{x} \in \mathbf{R}^n \left(d\mathbf{f_x} \text{可逆} \right) 且 \exists K \in \mathbf{R} \forall \mathbf{x} \in \mathbf{R}^n \left(\|d\mathbf{f_x}^{-1}\| \leqslant K \right).$$

试证: $\mathbf{f}$ 是单射, 结合 (iii) 的结论, $\mathbf{f}$ 是 $\mathbf{R}^n \to \mathbf{R}^n$ 的微分同胚.

注 (vi) 的结论称为 **Hadamard-Levy 反函数整体存在定理**. 这个结果可推广到无限维的 Banach 空间的情形.

8.5.9 为了应用 Hadamard-Levy 反函数整体存在定理方便, 我们引进一个概念:

定义 8.5.6　映射 $\mathbf{f}: \mathbf{R}^n \to \mathbf{R}^n$ 称为**严格单调的**, 若存在数 $k > 0$, 使得

$$\forall \mathbf{x}, \mathbf{y} \in \mathbf{R}^n \left((\mathbf{f}(\mathbf{y}) - \mathbf{f}(\mathbf{x})) \cdot (\mathbf{y} - \mathbf{x}) \geqslant k|\mathbf{y} - \mathbf{x}|^2 \right),$$

以上不等式左端的 "·" 表示 Euclid 空间 $\mathbf{R}^n$ 中的点乘, 又称内积.

由 Cauchy 不等式, 对于严格单调的映射 $\mathbf{f}: \mathbf{R}^n \to \mathbf{R}^n$, 我们有

$$|\mathbf{f}(\mathbf{y}) - \mathbf{f}(\mathbf{x})| \geqslant k|\mathbf{y} - \mathbf{x}|.$$

因而, 严格单调的映射是单射.

(i) 设一次连续可微的映射 $\mathbf{f}: \mathbf{R}^n \to \mathbf{R}^n$ 是严格单调的, 试证:

$$\forall \mathbf{x}, \mathbf{y} \in \mathbf{R}^n \left(d\mathbf{f}_{\mathbf{x}}(\mathbf{y}) \cdot \mathbf{y} \geqslant k|\mathbf{y}|^2 \right),$$

其中的常数 k 是严格单调映射定义中的常数 k.

(ii) 设 $L \in \mathcal{L}(\mathbf{R}^n; \mathbf{R}^n)$ 是正定的, 即

$$\exists k > 0 \forall \mathbf{x} \in \mathbf{R}^n \left((L\mathbf{x}) \cdot \mathbf{x} \geqslant k|\mathbf{x}|^2 \right).$$

试证: L 可逆, 且 $\|L^{-1}\| \leqslant 1/k$.

注　有时 (ii) 的结论称为 **Lax-Milgram 引理**. 它在无限维的 Hilbert 空间中也成立. 无限维的 Lax-Milgram 引理在一些偏微分方程的边值问题的存在性证明中很有用.

(iii) 设一次连续可微的映射 $\mathbf{f}: \mathbf{R}^n \to \mathbf{R}^n$ 是严格单调的, 试证: 映射 $\mathbf{f}$ 是 $\mathbf{R}^n \to \mathbf{R}^n$ 的一次连续可微的微分同胚.

注　关于反函数整体存在定理可参看 [2], [12] 和 [18].

8.5.10　假设 $U \subset \mathbf{R}^m$ 是开集, 映射 $f: \mathbf{R}^m \to \mathbf{R}$ 是二次连续可微的.

(i) 试证: 过 $m+1$ 维空间 $\mathbf{R}^{m+1}$ 中的 m 维曲面 $y = f(x^1, \cdots, x^m)$ 上的点 $(x^1, \cdots, x^m, y)$ 处的切面方程是

$$Y - f(x^1, \cdots, x^m) = \sum_{j=1}^m (X^j - x^j) \frac{\partial f}{\partial x^j}(x^1, \cdots, x^m), \tag{8.5.16}$$

其中 $(X^1, \cdots, X^m, Y)$ 表示切面上的点的坐标. 换言之, 我们要证明以下两点:

(a) 假若 $(x^1, \cdots, x^m, y)$ 满足曲面方程 $y = f(x^1, \cdots, x^m)$, 则点 $(X^1, \cdots, X^m, Y) = (x^1, \cdots, x^m, y)$ 满足切面方程 (8.5.16).

(b) 假若 $(X^1, \cdots, X^m, Y)$ 满足切面方程 (8.5.16), 则当 $(X^1, \cdots, X^m, Y)$ 沿着切面上任何一条曲线而趋于点 $(x^1, \cdots, x^m, y)$ 时,

$$Y - f(X^1, \cdots, X^m) = o\left(\sqrt{\sum_{j=1}^m (X_j - x_j)^2} \right).$$

我们要引进一个重要概念:

定义 8.5.7 设 $f(x^1, \cdots, x^m)$ 是 m 元的二次连续可微函数. 由自变量 $(x^1, \cdots, x^m)$ 和函数 $f(x^1, \cdots, x^m)$ 到自变量 $(\xi_1, \cdots, \xi_m)$ 和函数 $f^*(\xi_1, \cdots, \xi_m)$ 的由以下两组等式确定的变换:

$$\xi_j = \frac{\partial f}{\partial x^j}(x^1, \cdots, x^m) \quad (j = 1, \cdots, m) \tag{8.5.17$_1$}$$

和

$$f^*(\xi_1, \cdots, \xi_m) = \sum_{j=1}^{m} \xi_j x^j - f(x^1, \cdots, x^m) \tag{8.5.17$_2$}$$

称为 **Legendre 变换**, 其中等式 (8.5.17)$_2$ 右端的 $(x^1, \cdots, x^m)$ 被理解成是由方程组 (8.5.17)$_1$ 所确定的 $(\xi_1, \cdots, \xi_m)$ 的函数. 因此, 左端是 $(\xi_1, \cdots, \xi_m)$ 的函数.

注 (i) 中的切平面方程可写成

$$Y = \sum_{j=1}^{m} \xi_j X^j - f^*(\xi_1, \cdots, \xi_m),$$

其中自变量 $(\xi_1, \cdots, \xi_m)$ 和函数 $f^*(\xi_1, \cdots, \xi_m)$ 是自变量 $(x^1, \cdots, x^m)$ 和函数 $f(x^1, \cdots, x^m)$ 的 Legendre 变换. 这是 Legendre 变换的几何意义.

(ii) 试证: 若 f 的 Hesse 矩阵的行列式 (英语为 Hessian) 非零, 即

$$\begin{vmatrix} \dfrac{\partial^2 f}{(\partial x^1)^2} & \dfrac{\partial^2 f}{\partial x^1 \partial x^2} & \cdots & \dfrac{\partial^2 f}{\partial x^1 \partial x^m} \\ \dfrac{\partial^2 f}{\partial x^2 \partial x^1} & \dfrac{\partial^2 f}{(\partial x^2)^2} & \cdots & \dfrac{\partial^2 f}{\partial x^2 \partial x^m} \\ \vdots & \vdots & & \vdots \\ \dfrac{\partial^2 f}{\partial x^m \partial x^1} & \dfrac{\partial^2 f}{\partial x^m \partial x^2} & \cdots & \dfrac{\partial^2 f}{(\partial x^m)^2} \end{vmatrix} \neq 0,$$

则 Legendre 变换是局部地有定义的.

(iii) 试证:

$$df = \sum_{j=1}^{m} \xi_j dx^j, \quad df^* = \sum_{j=1}^{m} x^j d\xi_j.$$

(iv) 试证: $f^*(\mathbf{0}) = -f\big(\mathbf{x(0)}\big)$ 及 $f(\mathbf{0}) = -f^*\big(\boldsymbol{\xi(0)}\big)$, 其中 $\mathbf{x}$ 看成 $\boldsymbol{\xi}$ 的函数, 而 $\boldsymbol{\xi}$ 看成 $\mathbf{x}$ 的函数. 反之, 若 $\mathbf{x}, \boldsymbol{\xi}, f, f^*$ 满足以下等式:

$$f^*(\mathbf{0}) = -f\big(\mathbf{x(0)}\big), \quad f(\mathbf{0}) = -f^*\big(\boldsymbol{\xi(0)}\big)$$

和

$$df = \sum_{j=1}^{m} \xi_j dx^j, \quad df^* = \sum_{j=1}^{m} x^j d\xi_j,$$

则 $\mathbf{x}, f$ 到 $\boldsymbol{\xi}, f^*$ 是 Legendre 变换.

(v) 试证: $(f^*)^*(\mathbf{x}) = f(\mathbf{x})$.

(vi) 试证:

$$f(x^1, \cdots, x^m) + f^*(\xi_1, \cdots, \xi_m) = \sum_{j=1}^{m} \xi_j x^j,$$

$$\xi_j = \frac{\partial f}{\partial x^j}(x^1, \cdots, x^m), \quad x^j = \frac{\partial f^*}{\partial \xi_j}(\xi_1, \cdots, \xi_m).$$

(vii) 试证:

$$
\begin{bmatrix}
\dfrac{\partial^2 f}{(\partial x^1)^2} & \dfrac{\partial^2 f}{\partial x^1 \partial x^2} & \cdots & \dfrac{\partial^2 f}{\partial x^1 \partial x^m} \\
\dfrac{\partial^2 f}{\partial x^2 \partial x^1} & \dfrac{\partial^2 f}{(\partial x^2)^2} & \cdots & \dfrac{\partial^2 f}{\partial x^2 \partial x^m} \\
\vdots & \vdots & & \vdots \\
\dfrac{\partial^2 f}{\partial x^m \partial x^1} & \dfrac{\partial^2 f}{\partial x^m \partial x^2} & \cdots & \dfrac{\partial^2 f}{(\partial x^m)^2}
\end{bmatrix}^{-1}
$$

$$
=
\begin{bmatrix}
\dfrac{\partial^2 f^*}{(\partial \xi_1)^2} & \dfrac{\partial^2 f^*}{\partial \xi_1 \partial \xi_2} & \cdots & \dfrac{\partial^2 f^*}{\partial \xi_1 \partial \xi_m} \\
\dfrac{\partial^2 f^*}{\partial \xi_2 \partial \xi_1} & \dfrac{\partial^2 f^*}{(\partial \xi_2)^2} & \cdots & \dfrac{\partial^2 f^*}{\partial \xi_2 \partial \xi_m} \\
\vdots & \vdots & & \vdots \\
\dfrac{\partial^2 f^*}{\partial \xi_m \partial \xi_1} & \dfrac{\partial^2 f^*}{\partial \xi_m \partial \xi_2} & \cdots & \dfrac{\partial^2 f^*}{(\partial \xi_m)^2}
\end{bmatrix}.
$$

(viii) 假设 $U = \mathbf{R}^m$, f 的 Hesse 矩阵可逆, 又设它是严格凸函数, 换言之, 满足以下条件:

$$\forall \lambda \in [0,1] \forall \mathbf{x}, \mathbf{y} \in \mathbf{R}^m \Big(f(\lambda \mathbf{x} + (1-\lambda)\mathbf{y}) < \lambda f(\mathbf{x}) + (1-\lambda) f(\mathbf{y}) \Big).$$

试证: f^* 也严格凸;

8.5.11 设 G 是 $\mathbf{R}^m$ 中的凸开集, $\mathbf{0} \in G$, 而 $f : G \to \mathbf{R}$ 是 p 次连续可微映射, 其中 $p \geqslant 1$, 且 $f(\mathbf{0}) = 0$.

(i) 试证:

$$f(\mathbf{x}) = f(x_1, \cdots, x_m) = \sum_{i=1}^{m} x_i \int_0^1 \frac{\partial f}{\partial x_i}(tx_1, \cdots, tx_m) dt.$$

(ii) 试证以下的 **Hadamard引理**:

$$\exists g_1, \cdots, g_m \in C^{(p-1)}(G) \forall \mathbf{x} \in G \Bigg(f(\mathbf{x}) = \sum_{i=1}^{m} x_i g_i(\mathbf{x}), \ \text{且} \ g_i(\mathbf{0}) = \frac{\partial f}{\partial x_i}(\mathbf{0}) \Bigg).$$

本题的以下部分永远假设 $f : G \to \mathbf{R}$ 是三次连续可微映射, 且设 $\mathbf{0}$ 是映射 f 的一个非退化临界点.

(iii) 试证: 有连续可微函数 $h_{ij}: G \to \mathbf{R}(i=1,\cdots,m, j=1,\cdots,m)$, 使得对于每个 $\mathbf{x} \in G$, 矩阵

$$\begin{bmatrix} h_{11}(\mathbf{x}) & \cdots & h_{1m}(\mathbf{x}) \\ \vdots & & \vdots \\ h_{m1}(\mathbf{x}) & \cdots & h_{mm}(\mathbf{x}) \end{bmatrix}$$

是非退化对称矩阵, 且

$$\forall \mathbf{x}=(x_1,\cdots,x_m) \in G\left(f(x_1,\cdots,x_m)=f(\mathbf{0})+\sum_{i=1}^{m}\sum_{j=1}^{m} x_i x_j h_{ij}(x_1,\cdots,x_m) \right).$$

(iv) 假设点 $\mathbf{0}$ 在 $\mathbf{R}^m$ 中的一个邻域 U_1 中存在连续可微的双射 $\boldsymbol{\varphi}: U_1 \to \mathbf{R}^m, \mathbf{x}=\boldsymbol{\varphi}(\mathbf{u})$ 和 m^2 个函数 $H_{ij}(u_1,\cdots,u_m)(i=1,\cdots,m, j=1,\cdots,m)$, 使得

$$\det \begin{bmatrix} \dfrac{\partial \varphi_1}{\partial u_1} & \cdots & \dfrac{\partial \varphi_1}{\partial u_m} \\ \vdots & & \vdots \\ \dfrac{\partial \varphi_m}{\partial u_1} & \cdots & \dfrac{\partial \varphi_m}{\partial u_m} \end{bmatrix}_{\mathbf{u}=\mathbf{0}} \neq 0,$$

且

$$f \circ \boldsymbol{\varphi}(\mathbf{u}) = f(\mathbf{0}) \pm (u_1)^2 \pm \cdots \pm (u_{r-1})^2 + \sum_{i=r}^{m}\sum_{j=r}^{m} u_i u_j H_{ij}(u_1,\cdots,u_m),$$

其中 $1 \leqslant r < m$ 而连续可微函数 $H_{ij}(u_1,\cdots,u_m)(i=1,\cdots,m, j=1,\cdots,m)$ 满足等式 $H_{ij}=H_{ji}(i=1,\cdots,m, j=1,\cdots,m)$. 试证: 至少有一个 $H_{ij}(\mathbf{0})$ 非零.

(v) 试证: 适当选取 Jacobi 行列式非零的连续可微的双射 $\boldsymbol{\varphi}$, 可要求 $H_{rr}(\mathbf{0})$ 非零.

(vi) 假设 Jacobi 行列式非零的连续可微的双射 $\boldsymbol{\varphi}$ 满足小题 (iii) 的要求. 试证: 有 $\mathbf{0}$ 点的邻域 $U_2 \subset U_1$ 和连续可微的双射 $\boldsymbol{\psi}: U_2 \to \mathbf{R}^m, \mathbf{v}=\boldsymbol{\psi}(\mathbf{u})$, 它满足条件

$$\det \begin{bmatrix} \dfrac{\partial \psi_1}{\partial u_1} & \cdots & \dfrac{\partial \psi_1}{\partial u_m} \\ \vdots & & \vdots \\ \dfrac{\partial \psi_m}{\partial u_1} & \cdots & \dfrac{\partial \psi_m}{\partial u_m} \end{bmatrix} \neq 0,$$

且使得

$$f \circ \boldsymbol{\varphi} \circ \boldsymbol{\psi}^{-1}(\mathbf{v}) = f(\mathbf{0}) \pm (v_1)^2 \pm \cdots \pm (v_r)^2 + \sum_{i=r+1}^{m}\sum_{j=r+1}^{m} v_i v_j K_{ij}(v_1,\cdots,v_m),$$

其中 $K_{ij}=K_{ji}$, 且 K_{ij} 连续可微.

(vii) 试证: 存在点 **0** 在 $\mathbf{R}^m$ 中的一个邻域 V 和连续可微的双射 $\mathbf{g}: V \to \mathbf{R}^m$, 使得

$$\det \begin{bmatrix} \dfrac{\partial g_1}{\partial y_1} & \cdots & \dfrac{\partial g_1}{\partial y_m} \\ \vdots & & \vdots \\ \dfrac{\partial g_m}{\partial y_1} & \cdots & \dfrac{\partial g_m}{\partial y_m} \end{bmatrix} \neq 0,$$

且

$$f \circ \mathbf{g}(\mathbf{y}) = f(\mathbf{0}) - \left[(y_1)^2 + \cdots + (y_k)^2\right] + \left[(y_{k+1})^2 + \cdots + (y_m)^2\right].$$

注　(vii) 的结论称为 **Morse引理**.

8.5.12　设 $\mathbf{f} = (f_1, f_2): U \to \mathbf{R}^2$ 是一次连续可微的映射, 其中 $U \subset \mathbf{R}^2$ 是开集. 又设 $\mathbf{f}(\mathbf{x}) = (f_1(\mathbf{x}), f_2(\mathbf{x}))$ 满足 **Cauchy-Riemann方程组**:

$$\frac{\partial f_1}{\partial x_1} = \frac{\partial f_2}{\partial x_2}, \quad \frac{\partial f_1}{\partial x_2} = -\frac{\partial f_2}{\partial x_1}.$$

试证: 当 $\mathbf{f}'(\mathbf{x}) \neq 0$ 时, 逆映射 $\mathbf{f}^{-1}$ 在 $\mathbf{f}(\mathbf{x})$ 的某邻域内有定义, 且在该邻域内也满足 Cauchy-Riemann 方程组.

§8.6　单 位 分 解

我们愿意重温一下连续函数的支集的定义 (参看定义 8.4.1).

定义 8.6.1　设 $f: \mathbf{R}^n \to \mathbf{R}$ 是连续函数, 则 f **的支集**, 记做 $\operatorname{supp} f$, 定义为 f 的全体非零点构成的点集之闭包:

$$\operatorname{supp} f = \overline{\{\mathbf{x} \in \mathbf{R}^n : f(\mathbf{x}) \neq 0\}}.$$

定理 8.6.1(单位分解定理)　设 $\{U_\alpha\}_{\alpha \in A}$ 是 $\mathbf{R}^n$ 上的一族开集, 这些开集之并记为 $U = \bigcup\limits_{\alpha \in A} U_\alpha$, 则有一个由定义在 $\mathbf{R}^n$ 上的非负实值函数构成的 (有限或无限) 序列 $\{\phi_j\}_{j \in I \subset \mathbf{N}}$, 它具有以下性质:

(i) 每个 ϕ_j 是紧支集的无穷次连续可微函数: $\phi_j \in C_0^\infty(\mathbf{R}^n)$, 且有某个 $\alpha(j) \in A$, 使得 $\operatorname{supp} \phi_j \subset U_{\alpha(j)}$;

(ii) 函数序列 $\{\phi_j\}_{j \in I \subset \mathbf{N}}$ 具有局部有限性, 换言之, 对于每个紧集 $K \subset U$, 有 I 的有限子集 B, 使得

$$\forall \mathbf{x} \in K \forall j \in I \setminus B(\phi_j(\mathbf{x}) = 0);$$

(iii) $\sum\limits_{j \in I} \phi_j(\mathbf{x}) = \begin{cases} 1, & \text{当 } \mathbf{x} \in U, \\ 0, & \text{当 } \mathbf{x} \notin U. \end{cases}$

为了证明这个单位分解定理, 我们先引进三条引理.

引理 8.6.1 对于每个非空开集 $U \subset \mathbf{R}^n$, 有一串紧集 $\{K_i\}_{i=1}^{\infty}$, 使得

$$\forall i \in \mathbf{N}(K_i \subset K_{i+1}^{\circ}), \text{且 } U = \bigcup_{i=1}^{\infty} K_i.$$

证　令

$$K_i = \{\mathbf{p} \in \mathbf{R}^n : \mathbf{B}(\mathbf{p}, 1/i) \subset U \text{ 且 } |\mathbf{p}| \leqslant i\}$$
$$= \{\mathbf{p} \in \mathbf{R}^n : \rho(\mathbf{p}, U^C) \geqslant 1/i \text{ 且 } |\mathbf{p}| \leqslant i\}$$
$$= \{\mathbf{p} \in \mathbf{R}^n : \rho(\mathbf{p}, U^C) \geqslant 1/i\} \cap \{\mathbf{p} \in \mathbf{R}^n : |\mathbf{p}| \leqslant i\},$$

其中 $\rho(\mathbf{p}, U^C) = \inf_{\mathbf{t} \in U^C} |\mathbf{p} - \mathbf{t}|$(请同学证明 K_i 的三种表达式是同一个集合). 由 §7.6 的练习 7.6.2 的 (i), $\rho(\mathbf{p}, U^C)$ 是 $\mathbf{p}$ 的连续函数. 作为闭集 $[1/i, \infty)$ 在这个连续映射下的原像, $\{\mathbf{p} \in \mathbf{R}^n : \rho(\mathbf{p}, U^C) \geqslant 1/i\}$ 是闭集. 又因 $|\mathbf{p}|$ 是 $\mathbf{p}$ 的连续函数, 同样的理由告诉我们: $\{\mathbf{p} \in \mathbf{R}^n : |\mathbf{p}| \leqslant i\}$ 是有界闭集. 作为一个闭集及一个有界闭集之交, K_i 是 $\mathbf{R}^n$ 的有界闭集, 故 K_i 是紧集.

设 $\mathbf{p} \in K_i$ 和 $\mathbf{q} \in \mathbf{B}(\mathbf{p}, 1/[i(i+1)])$, 利用三角形不等式便得: 对于任何 $\mathbf{s} \in U^C$, 因 $|\mathbf{s} - \mathbf{p}| \geqslant 1/i$, 我们有

$$|\mathbf{s} - \mathbf{q}| \geqslant |\mathbf{s} - \mathbf{p}| - |\mathbf{p} - \mathbf{q}| > 1/i - 1/[i(i+1)] = 1/(i+1).$$

另一方面, 易见 $|\mathbf{q}| \leqslant |\mathbf{p}| + |\mathbf{q} - \mathbf{p}| \leqslant i + 1/[i(i+1)] \leqslant i+1$, 所以 $\mathbf{q} \in K_{i+1}$. 由此可知, $\mathbf{p}$ 是 K_{i+1} 的内点: $\mathbf{p} \in K_{i+1}^{\circ}$, 换言之,

$$\forall i \in \mathbf{N}(K_i \subset K_{i+1}^{\circ}).$$

因 U 是开集, 所以我们有

$$\forall \mathbf{p} \in U \exists j \in \mathbf{N}(\rho(\mathbf{p}, U^C) \geqslant 1/j).$$

再由 Archimedes 原理, 有

$$\forall \mathbf{p} \in U \exists k \in \mathbf{N}(|\mathbf{p}| \leqslant k).$$

令 $i = \max(j, k)$, 我们便得到 $\mathbf{p} \in K_i$, 故 $U \subset \bigcup_{i=1}^{\infty} K_i$. 将这个结果与以下显然的关系式: $U \supset \bigcup_{i=1}^{\infty} K_i$ 结合起来, 我们便有

$$U = \bigcup_{i=1}^{\infty} K_i. \qquad\qquad \Box$$

引理 8.6.2   设 $\{U_\alpha\}_{\alpha \in A}$ 是 $\mathbf{R}^n$ 上的一族开集, $U = \bigcup_{\alpha \in A} U_\alpha$, 则有有限个或可数个开球 $\{V_j\}_{j \in I}(I \subset \mathbf{N})$, 使得

(i) $U = \bigcup_{j \in I} V_j$;

(ii) $\forall j \in I \exists \alpha(j) \in A(\overline{V}_j \subset U_{\alpha(j)})$;

(iii) 对于任何紧集 $K \subset U$, 只有有限个 V_j 与 K 相交, 换言之, 有有限集 $B \subset I$, 使当 $j \in I \setminus B$ 时, 有 $K \cap V_j = \varnothing$.

证   设 $\{K_i\}_{i=1}^{\infty}$ 是引理 8.6.1 中所述的一串紧集. 记

$$L_0 = K_1,$$

$$\forall i \geqslant 1(L_i = K_{i+1} \setminus K_i^\circ).$$

为了方便, 令 $K_0 = \varnothing$, 则 $L_0 = K_1 \setminus K_0^\circ$. 因为 $K_j^\circ \supset K_{j-1}$ 和 $U = \bigcup_{i=1}^{\infty} K_i = \bigcup_{i=1}^{\infty}(K_i \setminus K_{i-1}) \subset \bigcup_{i=1}^{\infty}(K_i \setminus K_{i-1}^\circ) = \bigcup_{i=0}^{\infty} L_i \subset U$, 我们有

$$U = \bigcup_{i=0}^{\infty} L_i, \text{ 且 } L_j \cap K_{j-1} \subset L_j \cap K_j^\circ = \varnothing, \quad j = 1, 2, \cdots.$$

设 $\mathbf{p} \in L_i$, 有 $\alpha \in A$ 使得 $\mathbf{p} \in U_\alpha$. 因 $\mathbf{p} \notin K_{i-1}$, 且 K_{i-1} 闭和 U_α 开, 有 $\delta > 0$, 使得开球 $V_\mathbf{p} = \mathbf{B}(\mathbf{p}, \delta)$ 满足条件 $\overline{V}_\mathbf{p} \subset U_\alpha$ 且 $V_\mathbf{p} \cap K_{i-1} = \varnothing$. 因 L_i 紧, 且

$$L_i \subset \bigcup_{\mathbf{p} \in L_i} V_\mathbf{p},$$

L_i 有有限子集 F_i, 使得

$$L_i \subset \bigcup_{\mathbf{p} \in F_i} V_\mathbf{p}.$$

$\left\{V_\mathbf{p} : \mathbf{p} \in \bigcup_{i=0}^{\infty} F_i\right\}$ 是有限个或可数个开球组成的开球族. 重新给这族有限个或可数个开球编号后, 记它们为 $\{V_j\}_{j=1}^{\infty}$. 显然, 这族有限个或可数个开球 $\{V_j\}_{j=1}^{\infty}$ 满足引理所述的要求 (i) 和 (ii). 设 K 是 U 的任

意的紧子集, 因 $U = \bigcup\limits_{m=1}^{\infty} K_m = \bigcup\limits_{m=1}^{\infty} K_m^\circ$ 且 $K_{m-1}^\circ \subset K_m^\circ$, 必有 $m \in \mathbf{N}$, 使得 $K \subset K_m^\circ \subset K_m$. 由构造开球 $V_{\mathbf{p}} = \mathbf{B}(\mathbf{p}, \delta)$ 时对它的要求, 有

$$\mathbf{p} \in F_i(\subset L_i), i > m \Longrightarrow V_{\mathbf{p}} \cap K \subset V_{\mathbf{p}} \cap K_m \subset V_{\mathbf{p}} \cap K_{i-1} = \varnothing.$$

因 $\bigcup\limits_{i=1}^{m} F_i$ 是有限集, 所以只有有限个 j, 使得 $V_j \cap K \neq \varnothing$. $\qquad\square$

注 在单位分解定理的证明过程中, 引理 8.6.2 扮演了关键的角色. 满足条件 (iii) 的覆盖称为**局部有限覆盖**. 一个 Hausdorff 空间称为**仿紧空间 (paracompact space)**, 假若它的任何开覆盖都有局部有限子覆盖. 引理 8.6.2 告诉我们 $\mathbf{R}^n$ 是仿紧空间.

引理 8.6.3 设 $V = \{\mathbf{u} : |\mathbf{u} - \mathbf{p}| < \delta\}$ 是 $\mathbf{R}^n$ 中的一个开球, 则在 $\mathbf{R}^n$ 上有一个 C_0^∞ 类的函数 ψ, 它具有如下性质: 当 $\mathbf{u} \in V$ 时, $\psi(\mathbf{u}) > 0$, 而当 $\mathbf{u} \notin V$ 时, $\psi(\mathbf{u}) = 0$.

证 在 $\mathbf{R}$ 上考虑函数

$$g(t) = \begin{cases} 0, & \text{若 } t \leqslant 0, \\ \mathrm{e}^{-(1/t)}, & \text{若 } t > 0, \end{cases}$$

则当 $t > 0$ 时, $g(t) > 0$, 且 g 是 C_0^∞ 类的 (参看第一册 §5.5 的练习 5.5.4 的 (i)). 令

$$\psi(\mathbf{u}) = g\left(1 - \frac{|\mathbf{u} - \mathbf{p}|^2}{\delta^2}\right).$$

易见, ψ 满足引理的要求. $\qquad\square$

定理 8.6.1 的证明 设 $\{V_j\}_{j=1}^{\infty}$ 是引理 8.6.2 中的那一串开球. 对于每个 $j \in \mathbf{N}$, ψ_j 表示相对于开球 V_j 的引理 8.6.3 中的 C_0^∞ 类的函数, 它在开球 V_j 内取正值, 在开球 V_j 外恒等于零. 若 N 是任意的有界开集, 且 $\overline{N} \subset U$. 由引理 8.6.2, 只有有限个 V_j 与 N 相交, 在有界开集 N 上只有有限个 ψ_j 非恒等于零. 在开集 U 上, 定义

$$\psi = \sum_{j=1}^{\infty} \psi_j.$$

在 N 上, 上式右端除了有限个 ψ_j 外, 其他的在 N 上都恒等于零. 又每个 ψ_j 都是 C^∞ 类的. 由此, 在 U 的任何有界开集 N 上 ψ 是 C^∞

类的, 换言之, ψ 在 U 上属于 C^∞ 类. 另一方面, 我们显然有以下不等式:

$$\forall \mathbf{x} \in U(\psi(\mathbf{x}) > 0).$$

令

$$\phi_j(\mathbf{x}) = \begin{cases} \dfrac{\psi_j(\mathbf{x})}{\psi(\mathbf{x})}, & \text{若 } \mathbf{x} \in U, \\ 0, & \text{若 } \mathbf{x} \notin U, \end{cases}$$

注意到 $\operatorname{supp}\psi_j = \overline{V_j} \subset U_{\alpha(j)} \subset U$, 易见 $\{\phi_j\}_{j=1}^\infty$ 满足单位分解定理中的三项要求. $\qquad\square$

定义 8.6.2 满足单位分解定理中的三项要求的函数列 $\{\phi_j\}_{j=1}^\infty$ 称为从属于 U 的开覆盖 $\{U_{\alpha \in A}\}$ 的 C_0^∞ **单位分解**, 或称光滑单位分解.

因本讲义不讨论非光滑的单位分解, 这个光滑单位分解也简称为**单位分解**.

推论 8.6.1 设 $K \subset U \subset \mathbf{R}^n$, 其中 K 是紧集, U 是开集, 则有函数 $\phi \in C_0^\infty(\mathbf{R}^n)$, 使得以下三个关系式成立:

$$\forall \mathbf{x} \in K(\phi(\mathbf{x}) = 1), \quad \forall \mathbf{x} \notin U(\phi(\mathbf{x}) = 0), \quad \forall \mathbf{x} \in \mathbf{R}^n(0 \leqslant \phi(\mathbf{x}) \leqslant 1).$$

证 因 U 被 $\{U\}$ 覆盖, 有从属于 U 的开覆盖 $\{U\}$ 的 C_0^∞ 单位分解 $(\phi_j)_{j=1}^\infty$. 因集合 K 紧, 由单位分解的性质 (ii), 以下的集合是有限集:

$$J = \{j \in \mathbf{N} : \exists \mathbf{x} \in K(\phi_j(\mathbf{x}) \neq 0)\},$$

故如下定义的函数满足推论的要求:

$$\forall \mathbf{x} \in U\left(\phi(\mathbf{x}) = \sum_{j \in J} \phi_j(\mathbf{x})\right). \qquad\square$$

下面的推论 8.6.2 是上面的推论 8.6.1 的推广.

推论 8.6.2 设 $\{U_\alpha\}_{\alpha \in A}$ 是 $\mathbf{R}^n$ 上的一族开集, $U = \bigcup\limits_{\alpha \in A} U_\alpha$. 又设紧集 $K \subset U$, 则有一个 $I \subset \mathbf{N}$ 和定义在 $\mathbf{R}^n$ 上的非负实值函数构成的 (有限或无限) 序列 $\{\psi_j\}_{j \in I}$, 它具有以下性质:

(a) 对于每个 $j \in I$, $\psi_j \in C_0^\infty(\mathbf{R}^n)$, 并有某个 $\alpha(j) \in A$, 使得 $\operatorname{supp}\psi_j \subset U_{\alpha(j)}$, 且 $j \neq k \Longrightarrow \alpha(j) \neq \alpha(k)$;

(b) 对于每个紧集 $C \subset U$, 有 I 的有限子集 B, 使得

$$\forall \mathbf{x} \in C \forall j \in I \setminus B(\psi_j(\mathbf{x}) = 0);$$

(c) $\sum\limits_{j \in I} \psi_j(\mathbf{x}) \in C^\infty(\mathbf{R}^n)$;

(d) 这些 ψ_j 之和满足以下关系式:

$$\sum_{j \in I} \psi_j(\mathbf{x}) = \begin{cases} 1, & \text{若 } \mathbf{x} \in K, \\ 0, & \text{若 } \mathbf{x} \notin U, \end{cases}$$

而且 $\forall \mathbf{x} \in \mathbf{R}^n \big(0 \leqslant \sum\limits_{j \in I} \psi_j(\mathbf{x}) \leqslant 1\big)$.

证　由 §7.6 的练习 7.6.2 的 (x), 必有有限个开集 $\{V_j\}_{j=1}^m$, 它具有如下性质: 每个 $j \in \{1, \cdots, m\}$ 有一个 $\alpha(j) \in A$ 与之对应, 这个对应有以下三条性质:

(1) $j \neq k \Longrightarrow \alpha(j) \neq \alpha(k)$;

(2) 对于每个 j, $\overline{V_j} \subset U_{\alpha(j)}$;

(3) $K \subset \bigcup\limits_{j=1}^m V_j$.

记 $V = \bigcup\limits_{j=1}^m V_j$. 由定理 8.6.1, 有一个 $I \subset \mathbf{N}$ 和函数列 $\phi_k(k \in I)$, 它具有以下性质:

(i) 对于每个 $k \in I$, 必有 $\phi_k \in C_0^\infty(\mathbf{R}^n)$, 而且还有一个 $j(k) \in \{1, \cdots, m\}$, 使得 $\mathrm{supp}\phi_k \subset V_{j(k)}$;

(ii) 对于每个紧集 $C \subset V = \bigcup\limits_{j=1}^m V_j$, 有 I 的有限子集 B, 使得

$$\forall \mathbf{x} \in C \forall k \in I \setminus B(\phi_k(\mathbf{x}) = 0);$$

(iii) $\sum\limits_{k \in I} \phi_k(\mathbf{x}) = \begin{cases} 1, & \text{若 } \mathbf{x} \in K, \\ 0, & \text{若 } \mathbf{x} \notin V = \bigcup\limits_{j=1}^m V_j. \end{cases}$

令

$$\varpi_j = \sum_{j(k)=j} \phi_k.$$

由 (ii), 每个 ϖ_j 在 V 上连续. 又由推论 8.6.1, 有函数 $\phi \in C^\infty$, 它满足下述条件:

$$\forall \mathbf{x} \in K(\phi(\mathbf{x}) = 1), \quad \forall \mathbf{x} \notin V(\phi(\mathbf{x}) = 0), \quad \forall \mathbf{x} \in \mathbf{R}^n(0 \leqslant \phi(\mathbf{x}) \leqslant 1).$$

只要让 $\psi_j = \varpi_j \phi_,$, 它必满足推论 8.6.2 所要求的条件 (a), (b), (c) 和 (d). □

定义 8.6.3 设 $A \subset \mathbf{R}^k$. 映射 $\mathbf{f} : A \to \mathbf{R}^n$ 称为 C^r 类的, 若每个点 $\mathbf{p} \in A$ 有一个开邻域 $U \subset \mathbf{R}^k$ 和 C^r 类的映射 $\mathbf{F} : U \to \mathbf{R}^n$, 使得

$$\forall \mathbf{q} \in U \cap A\big(\mathbf{F}(\mathbf{q}) = \mathbf{f}(\mathbf{q})\big).$$

若 $r = \infty$, 则称 $\mathbf{f}$ 为光滑的. 若映射 $\mathbf{f}$ 是双射, 且 $\mathbf{f}$ 和 $\mathbf{f}^{-1}$ 均光滑 (或 C^r 类的), 则称 $\mathbf{f}$ 为光滑 (或 C^r 类的) 微分同胚.

命题 8.6.1 设 $A \subset \mathbf{R}^k$, 映射 $\mathbf{f} : A \to \mathbf{R}^n$ 在 A 上光滑, 则有开集 U 和 U 上的光滑函数 $\mathbf{F}$, 使得

$$A \subset U \text{且} \forall \mathbf{t} \in A(\mathbf{f}(\mathbf{t}) = \mathbf{F}(\mathbf{t})).$$

证 按定义 8.6.3, 对于每个 $\mathbf{p} \in A$, 有 $\mathbf{p}$ 的邻域 $U_{\mathbf{p}}$ 和光滑映射 $\mathbf{F}_{\mathbf{p}} : U_{\mathbf{p}} \to \mathbf{R}^n$, 使得

$$\forall \mathbf{q} \in A \cap U_{\mathbf{p}}\big(\mathbf{F}_{\mathbf{p}}(\mathbf{q}) = \mathbf{f}(\mathbf{q})\big). \tag{8.6.1}$$

记 $U = \bigcup_{\mathbf{p} \in A} U_{\mathbf{p}}$. 相对于 U 的开覆盖 $\{U_{\mathbf{p}}\}_{\mathbf{p} \in U}$, 有一个光滑的单位分解 $\{\phi_j\}_{j=1}^\infty$. 对于每个 $j \in \mathbf{N}$, 有一个 $\mathbf{p}(j) \in A$ 与之对应, 使得 $\operatorname{supp} \phi_j \subset U_{\mathbf{p}(j)}$. 只须让 $\phi_j \mathbf{F}_{\mathbf{p}(j)}$ 在开集 $U_{\mathbf{p}(j)}$ 以外定义为零, $\phi_j \mathbf{F}_{\mathbf{p}(j)}$ 便光滑地延拓至整个 U 上了. 这个延拓后的函数仍记做 $\phi_j \mathbf{F}_{\mathbf{p}(j)}$. 令

$$\mathbf{F} = \sum_{j=1}^\infty \phi_j \mathbf{F}_{\mathbf{p}(j)}. \tag{8.6.2}$$

由于 ϕ_j 的支集族的局部有限性 (即单位分解定理中的 (ii) 所述的性质), 如上定义的 $\mathbf{F}$ 是 U 上的光滑函数. 设 $\mathbf{q} \in A = U \cap A$, 记 $J_{\mathbf{q}} = \{j \in \mathbf{N} : \mathbf{q} \in U_{\mathbf{p}(j)}\}$, 则我们有

$$\forall j \notin J_{\mathbf{q}}\big(\phi_j(\mathbf{q}) = 0\big). \tag{8.6.3}$$

由此, 我们得到: 对于任何 $\mathbf{q} \in A$, 有

$$\mathbf{F}(\mathbf{q}) = \sum_{j=1}^{\infty} \phi_j(\mathbf{q}) \mathbf{F}_{\mathbf{P}(j)}(\mathbf{q}) = \sum_{j \in J_{\mathbf{q}}} \phi_j(\mathbf{q}) \mathbf{F}_{\mathbf{P}(j)}(\mathbf{q})$$

$$= \sum_{j \in J_{\mathbf{q}}} \phi_j(\mathbf{q}) \mathbf{f}(\mathbf{q}) = \mathbf{f}(\mathbf{q}) \sum_{j=1}^{\infty} \phi_j(\mathbf{q}) = \mathbf{f}(\mathbf{q}).$$

这里第一个等号用了 (8.6.2), 第二个等号和第四个等号用了 (8.6.3), 第三个等号用了 (8.6.1), 最后一个等号用了单位分解的定义. $\mathbf{F}$ 满足命题的要求. □

§8.7 一次微分形式与线积分

8.7.1 一次微分形式与它的回拉

定义 8.7.1 设 $a_j(\mathbf{x})(j = 1, \cdots, n)$ 是在开集 $U \subset \mathbf{R}^n$ 上定义的 (实值) 函数, 以下形式的表示式

$$\sum_{j=1}^{n} a_j(\mathbf{x}) dx_j = a_1(\mathbf{x}) dx_1 + \cdots + a_n(\mathbf{x}) dx_n \qquad (8.7.1)$$

称为线性微分形式(或称**一次微分形式**, 简称 **1-形式**).

注 因 dx_j 是个 $\mathbf{R}^n \to \mathbf{R}$ 的线性映射, $a_j(\mathbf{x})$ 是 $\mathbf{x}$ 的数值函数, 对于任何固定的 $\mathbf{x} \in U$, $\sum_{j=1}^{n} a_j(\mathbf{x}) dx_j$ 是线性映射 dx_j 的线性组合, 所以线性微分形式是随着 $\mathbf{x} \in U$ 的变化而变化的 $\mathbf{R}^n \to \mathbf{R}$ 的线性映射.

由推论 8.3.1 的注, 给了可微函数 $f : U \to \mathbf{R}$, 它的微分

$$df_{\mathbf{x}} = \sum_{k=1}^{n} \frac{\partial f}{\partial x_k}(\mathbf{x}) dx_k \qquad (8.7.2)$$

是 1-形式. 法国数学家 **E.Cartan** 把 $df_{\mathbf{x}}$ 称为可微函数 f 的**外微分** df 在点 $\mathbf{x}$ 处的值. 它是个 $\mathbf{R}^n \to \mathbf{R}$ 的线性映射. E.Cartan 还引进了微分形式的外微分概念. 这将在本讲义第三册稍后的章节中介绍.

定义 8.7.2 给了在开集 $U \subset \mathbf{R}^n$ 上定义的 (实值或复值) 函数 $f(\mathbf{x})$. 又给了由开集 $V \subset \mathbf{R}^m$ 到开集 $U \subset \mathbf{R}^n$ 的可微映射 $\varphi : V \to U$.函数 $f(\mathbf{x})$ **在可微映射 φ 下的回拉**(pullback) 定义为

$$\varphi^* f = f \circ \varphi. \tag{8.7.3}$$

换言之, 对于任何 $\mathbf{y} \in V$

$$(\varphi^* f)(\mathbf{y}) = f(\varphi(\mathbf{y})). \tag{8.7.4}$$

注 1 φ 是 $V \to U$ 的映射. f 是定义在 U 上的, 而 $\varphi^* f$ 是定义在 V 上的. φ^* 把定义在 U 上的函数映成了定义在 V 上的函数. φ^* 和 φ 的方向正好相反. 回拉之名源于此.

注 2 φ^* 把定义在 U 上的函数映成了定义在 V 上的函数, 这个映射是线性的. 换言之, 它满足以下等式: 对于任何实数 a 和 b 及任何 (可微) 函数 f 和 g, 我们有

$$\varphi^*(af + bg) = a\varphi^* f + b\varphi^* g.$$

例 8.7.1 $\mathbf{R}^2$ 上的坐标函数是

$$x\left(\begin{bmatrix} x \\ y \end{bmatrix}\right) = x, \quad y\left(\begin{bmatrix} x \\ y \end{bmatrix}\right) = y.$$

由 $\mathbf{R}^2$ 极坐标表示到 $\mathbf{R}^2$ 的直角坐标表示的映射 φ 定义为

$$\varphi\left(\begin{bmatrix} r \\ \theta \end{bmatrix}\right) = \begin{bmatrix} r \cos \theta \\ r \sin \theta \end{bmatrix},$$

则

$$\varphi^* x\left(\begin{bmatrix} r \\ \theta \end{bmatrix}\right) = x\left(\varphi\left(\begin{bmatrix} r \\ \theta \end{bmatrix}\right)\right) = x\left(\begin{bmatrix} r \cos \theta \\ r \sin \theta \end{bmatrix}\right) = r \cos \theta$$

和

$$\varphi^* y\left(\begin{bmatrix} r \\ \theta \end{bmatrix}\right) = y\left(\varphi\left(\begin{bmatrix} r \\ \theta \end{bmatrix}\right)\right) = y\left(\begin{bmatrix} r \cos \theta \\ r \sin \theta \end{bmatrix}\right) = r \sin \theta.$$

(直角) 坐标函数在 φ 映射下的回拉就是我们所熟悉的直角坐标的极坐标表示. 因此, 函数的回拉不是什么新东西, 只是原来函数中的直角坐标用直角坐标的极坐标表示公式代入而已:

$$\varphi^* f\left(\begin{bmatrix} r \\ \theta \end{bmatrix}\right) = f(r \cos \theta, r \sin \theta).$$

下面我们要定义 1-形式的回拉:

定义 8.7.3 给了在开集 $U \subset \mathbf{R}^n$ 上的 1-形式

$$\boldsymbol{\omega} = \sum_{j=1}^{n} a_j(\mathbf{x})dx_j = a_1(\mathbf{x})dx_1 + \cdots + a_n(\mathbf{x})dx_n. \tag{8.7.1}'$$

又给了由开集 $V \subset \mathbf{R}^m$ 到开集 $U \subset \mathbf{R}^n$ 的可微映射 $\boldsymbol{\varphi}$. **1-形式** (8.7.1)′ **在可微映射 $\boldsymbol{\varphi}$ 下的回拉定义为**

$$\boldsymbol{\varphi}^*(\boldsymbol{\omega}) = \boldsymbol{\varphi}^* \left(\sum_{j=1}^{n} a_j dx_j \right) = \sum_{j=1}^{n} \boldsymbol{\varphi}^* a_j d(\boldsymbol{\varphi}^* x_j). \tag{8.7.5}$$

特别, 我们有

$$\boldsymbol{\varphi}^*(dx_j) = d(\boldsymbol{\varphi}^* x_j).$$

因此, 上式也可改写成

$$\boldsymbol{\varphi}^* \left(\sum_{j=1}^{n} a_j dx_j \right) = \sum_{j=1}^{n} \boldsymbol{\varphi}^* a_j \boldsymbol{\varphi}^*(dx_j). \tag{8.7.6}$$

注 1 $\boldsymbol{\varphi}$ 是 $V \to U$ 的映射. $\boldsymbol{\omega}$ 是定义在 U 上的, 而 $\boldsymbol{\varphi}^*\boldsymbol{\omega}$ 是定义在 V 上的. $\boldsymbol{\varphi}^*$ 把定义在 U 上的微分形式映成了定义在 V 上的微分形式. $\boldsymbol{\varphi}^*$ 和 $\boldsymbol{\varphi}$ 的方向正好相反. 回拉之名源于此.

注 2 $\boldsymbol{\varphi}^*$ 把定义在 U 上的微分形式映成了定义在 V 上的微分形式, 这个映射是线性的. 换言之, 它满足以下等式: 对于任何实数 a 和 b 及任何微分形式 $\boldsymbol{\omega}$ 和 $\boldsymbol{\pi}$, 我们有

$$\boldsymbol{\varphi}^*(a\boldsymbol{\omega} + b\boldsymbol{\pi}) = a\boldsymbol{\varphi}^*\boldsymbol{\omega} + b\boldsymbol{\varphi}^*\boldsymbol{\pi}.$$

注 3 函数的回拉和 1-形式的回拉我们用同一个符号 $\boldsymbol{\varphi}^*$ 表示, 从上下文完全能确定这个回拉 $\boldsymbol{\varphi}^*$ 是作用在函数上还是作用在 1-形式上的, 因此它不会给我们带来混乱. 正相反, 我们将看到, 它会给我们带来很多方便.

设 $\mathbf{x} = \boldsymbol{\varphi}(\mathbf{y}) = (\varphi_1(\mathbf{y}), \cdots, \varphi_n(\mathbf{y})) \in \mathbf{R}^n$ 和 $\mathbf{v} \in \mathbf{R}^m$. 由 (8.7.5) 得到

$$\boldsymbol{\varphi}^*(dx_j)[\mathbf{v}] = d(x_j \circ \boldsymbol{\varphi})[\mathbf{v}] = d\varphi_j[\mathbf{v}] = \sum_{k=1}^{m} \frac{\partial \varphi_j}{\partial y_k} dy_k[\mathbf{v}]$$

$$= \sum_{k=1}^{m} \frac{\partial \varphi_j}{\partial y_k} v_k = x_j[d\boldsymbol{\varphi}[\mathbf{v}]] = dx_j[d\boldsymbol{\varphi}[\mathbf{v}]],$$

其中 $dy_k[\mathbf{v}]$ 表示线性映射 dy_k 在 $\mathbf{v}$ 处的值, $d\boldsymbol{\varphi}[\mathbf{v}]$ 的涵义雷同. 或者说,

$$\boldsymbol{\varphi}^*(dx_j) = dx_j \circ d\boldsymbol{\varphi}.$$

由此, 对于任何 1-形式 $\boldsymbol{\varpi} = \sum\limits_{j=1}^{n} a_j dx_j$, 有

$$\boldsymbol{\varphi}^*(\boldsymbol{\varpi})[\mathbf{v}] = \sum_{j=1}^{n}(\boldsymbol{\varphi}^* a_j)\boldsymbol{\varphi}^*(dx_j)[\mathbf{v}]$$

$$= \sum_{j=1}^{n}(\boldsymbol{\varphi}^* a_j)dx_j\big[d\boldsymbol{\varphi}[\mathbf{v}]\big]. \tag{8.7.7}$$

或者说,

$$\big(\boldsymbol{\varphi}^*(\boldsymbol{\varpi})\big)_{\mathbf{y}}[\mathbf{v}] = \boldsymbol{\varpi}_{\boldsymbol{\varphi}(\mathbf{y})}\big[d\boldsymbol{\varphi}[\mathbf{v}]\big]. \tag{8.7.7$'$}$$

我们也可以用方程 (8.7.7)(或方程 (8.7.7)$'$) 作为 1-形式回拉的定义, 然后, 从这个定义出发推得 (8.7.5). 在第 14 章引进了 n-形式的概念后, 我们将用方程 (8.7.7) 的推广了的形式来定义 n-形式的回拉.

例 8.7.2   映射 x, y 和 $\boldsymbol{\varphi}$ 如例 8.7.1 所述:

$$x\left(\begin{bmatrix} x \\ y \end{bmatrix}\right) = x, \quad y\left(\begin{bmatrix} x \\ y \end{bmatrix}\right) = y,$$

$$\boldsymbol{\varphi}\left(\begin{bmatrix} r \\ \theta \end{bmatrix}\right) = \begin{bmatrix} r\cos\theta \\ r\sin\theta \end{bmatrix}.$$

我们有

$$\boldsymbol{\varphi}^* dx = d(\boldsymbol{\varphi}^* x) = d(r\cos\theta) = \cos\theta dr - r\sin\theta d\theta,$$

$$\boldsymbol{\varphi}^* dy = d(\boldsymbol{\varphi}^* y) = d(r\sin\theta) = \sin\theta dr + r\cos\theta d\theta.$$

注   以上的公式相当于传统的微积分书上的以下形式的公式:

$$dx = d(r\cos\theta) = \cos\theta dr - r\sin\theta d\theta,$$

$$dy = d(r\sin\theta) = \sin\theta dr + r\cos\theta d\theta.$$

这里我们认识到, 回拉只不过就是 (传统的) 代入而已. 同学们会认为回拉的写法比传统的代入写法似乎更繁琐了. 但在 (第 14 及第 15 章)

引进了高次微分形式及外微分算子后, 同学们会发现, 回拉的写法 (和将来要引进的其他关于微分形式的运算结合起来) 确实给我们带来了很多方便.

命题 8.7.1 假设 f 是定义在 $U \subset \mathbf{R}^n$ 上的可微实值函数, φ 是由开集 $V \subset \mathbf{R}^m$ 到开集 $U \subset \mathbf{R}^n$ 的可微映射, 则我们有

$$\varphi^* df = d(\varphi^* f). \tag{8.7.8}$$

证 由 (8.7.2),

$$df = \sum_{k=1}^{n} \frac{\partial f}{\partial x_k} dx_k,$$

设 $\varphi = (\varphi_1, \cdots, \varphi_n)$, 我们有

$$\varphi^* df = \sum_{k=1}^{n} \varphi^* \left(\frac{\partial f}{\partial x_k} \right) \varphi^* (dx_k)$$

$$= \sum_{k=1}^{n} \frac{\partial f}{\partial x_k} \circ \varphi d(x_k \circ \varphi) = \sum_{k=1}^{n} \frac{\partial f}{\partial x_k} \circ \varphi d(\varphi_k).$$

由一次微分形式不变性 (参看公式 (8.3.1)), 上式右端等于 $d(f \circ \varphi)$, 因此我们有

$$\varphi^* df = d(f \circ \varphi) = d(\varphi^* f). \qquad \square$$

注 本命题的结论是说: 回拉的外微分等于外微分的回拉. 这实际上是一次微分形式不变性 (后者等价于锁链法则) 用外微分语言的表述. 它还可以推广到高次微分形式上去. 这个推广在传统的微积分中却是没有的. 这正是 **E.Cartan** 引进的微分形式语言的优点.

我们还有

命题 8.7.2 给了在开集 $U \subset \mathbf{R}^n$ 上定义的 (实值) 函数 $f(\mathbf{x})$ 和 1-形式

$$\omega = \sum_{j=1}^{n} a_j(\mathbf{x}) dx_j = a_1(\mathbf{x}) dx_1 + \cdots + a_n(\mathbf{x}) dx_n, \tag{8.7.1''}$$

又给了由开集 $V \subset \mathbf{R}^m$ 到开集 $U \subset \mathbf{R}^n$ 的可微映射 ψ 和由开集 $W \subset \mathbf{R}^p$ 到开集 $V \subset \mathbf{R}^m$ 的可微映射 φ, 则我们有

$$(\psi \circ \varphi)^* f = (\varphi^* \circ \psi^*) f \tag{8.7.9}$$

和

$$(\psi \circ \varphi)^* \omega = (\varphi^* \circ \psi^*) \omega. \tag{8.7.10}$$

证 因

$$(\psi \circ \varphi)^* f = f \circ (\psi \circ \varphi) = \varphi^*(f \circ \psi)$$
$$= \varphi^*(\psi^* f) = (\varphi^* \circ \psi^*) f,$$

(8.7.9) 证得.

为了证明 (8.7.10), 设开集 $U \subset \mathbf{R}^n$ 上定义的 (实值) 函数 $f(\mathbf{x})$ 可微, 则由命题 8.7.1,

$$\varphi^* \psi^* df = \varphi^*(d\psi^* f) = d(\varphi^* \psi^* f) = d[(\psi \circ \varphi)^* f] = (\psi \circ \varphi)^* df.$$

对于 1-形式 $g df$, 根据 (8.7.5), 我们有

$$\varphi^* \psi^*(g df) = \varphi^*[\psi^* g d(\psi^* f)] = \varphi^*(\psi^* g) d[\varphi^*(\psi^* f)]$$
$$= (\psi \circ \varphi)^* g d[(\psi \circ \varphi)^* f] = (\psi \circ \varphi)^*(g df).$$

1-形式 ω 只是形为 $g df$ 的 1-形式之和, (8.7.10) 证得.   □

综合 (8.7.9) 和 (8.7.10) 的结果, 我们可以写下既适用于函数 (常称为 0- 形式), 又适用于 1-形式的回拉的以下公式:

$$\varphi^* \circ \psi^* = (\psi \circ \varphi)^*. \tag{8.7.11}$$

8.7.2   一次微分形式的线积分

考虑 $\mathbf{R}^2$ 上的以下的 1-形式:

$$\omega = \omega_{\mathbf{p}} = \frac{1}{2}(x dy - y dx),$$

其中 $\mathbf{p} = \begin{bmatrix} x \\ y \end{bmatrix}$. 应注意的是 dx 和 dy 是 $\mathbf{R}^2$ 到 $\mathbf{R}$ 的线性映射:

$$dx_{\mathbf{p}}\left(\begin{bmatrix} a \\ b \end{bmatrix} \right) = a, \quad dy_{\mathbf{p}}\left(\begin{bmatrix} a \\ b \end{bmatrix} \right) = b.$$

而 $\boldsymbol{\omega_p}$ 是 $\mathbf{R}^2$ 到 $\mathbf{R}$ 的如下的线性映射:

$$\boldsymbol{\omega_p}\left(\begin{bmatrix} a \\ b \end{bmatrix}\right) = \frac{1}{2}(xb - ya) = \frac{1}{2}\begin{vmatrix} x & a \\ y & b \end{vmatrix}.$$

我们知道, 右端的行列式表示由向量 (x, y) 和 (a, b) 所张成的 (有定向的) 平行四边形的 (带符号的) 面积. 故 $\boldsymbol{\omega_p}\left(\begin{bmatrix} a \\ b \end{bmatrix}\right)$ 表示由向量 (x, y) 和 (a, b) 所张成的 (有定向的) 三角形的 (带符号的) 面积. 它的符号是如下确定的: 当向量 (x, y) 通过不大于 π 角而转向向量 (a, b) 的旋转是逆时针方向的旋转时, 面积非负, 不然面积为负. 在本讲义的以后的章节中还要将带符号的面积推广为带符号的体积并阐明它与微分形式语言的联系.

设平面上某定向曲线 (或称道路)Γ 由以下的参数方程确定:

$$\Gamma : \boldsymbol{\alpha}(t) = \begin{bmatrix} x(t) \\ y(t) \end{bmatrix}, \quad t_0 \leqslant t \leqslant T.$$

在参数所属的区间 $[t_0, T]$ 上设分点

$$t_0 < t_1 < \cdots < t_{n-1} < t_n = T.$$

这 $(n+1)$ 个分点对应于曲线上的 $(n+1)$ 个点记为

$$\mathbf{p}_j = \begin{bmatrix} x(t_j) \\ y(t_j) \end{bmatrix} = \begin{bmatrix} x_j \\ y_j \end{bmatrix}, \quad j = 0, \cdots, n.$$

由原点 $\mathbf{0}$, 及点 $\mathbf{p}_j$ 和 $\mathbf{p}_{j+1}$ 为顶点的 (有定向的) 三角形的 (带符号的) 面积应为

$$\frac{1}{2}(x_j y_{j+1} - y_j x_{j+1}) = \frac{1}{2}[x_j(y_{j+1} - y_j) - y_j(x_{j+1} - x_j)]$$
$$= \boldsymbol{\omega}_{\mathbf{p}_j}(\mathbf{p}_{j+1} - \mathbf{p}_j).$$

应注意的是, $\boldsymbol{\omega}_{\mathbf{p}_j}$ 是 $\mathbf{R}^2$ 到 $\mathbf{R}$ 的线性映射, 上式两端表示的值恰是 $\mathbf{R}^2$ 到 $\mathbf{R}$ 的这个线性映射在 $\mathbf{p}_{j+1} - \mathbf{p}_j$ 处的值. 这个值恰等于由向量 $\mathbf{p}_j$ 和 $\mathbf{p}_{j+1} - \mathbf{p}_j$ 所张成的 (有定向的) 三角形的 (带符号的) 面积.

直观上看, 由原点 $\mathbf{0}$ 到曲线 Γ 所张开的 (有定向的) 扇形的 (带符号的) 面积应该是这些三角形的面积之和当分点 $t_0 < t_1 < \cdots < t_{n-1} < t_n = T$ 的小区间长度之最大者趋于零时的极限:

(有定向的) 扇形的 (带符号的) 面积 $= \lim \sum\limits_{j=0}^{n-1} \boldsymbol{\omega}_{\mathbf{p}_j}(\mathbf{p}_{j+1} - \mathbf{p}_j).$

右端的极限过程是分点 $t_0 < t_1 < \cdots < t_{n-1} < t_n = T$ 的小区间长度之最大者趋于零的极限过程.

和定积分的定义 6.1.1 相比较, 我们很自然地将这个极限看成是一个沿定向曲线 (道路)Γ 的曲线积分, 记做

$$\int_{\Gamma} \boldsymbol{\omega} = \int_{\Gamma} \frac{1}{2}(xdy - ydx).$$

这是 1-形式 $\boldsymbol{\omega}$ 沿着定向曲线 (道路) Γ 的曲线积分. 传统的微积分教科书上称它为 $\boldsymbol{\omega}$ 沿着定向曲线 (道路) Γ 上的第二类型的曲线积分.

在物理学中, 一个力场 (例如, 静电场、引力场等) 常用一个定义在三维空间某区域上的取值于 $\mathbf{R}^3$ 的映射表示:

$$\begin{bmatrix} x \\ y \\ z \end{bmatrix} \mapsto \begin{bmatrix} F(x,y,z) \\ G(x,y,z) \\ H(x,y,z) \end{bmatrix}.$$

右端的三维向量表示在点 (x, y, z) 处的场向量. 由于三维空间某区域上的取值于 $\mathbf{R}^3$ 的向量场与以这个向量场的三个分量为系数的 1-形式之间存在一一对应, 有时, 因为微分形式有许多运算便于操作, 我们愿意用以下的 1-形式 (而不是向量场) 来表示这个力场:

$$\boldsymbol{\omega}_{\mathbf{p}} = F(x,y,z)dx + G(x,y,z)dy + H(x,y,z)dz, \quad \mathbf{p} = (x,v,z).$$

设某粒子沿着定向曲线 (道路) Γ 运动, 作用在处于 $\mathbf{p}$ 点处的粒子上的力恰由上述 1-形式 $\boldsymbol{\omega}_{\mathbf{p}}$ 表示. 设定向曲线 Γ 由以下的参数方程确定:

$$\Gamma : \boldsymbol{\alpha}(t) = \begin{bmatrix} x(t) \\ y(t) \\ z(t) \end{bmatrix}, \quad t_0 \leqslant t \leqslant T.$$

在参数区间 $[t_0, T]$ 上设分点

$$t_0 < t_1 < \cdots < t_{n-1} < t_n = T.$$

这些分点对应于曲线上 $(n+1)$ 个点

$$\mathbf{p}_j = \begin{bmatrix} x(t_j) \\ y(t_j) \\ z(t_j) \end{bmatrix}, \quad j = 0, \cdots, n.$$

在粒子沿着曲线 Γ 由点 $\mathbf{p}_j$ 到点 $\mathbf{p}_{j+1}$ 运动的过程中, 力场 $\boldsymbol{\omega}$ 对它作的**功**近似地等于

$$F(x_j, y_j, z_j)(x(t_{j+1}) - x(t_j)) + G(x_j, y_j, z_j)(y(t_{j+1}) - y(t_j))$$
$$+ H(x_j, y_j, z_j)(z(t_{j+1}) - z(t_j)).$$

当粒子沿着道路 Γ 由点 $\mathbf{p}_0$ 到点 $\mathbf{p}_n$ 运动时, 力场 $\boldsymbol{\omega}$ 对它作的功应等于上述表示式之和的极限:

$$\begin{aligned} W &= \lim \sum_{j=0}^{n-1} \Bigg[F(x_j, y_j, z_j)(x(t_{j+1}) - x(t_j)) \\ &\quad + G(x_j, y_j, z_j)(y(t_{j+1}) - y(t_j)) \\ &\quad + H(x_j, y_j, z_j)(z(t_{j+1}) - z(t_j)) \Bigg] \\ &= \lim \sum_{j=0}^{n-1} \boldsymbol{\omega}_{\mathbf{p}_j}(\mathbf{p}_{j+1} - \mathbf{p}_j) = \int_\Gamma \boldsymbol{\omega}. \end{aligned}$$

上式右端的极限过程是分点 $t_0 < t_1 < \cdots < t_{n-1} < t_n = T$ 的小区间长度之最大者趋于零的极限过程. 这里又一次遇到了一个 1-形式沿着一条定向曲线 (也称道路) 的曲线积分. 因为力场的一个重要表现便是它给在力场中运动的质点所作的功. 我们看到了用 1-形式, 而不是用大学物理教科书上常用的向量场, 表示物理力场所带来的方便, 因为这些物理力场通常出现在微分形式的线积分的计算中.

定义 8.7.4 假设道路 Γ 由以下参数方程表示:

$$\boldsymbol{\alpha} : t \mapsto \begin{bmatrix} x(t) \\ y(t) \\ z(t) \end{bmatrix}, \quad t_0 \leqslant t \leqslant T.$$

通常要求 $\boldsymbol{\alpha}$ 在 $[t_0, T]$ 上是逐段连续可微的, 即 $[t_0, T]$ 上有有限个分点

$$t_0 < t_1 < \cdots < t_{n-1} < t_n = T,$$

使得 $\boldsymbol{\alpha}$ 在 $[t_0, T]$ 上是连续的, 在每个小开区间 $(t_{i-1}, t_i)(i = 1, \cdots, n)$ 上是可微的, 而且这个在开区间 (t_{i-1}, t_i) 上的导数可连续延拓至闭区间 $[t_{i-1}, t_i]$ 上. 又设给定了 1-形式

$$\boldsymbol{\omega} = \boldsymbol{\omega}_{\mathbf{p}} = f(\mathbf{p})dx + g(\mathbf{p})dy + h(\mathbf{p})dz.$$

通常要求 f, g 和 h 是连续的, 则 $\boldsymbol{\omega}$ **沿着道路** Γ **的线积分**定义为

$$\int_{\Gamma} \boldsymbol{\omega} = \lim \sum_{j=0}^{n-1} \boldsymbol{\omega}_{\mathbf{p}_j}(\mathbf{p}_{j+1} - \mathbf{p}_j),$$

其中

$$\mathbf{p}_j = \boldsymbol{\alpha}(t_j), \quad t_0 < t_1 < \cdots < t_{n-1} < t_n = T,$$

而极限过程是指满足以下条件的极限过程

$$\max_{0 \leqslant j \leqslant n-1}(t_{j+1} - t_j) \to 0.$$

我们暂时不想讨论曲线积分存在的条件以及它与道路的参数表示的选择无关等问题了. 我们只想不加证明地指出曲线积分具有以下很容易证明的三条性质:

(1) 曲线积分的线性性: 对于任何两个 1-形式 $\boldsymbol{\omega}_i(i = 1, 2)$ 和对于任何两个常数 $\lambda_i(i = 1, 2)$, 我们有

$$\int_{\Gamma}(\lambda_1\boldsymbol{\omega}_1 + \lambda_2\boldsymbol{\omega}_2) = \lambda_1 \int_{\Gamma} \boldsymbol{\omega}_1 + \lambda_2 \int_{\Gamma} \boldsymbol{\omega}_2;$$

(2) 若道路 Γ 是由道路 Γ_1 后接道路 Γ_2 而连成的, 换言之, $\Gamma = \Gamma_1 \cup \Gamma_2$, 且 Γ_1 的终点恰是 Γ_2 的起点, 则

$$\int_{\Gamma} \boldsymbol{\omega} = \int_{\Gamma_1} \boldsymbol{\omega} + \int_{\Gamma_2} \boldsymbol{\omega};$$

(3) 若道路 Γ 和道路 Γ' 是方向相反的同一条曲线, 即 Γ' 由定义在 $[-T, -t_0]$ 上的映射 $t \mapsto \boldsymbol{\alpha}(-t)$ 代表的, 则

$$\int_{\Gamma} \boldsymbol{\omega} = -\int_{\Gamma'} \boldsymbol{\omega}.$$

道路 Γ 的参数表示是

$$\boldsymbol{\alpha}^* x = x(t), \quad \boldsymbol{\alpha}^* y = y(t), \quad \boldsymbol{\alpha}^* z = z(t), \tag{8.7.12}$$

其中 $\boldsymbol{\alpha}^*$ 是 $\boldsymbol{\alpha}$ 的回拉. 所给定的 1-形式是

$$\boldsymbol{\omega} = \boldsymbol{\omega}_{\mathbf{p}} = f(\mathbf{p})dx + g(\mathbf{p})dy + h(\mathbf{p})dz.$$

道路 Γ 上的点记做 $\mathbf{p} = \mathbf{p}(t) = \boldsymbol{\alpha}(t)$, 它的分点是

$$\mathbf{p}_j = \boldsymbol{\alpha}(t_j), \quad j = 0, 1, \cdots, n,$$

对应于参数 t 的值是

$$t_0 < t_1 < \cdots < t_{n-1} < t_n = T,$$

则

$$\sum_{j=0}^{n-1} \boldsymbol{\omega}_{\mathbf{p}_j}(\mathbf{p}_{j+1} - \mathbf{p}_j)$$

$$= \sum_{j=0}^{n-1} \Big[f(\mathbf{p})dx(\mathbf{p}_{j+1} - \mathbf{p}_j) + g(\mathbf{p})dy(\mathbf{p}_{j+1} - \mathbf{p}_j) + h(\mathbf{p})dz(\mathbf{p}_{j+1} - \mathbf{p}_j) \Big]$$

$$= \sum_{j=0}^{n-1} \Big[f(\mathbf{p})(x_{j+1} - x_j) + g(\mathbf{p})(y_{j+1} - y_j) + h(\mathbf{p})(z_{j+1} - z_j) \Big]$$

$$= \sum_{j=0}^{n-1} \Big[f(\mathbf{p})x_j'(t_{j+1} - t_j) + g(\mathbf{p})y_j'(t_{j+1} - t_j) + h(\mathbf{p})z_j'(t_{j+1} - t_j) \Big],$$

其中 $x_j = x(t_j), y_j = y(t_j), z_j = z(t_j)$, 而 $x_j' = x'(\tau_j), y_j' = y'(\sigma_j), z_j' = z'(\rho_j)$, 其中 τ_j, σ_j 和 ρ_j 是三个满足不等式 $t_j < \tau_j, \sigma_j, \rho_j < t_{j+1}$ 的数. 在 $\boldsymbol{\alpha}$ 是一次连续可微的条件下, 上式之极限应为

$$\int_{\Gamma} \boldsymbol{\omega} = \lim \sum_{j=0}^{n-1} \boldsymbol{\omega}_{\mathbf{p}_j}[\mathbf{p}_{j+1} - \mathbf{p}_j] = \int_{t_0}^{T} \phi(t)dt,$$

其中

$$\phi(t) = f(\boldsymbol{\alpha}(t))x'(t) + g(\boldsymbol{\alpha}(t))y'(t) + h(\boldsymbol{\alpha}(t))z'(t).$$

特别, 当

$$\boldsymbol{\omega_p} = dF = \frac{\partial F}{\partial x}dx + \frac{\partial F}{\partial y}dy + \frac{\partial F}{\partial z}dz,$$

其中 F 是三元连续可微函数, 也称零次微分形式, dF 表示零次微分形式 (函数)F 的微分 (当 $\boldsymbol{\omega}$ 表示力场时, $-F$ 称为力场的位势. 这时力场 $\boldsymbol{\omega}$ 称为保守场. 引力场与静电场等都是保守场). 我们有

$$\begin{aligned}
\int_\Gamma dF &= \int_{t_0}^T \left[f(\boldsymbol{\alpha}(t))x'(t) + g(\boldsymbol{\alpha}(t))y'(t) + h(\boldsymbol{\alpha}(t))x'(t)\right]dt \\
&= \int_{t_0}^T \left[\frac{\partial F}{\partial x}x'(t) + \frac{\partial F}{\partial y}y'(t) + \frac{\partial F}{\partial z}z'(t)\right]dt \\
&= \int_{t_0}^T \frac{dF}{dt}dt = F(T) - F(t_0).
\end{aligned} \tag{8.7.13}$$

这是 **Newton-Leibniz公式**在曲线积分上的推广. 道路 Γ 是一条定向曲线, 它的起点是 $\boldsymbol{\alpha}(t_0)$, 终点是 $\boldsymbol{\alpha}(T)$. 起点与终点构成定向曲线 Γ 的边界集, 且常常约定: 终点为正, 起点为负. 把这带有正负号的两个点称为定向曲线 Γ 的定向边界, 记做 $\partial\Gamma$. 这样, 在曲线积分上推广了的 Newton-Leibniz 公式可写成:

$$\int_\Gamma dF = \int_{\partial\Gamma} F, \tag{8.7.13$'$}$$

上式右端表示 F 在 $\partial\Gamma = \{\boldsymbol{\alpha}(T)(+), \boldsymbol{\alpha}(t_0)(-)\}$ 上的值的带符号的代数和. 在曲线积分上的推广了的 Newton-Leibniz 公式是以后要讨论的 Stokes 公式在一维流形上的特例.

　　注意到方程 (8.7.12) 和命题 8.7.1($\boldsymbol{\alpha}^*$ 与 d 交换的法则: $\boldsymbol{\alpha}^* d = d\boldsymbol{\alpha}^*$), 有

$$\boldsymbol{\alpha}^*(dx) = d\boldsymbol{\alpha}^*(x) = x'(t)dt, \quad \boldsymbol{\alpha}^*(dy) = d\boldsymbol{\alpha}^*(y) = y'(t)dt,$$

$$\boldsymbol{\alpha}^*(dz) = d\boldsymbol{\alpha}^*(z) = z'(t)dt. \tag{8.7.14}$$

回拉 $\boldsymbol{\alpha}^*$ 是一次微分形式到一次微分形式的线性映射, 我们有

$$\begin{aligned}
\boldsymbol{\alpha}^*\omega &= \boldsymbol{\alpha}^*\big(f(\mathbf{p})dx + g(\mathbf{p})dy + h(\mathbf{p})dz\big) \\
&= f(\boldsymbol{\alpha}(t))x'(t)dt + g(\boldsymbol{\alpha}(t))y'(t)dt + h(\boldsymbol{\alpha}(t))z'(t)dt = \phi(t)dt,
\end{aligned}$$

其中

$$\phi(t) = f(\boldsymbol{\alpha}(t))x'(t) + g(\boldsymbol{\alpha}(t))y'(t) + h(\boldsymbol{\alpha}(t))z'(t).$$

由 (8.7.13) 之前的讨论, 我们有

$$\int_{\Gamma} \boldsymbol{\omega} = \lim \sum_{j=0}^{n-1} \boldsymbol{\omega}_{\mathbf{p}_j}[\mathbf{p}_{j+1} - \mathbf{p}_j] = \int_{t_0}^{T} \boldsymbol{\alpha}^* \boldsymbol{\omega}.$$

定向区间 $[t_0, T]$ 可以看成映射: $\mathrm{id}_{[t_0,T]} : [t_0, T] \to [t_0, T]$ 的像. 代表道路 Γ 的映射是 $\boldsymbol{\alpha} = \boldsymbol{\alpha} \circ \mathrm{id}_{[t_0,T]}$. 道路可定义为映射, 有时, 道路也被理解为映射的像: $\Gamma = \boldsymbol{\alpha}([t_0, T])$. 故上式可写成

$$\int_{\boldsymbol{\alpha}([t_0,T])} \boldsymbol{\omega} = \int_{[t_0,T]} \boldsymbol{\alpha}^* \boldsymbol{\omega}. \tag{8.7.15}$$

这里我们再一次见到 $\boldsymbol{\alpha}^*$ 与 $\boldsymbol{\alpha}$ 的映射方向相反的公式: $\boldsymbol{\alpha}$ 把右端积分道路映成左端积分道路, 而 $\boldsymbol{\alpha}^*$ 把左端积分的被积 1-形式映成右端积分的被积 1-形式. 所以 $\boldsymbol{\alpha}^*$ 的确应称为 $\boldsymbol{\alpha}$ 的回拉.

在以上的讨论中, 函数及微分形式的系数都是实值的, 但函数及微分形式的系数取复值的情形在数学或数学的应用中也经常遇到. 有时, 甚至曲线积分的曲线是在复平面上的, 因此曲线积分的曲线上的微元 $dz = dx + \mathrm{i}dy$ 是复值的. 这将在本讲义的第 12 章讨论复分析时介绍. 在本讲义的第 10 章中, 我们要讨论二次微分形式的问题. 在本讲义的最后几章中, 微分形式的概念还要推广到高次微分形式. 到那时, Stokes 公式和回拉概念的重要性将会全面地表现出来.

练 习

8.7.1 $\mathbf{R}^3$ 上的坐标函数是

$$x\left(\begin{bmatrix} x \\ y \\ z \end{bmatrix}\right) = x, \quad y\left(\begin{bmatrix} x \\ y \\ z \end{bmatrix}\right) = y, \quad z\left(\begin{bmatrix} x \\ y \\ z \end{bmatrix}\right) = z.$$

由 $\mathbf{R}^3$ 到 $\mathbf{R}^3$ 的 (球坐标到直角坐标的) 映射 $\boldsymbol{\varphi}$ 定义为

$$\boldsymbol{\varphi}\left(\begin{bmatrix} r \\ \theta \\ \psi \end{bmatrix}\right) = \begin{bmatrix} r\sin\theta\cos\psi \\ r\sin\theta\sin\psi \\ r\cos\theta \end{bmatrix} = \begin{bmatrix} x \\ y \\ z \end{bmatrix}.$$

问:

$$\boldsymbol{\varphi}^* x\left(\left[\begin{array}{c} r \\ \theta \\ \psi \end{array}\right]\right)=?\quad \boldsymbol{\varphi}^* y\left(\left[\begin{array}{c} r \\ \theta \\ \psi \end{array}\right]\right)=?\quad \boldsymbol{\varphi}^* z\left(\left[\begin{array}{c} r \\ \theta \\ \psi \end{array}\right]\right)=?$$

及

$$\boldsymbol{\varphi}^* dx=?\quad \boldsymbol{\varphi}^* dy=?\quad \boldsymbol{\varphi}^* dz=?$$

8.7.2　设平面上某定向曲线 (或称道路)Γ 由以下的参数方程确定:

$$\Gamma: \boldsymbol{\alpha}(t)=\left[\begin{array}{c} x(t) \\ y(t) \end{array}\right],\quad t_0\leqslant t\leqslant T.$$

我们假定 Γ 是一条封闭的简单曲线, 换言之, 它满足以下两个条件:

(1) $\boldsymbol{\alpha}(t_0)=(T)$;

(2) $\forall t_1,t_2\in[t_0,T)\Big(t_1\neq t_2\Longrightarrow \boldsymbol{\alpha}(t_1)\neq \boldsymbol{\alpha}(t_2)\Big)$.

A 表示封闭的简单曲线 Γ 所围住的平面区域的面积. 试证:

$$A=\int_{\Gamma} xdy=-\int_{\Gamma} ydx=\frac{1}{2}\int_{\Gamma} xdy-ydx.$$

§8.8　附 加 习 题

8.8.1　本练习和下面的练习 8.8.2 是为第 10 章练习中讨论超曲面的面积作准备的, 也是为第 13 和第 16 章介绍流形及相关概念作准备的. 题的内容很繁杂, 但值得细心地完成它.

我们先引进超曲面的概念如下:

定义 8.8.1　设 $n\geqslant 2$, 点集 $M\subset \mathbf{R}^n$ 称为 $\mathbf{R}^n$ 中的一个**超曲面**(或称为$\mathbf{R}^n$中的 $(n-1)$ 维流形), 若对于任何点 $\mathbf{p}\in M$ 有 $r=r(\mathbf{p})>0$ 和一个三次连续可微的映射 $F:\mathbf{B}_{\mathbf{R}^n}(\mathbf{p},r)\to \mathbf{R}$, 使得

$$\mathbf{B}_{\mathbf{R}^n}(\mathbf{p},r)\cap M=\{\mathbf{y}\in \mathbf{B}_{\mathbf{R}^n}(\mathbf{p},r):F(\mathbf{y})=0\}\tag{8.8.1}$$

(注意: 由此, $F(\mathbf{p})=0$), 且

$$\forall \mathbf{y}\in \mathbf{B}_{\mathbf{R}^n}(\mathbf{p},r)(|\nabla F(\mathbf{y})|\neq 0),\tag{8.8.2}$$

其中

$$\nabla F(\mathbf{y})=\mathrm{grad}F=\left(\frac{\partial F(\mathbf{y})}{\partial y_1},\cdots,\frac{\partial F(\mathbf{y})}{\partial y_n}\right)\tag{8.8.3}$$

是函数 F 在点 $\mathbf{y}$ 处的梯度 (行向量).

(i) 设点集 $M\subset \mathbf{R}^n$ 是 $\mathbf{R}^n$ 中的一个超曲面. 试证: 对于每个点 $\mathbf{p}\in M$, 有点 $\mathbf{p}$ 在 $\mathbf{R}^n$ 中的开邻域 W, 点 $\mathbf{0}$ 在 $\mathbf{R}^{n-1}$ 中的一个开邻域 V 和一个三次连续可微的单射: $\Psi:V\to \mathbf{R}^n$ 使得以下条件得以满足:

(a) $\mathbf{p} = \Psi(\mathbf{0})$;

(b) 对于每个 $\mathbf{v} = (v_1, \cdots, v_{n-1}) \in V$, $(n-1)$ 个 n 维 (列) 向量

$$\frac{\partial \Psi(\mathbf{v})}{\partial v_1}, \cdots, \frac{\partial \Psi(\mathbf{v})}{\partial v_{n-1}}$$

是线性无关的;

(c) $M \cap W = \left\{ \Psi(\mathbf{v}) : \mathbf{v} \in V \right\}$, 且 $\Psi^{-1} : M \cap W \to V$ 是连续的.

具有上述性质 (a), (b) 和 (c) 的映射 Ψ 和它的定义域 V 组成的二元组 (Ψ, V) 对于研究超曲面 M(及稍后要引进的流形) 很有用. 为了今后讨论方便, 我们愿意引进以下的概念:

定义 8.8.2 设 $\mathbf{p} \in M$, V 是点 $\mathbf{0}$ 在 $\mathbf{R}^{n-1}$ 中的一个开邻域, 映射 $\Psi : V \to \mathbf{R}^n$ 是一个三次连续可微的单射, 又假设 M 的点 $\mathbf{p}$ 有一个在 $\mathbf{R}^n$ 中的一个开邻域 W, 使得以下三条件满足:

(1) $\mathbf{p} = \Psi(\mathbf{0})$;

(2) 对于每个 $\mathbf{v} = (v_1, \cdots, v_{n-1}) \in V$, $(n-1)$ 个 n 维 (列) 向量

$$\frac{\partial \Psi(\mathbf{v})}{\partial v_1}, \cdots, \frac{\partial \Psi(\mathbf{v})}{\partial v_{n-1}}$$

是线性无关的;

(3) $M \cap W = \left\{ \Psi(\mathbf{v}) : \mathbf{v} \in V \right\}$, 且 $\Psi^{-1} : M \cap W \to V$ 是连续的. 这时我们称连续可微的单射 $\Psi : V \to \mathbf{R}^n$ 和它的定义域 V 构成的二元组 (Ψ, V) 是**超曲面** M **在 $\mathbf{p}$ 点处的一个坐标图卡**, 简称**图卡**.

有了坐标图卡的概念, (i) 的结论可简述为: 超曲面的每一点处都有坐标图卡.

(ii) 先引进超曲面 M 在点 $\mathbf{p}$ 的切向量及切空间的概念:

定义 8.8.3 给定了点 $\mathbf{p} \in M$, 向量 $\mathbf{v} \in \mathbf{R}^n$ 称为 M 在点 $\mathbf{p}$ 处的一个**切向量**, 若有一个连续可微映射 $\gamma : (-\varepsilon, \varepsilon) \to M$, 使得 $\gamma(0) = \mathbf{p}$ 且 $\gamma'(0) = \mathbf{v}$. M 在点 $\mathbf{p}$ 处的全体切向量组成的集合称为M **在点 $\mathbf{p}$ 处的切空间**, 常记做 $\mathbf{T_p}(M)$.

下面我们将证明关于切空间 $\mathbf{T_p}(M)$ 的以下三条命题, 其中第一条命题蕴涵了切空间 $\mathbf{T_p}(M)$ 是 $\mathbf{R}^n$ 中的一个 $(n-1)$ 维线性子空间的论断, 而另外两条是关于任何连续可微函数的梯度向量都具有的性质:

(1) 对于每个 $\mathbf{y} \in \mathbf{B_{R^n}}(\mathbf{p}, r) \cap M$, 有

$$\mathbf{T_y}(M) = \{\mathbf{w} \in \mathbf{R}^n : \mathbf{w} \perp \nabla F(\mathbf{y})\},$$

因而, $\mathbf{T_y}(M)$ 是个 $\mathbf{R}^n$ 中的一个 $(n-1)$ 维的线性子空间.

(2) F 沿着向量 $\nabla F / |\nabla F|$ 方向的方向导数恰为 $|\nabla F|$:

$$D_{\nabla F / |\nabla F|} F(\mathbf{p}) = |\nabla F(\mathbf{p})|.$$

(3) $\nabla F(\mathbf{p}) / |\nabla F(\mathbf{p})|$ 是这样一个单位向量, F 在 $\mathbf{p}$ 点沿着这个单位向量的方向导数大于或等于 F 在 $\mathbf{p}$ 点沿任何其他的单位向量的方向导数的值.

注   对于任何使得 $\nabla F \neq \mathbf{0}$ 的连续可微函数 F, 上述命题 (2) 和 (3) 都成立. 这两条性质是函数 F 的梯度 ∇F 这个向量的刻画. 正因为有这两条性质, ∇F 被称为梯度.

(iii) 设二元组 (Ψ, V) 是超曲面 M 在点 $\mathbf{p}$ 处的一个坐标图卡, 换言之, V 是点 $\mathbf{0}$ 在 $\mathbf{R}^{n-1}$ 的一个开区域, $\Psi: V \to M$ 是三次连续可微的单射, 还有一个 $\mathbf{p}$ 在 $\mathbf{R}^n$ 中的开邻域 W, 使得 $\mathbf{p} = \Psi(\mathbf{0})$, 且对于每个 $\mathbf{v} = (v_1, \cdots, v_{n-1}) \in V$, $(n-1)$ 个 n 维 (列) 向量组

$$\frac{\partial \Psi(\mathbf{v})}{\partial v_1}, \cdots, \frac{\partial \Psi(\mathbf{v})}{\partial v_{n-1}}$$

是线性无关的, 而

$$M \cap W = \left\{ \Psi(\mathbf{v}) : \mathbf{v} \in V \right\}, \quad \text{且} \quad \Psi^{-1} : M \cap W \to V \text{ 是连续的}.$$

试证:

$$\mathbf{T}_{\mathbf{p}}(M) = d\Psi_{\mathbf{0}}(\mathbf{R}^{n-1}).$$

特别, 以下 $(n-1)$ 个向量构成了 $\mathbf{T}_{\mathbf{p}}(M)$ 的一组基向量:

$$\frac{\partial \Psi(\mathbf{0})}{\partial v_1}, \cdots, \frac{\partial \Psi(\mathbf{0})}{\partial v_{n-1}}.$$

注   (iii) 给出了切空间的另一刻画. 有些书上以 (iii) 的刻画作为切空间的定义.

(iv) 设 $M = \mathbf{S}^{n-1} = \{\mathbf{x} \in \mathbf{R}^n : |\mathbf{x}|^2 - 1 = 0\}$ 是 $\mathbf{R}^n$ 中的以原点为球心的单位球面, $\mathbf{p} \in M$. 试证: $\mathbf{T}_{\mathbf{p}}(M) = \{\mathbf{w} \in \mathbf{R}^n : \mathbf{w} \perp \mathbf{p}\}$.

注   这个结论在 $n = 2, 3$ 的情形是我们在中学学习几何时就已熟悉的. 它告诉我们, 现在给出的切空间的定义并不与中学学到的几何知识相矛盾, 因而可以期望现在给出的切空间的定义是合理的.

(v) 试证: 每个超曲面 $M \subset \mathbf{R}^n$ 有可数个点 $\mathbf{p}_k \in M (k \in \mathbf{N})$ 和定义 8.8.1 中所述的对应的可数个正数 $r_k = r(\mathbf{p}_k) > 0$ 及对应的三次连续可微的映射 $F_k: \mathbf{B}_{\mathbf{R}^n}(\mathbf{p}_k, r_k) \to \mathbf{R}$, 使得

$$M = \bigcup_{k=1}^{\infty} \mathbf{B}_{\mathbf{R}^n}(\mathbf{p}_k, r_k) \cap M = \bigcup_{k=1}^{\infty} \{\mathbf{y} \in \mathbf{B}_{\mathbf{R}^n}(\mathbf{p}_k, r_k) : F_k(\mathbf{y}) = 0\}.$$

(vi) 假设 $M \subset \mathbf{R}^n$ 是超曲面, $\mathbf{p} \in M$, 二元组 (Ψ, V) 是超曲面 M 在点 $\mathbf{p}$ 处的一个三次连续可微的坐标图卡, 换言之, V 是点 $\mathbf{0}$ 在 $\mathbf{R}^{n-1}$ 的一个开邻域, $\Psi: V \to M$ 是三次连续可微的单射, 还有一个 $\mathbf{p}$ 在 $\mathbf{R}^n$ 中的开区域 W, 使得 $\mathbf{p} = \Psi(\mathbf{0})$, 且对于每个 $\mathbf{v} = (v_1, \cdots, v_{n-1}) \in V$, $(n-1)$ 个 n 维 (列) 向量组

$$\frac{\partial \Psi(\mathbf{v})}{\partial v_1}, \cdots, \frac{\partial \Psi(\mathbf{v})}{\partial v_{n-1}}$$

是线性无关的, 而

$$M \cap W = \left\{ \Psi(\mathbf{v}) : \mathbf{v} \in V \right\}, \quad \text{且} \quad \Psi^{-1} : M \cap W \to V \text{ 是连续的}.$$

试证：有一个二次连续可微的映射 $\mathbf{n}: V \to \mathbf{S}^{n-1}\big(\mathbf{S}^{n-1}$ 表示 $\mathbf{R}^n$ 中的以原点为球心的 $(n-1)$ 维单位球面$\big)$，使得 $\mathbf{n}(\mathbf{v}) \perp \mathbf{T}_{\Psi(\mathbf{v})}(M)$，且

$$\forall \mathbf{v} \in V\left(\det\left[\frac{\partial\Psi(\mathbf{v})}{\partial v_1} \cdots \frac{\partial\Psi(\mathbf{v})}{\partial v_{n-1}} \; \mathbf{n}(\mathbf{v})^T\right] > 0\right),$$

其中，方括号表示括号中的 n 个列向量 (按所排顺序) 构成的矩阵，$\mathbf{n}(\mathbf{v})^T$ 表示行向量 $\mathbf{n}(\mathbf{v})$ 的转置.

　　注 1　任何与切空间 $\mathbf{T}_{\Psi(\mathbf{v})}(M)$ 垂直的向量称为超曲面 M 在点 $\Psi(\mathbf{v})$ 处的**法向量**，上述法向量 $\mathbf{n}(\mathbf{v})$ 是个单位法向量；

　　注 2　为了方便，上述单位法向量 $\mathbf{n}(\mathbf{v})$ 有时也记做

$$\mathbf{n}(\mathbf{v}) = \mathbf{n}\big(\Psi(\mathbf{v})\big).$$

由于 $\mathbf{v}$ 和 $\Psi(\mathbf{v})$ 所在的空间不同而 Ψ 是单射，这样的记法并不会造成误会.

　　(vii) 邻域 V 和三次连续可微的单射：$\Psi: V \to M$ 和映射 $\mathbf{n}: V \to \mathbf{S}^{n-1}$ 如 (vi) 中所述. 定义映射 $\widetilde{\Psi}: V \times \mathbf{R} \to \mathbf{R}^n$ 如下：

$$\widetilde{\Psi}(\mathbf{v}, \lambda) = \Psi(\mathbf{v}) + \lambda\mathbf{n}(\mathbf{v})^T, \quad (\mathbf{v}, \lambda) \in V \times \mathbf{R}. \tag{8.8.4}$$

　　(a) 试证：映射 $\widetilde{\Psi}$ 的 Jacobi 行列式的绝对值有以下表达式

$$\forall \mathbf{v} \in V\left(|J_{\widetilde{\Psi}}(\mathbf{v}, 0)| = \left|\det\left[\frac{\partial\Psi(\mathbf{v})}{\partial v_1} \cdots \frac{\partial\Psi(\mathbf{v})}{\partial v_{n-1}} \; \mathbf{n}(\mathbf{v})^T\right]\right| = \delta\Psi(\mathbf{v})\right),$$

上式中的

$$\delta\Psi(\mathbf{v}) = \left[\det\left(\left(\frac{\partial\Psi(\mathbf{v})}{\partial v_i}, \frac{\partial\Psi(\mathbf{v})}{\partial v_j}\right)_{\mathbf{R}^n}\right)_{1 \leqslant i, j \leqslant n-1}\right]^{1/2},$$

而 $\left(\dfrac{\partial\Psi(\mathbf{v})}{\partial v_i}, \dfrac{\partial\Psi(\mathbf{v})}{\partial v_j}\right)_{\mathbf{R}^n}$ 表示向量 $\dfrac{\partial\Psi(\mathbf{v})}{\partial v_i}$ 和向量 $\dfrac{\partial\Psi(\mathbf{v})}{\partial v_j}$ 在 $\mathbf{R}^n$ 中的内积. 由此，$\forall \mathbf{v} \in V(\delta\Psi(\mathbf{v}) \neq 0)$.

　　注　行列式

$$\det\left(\left(\frac{\partial\Psi(\mathbf{v})}{\partial v_i}, \frac{\partial\Psi(\mathbf{v})}{\partial v_j}\right)_{\mathbf{R}^n}\right)_{1 \leqslant i, j \leqslant n-1}$$

称为 Ψ 的 Jacobi 矩阵 (注意：它是 $n \times (n-1)$ 矩阵!) 的 **Gram行列式**.

　　(b) 试证：对于任何 $\mathbf{v} \in V$，总可找到一个 $\rho(\mathbf{v}) > 0$，使得 (8.8.4) 中定义的映射 $\widetilde{\Psi}$ 在开球柱 $\mathbf{B}_{\mathbf{R}^{n-1}}(\mathbf{v}, \rho(\mathbf{v})) \times \big(-\rho(\mathbf{v}), \rho(\mathbf{v})\big)$ 上的限制有三次连续可微的逆映射，记它为 $\widetilde{\Psi}^{-1} = (\Theta, F) = (\theta_1, \cdots, \theta_{n-1}, F)$，且有 $\rho(\mathbf{v}) > 0$，使得

$$M \cap \left[\mathbf{B}_{\mathbf{R}^{n-1}}\big(\Psi(\mathbf{v}), \rho(\mathbf{v})\big) \times \big(-\rho(\mathbf{v}), \rho(\mathbf{v})\big)\right]$$
$$= \{\mathbf{y} \in \mathbf{B}_{\mathbf{R}^{n-1}}\big(\Psi(\mathbf{v}), \rho(\mathbf{v})\big) \times \big(-\rho(\mathbf{v}), \rho(\mathbf{v})\big) : F(\mathbf{y}) = 0\}.$$

选取充分小的 $r > 0$, 使得 $\mathbf{B_{R^n}}\big(\Psi(\mathbf{v}), r\big) \subset \mathbf{B_{R^{n-1}}}\big(\Psi(\mathbf{v}), \rho(\mathbf{v})\big) \times \big(-\rho(\mathbf{v}), \rho(\mathbf{v})\big)$, 便有

$$M \cap \mathbf{B_{R^n}}\big(\Psi(\mathbf{v}), r\big) = \{\mathbf{y} \in \mathbf{B_{R^n}}\big(\Psi(\mathbf{v}), r\big) : F(\mathbf{y}) = 0\},$$

换言之, 由等式 $\widetilde{\Psi}^{-1} = (\Theta, F)$ 确定的 F 恰可扮演超曲面 M 的定义 (参看定义 8.8.1 中的方程 (8.8.1)) 中 F 的角色;

注 1 和 (i) 结合起来, 我们得到以下结论: 点集 $M \subset \mathbf{R}^n$ 是个超曲面, 当且仅当对于每个点 $\mathbf{p} \in M$, 有点 $\mathbf{p}$ 在 $\mathbf{R}^n$ 中的一个开邻域 W 和 $\mathbf{R}^{n-1}$ 中的点 $\mathbf{0}$ 在 $\mathbf{R}^{n-1}$ 中的一个开邻域 V 以及三次连续可微的单射: $\Psi : V \to \mathbf{R}^n$ 使得 $\mathbf{p} = \Psi(\mathbf{0})$, 且对于每个 $\mathbf{v} = (v_1, \cdots, v_{n-1}) \in V$, $(n-1)$ 个 n 维列向量集合

$$\frac{\partial \Psi(\mathbf{v})}{\partial v_1}, \cdots, \frac{\partial \Psi(\mathbf{v})}{\partial v_{n-1}}$$

是线性无关的, 还有以下关系式:

$$M \cap W = \{\Psi(\mathbf{v}) : \mathbf{v} \in V\}.$$

以后, $\mathbf{R}^n$ 中的超曲面的这两种刻画方式 (超曲面的定义 (定义 8.8.1) 和上述充分必要条件) 常交替使用, 哪个方便用哪个.

注 2 因为映射 $\widetilde{\Psi}$ 在点 $(\mathbf{v}, 0)$ 的附近把 V 的法向量 (因 V 是在超平面 $t = 0$ 上, 它的法向量就是平行于最后一个坐标向量 $(0, \cdots, 0, 1)$ 的向量) 映成 M 的法向量, 且法向量上长度单位不变, 映射 $\widetilde{\Psi}$ 和它的定义域 $V \times \mathbf{R}$ 构成的二元组 $(\widetilde{\Psi}, V \times \mathbf{R})$ 称为超曲面 M 在点 $\widetilde{\Psi}(\mathbf{v}, 0)$ 处的**保 (持) 法 (向量的) 坐标图卡**. 应注意的是, 保法坐标图卡并非 (i) 的定义 8.8.2 中所说的坐标图卡: 前者是 n 维开集到 n 维开集的微分同胚, 后者则是 $(n-1)$ 维开集到 M 上的 $(n-1)$ 维开集的微分同胚.

注 3 超曲面 M 在任何点处都有保法坐标图卡这一事实对下面的练习 8.8.2 及以后的讨论至关重要.

(viii) 邻域 V, 三次连续可微的单射: $\Psi : V \to M$, 映射 $\mathbf{n} : V \to \mathbf{S}^{n-1}$ 和映射 $\widetilde{\Psi} : V \times \mathbf{R} \to \mathbf{R}^n$ 如 (vii) 中所述. 设 $\mathbf{v} \in V$, 对于 $\mathbf{p} = \Psi(\mathbf{v})$ 有 r 和 F, 使得方程 (8.8.1) 和 (8.8.2) 成立. 让 (vii) 的 (b) 部分的 $\rho = \rho(\mathbf{v}) > 0$ 选得充分地小, 以保证以下两个关系式成立:

$$\mathbf{B_{R^{n-1}}}(\mathbf{v}, 2\rho) \subset V \quad \text{且} \quad \Psi\big(\mathbf{B_{R^{n-1}}}(\mathbf{v}, 2\rho)\big) \subset \mathbf{B_{R^n}}(\mathbf{p}, r/2).$$

试证:

$$\forall (\mathbf{t}, \lambda) \in \mathbf{B_{R^{n-1}}}(\mathbf{v}, \rho) \times (-\rho, \rho)\big(F(\widetilde{\Psi}(\mathbf{t}, \lambda)) = \pm\lambda |\nabla F(\Psi(\mathbf{t}))| + E(\mathbf{t}, \lambda)\big),$$

其中 $\widetilde{\Psi}$ 是 (8.8.4) 中定义的映射, 而 $E(\mathbf{t}, \lambda)$ 满足不等式 $|E(\mathbf{t}, \lambda)| \leqslant C\lambda^2$, 其中 C 是某个 (不依赖于 λ 的) 常数.

(ix) 试证: 坐标图卡 (Ψ, V) 中的 V 有可数子集 $\{\mathbf{v}_k : k \in \mathbf{N}\}$, 使得

$$V = \bigcup_{k=1}^{\infty} \mathbf{B}_{\mathbf{R}^{n-1}}(\mathbf{v}_k, \rho_k/3),$$

其中 $\rho_k = \rho(\mathbf{v}_k)$, 函数 $\rho(\cdot)$ 满足 (vii) 的 (b) 以及 (viii) 中所述的要求.

8.8.2 **本题继续练习 8.8.1 的讨论.**

(i) 沿用练习 8.8.1 中的记号. $\mathbf{v}_k$ 和 ρ_k 如练习 8.8.1 中的 (ix) 所述. 记

$$\mathbf{B}_k = \mathbf{B}_{\mathbf{R}^{n-1}}(\mathbf{v}_k, \rho_k/3) \quad \text{和} \quad R_k = \min\{\rho_1, \cdots, \rho_k\}.$$

我们用以下方法归纳地构造一串数 ε_k 和一串 $\mathbf{R}^n$ 中的紧集 $K_k (k = 1, 2, \cdots)$:

$$\varepsilon_1 = R_1/3 \quad \text{和} \quad K_1 = \overline{\mathbf{B}_1} \times [-\varepsilon_1, \varepsilon_1],$$

当 ε_j 和 K_j 对于 $j = 1, \cdots, k$ 已确定, 定义 ε_{k+1} 和 K_{k+1} 如下:

$$\varepsilon_{k+1} = \frac{\min(R_{k+1}, \varepsilon_k, \kappa_k)}{3},$$

其中

$$\kappa_k = \inf\left\{ |\Psi(\mathbf{v}) - \tilde{\Psi}(\mathbf{t}, \lambda)| : \mathbf{v} \in \overline{\mathbf{B}_{k+1}} \setminus \bigcup_{j=1}^{k} \mathbf{B}_j, (\mathbf{t}, \lambda) \in K_k \text{ 且 } |\mathbf{v} - \mathbf{t}| \geqslant \frac{R_{k+1}}{3} \right\},$$

上式右端的 K_k 是通过下式归纳地定义的:

$$K_{k+1} = K_k \cup \left[\left(\overline{\mathbf{B}_{k+1}} \setminus \bigcup_{j=1}^{k} \mathbf{B}_j \right) \times [-\varepsilon_{k+1}, \varepsilon_{k+1}] \right].$$

试证: $\forall k \in \mathbf{N}(\varepsilon_k > 0)$.

(ii) 仍沿用练习 8.8.1 及本题 (i) 中的记号. 试证: $\forall k \in \mathbf{N}(\tilde{\Psi}$ 在 K_k 上的限制是单射).

(iii) 仍沿用练习 8.8.1 及本题 (i) 和 (ii) 中的记号. 试证: 一定有一个下半连续映射 $p : \Psi(V) \to \mathbf{R}, \mathbf{x} \mapsto p(\mathbf{x})$, 使得 $\forall \mathbf{x} \in \mathbf{B}_k \setminus \bigcup_{j=1}^{k-1} \mathbf{B}_j \left(0 < p(\mathbf{x}) < \varepsilon_k/3 \right)$. 由此, 点集

$$\tilde{V} = \left\{ (\mathbf{x}, \lambda) : \mathbf{x} \in V, |\lambda| < p(\mathbf{x}) \right\}$$

是 $\mathbf{R}^n$ 中的开集, 而且

(a) 由 (8.8.4) 定义的映射 $\tilde{\Psi}$ 在 $\tilde{V}$ 上的限制是三次连续可微的微分同胚;

(b) $V = \{\mathbf{v} \in \mathbf{R}^{n-1} : (\mathbf{v}, 0) \in \tilde{V}\}$;

(c) $\Psi(V) = \tilde{\Psi}(\tilde{V}) \cap M$;

(d) 对于 $\Psi(V)$ 中任何两个不同的点 $\mathbf{x}$ 和 $\mathbf{y}$, 有

$$\forall \rho \in \left(0, \min(p(\mathbf{x}), p(\mathbf{y})) \right) \left(\{\mathbf{x}\}(\rho) \cap \{\mathbf{y}\}(\rho) \cap \tilde{\Psi}(\tilde{V}) = \varnothing \right),$$

其中

$$\{\mathbf{x}\}(\rho) = \left\{ \mathbf{x} + \lambda \frac{\nabla F(\mathbf{x})}{|\nabla F(\mathbf{x})|} : |\lambda| < \rho \right\}, \quad \{\mathbf{y}\}(\rho) = \left\{ \mathbf{y} + \lambda \frac{\nabla F(\mathbf{y})}{|\nabla F(\mathbf{y})|} : |\lambda| < \rho \right\};$$

(e) 设 Γ 是 M 的有界子集, 且 $\overline{\Gamma} \subset \Psi(V)$, 则有 $\rho_\Gamma > 0$, 使得映射 $\widetilde{\Psi}$: $\Psi^{-1}(\overline{\Gamma}) \times (-\rho_\Gamma, \rho_\Gamma) \to \mathbf{R}^n$ 是单射, 且

$$\forall \mathbf{x} \in \Gamma\big(\{\mathbf{x}\}(\rho_\Gamma) \subset \widetilde{\Psi}(\widetilde{V})\big).$$

*§8.9   补充教材一: 线性赋范空间上的微分学及变分法初步

在这一节补充教材中我们要介绍无限维赋范线性空间上的微分学, 它是有限维线性空间上的微分学的直接推广. 在有限维线性空间上有有限个向量组成的标准基. 因而映射的微分在标准基下可以用映射的分量的偏导数组成的 Jacobi 矩阵表示. 这就是偏导数在传统的微积分中为什么扮演十分重要且方便的角色的缘由. 无限维线性赋范空间上的基的概念可以有很多种定义, 其中最重要的该推 Schauder 基. 经过数十年的努力, 人们终于认识到, 并非所有的 Banach 空间都有 Schauder 基. 因此, 无限维赋范线性空间上的微分学一般不假定空间有基, 映射的微分将不可能用映射的分量的偏导数组成的某个无限矩阵表示. 以偏导数为元的 Jacobi 矩阵将不再扮演有限维线性空间的微分学中那样重要的角色. 但这并不妨碍我们建立无限维线性赋范空间上的微分学. 这样建立起来的微分学在经典力学, 流体力学与量子物理中还很有用.

8.9.1   线性赋范空间上的重线性映射

在 §7.3 练习 7.3.1 中引进了赋范线性空间 (也称赋范向量空间, 或线性赋范空间) 的概念, 为了方便, 今复述如下:

设 E 是实数域 $\mathbf{R}$(或复数域 $\mathbf{C}$) 上的向量空间 (允许是无限维向量空间), 映射

$$|\cdot|_E : E \to \mathbf{R}$$

称为 E 上的一个**范数**, 假若它满足以下三个条件:

(a) $\forall x \in E(|x|_E \geqslant 0,$ 且 $|x|_E = 0 \Longleftrightarrow x = 0);$

(b) $\forall x \in E \forall \lambda \in \mathbf{R}(\mathbf{C})(|\lambda x|_E = |\lambda||x|_E);$

(c) $\forall x, y \in E(|x + y|_E \leqslant |x|_E + |y|_E).$

$(E, |\cdot|_E)$ 称为**赋范向量空间**(或称赋范线性空间, 或称线性赋范空间). 有时, 当范数 $|\cdot|_E$ 已在上下文中不言自明时, 赋范向量空间 $(E, |\cdot|_E)$ 也简记做 E.

我们还知道, 在用以下方法引进度量 ρ 后, $(E, |\cdot|_E)$ 是个度量空间 (E, ρ):

$$\forall x, y \in E(\rho(x, y) = |x - y|_E).$$

假若这个度量空间 (E, ρ) 是完备的, 则赋范线性空间 $(E, |\cdot|_E)$ 称为 **Banach空间**. 这是为了纪念对这个空间的理论首先系统地进行了研究的杰出的波兰数学家 **Stefan Banach**. 赋范线性空间 $(E, |\cdot|_E)$ 称为无限维的, 假若在任何

有限个线性无关的向量 $\mathbf{x}_1, \cdots, \mathbf{x}_n \in E$ 之外还可找到一个向量 $\mathbf{x}_{n+1} \in E$, 使得 $\mathbf{x}_1, \cdots, \mathbf{x}_n, \mathbf{x}_{n+1}$ 是线性无关的. 无限维 Banach 空间在微分方程, 函数论, 概率论等领域中扮演着一个十分重要的角色. 本补充教材只简单介绍定义在无限维赋范线性空间上, 取值于另一个赋范线性空间的函数的微分学及其应用. 因为实数域 (或复数域) 是实数域 (或复数域) 上的一维线性空间, 所以我们的讨论将把定义在无限维赋范线性空间上取实数值 (或复数值) 的函数的微分学作为一个特例包含在内.

为了以后讨论的方便, 先将重线性映射的概念推广到无限维线性空间上去.

定义 8.9.1 设 $E_j(j = 1, \cdots, n)$ 和 F 是实数域 $\mathbf{R}$ (或复数域 $\mathbf{C}$) 上的 $(n+1)$ 个线性空间, 映射 $T : E_1 \times \cdots \times E_n \to F$ 称为**重线性**(确切些说, n**-线性**) **映射**, 若对于任何 $j \in \{1, \cdots, n\}$, 当 $x_1, \cdots, x_{j-1}, x_{j+1}, \cdots, x_n$ 取任何固定的值时, 映射 $x_j \mapsto T(x_1, \cdots, x_j, \cdots, x_n)$ 是个线性映射.

当 $n = 2$ 时, n-线性映射称为**双线性映射**. $E_1 \times \cdots \times E_n \to F$ 的 n-线性映射全体记做 $\mathcal{L}(E_1, \cdots, E_n; F)$.

例 8.9.1 映射 $A : \mathbf{R} \times \cdots \times \mathbf{R} \to \mathbf{R}$ 定义为 $A(x_1, \cdots, x_n) = x_1 \cdots x_n$, 易见, $A \in \mathcal{L}(\underbrace{\mathbf{R} \times \cdots \times \mathbf{R}}_{n\text{个}}; \mathbf{R})$.

例 8.9.2 映射 $A : \mathbf{R}^n \times \mathbf{R}^n \to \mathbf{R}$ 定义为 $A(\mathbf{x}_1, \mathbf{x}_2) = (\mathbf{x}_1, \mathbf{x}_2) = \mathbf{x}_1 \cdot \mathbf{x}_2$, 其中 $(\cdot, \cdot)$ 表示向量的内积. 易见, $A \in \mathcal{L}(\mathbf{R}^n \times \mathbf{R}^n; \mathbf{R})$.

例 8.9.3 映射 $A : \mathbf{R}^3 \times \mathbf{R}^3 \to \mathbf{R}^3, A(\mathbf{x}_1, \mathbf{x}_2) = \mathbf{x}_1 \times \mathbf{x}_2$, 其中 $\times$ 表示向量的叉乘. 易见, $A \in \mathcal{L}(\mathbf{R}^3 \times \mathbf{R}^3; \mathbf{R}^3)$.

例 8.9.4 设 X 是实数域 $\mathbf{R}$ 上的 n 维向量空间, $\{\mathbf{e}_1, \cdots, \mathbf{e}_n\}$ 构成 X 的一组基. 任何向量 $\mathbf{x} \in X$ 有 (唯一的) 表示: $\mathbf{x} = x^1 \mathbf{e}_1 + \cdots + x^n \mathbf{e}_n$, 令

$$A(\mathbf{x}_1, \cdots, \mathbf{x}_n) = \begin{vmatrix} x_1^1 & x_1^2 & \cdots & x_1^n \\ x_2^1 & x_2^2 & \cdots & x_2^n \\ \vdots & \vdots & & \vdots \\ x_n^1 & x_n^2 & \cdots & x_n^n \end{vmatrix},$$

其中 $\mathbf{x}_j = x_j^1 \mathbf{e}_1 + \cdots + x_j^n \mathbf{e}_n (j = 1, \cdots, n)$. 易见, $A \in \mathcal{L}(\underbrace{X \times \cdots \times X}_{n\text{个}}; \mathbf{R})$.

定义 8.9.2 设 $E_1, \cdots, E_n$ 和 F 是 $(n+1)$ 个线性赋范空间, 我们定义**重线性映射** $A \in \mathcal{L}(E_1, \cdots, E_n; F)$ **的范数**为

$$\|A\| = \sup_{\substack{x_j \in E_j, |x_j|_{E_j} \neq 0, \\ j=1, \cdots, n}} \frac{|A(\mathbf{x}_1, \cdots, \mathbf{x}_n)|_F}{|\mathbf{x}_1|_{E_1} \cdots |\mathbf{x}_n|_{E_n}}.$$

若 $\|A\| < \infty$, A 称为**有界重线性映射**. $\mathcal{L}(E_1, \cdots, E_n; F)$ 中全体有界 n-线性映射组成的集合记做 $\mathbf{L}(E_1, \cdots, E_n; F)$.

由定义 8.9.2, 不难看出,

$$|A(\mathbf{x}_1,\cdots,\mathbf{x}_n)|_F \leqslant \|A\| |\mathbf{x}_1|_{E_1} \cdots |\mathbf{x}_n|_{E_n}$$

和

$$\|A\| = \sup_{\substack{\mathbf{x}_j \in E_j, |\mathbf{x}_j|_{E_j}=1, \\ j=1,\cdots,n}} |A(\mathbf{x}_1,\cdots,\mathbf{x}_n)|_F.$$

例 8.9.1 到例 8.9.4 中的重线性映射都是有界重线性映射. 前三个例子比较容易检验, 留给同学自行完成. 例 8.9.4 检验如下: 行列式的重线性性是显然的. 以下证明它的有界性:

$$A(\mathbf{x}_1,\cdots,\mathbf{x}_n) = \begin{vmatrix} x_1^1 & x_1^2 & \cdots & x_1^n \\ x_2^1 & x_2^2 & \cdots & x_2^n \\ \vdots & \vdots & & \vdots \\ x_n^1 & x_n^2 & \cdots & x_n^n \end{vmatrix},$$

其中 $\mathbf{x}_j = x_j^1\mathbf{e}_1 + \cdots + x_j^n\mathbf{e}_n, j=1,\cdots,n$. 用 Schmidt 正交化方法得到

$$\begin{cases} \mathbf{x}_1 = k_1^1\mathbf{f}_1, \\ \mathbf{x}_2 = k_2^1\mathbf{f}_1 + k_2^2\mathbf{f}_2, \\ \mathbf{x}_3 = k_3^1\mathbf{f}_1 + k_3^2\mathbf{f}_2 + k_3^3\mathbf{f}_3, \\ \cdots\cdots\cdots\cdots\cdots\cdots\cdots\cdots\cdots \\ \mathbf{x}_n = k_n^1\mathbf{f}_1 + k_n^2\mathbf{f}_2 + k_n^3\mathbf{f}_3 + \cdots + k_n^n\mathbf{f}_n, \end{cases}$$

其中 $\{\mathbf{f}_1,\cdots,\mathbf{f}_n\}$ 是一组正交规范基:

$$\mathbf{f}_j = \sum_{k=1}^n f_j^k\mathbf{e}_k, \quad j=1,\cdots,n,$$

右端的 $\mathbf{e}_1,\cdots,\mathbf{e}_n$ 是 $\mathbf{R}^n$ 中的标准基, 而矩阵 (f_j^k) 是正交矩阵.

易见, $|k_j^j| \leqslant |\mathbf{x}_j|$. 利用行列式的性质, 有

$$A(\mathbf{x}_1,\cdots,\mathbf{x}_n) = \begin{vmatrix} x_1^1 & x_1^2 & \cdots & x_1^n \\ x_2^1 & x_2^2 & \cdots & x_2^n \\ \vdots & \vdots & & \vdots \\ x_n^1 & x_n^2 & \cdots & x_n^n \end{vmatrix}$$

$$= k_1^1 k_2^2 \cdots k_n^n \begin{vmatrix} f_1^1 & f_1^2 & \cdots & f_1^n \\ f_2^1 & f_2^2 & \cdots & f_2^n \\ \vdots & \vdots & & \vdots \\ f_n^1 & f_n^2 & \cdots & f_n^n \end{vmatrix} = \pm k_1^1 k_2^2 \cdots k_n^n,$$

故

$$|A(\mathbf{x}_1,\cdots,\mathbf{x}_n)| \leqslant |\mathbf{x}_1||\mathbf{x}_2|\cdots|\mathbf{x}_n|.$$

我们顺便证明了它的范数不大于 1. 同学们可以试着证明它的范数恰等于 1.

8.9.2 连续重线性映射空间

命题 8.9.1 设 $A \in \mathcal{L}(E_1, \cdots, E_n; F)$, 则以下三个论述等价:

(1) $A \in \mathbf{L}(E_1, \cdots, E_n; F)$;

(2) A 是 $E_1 \times \cdots \times E_n \to F$ 的连续映射;

(3) A 在点 $(\mathbf{0}, \cdots, \mathbf{0}) \in E_1 \times \cdots \times E_n$ 处连续.

证 先证 (1) $\Longrightarrow$ (2). 设

$$|A(\mathbf{x}_1, \cdots, \mathbf{x}_n)|_F \leqslant \|A\| |\mathbf{x}_1|_{E_1} \cdots |\mathbf{x}_n|_{E_n},$$

其中 $\|A\| < \infty$. 我们有

$$|A(\mathbf{x}_1 + \mathbf{h}_1, \cdots, \mathbf{x}_n + \mathbf{h}_n) - A(\mathbf{x}_1, \cdots, \mathbf{x}_n)|_F = \left| \sum{}' A(\mathbf{y}_1, \cdots, \mathbf{y}_n) \right|_F,$$

其中求和号 $\sum'$ 表示对所有满足以下两个条件的 $(\mathbf{y}_1, \cdots, \mathbf{y}_n)$ 求和:

(i) 对于任何 $j \in \{1, \cdots, n\}$, $\mathbf{y}_j = \mathbf{x}_j$ 或 $\mathbf{y}_j = \mathbf{h}_j$;

(ii) 至少有一个 $j \in \{1, \cdots, n\}$, 使得 $\mathbf{y}_j = \mathbf{h}_j$.

易见, 求和号 $\sum'$ 下含有 k 个 j, 使得 $\mathbf{y}_j = \mathbf{h}_j$ 的共有 $\binom{n}{k}$ 项. 当 $(\mathbf{x}_1, \cdots, \mathbf{x}_n)$ 固定, 而且满足条件 $\max\limits_{1 \leqslant j \leqslant n} |\mathbf{h}_j|_{E_j} \leqslant 1$ 时,

$$|A(\mathbf{x}_1 + \mathbf{h}_1, \cdots, \mathbf{x}_n + \mathbf{h}_n) - A(\mathbf{x}_1, \cdots, \mathbf{x}_n)|_F$$
$$\leqslant \|A\| \sum_{k=1}^{n} \binom{n}{k} \left(\max_{1 \leqslant j \leqslant n} |\mathbf{x}_j|_{E_j} \right)^{n-k} \left(\max_{1 \leqslant j \leqslant n} |\mathbf{h}_j|_{E_j} \right)^k \leqslant M \max_{1 \leqslant j \leqslant n} |\mathbf{h}_j|_{E_j},$$

其中

$$M = \|A\| \sum_{k=1}^{n} \binom{n}{k} \left(\max_{1 \leqslant j \leqslant n} |\mathbf{x}_j|_{E_j} \right)^{n-k}$$

是个不依赖于 $(\mathbf{h}_1, \cdots, \mathbf{h}_n)$(但依赖于 $(\mathbf{x}_1, \cdots, \mathbf{x}_n)$) 的常数. (1) $\Longrightarrow$ (2) 证毕.

(2) $\Longrightarrow$ (3) 是显然的.

最后证明 (3) $\Longrightarrow$ (1). 任给 $\varepsilon > 0$, 有 $\delta = \delta(\varepsilon) > 0$, 使得

$$\max_{1 \leqslant j \leqslant n} |\mathbf{x}_j|_{E_j} \leqslant \delta \Longrightarrow |A(\mathbf{x}_1, \cdots, \mathbf{x}_n)|_F < \varepsilon.$$

设 $\mathbf{y}_1, \cdots, \mathbf{y}_n$ 是 n 个向量. 若至少有一个 $\mathbf{y}_j = \mathbf{0}$, 则 $A(\mathbf{y}_1, \cdots, \mathbf{y}_n) = \mathbf{0}$. 今假设对于一切 $j \in \{1, \cdots, n\}$, 都有 $\mathbf{y}_j \neq \mathbf{0}$. 令 $\mathbf{e}_j = \mathbf{y}_j / |\mathbf{y}_j|_{E_j}$, 则

$$|A(\mathbf{y}_1, \cdots, \mathbf{y}_n)|_F = \frac{|\mathbf{y}_1|_{E_1} \cdots |\mathbf{y}_n|_{E_n}}{\delta^n} |A(\delta \mathbf{e}_1, \cdots, \delta \mathbf{e}_n)|_F < \frac{\varepsilon |\mathbf{y}_1|_{E_1} \cdots |\mathbf{y}_n|_{E_n}}{\delta^n}.$$

(3) $\Longrightarrow$ (1) 证毕. □

注 §7.6 练习 7.6.5 的 (v) 告诉我们, 任何有限维空间上的线性映射都是有界的. 这个命题可以推广为: 定义在任何 n 个有限维空间乘积上的重线性映射都是有界的. 这个命题的证明留给同学了.

定理 8.9.1 设 $E_j (j = 1, \cdots, n)$ 和 F 是实数域 $\mathbf{R}$(或复数域 $\mathbf{C}$) 上的 $(n+1)$ 个赋范线性空间, 则 $\left(\mathbf{L}(E_1, \cdots, E_n; F), \|\cdot\| \right)$ 是个赋范线性空间. 若 F 是 Banach 空间, 则 $\left(\mathbf{L}(E_1, \cdots, E_n; F), \|\cdot\| \right)$ 也是个 Banach 空间.

证 我们要证明以下两点:

(1) $\left(\mathbf{L}(E_1, \cdots, E_n; F), \|\cdot\| \right)$ 是个线性赋范空间;

(2) 若 F 是 Banach 空间, 则 $\mathbf{L}(E_1, \cdots, E_n; F)$ 相对于范数 $\|\cdot\|$ 也是个 Banach 空间.

(1) 的证明. $\mathbf{L}(E_1, \cdots, E_n; F)$ 显然是线性空间. 下面证明 $\|\cdot\|$ 是 $\mathbf{L}(E_1, \cdots, E_n; F)$ 上的一个范数: 按 $\mathbf{L}(E_1, \cdots, E_n; F)$ 的定义, 对于任何 $A \in \mathbf{L}(E_1, \cdots, E_n; F)$, 必有 $\|A\| < \infty$. 由不等式

$$|A(\mathbf{x}_1, \cdots, \mathbf{x}_n)|_F \leqslant \|A\| |\mathbf{x}_1|_{E_1} \cdots |\mathbf{x}_n|_{E_n}$$

得到 $\|A\| = 0 \Longleftrightarrow A = \mathbf{0}$. 由重线性映射的范数的定义, 有

$$\|\lambda A\| = \sup_{\substack{\mathbf{x}_1, \cdots, \mathbf{x}_n \\ \mathbf{x}_i \neq \mathbf{0}, i=1, \cdots, n}} \frac{|(\lambda A)(\mathbf{x}_1, \cdots, \mathbf{x}_n)|_F}{|\mathbf{x}_1|_{E_1} \cdots |\mathbf{x}_n|_{E_n}}$$

$$= |\lambda| \sup_{\substack{\mathbf{x}_1, \cdots, \mathbf{x}_n \\ \mathbf{x}_i \neq \mathbf{0}, i=1, \cdots, n}} \frac{|A(\mathbf{x}_1, \cdots, \mathbf{x}_n)|_F}{|\mathbf{x}_1|_{E_1} \cdots |\mathbf{x}_n|_{E_n}} = |\lambda| \|A\|.$$

又设 $A, B \in \mathbf{L}(E_1, \cdots, E_n; F)$, 我们有

$$\|A + B\| = \sup_{\substack{\mathbf{x}_1, \cdots, \mathbf{x}_n \\ \mathbf{x}_i \neq \mathbf{0}, i=1, \cdots, n}} \frac{|(A+B)(\mathbf{x}_1, \cdots, \mathbf{x}_n)|_F}{|\mathbf{x}_1|_{E_1} \cdots |\mathbf{x}_n|_{E_n}}$$

$$= \sup_{\substack{\mathbf{x}_1, \cdots, \mathbf{x}_n \\ \mathbf{x}_i \neq \mathbf{0}, i=1, \cdots, n}} \frac{|A(\mathbf{x}_1, \cdots, \mathbf{x}_n) + B(\mathbf{x}_1, \cdots, \mathbf{x}_n)|_F}{|\mathbf{x}_1|_{E_1} \cdots |\mathbf{x}_n|_{E_n}}$$

$$\leqslant \sup_{\substack{\mathbf{x}_1, \cdots, \mathbf{x}_n \\ \mathbf{x}_i \neq \mathbf{0}, i=1, \cdots, n}} \frac{|A(\mathbf{x}_1, \cdots, \mathbf{x}_n)|_F + |B(\mathbf{x}_1, \cdots, \mathbf{x}_n)|_F}{|\mathbf{x}_1|_{E_1} \cdots |\mathbf{x}_n|_{E_n}}$$

$$\leqslant \sup_{\substack{\mathbf{x}_1, \cdots, \mathbf{x}_n \\ \mathbf{x}_i \neq \mathbf{0}, i=1, \cdots, n}} \frac{|A(\mathbf{x}_1, \cdots, \mathbf{x}_n)|_F}{|\mathbf{x}_1|_{E_1} \cdots |\mathbf{x}_n|_{E_n}} + \sup_{\substack{\mathbf{x}_1, \cdots, \mathbf{x}_n \\ \mathbf{x}_i \neq \mathbf{0}, i=1, \cdots, n}} \frac{|B(\mathbf{x}_1, \cdots, \mathbf{x}_n)|_F}{|\mathbf{x}_1|_{E_1} \cdots |\mathbf{x}_n|_{E_n}}$$

$$= \|A\| + \|B\|.$$

(1) 证毕.

(2) 的证明. 设 $\{A_m\}_{m=1}^{\infty}$ 是以 $\|\cdot\|$ 为范数的全体连续重线性映射构成的赋范线性空间 $\left(\mathbf{L}(E_1, \cdots, E_n; F), \|\cdot\| \right)$ 的中的一个 Cauchy 列. 对于任何 $(\mathbf{x}_1, \cdots, \mathbf{x}_n) \in E_1 \times \cdots \times E_n$, 有

$$|A_m(\mathbf{x}_1, \cdots, \mathbf{x}_n) - A_p(\mathbf{x}_1, \cdots, \mathbf{x}_n)|_F \leqslant \|A_m - A_p\| \cdot |\mathbf{x}_1|_{E_1} \cdots |\mathbf{x}_n|_{E_n}.$$

故 $\left\{ A_m(\mathbf{x}_1, \cdots, \mathbf{x}_n) \right\}_{m=1}^{\infty}$ 在 F 中是一串 Cauchy 列. 因而它在 F 中有极限, 记做

$$A(\mathbf{x}_1, \cdots, \mathbf{x}_n) = \lim_{m \to \infty} A_m(\mathbf{x}_1, \cdots, \mathbf{x}_n).$$

现在证明如此定义的 A 是重线性映射. 只证明当 $x_2, \cdots, x_n$ 取任何固定的值时, 映射 $x_1 \mapsto A(x_1, \cdots, x_n)$ 是个线性映射. 其他情形证明雷同.

$$A(\lambda \mathbf{y}_1 + \mu \mathbf{z}_1, \mathbf{x}_2, \cdots, \mathbf{x}_n) = \lim_{m \to \infty} A_m(\lambda \mathbf{y}_1 + \mu \mathbf{z}_1, \mathbf{x}_2, \cdots, \mathbf{x}_n)$$
$$= \lim_{m \to \infty} [\lambda A_m(\mathbf{y}_1, \mathbf{x}_2, \cdots, \mathbf{x}_n) + \mu A_m(\mathbf{z}_1, \mathbf{x}_2, \cdots, \mathbf{x}_n)]$$
$$= \lambda A(\mathbf{y}_1, \mathbf{x}_2, \cdots, \mathbf{x}_n) + \mu A(\mathbf{z}_1, \mathbf{x}_2, \cdots, \mathbf{x}_n).$$

进一步我们要证明如此定义的 A 是连续重线性映射. 因 $\left| \|A_m\| - \|A_p\| \right| \leqslant \|A_m - A_p\|$, $\lim\limits_{m \to \infty} \|A_m\|$ 存在且有限, 故

$$|A(\mathbf{x}_1, \cdots, \mathbf{x}_n)|_F = \lim_{m \to \infty} |A_m(\mathbf{x}_1, \cdots, \mathbf{x}_n)|_F$$

$$\leqslant (\lim_{m \to \infty} \|A_m\|)|\mathbf{x}_1|_{E_1} \cdots |\mathbf{x}_n|_{E_n}.$$

所以, $A \in \mathbf{L}(E_1, \cdots, E_n; F)$. 注意到, 任给 $\varepsilon > 0$, 当 m 和 p 充分大时, $\|A_m - A_p\| < \varepsilon$, 因此, 对于任何 $\mathbf{x}_j \in E_j, j = 1, \cdots, n$,

$$|A_m(\mathbf{x}_1, \cdots, \mathbf{x}_n) - A_p(\mathbf{x}_1, \cdots, \mathbf{x}_n)|_F \leqslant \varepsilon |\mathbf{x}_1|_{E_1} \cdots |\mathbf{x}_n|_{E_n},$$

故

$$|A(\mathbf{x}_1, \cdots, \mathbf{x}_n) - A_p(\mathbf{x}_1, \cdots, \mathbf{x}_n)|_F \leqslant \varepsilon |\mathbf{x}_1|_{E_1} \cdots |\mathbf{x}_n|_{E_n}.$$

我们有

$$\|A - A_p\| \leqslant \varepsilon,$$

这就证明了在 $\mathbf{L}(E_1, \cdots, E_n; F)$ 的范数 $\|\cdot\|$ 意义下 A_p 收敛于 $A \in \mathbf{L}(E_1, \cdots, E_n; F)$. 这就证明了: $\mathbf{L}(E_1, \cdots, E_n; F)$ 是 Banach 空间　　□

定理 8.9.2　设 $E_j(j = 1, \cdots, n)$ 和 F 是实数域 $\mathbf{R}$(或复数域 $\mathbf{C}$) 上的 $(n+1)$ 个赋范线性空间, $(\mathbf{L}(E_1, \cdots, E_n; F), \|\cdot\|)$ 是个赋范线性空间. 设 $m < n$, 则有一个双射:

$$\Psi : \mathbf{L}\Big(E_1, \cdots, E_m; \mathbf{L}(E_{m+1}, \cdots, E_n; F)\Big) \to \mathbf{L}(E_1, \cdots, E_n; F),$$

且 Ψ 保持线性空间结构和范数不变.

证　设 $\mathcal{B} \in \mathbf{L}\Big(E_1, \cdots, E_m; \mathbf{L}(E_{m+1}, \cdots, E_n)\Big)$, 故对于任何 $(\mathbf{x}_1, \cdots, \mathbf{x}_m) \in E_1 \times \cdots \times E_m$,

$$\mathcal{B}(\mathbf{x}_1, \cdots, \mathbf{x}_m) \in \mathbf{L}(E_{m+1}, \cdots, E_n).$$

令

$$A(\mathbf{x}_1, \cdots, \mathbf{x}_n) = \mathcal{B}(\mathbf{x}_1, \cdots, \mathbf{x}_m)(\mathbf{x}_{m+1}, \cdots, \mathbf{x}_n).$$

易见

$$\|\mathcal{B}\| = \sup_{\substack{\mathbf{x}_1,\cdots,\mathbf{x}_m \\ \mathbf{x}_i \neq 0, i=1,\cdots,m}} \frac{\|\mathcal{B}(\mathbf{x}_1,\cdots,\mathbf{x}_m)\|}{|\mathbf{x}_1|_{E_1}\cdots|\mathbf{x}_m|_{E_m}}$$

$$= \sup_{\substack{\mathbf{x}_1,\cdots,\mathbf{x}_m \\ \mathbf{x}_i \neq 0, i=1,\cdots,m}} \frac{\sup\limits_{\substack{\mathbf{x}_{m+1},\cdots,\mathbf{x}_n \\ \mathbf{x}_j \neq 0, j=m+1,\cdots,n}} \frac{|\mathcal{B}(\mathbf{x}_1,\cdots,\mathbf{x}_m)(\mathbf{x}_{m+1},\cdots,\mathbf{x}_n)|_F}{|\mathbf{x}_{m+1}|_{E_{m+1}}\cdots|\mathbf{x}_n|_{E_n}}}{|\mathbf{x}_1|_{E_1}\cdots|\mathbf{x}_m|_{E_m}}$$

$$= \sup_{\substack{\mathbf{x}_1,\cdots,\mathbf{x}_n \\ \mathbf{x}_i \neq 0, i=1,\cdots,n}} \frac{|\mathcal{B}(\mathbf{x}_1,\cdots,\mathbf{x}_m)(\mathbf{x}_{m+1},\cdots,\mathbf{x}_n)|_F}{|\mathbf{x}_1|_{E_1}\cdots|\mathbf{x}_n|_{E_n}}.$$

$$= \sup_{\substack{\mathbf{x}_1,\cdots,\mathbf{x}_n \\ \mathbf{x}_i \neq 0, i=1,\cdots,n}} \frac{|A(\mathbf{x}_1,\cdots,\mathbf{x}_n)|_F}{|\mathbf{x}_1|_{E_1}\cdots|\mathbf{x}_n|_{E_n}} = \|A\|.$$

定义映射 $\Psi{:}\mathbf{L}\big(E_1,\cdots,E_m;\mathbf{L}(E_{m+1},\cdots,E_n;F)\big)\to\mathbf{L}(E_1,\cdots,E_n;F)$ 为 $\Psi(\mathcal{B})=A$. 我们已经证明 $\|\mathcal{B}\|=\|A\|=\|\Psi(\mathcal{B})\|$. 由此可见 Ψ 是单射. 不难证明 Ψ 也是满射, 且它是

$$\mathbf{L}\big(E_1,\cdots,E_m;\mathbf{L}(E_{m+1},\cdots,E_n;F)\big)\to\mathbf{L}(E_1,\cdots,E_n;F)$$

的线性同构. □

8.9.3　映射的微分

定义 8.9.3　设 E 和 F 是两个赋范线性空间, $G\subset E$.**映射 $\mathbf{f}:G\to F$ 称为在 G 的内点 $\mathbf{x}$ 是可微的**, 若有连续线性映射 $L(\mathbf{x})\in\mathbf{L}(E;F)$, 使得

$$\mathbf{f}(\mathbf{x}+\mathbf{h})-\mathbf{f}(\mathbf{x})=L(\mathbf{x})\mathbf{h}+\boldsymbol{\alpha}(\mathbf{x};\mathbf{h}),$$

其中 $\boldsymbol{\alpha}(\mathbf{x};\mathbf{h})=o(\mathbf{h})$. 确切些说, 当 $\mathbf{h}\to\mathbf{0},\mathbf{x}+\mathbf{h}\in G$ 时, $|\boldsymbol{\alpha}(\mathbf{x};\mathbf{h})|=o(|\mathbf{h}|)$. 若 G 是 E 的开集, 映射 $\mathbf{f}:G\to F$ 在 G 的任何点都可微, 则称**映射 $\mathbf{f}$ 在 G 上可微**.

定义 8.9.4　定义 8.9.3 中的 $L(\mathbf{x})\in\mathbf{L}(E;F)$(假若存在) 称为**映射 $\mathbf{f}:G\to F$ 在 G 的内点 $\mathbf{x}$ 处的微分**, 或**切映射**, 或**导数**. $L(\mathbf{x})$ 常被记做 $d\mathbf{f_x}$, $D\mathbf{f}(\mathbf{x})$, 或 $\mathbf{f}'(\mathbf{x})$.

注 1　因无穷维的线性赋范空间的研究通常不借助于它的一组基, 所以不存在线性映射的矩阵, 我们不再区分导数与微分.

注 2　定义 8.9.4 中所定义的导数也称为 **Fréchet导数**.

注 3　有时映射 $\mathbf{f}:G\to F$ 的定义域 G 并非 E 中的开集. 我们只讨论以下两个推广了的情形.

(1) U 是 G 的某线性子空间 E 的开集. 这时 E 作为 G 的线性子空间也是个赋范线性空间. 因此映射 $\mathbf{f}:U\to F$ 的微分 $d\mathbf{f_p}$ 完全和以前一样定义. 它是满足以下关系式的唯一的线性映射:

$$\lim_{\substack{\mathbf{h}\to\mathbf{0} \\ \mathbf{h}\in E}}\frac{1}{|\mathbf{h}|}[\mathbf{f}(\mathbf{p}+\mathbf{h})-\mathbf{f}(\mathbf{p})-d\mathbf{f_p}\mathbf{h}]=\mathbf{0}. \tag{8.1.1}$$

应注意的是 $df_\mathbf{p}$ 是 E 到 F 的线性映射.

(2) U 是 G 的某仿射子空间 $E = \mathbf{a} + H$ 的开集, 其中 H 是 G 的某线性子空间. 这时, 映射 $\mathbf{f} : U \to F$ 的微分 $df_\mathbf{p}$ 定义为满足以下关系式的唯一的线性映射:

$$\lim_{\substack{\mathbf{h} \to 0 \\ \mathbf{h} \in H}} \frac{1}{|\mathbf{h}|} [\mathbf{f}(\mathbf{p} + \mathbf{h}) - \mathbf{f}(\mathbf{p}) - df_\mathbf{p}\mathbf{h}] = \mathbf{0}. \tag{8.1.1}''$$

故 $df_\mathbf{p}$ 是 H 到 F 的线性映射.

命题 8.9.2 若映射 $\mathbf{f} : G \to F$ 在 G 的内点 $\mathbf{x}$ 处是可微的, 则它在点 $\mathbf{x}$ 处的微分是唯一确定的.

证 设 $L_i(\mathbf{x}) \in \mathbf{L}(E; F)(i = 1, 2)$ 满足方程

$$\mathbf{f}(\mathbf{x} + \mathbf{h}) - \mathbf{f}(\mathbf{x}) = L_i(\mathbf{x})\mathbf{h} + \boldsymbol{\alpha}_i(\mathbf{x}; \mathbf{h}), \quad i = 1, 2,$$

其中 $\boldsymbol{\alpha}_i(\mathbf{x}; \mathbf{h}) = o(\mathbf{h})(i = 1, 2)$, 当 $\mathbf{h} \to 0, \mathbf{x} + \mathbf{h} \in G$ 时. 令

$$L(\mathbf{x}) = L_2(\mathbf{x}) - L_1(\mathbf{x}), \boldsymbol{\alpha}(\mathbf{x}; \mathbf{h}) = \boldsymbol{\alpha}_2(\mathbf{x}; \mathbf{h}) - \boldsymbol{\alpha}_1(\mathbf{x}; \mathbf{h}),$$

则

$$L(\mathbf{x})\mathbf{h} = \boldsymbol{\alpha}(\mathbf{x}; \mathbf{h}).$$

显然, $L(\mathbf{x})$ 是线性映射, 且 $\boldsymbol{\alpha}(\mathbf{x}; \mathbf{h}) = \mathbf{o}(\mathbf{h})$. 当 λ 充分小时, $\mathbf{x} + \lambda \mathbf{h} \in G$, 让 $\lambda \to 0$, 有

$$||L(\mathbf{x})\mathbf{h}|| = \frac{||L(\mathbf{x})(\lambda\mathbf{h})||}{|\lambda|} = \frac{||\boldsymbol{\alpha}(\mathbf{x}; \lambda\mathbf{h})||}{||\lambda\mathbf{h}||} ||\mathbf{h}|| \to 0.$$

故 $\forall \mathbf{h} \neq \mathbf{0}(L(\mathbf{x})\mathbf{h} = \mathbf{0})$(这里用到了 $\mathbf{x}$ 是 G 的内点的假设). 注意到 $L(\mathbf{x})\mathbf{0} = \mathbf{0}$, 所以, $L(\mathbf{x}) = \mathbf{0}$. □

命题 8.9.3 若映射 $\mathbf{f} : G \to F$ 在 G 的内点 $\mathbf{x}$ 处是可微的, 则它在点 $\mathbf{x}$ 处是连续的.

证 因

$$\mathbf{f}(\mathbf{x} + \mathbf{h}) - \mathbf{f}(\mathbf{x}) = L(\mathbf{x})\mathbf{h} + \boldsymbol{\alpha}(\mathbf{x}; \mathbf{h}),$$

故

$$\lim_{\mathbf{h} \to 0}[\mathbf{f}(\mathbf{x} + \mathbf{h}) - \mathbf{f}(\mathbf{x})] = \mathbf{0}. □$$

若 G 是 E 的开集, 且映射 $\mathbf{f} : G \to F$ 在 G 的每一点 $\mathbf{x}$ 都是可微的, 它在 G 的点 $\mathbf{x}$ 处的微分 (也称导数) 记做 $\mathbf{f}'(\mathbf{x})$. 映射

$$\mathbf{f}' : G \to \mathbf{L}(E; F), \quad \mathbf{f}' : \mathbf{x} \mapsto \mathbf{f}'(\mathbf{x})$$

称为映射 $\mathbf{f} : G \to F$ 的**导数**, 或**导映射**, 或**微分映射**.

和有限维的情形一样, 无穷维赋范线性空间上的微分 (求导) 运算也有以下规则:

(1) 微分 (求导) 运算是线性的: 若映射 $\mathbf{f}_i : G \to F(i = 1, 2)$ 在 G 的内点 $\mathbf{x}$ 处可微, $\lambda_i \in \mathbf{R}(i = 1, 2)$, 则 $\lambda_1 \mathbf{f}_1 + \lambda_2 \mathbf{f}_2 : G \to F$ 在点 $\mathbf{x}$ 处也可微, 且

$$(\lambda_1 \mathbf{f}_1 + \lambda_2 \mathbf{f}_2)'(\mathbf{x}) = \lambda_1 \mathbf{f}_1'(\mathbf{x}) + \lambda_2 \mathbf{f}_2'(\mathbf{x}).$$

(2) **复合映射的求导规则 (锁链法则)** 成立: 设 E, F 和 K 是三个线性赋范空间, G 和 H 分别是 E 和 F 的开集. 若映射 $\mathbf{f} : G \to H$ 在点 $\mathbf{x} \in E$ 处可微, 而映射 $\mathbf{g} : H \to K$ 在点 $\mathbf{f}(\mathbf{x}) = \mathbf{y} \in H \subset F$ 处可微, 则复合映射 $\mathbf{g} \circ \mathbf{f} : G \to K$ 在点 $\mathbf{x}$ 处可微, 且

$$(\mathbf{g} \circ \mathbf{f})'(\mathbf{x}) = \mathbf{g}'\big(\mathbf{f}(\mathbf{x})\big) \circ \mathbf{f}'(\mathbf{x}).$$

(3) **逆映射的求导规则**: 设 $\mathbf{f} : G \to F$ 是一个在点 $\mathbf{x} \in G$ 处连续的映射, 而且有一个在点 $\mathbf{y} = \mathbf{f}(\mathbf{x})$ 的一个邻域 H 内有定义的 $\mathbf{f}$ 的逆映射 $\mathbf{f}^{-1} : H \to E$, 它在点 $\mathbf{y} = \mathbf{f}(\mathbf{x})$ 处连续. 若映射 $\mathbf{f}$ 在点 $\mathbf{x}$ 处可微, 且它的切映射 $\mathbf{f}'(\mathbf{x}) \in \mathbf{L}(E; F)$ 有连续的 (或称有界的) 逆映射 $[\mathbf{f}'(\mathbf{x})]^{-1} \in \mathbf{L}(F; E)$, 则映射 $\mathbf{f}^{-1}$ 在点 $\mathbf{y} = \mathbf{f}(\mathbf{x})$ 处可微, 且

$$[\mathbf{f}^{-1}]'\big(\mathbf{f}(\mathbf{x})\big) = [\mathbf{f}'(\mathbf{x})]^{-1}.$$

这三条性质的证明和有限维情形完全一样, 留给同学自行补出了.

例 8.9.5 设映射 $\mathbf{f} : U \to F$ 是点 $\mathbf{x}$ 的邻域 $U = U(\mathbf{x})$ 上的常映射, 即有 F 中的一个 (不依赖于 $\mathbf{y}$ 的) 点 $\mathbf{c}$, 使得 $\forall \mathbf{y} \in U\big(\mathbf{f}(\mathbf{y}) = \mathbf{c}\big)$, 则

$$\forall \mathbf{x} \in U\big(\mathbf{f}'(\mathbf{x}) \equiv 0 \in \mathbf{L}(E; F)\big).$$

这是因为: 对于任何长度 $|\mathbf{h}|$ 充分小的 $\mathbf{h} \in E$, 有

$$\mathbf{f}(\mathbf{x} + \mathbf{h}) - \mathbf{f}(\mathbf{x}) - 0(\mathbf{h}) = \mathbf{c} - \mathbf{c} - 0 = 0 = o(\mathbf{h}),$$

上式左端表达式中的 0 表示零线性算子: $\forall \mathbf{h}\big(0(\mathbf{h}) \equiv 0\big)$, 中间两个表达式中的两个 0 表示零向量, 上式右端表达式中的 $o(\mathbf{h})$ 表示比 $\mathbf{h}$ 更高阶的无穷小向量: $|o(\mathbf{h})| = o(|\mathbf{h}|)$.   □

例 8.9.6 设映射 $\mathbf{f} : E \to F$ 是由赋范线性空间 E 到赋范线性空间 F 的连续线性映射, 则

$$\forall \mathbf{x} \in E\big(\mathbf{f}'(\mathbf{x}) \equiv \mathbf{f} \in \mathbf{L}(E; F)\big).$$

这是因为

$$\mathbf{f}(\mathbf{x} + \mathbf{h}) - \mathbf{f}(\mathbf{x}) - \mathbf{f}(\mathbf{h}) = \mathbf{f}(\mathbf{x}) + \mathbf{f}(\mathbf{h}) - \mathbf{f}(\mathbf{x}) - \mathbf{f}(\mathbf{h}) = 0 = o(\mathbf{h}).$$ □

把例 8.9.5, 例 8.9.6 和微分运算规则 (1) 结合起来, 便得到仿射映射 $\mathbf{f} = A + \mathbf{c}$ 的微分 (导数) 公式:

$$\mathbf{f}' \equiv A,$$

其中 $A \in \mathbf{L}(E; F)$, 而 $\mathbf{c}$ 是常映射. (参看例 8.1.1.)

例 8.9.7 设映射 $\mathbf{f} : E \to F$ 是由赋范线性空间 E 的开集 U 到赋范线性空间 F 的可微映射, 而 $A \in \mathbf{L}(F; G)$, 则

$$(A \circ \mathbf{f})'(\mathbf{x}) = A \circ \mathbf{f}'(\mathbf{x}).$$

当 $F = \mathbf{R}$ 和 $G = \mathbf{R}$ 时, 上述公式便成为熟知的公式:

$$(af)'(\mathbf{x}) = af'(\mathbf{x}).$$

它的证明和这个特殊情形的证明完全一样, 留给同学了 (同学也可以用微分运算的规则 (2) 及例 8.9.6 的结果获得所要的结论).

例 8.9.8　设映射 $\mathbf{f} : U \to F$ 是由赋范线性空间 E 的开集 U 到 n 个赋范线性空间的乘积 $F = F_1 \times \cdots \times F_n$ 的可微映射, 它可以写成

$$\mathbf{x} \mapsto \mathbf{f}(\mathbf{x}) = \Big(\mathbf{f}_1(\mathbf{x}), \cdots, \mathbf{f}_n(\mathbf{x})\Big),$$

其中映射 $\mathbf{f}_i : U \to F(i = 1, \cdots, n)$. 若这 n 个映射 $\mathbf{f}_i(i = 1, \cdots, n)$ 关于 $\mathbf{x}$ 都是可微的, 即

$$\mathbf{f}_i(\mathbf{x} + \mathbf{h}) - \mathbf{f}_i(\mathbf{x}) = \mathbf{f}_i'(\mathbf{x})\mathbf{h} + \boldsymbol{\alpha}_i(\mathbf{x}, \mathbf{h}), \quad i = 1, \cdots, n,$$

其中

$$\boldsymbol{\alpha}_i(\mathbf{x}, \mathbf{h}) = \mathbf{o}(\mathbf{h}), \quad i = 1, \cdots, n,$$

我们有

$$\mathbf{f}(\mathbf{x} + \mathbf{h}) - \mathbf{f}(\mathbf{x}) = \Big(\mathbf{f}_1(\mathbf{x} + \mathbf{h}) - \mathbf{f}_1(\mathbf{x}), \cdots, \mathbf{f}_n(\mathbf{x} + \mathbf{h}) - \mathbf{f}_n(\mathbf{x})\Big)$$
$$= \Big(\mathbf{f}_1'(\mathbf{x})\mathbf{h}, \cdots, \mathbf{f}_n'(\mathbf{x})\mathbf{h}\Big) + \Big(\boldsymbol{\alpha}_1(\mathbf{x}, \mathbf{h}), \cdots, \boldsymbol{\alpha}_n(\mathbf{x}, \mathbf{h})\Big).$$

显然

$$\Big(\boldsymbol{\alpha}_1(\mathbf{x}, \mathbf{h}), \cdots, \boldsymbol{\alpha}_n(\mathbf{x}, \mathbf{h})\Big) = \mathbf{o}(\mathbf{h}),$$

故 $\mathbf{f}'(\mathbf{x})\mathbf{h} = \Big(\mathbf{f}_1'(\mathbf{x})\mathbf{h}, \cdots, \mathbf{f}_n'(\mathbf{x})\mathbf{h}\Big)$, 常记做

$$\mathbf{f}'(\mathbf{x}) = \Big(\mathbf{f}_1'(\mathbf{x}), \cdots, \mathbf{f}_n'(\mathbf{x})\Big).$$

例 8.9.9　设 $A \in \mathbf{L}(E_1, \cdots, E_n; F)$, 即 A 是个由 $E_1 \times \cdots \times E_n$ 到 F 的连续 n- 线性映射, 其中 $E_1, \cdots, E_n$ 和 F 是 $(n+1)$ 个线性赋范空间. 可以证明 A 是可微的. 下面我们将求出它的微分的表达式.

记 $\mathbf{x} = (\mathbf{x}_1, \cdots, \mathbf{x}_n), \mathbf{h} = (\mathbf{h}_1, \cdots, \mathbf{h}_n)$. 由 A 的 n-线性性, 有

$$A(\mathbf{x} + \mathbf{h}) - A(\mathbf{x}) = A(\mathbf{x}_1 + \mathbf{h}_1, \cdots, \mathbf{x}_n + \mathbf{h}_n) - A(\mathbf{x}_1, \cdots, \mathbf{x}_n)$$

$$= A(\mathbf{x}_1, \cdots, \mathbf{x}_n) + A(\mathbf{h}_1, \mathbf{x}_2, \cdots, \mathbf{x}_n) + \cdots + A(\mathbf{x}_1, \cdots, \mathbf{x}_{n-1}, \mathbf{h}_n)$$

$$\quad + A(\mathbf{h}_1, \mathbf{h}_2, \mathbf{x}_3, \cdots, \mathbf{x}_n) + \cdots + A(\mathbf{x}_1, \cdots, \mathbf{x}_{n-2}, \mathbf{h}_{n-1}, \mathbf{h}_n)$$

$$\quad + \cdots\cdots\cdots\cdots\cdots\cdots\cdots\cdots\cdots\cdots\cdots\cdots$$

$$\quad + A(\mathbf{h}_1, \cdots, \mathbf{h}_n) - A(\mathbf{x}_1, \cdots, \mathbf{x}_n)$$

$$= A(\mathbf{h}_1, \mathbf{x}_2, \cdots, \mathbf{x}_n) + \cdots + A(\mathbf{x}_1, \cdots, \mathbf{x}_{n-1}, \mathbf{h}_n)$$

$$\quad + A(\mathbf{h}_1, \mathbf{h}_2, \mathbf{x}_3, \cdots, \mathbf{x}_n) + \cdots + A(\mathbf{x}_1, \cdots, \mathbf{x}_{n-2}, \mathbf{h}_{n-1}, \mathbf{h}_n)$$

$$\quad + \cdots\cdots\cdots\cdots\cdots\cdots\cdots\cdots\cdots\cdots\cdots\cdots$$

$$\quad + A(\mathbf{h}_1, \cdots, \mathbf{h}_n)$$

$$= A(\mathbf{h}_1, \mathbf{x}_2, \cdots, \mathbf{x}_n) + \cdots + A(\mathbf{x}_1, \cdots, \mathbf{x}_{n-1}, \mathbf{h}_n) + \mathbf{o}(\mathbf{h}).$$

这里, 我们用了许多以下类型的估计: 当 $\mathbf{h} \to \mathbf{0}$ 时,

$$|A(\mathbf{h}_1, \mathbf{h}_2, \mathbf{x}_3, \cdots, \mathbf{x}_n)|_F \leqslant \|A\||\mathbf{h}_1|_{E_1}|\mathbf{h}_2|_{E_2}|\mathbf{x}_3|_{E_3} \cdots |\mathbf{x}_n|_{E_n}$$
$$\leqslant C|\mathbf{h}|^2_{E_1 \times \cdots \times E_n} = \mathbf{o}(\mathbf{h}),$$

其中 C 是个不依赖于 $\mathbf{h}$ 的常数, 而 $|\mathbf{h}|^2_{E_1 \times \cdots \times E_n} = \sum\limits_{j=1}^{n} |\mathbf{h}_j|^2_{E_j}$. 易见, 映射

$$L(\mathbf{x})\mathbf{h} = A(\mathbf{h}_1, \mathbf{x}_2, \cdots, \mathbf{x}_n) + \cdots + A(\mathbf{x}_1, \cdots, \mathbf{x}_{n-1}, \mathbf{h}_n)$$

是个连续线性映射, 故

$$A'(\mathbf{x})\mathbf{h} = A'(\mathbf{x}_1, \cdots, \mathbf{x}_n)(\mathbf{h}_1, \cdots, \mathbf{h}_n)$$
$$= A(\mathbf{h}_1, \mathbf{x}_2, \cdots, \mathbf{x}_n) + \cdots + A(\mathbf{x}_1, \cdots, \mathbf{x}_{n-1}, \mathbf{h}_n),$$

因 $d\mathbf{x}_i(\mathbf{h}) = \mathbf{h}_i$, 上式也可简记做

$$dA(\mathbf{x}) = A(d\mathbf{x}_1, \mathbf{x}_2, \cdots, \mathbf{x}_n) + \cdots + A(\mathbf{x}_1, \cdots, \mathbf{x}_{n-1}, d\mathbf{x}_n).$$

8.9.4 有限增量定理

定理 8.9.3(有限增量定理) 设 U 是赋范线性空间 E 的开集, $\mathbf{f} : U \to F$ 是 U 到赋范线性空间 F 的连续映射. 记 $[\mathbf{x}, \mathbf{x} + \mathbf{h}] = \{\mathbf{p} = \mathbf{x} + \theta\mathbf{h} : 0 \leqslant \theta \leqslant 1\}$, 称它是端点为 $\mathbf{x}$ 和 $\mathbf{x} + \mathbf{h}$ 的闭区间; 记 $(\mathbf{x}, \mathbf{x} + \mathbf{h}) = \{\mathbf{p} = \mathbf{x} + \theta\mathbf{h} : 0 < \theta < 1\}$, 称它是以 $\mathbf{x}$ 和 $\mathbf{x} + \mathbf{h}$ 为端点的开区间. 假设 $[\mathbf{x}, \mathbf{x} + \mathbf{h}] \subset U$, 且映射 $\mathbf{f}$ 在开区间 $(\mathbf{x}, \mathbf{x} + \mathbf{h})$ 的每一点处都可微, 则以下不等式成立:

$$|\mathbf{f}(\mathbf{x} + \mathbf{h}) - \mathbf{f}(\mathbf{x})|_F \leqslant \sup_{\mathbf{z} \in [\mathbf{x}, \mathbf{x} + \mathbf{h}]} \|\mathbf{f}'(\mathbf{z})\|_{L(E;F)}|\mathbf{h}|_E. \tag{8.9.1}$$

证 假若能证明: 对于一切闭区间 $[\mathbf{x}', \mathbf{x}''] \subset (\mathbf{x}, \mathbf{x} + \mathbf{h})$, 有不等式:

$$|\mathbf{f}(\mathbf{x}'') - \mathbf{f}(\mathbf{x}')|_F \leqslant \sup_{\mathbf{z} \in [\mathbf{x}', \mathbf{x}'']} \|\mathbf{f}'(\mathbf{z})\|_{L(E;F)}|\mathbf{x}'' - \mathbf{x}'|_E,$$

由于 $\mathbf{f}$ 连续, 让以上不等式两端在 $\mathbf{x}' \to \mathbf{x}, \mathbf{x}'' \to \mathbf{x} + \mathbf{h}$ 时取极限, 方程 (8.9.1) 便证得. 因此, 可以假设 $\mathbf{f}$ 在闭区间 $[\mathbf{x}, \mathbf{x} + \mathbf{h}]$ 的每一点处可微. 又假若能证明: 对于任何 $\varepsilon > 0$ 以下不等式成立:

$$|\mathbf{f}(\mathbf{x} + \mathbf{h}) - \mathbf{f}(\mathbf{x})|_F \leqslant \left(\sup_{\mathbf{z} \in [\mathbf{x}, \mathbf{x} + \mathbf{h}]} \|\mathbf{f}'(\mathbf{z})\|_{L(E;F)} + \varepsilon \right)|\mathbf{h}|_E.$$

让上式两端在 $\varepsilon \to 0$ 时取极限, 便得 (8.9.1).

因 $\mathbf{f}$ 在闭区间 $[\mathbf{x}, \mathbf{x} + \mathbf{h}]$ 的每一点处可微, 按可微的定义, 对于任何点 $\mathbf{y} \in [\mathbf{x}, \mathbf{x} + \mathbf{h}]$, 总有 $\delta_\mathbf{y} > 0$, 使得

$$\forall \mathbf{w} \in (\mathbf{y} - \delta_\mathbf{y}\mathbf{h}, \mathbf{y} + \delta_\mathbf{y}\mathbf{h}) \cap [\mathbf{x}, \mathbf{x} + \mathbf{h}] \Big(|\mathbf{f}(\mathbf{w}) - \mathbf{f}(\mathbf{y})|_F \leqslant (\|\mathbf{f}'(\mathbf{y})\|_{L(E;F)} + \varepsilon)|\mathbf{w} - \mathbf{y}|_E \Big).$$
$$\tag{8.9.2}$$

因

$$[\mathbf{x}, \mathbf{x} + \mathbf{h}] \subset \bigcup_{\mathbf{y} \in [\mathbf{x}, \mathbf{x}+\mathbf{h}]} (\mathbf{y} - \delta_{\mathbf{y}}\mathbf{h}/2, \ \mathbf{y} + \delta_{\mathbf{y}}\mathbf{h}/2),$$

(注意: 右端的区间 $(\mathbf{y} - \delta_{\mathbf{y}}\mathbf{h}/2, \mathbf{y} + \delta_{\mathbf{y}}\mathbf{h}/2)$ 是区间 $(\mathbf{y} - \delta_{\mathbf{y}}\mathbf{h}, \mathbf{y} + \delta_{\mathbf{y}}\mathbf{h})$ 的一半! 这对以下的证明至关重要!)Heine-Borel 有限覆盖定理说, 有有限个点 $\mathbf{y}_j (j = 1, \cdots, n)$, 使得

$$[\mathbf{x}, \mathbf{x} + \mathbf{h}] \subset \bigcup_{1 \leqslant j \leqslant n} (\mathbf{y}_j - \delta_j\mathbf{h}/2, \ \mathbf{y}_j + \delta_j\mathbf{h}/2),$$

其中, 为了方便, 记 $\delta_j = \delta_{\mathbf{y}_j}$. 由上述覆盖关系知道, 至少有一个 $j \in \{1, \cdots, n\}$, 使得 $\mathbf{x} \in (\mathbf{y}_j - \delta_j\mathbf{h}/2, \mathbf{y}_j + \delta_j\mathbf{h}/2)$. 在满足上述条件的指标 j 中, 选取这样的一个 j, 记做 j_1, 使得 $\mathbf{y}_{j_1} + \delta_{j_1}\mathbf{h}/2$ 是满足关系 $\mathbf{x} \in (\mathbf{y}_j - \delta_j\mathbf{h}/2, \mathbf{y}_j + \delta_j\mathbf{h}/2)$ 的 $\mathbf{y}_j + \delta_j\mathbf{h}/2$ 中在区间 $[\mathbf{x}, \mathbf{x}+\mathbf{h}]$ 上处于最右边的. 若 $[\mathbf{x}, \mathbf{x}+\mathbf{h}] \subset (\mathbf{y}_{j_1} - \delta_{j_1}\mathbf{h}/2, \mathbf{y}_{j_1} + \delta_{j_1}\mathbf{h}/2)$, 则选取区间的手续到此结束. 不然, 至少有一个 $j \in \{1, \cdots, n\}$, 使得 $\mathbf{y}_{j_1} + \delta_{j_1}\mathbf{h}/2 \in (\mathbf{y}_j - \delta_j\mathbf{h}/2, \mathbf{y}_j + \delta_j\mathbf{h}/2)$. 在满足上述条件的指标 j 中, 选取这样的一个 j, 记做 j_2, 使得 $\mathbf{y}_{j_2} + \delta_{j_2}\mathbf{h}/2$ 在满足上述条件的区间 $(\mathbf{y}_j - \delta_j\mathbf{h}/2, \mathbf{y}_j + \delta_j\mathbf{h}/2)$ 的右端点中是处于最右边的. 不难证明, 在区间 $[\mathbf{x}, \mathbf{x} + \mathbf{h}]$ 上, $\mathbf{y}_{j_1}$ 处于 $\mathbf{y}_{j_2}$ 的左边. 如此选取区间的手续经过 l 次后, 必达到所选取的区间之并将区间 $[\mathbf{x}, \mathbf{x}+\mathbf{h}]$ 完全盖住的地步:

$$[\mathbf{x}, \mathbf{x} + \mathbf{h}] \subset \bigcup_{k=1}^{l} (\mathbf{y}_{j_k} - \delta_{j_k}\mathbf{h}/2, \ \mathbf{y}_{j_k} + \delta_{j_k}\mathbf{h}/2). \tag{8.9.3}$$

这样, 我们在区间 $(\mathbf{x}, \mathbf{x}+\mathbf{h})$ 上得到有限个点: $\mathbf{y}_{j_k} (k = 1, \cdots, l)$ 使得 (8.9.3) 得以满足, 且对于任何 $k = 1, \cdots, l-1$, 以下两个关系式中至少有一个成立:

(1) $\mathbf{y}_{j_k} \in (\mathbf{y}_{j_{k+1}} - \delta_{j_{k+1}}\mathbf{h}, \mathbf{y}_{j_{k+1}} + \delta_{j_{k+1}}\mathbf{h})$,

或

(2) $\mathbf{y}_{j_{k+1}} \in (\mathbf{y}_{j_k} - \delta_{j_k}\mathbf{h}, \mathbf{y}_{j_k} + \delta_{j_k}\mathbf{h})$,

(注意: 这里用到了区间 $(\mathbf{y}_{j_k} - \delta_{j_k}\mathbf{h}, \mathbf{y}_{j_k} + \delta_{j_k}\mathbf{h})$ 是区间 $(\mathbf{y}_{j_k} - \delta_{j_k}\mathbf{h}/2, \mathbf{y}_{j_k} + \delta_{j_k}\mathbf{h}/2)$ 放大一倍的预作的安排! 事实上, 当 $\delta_{j_k} \leqslant \delta_{j_{k+1}}$ 时, 关系式 (1) 成立; 而当 $\delta_{j_k} > \delta_{j_{k+1}}$ 时, 关系式 (2) 成立.) 由 (8.9.2), 若是第一种情形, 我们有

$$|\mathbf{f}(\mathbf{y}_{j_{k+1}}) - \mathbf{f}(\mathbf{y}_{j_k})|_F \leqslant \left(\|\mathbf{f}'(\mathbf{y}_{j_{k+1}})\|_{\mathbf{L}(E;F)} + \varepsilon \right) |\mathbf{y}_{j_{k+1}} - \mathbf{y}_{j_k}|_E.$$

若是第二种情形, 我们有

$$|\mathbf{f}(\mathbf{y}_{j_{k+1}}) - \mathbf{f}(\mathbf{y}_{j_k})|_F \leqslant \left(\|\mathbf{f}'(\mathbf{y}_{j_k})\|_{\mathbf{L}(E;F)} + \varepsilon \right) |\mathbf{y}_{j_{k+1}} - \mathbf{y}_{j_k}|_E.$$

因此, 无论是哪一种情形, 我们有

$$|\mathbf{f}(\mathbf{y}_{j_{k+1}}) - \mathbf{f}(\mathbf{y}_{j_k})|_F$$
$$\leqslant \left(\max(\|\mathbf{f}'(\mathbf{y}_{j_k})\|_{\mathbf{L}(E;F)}, \|\mathbf{f}'(\mathbf{y}_{j_{k+1}})\|_{\mathbf{L}(E;F)}) + \varepsilon \right) |\mathbf{y}_{j_{k+1}} - \mathbf{y}_{j_k}|_E$$
$$\leqslant \left(\sup_{\mathbf{z} \in [\mathbf{x}, \mathbf{x}+\mathbf{h}]} \|\mathbf{f}'(\mathbf{z})\|_{\mathbf{L}(E;F)} + \varepsilon \right) |\mathbf{y}_{j_{k+1}} - \mathbf{y}_{j_k}|_E, \ k = 1, \cdots, l-1. \tag{8.9.4}$$

另外, 还有

$$|\mathbf{f}(\mathbf{x}) - \mathbf{f}(\mathbf{y}_{j_1})|_F \leqslant \left(\sup_{\mathbf{z} \in [\mathbf{x}, \mathbf{x}+\mathbf{h}]} ||\mathbf{f}'(\mathbf{z})||_{\mathbf{L}(E;F)} + \varepsilon \right) |\mathbf{x} - \mathbf{y}_{j_1}|_E \qquad (8.9.5)$$

和

$$|\mathbf{f}(\mathbf{x}+\mathbf{h}) - \mathbf{f}(\mathbf{y}_{j_l})|_F \leqslant \left(\sup_{\mathbf{z} \in [\mathbf{x}, \mathbf{x}+\mathbf{h}]} ||\mathbf{f}'(\mathbf{z})||_{\mathbf{L}(E;F)} + \varepsilon \right) |\mathbf{x} + \mathbf{h} - \mathbf{y}_{j_l}|_E. \qquad (8.9.6)$$

由 (8.9.4), (8.9.5) 和 (8.9.6), 我们得到

$$\begin{aligned}
|\mathbf{f}(\mathbf{x}+\mathbf{h}) - \mathbf{f}(\mathbf{x})|_F &\leqslant |\mathbf{f}(\mathbf{x}+\mathbf{h}) - \mathbf{f}(\mathbf{y}_{j_l})|_F \\
&+ \sum_{k=1}^{l-1} |\mathbf{f}(\mathbf{y}_{j_{k+1}}) - \mathbf{f}(\mathbf{y}_{j_k})|_F + |\mathbf{f}(\mathbf{x}) - \mathbf{f}(\mathbf{y}_{j_1})|_F \\
&\leqslant \left(\sup_{\mathbf{z} \in [\mathbf{x}, \mathbf{x}+\mathbf{h}]} ||\mathbf{f}'(\mathbf{z})||_{\mathbf{L}(E;F)} + \varepsilon \right) \left(|\mathbf{x}+\mathbf{h}-\mathbf{y}_{j_l}|_E + \sum_{k=1}^{l-1} |\mathbf{y}_{j_{k+1}} - \mathbf{y}_{j_k}|_E + |\mathbf{y}_{j_1} - \mathbf{x}|_E \right) \\
&\leqslant \left(\sup_{\mathbf{z} \in [\mathbf{x}, \mathbf{x}+\mathbf{h}]} ||\mathbf{f}'(\mathbf{z})||_{\mathbf{L}(E;F)} + \varepsilon \right) |\mathbf{h}|_E. \qquad (8.9.7)
\end{aligned}$$

这正是我们要证明的.   □

    注   若我们用定理 5.9.3 的证明方法, 将得到: 在较弱的条件下, 定理 8.9.3 的结论仍然成立的结果. 由于定理 8.9.3 对以后的讨论已够用, 我们不去讨论定理 5.9.3 在无限维线性赋范空间中的形式了. 应该指出, 定理 8.9.3 的证明的思路是定理 5.9.3 的证明的思路的简化.

    推论 8.9.1   设 E 和 F 是两个线性赋范空间, U 是 E 的开集. 若 $A \in \mathbf{L}(E;F)$, 而映射 $\mathbf{f}: U \to F$ 满足定理 8.9.3 的条件, 则

$$|\mathbf{f}(\mathbf{x}+\mathbf{h}) - \mathbf{f}(\mathbf{x}) - A\mathbf{h}|_F \leqslant \sup_{\mathbf{z} \in (\mathbf{x}, \mathbf{x}+\mathbf{h})} ||\mathbf{f}'(\mathbf{z}) - A||_{\mathbf{L}(E;F)} |\mathbf{h}|_E.$$

特别,

$$|\mathbf{f}(\mathbf{x}+\mathbf{h}) - \mathbf{f}(\mathbf{x}) - \mathbf{f}'(\mathbf{x})(\mathbf{h})|_F \leqslant \sup_{\mathbf{z} \in (\mathbf{x}, \mathbf{x}+\mathbf{h})} ||\mathbf{f}'(\mathbf{z}) - \mathbf{f}'(\mathbf{x})||_{\mathbf{L}(E;F)} |\mathbf{h}|_E.$$

    证   只要把有限增量定理用到以下的 $[0,1] \to F$ 的映射上去, 便得到所要证明的不等式:

$$t \mapsto \mathbf{F}(t) = \mathbf{f}(\mathbf{x}+t\mathbf{h}) - At\mathbf{h}.$$ □

8.9.5   映射的偏导数

    因为一般的无限维线性空间未必有合适的基, 以偏导数为元的 Jacobi 矩阵在无限维线性空间上的微分学中不再扮演有限维线性空间上的微分学中那样重要的角色. 但是当无限维线性空间是给定的 m 个赋范线性空间的笛卡儿积时, 偏导数概念仍然有用.

设 $E_j(j = 1, \cdots, m)$ 是 m 个线性赋范空间, $E = E_1 \times \cdots \times E_m$ 是它们的笛卡儿积, E 上的范数通常定义为

$$|(\mathbf{x}_1, \cdots, \mathbf{x}_m)|_E = \sqrt{\sum_{j=1}^{m} |\mathbf{x}_j|_{E_j}^2}.$$

不难证明: E 相对于这个范数是个赋范线性空间.

注 有时也用以下两个方法定义 E 上的范数:

$$|(\mathbf{x}_1, \cdots, \mathbf{x}_m)|_{E,1} = \sum_{j=1}^{m} |\mathbf{x}_j|_{E_j}$$

和

$$|(\mathbf{x}_1, \cdots, \mathbf{x}_m)|_{E,2} = \max_{1 \leqslant j \leqslant m} |\mathbf{x}_j|_{E_j}.$$

容易证明:

$$|(\mathbf{x}_1, \cdots, \mathbf{x}_m)|_E \leqslant |(\mathbf{x}_1, \cdots, \mathbf{x}_m)|_{E,1} \leqslant \sqrt{m}|(\mathbf{x}_1, \cdots, \mathbf{x}_m)|_E$$

和

$$|(\mathbf{x}_1, \cdots, \mathbf{x}_m)|_{E,2} \leqslant |(\mathbf{x}_1, \cdots, \mathbf{x}_m)|_{E,1} \leqslant m|(\mathbf{x}_1, \cdots, \mathbf{x}_m)|_{E,2},$$

故三个范数是等价的, 换言之, 它们在 E 上确定同一个拓扑.

设 $U = U(\mathbf{a})$ 是点 $\mathbf{a} = (\mathbf{a}_1, \cdots, \mathbf{a}_m) \in E$ 在 E 中的一个邻域, $\mathbf{f} : U \to F$ 是 U 到赋范线性空间 F 的一个映射. 当 $\mathbf{a}_1, \cdots, \mathbf{a}_{j-1}, \mathbf{a}_{j+1}, \cdots, \mathbf{a}_m$ 固定时, 映射 $\boldsymbol{\varphi}_j : E_j \to F$ 定义为

$$\boldsymbol{\varphi}_j(\mathbf{x}_j) = \mathbf{f}(\mathbf{a}_1, \cdots, \mathbf{a}_{j-1}, \mathbf{x}_j, \mathbf{a}_{j+1}, \cdots, \mathbf{a}_m). \tag{8.9.8}$$

定义 8.9.5 (8.9.8) 中定义的映射 $\boldsymbol{\varphi}_j : E_j \to F$ 称为映射 $\mathbf{f} : U \to F$ 在 $\mathbf{a} = (\mathbf{a}_1, \cdots, \mathbf{a}_m)$ 处关于变量 $\mathbf{x}_j$ 的**偏映射**. 假若偏映射 $\boldsymbol{\varphi}_j : E_j \to F$ 在点 $\mathbf{x}_j = \mathbf{a}_j$ 处可微, 它在该点的导数称为**映射 $\mathbf{f} : U \to F$ 在点 $\mathbf{a} = (\mathbf{a}_1, \cdots, \mathbf{a}_m) \in E$ 处关于变量 $\mathbf{x}_j$ 的偏导数**(或偏微分), 记做

$$\partial_j \mathbf{f}_{\mathbf{a}} = D_j \mathbf{f}(\mathbf{a}) = \frac{\partial \mathbf{f}(\mathbf{a})}{\partial \mathbf{x}_j} = \mathbf{f}'_{\mathbf{x}_j}(\mathbf{a}) = \boldsymbol{\varphi}'_j(\mathbf{a}_j).$$

下面命题的证明与有限维空间上定义的实值函数情形的证明完全一样, 所以留给同学自行完成.

命题 8.9.4 设 $U = U(\mathbf{a})$ 是点 $\mathbf{a} = (\mathbf{a}_1, \cdots, \mathbf{a}_m) \in E = E_1 \times \cdots \times E_m$ 在 E 中的一个邻域, $\mathbf{f} : U \to F$ 是 U 到线性赋范空间 F 的一个可微映射, 则它在点 $\mathbf{a}$ 处关于每个变量都有偏导数, 偏导数和微分 (有时也称全微分) 之间的关系是

$$d\mathbf{f}_{\mathbf{a}}\mathbf{h} = \sum_{j=1}^{m} \partial_j \mathbf{f}_{\mathbf{a}} \mathbf{h}_j,$$

其中 $\mathbf{h} = (\mathbf{h}_1, \cdots, \mathbf{h}_m) \in E_1 \times \cdots \times E_m = E$.

8.9.6 高阶导数

设 U 是赋范线性空间 E 中的开集, 又设映射 $\mathbf{f}: U \to F$ 是从 U 到 Banach 空间 F 的一个可微映射, 则 $\mathbf{f}$ 的导数 $\mathbf{f}'$ 是 U 到 $\mathbf{L}(E;F)$ 的映射:

$$U \ni \mathbf{x} \mapsto \mathbf{f}'(\mathbf{x}) \in \mathbf{L}(E;F).$$

已知 $\mathbf{L}(E;F)$ 也是个 Banach 空间, 若 $\mathbf{f}': U \to \mathbf{L}(E;F)$ 在 $\mathbf{x} \in U$ 处是可微映射, 则它在 $\mathbf{x}$ 处的导数, 称为$\mathbf{f}$ 在 $\mathbf{x}$ 处的的二阶导数(或二阶微分), 记做

$$d^2\mathbf{f}_{\mathbf{x}} = \mathbf{f}^{(2)}(\mathbf{x}) = \mathbf{f}''(\mathbf{x}) = (\mathbf{f}')'(\mathbf{x}) \in \mathbf{L}\big(E; \mathbf{L}(E;F)\big).$$

若 $\mathbf{f}': U \to \mathbf{L}(E;F)$ 在 U 上是可微映射, 则记

$$d^2\mathbf{f} = \mathbf{f}^{(2)} = \mathbf{f}'' = (\mathbf{f}')' : U \to \mathbf{L}\big(E; \mathbf{L}(E;F)\big).$$

定义 8.9.6 **映射 $\mathbf{f}: U \to F$ 在点 $\mathbf{x}$ 处的 n 阶导数**(或n 阶微分) 定义为映射 $\mathbf{f}: U \to F$ 的 $(n-1)$ 阶导数在 $\mathbf{x}$ 点处的导数或切映射 (假若后者存在的话):

$$\mathbf{f}^{(n)}(\mathbf{x}) = (\mathbf{f}^{(n-1)})'(\mathbf{x}).$$

显然, 若 $\mathbf{f}^{(n)}(\mathbf{x})$ 有定义, 则

$$\mathbf{f}^{(n)}(\mathbf{x}) \in \mathbf{L}(E; \mathbf{L}(E; \cdots; \mathbf{L}(E;F))),$$

其中右端的 $\mathbf{L}$ 出现了 n 次, 因而 E 也出现 n 次. 由定理 8.9.2, $\mathbf{f}^{(n)}(\mathbf{x})$ 是 E 到 F 的 n- 线性映射:

$$\mathbf{f}^{(n)}(\mathbf{x}) \in \mathbf{L}(\underbrace{E, E, \cdots, E}_{n\text{个}}; F),$$

而 $\mathbf{f}^{(n)}$ 是如下的映射:

$$\mathbf{f}^{(n)} : U \to \mathbf{L}(\underbrace{E, E \cdots, E}_{n\text{个}}; F), \quad \mathbf{f}^{(n)} : \mathbf{x} \mapsto \mathbf{f}^{(n)}(\mathbf{x}).$$

定义 8.9.7 设 E 和 F 是两个 (实数域上的) 赋范线性空间, U 是 E 的一个开集, $\mathbf{h} \in E$. **映射 $\mathbf{f}: U \to F$ 在点 $\mathbf{x} \in U$ 处相对于向量 $\mathbf{h}$ 的方向导数**定义为

$$D_{\mathbf{h}}\mathbf{f}(\mathbf{x}) = \lim_{\mathbf{R} \ni t \to 0} \frac{\mathbf{f}(\mathbf{x}+t\mathbf{h}) - \mathbf{f}(\mathbf{x})}{t},$$

假若右端的极限存在.

注 定义 8.9.7 中定义的方向导数也称为 **Gâteaux导数**.

不难检验以下四条关于方向导数的性质:

(i) $D_{\lambda\mathbf{h}}\mathbf{f}(\mathbf{x}) = \lambda D_{\mathbf{h}}\mathbf{f}(\mathbf{x})$.

(ii) 若映射 $\mathbf{f}$ 在点 $\mathbf{x}$ 处可微, 它将在点 $\mathbf{x}$ 处相对于任何向量 $\mathbf{h}$ 有方向导数, 且

$$D_{\mathbf{h}}\mathbf{f}(\mathbf{x}) = \mathbf{f}'(\mathbf{x})\mathbf{h}.$$

由此, 在上述条件下,

$$D_{\lambda_1\mathbf{h}_1+\lambda_2\mathbf{h}_2}\mathbf{f}(\mathbf{x}) = \lambda_1 D_{\mathbf{h}_1}\mathbf{f}(\mathbf{x}) + \lambda_2 D_{\mathbf{h}_2}\mathbf{f}(\mathbf{x}).$$

(iii) 假设 L 是一个赋范线性空间 F 到赋范线性空间 G 的连续线性映射, 则

$$D_{\mathbf{h}}(L\circ\mathbf{f})(\mathbf{x}) = L\circ D_{\mathbf{h}}\mathbf{f}(\mathbf{x}).$$

(iv) 假若映射 $\mathbf{f}$ 在 Banach 空间 E 的开集 U 上 n 次可微, 则

$$\mathbf{f}^{(n)}(\mathbf{x})(\mathbf{h}_1,\cdots,\mathbf{h}_n) = D_{\mathbf{h}_1}D_{\mathbf{h}_2}\cdots D_{\mathbf{h}_n}\mathbf{f}(\mathbf{x}).$$

这四条性质的证明留给同学了.

命题 8.9.5 假设 E 和 F 是两个线性赋范空间, U 是 E 的一个开集, 映射 $\mathbf{f}: U \to F$ 在点 $\mathbf{x} \in U$ 处有 n 阶导数 $\mathbf{f}^{(n)}(\mathbf{x}) \in \mathbf{L}(E,\cdots,E;F)$, 则 n- 线性映射 $\mathbf{f}^{(n)}(\mathbf{x})$ 是对称的: 对于任何集合 $\{1,\cdots,n\}$ 到自身的双射 (n 元置换)σ, 有

$$\mathbf{f}^{(n)}(\mathbf{x})(\mathbf{h}_1,\cdots,\mathbf{h}_n) = \mathbf{f}^{(n)}(\mathbf{x})(\mathbf{h}_{\sigma(1)},\cdots,\mathbf{h}_{\sigma(n)}),$$

注 这是 **Schwarz定理 (定理 8.4.1)** 在无限维情形的推广, 虽然条件及结论的表述与 Schwarz 定理并不一样, 但内涵及证明思路的线索与 Schwarz 定理完全一样. 事实上, Schwarz 定理 (定理 8.4.1) 是命题 8.9.5 的推论. 由于向量值可微函数只有有限增量定理而无中值定理, 且记法不一样, 证明表述的细节略显不同. 为了便于同学比较, 我们还是把证明详细地写在下面.

证 因为任何置换是有限个对换之复合, 若能证明 $n = 2$ 时命题成立, 便得 n 取任何正整数时命题的成立. 故只须证明 $n = 2$ 的情形.

设 $\mathbf{h}_1$ 和 $\mathbf{h}_2$ 是 E 中两个向量. 因 U 是开集, 当 $|t|$ 充分小时, 下述函数有定义:

$$\mathbf{F}_t(\mathbf{h}_1,\mathbf{h}_2) = \mathbf{f}\big(\mathbf{x}+t(\mathbf{h}_1+\mathbf{h}_2)\big) - \mathbf{f}(\mathbf{x}+t\mathbf{h}_1) - \mathbf{f}(\mathbf{x}+t\mathbf{h}_2) + \mathbf{f}(\mathbf{x}).$$

易见 $\mathbf{F}_t(\mathbf{h}_1,\mathbf{h}_2) = \mathbf{F}_t(\mathbf{h}_2,\mathbf{h}_1)$. 让 t, $\mathbf{x}$ 和 $\mathbf{h}_1$ 固定, 令

$$\mathbf{g}(\mathbf{v}) = \mathbf{f}\big(\mathbf{x}+t(\mathbf{h}_1+\mathbf{v})\big) - \mathbf{f}\big(\mathbf{x}+t\mathbf{v}\big),$$

当 $\mathbf{v}$ 与 $\mathbf{h}_2$ 共线且 $|\mathbf{v}| \leqslant |\mathbf{h}_2|$ 时, $\mathbf{g}$ 是有定义的. 易见,

$$\mathbf{F}_t(\mathbf{h}_1,\mathbf{h}_2) = \mathbf{g}(\mathbf{h}_2) - \mathbf{g}(\mathbf{0}).$$

因 $\mathbf{f}$ 在点 $\mathbf{x} \in U$ 处有二阶导数 $\mathbf{f}''(\mathbf{x})$, $\mathbf{f}$ 在 $\mathbf{x}$ 的一个邻域内应是可微的. 当 $|t|$ 充分小时, $\mathbf{F}_t(\mathbf{h}_1,\mathbf{h}_2)$ 是有意义的. 根据推论 8.9.1, 我们有

$$\begin{aligned}
&|\mathbf{F}_t(\mathbf{h}_1,\mathbf{h}_2) - t^2\mathbf{f}''(\mathbf{x})(\mathbf{h}_1,\mathbf{h}_2)|\\
&= |\mathbf{g}(\mathbf{h}_2) - \mathbf{g}(\mathbf{0}) - t^2\mathbf{f}''(\mathbf{x})(\mathbf{h}_1,\mathbf{h}_2)|\\
&\leqslant \sup_{0<\theta_2<1}\|\mathbf{g}'(\theta_2\mathbf{h}_2) - t^2\mathbf{f}''(\mathbf{x})(\mathbf{h}_1,\cdot)\|\cdot|\mathbf{h}_2|\\
&= \sup_{0<\theta_2<1}\||[\mathbf{f}'\big(\mathbf{x}+t(\mathbf{h}_1+\theta_2\mathbf{h}_2)\big)\\
&\quad - \mathbf{f}'\big(\mathbf{x}+t\theta_2\mathbf{h}_2\big)]t - t^2\mathbf{f}''(\mathbf{x})(\mathbf{h}_1,\cdot)\|\cdot|\mathbf{h}_2|,
\end{aligned}$$

这里的 $\mathbf{f}''(\mathbf{x})(\mathbf{h}_1, \cdot)$ 表示当 $\mathbf{h}_1$ 固定时对应于双线性映射 $\mathbf{f}''(\mathbf{x})$ 的线性映射. 由切映射的定义, 当 $t \to 0$ 时, 我们有

$$\mathbf{f}'\Big(\mathbf{x} + t(\mathbf{h}_1 + \theta_2\mathbf{h}_2)\Big) = \mathbf{f}'\Big(\mathbf{x}\Big) + \mathbf{f}''(\mathbf{x})\Big(t(\mathbf{h}_1 + \theta_2\mathbf{h}_2), \cdot\Big) + \mathbf{o}(t)$$

和

$$\mathbf{f}'\Big(\mathbf{x} + t\theta_2\mathbf{h}_2\Big) = \mathbf{f}'\Big(\mathbf{x}\Big) + \mathbf{f}''(\mathbf{x})\Big(t\theta_2\mathbf{h}_2, \cdot\Big) + \mathbf{o}(t).$$

由此得到

$$\begin{aligned}
[\mathbf{f}'&\Big(\mathbf{x} + t(\mathbf{h}_1 + \theta_2\mathbf{h}_2)\Big) - \mathbf{f}'\Big(\mathbf{x} + t\theta_2\mathbf{h}_2\Big)]t \\
&= [\mathbf{f}''(\mathbf{x})\Big(t(\mathbf{h}_1 + \theta_2\mathbf{h}_2), \cdot\Big) - \mathbf{f}''(\mathbf{x})\Big(t\theta_2\mathbf{h}_2, \cdot\Big)]t + \mathbf{o}(t^2) \\
&= \mathbf{f}''(\mathbf{x})\Big(\mathbf{h}_1, \cdot\Big)t^2 + \mathbf{o}(t^2),
\end{aligned}$$

其中最后一个等号用到了 $\mathbf{f}''(\mathbf{x})$ 是双线性映射这个事实. 当 $t \to 0$ 时,

$$|\mathbf{F}_t(\mathbf{h}_1, \mathbf{h}_2) - t^2\mathbf{f}''(\mathbf{x})(\mathbf{h}_1, \mathbf{h}_2)| = \mathbf{o}(t^2),$$

换言之,

$$\mathbf{f}''(\mathbf{x})(\mathbf{h}_1, \mathbf{h}_2) = \lim_{t \to 0} \frac{\mathbf{F}_t(\mathbf{h}_1, \mathbf{h}_2)}{t^2}.$$

注意到 $\mathbf{F}_t(\mathbf{h}_1, \mathbf{h}_2) = \mathbf{F}_t(\mathbf{h}_2, \mathbf{h}_1)$, 我们有 $\mathbf{f}''(\mathbf{x})(\mathbf{h}_1, \mathbf{h}_2) = \mathbf{f}''(\mathbf{x})(\mathbf{h}_2, \mathbf{h}_1)$.   □

8.9.7   Taylor 公式

设 E 和 F 是两个赋范线性空间. 为了方便, 我们约定用以下记号: 若 A 是 $\underbrace{E \times \cdots \times E}_{n\text{个}} \to F$ 的对称的 n-线性映射, 则记

$$A\mathbf{h}^n = A(\underbrace{\mathbf{h}, \cdots, \mathbf{h}}_{n\text{个}}).$$

特别,

$$\mathbf{f}^{(n)}(\mathbf{x})\mathbf{h}^n = \mathbf{f}^{(n)}(\mathbf{x})(\underbrace{\mathbf{h}, \cdots, \mathbf{h}}_{n\text{个}}).$$

又设 $E_1, \cdots, E_n$ 是 n 个赋范线性空间. 若 A 是 $E_1 \times \cdots \times E_n \to F$ 的连续 n-线性映射, 则 A 可微, 且

$$\begin{aligned}
A'&(\mathbf{x}_1, \cdots, \mathbf{x}_n)(\mathbf{h}_1, \cdots, \mathbf{h}_n) \\
&= A(\mathbf{h}_1, \mathbf{x}_2, \cdots, \mathbf{x}_n) + \cdots + A(\mathbf{x}_1, \cdots, \mathbf{x}_{n-1}, \mathbf{h}_n).
\end{aligned}$$

特别, 当 $E = E_1 = \cdots = E_n$ 且 A 关于它的 n 个自变量对称时, 有

$$A'(\underbrace{\mathbf{x}, \cdots, \mathbf{x}}_{n\text{个}})(\underbrace{\mathbf{h}, \cdots, \mathbf{h}}_{n\text{个}}) = nA(\underbrace{\mathbf{x}, \cdots, \mathbf{x}}_{(n-1)\text{个}}, \mathbf{h}). \tag{8.9.9}_1$$

我们约定用以下记号: $A\mathbf{x}^{n-1} = A(\underbrace{\mathbf{x}, \cdots, \mathbf{x}}_{(n-1)\text{个}}, \cdot)$, 它是个线性映射. 若令映射

$\mathbf{F}: E \to F$ 为

$$\mathbf{F}(\mathbf{x}) = A(\underbrace{\mathbf{x}, \cdots, \mathbf{x}}_{n\text{个}}),$$

则 $(8.9.9)_1$ 式可写成:

$$\mathbf{F}'(\mathbf{x})\mathbf{h} = (nA\mathbf{x}^{n-1})\mathbf{h}.$$

换言之, 作为算子的导数 $\mathbf{F}'(\mathbf{x})$ 具有以下形式:

$$\mathbf{F}'(\mathbf{x}) = nA\mathbf{x}^{n-1}.$$

特别, 若映射 $\mathbf{f}: U \to F$ 在点 $\mathbf{x} \in U$ 处有 n 阶微分 $\mathbf{f}^{(n)}(\mathbf{x})$, 则函数 $\mathbf{F}(\mathbf{h}) = \mathbf{f}^{(n)}(\mathbf{x})\mathbf{h}^n$ 是可微的, 且

$$\mathbf{F}'(\mathbf{h}) = n\mathbf{f}^{(n)}(\mathbf{x})\mathbf{h}^{n-1}. \tag{8.9.9}_2$$

定理 8.9.4 假设 E 和 F 是两个线性赋范空间, U 是 E 的一个开集, 映射 $\mathbf{f}: U \to F$ 在 U 上有直到 $(n-1)$ 阶的导数, 而在点 $\mathbf{x} \in U$ 处有 n 阶导数 $\mathbf{f}^{(n)}(\mathbf{x}) \in \mathbf{L}(E, \cdots, E; F)$, 则当 $\mathbf{h} \to \mathbf{0}$ 时, 有

$$\mathbf{f}(\mathbf{x}+\mathbf{h}) = \mathbf{f}(\mathbf{x}) + \mathbf{f}'(\mathbf{x})\mathbf{h} + \cdots + \frac{1}{n!}\mathbf{f}^{(n)}(\mathbf{x})\mathbf{h}^n + \mathbf{o}(|\mathbf{h}|^n). \tag{8.9.10}$$

注 这是无限维空间中的带 **Peano** 余项的 **Taylor** 公式. 它的证明与一维情形一样. 今简述如下:

证 当 $n = 1$ 时, 公式 (8.9.10) 就是微分的定义. 假设公式 (8.9.10) 对于某个 $n-1 \in \mathbf{N}$ 成立. 记

$$\mathbf{g}(\mathbf{h}) = \mathbf{f}(\mathbf{x}+\mathbf{h}) - \left(\mathbf{f}(\mathbf{x}) + \mathbf{f}'(\mathbf{x})\mathbf{h} + \cdots + \frac{1}{n!}\mathbf{f}^{(n)}(\mathbf{x})\mathbf{h}^n\right),$$

则由定理 8.9.3(有限增量定理), 公式 $(8.9.9)_2$ 和归纳法假设, 当 $\mathbf{h} \to \mathbf{0}$ 时, 有

$$\left|\mathbf{f}(\mathbf{x}+\mathbf{h}) - \left(\mathbf{f}(\mathbf{x}) + \mathbf{f}'(\mathbf{x})\mathbf{h} + \cdots + \frac{1}{n!}\mathbf{f}^{(n)}(\mathbf{x})\mathbf{h}^n\right)\right|$$

$$= |\mathbf{g}(\mathbf{h}) - \mathbf{g}(\mathbf{0})| \leqslant \sup_{0<\theta<1} \|\mathbf{g}'(\theta\mathbf{h})\|\|\mathbf{h}|$$

$$\leqslant \sup_{0<\theta<1} \left\|\mathbf{f}'(\mathbf{x}+\theta\mathbf{h}) - \left(\mathbf{f}'(\mathbf{x}) + \mathbf{f}''(\mathbf{x})(\theta\mathbf{h}) + \cdots \right.\right.$$

$$\left.\left. + \frac{1}{(n-1)!}\mathbf{f}^{(n)}(\mathbf{x})(\theta\mathbf{h})^{n-1}\right)\right\|\|\mathbf{h}|$$

$$= \mathbf{o}(|\mathbf{h}|^n). \qquad \square$$

8.9.8 变分法初步

微分学的一个最早的应用就是求极值, 先是一元实值函数的极值, 然后是多元实值函数的极值. 建立了无穷维赋范线性空间上的微分学, 当然会利用它去探讨无穷维赋范线性空间上的实值函数的极值问题.

定理 8.9.5 假设 E 是个赋范线性空间, U 是 E 的一个开集, 映射 $f: U \to \mathbf{R}$ 在 U 上有直到 $(k-1)$ 阶的导数, 而在点 $\mathbf{x} \in U$ 处有 k 阶导数 $f^{(k)}(\mathbf{x}) \in \mathbf{L}(E, \cdots, E; \mathbf{R})$, 其中 $k \geqslant 2$. 又设 $f'(\mathbf{x}) = \mathbf{0}, \cdots, f^{(k-1)}(\mathbf{x}) = \mathbf{0}$, 而 $f^{(k)}(\mathbf{x}) \neq \mathbf{0}$, 确切些说,

$$\forall \mathbf{h} \in E \forall j \in \{1, \cdots, k-1\}(f^{(j)}(\mathbf{x})\mathbf{h}^j = 0),$$

而

$$\exists \mathbf{h} \in E(f^{(k)}(\mathbf{x})\mathbf{h}^k \neq 0),$$

则

(i) $\mathbf{x}$ 是函数 f 的极值点的必要条件是: k 是偶数, 且 $f^{(k)}(\mathbf{x})\mathbf{h}^k$ 不取相异的符号.

(ii) $\mathbf{x}$ 是函数 f 的极值点的充分条件是: $f^{(k)}(\mathbf{x})\mathbf{h}^k$ 在单位球面 $|\mathbf{h}| = 1$ 上与零保持一个正的距离. 若在单位球面上有不等式:

$$|\mathbf{h}| = 1 \Longrightarrow f^{(k)}(\mathbf{x})\mathbf{h}^k \geqslant \delta > 0,$$

其中 δ 是个不依赖于 $\mathbf{h}$ 的正数, 则 $\mathbf{x}$ 是函数 f 的局部极小值点; 若在单位球面上有不等式

$$|\mathbf{h}| = 1 \Longrightarrow f^{(k)}(\mathbf{x})\mathbf{h}^k \leqslant \delta < 0,$$

其中 δ 是个不依赖于 $\mathbf{h}$ 的负数, 则 $\mathbf{x}$ 是函数 f 的局部极大值点.

证 在定理所作的假设下, 带 Peano 余项的 Taylor 公式 (8.9.10) 变成以下形式:

$$f(\mathbf{x} + \mathbf{h}) = f(\mathbf{x}) + \frac{1}{k!}f^{(k)}(\mathbf{x})\mathbf{h}^k + o(|\mathbf{h}|^k).$$

设 $\mathbf{x}$ 是函数 f 的极值点. 因 $f^{(k)}(\mathbf{x}) \neq \mathbf{0}$, 有 $\mathbf{h}_0 \neq \mathbf{0}$, 使得 $f^{(k)}(\mathbf{x})(\mathbf{h}_0)^k \neq 0$. 以 $t\mathbf{h}_0$ 替代上式中的 $\mathbf{h}$, 得到

$$f(\mathbf{x} + t\mathbf{h}_0) - f(\mathbf{x}) = \frac{t^k}{k!}f^{(k)}(\mathbf{x})\mathbf{h}_0^k + o(t^k|\mathbf{h}_0|^k) = \frac{t^k}{k!}f^{(k)}(\mathbf{x})\mathbf{h}_0^k + o(t^k).$$

当 $|t|$ 充分小时, 上式右端的符号与它的第一项的符号相同. 因 $\mathbf{x}$ 是函数 f 的极值点, 在 $|t|$ 充分小时, 左端必须保持符号不变, 因此, k 必须是偶数. 由同样的推理可得, 不应有两个 $\mathbf{h}_0$ 和 $\mathbf{h}_1$, 使得 $f^{(k)}(\mathbf{x})\mathbf{h}_0^k$ 和 $f^{(k)}(\mathbf{x})\mathbf{h}_1^k$ 异号. (i) 证毕.

(ii) 的证明: 若在单位球面上有不等式:

$$|\mathbf{h}| = 1 \Longrightarrow f^{(k)}(\mathbf{x})\mathbf{h}^k \geqslant \delta > 0,$$

其中 δ 是个不依赖于 $\mathbf{h}$ 的正数, 则对于任何 $\mathbf{h} \neq \mathbf{0}$, 有

$$f(\mathbf{x} + \mathbf{h}) - f(\mathbf{x}) = \frac{1}{k!} f^{(k)}(\mathbf{x})\mathbf{h}^k + o(|\mathbf{h}|^k)$$
$$= \left[\frac{1}{k!} f^{(k)}(\mathbf{x})\left(\frac{\mathbf{h}}{|\mathbf{h}|}\right)^k + o(1) \right] |\mathbf{h}|^k \geqslant \left[\frac{1}{k!} \delta + o(1) \right] |\mathbf{h}|^k.$$

当 $|\mathbf{h}|$ 充分小时, 上式右端是正的. 故 $\mathbf{x}$ 是函数 f 的局部极小值点. (ii) 的前半部分证得. (ii) 的后半部分可相仿地证明. □

注 1 在定理 8.9.5 的条件下, $\mathbf{x}$ 是函数 f 的极值点的必要条件是: $f'(\mathbf{x}) = 0$.

注 2 定理 8.9.5 可以推广到 U 是 E 的一个仿射子空间的开集的情形. 下面我们将遇到这个情形. 因为这样的推广并不带来实质性的困难, 我们建议同学自行完成它的表述和证明.

例 8.9.10 先介绍 Banach 空间 $C^1(K, \mathbf{R})$ 的概念, 其中 K 是 $\mathbf{R}^n$ 中满足条件 $K = \overline{K^\circ}$ 的紧子集. $C^1(K, \mathbf{R})$ 表示定义在 K 上的在 K° 上一次连续可微, 且一阶偏导数可连续延拓至 K 上的实值函数全体. $C^1(K, \mathbf{R})$ 上的范数定义如下:

$$|f|_{C^1(K)} = \max\{|f|_{C(K)}, |\partial_j f|_{C(K)}, j = 1, \cdots, n\}.$$

不难证明, 如上定义的范数与以下定义的范数等价:

$$|f|'_{C^1(K)} = |f|_{C(K)} + \sum_{j=1}^n |\partial_j f|_{C(K)}.$$

我们可以证明, $C^1(K, \mathbf{R})$ 相对于如上定义的范数构成一个 Banach 空间. 这是初等微积分的一个习题, 希望同学补出证明的细节.

设 $L \in C^1(\mathbf{R}^3, \mathbf{R})$ 和 $f \in C^1([a, b], \mathbf{R})$. 映射 $F : C^1([a, b], \mathbf{R}) \to \mathbf{R}$ 如下:

$$F(f) = \int_a^b L\Big(x, f(x), f'(x)\Big) dx.$$

为了研究 F, 引进以下两个映射:

$$F_1 : C^1([a, b], \mathbf{R}) \to C([a, b], \mathbf{R}), F_1(f)(x) = L\Big(x, f(x), f'(x)\Big)$$

和

$$F_2 : C([a, b], \mathbf{R}) \to \mathbf{R}, \quad F_2(g) = \int_a^b g(x) dx.$$

显然, $F = F_2 \circ F_1$, 而 F_2 是连续线性映射.

我们先证明: F_1 可微, 且

$$F_1'(f)h(x) = \partial_2 L\Big(x, f(x), f'(x)\Big)h(x) + \partial_3 L\Big(x, f(x), f'(x)\Big)h'(x), \tag{8.9.11}$$

其中 ∂_2 和 ∂_3 分别表示对 L 的第二和第三个自变量的求偏导数运算. 根据推论 8.9.1, 对于任何 $\mathbf{u} = (u_1, u_2, u_3) \in \Big(C^1([a, b], \mathbf{R})\Big)^3$ 和 $\Delta = (0, \Delta_2, \Delta_3) \in$

$\left(C^1([a,b],\mathbf{R})\right)^3$, 有

$$\left| L(u_1, u_2 + \Delta_2, u_3 + \Delta_3) - L(u_1, u_2, u_3) - \sum_{i=2}^{3} \partial_i L(u_1, u_2, u_3)\Delta_i \right|$$

$$\leqslant \sup_{0 < \theta < 1} \left\| \left(0, \partial_2 L(\mathbf{u} + \theta\Delta) - \partial_2 L(\mathbf{u}), \partial_3 L(\mathbf{u} + \theta\Delta) - \partial_3 L(\mathbf{u})\right) \right\| \cdot |\Delta|$$

$$\leqslant 2 \max_{\substack{0 \leqslant \theta \leqslant 1 \\ i=2,3}} \|\partial_i L(\mathbf{u} + \theta\Delta) - \partial_i L(\mathbf{u})\| \cdot \max_{i=2,3} |\Delta_i|. \tag{8.9.12}$$

注意到, $C^1([a,b],\mathbf{R})$ 中的范数是

$$|f|_{C^1([a,b],\mathbf{R})} = \max\left\{ |f|_{C([a,b],\mathbf{R})}, |f'|_{C([a,b],\mathbf{R})} \right\}.$$

在 (8.9.12) 中让 $u_1 = x, u_2 = f(x), u_3 = f'(x), \Delta_2 = h(x), \Delta_3 = h'(x)$, 因为 $\partial_i L(u_1, u_2, u_3)(i=2,3)$ 在 $\mathbf{R}^3$ 的有界集上一致连续, 当 $|h|_{C^1} \to 0$ 时, 有

$$\max_{a \leqslant x \leqslant b} \left| L\left(x, f(x) + h(x), f'(x) + h'(x)\right) - L\left(x, f(x), f'(x)\right) \right.$$

$$\left. - \partial_2 L\left(x, f(x), f'(x)\right)h(x) - \partial_3 L\left(x, f(x), f'(x)\right)h'(x) \right|$$

$$\leqslant \sup_{0 \leqslant \theta \leqslant 1} \max_{a \leqslant x \leqslant b} \left[\left| \partial_2 L\left(x, f(x) + \theta h(x), f'(x) + \theta h'(x)\right) \right. \right.$$

$$- \partial_2 L\left(x, f(x), f'(x)\right) \Big| \cdot |h(x)| + \Big| \partial_3 L\left(x, f(x) + \theta h(x), f'(x) + \theta h'(x)\right)$$

$$\left. - \partial_3 L\left(x, f(x), f'(x)\right) \Big| \cdot |h'(x)| \right]$$

$$= o\left(|h|_{C^1}\right).$$

这就证明了 (8.9.11). 由复合映射的微分的锁链法则 (8.9.3 小节中关于微分运算的性质 (2)) 及积分运算是线性映射的事实, 我们得到: F 可微, 且

$$F'(f)h = \int_a^b \left[\partial_2 L\left(x, f(x), f'(x)\right)h(x) + \partial_3 L\left(x, f(x), f'(x)\right)h'(x) \right] dx. \tag{8.9.13}$$

常常遇到这样的极值问题, 我们要求 f 限制在 C^1 的这样的仿射子空间上:

$$\{f \in C^1([a,b],\mathbf{R}) : f(a) = A, f(b) = B\}, \tag{8.9.14}$$

其中 A 和 B 是两个给定的常数. 当我们考虑以上仿射子空间上的极值问题时, (8.9.13) 中的 h 应满足条件:

$$f(a) = f(a) + h(a), \quad f(b) = f(b) + h(b).$$

换言之, h 应满足条件:

$$h(a) = h(b) = 0. \tag{8.9.15}$$

这时, 假若 $L \in C^2(\mathbf{R}^3, \mathbf{R})$, 通过一次分部积分, (8.9.13) 便可改写成

$$F'(f)h = \int_a^b \left[\partial_2 L\big(x, f(x), f'(x)\big) - \frac{d}{dx} \partial_3 L\big(x, f(x), f'(x)\big) \right] h(x) dx.$$

由定理 8.9.5, 在 (8.9.14) 的条件下的 F 的极值问题的解应满足条件: 对于任何满足条件 (8.9.15) 的函数 $h \in C^1$, 有

$$F'(f)h = \int_a^b \left[\partial_2 L\big(x, f(x), f'(x)\big) - \frac{d}{dx} \partial_3 L\big(x, f(x), f'(x)\big) \right] h(x) dx = 0.$$

由此, 根据下面的 Du Bois Reymond 引理, f 应满足以下的方程, 它称为 **Euler-Lagrange 方程**:

$$\partial_2 L\big(x, f(x), f'(x)\big) - \frac{d}{dx} \partial_3 L\big(x, f(x), f'(x)\big) = 0. \tag{8.9.16}$$

引理 8.9.1(Du Bois Reymond 引理) 设 $\varphi \in C\big([a, b], \mathbf{R}\big)$, 它满足条件:

$$\forall h \in C^\infty\big([a, b], \mathbf{R}\big) \left(h(a) = h(b) = 0 \Longrightarrow \int_a^b \varphi(x)h(x)dx = 0 \right),$$

则 $\forall x \in [a, b](\varphi(x) = 0)$.

证 假设 φ 满足上述条件, 但有 $c \in (a, b)$ 使得 $\varphi(c) \neq 0$. 不妨设 $\varphi(c) > 0$. 则有 $\delta > 0$, 使得 $(c - \delta, c + \delta) \subset [a, b]$ 且

$$\forall x \in (c - \delta, c + \delta)\big(\varphi(x) > \varphi(c)/2\big).$$

根据引理 8.6.3, 有 $h \in C^\infty\big(\mathbf{R}, \mathbf{R}\big)$, 使得

$$\mathrm{supp}\, h \subset [c - \delta, c + \delta] \quad \text{且} \quad \forall x \in (c - \delta, c + \delta)\big(h(x) > 0\big).$$

因此

$$\int_a^b \varphi(x)h(x)dx \geqslant \varphi(c)/2 \int_{c-\delta}^{c+\delta} h(x)dx > 0.$$

这个矛盾证明了 Du Bois Reymond 引理. □

例 8.9.10 很容易被推广到以下情形:

例 8.9.11 设 $L \in C^1(\mathbf{R}^{2n+1}, \mathbf{R})$ 和 $f_j \in C^1([a, b], \mathbf{R})(j = 1, \cdots, n)$. 用下式定义了映射 $F : \big(C^1([a, b], \mathbf{R})\big)^n \to \mathbf{R}$:

$$F(f_1, \cdots, f_n) = \int_a^b L\big(x, f_1(x), f_1'(x), \cdots, f_n(x), f_n'(x)\big) dx.$$

上式中的 $f_1, \cdots, f_n$ 被要求限制在 $\big(C^1\big)^n$ 的这样的仿射子空间上:

$$\{(f_1, \cdots, f_n) \in \big(C^1([a, b], \mathbf{R})\big)^n : f_j(a) = A_j, f_j(b) = B_j, j = 1, \cdots, n\}, \tag{8.9.17}$$

其中 A_j 和 $B_j(j = 1, \cdots, n)$ 是 $2n$ 个给定的常数. 当我们考虑满足条件 (8.9.17) 的仿射子空间上的极值问题时, $(f_1, \cdots, f_n)$ 应满足以下的方程组, 它称为 **Euler-Lagrange 方程组**:

$$\frac{\partial L}{\partial f_j} - \frac{d}{dx}\left(\frac{\partial L}{\partial f_j'}\right) = 0, \quad j = 1, \cdots, n. \tag{8.9.18}$$

因为它的证明和例 8.9.10 雷同, 留给同学自行完成了.

8.9.9 无限维空间的隐函数定理

下面的无限维空间的隐函数定理完全可以用 §8.5 的练习 8.5.5 和练习 8.5.6 中所介绍的思路去证明. §8.5 的练习 8.5.5 和练习 8.5.6 讨论的是有限维空间中的问题, 把那里的有限维空间换成 Banach 空间后证明完全通得过. 所以我们只给出无限维空间的隐函数定理的表述, 证明的细节留给同学了.

定理 8.9.6(无限维空间的隐函数定理) 假设 E, F 和 G 是三个实赋范线性空间, 且其中的 F 是 Banach 空间, 点 $(\mathbf{x}_0, \mathbf{y}_0) \in E \times F$, 而 $W = \{(\mathbf{x}, \mathbf{y}) \in E \times F : |\mathbf{x} - \mathbf{x}_0|_E < \alpha, |\mathbf{y} - \mathbf{y}_0|_F < \beta\}$ 是点 $(\mathbf{x}_0, \mathbf{y}_0)$ 在 $E \times F$ 中的一个邻域, 其中 α 和 β 是两个正数.

假若映射 $\mathbf{f} : W \to G$ 满足以下条件:

(1) $\mathbf{f}(\mathbf{x}_0, \mathbf{y}_0) = \mathbf{0}$;

(2) $\mathbf{f}(\mathbf{x}, \mathbf{y})$ 在点 $(\mathbf{x}_0, \mathbf{y}_0)$ 处连续;

(3) $d\mathbf{f}_{(\mathbf{x}, \mathbf{y})} = \mathbf{f}'(\mathbf{x}, \mathbf{y})$ 在 W 上有定义, 且在点 $(\mathbf{x}_0, \mathbf{y}_0)$ 处连续;

(4) $d\mathbf{f}_{(\mathbf{x}_0, \mathbf{y}_0)}(\mathbf{0}, \cdot) = \mathbf{f}'_{\mathbf{y}}(\mathbf{x}_0, \mathbf{y}_0)$ 有有界的逆映射, 换言之,

$$[d\mathbf{f}_{(\mathbf{x}_0, \mathbf{y}_0)}(\mathbf{0}, \cdot)]^{-1} = [\mathbf{f}'_{\mathbf{y}}(\mathbf{x}_0, \mathbf{y}_0)]^{-1} \in \mathbf{L}(G; F),$$

则有点 $\mathbf{x}_0 \in E$ 的邻域 $U = U(\mathbf{x}_0)$ 和点 $\mathbf{y}_0$ 的邻域 $V = V(\mathbf{y}_0)$, 以及映射 $\mathbf{g} : U \to V$, 使得以下条件满足:

(i) $U \times V \subset W$;

(ii) $\forall (\mathbf{x}, \mathbf{y}) \in U \times V \big(\mathbf{f}(\mathbf{x}, \mathbf{y}) = \mathbf{0} \Longleftrightarrow \mathbf{y} = \mathbf{g}(\mathbf{x})\big)$;

(iii) $\mathbf{y}_0 = \mathbf{g}(\mathbf{x}_0)$;

(iv) $\mathbf{g}$ 在点 $\mathbf{x}_0$ 处连续;

(v) 若再假设映射 $\mathbf{f}(\mathbf{x}, \mathbf{y})$ 和 $\mathbf{f}'_{\mathbf{y}}(\mathbf{x}, \mathbf{y})$ 不只在点 $(\mathbf{x}, \mathbf{y}) = (\mathbf{x}_0, \mathbf{y}_0)$ 处连续, 且在点 $(\mathbf{x}_0, \mathbf{y}_0)$ 的一个邻域内连续, 则隐函数方程确定的函数 $\mathbf{g} : U \to V$ 不只在点 $\mathbf{x} = \mathbf{x}_0$ 处连续, 且在点 $\mathbf{x}_0$ 的一个邻域内连续;

(vi) 若再假设映射 $\mathbf{f}'_{\mathbf{x}}(\mathbf{x}, \mathbf{y})$ 在点 $(\mathbf{x}_0, \mathbf{y}_0)$ 的一个邻域 $\tilde{W}$ 内存在且在点 $(\mathbf{x}_0, \mathbf{y}_0)$ 处连续, 则函数 $\mathbf{g}$ 在 $\mathbf{x}_0$ 处可微, 且

$$\mathbf{g}'(\mathbf{x}_0) = -\big(\mathbf{f}'_{\mathbf{y}}(\mathbf{x}_0, \mathbf{y}_0)\big)^{-1} \cdot \mathbf{f}'_{\mathbf{x}}(\mathbf{x}_0, \mathbf{y}_0).$$

无限维空间的反函数定理是无限维空间的隐函数定理的特例, 请同学自行给出无限维空间的反函数定理的表述.

*§8.10　补充教材二: 经典力学中的 Hamilton 原理

8.10.1　Lagrange 方程组和最小作用量原理

假设有 n 个质点构成的质点系, 它们在物理空间 $\mathbf{R}^3$ 中的位置是

$$\mathbf{x}_i = (x_i^1, x_i^2, x_i^3) \quad (i = 1, \cdots, n).$$

我们也常以第 i 个质点的位置 $\mathbf{x}_i$ 表示第 i 个质点. 按 Newton 动力学第二定律, n 个质点的运动服从以下关于这 n 个质点的位置的微分方程组:

$$m_i \frac{d^2 x_i^j}{dt^2} = F_i^j \quad (i = 1, \cdots, n; j = 1, 2, 3), \tag{8.10.1}$$

其中 $\mathbf{F}_i = (F_i^1, F_i^2, F_i^3)$ 表示第 i 个质点所受到的力. 在物理学家感兴趣的许多情形, 常有一个定义在 $\mathbf{R}^{3n}$(或 $\mathbf{R}^{3n}$ 的某子集) 上的实值函数 $U = U(\mathbf{x}_1, \cdots, \mathbf{x}_n) = U(x_1^1, x_1^2, x_1^3, \cdots, x_n^1, x_n^2, x_n^3)$, 使得

$$F_i^j = -\frac{\partial U}{\partial x_i^j} \quad (i = 1, \cdots, n; j = 1, 2, 3). \tag{8.10.2}$$

上式有时也简记做

$$\mathbf{F}_i = -\frac{\partial U}{\partial \mathbf{x}_i} \quad (i = 1, \cdots, n) \tag{8.10.3}$$

U 常称为力场 $(\mathbf{F}_1, \cdots, \mathbf{F}_n)$ 的**位 (势) 函数**. U 的物理涵义是: 它代表 n 个质点构成的质点系的**位能**.

例 8.10.1　5.10.1 小节的谐振子方程

$$\ddot{x} = -\omega^2 x \tag{5.10.1}'$$

可以写成

$$m\ddot{x} = -\frac{m\omega^2}{2} \frac{d(x^2)}{dx} = -\frac{dU}{dx}, \tag{8.10.4}$$

其中 $U = U(x) = \dfrac{m\omega^2 x^2}{2}$. 应说明的是, 前面一般讨论中, n 个质点的位置是用 $3n$ 个参数来刻画的. 因谐振子是直线运动, 故只用一个参数刻画. 参数的个数 (又称自由度) 并非必须是 3 的整数倍.

例 8.10.2　设有 n 个质点构成的质点系:

$$\mathbf{x}_i = (x_i^1, x_i^2, x_i^3) \quad (i = 1, \cdots, n).$$

任何两质点 $\mathbf{x}_i$ 和 $\mathbf{x}_j$ 之间的相互作用由一个 (二质点的位势函数)$V : \mathbf{R} \to \mathbf{R}$ 通过以下方式刻画的: 质点 $\mathbf{x}_j$ 作用在质点 $\mathbf{x}_i$ 上的力是

$$\mathbf{F}_{ij} = -\frac{\partial V(|\mathbf{x}_i - \mathbf{x}_j|)}{\partial x_i}.$$

质点 $\mathbf{x}_i$ 所受其他 $n-1$ 个质点作用的力的总和应是

$$\mathbf{F}_i = \sum_{j \neq i} \mathbf{F}_{ij} = -\sum_{j \neq i} \frac{\partial V(|\mathbf{x}_i - \mathbf{x}_j|)}{\partial x_i} = -\frac{\partial U}{\partial \mathbf{x}_i},$$

其中

$$U = \sum_{i < j} V(|\mathbf{x}_i - \mathbf{x}_j|),$$

它代表 n 个质点构成的质点系的位能. n 个质点构成的质点系的运动遵从 Newton 力学第二定律, 它的数学表述便是以下方程:

$$m_i \frac{d^2 \mathbf{x}_i}{dt^2} = -\frac{\partial U}{\partial \mathbf{x}_i}. \tag{8.10.5}$$

我们不难发现, 方程 (8.10.4) 和 (8,10.5) 之间形式上的相似.

设 $t_0 < t_1$ 是两个给定的时刻, $\mathbf{a}_i$ 和 $\mathbf{b}_i (i = 1, \cdots, n)$ 是 $2n$ 个给定的 (三维) 常向量. 对于任何 n 个定义在 $[t_0, t_1]$ 上满足约束条件

$$\mathbf{x}_i(t_0) = \mathbf{a}_i, \quad \mathbf{x}_i(t_1) = \mathbf{b}_i \quad (i = 1, \cdots, n) \tag{8.10.6}$$

的 t 的二次连续可微函数 $\mathbf{x}_i = \mathbf{x}_i(t)(i = 1, \cdots, n)$, Lagrange 引进下述函数, 常被称为 n 个质点构成的质点系的 **Lagrange函数**:

$$L = L(\mathbf{x}_1, \cdots, \mathbf{x}_n, \dot{\mathbf{x}}_1, \cdots, \dot{\mathbf{x}}_n) = T - U(\mathbf{x}_1, \cdots, \mathbf{x}_n), \tag{8.10.7$_1$}$$

其中

$$T = \sum_{i=1}^{n} \frac{m_i}{2} \left(\frac{d\mathbf{x}_i}{dt} \right)^2. \tag{8.10.7$_2$}$$

值得注意的是,Lagrange 函数对于任何 n 个定义在 $[t_0, t_1]$ 上满足约束条件 (8.10.6) 的 t 的二次连续可微函数 $\mathbf{x}_i = \mathbf{x}_i(t)(i = 1, \cdots, n)$ 都有意义, 换言之,Lagrange 函数是定义在 $C^2([t_0, t_1])$ 中满足约束条件 (8.10.6) 的仿射子空间上的. 假若 t 的二次连续可微函数 $\mathbf{x}_i = \mathbf{x}_i(t)(i = 1, \cdots, n)$ 恰是某 n 个质点的运动轨迹, 则 Lagrange 函数的物理涵义是: 它恰等于由这 n 个质点构成的质点系的动能 T 与位能 U 之差.

利用 Lagrange 函数, 作为 Newton 力学第二定律的数学表述的方程 (8.10.5) 可以改写成以下形式:

$$\frac{d}{dt} \left(\frac{\partial L}{\partial \dot{\mathbf{x}}_i} \right) - \frac{\partial L}{\partial \mathbf{x}_i} = \mathbf{0} \quad (i = 1, \cdots, n). \tag{8.10.8}$$

方程 (8.10.8) 称为质点系的 **Lagrange方程 (组)**, 它是 Newton 力学第二定律的另一种表达形式. 这个 Lagrange 方程 (组) 也可用以下形式写出: 记 $\mathbf{x} = (\mathbf{x}_1, \cdots, \mathbf{x}_n)$,

$$\frac{d}{dt} \left(dL_{(\mathbf{x}, \dot{\mathbf{x}})}(\mathbf{0}, \cdot) \right) - dL_{(\mathbf{x}, \dot{\mathbf{x}})}(\cdot, \mathbf{0}) = \mathbf{0}. \tag{8.10.8}'$$

我们进一步要引进 n **个质点构成的质点系的作用量**的概念. 它定义为

$$S = \int_{t_0}^{t_1} L(\mathbf{x}_1, \cdots, \mathbf{x}_n, \dot{\mathbf{x}}_1, \cdots, \dot{\mathbf{x}}_n) dt. \qquad (8.10.9)$$

质点系的作用量 S 对于任何 n 个定义在 $[t_0, t_1]$ 上满足约束条件 (8.10.6) 的 t 的二次连续可微函数 $\mathbf{x}_i = \mathbf{x}_i(t)(i = 1, \cdots, n)$ 都有意义, 换言之, 作用量 S 是定义在 $C^2([t_0, t_1])$ 中满足约束条件 (8.10.6) 的仿射子空间上的. 应该注意的是作用量 S 是取实数值的, 而 Lagrange 函数所取的值是 t 的函数. 数学上常把定义在无限维空间上的 (或无限维空间的无限维仿射子空间上的) 取实数值 (或复数值) 的函数称为泛函. 因此, 作用量 S 是定义在 $C^2([t_0, t_1])$ 中满足约束条件 (8.10.6) 的仿射子空间上的泛函. 不难证明: (取实数值的) 作用量 S 在 $C^2([t_0, t_1])$ 中满足约束条件 (8.10.6) 的仿射子空间上达到极值的必要条件 $\big($Euler-Lagrange 方程组 (8.9.18)$\big)$ 恰是 n 个质点构成的质点系的 Lagrange 方程组 (8.10.8). 因此, 我们得到 Newton 力学的最小作用量原理:

最小作用量原理 n 个质点构成的质点系的运动轨迹 $\mathbf{x}_i = \mathbf{x}_i(t)(i = 1, \cdots, n)$ 是使 (8.10.9) 中定义的作用量 S 在边条件 (8.10.6) 下的平稳点.

确切些说, 满足边条件 (8.10.6) 的轨道的向量值函数组 $\big(\mathbf{x}_1(t), \cdots, \mathbf{x}_n(t)\big)$ 很多. 而刻画 n 个质点构成的质点系的运动轨迹的那条轨道恰是满足边条件 (8.10.6) 的质点组的轨道中使得作用量 S 的导数等于零的轨道.

值得注意的是, 以上的最小作用量原理的推导是在质点的坐标取作直角坐标时进行的. 但是, 当直角坐标换成其他坐标时, 例如换成球坐标或柱坐标时, Lagrange 函数 (理解为质点系的动能与质点系的位能之差) 和作用量 (8.10.9) 仍然有意义. 作用量的平稳点是不依赖于坐标的选择的, 所以最小作用量原理在任何坐标系中都是成立的. 注意到 Newton 方程组的形式是与坐标的选择有关系的. 这也许是最小作用量原理的优点之一. 更为重要的是最小作用量原理的发现开启了分析力学的研究, 而后者为电磁场理论 (它也有最小作用量原理), 一般的场论和量子力学的建立所不可缺少的. 在下一小节中我们将介绍分析力学中的最基本的方程: Hamilton 方程组及与它密切相关的 Hamilton 原理.

8.10.2 Hamilton 方程组和 Hamilton 原理

假设刻画质点系的新的坐标 (常称为广义坐标) 是 $q_1, \cdots, q_k$. 对无约束条件的 n 个质点构成的质点系来说, $k = 3n$, 但 k 是否是 3 的倍数这一点对以后讨论无关紧要. 为了方便, 不妨假定 $k = 3n$. 设

$$q_i = q_i(x_1^1, x_1^2, x_1^3, \cdots, x_n^1, x_n^2, x_n^3) \quad (i = 1, \cdots, 3n),$$

并设以上的映射 $(x_1^1, x_1^2, x_1^3, \cdots, x_n^1, x_n^2, x_n^3) \mapsto (q_1, q_2, q_3, \cdots, q_{3n-2}, q_{3n-1}, q_{3n})$ 在某个区域内是微分同胚. 假设 Lagrange 函数 (即质点系的动能与质点系的位能之差) 用新坐标和新坐标关于时间的导数的表示形式是

$$L = L\big(q_1, \cdots, q_{3n}, \dot{q}_1, \cdots, \dot{q}_{3n}\big).$$

令

$$p_i = \frac{\partial L}{\partial \dot{q}_i} \quad (i = 1, \cdots, 3n), \tag{8.10.10}$$

p_i 称为 q_i 的**共轭变量**. 若 $q_{3j+l} = x_j^l (j = 1, \cdots, n, l = 1, 2, 3)$, 则

$$p_{3j+l} = m\dot{x}_j^l \quad (j = 1, \cdots, n, l = 1, 2, 3).$$

物理学家把 $m\dot{x}_j^l$ 称为动量. 所以, 一般的广义坐标 q_i 的共轭变量 p_i 常称为**广义动量**. Lagrange 方程组 (8.10.8) 和广义动量的定义 (8.10.10) 合在一起成为以下的方程组:

$$\begin{cases} \dfrac{dp_i}{dt} = \dfrac{\partial L}{\partial q_i}, \\ p_i = \dfrac{\partial L}{\partial \dot{q}_i}, \end{cases} \quad i = 1, \cdots, 3n. \tag{8.10.11}$$

命题 8.10.1 记

$$E = \sum_{i=1}^{3n} \dot{q}_i \frac{\partial L}{\partial \dot{q}_i} - L(q_1, \cdots, q_{3n}, \dot{q}_1, \cdots, \dot{q}_{3n}). \tag{8.10.12}$$

若动能 T 是 $\dot{q}_1, \cdots, \dot{q}_{3n}$ 的二次齐次函数, 而位能 U 与 $\dot{q}_1, \cdots, \dot{q}_{3n}$ 无关 (由 (8.10.7), 无约束质点系在直角坐标系中是满足这两个条件的), 则这个 E 恰代表质点系的总能 (即质点系的动能与质点系的位能之和).

证 由 §8.3 中的练习 8.3.1 中的 (iii)(关于齐次函数的 Euler 等式),

$$\sum_{i=1}^{3n} \dot{q}_i \frac{\partial L}{\partial \dot{q}_i} = \sum_{i=1}^{3n} \dot{q}_i \frac{\partial T}{\partial \dot{q}_i} = 2T.$$

所以

$$E = \sum_{i=1}^{3n} \dot{q}_i \frac{\partial L}{\partial \dot{q}_i} - L(q_1, \cdots, q_{3n}, \dot{q}_1, \cdots, \dot{q}_{3n}) = 2T - (T - U) = T + U. \qquad \Box$$

应该指出, 假若 $\mathbf{q} = (q_1, \cdots, q_{3n}) \mapsto \mathbf{x} = (x_1, \cdots, x_{3n})$ 是个局部微分同胚, 则

$$T = \sum_{i=1}^{3n} \frac{m_i}{2} \left(\frac{d\mathbf{x}_i}{dt} \right)^2 = \sum_{i=1}^{3n} \frac{m_i}{2} \left(\sum_{j=1}^{3n} \frac{\partial x_i}{\partial q_j} \frac{dq_j}{dt} \right)^2.$$

上式右端是 $\dot{q}_1, \cdots, \dot{q}_{3n}$ 的二次型, 而且这个二次型还是正定的. 因此, 命题 8.10.1 中的假设 (动能 T 是 $\dot{q}_1, \cdots, \dot{q}_{3n}$ 的二次齐次函数) 通常是成立的. 下面的假设也是合理的: 若 Lagrange 函数 L 关于 $\dot{q}_i (i = 1, \cdots, 3n)$ 的 Hesse 行列式非零:

$$\det \begin{bmatrix} \dfrac{\partial^2 L}{\partial \dot{q}_1 \partial \dot{q}_1} & \cdots & \dfrac{\partial^2 L}{\partial \dot{q}_1 \partial \dot{q}_{3n}} \\ \vdots & & \vdots \\ \dfrac{\partial^2 L}{\partial \dot{q}_{3n} \partial \dot{q}_1} & \cdots & \dfrac{\partial^2 L}{\partial \dot{q}_{3n} \partial \dot{q}_{3n}} \end{bmatrix} \neq 0, \tag{8.10.13}$$

每个 $\dot{q}_j$ 局部地可以表成 $q_i, p_i (i = 1, \cdots, 3n)$ 的函数. 这时, E 也可以表成 $q_i, p_i (i = 1, \cdots, 3n)$ 的函数. 这个以 $q_i, p_i (i = 1, \cdots, 3n)$ 为自变量的函数称为质点系的**Hamilton 函数**, 记做

$$\mathcal{H}\Big(q_1, \cdots, q_{3n}, p_1, \cdots, p_{3n}\Big) = E = \sum_{i=1}^{3n} \dot{q}_i p_i - L. \tag{8.10.14}$$

应该强调的是: Hamilton 函数 $\mathcal{H} = \mathcal{H}\Big(q_1, \cdots, q_{3n}, p_1, \cdots, p_{3n}\Big)$ 的 $6n$ 个自变量是

$$q_1, \cdots, q_{3n}, p_1, \cdots, p_{3n},$$

而 Lagrange 函数 $L = L\Big(q_1, \cdots, q_{3n}, \dot{q}_1, \cdots, \dot{q}_{3n}\Big)$ 的 $6n$ 个自变量是

$$q_1, \cdots, q_{3n}, \dot{q}_1, \cdots, \dot{q}_{3n}$$

这两个函数自变量的区别在下面求它们的偏导数时是非常重要的: $\dfrac{\partial \mathcal{H}}{\partial q_i}$ 表示在 $q_j (j \neq i), p_k (k = 1, \cdots, 3n)$ 固定时, $\mathcal{H}$ 关于 q_i 的导数. 而 $\dfrac{\partial L}{\partial q_i}$ 是在 $q_j (j \neq i), \dot{q}_k (k = 1, \cdots, 3n)$ 固定时, L 关于 q_i 的导数. 假若同学们注意到 §8.5 中练习 8.5.10 中的定义 8.5.7, 便知 $(8.5.17)_1$ 和 $(8.5.17)_2$ 确定的变换 $(\dot{q}_1, \cdots, \dot{q}_{3n}, L) \mapsto (p_1, \cdots, p_{3n}, \mathcal{H})$ 事实上是个 Legendre 变换 (把 $q_1, \cdots, q_{3n}$ 看成参数).

通常, 由点 $\Big(q_1, \cdots, q_{3n}, p_1, \cdots, p_{3n}\Big)$ 构成的 $6n$ 维空间 $\mathbf{R}^{6n}$ 称为质点系的相空间, 记做 $\mathcal{P}$. 相空间的概念在经典力学, 统计力学, 甚至量子力学中都扮演着重要的角色.

由 (8.10.14) 和 (8.10.11) 的第一个方程组, 并把 $\dot{q}_j = \dot{q}_j(q_1, \cdots, q_{3n}, p_1, \cdots, p_{3n})$ 看成变量 $q_1, \cdots, q_{3n}, p_1, \cdots, p_{3n}$ 的函数, 我们得到

$$\frac{\partial \mathcal{H}}{\partial q_i} = \sum_{j=1}^{3n} \frac{\partial \dot{q}_j}{\partial q_i} p_j - \frac{\partial L}{\partial q_i} + \sum_{j=1}^{3n} \frac{\partial L}{\partial \dot{q}_j} \frac{\partial \dot{q}_j}{\partial q_i} = -\frac{\partial L}{\partial q_i}, \quad i = 1, \cdots, 3n.$$

(8.10.11) 的第一个方程组可改写成

$$\frac{dp_i}{dt} = -\frac{\partial \mathcal{H}}{\partial q_i}, \quad i = 1, \cdots, 3n. \tag{8.10.15}$$

同理, 由 (8.10.14) 我们得到

$$\frac{\partial \mathcal{H}}{\partial p_i} = \dot{q}_i + \sum_{j=1}^{3n} p_j \frac{\partial \dot{q}_j}{\partial p_i} - \sum_{j=1}^{3n} \frac{\partial L}{\partial \dot{q}_j} \frac{\partial \dot{q}_j}{\partial p_i} = \dot{q}_i, \quad i = 1, \cdots, 3n. \tag{8.10.16}$$

把方程组 (8.10.15) 和 (8.10.16) 合在一起, 便得到下列 **Hamilton方程组**:

$$\begin{cases} \dot{q}_i = \dfrac{\partial \mathcal{H}}{\partial p_i}, \\ \dot{p}_i = -\dfrac{\partial \mathcal{H}}{\partial q_i}, \end{cases} \quad i = 1, \cdots, 3n. \tag{8.10.17}$$

因 $L = \sum\limits_{i=1}^{3n} \dot{q}_i p_i - \mathcal{H}\big(q_1, \cdots, q_{3n}, p_1, \cdots, p_{3n}\big)$, 所以, 当作用量 (8.10.9) 通过自变量为 $q_1, \cdots, q_{3n}, p_1, \cdots, p_{3n}$ 的 Hamilton 函数来表示时, 它可写成

$$S = \int_{t_0}^{t_1} \left[\sum_{i=1}^{3n} \dot{q}_i p_i - \mathcal{H}\big(q_1, \cdots, q_{3n}, p_1, \cdots, p_{3n}\big) \right] dt. \qquad (8.10.18)$$

由 Hamilton 方程组 (8.10.17), 我们得到下述 Hamilton 原理:

Hamilton 原理 n 个质点构成的质点系在相空间 $\mathcal{P}$ 中的运动轨迹 $\mathbf{q}_i = \mathbf{q}_i(t), \mathbf{p}_i = \mathbf{p}_i(t)(i = 1, \cdots, n)$ 是使由 (8.10.18) 定义的作用量 S 在边条件

$$\mathbf{q}_i(t_0) = \mathbf{a}_i, \quad \mathbf{q}_i(t_1) = \mathbf{b}_i \quad (i = 1, \cdots, n) \qquad (8.10.19)$$

下的平稳点, 其中 $\mathbf{a}_i$ 和 $\mathbf{b}_i(i = 1, \cdots, n)$ 是 $2n$ 个常向量.

证 记相空间 $\mathcal{P}$ 中的轨道为 $\big(\mathbf{q}(t), \mathbf{p}(t)\big) = \big(q_1(t), \cdots, q_{3n}(t), p_1(t), \cdots, p_{3n}(t)\big)$, 对应的作用量是

$$S\big(\mathbf{q}(t), \mathbf{p}(t)\big) = \int_{t_0}^{t_1} \left[\sum_{i=1}^{3n} \dot{q}_i(t) p_i(t) - \mathcal{H}\big(q_1(t), \cdots, q_{3n}(t), p_1(t), \cdots, p_{3n}(t)\big) \right] dt.$$

当相空间 $\mathcal{P}$ 中的轨道在边条件 (8.10.19) 的约束下移动到

$$\big(\mathbf{q}(t) + \mathbf{k}(t), \mathbf{p}(t) + \mathbf{h}(t)\big)$$
$$= \big(q_1(t) + k_1(t), \cdots, q_{3n}(t) + k_{3n}(t), p_1 + h_1(t), \cdots, p_{3n}(t) + h_{3n}(t)\big)$$

时, 对应的作用量变成

$$S\big(\mathbf{q}(t) + \mathbf{k}(t), \mathbf{p}(t) + \mathbf{h}(t)\big)$$
$$= \int_{t_0}^{t_1} \left[\sum_{i=1}^{3n} (\dot{q}_i(t) + \dot{k}_i(t))(p_i(t) + h_i(t)) \right.$$
$$\left. - \mathcal{H}\big(q_1(t) + k_1(t), \cdots, q_{3n}(t) + k_{3n}(t), p_1 + h_1(t), \cdots, p_{3n}(t) + h_{3n}(t)\big) \right] dt.$$

为了保证条件 (8.10.19) 成立, 我们要求

$$k_i(t_0) = k_i(t_1) = h_i(t_0) = h_i(t_1) = 0 \quad (i = 1, \cdots, 3n). \qquad (8.10.20)$$

所以

$$S\Big(\mathbf{q}(t) + \mathbf{k}(t), \mathbf{p}(t) + \mathbf{h}(t)\Big) - S\Big(\mathbf{q}(t), \mathbf{p}(t)\Big)$$

$$= \int_{t_0}^{t_1} \Bigg[\sum_{i=1}^{3n} (\dot{q}_i(t) + \dot{k}_i(t))(p_i(t) + h_i(t))$$

$$\qquad - \mathcal{H}\Big(q_1(t) + k_1(t), \cdots, q_{3n}(t) + k_{3n}(t), p_1 + h_1(t), \cdots, p_{3n}(t) + h_{3n}(t)\Big)$$

$$\qquad - \sum_{i=1}^{3n} \dot{q}_i(t)p_i(t) + \mathcal{H}\Big(q_1(t), \cdots, q_{3n}(t), p_1(t), \cdots, p_{3n}(t)\Big) \Bigg] dt$$

$$= \int_{t_0}^{t_1} \Bigg[\sum_{i=1}^{3n} \Big(\dot{q}_i(t)h_i(t) + \dot{k}_i(t)p_i(t)\Big) - \sum_{i=1}^{3n} \frac{\partial \mathcal{H}}{\partial q_i}k_i(t) - \sum_{i=1}^{3n} \frac{\partial \mathcal{H}}{\partial p_i}h_i(t) \Bigg] dt$$

$$\qquad + o\Big(\sup_{t_0 \leqslant t \leqslant t_1} \max_{1 \leqslant i \leqslant 3n} (|k_i(t)| + |h_i(t)|) \Big)$$

$$= \int_{t_0}^{t_1} \Bigg[\sum_{i=1}^{3n} \Big(\dot{q}_i(t)h_i(t) - k_i(t)\dot{p}_i(t)\Big) - \sum_{i=1}^{3n} \frac{\partial \mathcal{H}}{\partial q_i}k_i(t) - \sum_{i=1}^{3n} \frac{\partial \mathcal{H}}{\partial p_i}h_i(t) \Bigg] dt$$

$$\qquad + k_i(t)p_i(t)\Big|_{t_0}^{t_1} + o\Big(\sup_{t_0 \leqslant t \leqslant t_1} \max_{1 \leqslant i \leqslant 3n} (|k_i(t)| + |h_i(t)|) \Big)$$

$$= \int_{t_0}^{t_1} \Bigg[\sum_{i=1}^{3n} \Big(\dot{q}_i(t) - \frac{\partial \mathcal{H}}{\partial p_i}\Big)h_i(t) - \sum_{i=1}^{3n} \Big(\dot{p}_i(t) + \frac{\partial \mathcal{H}}{\partial q_i}\Big)k_i(t) \Bigg] dt$$

$$\qquad + o\Big(\sup_{t_0 \leqslant t \leqslant t_1} \max_{1 \leqslant i \leqslant 3n} (|k_i(t)| + |h_i(t)|) \Big).$$

在推导的最后一步, 我们用了条件 (8.10.20). 由上式易见: 用自变量为 $q_1, \cdots, q_{3n}$, $p_1, \cdots, p_{3n}$ 的 Hamilton 函数表示的作用量 (8.10.18) 的微分相对于满足条件 (8.10.20) 的 $k_i(t), h_i(t)(i = 1, \cdots, 3n)$ 的值是

$$dS_{(q_1, \cdots, q_{3n}, p_1, \cdots, p_{3n})}\Big(k_1(t), \cdots, k_{3n}(t), h_1(t), \cdots, h_{3n}(t)\Big)$$

$$= \int_{t_0}^{t_1} \Bigg[\sum_{i=1}^{3n} \Big(\dot{q}_i(t) - \frac{\partial \mathcal{H}}{\partial p_i}\Big)h_i(t) - \sum_{i=1}^{3n} \Big(\dot{p}_i(t) + \frac{\partial \mathcal{H}}{\partial q_i}\Big)k_i(t) \Bigg] dt. \quad (8.10.21)$$

故满足 Hamilton 方程组的 $q_i(t), p_i(t)(i = 1, \cdots, 3n)$ 是自变量为 $q_1, \cdots, q_{3n}$, $p_1, \cdots, p_{3n}$ 的 Hamilton 函数表示的作用量 (8.10.18) 在条件 (8.10.19) 下的平稳点. 由 Du Bois Reymond 引理, 反之亦然. □

　　17 世纪 Isaac Newton 建立了经典力学中描述质点运动的基本方程, 这在人类探索大自然规律的努力中是具有里程碑意义的重大事件. 18, 19 世纪 Euler, Lagrange 和 Hamilton 等对 Newton 描述质点运动的基本方程进行了细致的研究和分析后, 建立了今天称为分析力学的理论. 这为 20 世纪的物理学革命准备好了不可缺少的条件, 狭义相对论, 广义相对论和量子力学在 20 世纪初相继诞

生. 这是人类科学史上最激动人心的事件之一, 它揭开了大自然的一个重要方面的真面目, 这个真面目与直观的理解竟如此不同, 使得人类大为惊讶. 可以毫不夸张地说, 没有数学的介入, 取得这样的成就是不可思议的.

进一步阅读的参考文献

以下文献中的有关章节可以作为多元微分学的进一步学习的参考:

[1] 的第七章较详细地介绍了多元微分学, 包括变分法中的 Euler-Lagrange 方程和经典力学中的变分原理.

[2] 这本微分学一开始就是讲多元 (甚至是空间中的元素为自变量) 的微分学. 内容丰富, 写得非常简练.

[6] 的第八章介绍多元微分学.

[7] 这本微分学较详细地介绍了多元微分学.

[9] 是作者关于分析学的一套巨著的第一卷, 详细讨论了赋范线性空间上的微分学.

[10] 的第二章和第三章介绍了多元微分学.

[13] 的第二卷的第二章和第三章介绍了多元微分学.

[15] 的第二十章介绍了多元微分学, 包括了 Banach 空间上的微分学.

[17] 的第三章介绍了多元微分学和 Banach 空间上的微分学. 第六章的第 22 节介绍了变分法中的 Euler-Lagrange 方程和经典力学中的变分原理.

[18] 是一本专门介绍隐函数定理的小册子. 包括 Hadamard-Levy 整体隐函数定理和 Nash-Moser 隐函数定理等. 内容很丰富.

[21] 的第三章较详细地介绍了多元微分学.

[23] 的第五章生动地介绍了多元微分学.

[25] 的第八章较详细地介绍了多元微分学.

第9章 测　　度

建立近代测度与积分理论大致有两条途径: 一条是先由简单图形的测度 (如长方块的体积) 出发, 逐步把测度的定义域扩张成包含所有的 "可测集" 的一个集合类. 然后在测度理论的基础上建立积分的理论. 这是 Lebesgue 和 Carathéodory 等人的方法. 另一条是把积分看成是在由一类常见函数 (如连续函数或阶梯函数) 构成的线性空间上的具有某种性质的 "线性泛函", 然后逐步把线性泛函的定义域扩张成包含所有的 "可积函数" 组成的线性空间. 这是 F.Riesz, Daniell 和 Kakutani 等人的方法. 本章及下一章采用第一种方法, 似乎这更接近于概率论中先引进概率, 后引进期望的在直观上较易接受的传统. 但第二条途径比较简便, 而且对泛函分析的学习方便些. 两者几乎是等价的. 我们在第 11 章的补充教材中将简略介绍经由 Kakutani 改造和推广了的 F. Riesz 的方法. 同学们若想了解第二种方法的细节, 可参看本讲义最后列举的有关参考书, 例如, 本册讲义最后所附的参考文献中的 [13], [16], [22] 和 [24].

§9.1　可加集函数

数学中的曲线段的长度, 曲面片的面积和三维空间中区域的体积都可以看成是一个集合类到一个 (扩张了的) 实数轴之间的对应关系 (扩张了的实数轴常理解为 $\mathbf{R} \cup \{\pm\infty\}$). 这种由集合类到 (扩张了的) 实数轴的映射称为**集(合)函数**. 数学中经常遇到的集合函数都具有一个重要的特性, 即所谓可加性. 例如, 设 $a < b < c$, $(a, b]$ 和 $(b, c]$ 是两个不相交的 (左开右闭的) 直线段, 它们的长度分别是 $b - a$ 和 $c - b$, 这两个互不相交的 (左开右闭的) 直线段之并 $(a, c] = (a, b] \cup (b, c]$ 的长度 $c - a$ 恰是 $(a, b]$ 和 $(b, c]$ 的长度之和: $c - a = (b - a) + (c - b)$. 曲线段的长度, 曲面片的面积和三维空间中区域的体积都具有这种可加性 (参看本讲义第一册的 §6.8). 物理中的质量、电荷、能量和概率论中的

概率也具有这种可加性. 为了讨论方便, 大家愿意对这种具有可加性的加强形式 (并具有其他附加性质) 的集合函数给一个称呼: 测度. 它的构筑及性质有必要给予专门的研究. 这便是本章的课题.

定义 9.1.1 设 X 是个非空集合, $\mathcal{A}$ 是由 X 的某些子集作为元素而构成的非空集合 (常称为集合类或集合族). $\mathcal{A}$ 称为一个**代数**, 假若它满足以下三个条件:

(i) $\varnothing \in \mathcal{A}$;

(ii) $\forall A \in \mathcal{A}(A^C \in \mathcal{A})$;

(iii) $\forall A, B \in \mathcal{A}(A \cup B \in \mathcal{A})$.

因 $A \cap B = (A^C \cup B^C)^C$, 代数 $\mathcal{A}$ 必具有性质:

$$\forall A, B \in \mathcal{A}(A \cap B \in \mathcal{A}).$$

由数学归纳原理, 我们有

$$\forall A_j \in \mathcal{A}(j = 1, \cdots, n)\left(\bigcup_{j=1}^{n} A_j \in \mathcal{A}, \ \bigcap_{j=1}^{n} A_j \in \mathcal{A}\right).$$

又因 $A \setminus B = A \cap B^C$, 我们有

$$\forall A, B \in \mathcal{A}(A \setminus B \in \mathcal{A}).$$

例 9.1.1 只由空集合及 X 两个元素构成的集合类 $\{\varnothing, X\}$ 是代数.

例 9.1.2 由 X 的全体子集构成的集合类 2^X 是代数.

定义 9.1.2 设 $\mathcal{A}$ 是由 X 的一些子集组成的代数, $\overline{\mathbf{R}}_+$ 表示扩张了的非负实数全体: $\overline{\mathbf{R}}_+ = \mathbf{R}_+ \cup \{\infty\}$), 映射 $\mu : \mathcal{A} \to \overline{\mathbf{R}}_+$ 称为**有限可加(或简称可加) 的集函数**, 若

$$\forall A, B \in \mathcal{A}(A \cap B = \varnothing \Longrightarrow \mu(A \cup B) = \mu(A) + \mu(B)).$$

在定义 9.1.2 中我们涉及到了 ∞ 的加减运算, 将来我们还要遇到 ∞ 参与的加减运算, 关于它我们作如下约定:

$$\forall t \in \overline{\mathbf{R}}_+(t + \infty = \infty + t = \infty);$$

$$\forall t \in \mathbf{R}_+ (\infty - t = \infty);$$

$\infty - \infty$ 被认为是无意义的.

关于涉及 ∞ 的大小关系, 我们约定

$$\forall t \in \mathbf{R}_+ (t < \infty).$$

有了这个约定, 有 $\overline{\mathbf{R}}_+ = [0, \infty]$.

命题 9.1.1 若 $A \in \mathcal{A}, B \in \mathcal{A}$, 且 $A \subset B$, 又若 $\mu(A) < \infty$, 则 $\mu(B \setminus A) = \mu(B) - \mu(A)$. 顺便, 我们有 $\mu(B) \geqslant \mu(A)$.

证 因 $B = A \cup (B \setminus A)$, 且 $A \cap (B \setminus A) = \varnothing$. 由可加性得到下式:

$$\mu(B) = \mu(A) + \mu(B \setminus A).$$

因 $\mu(A) < \infty$, 故

$$\mu(B \setminus A) = \mu(B) - \mu(A).$$

又因 $\mu(B \setminus A) \geqslant 0$, 我们有

$$\mu(B) \geqslant \mu(A). \qquad \Box$$

命题 9.1.2 若 $\exists A \in \mathcal{A}(\mu(A) \neq \infty)$, 则 $\mu(\varnothing) = 0$.

证 $\mu(\varnothing) = \mu(A \setminus A) = \mu(A) - \mu(A) = 0$. $\qquad \Box$

例 9.1.3 设 $X \neq \varnothing, f : X \to [0, \infty]$ 是一个给定的映射, $\mathcal{A} = 2^X$. 对于任何 $A \subset X$, 令

$$\mu(A) = \sup_{\{x_1, \cdots, x_n\} \subset A} \sum_{j=1}^n f(x_j).$$

右端的上确界是对 A 的所有的有限子集取的. 不难看出, μ 是 $2^X \to [0, \infty]$ 的可加集函数.(注意: 我们这里采用了约定: $\sup(\varnothing) = 0$).

特别, $X = \{0, 1\}, f(0) = f(1) = 1/2$ 时, 我们得到

$$\mu(A) = \begin{cases} 1, & \text{若 } A = \{0, 1\}, \\ 1/2, & \text{若 } A = \{0\} \text{或} \{1\}, \\ 0, & \text{若 } A = \varnothing. \end{cases}$$

在中学里学过一点概率论的同学会看出, 这个可加集函数 μ 给出了掷钱币的概率模型中的概率, 只要让 1 代表钱币的正面, 0 代表反面即可.

掷钱币的概率模型可推广如下: $X = \{0, 1\}$, $f(0) = p$, $f(1) = 1 - p$ 时, 其中 $0 \leqslant p \leqslant 1$. 这相当于作某次试验 (例如, 打靶), 成功的概率为 p, 失败的概率为 $(1 - p)$, 我们得到

$$\mu(A) = \begin{cases} 1, & \text{若 } A = \{0, 1\}, \\ p, & \text{若 } A = \{0\}, \\ 1 - p, & \text{若 } A = \{1\}, \\ 0, & \text{若 } A = \varnothing. \end{cases}$$

这是概率论中的 **Bernoulli概型**. 它代表只有两种可能结果的随机试验的概率模型.

假若连续作两次同样的试验 (例如, 打两次靶), 并假定两次试验的结果之间无因果关系, 用概率论的语言说, 两次试验的结果是 "**互相独立**" 的, 则刻画这个概率问题的数学模型是: $X = \{(0, 0), (0, 1), (1, 0), (1, 1)\}$($X$ 也可看成由集合 $\{1, 2\}$ 到集合 $\{0, 1\}$ 的映射全体, 请同学想清楚这里面的对应关系!), 而函数 f 如下界定: $f((0, 0)) = p^2, f((0, 1)) = f((1, 0)) = p(1 - p), f((1, 1)) = (1 - p)^2$, 我们也可以写出概率测度 μ 的公式的表. 不过, 这个表将比较大, 因为 X 有四个元素, 2^X 的元素共有 $2^4 = 16$ 个! 假若连续作 n 次同样的试验 (例如, 打 n 次靶), 并假定这 n 次试验中任何两次的结果之间无因果关系, 用概率论的语言说, 任何两次试验的结果 "互相独立", 则这个概率问题的数学模型是这样刻画的: 记映射 $\phi : \{1, 2, \cdots, n\} \to \{0, 1\}$ 如下:

$$\phi(j) = \begin{cases} 1, & \text{若第 } j \text{ 次试验成功,} \\ 0, & \text{若第 } j \text{ 次试验失败,} \end{cases}$$

则 n 次同样的试验的概率模型是: $X = \{\phi : \phi \text{是} \{1, 2, \cdots, n\} \text{到} \{0, 1\}$ 的映射$\}$, 换言之, X 是 $\{1, \cdots, n\}$ 到 $\{0, 1\}$ 的映射全体. 当然, 这个集合与 $\{0, 1\}^n$ 之间可建立双射. 若每次试验成功的概率为 p, 失败的概

率为 $1-p$, 则 X 中每一点 $\phi \in X$ 的概率是

$$f(\phi) = \prod_{j=1}^{n} (p^{\phi(j)}(1-p)^{1-\phi(j)}) = p^{\sum_{j=1}^{n} \phi(j)}(1-p)^{n-\sum_{j=1}^{n} \phi(j)}.$$

若记 $\nu(\phi)$ 为集合 $\{j \in \{1, 2, \cdots, n\} : \phi(j) = 1\}$ 的元素个数, 换言之, $\nu(\phi)$ 表示 n 次试验中成功的次数:

$$\nu(\phi) = \sum_{j=1}^{n} \phi(j),$$

则

$$f(\phi) = p^{\nu(\phi)}(1-p)^{n-\nu(\phi)}.$$

因为集合 $\{\phi : \nu(\phi) = k\}$ 的元素 (每一个这样的元素代表恰有 k 次成功的一个 n 次试验序列) 个数恰是 n 个元素中任取 k 个元素的取法的个数 $\begin{pmatrix} n \\ k \end{pmatrix}$, 故 n 次试验中恰有 k 次成功的概率是

$$P(\nu(\phi) = k) = \begin{pmatrix} n \\ k \end{pmatrix} p^k (1-p)^{n-k}.$$

这样我们又得到一个新的概率模型, 它称为**二项概率模型**. 二项概率模型是: $X = \{0, 1, \cdots, n\}$, 而

$$P(\{k\}) = \begin{pmatrix} n \\ k \end{pmatrix} p^k (1-p)^{n-k}.$$

在初等概率论建立后, 法国数学家 de Moivre 和 Laplace 等用渐近分析的方法 (主要用了 Stirling 公式) 认真研究过这个概率模型及其渐近极限. 也许包含这个内容的 Laplace 的专著《概率论》的出版标志着分析概率论的诞生, 而分析概率论是近代概率论中最早成熟的分支. 顺便指出, 这个工作开启了 Laplace 对渐近分析研究的兴趣, 而渐近分析已成为近代分析的一个十分有用的分支.

例 9.1.3 中出现的几个 X 都是有限集, X 上的代数 $\mathcal{A} = 2^X$. 下面的例中的 X 已是无限集, 而代数 $\mathcal{A}$ 已不再是 2^X 而是 2^X 的真子集了.

例 9.1.4 设 $X = \mathbf{R}$, $\mathcal{I}$ 表示所有左开右闭区间 $(a, b]$(其中 $-\infty \leqslant a \leqslant b \leqslant \infty$) 所组成的集合. (注意: $\varnothing = (a, a] \in \mathcal{I}$, 在本例和下例中, 我们暂且约定: $(a, \infty] = (a, \infty)$). $\mathcal{I}$ 具有以下性质: $\mathcal{I}$ 相对于有限交运算封闭. 但 $\mathcal{I}$ 相对于有限并运算和取余集运算并不封闭. 记 $\mathcal{A}$ 为所有可以表成 $\mathcal{I}$ 中的元素 (即左开右闭区间) 的有限并的集合的全体, 则 $\mathcal{A}$ 相对于有限并, 有限交和取余集运算均封闭 (请同学补出证明的细节). 换言之, $\mathcal{A}$ 是代数. 不难看出, $\mathcal{A}$ 中每个元素 (作为 $\mathbf{R}$ 的子集) 的连通成分是个左开右闭区间. $\mathcal{A}$ 中每个元素均可表成有限个无公共端点 (注意: 左开右闭区间 $(a, b]$ 有两个端点 a 和 b, 但左端点 a 不属于这个左开右闭区间 $(a, b]$) 的两两不相交的左开右闭区间之并, 且这种表示是唯一确定的. 又设 ϕ 是定义在 $\mathbf{R}$ 上, 取值于 $\mathbf{R}$ 的单调不减的右连续函数. 对于 $\mathcal{A}$ 中每个元素 A, 由上面的讨论 A 有唯一的如下表示式: $A = \bigcup\limits_{j=1}^{n} (a_j, b_j]$, 其中 $a_1 < b_1 < a_2 < b_2 \cdots < a_n < b_n$. 我们定义

$$\mu(A) = \sum_{j=1}^{n} [\phi(b_j) - \phi(a_j)].$$

不难证明, μ 是 $\mathcal{A}$ 上的 (非负) 可加集函数 (请同学自行补证). 特别, 当 $\phi(t) = t$ 时, 这个 ϕ 产生的 (非负) 可加集函数 $\mu(A)$ 正好对应于构成 A 的有限个两两不相交的线段 (或区间) 的长度之和. 它将产生的积分 (产生的具体方法将在本章及下一章中讨论) 正是我们已经研究过的 Riemann 积分以及即将研究的 Lebesgue 积分. 在 §6.11 中就已经明白, 为了考虑概率论中的问题 (和其他分析问题, 如矩问题), 十分重要的 Stieltjes 积分将应运而生, 这时我们不得不考虑其他的 ϕ 了. 换言之, 19 世纪末, Stieltjes 从矩问题的研究中就已经认识到, 必须冲破只限于考虑对应于长度 (或面积, 体积) 的可加集函数的限制了. 这样的可加集函数常记做 $\mu(d\phi)$, 或简记做 $d\phi$.

例 9.1.5 设 $X = \mathbf{R}^n$, $\mathcal{I}$ 表示所有左开右闭 (n 维) 区间 (常称为 n 维长方体) $\prod\limits_{j=1}^{n} (a_j, b_j]$ 所组成的集合, 其中 a_j, b_j $(j = 1, \cdots, n)$ 满足条件: $-\infty \leqslant a_j \leqslant b_j \leqslant \infty$ $(j = 1, \cdots, n)$. (注意: $\varnothing = (a, a] \in \mathcal{I}$, 我们还约定: $(a, \infty] = (a, \infty)$). $\mathcal{I}$ 相对于有限交运算封闭. 但 $\mathcal{I}$ 相对于有

限并运算和取余集运算不封闭. 记 $\mathcal{A}$ 为所有可以表成 $\mathcal{I}$ 中的集的有限并的集合的全体, 则 $\mathcal{A}$ 相对于有限并, 有限交和取余集运算均封闭 (请同学补出证明的细节). 换言之, $\mathcal{A}$ 是个代数. 不难证明, $\mathcal{A}$ 中每个元素均可表成有限个两两不相交的左开右闭区间之并. 关于左开右闭 (n 维) 区间 $\prod\limits_{j=1}^{n}(a_j, b_j]$ 的 n 维体积我们定义如下:

$$m\left(\prod_{j=1}^{n}(a_j, b_j]\right) = \prod_{j=1}^{n}(b_j - a_j),$$

这里, 我们用到了以前的约定: $0 \cdot \infty = 0$. 有限个两两不相交的左开右闭区间之并的 n 维体积定义为

$$m\left(\bigcup_{k=1}^{p} Q_k\right) = \sum_{k=1}^{p} m(Q_k),$$

其中 $\{Q_k : k = 1, \cdots, p\}$ 是 p 个两两不相交的左开右闭 (n 维) 区间. 可以证明, m 是代数 $\mathcal{A}$ 上的 (有限) 可加集函数, 证明的细节留给同学作为习题 (参看练习 9.1.1). 通常, 集函数 m 称为 **Lebesgue可加集函数**.

例 9.1.6 设 $X = \mathbf{R}^n$, $\mathcal{I}$ 表示所有左开右闭 (n 维) 区间 $\prod\limits_{j=1}^{n}(a_j, b_j]$ 所组成的集合, 其中 $-\infty \leqslant a_j \leqslant b_j \leqslant \infty$, $j = 1, \cdots, n$. 记 $\mathcal{A}$ 为所有可以表成 $\mathcal{I}$ 中的集的有限并的集的全体, 则 $\mathcal{A}$ 是个代数. 设 μ 是定义在 $\mathcal{A}$ 上的 (有限) 可加集函数, 且满足以下条件:

对于任何递减的数列 $a_j^{(1)} \geqslant a_j^{(2)} \geqslant \cdots \geqslant a_j^{(m)} \cdots$ 和 $b_j^{(1)} \geqslant b_j^{(2)} \geqslant \cdots \geqslant b_j^{(m)} \cdots$, 记 $\lim\limits_{m \to \infty} a_j^{(m)} = a_j$ 和 $\lim\limits_{m \to \infty} b_j^{(m)} = b_j$, 其中 $j = 1, \cdots, n$, 我们必有

$$\lim_{m \to \infty} \mu\left(\prod_{j=1}^{n}(a_j^{(m)}, b_j^{(m)}]\right) = \mu\left(\prod_{j=1}^{n}(a_j, b_j]\right).$$

满足以上条件的 (有限) 可加集函数 μ 称为 $\mathbf{R}^n$ 上的 **Lebesgue-Stieltjes可加集函数**.

到 19 世纪末, 数学家们 (如 Borel 和 Lebesgue 等) 注意到, 假若把集函数的可加性条件加强为集函数的可数可加性 (也称完全可加

性), 这样建立起来的测度理论的内容将非常丰富, 使用起来也特别方便. 他们逐渐建立了新的积分理论. 法国数学家 Lebesgue 的贡献在新积分理论的建立过程中是最关键的. 所谓集函数 μ 的可数可加性是指: 在代数 $\mathcal{A}$ 上定义的集函数 μ 满足的有限可加性应加强为可数可加性, 换言之, 若 $\{E_n\}_{n=1}^{\infty}$ 是可数个两两不相交的代数 $\mathcal{A}$ 的元素, 且 $\bigcup_{n=1}^{\infty} E_n \in \mathcal{A}$, 则

$$\mu\left(\bigcup_{n=1}^{\infty} E_n\right) = \sum_{n=1}^{\infty} \mu(E_n).$$

这样加强了的条件在很多情形 (例如, 概率论中或几何中) 是得到满足的. 只当有限可加性改为可数可加性后, 建立在极限概念基础上的分析数学的威力强大的工具才有机会用上, 由此便可得到许多只靠有限可加性无法得到的深刻结果, 测度的理论和应用的局面便完全改观了. 后来数学的发展证明了 Lebesgue 迈出的这一步是完全正确和十分重要的.(顺便说一句, 据数学史记载, Lebesgue 的工作在法国遇到了一些德高望重的数学家的轻视. 他的 1902 年的学位论文不得不发表在意大利, 直到 1919 年, 这时 Lebesgue 积分早已在全世界被广泛使用, 他才获得了教授的职称.) 本章将介绍经由后人 (特别是 Carathéodory) 推广并完善了的 Lebesgue 迈出的这个具有重要意义的一步. 有限可加性是直观上比较容易接受且逻辑上常常是容易检验的. 但我们想象的具有可数可加性的集函数是否 (在数学意义上) 真的存在? 这需要严格的论证. 我们要认真解决的第一个问题便是研究在什么条件下我们想象的具有可数可加性的集函数是的确存在的.

练　习

9.1.1　本题的目的是要证明以下的命题: 定义在由 $\mathbf{R}^n$ 上的所有有限个左开右闭区间之并构成的代数 $\mathcal{A}$ 上的体积集函数是 (有限) 可加的. 证明通过以下几个小题逐步完成.

(i) 设
$$a_k = c_{k,0} \leqslant c_{k,1} \leqslant \cdots \leqslant c_{k,j_k} = b_k, \quad 1 \leqslant k \leqslant n,$$
而在 $\mathbf{R}^n$ 上的有限个左开右闭区间用以下记法表示之:
$$J = \prod_{k=1}^{n} (a_k, b_k], \quad I_{i_1, \cdots, i_n} = \prod_{k=1}^{n} (c_{k,i_k-1}, c_{k,i_k}], \quad i_k = 1, \cdots, l_k, \, k = 1, \cdots, n.$$

试证:

$$m(J) = \sum_{i_1=1}^{l_1} \cdots \sum_{i_n=1}^{l_n} m(I_{i_1,\cdots,i_n}),$$

其中 $m(\cdot)$ 表示左开右闭区间的体积集函数 (参看例 9.1.5), 或称 Lebesgue 测度, 它恰等于左开右闭区间的 n 个棱的长度 (即左开右闭区间在 n 个坐标轴上的投影) 之积:

$$m(J) = \prod_{k=1}^{n} (b_k - a_k), \quad m(I_{i_1,\cdots,i_n}) = \prod_{k=1}^{n} (c_{k,i_k} - c_{k,i_k-1}), \quad i_k = 1,\cdots,l_k.$$

(ii) 在 $\mathbf{R}^n$ 上, 假设 J 是个左开右闭区间, $I_k\,(k = 1,\cdots,p)$ 是有限个两两不相交的左开右闭区间, 它们都是 J 的子集. 试证:

$$m(J) \geqslant \sum_{k=1}^{p} m(I_k).$$

(iii) 在 $\mathbf{R}^n$ 上, 假设 J 是个左开右闭区间, $I_k\,(k = 1,\cdots,p)$ 是有限个左开右闭区间, 它们覆盖 J: $J \subset \bigcup_{k=1}^{m} I_k$. 试证:

$$m(J) \leqslant \sum_{k=1}^{p} m(I_k).$$

(iv) 在 $\mathbf{R}^n$ 上, 假设 J 是个左开右闭区间, $I_k\,(k = 1,\cdots,n)$ 是有限个两两不相交的左开右闭区间, 且 $J = \bigcup_{k-1}^{n} I_k$. 试证:

$$m(J) = \sum_{k=1}^{n} m(I_k).$$

(v) 在 $\mathbf{R}^n$ 上, 所有可以写成有限个左开右闭区间之并的集合构成的集族记为 $\mathcal{A}$. 试证: $\mathcal{A}$ 是个代数.

(vi) 试证: $\mathcal{A}$ 中的元素 A 必可表成有限个两两不相交的左开右闭区间之并:

$$A = \bigcup_{j=1}^{k} I_j, \quad \text{且} \quad \forall j,l \in \{1,\cdots,k\}\big(j \neq l \Longrightarrow I_j \cap I_l = \varnothing\big),$$

其中 I_j 是左开右闭区间. 但表示方法未必唯一.

(vii) 若 $\mathcal{A}$ 中的两个元素 A 和 B 有以下表示式:

$$A = \bigcup_{j=1}^{k} I_j, \quad \text{且} \quad \forall j,l \in \{1,\cdots,k\}\big(j \neq l \Longrightarrow I_j \cap I_l = \varnothing\big)$$

和

$$B = \bigcup_{u=1}^{v} J_u, \quad \text{且} \quad \forall u,w \in \{1,\cdots,v\}\big(u \neq w \Longrightarrow I_u \cap I_w = \varnothing\big),$$

其中 I_j, J_u 是左开右闭区间. 又设 $A \subset B$. 试证:

$$\sum_{j=1}^{k} m(I_j) \leqslant \sum_{u=1}^{v} m(J_u).$$

(viii) 若 $\mathcal{A}$ 中的元素 A 有以下两种表示式:

$$A = \bigcup_{j=1}^{k} I_j, \quad \text{且} \quad \forall j, l \in \{1, \cdots, k\}\big(j \neq l \Longrightarrow I_j \cap I_l = \varnothing\big)$$

和

$$A = \bigcup_{u=1}^{v} J_u, \quad \text{且} \quad \forall u, w \in \{1, \cdots, v\}\big(u \neq w \Longrightarrow I_u \cap I_w = \varnothing\big),$$

其中 I_j, J_u 是左开右闭区间. 试证:

$$\sum_{j=1}^{k} m(I_j) = \sum_{u=1}^{v} m(J_u).$$

现在我们可以引进代数 $\mathcal{A}$ 上的体积集函数 (或称 Lebesgue 集函数)m 了.

定义 9.1.3 在 $\mathcal{A}$ 上的**体积集函数**(或称 Lebesgue(可加) 集函数)m 定义如下: 若 $\mathcal{A}$ 中的元素 A 有以下表示式

$$A = \bigcup_{j=1}^{k} I_j, \quad \text{且} \quad \forall j, l \in \{1, 2, \cdots, k\}\big(j \neq l \Longrightarrow I_j \cap I_l = \varnothing\big),$$

其中 I_j 是左开右闭区间, 则体积集函数 m 在 A 处的值定义为

$$m(A) = \sum_{j=1}^{k} m(I_j).$$

(viii) 的结果告诉我们如上定义的体积集函数 $m(A)$ 的值不依赖于 A 表示成有限个两两不相交的左开右闭区间之并的表示方法.

(ix) 试证: 如上定义的 $\mathcal{A}$ 上的 Lebesgue(可加) 集函数 m 是 (有限) 可加的.

注 (ix) 的结果就是例 9.1.5 的结论.

(x) 设法将 (viii) 的结果推广到例 9.1.6 的 Lebesgue-Stieltjes 集函数 μ 上去.

9.1.2 设 X 是非空集合, $\mathcal{A}$ 是 X 上的代数, μ 是 $\mathcal{A}$ 上的有限可加集函数.

(i) 若 $E, F \in \mathcal{A}$, 则 $\mu(E \cup F) = \mu(E) + \mu(F) - \mu(E \cap F)$.

(ii) 若 $E_j \in \mathcal{A}$ $(j = 1, 2, \cdots, n)$, 试证:

$$\mu\left(\bigcup_{j=1}^{n} E_j\right) = \sum_{\substack{F \subset \{1, \cdots, n\} \\ F \neq \varnothing}} (-1)^{1 + \operatorname{card}(F)} \mu\left(\bigcap_{k \in F} E_k\right),$$

其中, $\operatorname{card}(F)$ 表示集合 F 中的元素个数, 右端的求和号表示对 $\{1, \cdots, n\}$ 的一切非空子集 F 求和.

(iii) 若 $E, F \in \mathcal{A}$, 则 $\mu(E \cup F) \leqslant \mu(E) + \mu(F)$;

(iv) 若 $E_j \in \mathcal{A}\,(j = 1, 2, \cdots, n)$, 试证:

$$\mu\left(\bigcup_{j=1}^{n} E_j\right) \leqslant \sum_{j=1}^{n} \mu(E_j).$$

§9.2 集函数的可数可加性

本节要严格地介绍可数可加集函数的定义及其基本性质.

定义 9.2.1 设 X 是个非空集合 (常称为空间), $\mathcal{A} \subset 2^X$ 称为σ-**代数**, 假若它满足以下三个条件:

(i) $\varnothing \in \mathcal{A}$;

(ii) $A \in \mathcal{A} \Longrightarrow A^C \in \mathcal{A}$;

(iii) $(\forall k \in \mathbf{N}(A_k \in \mathcal{A})) \Longrightarrow \bigcup_{k=1}^{\infty} A_k \in \mathcal{A}$.

换言之, σ- 代数是一个对可数并运算封闭的代数, 由 (ii) 及 de Morgan 对偶原理, σ- 代数对可数交运算也封闭. 非空集合 X 和 σ- 代数 $\mathcal{A} \subset 2^X$ 组成的二元组 $(X, \mathcal{A})$ 称为**可测空间**, $\mathcal{A}$ 中元素称为 $\mathcal{A}$-**可测集**, 有时简称**可测集**.

例 9.1.1 和例 9.1.2 中的代数都是 σ- 代数, 但例 9.1.4 和例 9.1.5 中的代数 $\mathcal{A}$ 都不是 σ- 代数.

不难证明, 设 $\mathcal{A}_\alpha\,(\alpha \in I)$ 是集合 X 上的一族 σ- 代数, 则 $\bigcap_{\alpha \in I} \mathcal{A}_\alpha$ 也是 σ- 代数. 设 $B \subset 2^X$, 则包含 B 的所有 X 上的 σ- 代数之交也是 σ- 代数, 它是包含 B 的所有 X 上的 σ- 代数中的最小的 σ- 代数, 常称为**由 B 生成的 σ- 代数**.

定义 9.2.2 设 X 是个拓扑空间, 则由 X 上全体闭集组成的集族生成的 σ- 代数称为 X 上的 **Borel代数**.Borel 代数中的元素 (它本身是 X 的子集) 称为 X 中的 **Borel(可测) 集**.

X 中的开集, 作为闭集之余集, 当然是 Borel 集. 故 X 中的开集, 闭集, 可数个开集之交, 可数个闭集之并等均为 Borel 集.

不难证明: 拓扑空间 X 上全体开集组成的集族生成的 σ- 代数恰是 X 上的 Borel 代数.

例 9.1.5 中的左开右闭 (n 维) 区间全体组成的集族所生成的 σ-

代数 $\mathcal{B}$ 恰是 $\mathbf{R}^n$ 上的 Borel 代数. 这是因为 $\mathbf{R}^n$ 中的开集均可表成可数个左开右闭 (n 维) 区间之并, 所以 $\mathbf{R}^n$ 上的 Borel 代数是 $\mathcal{B}$ 的子集. 反之, 任何左开右闭 (n 维) 区间可以表示成可数个闭 (n 维) 区间之并, 所以 $\mathcal{B}$ 是 $\mathbf{R}^n$ 上的 Borel 代数的子集. 这就证明了 $\mathcal{B}$ 就是 $\mathbf{R}^n$ 上的 Borel 代数. 又因任何开 (n 维) 区间是可数个左右边界之坐标 a_j, b_j $(j = 1, \cdots, n)$ 均为有理数的左开右闭 (n 维) 区间之并. 而任何左开右闭 (n 维) 区间是可数个开 (n 维) 区间之交. 故左右边界之坐标均为有理数的左开右闭 (n 维) 区间全体组成的集族所生成的 σ- 代数恰是 $\mathbf{R}^n$ 上的 Borel 代数. 构造一个非 Borel 集并不容易, 换言之, 非 Borel 集在通常的数学问题中是不容易遇到的. 但非 Borel 集是的确存在的, 而且, 在某种意义上说, 是非常非常多的.

定义 9.2.3 设 X 是个非空集合, $\mathcal{A} \subset 2^X$. 集函数 $\mu : \mathcal{A} \to \overline{\mathbf{R}}_+$ 称为**可数可加**的, 假若对于任何可数个 $A_n \in \mathcal{A}$ $(n = 1, 2, \cdots)$, 只要这些 A_n 是两两不相交的, 且 $\bigcup\limits_{n=1}^{\infty} A_n \in \mathcal{A}$, 我们便有

$$\mu\left(\bigcup_{n=1}^{\infty} A_n \right) = \sum_{n=1}^{\infty} \mu(A_n).$$

又若 $\mathcal{A}$ 是个 σ- 代数, 则可数可加的映射 μ 称为 $(X, \mathcal{A})$ **上 (或简称为 X 上) 的一个测度**. 非空集合 X, σ- 代数 $\mathcal{A} \subset 2^X$ 和可测空间 $(X, \mathcal{A})$ 上 (或简称为 X 上) 的测度 μ 组成的三元组 $(X, \mathcal{A}, \mu)$ 称为**测度空间**.

假若 X 是个拓扑空间, σ- 代数 $\mathcal{A}$ 是 X 上的 Borel 代数, 且任何紧集的测度都有限, 则 $(X, \mathcal{A})$ 上的测度称为 **Borel测度**.

有了测度概念后, 我们面临两个首要的问题是: (1) 对于常见的空间 (如 $\mathbf{R}^n$), 满足一些很自然的要求 (如平移不变的要求) 的测度是否真的存在?(2) 假若测度存在, 它的常用的简单性质是什么? 本章就是讨论这两个问题的. 我们先讨论第二个问题. 第一个问题留到 §9.3 和 §9.4 去解决.

命题 9.2.1 设 X 是个非空集合, $\mathcal{A}$ 是 X 上的代数, μ 是定义在代数 $\mathcal{A}$ 上的 (有限) 可加集函数, 则 μ 是可数可加的充分必要条件是: 对于任何可数个 $A_n \in \mathcal{A}$ $(n = 1, 2, \cdots)$, 它们满足条件 $A_n \subset A_{n+1}$ $(n = $

$1, 2, \cdots)$ 和 $\bigcup_{n=1}^{\infty} A_n \in \mathcal{A}$, 则必有

$$\mu\left(\bigcup_{n=1}^{\infty} A_n\right) = \lim_{n \to \infty} \mu(A_n).$$

证 假若 μ 可数可加, 而 $A_n \in \mathcal{A}(n = 1, 2, \cdots)$ 满足条件 $A_n \subset A_{n+1}(n = 1, 2, \cdots)$ 和 $\bigcup_{n=1}^{\infty} A_n \in \mathcal{A}$. 不妨设

$$\forall n \in \mathbf{N}(\mu(A_n) < \infty).$$

不然命题的结论显然成立.

由于 $\mathcal{A}$ 是 X 上的代数, 每个 $A_n \in \mathcal{A}$, 故 $A_{n+1} \setminus A_n \in \mathcal{A}(n = 1, 2, \cdots)$. 又由于 $A_n \subset A_{n+1}(n = 1, 2, \cdots)$, 故对于 $n \neq m$, $(A_{n+1} \setminus A_n) \cap (A_{m+1} \setminus A_m) = \varnothing$. 对于任何自然数 n, 有 $(A_{n+1} \setminus A_n) \cap A_1 = \varnothing$. 因 (同学自行补出证明)

$$\bigcup_{n=1}^{\infty} A_n = A_1 \cup \left[\bigcup_{n=1}^{\infty}(A_{n+1} \setminus A_n)\right],$$

我们有

$$\begin{aligned}
\mu\left(\bigcup_{n=1}^{\infty} A_n\right) &= \mu(A_1) + \mu\left(\bigcup_{n=1}^{\infty}(A_{n+1} \setminus A_n)\right) \\
&= \mu(A_1) + \sum_{n=1}^{\infty} \mu(A_{n+1} \setminus A_n) \\
&= \mu(A_1) + \sum_{n=1}^{\infty}(\mu(A_{n+1}) - \mu(A_n)) \\
&= \lim_{n \to \infty} \mu(A_n),
\end{aligned}$$

其中, 倒数第二个等式成立的理由是命题 9.1.1.

反之, 假设可加集函数 μ 对于任何可数个 $A_n \in \mathcal{A}(n = 1, 2, \cdots)$, 只要它们满足条件 $A_n \subset A_{n+1}(n = 1, 2, \cdots)$ 和 $\bigcup_{n=1}^{\infty} A_n \in \mathcal{A}$, 必有

$$\mu\left(\bigcup_{n=1}^{\infty} A_n\right) = \lim_{n \to \infty} \mu(A_n).$$

设 $B_n\,(n=1,2,\cdots)$ 是一串两两不相交的 $\mathcal{A}$ 中的元素, 且 $\bigcup\limits_{n=1}^{\infty} B_n \in \mathcal{A}$, 则

$$\bigcup_{n=1}^{k} B_n \subset \bigcup_{n=1}^{k+1} B_n,$$

由假设, 有

$$\mu\left(\bigcup_{n=1}^{\infty} B_n\right) = \lim_{k\to\infty} \mu\left(\bigcup_{n=1}^{k} B_n\right) = \lim_{k\to\infty} \sum_{n=1}^{k} \mu(B_n) = \sum_{n=1}^{\infty} \mu(B_n). \qquad \square$$

推论 9.2.1 设 X 是个非空集合, $\mathcal{A}$ 是 X 上的 σ-代数, μ 是定义在 σ-代数 $\mathcal{A}$ 上的一个测度. 设 $A_n \in \mathcal{A}\,(n=1,2,\cdots)$, 它们满足条件 $A_n \supset A_{n+1}\,(n=1,2,\cdots)$, 且有某个 $n_0 \in \mathbf{N}$ 使得 $\mu(A_{n_0}) < \infty$, 则

$$\lim_{n\to\infty} \mu(A_n) = \mu\left(\bigcap_{n=1}^{\infty} A_n\right).$$

证 对于任何 $n \geqslant n_0$, 令 $B_n = A_{n_0} \setminus A_n$, 易见 $\{B_n\}_{n=n_0}^{\infty}$ 是单调递增的, 而且 $\mu(B_n) = \mu(A_{n_0}) - \mu(A_n)$. 对 B_n 使用命题 9.2.1 的结果便有

$$\mu\left(\bigcap_{n=1}^{\infty} A_n\right) = \mu\left(\bigcap_{n=n_0}^{\infty} A_n\right)$$

$$= \mu\left(\bigcap_{n=n_0}^{\infty} (A_{n_0} \setminus B_n)\right) = \mu\left(A_{n_0} \setminus \bigcup_{n=n_0}^{\infty} B_n\right)$$

$$= \mu(A_{n_0}) - \mu\left(\bigcup_{n=n_0}^{\infty} B_n\right) = \mu(A_{n_0}) - \lim_{n\to\infty} \mu(B_n)$$

$$= \lim_{n\to\infty} [\mu(A_{n_0}) - \mu(B_n)] = \lim_{n\to\infty} \mu(A_{n_0} \setminus B_n)$$

$$= \lim_{n\to\infty} \mu(A_n),$$

其中, 倒数第二个等式成立的理由是命题 9.1.1. $\qquad \square$

命题 9.2.2 设 X 是个非空集合, $\mathcal{A}$ 是 X 上的 σ-代数, μ, ν 是定义在 σ-代数 $\mathcal{A}$ 上的两个测度, $t \in \mathbf{R}_+$, $A \in \mathcal{A}$, 则

(i) 由关系式 $\forall E \in \mathcal{A}((\mu+\nu)(E) = \mu(E) + \nu(E))$ 定义的 $\mu+\nu$ 是测度;

(ii) 由关系式 $\forall E \in \mathcal{A}((t\mu)(E) = t\mu(E))$ 定义的 $t\mu$ 是测度;

(iii) 由关系式 $\forall E \in \mathcal{A}(\mu_A(E) = \mu(A \cap E))$ 定义的 μ_A 是测度.

由测度的定义出发便可得到命题的证明, 细节留给同学自行补出.

定义在 σ- 代数 $\mathcal{A}$ 上的两个测度 μ, ν 之间的大小关系定义如下:

$$\mu \leqslant \nu \Longleftrightarrow \left(\forall E \in \mathcal{A}(\mu(E) \leqslant \nu(E))\right).$$

定义在 σ- 代数 $\mathcal{A}$ 上的两个测度 μ, ν 的极大 $\mu \vee \nu$ 与极小 $\mu \wedge \nu$ 分别定义为

$$(\mu \vee \nu)(E) = \max\{\mu(E), \nu(E)\}, \quad (\mu \wedge \nu)(E) = \min\{\mu(E), \nu(E)\}.$$

相仿地, 可以定义一族测度 μ_α 的上, 下确界 $\sup_\alpha \mu_\alpha, \inf_\alpha \mu_\alpha$.

一般来说, 测度的上, 下确界未必是测度. 这是因为可加性在取确界后有可能被破坏. 但我们有以下有趣的结果.

定理 9.2.1 设 X 是个非空集合, $\mathcal{A}$ 是 X 上的 σ- 代数, $\{\mu_\alpha : (\alpha \in I)\}$ 是定义在 σ- 代数 $\mathcal{A}$ 上的一族测度. 假若

$$\forall \alpha, \beta \in I \exists \gamma \in I(\mu_\alpha \leqslant \mu_\gamma, \mu_\beta \leqslant \mu_\gamma),$$

则由下式定义的集函数

$$\nu(E) = \sup_{\alpha \in I} \mu_\alpha(E)$$

是 σ- 代数 $\mathcal{A}$ 上的测度.

证 设 $E_n (n = 1, 2, \cdots)$ 是 σ- 代数 $\mathcal{A}$ 中的可数个两两不相交的元素, $E = \bigcup_{n=1}^{\infty} E_n$. 我们要证明

$$\nu(E) = \sum_{n=1}^{\infty} \nu(E_n).$$

先假设 $\nu(E) < \infty$.

对于一切 $\varepsilon > 0$, 我们有 $\alpha \in I$, 使得

$$\nu(E) \leqslant \mu_\alpha(E) + \varepsilon = \sum_{n=1}^{\infty} \mu_\alpha(E_n) + \varepsilon \leqslant \sum_{n=1}^{\infty} \nu(E_n) + \varepsilon.$$

由 ε 的任意性, 有

$$\nu(E) \leqslant \sum_{n=1}^{\infty} \nu(E_n).$$

为了证明另外半边的不等式, 我们先注意以下事实: 由定理的假设中关于测度族满足的条件, 我们用归纳法得到:

$$\forall \alpha_j \in I \ (j = 1, \cdots, n) \exists \gamma \in I (\mu_{\alpha_j} \leqslant \mu_\gamma, j = 1, \cdots, n).$$

任给 $\varepsilon > 0$ 和 $j \in \mathbf{N}$, 有 $\alpha_j \in I$, 使得

$$\mu_{\alpha_j}(E_j) > \nu(E_j) - \varepsilon/2^j.$$

对于任何 $n \in \mathbf{N}$, 有 $\gamma \in I$, 使得

$$\mu_{\alpha_j} \leqslant \mu_\gamma, \quad j = 1, \cdots, n.$$

故

$$\mu_\gamma(E_j) \geqslant \mu_{\alpha_j}(E_j) > \nu(E_j) - \varepsilon/2^j.$$

所以

$$\nu\left(\bigcup_{j=1}^{\infty} E_j\right) \geqslant \nu\left(\bigcup_{j=1}^{n} E_j\right) \geqslant \mu_\gamma\left(\bigcup_{j=1}^{n} E_j\right) = \sum_{j=1}^{n} \mu_\gamma(E_j)$$
$$> \sum_{j=1}^{n}\left[\nu(E_j) - \varepsilon/2^j\right] > \sum_{j=1}^{n} \nu(E_j) - \varepsilon.$$

由 ε 的任意性, 我们有

$$\nu\left(\bigcup_{j=1}^{\infty} E_j\right) \geqslant \sum_{j=1}^{n} \nu(E_j).$$

让 $n \to \infty$, 得到

$$\nu(E) = \nu\left(\bigcup_{j=1}^{\infty} E_j\right) \geqslant \sum_{j=1}^{\infty} \nu(E_j).$$

在 $\nu(E) = \infty$ 的情形, 证明的思路完全一样, 但更为简单. 细节留给同学了. $\qquad\qquad\square$

推论 9.2.2 设

$$\mu_1 \leqslant \mu_2 \leqslant \cdots$$

是 σ- 代数 $\mathcal{A}$ 上的一串单调不减的测度. 测度 μ 定义为 $\mu(E) = \sup\limits_{j \in \mathbf{N}} \mu_j(E) = \lim\limits_{j \to \infty} \mu_j(E)$, 则 μ 是测度.

练 习

9.2.1 本题的目的是要把 §9.1 中练习 9.1.1 的结果加强为: 定义在代数 $\mathcal{A}$ 上的 Lebesgue(可加) 集函数 m 是可数可加的. 证明通过以下几个小题逐步完成. 本题沿用 §9.1 的练习 9.1.1 中的符号.

(i) 在 $\mathbf{R}^n$ 上, $J \in \mathcal{A}$, $I_k\,(k = 1, 2, \cdots)$ 是代数 $\mathcal{A}$ 中的可数个两两不相交的元素, 且每个 I_k 都是 J 的子集. 试证:

$$m(J) \geqslant \sum_{k=1}^{\infty} m(I_k).$$

(ii) 在 $\mathbf{R}^n$ 上, J 是个左开右闭区间, $I_k\,(k = 1, 2, \cdots)$ 是可数个左开右闭区间, 它们覆盖 J: $J \subset \bigcup\limits_{k=1}^{\infty} I_k$. 试证:

$$m(J) \leqslant \sum_{k=1}^{\infty} m(I_k).$$

(iii) 在 $\mathbf{R}^n$ 上, J 是个左开右闭区间, $I_k\,(k = 1, 2, \cdots)$ 是可数个两两不相交的左开右闭区间, 且 $J = \bigcup\limits_{k=1}^{\infty} I_k$. 试证:

$$m(J) = \sum_{k=1}^{\infty} m(I_k).$$

(iv) 在 $\mathbf{R}^n$ 上, $J \in \mathcal{A}$, $I_k\,(k = 1, 2, \cdots)$ 是可数个两两不相交的左开右闭区间, 且 $J = \bigcup\limits_{k=1}^{\infty} I_k$. 试证:

$$m(J) = \sum_{k=1}^{\infty} m(I_k).$$

(v) 在 $\mathbf{R}^n$ 上, $J \in \mathcal{A}$, $I_k\,(k = 1, 2, \cdots)$ 是可数个两两不相交的代数 $\mathcal{A}$ 中的元素, 且 $J = \bigcup\limits_{k=1}^{\infty} I_k$. 试证:

$$m(J) = \sum_{k=1}^{\infty} m(I_k).$$

注 (v) 告诉我们: 体积集函数 (Lebesgue 集函数)m 在代数 $\mathcal{A}$ 上是可数可加的.

(vi) 设法将 (v) 的结果推广到例 9.1.6 的 Lebesgue-Stieltjes 集函数 μ 上去.

9.2.2 设 X 是非空集合, $\mathcal{A}$ 是 X 上的 σ- 代数, μ 是 $\mathcal{A}$ 上的测度, $E_j \in \mathcal{A}$ $(j = 1, 2, \cdots)$. 试证:

$$\mu\left(\bigcup_{j=1}^{\infty} E_n\right) \leqslant \sum_{j=1}^{\infty} \mu(E_n).$$

9.2.3 设 X 是非空集合, $\mathcal{A}$ 是 X 上的 σ- 代数, μ 是 $\mathcal{A}$ 上的测度, $E_j \in \mathcal{A}$ $(j = 1, 2, \cdots)$, 且 $E_{j+1} \subset E_j$ $(j = 1, 2, \cdots)$. 假若有某个 $j_0 \in \mathbf{N}$, 使得条件 $\mu(E_{j_0}) < \infty$ 成立, 推论 9.2.1 告诉我们: $\lim_{j \to \infty} \mu(E_j) = \mu\left(\bigcap_{j=1}^{\infty} E_j\right)$. 试举一例说明: 条件 $\mu(E_{j_0}) < \infty$ 一旦缺失, 结论可能不成立.

9.2.4 设 X 是非空集合, $\mathcal{A}$ 是 X 上的 σ- 代数, μ 是 $\mathcal{A}$ 上的测度, $E_j \in \mathcal{A}$ $(j = 1, 2, \cdots)$, 定义 $\liminf E_j = \bigcup_{n=1}^{\infty}\left(\bigcap_{j=n}^{\infty} E_j\right)$. 试证:

(i) $\{x \in X : $ 最多只有有限个 j, 使得 $x \notin E_j\} = \liminf E_j$;

(ii) $\mu(\liminf E_j) \leqslant \liminf \mu(E_j)$;

(iii) $\mathbf{1}_{\liminf E_j}(x) = \liminf_{j \to \infty} \mathbf{1}_{E_j}(x)$, 其中 $\mathbf{1}_A$ 表示 A 的指示函数 (参看 §1.5 的练习 1.5.3).

9.2.5 设 X 是非空集合, $\mathcal{A}$ 是 X 上的 σ- 代数, μ 是 $\mathcal{A}$ 上的测度, $E_j \in \mathcal{A}$ $(j = 1, 2, \cdots)$, 定义 $\limsup E_j = \bigcap_{n=1}^{\infty}\left(\bigcup_{j=n}^{\infty} E_j\right)$. 试证:

(i) $\limsup E_j = \left[\liminf E_j^C\right]^C$;

(ii) $\{x \in X : $ 有无限多个 j, 使得 $x \in E_j\} = \limsup E_j$;

(iii) 若 $\mu\left(\bigcup_{j=1}^{\infty} E_j\right) < \infty$, 则 $\limsup_{j \to \infty} \mu(E_j) \leqslant \mu(\limsup E_j)$;

(iv) 若 $\sum_{j=1}^{\infty} \mu(E_j) < \infty$, 则 $\mu(\limsup E_j) = 0$;

(v) $\mathbf{1}_{\limsup E_j}(x) = \limsup_{j \to \infty} \mathbf{1}_{E_j}(x)$.

注 练习 9.2.5 的结论 (iv) 是 **Borel-Cantelli** 引理的一部分, 它在概率论中很有用.

9.2.6 设 X 是非空集合, $\mathcal{A}$ 是 X 上的 σ- 代数, μ 是 $\mathcal{A}$ 上的测度, $E_j \in \mathcal{A}$ $(j = 1, 2, \cdots)$, 且对一切 $j \neq k$, 有 $\mu(E_j \cap E_k) = 0$. 试证:

$$\mu\left(\bigcup_{j=1}^{\infty} E_n\right) = \sum_{j=1}^{\infty} \mu(E_n).$$

9.2.7 试证:

(i) $\mathbf{R}^n$ 的单点集的 Lebesgue 测度为零.

(ii) $\mathbf{R}^n$ 的可数点集的 Lebesgue 测度为零.

(iii) **R** 上的 Cantor 三分集 (参看例 7.8.2) 的 Lebesgue 测度为零.

注 (iii) 告诉我们, 不可数的 (关于 Lebesgue 测度的) 零集是存在的.

试问:

(iv) 有没有这样的 **R**^{n} 上的 Lebesgue-Stieltjes 测度, 关于它有非零测度的单点集?

9.2.8 设 X 是个非空集.

(i) 给了映射 $p : X \to [0, \infty)$. 对一切 $A \subset X$, 令

$$\mu(A) = \sum_{x \in A} p(x) \equiv \sup_F \sum_{x \in A \cap F} p(x),$$

其中 $\sup_F$ 表示相对于 X 的所有的有限子集 F 取的上确界. 试证: $\mu = \sup_F \mu_F$, 其中 $\mu_F = \sum_{x \in F} p(x) \delta_x$, 而

$$\delta_x(B) = \begin{cases} 1, & \text{若} x \in B, \\ 0, & \text{若} x \notin B. \end{cases}$$

因而 μ 是个在 σ- 代数 2^X 上的测度.

(ii) 又若 $X = \bigcup_{n=1}^{\infty} X_n$, 且 $\forall n, l \in \mathbf{N}(n \neq l \Longrightarrow X_n \cap X_l = \varnothing)$. 映射 $p : X \to [0, \infty)$ 如 (i) 中所述. 试证:

$$\sum_{x \in X} p(x) = \sum_{n=1}^{\infty} \sum_{x \in X_n} p(x),$$

其中 $\sum_{x \in X} p(x)$ 及 $\sum_{x \in X_n} p(x)$ 的涵义如 (i) 所示.

(iii) 当 $a_{mn} \geqslant 0$ 时, 试证:

$$\sum_{m=1}^{\infty} \sum_{n=1}^{\infty} a_{mn} = \sum_{n=1}^{\infty} \sum_{m=1}^{\infty} a_{mn} = \sum_{k=2}^{\infty} \sum_{m+n=k} a_{mn}.$$

注 试与 §3.7 的练习 3.7.2 比较. 可见, 测度理论在很多方面已包含了 (单的和重的) 正项级数的理论.

9.2.9 设 μ 是定义在集合 X 的子集构成的 σ- 代数 $\mathcal{A}$ 上的测度. 记 $\mathcal{N} = \{N \in \mathcal{A}; \mu(N) = 0\}$, 而 $\widetilde{\mathcal{N}} = \{M \subset X : \exists N \in \mathcal{N}(M \subset N)\}$. 又记 $\overline{\mathcal{A}} = \{E \subset X : \exists E_1 \in \mathcal{A}\big((E \setminus E_1) \cup (E_1 \setminus E) \in \widetilde{\mathcal{N}}\big)\}$. 在 $\overline{\mathcal{A}}$ 上定义集函数 $\overline{\mu}$ 如下: 对于任何 $E \in \overline{\mathcal{A}}$ 和满足以下条件的 $E_1 \in \mathcal{A}$:

$$(E \setminus E_1) \cup (E_1 \setminus E) \in \widetilde{\mathcal{N}},$$

我们约定:

$$\overline{\mu}(E) = \mu(E_1).$$

试证:

(i) 若 $E \subset X : \exists E_i \in \mathcal{A}\big((E \setminus E_i) \cup (E_i \setminus E) \in \widetilde{\mathcal{N}}\big)$, $i = 1, 2$, 则 $\mu(E_1) = \mu(E_2)$. 换言之, $\overline{\mu}$ 的值不依赖于 E_1 的选择.

(ii) $\overline{\mathcal{A}}$ 是 σ- 代数, 且 $\overline{\mathcal{A}} \supset \mathcal{A}$.

(iii) $\overline{\mu}$ 是 σ- 代数 $\overline{\mathcal{A}}$ 上的测度, 且 $\forall E \in \mathcal{A}(\overline{\mu}(E) = \mu(E))$.

(iv) 设 $E \in \overline{\mathcal{A}}$, 且 $\overline{\mu}(E) = 0$, 则 E 的任何子集也属于 $\overline{\mathcal{A}}$, 且也是 (关于测度 $\overline{\mu}$ 的) 零集.

注   测度空间 $(X, \mathcal{A}, \mu)$ 称为**完备的**, 假若它的任何零集的子集都是可测的.(iv) 告诉我们, 测度空间 $(X, \overline{\mathcal{A}}, \overline{\mu})$ 是完备的. 给了测度空间 $(X, \mathcal{A}, \mu)$, 用上面的方法构筑得到的测度空间 $(X, \overline{\mathcal{A}}, \overline{\mu})$ 称为**测度空间 $(X, \mathcal{A}, \mu)$ 的完备化**. 为了使记法不致太累赘, 测度空间 $(X, \mathcal{A}, \mu)$ 的完备化中的测度也常记做 μ. 不难看出, 由 Carathéodory 方法定义的测度空间 (参看定义 9.4.1 后的注) 必是完备的.

9.2.10   设 X 是个非空集合, $\mathcal{A} \subset 2^X$ 是 X 上的一个代数. 为了展开本题的讨论, 我们先引进一个概念:

定义 9.2.4   设 X 是个非空集合, $\mathcal{M} \subset 2^X$ 称为X **上的一个单调族**, 若它满足以下两个条件:

(a) 若 $E_i \in \mathcal{M}\,(i = 1, 2, \cdots)$, 且$E_1 \subset E_2 \subset \cdots$, 则 $\bigcup\limits_{i=1}^{\infty} E_i \in \mathcal{M}$;

(b) 若 $E_i \in \mathcal{M}\,(i = 1, 2, \cdots)$, 且$E_1 \supset E_2 \supset \cdots$, 则 $\bigcap\limits_{i=1}^{\infty} E_i \in \mathcal{M}$.

不难看出, 任何 σ- 代数都是单调族. 我们要讨论的是某种意义上的这个命题的逆命题.

(i) 设 $\mathcal{S} \subset 2^X$ 表示包含 $\mathcal{A}$ 的所有的单调族之交. 试证: $\mathcal{S}$ 是个单调族, 且任何包含 $\mathcal{A}$ 的单调族必包含 $\mathcal{S}$, 换言之, $\mathcal{S}$ 是包含 $\mathcal{A}$ 的最小的单调族, 称为由代数 $\mathcal{A}$ 生成的单调族.

定义 9.2.5   对于任何 $A \subset X$, $\mathcal{S}$ 是**由 $\mathcal{A}$ 生成的单调族**. 记

$$\mathcal{C}(A) = \{B \in \mathcal{S} : B \cup A \in \mathcal{S}\}.$$

(ii) 试证: 对于任何 $A \subset X$, $\mathcal{C}(A)$ 是个单调族.

(iii) 设 $A \in \mathcal{A}$, 试证: $\mathcal{C}(A) \supset \mathcal{A}$.

(iv) 设 $A \in \mathcal{A}$, 试证: $\mathcal{C}(A) = \mathcal{S}$.

(v) 设 $A \in \mathcal{S}$, 试证: $\mathcal{C}(A) = \mathcal{S}$.

(vi) 试证: $\mathcal{S}$ 关于有限并运算封闭.

(vii) 试证: $\mathcal{S}$ 关于可数并运算封闭.

(viii) 记 $\mathcal{D} = \{B \in \mathcal{S} : B^C \in \mathcal{S}\}$, 试证: $\mathcal{D} \supset \mathcal{A}$.

(ix) 试证: (viii) 中定义的 $\mathcal{D}$ 是个单调族.

(x) 试证: (viii) 中定义的 $\mathcal{D} = \mathcal{S}$.

(xi) 试证: $\mathcal{S}$ 关于可数交运算封闭.

(xii) 试证: $\mathcal{S}$ 是包含 $\mathcal{A}$ 的最小的 σ- 代数, 后者称为由代数 $\mathcal{A}$ 生成的 σ- 代数.

注 结论 (xii) 称为**单调族定理**, 它告诉我们: 由代数 $\mathcal{A}$ 生成的单调族就是由代数 $\mathcal{A}$ 生成的 σ- 代数. 下一章要介绍的 Dynkin 的 π-λ 定理是上世纪 50 年代末开始被广泛用到概率论中的. 在这之前, 这个单调族定理被用以替代 Dynkin 的 π-λ 定理去证明许多结果, 例如 Fubini-Tonelli 定理以及概率论中的许多结果.

9.2.11 本题想推广 Cantor 三分集的构造方法, 构筑类似于 Cantor 三分集的闭集, 它处处不稠密却有正的测度. 设 $a < b$, 记开区间

$$\left(\frac{a+b}{2} - \frac{\varepsilon}{2}, \frac{a+b}{2} + \frac{\varepsilon}{2} \right) = \mathcal{K}_\varepsilon([a,b]).$$

$\mathcal{K}_\varepsilon([a,b])$ 称为闭区间 $[a,b]$ 的 ε- 核心. 多个两两不相交的闭区间 $[a_j,b_j]$ ($j = 1, \cdots, n$) 之并的 ε- 核心定义为这些两两不相交的闭区间的 ε- 核心之并, 也记做

$$\mathcal{K}_\varepsilon\left(\bigcup_{j=1}^n [a_j,b_j] \right) = \bigcup_{j=1}^n \mathcal{K}_\varepsilon([a_j,b_j]).$$

多个两两不相交的闭区间 $[a_j,b_j]$ ($j = 1, \cdots, n$) 之并的去 ε- 核心之壳定义为

$$\mathcal{S}_\varepsilon\left(\bigcup_{j=1}^n [a_j,b_j] \right) = \bigcup_{j=1}^n [a_j,b_j] \setminus \mathcal{K}_\varepsilon\left(\bigcup_{j=1}^n [a_j,b_j] \right).$$

设 $\delta \in (0, 1/3)$. 试证:

(i) 多个两两不相交的闭区间之并的去 ε- 核心之壳仍是多个两两不相交的闭区间之并;

(ii) $\bigcap_{n=0}^{\infty} [\mathcal{S}_{\delta/3^n} \circ \cdots \circ \mathcal{S}_{\delta/3} \circ \mathcal{S}_\delta([0,1])]$ 是个闭集;

(iii) $\bigcap_{n=0}^{\infty} [\mathcal{S}_{\delta/3^n} \circ \cdots \circ \mathcal{S}_{\delta/3} \circ \mathcal{S}_\delta([0,1])]$ 在 $[0,1]$ 上是处处不稠密的 (即在 $[0,1]$ 的任何开区间中必有子开区间与它不相交);

(iv) $m\left(\bigcap_{n=0}^{\infty} [\mathcal{S}_{\delta/3^n} \circ \cdots \circ \mathcal{S}_{\delta/3} \circ \mathcal{S}_\delta([0,1])] \right) = 1 - 3\delta.$

注 在 $[0,1]$ 中有闭集, 它在 $[0,1]$ 上是处处不稠密的, 但它的 Lebesgue 测度可以与 1 任意地接近, 换言之, 它在 $[0,1]$ 中的余集的 Lebesgue 测度可以任意小. 拓扑性质 "处处不稠密" 与 Lebesgue 测度接近于 1 是可以相容的.

9.2.12 本题将给出描述无穷多次掷钱币的随机试验的概率模型. 每掷一次钱币, 共有两种可能的结果: 正面与背面. 出现正面或背面的概率均为 $1/2$. 设 $P = \{0,1\}$. 又设 $S = \prod_{n=1}^{\infty} P_n$, 且 $\forall n \in \mathbf{N}(P_n = P)$. 换言之, $S = \Big\{ \mathbf{x} = (x_1, \cdots, x_n, \cdots) : x_n \in \{0,1\} \Big\}.$

(i) 试证: S 中的以下形状的子集 A 的全体构成一个代数 $\mathcal{A}$: 任给一个 $k \in \mathbf{N}$ 和任意的 $E^{(k)} \subset P^k$,

$$A = \{ \mathbf{x} = (x_1, \cdots, x_n, \cdots) \in S : (x_1, \cdots, x_k) \in E^{(k)} \}.$$

(ii) (i) 中的 A 可以有不只一个如上形式的表示式. 若 A 还有如下表示式:

$$A = \{\mathbf{x} = (x_1, \cdots, x_n, \cdots) \in S : (x_1, \cdots, x_l) \in F^{(l)}\},$$

且 $l > k$, 试证: $F^{(l)} = E^{(k)} \times P^{l-k}$.

(iii) 在代数 $\mathcal{A}$ 上定义集函数 μ 如下: 若 $\mathcal{A}$ 中元素 A 有表示式

$$A = \{\mathbf{x} = (x_1, \cdots, x_n, \cdots) \in S : (x_1, \cdots, x_k) \in E^{(k)}\},$$

集函数 μ 在 A 处的值定义为 $\mu(A) = 2^{-k}\mathrm{card}E^{(k)}$, 其中 $\mathrm{card}E^{(k)}$ 表示 $E^{(k)}$ 中元素的个数. 试证: 如上定义的 μ 在 A 处的值不依赖于 A 的表示式的选择.

(iv) 试证: 集函数 μ 在代数 $\mathcal{A}$ 上是 (有限) 可加集函数.

(v) 假设 $A_m \in \mathcal{A} (n = 1, 2, \cdots)$, $A_1 \supset A_2 \supset \cdots \supset A_m \supset \cdots$, 且 $\bigcap\limits_{m=1}^{\infty} A_m = \varnothing$. 试证:

$$\exists N \in \mathbf{N} \left(\bigcap\limits_{m=1}^{N} A_m = \varnothing \right).$$

(vi) 试证: 集函数 μ 在代数 $\mathcal{A}$ 上是可数可加集函数.

注 本题给出了一个无穷多个测度空间的乘积的最简单的例. 在概率论中, 无穷多个测度空间的乘积在随机过程的定义中便会出现. 对近代概率论作出了重要贡献的前苏联数学家 Kolmogorov 有一个很一般的定理, (vi) 的结果只是它的特殊情形. 有兴趣的同学可参考概率论的书. 下面我们将从另一个角度来考虑无穷多次掷钱币的随机试验的概率模型.

(vii) 记 $S_1 = \{\mathbf{x} = (x_1, \cdots, x_n, \cdots) \in S : \exists k \in \mathbf{N}(n \geqslant k \Longrightarrow x_n = 0)\}$. 试证: $\mu(S_1) = 0$.

注 因 $\mu(S_1) = 0$, 从测度论的角度考虑, S 和 $S \setminus S_1$ 的差异是无关紧要的. 所以, 空间 $S \setminus S_1$, 它的 Borel 代数 $\mathcal{B}_{S \setminus S_1}$ 和它上面的测度 $\mu_{S \setminus S_1}$ 也可作为无穷多次掷钱币的随机试验的概率模型.

(viii) 构筑映射 $\varphi : S \to (0, 1]$ 如下:

$$\varphi(\mathbf{x}) = \varphi\big((x_1, \cdots, x_n, \cdots)\big) = \sum_{n=1}^{\infty} \frac{x_n}{2^n}.$$

记 $S_1 = \{\mathbf{x} = (x_1, \cdots, x_n, \cdots) \in S : \exists k \in \mathbf{N}(n \geqslant k \Longrightarrow x_n = 0)\}$. 试证: $\varphi|_{S \setminus S_1}$ 是 $S \setminus S_1$ 和 $[0, 1]$ 之间的双射, 且保持可测性及测度不变.

注 (viii) 的结果告诉我们, 无穷多次掷钱币的随机试验的概率模型竟然可以用测度空间 $([0, 1], \mathcal{B}_{[0,1]}, m)$ 描述, 其中 $\mathcal{B}_{[0,1]}$ 表示 $[0, 1]$ 上的 Borel 代数, m 表示 $[0, 1]$ 上的 Lebesgue 测度.

§9.3 外 测 度

构造一个测度, 或证明具有某种性质的测度的存在, 远非如想象的那样简单. 在 Lebesgue 工作的基础上, 德国籍的希腊数学家 Carathéodory 给出了构造测度的一种与 Lebesgue 等价但更简便的方法. 本节就介绍这种方法. 为了构造一个 X 上的 σ- 代数和定义在这个 σ- 代数上的具有可数可加性质的非负集合函数, 也即测度, 我们先退一步, 引进一个定义在 2^X 上满足比可数可加性要弱的条件 (称为次可数可加性) 的非负集合函数, 我们把这样的集合函数叫做外测度:

定义 9.3.1 设 X 是个非空集合, 具有以下性质的映射 $\mu^* : 2^X \to \overline{\mathbf{R}}_+$ 称为 X **上的一个外测度:**

(i) $\mu^*(\varnothing) = 0$;

(ii) $A \subset B \Longrightarrow \mu^*(A) \leqslant \mu^*(B)$;

(iii) $\forall n \in \mathbf{N} \left(A_n \subset X \right) \Longrightarrow \mu^* \left(\bigcup_{n=1}^{\infty} A_n \right) \leqslant \sum_{n=1}^{\infty} \mu^*(A_n)$.

μ^* 满足条件 (iii) 称为 μ^* 具有**次可数可加性**. 由条件 (i) 和 (ii), 外测度取的值必非负. 下面的引理给出一个构造外测度的常用方法.

引理 9.3.1 设 X 是个非空集合, $\varnothing \neq \mathcal{C} \subset 2^X$, 又给定了一个映射 $\lambda : \mathcal{C} \to \overline{\mathbf{R}}_+$. 今定义映射 $\mu^* : 2^X \to \overline{\mathbf{R}}_+$ 如下:

$$\mu^*(A) = \begin{cases} 0, & \text{若} A = \varnothing, \\ \inf \left\{ \sum_{n=1}^{\infty} \lambda(C_n) : C_n \in \mathcal{C}, \bigcup_{n=1}^{\infty} C_n \supset A \right\}, & \text{若} A \neq \varnothing, \end{cases}$$

则 μ^* 是个外测度.

注 数学中通常约定: $\inf \varnothing = \infty$. 因此, 当 $A \subset X$ 不能被可数个 $\mathcal{C}$ 中的元素覆盖时, 有 $\mu^*(A) = \infty$.

证 外测度定义中的条件 (i) 和 (ii) 显然成立. 今设 $A_n \in 2^X$ ($n = 1, 2, \cdots$). 若有一个 n, 使得 $\mu^*(A_n) = \infty$, 则外测度的条件 (iii) 当然得到满足. 现在我们假设: 对一切 n, $\mu^*(A_n) < \infty$, 则对于任何 $\varepsilon > 0$ 和任何自然数 n, 有 $C_j^{(n)} \in \mathcal{C}$ ($j = 1, 2, \cdots$), 使得

$$A_n \subset \bigcup_{j=1}^{\infty} C_j^{(n)} \quad \text{且} \quad \mu^*(A_n) \geqslant \sum_{j=1}^{\infty} \lambda(C_j^{(n)}) - \varepsilon/2^n.$$

因 $\bigcup_{n=1}^{\infty} A_n \subset \bigcup_{n=1}^{\infty} \bigcup_{j=1}^{\infty} C_j^{(n)}$, 有

$$\mu^*\Big(\bigcup_{n=1}^{\infty} A_n\Big) \leqslant \sum_{n=1}^{\infty} \sum_{j=1}^{\infty} \lambda(C_j^{(n)})$$

$$\leqslant \sum_{n=1}^{\infty} \Big[\mu^*(A_n) + \varepsilon/2^n\Big] = \sum_{n=1}^{\infty} \mu^*(A_n) + \varepsilon.$$

由 ε 的任意性, 有

$$\mu^*\Big(\bigcup_{n=1}^{\infty} A_n\Big) \leqslant \sum_{n=1}^{\infty} \mu^*(A_n). \qquad \Box$$

例 9.1.4 中曾考虑 $X = \mathbf{R}$, $\mathcal{A}$ 是 $\mathbf{R}$ 上的代数, 它是由所有左开右闭区间 $(a,b]$ (其中 $-\infty \leqslant a \leqslant b \leqslant \infty$) 的有限并的集合为元素的集合类.(我们还约定: $(a,\infty] = (a,\infty)$). 又考虑 ϕ 是 $\mathbf{R}$ 上的单调不减的右连续函数. 对于 $\mathcal{A}$ 中每个元素 $A = \bigcup_{j=1}^{n} (a_j, b_j]$, 其中 $a_1 < b_1 < a_2 < b_2 \cdots < a_n < b_n$, 我们定义

$$\mu(A) = \sum_{j=1}^{n} (\phi(b_j) - \phi(a_j)).$$

例 9.1.5 中曾考虑 $X = \mathbf{R}^n$, $\mathcal{A}$ 是由所有 n 维左开右闭区间的有限并的集所组成的集合类, $\mathcal{A}$ 是 $\mathbf{R}^n$ 上的代数. 在这个代数上引进了一个非负可加集函数 μ, 它在两两不相交的 n 维左开右闭区间的有限并上的值恰等于函数 μ 在这些 n 维左开右闭区间上的值之和. 由这个 μ 通过引理 9.3.1 产生的外测度称为 $\mathbf{R}^n$ 上的 Lebesgue-Stieltjes外测度. 若 μ 在 n 维左开右闭区间的有限并上的值恰等于这些 n 维左开右闭区间的 n 维体积之和, 则由这个 μ 通过引理 9.3.1 产生的外测度称为 $\mathbf{R}^n$ 上的 Lebesgue外测度.

引理 9.3.1 给出了一个构造外测度的方法. 但所构造的外测度 μ^* 与用于构造 μ^* 的 λ 之间的关系仍很不清楚. 确切些说, 我们不知道有没有以下关系:

$$\forall A \in \mathcal{C}(\mu^*(A) = \lambda(A)).$$

假若有这个关系, 则 μ^* 是定义在 $\mathcal{C}$ 上的 λ 到 2^X 上的一个延拓. 我们不知道什么样的条件可以保证 μ^* 是定义在 $\mathcal{C}$ 上的 λ 到 2^X 上的一个延拓. 这个问题要在下一节中解决.

§9.4 构 造 测 度

上一节已经给出了一个构造外测度的方法. 现在要给出构造测度的方法. 外测度是定义在 2^X 上的, 一般地说, 它不是可数可加的, 而只是次可数可加的. 我们构造测度的思路是: 设法限制外测度的定义域, 以确保可数可加性在限制了的定义域上得以满足. 下面的办法是属于 Carathéodory 的.

定义 9.4.1 设 X 是个非空集合, μ^* 是 X 上的一个外测度. X 的子集 E 称为 μ^*- **可测的**, 若以下条件得以满足:

$$\forall A \subset X \big(\mu^*(A) = \mu^*(A \cap E) + \mu^*(A \cap E^C) \big).$$

注 因为不等式

$$\forall A \subset X \big(\mu^*(A) \leqslant \mu^*(A \cap E) + \mu^*(A \cap E^C) \big)$$

是一定成立的, 这是由 μ^* 的次可数可加性所保证的. 所以 E 是 μ^*- 可测的充分必要条件是以下不等式的成立:

$$\forall A \subset X \big(\mu^*(A) \geqslant \mu^*(A \cap E) + \mu^*(A \cap E^C) \big).$$

若 $\mu^*(E) = 0$, 则 $\mu^*(A \cap E) = 0$. 由此, $\mu^*(A) \geqslant \mu^*(A \cap E^C) = \mu^*(A \cap E) + \mu^*(A \cap E^C)$. 我们证明了命题: 外测度为零的集合总是可测的. 外测度为零的集合常简称为零集. 所以, 零集总是可测的. 顺便提一下, 空集是零集.

我们紧接着要证明的是: (1) 全体 μ^*- 可测集组成之集合族是个 σ- 代数; (2) μ^* 限制在全体 μ^*- 可测集组成之 σ- 代数上是可数可加的集函数. 这就是下面这个定理的任务.

定理 9.4.1 (Carathéodory 定理) 设 X 是非空集合, μ^* 是 X 上的一个外测度, 则 X 的 μ^*- 可测集全体 $\mathcal{M}$ 是个 σ- 代数, 且限制在 $\mathcal{M}$ 上的 μ^* 是可数可加的.

证 证明分三步走:

(1) 首先, 我们要证明: $\mathcal{M}$ 是个代数. 按定义 9.1.1, 代数需要满足三个条件. 以下两个条件显然成立: (i) $\varnothing \in \mathcal{M}$ 和 (ii) $E \in \mathcal{M} \Longrightarrow$

$E^C \in \mathcal{M}$. 下面我们要证明定义 9.1.1 中要求满足的第三条 (iii) 的成立: $\mathcal{M}$ 对有限并运算封闭. 今设 $E, F \in \mathcal{M}$, 则对于任意的 $A \subset X$, 因 E 可测, 我们有

$$\mu^*(A) = \mu^*(A \cap E) + \mu^*(A \cap E^C).$$

又因 F 可测, 我们有

$$\mu^*(A \cap E^C) = \mu^*(A \cap E^C \cap F) + \mu^*(A \cap E^C \cap F^C).$$

将上面两个等式结合起来, 并注意到下面这个集合恒等式

$$
\begin{aligned}
(A \cap E) \cup (A \cap E^C \cap F) &= [(A \cap E) \cup (A \cap E \cap F)] \cup (A \cap E^C \cap F) \\
&= (A \cap E) \cup [(A \cap E \cap F) \cup (A \cap E^C \cap F)] \\
&= (A \cap E) \cup (A \cap F) = A \cap (E \cup F)
\end{aligned}
$$

(请同学说明以上四个等号成立的理由), 我们得到

$$
\begin{aligned}
\mu^*(A) &= \mu^*(A \cap E) + \mu^*(A \cap E^C \cap F) + \mu^*(A \cap E^C \cap F^C) \\
&\geqslant \mu^*\big((A \cap E) \cup (A \cap E^C \cap F)\big) + \mu^*(A \cap E^C \cap F^C) \\
&= \mu^*\big(A \cap (E \cup F)\big) + \mu^*\big(A \cap (E \cup F)^C\big).
\end{aligned}
$$

推导过程中的那个不等式是外测度的次可数可加性保证的. 所得到的结果恰是 $E \cup F \in \mathcal{M}$ 的充分必要条件. 因此, $\mathcal{M}$ 对有限并运算封闭, 换言之, $\mathcal{M}$ 是个代数.

(2) 下面我们要证明 μ^* 在 $\mathcal{M}$ 上 (有限) 可加. 若 $E, F \in \mathcal{M}$, 且 $E \cap F = \varnothing$, 注意到 $(E \cup F) \cap E = E$ 和 $(E \cup F) \cap E^C = F$, 对于任何 $A \subset X$, 我们有:

$$
\begin{aligned}
\mu^*(A \cap (E \cup F)) &= \mu^*(A \cap (E \cup F) \cap E) + \mu^*(A \cap (E \cup F) \cap E^C) \\
&= \mu^*(A \cap E) + \mu^*(A \cap F),
\end{aligned}
$$

其中第一个等式用了 $E \in \mathcal{M}$ 这个假设的条件. 由归纳法可以得到, 若 $E_j \in \mathcal{M}\,(j = 1, \cdots, n)$ 且 对一切 $j \neq k$, 必有 $E_j \cap E_k = \varnothing$, 则对于任

何 $A \subset X$ 和任何自然数 n,

$$\mu^*\left(A \cap \left(\bigcup_{j=1}^n E_j\right)\right) = \sum_{j=1}^n \mu^*(A \cap E_j).$$

特别, 让 $A = X$, 有

$$\mu^*\left(\bigcup_{j=1}^n E_j\right) = \sum_{j=1}^n \mu^*(E_j).$$

这就证明了, 限制在 $\mathcal{M}$ 上的 μ^* 是 (有限) 可加的.

(3) 最后我们要证明 $\mathcal{M}$ 是个 σ- 代数, 且限制在 $\mathcal{M}$ 上的 μ^* 是可数可加的. 设 $E_j \in \mathcal{M}\,(j \in \mathbf{N})$ 且 对一切 $j \neq k$, 必有 $E_j \cap E_k = \varnothing$. 由 (1) 和 (2) 中已经证得的结果和以下关系式: $\left(\bigcup_{j=1}^n E_j\right)^C \supset \left(\bigcup_{j=1}^\infty E_j\right)^C$, 我们有: 对于任何自然数 n 和任何 $A \subset X$,

$$\begin{aligned}
\mu^*(A) &= \mu^*\left(A \cap \left(\bigcup_{j=1}^n E_j\right)\right) + \mu^*\left(A \cap \left(\bigcup_{j=1}^n E_j\right)^C\right) \\
&= \sum_{j=1}^n \mu^*(A \cap E_j) + \mu^*\left(A \cap \left(\bigcup_{j=1}^n E_j\right)^C\right) \\
&\geqslant \sum_{j=1}^n \mu^*(A \cap E_j) + \mu^*\left(A \cap \left(\bigcup_{j=1}^\infty E_j\right)^C\right).
\end{aligned}$$

让 $n \to \infty$, 注意到外测度的次可数可加性, 有

$$\begin{aligned}
\mu^*(A) &\geqslant \sum_{j=1}^\infty \mu^*(A \cap E_j) + \mu^*\left(A \cap \left(\bigcup_{j=1}^\infty E_j\right)^C\right) \\
&\geqslant \mu^*\left(A \cap \left(\bigcup_{j=1}^\infty E_j\right)\right) + \mu^*\left(A \cap \left(\bigcup_{j=1}^\infty E_j\right)^C\right) \geqslant \mu^*(A).
\end{aligned}$$

因为以上三个不等式组成的不等式链的两端是同一个量 $\mu^*(A)$, 故不等式链中的四项均相等. 由等式

$$\mu^*\left(A \cap \left(\bigcup_{j=1}^\infty E_j\right)\right) + \mu^*\left(A \cap \left(\bigcup_{j=1}^\infty E_j\right)^C\right) = \mu^*(A)$$

便知 $\bigcup\limits_{j=1}^{\infty} E_j \in \mathcal{M}$. 作为对两两不相交的可数并封闭的代数, $\mathcal{M}$ 是 σ-代数 (同学们自行补证命题: 对两两不相交的可数并封闭的代数必对可数并封闭). 又因

$$\sum_{j=1}^{\infty} \mu^*(A \cap E_j) + \mu^*\left(A \cap \left(\bigcup_{j=1}^{\infty} E_j\right)^C\right)$$

$$= \mu^*\left(A \cap \left(\bigcup_{j=1}^{\infty} E_j\right)\right) + \mu^*\left(A \cap \left(\bigcup_{j=1}^{\infty} E_j\right)^C\right),$$

只要以 $A \cap \left(\bigcup\limits_{j=1}^{\infty} E_j\right)$ 代入上式中 A 的位置上, 我们便得到

$$\sum_{j=1}^{\infty} \mu^*(A \cap E_j) = \mu^*\left(A \cap \left(\bigcup_{j=1}^{\infty} E_j\right)\right).$$

特别, 让 $A = X$, 便有

$$\mu^*\left(\bigcup_{j=1}^{\infty} E_j\right) = \sum_{j=1}^{\infty} \mu^*(E_j).$$

这就证明了: μ^* 在 $\mathcal{M}$ 上的限制是可数可加的. □

注 对于 μ^*- 可测的 E, E 的外测度常称为 E 的**测度**, 并把可测集 E 的外测度 (即测度)$\mu^*(E)$ 简记为 $\mu(E)$. 为了方便, 以后 μ^*- 可测集也简称为 μ-**可测集**.

我们已经有了一个通过集函数 λ 构造外测度 μ^* 的方法. 又有了一个从外测度 μ^* 出发, 通过限制定义域而得到一个测度 μ 的途径. 我们还不清楚, 这样得到的测度在什么样的条件下才是 λ 的延拓? 也即, 在什么样的条件下才有命题: $\forall E \in \mathcal{C}\big(\lambda(E) = \mu(E)\big)$. 这是 §9.3 末尾已经提到过的问题, 现在我们要回答它.

定理 9.4.2 设 X 是个非空集合, $\mathcal{C} \subset 2^X$ 是个代数, 映射 $\lambda : \mathcal{C} \to \overline{\mathbf{R}}_+$ 是可数可加的, 映射 $\mu^* : 2^X \to \overline{\mathbf{R}}_+$ 是由下式定义的:

$$\mu^*(A) = \begin{cases} 0, & \text{若} A = \varnothing, \\ \inf\left\{\sum_{n=1}^{\infty} \lambda(C_n) : C_n \in \mathcal{C}, \bigcup_{n=1}^{\infty} C_n \supset A\right\}, & \text{若} A \neq \varnothing, \end{cases}$$

则每个 $E \in \mathcal{C}$ 是 μ^*- 可测的, 且 $\mu^*(E) = \lambda(E)$.

证 设 $E \in \mathcal{C}$ 和 $A \subset X$, 则对于任何 $\varepsilon > 0$, 有 $F_n \in \mathcal{C}$ $(n = 1, 2, \cdots)$ 使得

$$A \subset \bigcup_{n=1}^{\infty} F_n, \quad \text{且} \quad \mu^*(A) \leqslant \sum_{n=1}^{\infty} \lambda(F_n) \leqslant \mu^*(A) + \varepsilon.$$

令 $F_1' = F_1$ 和 $F_n' = F_n \setminus \bigcup_{j=1}^{n-1} F_j$ $(n = 2, 3, \cdots)$, 则 F_n' $(n = 1, 2, \cdots)$ 是两两不相交的 $\mathcal{C}$ 中的元素, 且

$$A \subset \bigcup_{n=1}^{\infty} F_n = \bigcup_{n=1}^{\infty} F_n', \quad F_n' \subset F_n, \quad n = 1, 2, \cdots.$$

(请同学补出以上两个论断的证明细节.) 因 λ 在 $\mathcal{C}$ 上可数可加, 注意到 $F_n' \cap E \in \mathcal{C}$ 及 $F_n' \cap E^C \in \mathcal{C}$, 我们有

$$\begin{aligned}
\mu^*(A) + \varepsilon \geqslant \sum_{n=1}^{\infty} \lambda(F_n) &\geqslant \sum_{n=1}^{\infty} \lambda(F_n') \\
&= \sum_{n=1}^{\infty} [\lambda(F_n' \cap E) + \lambda(F_n' \cap E^C)] \\
&= \sum_{n=1}^{\infty} \lambda(F_n' \cap E) + \sum_{n=1}^{\infty} \lambda(F_n' \cap E^C) \\
&\geqslant \mu^*(A \cap E) + \mu^*(A \cap E^C) \geqslant \mu^*(A), \quad (9.4.1)
\end{aligned}$$

其中最后一个不等式是 μ^* 的次可加性的结果, 而最后第二个不等式是 μ^* 的定义的推论. 由 ε 的任意性, 上式告诉我们

$$\mu^*(A \cap E) + \mu^*(A \cap E^C) = \mu^*(A).$$

故 E 是 μ^*- 可测的. μ^* 的定义又告诉我们, $\mu^*(E) \leqslant \lambda(E)$. 在 (9.4.1) 式中让 $A = E$, 有

$$\mu^*(E) \geqslant \sum_{n=1}^{\infty} \lambda(F_n' \cap E) + \sum_{n=1}^{\infty} \lambda(F_n' \cap E^C) \geqslant \sum_{n=1}^{\infty} \lambda(F_n' \cap E) = \lambda(E),$$

最后一个等式用到了 $F_n' \cap E$ $(n = 1, 2, \cdots)$ 是两两不相交的 $\mathcal{C}$ 中的元素及 λ 在 $\mathcal{C}$ 上的可数可加性的假设. 故 $\mu^*(E) = \lambda(E)$. $\qquad \square$

注　由 §9.1 的练习 9.1.1 和 §9.2 的练习 9.2.1, $\mathbf{R}^n$ 上的两两不相交的长方块的体积之和在代数 $\mathcal{A}$ 上是可数可加的. 因而, 由它生成的 $\mathbf{R}^n$ 上的测度, 称为 **Lebesgue 测度**, 的确是长方块的体积之延拓. 对应于 Lebesgue 测度的可测集称为 Lebesgue 可测集.

练　习

9.4.1　设 X 是个非空集合, $\mathcal{C} \subset 2^X$ 是个代数, 映射 $\lambda : \mathcal{C} \to \mathbf{R}_+$ 是可数可加的 (注意: 由此, $\lambda(X) < \infty$). 映射 $\mu^* : 2^X \to \overline{\mathbf{R}}_+$ 是由 λ 通过 Carathéodory 方法定义的外测度, 换言之, 它由下式定义:

$$\mu^*(A) = \begin{cases} 0, & \text{若}A = \varnothing, \\ \inf\left\{ \sum_{n=1}^{\infty} \lambda(C_n) : C_n \in \mathcal{C},\ \bigcup_{n=1}^{\infty} C_n \supset A \right\}, & \text{若}A \neq \varnothing. \end{cases}$$

又定义 E 的内测度为 $\mu_*(E) = \mu^*(X) - \mu^*(X \setminus E)$.

(i) 给定了 $E \subset X$, 且设 $\mu_*(E) = \mu^*(E)$. 试证: 对于任何 $\varepsilon > 0$ 和 $n \in \mathbf{N}$, 有 $C_n, D_n \in \mathcal{C}$, 使得

$$E \subset \bigcup_{n=1}^{\infty} C_n, \quad E^C \subset \bigcup_{n=1}^{\infty} D_n, \quad \mu^*\left(\left[\bigcup_{n=1}^{\infty} C_n \right] \cap \left[\bigcup_{n=1}^{\infty} D_n \right] \right) < \varepsilon,$$

且

$$\sum_{n=1}^{\infty} \mu^*\left(C_n \right) < \mu^*(E) + \frac{\varepsilon}{3}, \quad \sum_{n=1}^{\infty} \mu^*\left(D_n \right) < \mu^*(E^C) + \frac{\varepsilon}{3}.$$

(ii) 在 (i) 的假设下, 又设 $B \in \mathcal{C}$. 试证: 对于任何 $\varepsilon > 0$ 和 $n \in \mathbf{N}$, 有 $C_n, D_n \in \mathcal{C}$, 使得

$$E \cap B \subset \bigcup_{n=1}^{\infty} C_n, \quad E^C \cap B \subset \bigcup_{n=1}^{\infty} D_n, \quad \mu^*\left(\left[\bigcup_{n=1}^{\infty} C_n \right] \cap \left[\bigcup_{n=1}^{\infty} D_n \right] \right) < \varepsilon,$$

且

$$\sum_{n=1}^{\infty} \mu^*\left(C_n \right) < \mu^*(E \cap B) + \frac{\varepsilon}{3}, \quad \sum_{n=1}^{\infty} \mu^*\left(D_n \right) < \mu^*(E^C \cap B) + \frac{\varepsilon}{3}.$$

(iii) 在 (i) 的假设下, 又设 $A \subset X$. 试证: 对于任何 $\varepsilon > 0$ 和 $n \in \mathbf{N}$, 有 $B_n, C_n, D_n \in \mathcal{C}$, 其中 $B_n\ (n \in \mathbf{N})$ 是两辆不相交的, 还满足以下关系:

$$A \subset \bigcup_{n=1}^{\infty} B_n, \quad \text{且}\quad \mu^*(A) \leqslant \sum_{n=1}^{\infty} \mu^*(B_n) < \mu^*(A) + \frac{\varepsilon}{3},$$

$$E \cap A \subset \bigcup_{n=1}^{\infty} C_n, \quad E^C \cap A \subset \bigcup_{n=1}^{\infty} D_n, \quad \mu^*\left(\left[\bigcup_{n=1}^{\infty} C_n \right] \cap \left[\bigcup_{n=1}^{\infty} D_n \right] \right) < \varepsilon,$$

且

$$\sum_{n=1}^{\infty} \mu^*\left(C_n \right) < \mu^*(E \cap A) + \frac{\varepsilon}{3}, \quad \sum_{n=1}^{\infty} \mu^*\left(D_n \right) < \mu^*(E^C \cap A) + \frac{\varepsilon}{3}.$$

(iv) 在 (i) 的假设下, 又设 $A \subset X$. 试证: $\mu^*(A) = \mu^*(E \cap A) + \mu^*(E^C \cap A)$.

(v) 试证: 对于任何 $E \subset X$, E 可测的充分必要条件是: $\mu_*(E) = \mu^*(E)$.

(vi) 试证: 对于任何 $E \subset X$, E 可测的充分必要条件是: 存在 $K, U \in \mathcal{B}$, 使得

$$K \subset E \subset U \quad \text{且} \quad \mu^*(U \setminus K) = 0,$$

其中 $\mathcal{B}$ 是由 $\mathcal{C}$ 生成的 σ- 代数.

注 (v) 或 (vi) 给出了可测的充分必要条件. Lebesgue 就是用外测度与内测度相等这个条件来定义可测集的. 本题证明了 Lebesgue 关于可测集的定义与 Carathéodory 关于可测集的定义是等价的.

§9.5 度量外测度

定理 9.4.2 给出了一个非常简洁的将一个在某代数上的非负可数可加集函数延拓成一个 σ- 代数上的测度的方法. 但判别一个在某代数上定义的非负集函数是可数可加的并非像想象的那样简单. §9.1 的练习 9.1.1 和 §9.2 的练习 9.2.1 的结果告诉我们, 在所有 $\mathbf{R}^n$ 上可以写成有限个左开右闭区间之并之集构成的代数 (记为 $\mathcal{A}$) 上的体积集函数是可数可加的, 完成这个证明也费了一番周折. 但这是我们最重要的, 也是最常用的代数上的非负可数可加集函数. 由定理 9.4.2 的方法将它延拓成一个 σ- 代数上的测度称为 Lebesgue 测度, 这个 σ- 代数中的元素称为 Lebesgue 可测集. 因为 $\mathbf{R}^n$ 上任何开集都是可数个左开右闭区间之并, 因此, Lebesgue 可测集全体构成的 σ- 代数包含 $\mathbf{R}^n$ 上的 Borel 代数, 换言之, Borel 可测集必 Lebesgue 可测.

有时, 测度并非由某个代数上的非负可数可加集函数延拓成的. 我们将来要遇到的许多测度是在度量空间上的, 这种测度常常不是由某个代数上的非负可数可加集函数延拓成的, 因为在度量空间上不存在一个天然的代数. 在第 11 章的补充教材一中将介绍一个从全体开集构成的集族 (一般地说, 它并非代数) 上的非负可数可加集函数延拓成一个测度的途径. 本节要介绍度量空间上满足某种条件的外测度 (称为度量外测度). 相对于这种外测度构造出的测度也具有 Borel 集皆可测的性质.

定义 9.5.1 设 (X, ρ) 是个度量空间, $A \subset X$, $B \subset X$. 我们称 A

和 B 是**完全分离的**, 若

$$\inf\{\rho(x,y):x\in A,\ y\in B\}>0.$$

定义 9.5.2　设 (X,ρ) 是个度量空间. X 上的外测度 μ^* 称为**度量外测度**, 若对于 X 的任何两个完全分离的子集 A 和 B 都有

$$\mu^*(A\cup B)=\mu^*(A)+\mu^*(B).$$

我们的主要结果可以叙述如下:

定理 9.5.1　设 μ^* 是度量空间 X 上的度量外测度, 则 X 中的 Borel 集, 即由闭集族生成的 σ- 代数中的元素, 都是 μ^*- 可测的.

为了证明这个定理, 我们先引进一个引理.

引理 9.5.1　设 X 是度量空间, $E_n\subset X\ (n=1,2,\cdots)$ 满足条件

$$E_n\subset E_{n+1}\ (n=1,2,\cdots).$$

记 $E=\bigcup\limits_{n=1}^{\infty}E_n$, 又设对于每个 $n\in\mathbf{N}$, E_n 和 $E\setminus E_{n+1}$ 是完全分离的, 最后设 μ^* 是度量空间 X 上的度量外测度, 则 $\mu^*(E)=\lim\limits_{n\to\infty}\mu^*(E_n)$.

引理 9.5.1 的证明　因 $E_n\subset E_{n+1}\ (n=1,2,\cdots)$, 有

$$\mu^*(E_n)\leqslant\mu^*(E_{n+1})\quad(n=1,2,\cdots).$$

故 $L=\lim\limits_{n\to\infty}\mu^*(E_n)$ 存在 (当然有可能等于 $+\infty$). 又因对于任何自然数 n 我们有 $\mu^*(E_n)\leqslant\mu^*(E)$, 故 $L\leqslant\mu^*(E)$. 若 $L=\infty$, 引理的结论自然成立. 今设 $L<\infty$, 令

$$A_1=E_1,\quad A_n=E_n\setminus E_{n-1},\quad n=2,3,\cdots.$$

因 $A_n\subset E_n$ 且 $A_{n+2}\subset E\setminus E_{n+1}$. 由引理的假设, A_n 和 A_{n+2} 完全分离. 所以

$$\mu^*(A_n\cup A_{n+2})=\mu^*(A_n)+\mu^*(A_{n+2}).$$

归纳地, 对于任何自然数 m, 有

$$\sum_{n=1}^{m}\mu^*(A_{2n-1})=\mu^*\left(\bigcup_{n=1}^{m}A_{2n-1}\right)\leqslant\mu^*(E_{2m-1})\leqslant L$$

和

$$\sum_{n=1}^{m} \mu^*(A_{2n}) = \mu^*\left(\bigcup_{n=1}^{m} A_{2n}\right) \leqslant \mu^*(E_{2m}) \leqslant L.$$

所以, 级数 $\sum_{n=1}^{\infty} \mu^*(A_n)$ 收敛. 因此有

$$\mu^*(E) = \mu^*\left(E_n \cup \bigcup_{k=n+1}^{\infty} A_k\right) \leqslant \mu^*(E_n) + \sum_{k=n+1}^{\infty} \mu^*(A_k).$$

让 $k \to \infty$ 对上式取极限, 有

$$\mu^*(E) \leqslant \lim_{n \to \infty} \mu^*(E_n) = L. \qquad \square$$

现在我们可以回来完成定理 9.5.1 的证明了.

定理 9.5.1 的证明 只须证明每个闭集 $F \subset X$ 是 μ^*- 可测的. 对于任何 $A \subset X$, 记 $E = A \setminus F$ 和 $E_n = \left\{x \in A : \inf_{y \in F} \rho(x,y) \geqslant 1/n\right\}$, $n \in \mathbf{N}$. 显然, $E_n \subset E_{n+1}$, 且 $E_n \subset E$, $n \in \mathbf{N}$. 因 F 是闭集, 我们有 $E = \bigcup_{n=1}^{\infty} E_n$(同学们自行补出证明细节). 设 $x \in E_n$ 和 $y \in E \setminus E_{n+1}$, 则一定有一个 $z \in F$ 使得 $\rho(y,z) < 1/(n+1)$. 另一方面, $\rho(x,z) \geqslant 1/n$. 因此, $\rho(x,y) \geqslant \rho(x,z) - \rho(y,z) > 1/[n(n+1)]$. 故 E_n 和 $E \setminus E_{n+1}$ 是完全分离的. 由引理 9.5.1, $\mu^*(E) = \lim_{n \to \infty} \mu^*(E_n)$. 又因 $A \cap F$ 和 E_n 完全分离, $\mu^*(A) \geqslant \mu^*((A \cap F) \cup E_n) = \mu^*(A \cap F) + \mu^*(E_n)$ 对一切自然数 n 成立. 让 $n \to \infty$, 有

$$\mu^*(A) \geqslant \mu^*(A \cap F) + \mu^*(E) = \mu^*(A \cap F) + \mu^*(A \setminus F).$$

故 F 是 μ^*- 可测的. $\qquad \square$

练习 9.5.1 告诉我们, 由例 9.1.6 中的可加集函数 μ 通过 Carathéodory 方法产生的 Lebesgue-Stieltjes 外测度 μ^* 是度量外测度. 因此, 我们又一次证得: Lebesgue 可测集组成的 σ- 代数包含所有 Borel 集组成的 σ- 代数. 特别, 开集, 闭集, 开集之可数交, 闭集之可数并, 开集之可数交之可数并, 闭集之可数并之可数交等均为 Lebesgue 可测集. 应

该指出, 非 Borel 集的 Lebesgue 可测集是存在的, 我们不去讨论这个问题了. Lebesgue 可测集组成的 σ- 代数与 Borel 集组成的 σ- 代数之间的关系将在下面的定理和以后的习题中讨论.

定理 9.5.2   设 μ 是 $\mathbf{R}^n$ 上的一个 Lebesgue-Stieltjes 测度, A 是 $\mathbf{R}^n$ 上的一个相对于 μ 的可测集, 则有 Borel 集 F 和 G, 使得 $F \subset A \subset G$, 且 $\mu(G \setminus F) = 0$. 我们还可以要求上述 F 为某可数个紧集之并, 而 G 为某可数个开集之交.

为了证明这个定理, 我们需要以下引理:

引理 9.5.2   设 μ 是 $\mathbf{R}^n$ 上的一个 Lebesgue-Stieltjes 测度, B 是 $\mathbf{R}^n$ 上的一个有界的 μ- 可测集, 则任给 $\varepsilon > 0$, 必有紧集 K 和开集 U, 使得 $K \subset B \subset U$, 且 $\mu(U \setminus K) < \varepsilon$.

引理 9.5.2 的证明   由例 9.1.6(以下讨论中的符号沿用例 9.1.6 的), $\mathbf{R}^n$ 上的 Lebesgue-Stieltjes 测度 μ 是从代数 $\mathcal{A}$ 上的某个可加集函数 μ 延拓出来的, 其中 $\mathcal{A}$ 是由所有的有限个左开右闭区间之并构成的. 再由外测度 μ^* 的定义, 对于任何 $\varepsilon > 0$, 有可数个左开右闭区间 $I_k = \prod_{j=1}^{n} (a_j^{(k)}, b_j^{(k)}]$, $k = 1, 2, \cdots$, 使得 $B \subset \bigcup_{k=1}^{\infty} I_k$, 且

$$\mu(B) \geqslant \sum_{k=1}^{\infty} \mu(I_k) - \frac{\varepsilon}{4}.$$

对于每个 $k \in \mathbf{N}$, 可以找到一个开区间 $J_k \supset I_k$, 使得 $\mu(J_k) < \mu(I_k) + \varepsilon/2^{k+2}$. 因而有 $B \subset \bigcup_{k=1}^{\infty} J_k$, 且

$$\mu^*(B) \geqslant \sum_{k=1}^{\infty} \mu(J_k) - \sum_{k=1}^{\infty} \frac{\varepsilon}{2^{k+2}} - \frac{\varepsilon}{4} = \sum_{k=1}^{\infty} \mu(J_k) - \frac{\varepsilon}{2}.$$

令 $U = \bigcup_{k=1}^{\infty} J_k$, U 显然是开集, 且有 $B \subset U$ 和 $\mu(U \setminus B) < \varepsilon/2$.

因 B 有界, 有有界闭集 F 使得 $B \subset F$. 对于可测集 $F \setminus B$ 再用上述结论, 有开集 V, 使得 $V \supset F \setminus B$ 且 $\mu(V \setminus (F \setminus B)) < \varepsilon/2$. 易见, $F \setminus V$ 是有界闭集, 因而是紧集, 且

$$F \setminus V \subset F \setminus (F \setminus B) = B.$$

因 $B \subset F$, 有

$$B \setminus (F \setminus V) = B \cap V \subset V \setminus (F \setminus B).$$

注意到 $\mu(V \setminus (F \setminus B)) < \varepsilon/2$, 有

$$\mu(B \setminus (F \setminus V)) \leqslant \mu(V \setminus (F \setminus B)) < \varepsilon/2.$$

将这个不等式与不等式 $\mu(U \setminus B) < \varepsilon/2$ 结合起来, 我们有

$$\mu(U \setminus (F \setminus V)) = \mu(U \setminus B) + \mu(B \setminus (F \setminus V)) < \frac{\varepsilon}{2} + \frac{\varepsilon}{2} = \varepsilon.$$

让 $K = F \setminus V$, 引理 9.5.2 证毕. □

现在我们可以回来完成定理 9.5.2 的证明了.

定理 9.5.2 的证明 设 μ 是 $\mathbf{R}^n$ 上的一个 Lebesgue-Stieltjes 测度, A 是 $\mathbf{R}^n$ 上的 μ- 可测集, 则 A 可以写成可数个两两不相交的有界的 μ- 可测集 A_n $(n = 1, 2, \cdots)$ 之并 (例如, 让 $A_n = A \cap \mathbf{B}(0, n)$):

$$A = \bigcup_{n=1}^{\infty} A_n.$$

给定了正整数 j 和 n, 有开集 $G_n^{(j)}$ 使得 $A_n \subset G_n^{(j)}$ 且 $\mu(G_n^{(j)} \setminus A) < 1/(j2^n)$. 不难看出, $A \subset \bigcup\limits_{n=1}^{\infty} G_n^{(j)}$ 且 $\mu\left(\bigcup\limits_{n=1}^{\infty} G_n^{(j)} \setminus A \right) < 1/j$. 由此, 我们有: $A \subset \bigcap\limits_{j=1}^{\infty} \bigcup\limits_{n=1}^{\infty} G_n^{(j)}$ 且 $\mu\left(\bigcap\limits_{j=1}^{\infty} \bigcup\limits_{n=1}^{\infty} G_n^{(j)} \setminus A \right) = 0$. 取 $G = \bigcap\limits_{j=1}^{\infty} \bigcup\limits_{n=1}^{\infty} G_n^{(j)}$, 则 $A \subset G$ 且 $\mu(G \setminus A) = 0$. G 是可数开集之交. F 的获得与 G 完全一样. □

定理 9.5.2 告诉我们, 对于 $\mathbf{R}^n$ 上的任何 Lebesgue-Stieltjes 测度 μ, μ- 可测集和某一个 Borel 集只差一个零测度集, 可以是一个 Borel 集与一个零测度集之并, 也可以是一个 Borel 集挖掉一个零测度集. 在下一章中我们将会看到零测度集 (又称零集) 在求积分时基本上不起作用, 故 μ- 可测集类与 Borel 集类之间的差异在讨论积分问题时并不太重要.

练 习

9.5.1 在 $\mathbf{R}^n$ 上, 所有可以写成有限个左开右闭区间之并的集合构成的集族记为 $\mathcal{A}$. m 表示 $\mathcal{A}$ 上的 Lebesgue 可加集函数 (即体积集函数).

　　(i) 问：由 $\mathcal{A}$ 上的集函数 m, 通过引理 9.3.1 的方法得到的外测度 m^* 在 $\mathbf{R}^n$ 上是度量外测度吗?

　　(ii) 问：由例 9.1.6 中引进的 $\mathcal{A}$ 上的集函数 μ, 通过引理 9.3.1 的方法得到的外测度 μ^* 是在 $\mathbf{R}^n$ 上的度量外测度吗?

§9.6　Lebesgue 不可测集的存在

　　我们很想在集合 X 上建立一个测度, 即可数可加的集合函数, 使得 X 的任何子集合都是可测的. 但并非对于任何集合 X 和 X 上的一个给定代数上的某个 σ- 可加集函数, 都能延拓成一个使得 X 的任何集合都可测的测度. 下面对于最常用的 $X = \mathbf{R}$ 上的 Lebesgue 测度的情形讨论这个问题. 这个 $\mathbf{R}$ 上的 Lebesgue 测度是由定义在所有左开右闭的区间构成的 π- 系上的区间长度这个集函数产生的.

　　命题 9.6.1　$\mathbf{R}$ 上的 Lebesgue 可测集以及 Lebesgue 外测度 m^* 是平移不变的, 换言之, 对于任何 $A \subset \mathbf{R}$ 和任何 $x \in \mathbf{R}$, $m^*(A) = m^*(A + x)$, 其中, $A + x = \{a + x : a \in A\}$. 又若 A 是 Lebesgue 可测集, 则对于任何 $x \in \mathbf{R}$, $A + x$ 也是 Lebesgue 可测集.

　　证　因为在由左开右闭区间的有限并构成的代数上, 由区间长度生成的集合函数是平移不变的. 因此, 用 Carathéodory 方法产生的外测度也是平移不变的. 再用 Carathéodory 方法产生的可测集及测度当然也是平移不变的.　　　　　　　　　　　　　　　□

　　命题 9.6.2　$\mathbf{R}$ 上的 Lebesgue 不可测集是存在的.

　　证　我们将证明, 在左闭右开区间 $[0,1)$ 上有个不可测集. 在左闭右开区间 $[0,1)$ 上引进关系如下:

$$x \sim y \Longleftrightarrow x - y \in \mathbf{Q}.$$

易见, 它是等价关系. 由这个等价关系, $[0,1)$ 分解成许多等价类:

$$[0,1) = \bigcup_{\alpha \in I} E_\alpha, \quad \text{又当 } \alpha \neq \beta \text{ 时}, E_\alpha \cap E_\beta = \varnothing.$$

在选择公理成立的假设下, 存在一个集合 $A \subset [0,1)$, 它与每个 E_α 之交都是单点集. 因 $\mathbf{Q} \cap [-1,1)$ 可数, 可设 $\mathbf{Q} \cap [-1,1) = \{q_1, q_2, \cdots, q_n, \cdots\}$,

则

$$[0,1) \subset \bigcup_{j=1}^{\infty}(A+q_j) \subset [-1,2], \quad \text{又当} j \neq k \text{时}, (A+q_j) \cap (A+q_k) = \varnothing,$$

其中 $A+x = \{a+x : a \in A\}$. 若 A 是 Lebesgue 可测集, 由命题 9.6.1, $m(A+q_j) = m(A+q_k)$, 再注意到 m 的可数可加性,

$$1 = m([0,1)) \leqslant \sum_{j=1}^{\infty} m(A+q_j) \leqslant m([-1,2]) = 3.$$

由命题 9.6.1, 上式中的级数的各项都是相等的. 假若各项都等于零, 则级数和为零, 这与第一个不等式矛盾. 假若各项都等于同一个大于零的数, 则级数发散, 又与第二个不等式矛盾. □

注 1 所谓选择公理是指公理化集合论中的一条公理, 它是这样说的: 对于任何一组由两两不相交的非空集合构成的集族 $\{E_\alpha : \alpha \in I\}$, 至少有一个集合 $A \subset \bigcup_{\alpha \in I} E_\alpha$, 它与每个 E_α 之交都是单点集. 这个公理是由 Zermelo 首先提出来的, 常称为 **Zermelo 选择公理**.

注 2 从命题 9.6.2 的证明中可以看出, 具有平移不变性质的 **R** 上的测度不可能使得任何集合均可测.

§9.7 附 加 习 题

9.7.1 设 $F \subset G \subset \mathbf{R}^p$, F 是紧集, G 是开集. $\Phi : G \to \mathbf{R}^n$ 是连续映射.

(i) 试证: 当 $\Gamma \subset \mathbf{R}^p$ 是可数个闭集之并时, $\Phi(\Gamma \cap F)$ 也是可数个闭集之并.

(ii) 又若 Φ 满足条件: 当 Γ 是零集时, $\Phi(\Gamma \cap F)$ 必为零集. 试证: 当 $\mathbf{R}^p$ 的子集 E 是 Lebesgue 可测集时, $\Phi(E \cap F)$ 必 Lebesgue 可测.

(iii) 假若 $p = n$, 且 Φ 在 G 上满足 Lipschitz 条件, 即有常数 L(称为 Lipschitz 常数), 使得

$$\forall \mathbf{x}, \mathbf{y} \in G\left(|\Phi(\mathbf{y}) - \Phi(\mathbf{x})| \leqslant L|\mathbf{y} - \mathbf{x}|\right).$$

试证: 有 $\varepsilon > 0$, 对于任何 $\mathbf{R}^m$ 中的立方块 Q, 只要 $\operatorname{diam} Q < \varepsilon$, 便有

$$m^*\left(\Phi(Q \cap F)\right) \leqslant \Omega_n (L \operatorname{diam} Q)^n,$$

其中 Ω_n 表示 n 维单位球的体积.

(iv) 假若 $p = n$, 且 Φ 在 G 上满足以 L 为 Lipschitz 常数的 Lipschitz 条件. 试证: 对于任何 G 的子集 E, 有 $m^*\big(\Phi(E \cap F)\big) \leqslant \Omega_n(\sqrt{n}L)^n m^*(E)$, 特别, 当 E 是零集时, $\Phi(E \cap F)$ 也是零集.

(v) 假若 $p = n$, 且 Φ 在 G 上满足局部的 Lipschitz 条件:

$$\forall \mathbf{x} \in G \exists \varepsilon_{\mathbf{x}} > 0 \exists L_{\mathbf{x}} > 0 \forall \mathbf{y}, \mathbf{z} \in \mathbf{B}(\mathbf{x}, \varepsilon_{\mathbf{x}})\big(|\Phi(\mathbf{y}) - \Phi(\mathbf{z})| \leqslant L_{\mathbf{x}}|\mathbf{y} - \mathbf{z}|\big).$$

试证: 对于任何 G 的子集 E, 当 E 是零集时, 则 $\Phi(E \cap F)$ 也是零集.

(vi) 假若 $p = n$, 且 Φ 满足局部的 Lipschitz 条件. 试证: 当 Γ 可测时, $\Phi(\Gamma \cap F)$ 必可测.

9.7.2 为了以后的需要, 我们愿意把第一册 §4.2 的练习 4.2.6 中的日出引理稍作修改后叙述如下:

日出引理 设 g 是闭区间 $[a, b]$ 上的连续函数. g 的阴影点集 E 定义如下:

$$E = \{x \in (a, b) : \exists \xi \in (x, b]\big(g(\xi) > g(x)\big)\},$$

则 E 是开集, 因而, $E = \bigcup_{k=1}^{\infty} (a_k, b_k)$, 其中 $(a_k, b_k)(k \in \mathbf{N})$ 是可数个或有限个 (也可能零个) 两两不相交的开区间 (E 的连通成分), 且我们有

$$\forall c \in [a_k, b_k]\big(g(c) \leqslant g(b_k)\big) \quad (k \in \mathbf{N}).$$

(我们还可以证明: 当 $a_k > a$ 时, $g(a_k) = g(b_k)$. 不过, 下面我们不需要这个更强的结论.) 它的证明和第一册 §4.2 的练习 4.2.6 完全一样 (望同学补出证明细节).

本题的以下部分 (除去题后的注) 总是假设 f 是 $[a, b]$ 上的单调不减的连续函数. 我们定义 f 在点 $x \in (a, b)$ 处的右上, 右下, 左上和左下导数分别为

$$D_r^+(x) = \limsup_{h \to 0+} \frac{f(x+h) - f(x)}{h}, \quad D_r^-(x) = \liminf_{h \to 0+} \frac{f(x+h) - f(x)}{h},$$

$$D_l^+(x) = \limsup_{h \to 0-} \frac{f(x+h) - f(x)}{h}, \quad D_l^-(x) = \liminf_{h \to 0-} \frac{f(x+h) - f(x)}{h}.$$

(i) 试证: 对于任何 $C \in \mathbf{R}$, 集合 $\{x \in (a, b) : D_r^+(x) > C\}$ 是函数 $g(x) \equiv f(x) - Cx$ 的阴影点集的子集. 设 (a_k, b_k) $(k \in \mathbf{N})$ 是函数 $g(x) \equiv f(x) - Cx$ 的阴影点集的连通成分, 则

$$C \sum_{k=1}^{\infty} (b_k - a_k) \leqslant \sum_{k=1}^{\infty} [f(b_k) - f(a_k)] \leqslant f(b) - f(a).$$

(ii) 试证: $m\big(\{x \in (a, b) : D_r^+(x) = \infty\}\big) = 0$.

(iii) 设 $c < C$(C 指的是 (1) 中的 C), 函数 $h(x) \equiv f(-x) + cx$ 的阴影点集的连通成分记为 $(-d_k, -c_k)$ $(k \in \mathbf{N})$, 又对于任何 $k \in \mathbf{N}$, 记 (a_{kl}, b_{kl}) $(l \in \mathbf{N})$ 为闭区间 $[c_k, d_k]$ 上函数 $g(x) \equiv f(x) - Cx$ 的阴影点集的连通成分. 试证:

$$f(d_k) - f(c_k) \leqslant c(d_k - c_k), \quad C(b_{kl} - a_{kl}) \leqslant f(b_{kl}) - f(a_{kl}).$$

(iv) 记号同 (iii). 试证:

$$\sum_{k=1}^{\infty} \sum_{l=1}^{\infty} (b_{kl} - a_{kl}) \leqslant \frac{c}{C} \sum_{k=1}^{\infty} (d_k - c_k).$$

(v) 记号同 (iii). 试证:

$$\{x \in (a,b) : D_l^-(x) < c < C < D_r^+(x)\} \subset \bigcup_{k=1}^{\infty} \bigcup_{l=1}^{\infty} (a_{kl}, b_{kl}).$$

(vi) 试证: $m\Big(\{x \in (a,b) : D_l^-(x) < c < C < D_r^+(x)\}\Big) = 0.$

(vii) 试证:

$$m\Big(\{x \in (a,b) : D_l^-(x) < D_r^+(x)\}\Big) = 0.$$

(viii) 试证:

$$m\Big(\{x \in (a,b) : D_r^-(x) < D_l^+(x)\}\Big) = 0.$$

(ix) 试证: 闭区间 $[a,b]$ 上的任何单调连续函数的全体不可微点构成的点集是零测度的.

注 日出引理可以作如下推广:

推广的日出引理 设 g 是闭区间 $[a,b]$ 上的函数, 又设对于任何点 $x \in [a,b]$, g 在该点的右极限及左极限: $g(x+0)$ 和 $g(x-0)$ 均存在且有限 (约定: $g(a-0) = g(a)$ 和 $g(b+0) = g(b)$). 记 $G(x) = \max\big(g(x), g(x+0), g(x-0)\big)$. g 的阴影点集 E 定义如下:

$$E = \{x \in (a,b) : \exists \xi \in (x,b]\big(g(\xi) > G(x)\big)\},$$

则 E 是开集, 因而, $E = \bigcup_{k=1}^{\infty} (a_k, b_k)$, 其中 $(a_k, b_k) \, (k \in \mathbf{N})$ 是可数个或有限个 (也可能零个) 两两不相交的开区间 (E 的连通成分), 且我们有

$$\forall c \in [a_k, b_k]\big(g(c) \leqslant G(b_k)\big), \quad k \in \mathbf{N}.$$

利用推广的日出引理可以证明关于 (ix) 的如下推广: 闭区间 $[a,b]$ 上的任何单调函数的全体不可微点构成的点集是零测度的.

9.7.3 设 $n \geqslant 2$, 点集 $M \subset \mathbf{R}^n$ 是 $\mathbf{R}^n$ 中的一个超曲面, 换言之, 对于任何点 $\mathbf{p} \in M$ 有 $r = r(\mathbf{p}) > 0$ 和一个三次连续可微的映射 $F : \mathbf{B}_{\mathbf{R}^n}(\mathbf{p}, r) \to \mathbf{R}^n$, 使得

$$\mathbf{B}_{\mathbf{R}^n}(\mathbf{p}, r) \cap M = \{\mathbf{y} \in \mathbf{B}_{\mathbf{R}^n}(\mathbf{p}, r) : F(\mathbf{y}) = 0\},$$

且

$$\forall \mathbf{y} \in \mathbf{B}_{\mathbf{R}^n}(\mathbf{p}, r)(|\nabla F(\mathbf{y})| \neq 0).$$

向量 $\mathbf{v} \in \mathbf{R}^n$ 是 M 在点 $\mathbf{p}$ 的一个切向量, 换言之, 有一个二次连续可微映射 $\gamma : (-\varepsilon, \varepsilon) \to M$, 使得 $\gamma(0) = \mathbf{p}$ 且 $\gamma'(0) = \mathbf{v}$. M 在点 $\mathbf{p}$ 处的全体切向量组成一个线性子空间称为 M 在点 $\mathbf{p}$ 的切空间, 记做 $\mathbf{T_p}(M)$. 设 M 的子集 $\Gamma \in \mathcal{B}_M$(换言之, Γ 是拓扑空间 M 上的 Borel 集) 和 $\rho > 0$, 试证:

$$\Gamma(\rho) \equiv \{\mathbf{y} \in \mathbf{R}^n : \exists \mathbf{p} \in \Gamma\big((\mathbf{y} - \mathbf{p}) \perp \mathbf{T_p}(M) \text{ 且 } |\mathbf{y} - \mathbf{p}| < \rho\big)\} \in \mathcal{B}_{\mathbf{R}^n}.$$

进一步阅读的参考文献

以下文献中的有关章节可以作为测度和积分理论进一步学习的参考:

[1] 的第九章较详细地介绍了测度论.

[6] 的第九章介绍了测度论.

[8] 的第二章较详细地介绍了测度论, 包括 Vitali 覆盖和 Besicovitch 覆盖等内容.

[13] 的第三卷的第一章介绍了测度和积分理论. 这里用直接延拓积分定义域的 Riesz-Daniell 方法来介绍 $\mathbf{R}^n$ 上的 Lebesgue 积分, 写得十分简练.

[14] 是一本关于测度与积分的经典著作, 虽然老了一些, 但经常被引到.

[15] 的第十六章介绍了积分理论. 这里用直接延拓积分定义域的 Riesz-Daniell 方法来介绍 $\mathbf{R}$ 上的 Lebesgue 积分. 第二十六章介绍了 $\mathbf{R}^n$ 上的 Lebesgue 积分理论. 介绍得十分简练.

[16] 这本小册子用直接延拓积分定义域的 Riesz-Daniell 方法来介绍 $\mathbf{R}^n$ 上的 Lebesgue-Stieltjes 积分. 还包括了带符号的所谓 Radon 测度, Jordan 分解, Hahn 分解和 Radon-Nikodym 定理等内容. 介绍得十分简练.

[17] 的第四章介绍了积分理论. 这里用直接延拓积分定义域的 Riesz-Daniell 方法来介绍 $\mathbf{R}$ 上的 Lebesgue 积分.

[20] 的第一章介绍了测度和积分理论.

[22] 的第十三章用直接延拓积分定义域的 Riesz-Daniell 方法详细地介绍测度和积分理论.

[23] 的第六章介绍了测度和积分理论.

[24] 较详细地介绍了测度和积分理论. 它交替使用 Lebesgue-Carathéodory 测度论的方法和直接延拓积分定义域的 Riesz-Daniell 方法, 揭示了两个方法的联系. 内容丰富, 并附有一套很好的习题.

第 10 章   积   分

  积分概念的雏形早在伟大的希腊科学家 Archimedes 研究弧长, 面积和体积时就已形成. 到了 Newton-Leibniz 公式出现后, 由于微积分在数学及数学以外的许多领域中应用的重要性及复杂性, 积分概念便成为数学家需要认真研究的一个数学对象.19 世纪上半叶,Cauchy 研究了连续函数的积分概念, 紧接着 Riemann 对积分及可积函数的概念作了细致的讨论. 他们使积分理论建立在严格的逻辑基础上, 本讲义的第六章介绍的就是他们的工作. 到了 19 世纪下半叶, 许多数学家已经认识到: Cauchy 和 Riemann 的积分概念虽然是严格的, 但它包含的可积函数类的局限性太大, 仍有改进的必要. 重新建立新的积分理论的迫切性来源于 Cauchy 和 Riemann 的理论存在着一个严重的缺陷: 他们定义的可积函数列 (在某种意义下) 的极限, 即使是有界闭区间上的有界函数, 仍有可能在 Riemann 的积分定义下是不可积的. 正如有理数的极限会不是有理数的事实使得微积分不能建立在有理数域上而只能建立在实数域上一样, 可积函数列 (某种意义下) 的极限有可能是不可积的函数的这个缺陷给数学 (特别是微分方程, 积分方程, 概率论和函数论等分析领域) 的进一步发展造成了严重障碍. 经过了许多数学家长期工作的积累, 其中法国数学家 H.Lebesgue 的贡献跨出了关键的一步,19 世纪末和 20 世纪初发展出克服了以上缺陷的完善的测度和积分理论. 它为 20 世纪数学, 特别是分析学的进一步发展提供了不可缺少的工具. 上一章介绍了这个理论的准备部分 —— 测度理论. 在这个测度理论的基础上现代积分理论建立起来了. 本章就是要介绍这个理论.

  在本章中, 除非作相反的申明, 我们总使用以下的符号: X 是个非空集合, $\mathscr{A}$ 是 X 上的一个 σ-代数.μ 是定义在 σ-代数 $\mathscr{A}$ 上的一个测度. 积分理论中的很大一部分结果的成立并不要求 μ 是完备的. 但有些结果是只对完备测度才成立的. 为了保证这些结果成立, 当所面临的测度又不是完备测度时, 我们可以通过 §9.2 的练习 9.2.9 的完备化方法使之成为完备测度, 换言之, 使之满足条件: 零测度集的子集总是可测的, 然后相对于这个完备化后的测度来讨论问题.

§10.1 可 测 函 数

因为在以后的讨论中经常要遇到取值于 $\overline{\mathbf{R}} \equiv \mathbf{R} \cup \{\infty, -\infty\}$ 的函数, 我们对 $\pm\infty$ 参与的四则运算和大小比较作如下约定:

(i) $\forall t \in \mathbf{R}(\pm\infty + t = \pm\infty)$;

(ii) $+\infty + (+\infty) = +\infty, \quad -\infty + (-\infty) = -\infty$;

(iii) $\forall t \in \mathbf{R}(-\infty < t < \infty)$.

(iv) $+\infty + (-\infty)$ 无定义;

(v) $0 \cdot (\pm\infty) = 0$;

(vi) $\forall t > 0(t(\pm\infty) = \pm\infty, \forall t < 0(t(\pm\infty) = \mp\infty)$;

除约定 (v) 外, 其他的约定和我们的极限知识是一致的, 而约定 (v) 则不然. 之所以作出约定 (v) 完全是为了以后讨论和叙述的方便.

定义 10.1.1　映射 $f : X \to \overline{\mathbf{R}}$ 称为 $\mathcal{A}$-**可测的**, 若

(i) $f^{-1}(\infty) \in \mathcal{A}$, 且 $f^{-1}(-\infty) \in \mathcal{A}$;

(ii) $\forall$开集$U \subset \mathbf{R}(f^{-1}(U) \in \mathcal{A})$.

注 1　若 X 是拓扑空间, $\mathcal{A}$ 是 X 上的 Borel 代数, 则 $\mathcal{A}$-可测函数称为**Borel 可测函数**. 若 $X = \mathbf{R}^n$, $\mathcal{A}$ 是 $\mathbf{R}^n$ 上的 Lebesgue 可测集全体构成的代数, 则 $\mathcal{A}$-可测函数称为**Lebesgue 可测函数**.

注 2　在测度 μ 是完备的条件下, 不难证明, 若映射 $f : X \to \overline{\mathbf{R}}$ 和映射 $g : X \to \overline{\mathbf{R}}$ 满足条件:

$$\mu(\{x \in X : f(x) \neq g(x)\}) = 0,$$

则 f 可测, 当且仅当 g 可测. 今设映射 $\tilde{f} : X \setminus N \to \overline{\mathbf{R}}$, 其中 N 是零集. 定义 $f : X \to \overline{\mathbf{R}}$ 如下:

$$f(x) = \begin{cases} \tilde{f}(x), & \text{若} x \in X \setminus N, \\ 0, & \text{若} x \in N. \end{cases}$$

我们作如下约定: 若 f 可测, 便称 $\tilde{f}$ 可测. 这样, 在测度 μ 是完备的条件下, 我们对任何在一个零集以外有定义的函数的可测性给出了定义.

由本注开始时的讨论, f 在这个无定义的零集 N 上补定义时, 未必需要一定让它恒为 0, 事实上 f 在 N 上无论用任何方式补定义, 我们还是有这样的结论:f 可测, 当且仅当 $\tilde{f}$ 可测. 在积分理论中, 一个在 X 的某零测度集外有定义的函数便被认为是有明确定义的函数了.

引理 10.1.1 映射 $f : X \to \overline{\mathbf{R}}$ 是 $\mathcal{A}$- 可测的, 当且仅当以下条件之一得以满足:

(i) $\forall t \in \mathbf{R}(\{x \in X : f(x) > t\} \in \mathcal{A})$;

(ii) $\forall t \in \mathbf{R}(\{x \in X : f(x) \leqslant t\} \in \mathcal{A})$;

(iii) $\forall t \in \mathbf{R}(\{x \in X : f(x) \geqslant t\} \in \mathcal{A})$;

(iv) $\forall t \in \mathbf{R}(\{x \in X : f(x) < t\} \in \mathcal{A})$.

(v) 对于一切 Borel 集 $B \subset \mathbf{R}$, 或 $B = \{\infty\}$, 或 $B = \{-\infty\}$, 总有 $f^{-1}(B) \in \mathcal{A}$.

证 设映射 $f : X \to \overline{\mathbf{R}}$ 是 $\mathcal{A}$- 可测的. 因

$$\{x : f(x) > t\} = f^{-1}(\{\infty\}) \cup f^{-1}((t, +\infty)),$$

故 (i) 成立.

又因

$$\{x \in X : f(x) \leqslant t\} = \{x \in X : f(x) > t\}^C,$$

故 (i) 与 (ii) 等价.

设 (i) 成立 (等价于 (ii) 成立). 因

$$\{x \in X : f(x) \geqslant t\} = \bigcap_{n=1}^{\infty} \{x \in X : f(x) > t - 1/n\},$$

故 (iii) 成立.

又因

$$\{x \in X : f(x) \geqslant t\} = \{x \in X : f(x) < t\}^C,$$

故 (iii) 与 (iv) 等价.

设 (iv) 成立 (等价于 (iii) 成立). 因

$$f^{-1}(\{\infty\}) = \bigcap_{n=1}^{\infty} \{x \in X : f(x) \geqslant n\}$$

和

$$f^{-1}(\{-\infty\}) = \bigcap_{n=1}^{\infty} \{x \in X : f(x) < -n\},$$

$f^{-1}(\{\infty\})$ 和 $f^{-1}(\{-\infty\})$ 均属于 $\mathcal{A}$. 令

$$\mathcal{G} = \{G \subset \mathbf{R} : f^{-1}(G) \in \mathcal{A}\}.$$

易见, $\mathcal{G}$ 是个 σ-代数. 而且 $\mathcal{G}$ 含有所有的 $(-\infty, t)$, $t \in \mathbf{R}$, 因而, 含有所有的 $[s, t)$, $s \leqslant t$. 所以, $\mathcal{G}$ 含有所有的 $\mathbf{R}$ 上的 Borel 集.(v) 因而成立.

设 (v) 成立, 按定义, 当然 f 可测. □

引理 10.1.2   若映射 $f : X \to \overline{\mathbf{R}}$ 是 $\mathcal{A}$- 可测的, 则 $|f|, f^{+}, f^{-}$ 和 f^2 也是 $\mathcal{A}$- 可测的. 又若映射 $g : X \to \overline{\mathbf{R}}$ 是 $\mathcal{A}$- 可测的, 则 fg 也是 $\mathcal{A}$- 可测的. 再若映射 $f_n : X \to \overline{\mathbf{R}}$ 是一个 $\mathcal{A}$- 可测映射的序列, 则 $\sup_n f_n, \inf_n f_n, \limsup_{n\to\infty} f_n$ 和 $\liminf_{n\to\infty} f_n$ 均 $\mathcal{A}$- 可测. 最后假设 $f + g$ 在一个零集外有定义, 换言之, f 和 g 只可能在一个零集上取异号的无穷大, 则 $f + g$ 也是 $\mathcal{A}$- 可测的.

证   利用引理 10.1.1, 并注意到以下的集合和函数的关系式, 引理的全部结论便证得了:

(1) $\{x : |f(x)| < t\} = \{x : f^{-1}((-t, t))\}$, 故 $|f|$ 可测.

(2) $\{x : (f+g)(x) < t\} = \bigcup_{q \in \mathbf{Q}} (\{x : f(x) < t-q\} \cap \{x : g(x) < q\})$, 故 $f + g$ 可测.

(3) $f^{+} = (f + |f|)/2$, 故 f^{+} 可测.

(4) $f^{-} = (|f| - f)/2$, 故 f^{-} 可测.

(5) $\{x : f^2(x) < t\} = \begin{cases} \{x : f^{-1}((-\sqrt{t}, \sqrt{t}))\}, & \text{若} t \geqslant 0, \\ \varnothing, & \text{若} t < 0, \end{cases}$ 故 f^2 可测.

(6) $fg = \dfrac{1}{4}[(f+g)^2 - (f-g)^2]$, 故 fg 可测.

(7) $\{x : \sup_n f_n(x) > t\} = \bigcup_n \{x : f_n(x) > t\}$, 故 $\sup_n f_n$ 可测.

(8) $\{x : \inf_n f_n(x) < t\} = \bigcup_n \{x : f_n(x) < t\}$, 故 $\inf_n f_n$ 可测.

(9) $\limsup_{n\to\infty} f_n = \inf_n \sup_{m \geqslant n} f_m$, 故 $\limsup_{n\to\infty} f_n$ 可测.

(10) $\liminf_{n\to\infty} f_n = \sup_n \inf_{m\geqslant n} f_m$, 故 $\liminf_{n\to\infty} f_n$ 可测. □

我们愿意重提一下 §1.5 练习 1.5.3 中集合 $A \subset X$ 的指示函数 (或称特征函数)$\mathbf{1}_A$ 的定义:

设 X 是个集合,$A \subset X$.A 的指示函数 (或称特征函数)$\mathbf{1}_A$ 定义为

$$\mathbf{1}_A(x) = \begin{cases} 1, & \text{若 } x \in A, \\ 0, & \text{若 } x \notin A. \end{cases}$$

$\mathbf{1}_A$ 是 $\mathcal{A}$-可测的, 当且仅当 $A \in \mathcal{A}$. 理由如下:

$$\{x \in X : \mathbf{1}_A(x) > t\} = \begin{cases} X, & \text{若 } t < 0, \\ A, & \text{若 } 0 \leqslant t < 1, \\ \varnothing, & \text{若 } t \geqslant 1, \end{cases}$$

而 X 和 $\varnothing$ 都是 $\mathcal{A}$- 可测的, 故 $\mathbf{1}_A$ 是 $\mathcal{A}$- 可测的, 当且仅当 $A \in \mathcal{A}$.

定义 10.1.2 集合 X 上定义的函数 f 称为**简单函数**, 假若它只取有限个值.

任何集合的指示函数是简单函数. 简单函数的 (有限) 线性组合是简单函数. 特别, 指示函数的 (有限) 线性组合是简单函数. 若 f 是简单函数, 它取的互不相同的值是 $c_1, \cdots, c_n$. 记 $A_j = \{x \in X : f(x) = c_j\}$, 则 $A_j (j = 1, \cdots, n)$ 是 n 个两两不相交的集合, 且 $f = \sum_{j=1}^{n} c_j \mathbf{1}_{A_j}$. 所以每个简单函数都可表示成有限个指示函数的线性组合. 但简单函数表示成有限个指示函数的线性组合的表示方法并不唯一. 假若要求表示式 $f = \sum_{j=1}^{n} c_j \mathbf{1}_{A_j}$ 中的系数 $c_1, \cdots, c_n$ 互不相同, 且 $\{A_j : j = 1, \cdots, n\}$ 中的集合两两互不相交, 表示式便唯一确定了. 这种系数互不相同, 且 $\{A_j : j = 1, \cdots, n\}$ 中的集合两两互不相交的简单函数表示成指示函数的 (有限) 线性组合的表示式称为简单函数的标准表示式. 任何简单函数有唯一的标准表示式. 若简单函数的标准表示式为 $f = \sum_{j=1}^{n} c_j \mathbf{1}_{A_j}$, 不难看出,$f$ 是 $\mathcal{A}$-**可测的简单函数**, 当且仅当每个 $A_j \in \mathcal{A}$(请同学补出证明的细节).

引理 10.1.3   设 f 是一个 X 上的非负可测函数, 则有一串非负可测简单函数 $\{f_n\}$, 使得

$$\forall n \in \mathbf{N} \forall x \in X \big(f_n(x) \leqslant f_{n+1}(x)\big),$$

且

$$\forall x \in X \big(f(x) = \lim_{n \to \infty} f_n(x)\big).$$

若 f 是一个 X 上的非负有界可测函数, 则有一串单调非负可测简单函数 $\{f_n\}$, 使得函数极限等式 $f(x) = \lim_{n \to \infty} f_n(x)$ 在 X 上是一致收敛.

证   令

$$f_n = \sum_{k=1}^{n2^n} \frac{k-1}{2^n} \mathbf{1}_{A_{n,k}} + n \mathbf{1}_{B_n},$$

其中

$$A_{n,k} = \{x \in X : (k-1) \leqslant 2^n f(x) < k\}, \ n \in \mathbf{N}, k = 1, 2, \cdots, n2^n,$$

$$B_n = \{x \in X : f(x) \geqslant n\}, \quad n \in \mathbf{N}.$$

因 f 可测, 每个 $A_{n,k}$ 及每个 B_n 均可测, 故 f_n 可测. 易证: 对于任何 $n \in \mathbf{N}, B_n, A_{n,k}, (k = 1, 2, \cdots, n2^n)$ 是两两不相交的, 且

$$A_{n,k} = A_{n+1,2k-1} \cup A_{n+1,2k}, \quad X = B_n \cup \bigcup_{k=1}^{n2^n} A_{n,k}.$$

由此, $f_n \leqslant f_{n+1}(n \in \mathbf{N})$ 且 $\forall x \in A_{n,k}(0 \leqslant f(x) - f_n(x) \leqslant 2^{-n})$, $\forall x \in B_n(f_n(x) = n \leqslant f(x))$. 故 $\lim_{n \to \infty} f_n = f$(请同学画出 f_n 与 f_{n+1} 的图像, 试着写出证明的细节). 当 f 有界时, 则对于充分大的 $n, B_n = \varnothing$, $X = \bigcup_{k=1}^{n2^n} A_{n,k}$. 所以当 n 充分大时, $\forall x \in X(f(x) - f_n(x) \leqslant 2^{-n})$. 由此, $f(x) = \lim_{n \to \infty} f_n(x)$ 在 X 上是一致收敛. $\square$

推论 10.1.1   设 f 是一个 X 上的可测函数, 则有一串可测简单函数 $\{f_n\}$, 使得

$$\forall x \in X(f(x) = \lim_{n \to \infty} f_n(x)).$$

若 f 有界, 则可选择一串可测简单函数 (f_n), 使得上述收敛是一致的.

证 注意到分解 $f = f^+ - f^-$, 其中

$$f^+(x) = \begin{cases} f(x), & 若 f(x) \geqslant 0, \\ 0, & 若 f(x) < 0; \end{cases} \qquad f^-(x) = \begin{cases} -f(x), & 若 f(x) \leqslant 0, \\ 0, & 若 f(x) > 0. \end{cases}$$

对 f^+ 和 f^- 分别使用引理 10.1.3 的前半个结论, 便得推论 10.1.1 的前半个结论. 推论 10.1.1 的后半个结论是对 f^+ 和 f^- 分别使用引理 10.1.3 的后半个结论后得到的. $\qquad\square$

定义 10.1.3 设 $P(x)$ 是一个依赖于 $x \in X$ 的命题. $P(x)$ 被称为在 X 上**几乎处处成立**的, 假若集合 $\{x \in X : P(x) \text{不成立}\}$ 是零集.

注 **几乎处处**常用英语 almost everywhere 的缩写 $a.e.$ 表示. 有时为了强调相对于测度 μ 的几乎处处, 也记做 $a.e., (\mu)$. 例如, $f(x) = g(x)$ 在 X 上相对于 μ 几乎处处成立常记做

$$f(x) = g(x), \quad a.e.(\mu).$$

有时从上下文已能明白测度 μ 是指那个测度, $a.e.(\mu)$ 便简记做 $a.e.$.

定理 10.1.1 若 f 是 $\mathbf{R}^n$ 上的 Lebesgue 可测函数, 则 $\mathbf{R}^n$ 上有 Borel 可测函数 g, 使得 $g = f, a.e.$.

证 设 f 是 $\mathbf{R}^n$ 上的 Lebesgue 可测的简单函数, 则

$$f = \sum_{j=1}^m c_j \mathbf{1}_{A_j},$$

其中 $A_j\,(j = 1, \cdots, m)$ 是 m 个两两不相交的 Lebesgue 可测集. 由定理 9.5.2, 有 Borel 可测集 $B_j\,(j = 1, \cdots, m)$, 使得对于每个 j, $B_j \subset A_j$, 且 $m(A_j \setminus B_j) = 0$. 令

$$g = \sum_{j=1}^m c_j \mathbf{1}_{B_j}.$$

不难看出, g 是 Borel 可测函数, 且 $g = f, a.e.$. 设 f 是 $\mathbf{R}^n$ 上的 Lebesgue 可测函数, 则有一串 $\mathbf{R}^n$ 上的 Lebesgue 可测的简单函数 $f_m, m \in \mathbf{N}$, 使得在 X 上,

$$f = \lim_{m \to \infty} f_m.$$

对于每个 $m \in \mathbf{N}$, 有 Borel 可测函数 g_m, 使得 $g_m = f_m, a.e.$. 记

$$N_m = \{\mathbf{x} \in \mathbf{R}^n : g_m(\mathbf{x}) \neq f_m(\mathbf{x})\}, \quad m = 1, 2, \cdots.$$

N_m 是零集, 因而, $\bigcup\limits_{m=1}^{\infty} N_m$ 也是零集. 易见

$$\forall \mathbf{x} \in \mathbf{R}^n \setminus \bigcup_{m=1}^{\infty} N_m \big(f(\mathbf{x}) = \lim_{m\to\infty} g_m(\mathbf{x}) \big).$$

故

$$f = \limsup_{m\to\infty} g_m, a.e.$$

由引理 10.1.2, $\limsup\limits_{m\to\infty} g_m$ Borel 可测. □

§10.2 积分的定义及其初等性质

本节将逐步给出积分的定义, 先给出非负简单可测函数的积分, 然后给出非负可测函数的积分, 最后给出可积 (或称可和) 函数的积分. 在引进积分定义的过程中, 也顺便讨论了积分的简单性质.

定义 10.2.1 设 f 是非负简单可测函数, 它写成指示函数的线性组合的标准表示是 $f = \sum\limits_{j=1}^{n} c_j \mathbf{1}_{A_j}$, 则它的**积分**定义为

$$\int f d\mu = \sum_{j=1}^{n} c_j \mu(A_j).$$

对于任何 $A \in \mathcal{A}, f$ 在 A 上的积分定义为

$$\int_A f d\mu = \int f \mathbf{1}_A d\mu.$$

易见, $0 \leqslant \int f d\mu \leqslant \infty$. 又, $\int f d\mu = 0$, 当且仅当对一切使 $\mu(A_j) \neq 0$ 的 j, 必有 $c_j = 0$, 换言之, $f = 0, a.e.$. 最后, $\int f d\mu < \infty$, 当且仅当对一切使 $\mu(A_j) = \infty$ 的 j, 必有 $c_j = 0$.(请注意我们早先的约定: $0 \cdot \infty = 0$.)

注 有时, 积分 $\int f d\mu$ 也常写成 $\int f(x)\mu(dx)$ 或 $\int f$.

引理 10.2.1 设 f 和 g 是非负简单可测函数, 则

(i) $f \leqslant g \Longrightarrow \int f d\mu \leqslant \int g d\mu$;

(ii) $\int (f+g) d\mu = \int f d\mu + \int g d\mu$;

(iii) 对于 $t \geqslant 0$, 有 $\int t f d\mu = t \int f d\mu$;

(iv) 映射 $E \mapsto \int_E f d\mu$ 是 $\mathscr{A}$ 上的测度.

证 设

$$f = \sum_{j=1}^n a_j \mathbf{1}_{A_j}, \quad g = \sum_{k=1}^m b_k \mathbf{1}_{B_k}$$

分别是非负简单函数 f 和 g 的标准表示式, 则因 $A_j \cap B_k (j = 1, \cdots, n, k = 1, \cdots, m)$ 是两两不相交的可测集, 且 $A_j = \bigcup_{k=1}^m (A_j \cap B_k)$, $B_k = \bigcup_{j=1}^n (A_j \cap B_k)$, 我们有

$$f = \sum_{j=1}^n \sum_{k=1}^m a_j \mathbf{1}_{A_j \cap B_k}, \quad g = \sum_{j=1}^n \sum_{k=1}^m b_k \mathbf{1}_{A_j \cap B_k}.$$

和

$$\mu(A_j) = \sum_{k=1}^m \mu(A_j \cap B_k), \quad \mu(B_k) = \sum_{j=1}^n \mu(A_j \cap B_k).$$

若 (i) 中条件 $f \leqslant g$ 满足, 则在 $A_j \cap B_k \neq \varnothing$ 时, 必有 $a_j \leqslant b_k$. 故对任何 j 和 k, 有

$$a_j \mu(A_j \cap B_k) \leqslant b_k \mu(A_j \cap B_k).$$

因此

$$\int f d\mu = \sum_{j=1}^n a_j \mu(A_j) = \sum_{j=1}^n \sum_{k=1}^m a_j \mu(A_j \cap B_k)$$

$$\leqslant \sum_{j=1}^n \sum_{k=1}^m b_k \mu(A_j \cap B_k) = \sum_{k=1}^m b_k \mu(B_k) = \int g d\mu.$$

(i) 证毕.

在 (i) 的证明中已得到以下等式

$$\int f d\mu = \sum_{j=1}^{n} \sum_{k=1}^{m} a_j \mu(A_j \cap B_k)$$

和

$$\int g d\mu = \sum_{j=1}^{n} \sum_{k=1}^{m} b_k \mu(A_j \cap B_k),$$

所以

$$\int f d\mu + \int g d\mu = \sum_{j=1}^{n} \sum_{k=1}^{m} a_j \mu(A_j \cap B_k) + \sum_{j=1}^{n} \sum_{k=1}^{m} b_k \mu(A_j \cap B_k)$$

$$= \sum_{j=1}^{n} \sum_{k=1}^{m} (a_j + b_k) \mu(A_j \cap B_k)$$

$$= \sum_{i=1}^{p} c_i \sum_{a_j + b_k = c_i} \mu(A_j \cap B_k)$$

$$= \sum_{i=1}^{p} c_i \mu\left(\bigcup_{a_j + b_k = c_i} A_j \cap B_k \right)$$

$$= \sum_{i=1}^{p} c_i \mu(\{x : f(x) + g(x) = c_i\})$$

$$= \int (f + g) d\mu.$$

(ii) 证毕.(iii) 与 (iv) 的证明留给同学了 (注意我们早先的约定:$0 \cdot \infty = 0$). □

定义 10.2.2   设 f 是非负可测函数, f 的积分定义为

$$\int f d\mu = \sup \left\{ \int g d\mu : g \text{简单可测}, \text{且 } 0 \leqslant g \leqslant f \right\}.$$

对于任何 $A \in \mathcal{A}$, 定义

$$\int_A f d\mu = \int f \mathbf{1}_A d\mu.$$

由引理 10.2.1 的 (i), 当 f 是简单可测函数时, 以上定义的积分值与定义 10.2.1 中定义的积分值相等. 另外, 我们有关于非负可测函数积分的以下简单性质:

$$0 \leqslant \int f d\mu \leqslant \infty$$

和

$$f \leqslant g \Longrightarrow \int f d\mu \leqslant \int g d\mu.$$

命题 10.2.1 设 f 是非负可测函数, 则

$$\int f d\mu = 0 \iff f = 0, a.e..$$

证 若 $f = 0, a.e.$, 设 g 简单可测, 且满足条件: $0 \leqslant g \leqslant f$, 则 $g = 0, a.e.$, 由定义 10.2.1 后作的讨论得到的结论, 有

$$\int g d\mu = 0.$$

由定义 10.2.2, 有

$$\int f d\mu = \sup\left\{ \int g d\mu : g \text{简单可测}, \text{且 } 0 \leqslant g \leqslant f \right\} = 0.$$

反之, 若 $f = 0, a.e.$ 不成立, 因

$$\{x : f(x) > 0\} = \bigcup_{n=1}^{\infty} \{x : f(x) > 1/n\},$$

因可数个零集之并是零集, 故

$$\exists n \in \mathbf{N}(\mu(\{x : f(x) > 1/n\}) > 0).$$

令

$$g(x) = \begin{cases} 1/n, & \text{若} f(x) > 1/n, \\ 0, & \text{若} f(x) \leqslant 1/n. \end{cases}$$

显然, g 简单可测, 且 $0 \leqslant g \leqslant f$, 但

$$\int g d\mu = \frac{1}{n}\mu(\{x : f(x) > 1/n\}) > 0.$$

因此

$$\int f d\mu \geqslant \int g d\mu > 0.$$

这与 $\int f d\mu = 0$ 矛盾. □

定理 10.2.1 设 f 是非负可测函数, 则映射 $E \mapsto \int_E f d\mu$ 是 $\mathcal{A}$ 上的测度.

证 由引理 10.2.1 的 (iv), 当 f 是非负简单可测函数时, 定理的结论是成立的. 记 $\mathcal{S}$ 为非负简单可测函数的全体. 对于 $g \in \mathcal{S}$, 记

$$\mu_g(E) = \int_E g d\mu.$$

易见

$$\forall g, h \in \mathcal{S} \forall 可测集 E(g \leqslant h \Longrightarrow \mu_g(E) \leqslant \mu_h(E)),$$

且

$$\forall g, h \in \mathcal{S}(\max(g, h) \in \mathcal{S}).$$

由定义 10.2.2, 非负可测函数 f 的积分为

$$\int_E f d\mu = \int f \mathbf{1}_E d\mu = \sup \left\{ \int g \mathbf{1}_E d\mu : g 简单可测, 且 \ 0 \leqslant g \leqslant f \right\}$$

$$= \sup \left\{ \int_E g d\mu : g 简单可测, 且 \ 0 \leqslant g \leqslant f \right\}$$

$$= \sup \left\{ \mu_g(E) : g 简单可测, 且 \ 0 \leqslant g \leqslant f \right\}.$$

根据定理 9.2.1, 映射 $E \mapsto \int_E f d\mu$ 是 $\mathcal{A}$ 上的测度. □

定义 10.2.3 设 f 是可测函数, 则 $f = f^+ - f^-$, 其中

$$f^+(x) = \begin{cases} f(x), & 若 f(x) \geqslant 0, \\ 0, & 若 f(x) < 0; \end{cases}$$

$$f^-(x) = \begin{cases} -f(x), & 若 f(x) < 0, \\ 0, & 若 f(x) \geqslant 0. \end{cases}$$

f^+ 与 f^- 分别称为 f 的正部与负部, 显然 f^+ 与 f^- 均非负可测. 若以下两个积分

$$\int f^+ d\mu \quad 和 \quad \int f^- d\mu \qquad (10.2.1)$$

中至少有一个取有限值, 则 f 的**积分**定义为

$$\int f d\mu = \int f^+ d\mu - \int f^- d\mu.$$

若 (10.2.1) 中两个积分均有限, 则 f 称为**可积函数**(或称**可和函数**). 全体可积函数组成的集合记做 $\mathcal{L}^1(\mu)$, 当测度 μ 由上下文不言自明时, 简记做 $\mathcal{L}^1$. 若 μ 是 $\mathbf{R}^n$ 上的 Lebesgue 测度, 则可积函数称为 Lebesgue 可积的, 对应的积分称为**Lebesgue 积分**.

命题 10.2.2 设 $(X, \mathcal{A}, \mu)$ 是测度空间, f 和 g 是 X 上的两个可测函数, 我们有以下两条关于函数可积性的结论:

(i) f 可积, 当且仅当 $\int |f| d\mu < \infty$, 换言之, 可测函数 f 可积, 当且仅当 $|f|$ 可积.

(ii) 若 f 是可积的, 且 $|g| \leqslant |f|$, 则 g 可积.

证 因 $|f| = f^+ + f^-$, 故可测函数 f 可积, 当且仅当 $|f|$ 可积. (i) 证毕. 由 (i) 不难得到命题 (ii) 的证明. □

命题 10.2.3 设 f 是几乎处处为零的函数, 则 f 可积, 且

$$\int f d\mu = 0.$$

证 因

$$f = 0, a.e. \Longrightarrow f^+ = 0, a.e. \text{ 且 } f^- = 0, a.e.,$$

故

$$\int f d\mu = \int f^+ d\mu - \int f^- d\mu = 0.$$ □

定理 10.2.2 设 f 是可积函数, 则对于任何 $\varepsilon > 0$, 有一个 $\delta > 0$, 使得

$$\forall 可测集 E\left(\mu(E) < \delta \Longrightarrow \int_E |f| d\mu \leqslant \varepsilon\right). \qquad (10.2.2)$$

证   由命题 10.2.2 的 (i), 只须对非负可积函数 f 证明上述结论就够了. 根据定义 10.2.2, 有一个非负简单可积函数 g, 使得 $0 \leqslant g \leqslant f$, 且

$$0 \leqslant \int f d\mu - \int g d\mu = \int (f - g) d\mu \leqslant \varepsilon/2.$$

因非负简单可积函数 g 是有界的, 有 $M \in \mathbf{R}_+$, 使得

$$0 \leqslant g \leqslant M.$$

令 $\delta = \varepsilon/(2M)$. 若可测集 E 满足条件 $\mu(E) < \delta$, 则

$$\int_E |f| d\mu = \left(\int_E f d\mu - \int_E g d\mu \right) + \int_E g d\mu = \int_E (f - g) d\mu + \int_E g d\mu$$

$$\leqslant \int (f - g) d\mu + M(\varepsilon/(2M)) \leqslant \varepsilon/2 + \varepsilon/2 = \varepsilon.$$

$\square$

注 1   设 μ 和 ν 是定义在 σ- 代数 $\mathcal{A} \subset 2^X$ 上的两个测度. 测度 ν **称为关于测度 μ 是绝对连续的**, 假若对于任何 $\varepsilon > 0$, 有一个 $\delta > 0$, 使得

$$\forall E \in \mathcal{A}(\mu(E) < \delta \Longrightarrow \nu(E) \leqslant \varepsilon).$$

定理 10.2.2 也可改述为 "测度 $E \mapsto \mu_f(E) = \displaystyle\int_E f d\mu$ 是个关于测度 μ 绝对连续的测度".

注 2   当 $\nu(X) < \infty$ 时, 测度 ν 关于测度 μ 的绝对连续性的条件可以简化成以下形式:

设 μ 和 ν 是定义在 σ-代数 $\mathcal{A} \subset 2^X$ 上的两个测度. 若测度 ν 有界, 即 $\nu(X) < \infty$, 则测度 ν 关于测度 μ 是绝对连续的, 当且仅当对于一切可测集 $A \in \mathcal{A}$, 只要 $\mu(A) = 0$, 便有 $\nu(A) = 0$.

注 2 的证明   "仅当" 部分是显然的. 今证明 "当" 的部分如下: 用反证法. 假设有一个 $\varepsilon > 0$, 对于任何 $\delta > 0$, 都有可测集 E, 使得 $\nu(E) > \varepsilon$ 且 $\mu(E) \leqslant \delta$. 让 $\delta = 2^{-n}$, 有 $A_n \in \mathcal{A}$, 使得

$$\nu(A_n) > \varepsilon, \quad \text{且} \quad \mu(A_n) \leqslant 2^{-n}, \quad n = 1, 2, \cdots.$$

这时我们有

$$\mu\left(\bigcap_{k=1}^{\infty}\bigcup_{n=k}^{\infty}A_n\right) \leqslant \lim_{k\to\infty}\mu\left(\bigcup_{n=k}^{\infty}A_n\right)$$

$$\leqslant \lim_{k\to\infty}\sum_{n=k}^{\infty}\frac{1}{2^n}=0,$$

但因测度 ν 有界, 有

$$\nu\left(\bigcap_{k=1}^{\infty}\bigcup_{n=k}^{\infty}A_n\right) = \lim_{k\to\infty}\nu\left(\bigcup_{n=k}^{\infty}A_n\right) > \varepsilon > 0.$$

这与测度 ν 关于测度 μ 是绝对连续的假设相矛盾. □

§10.3　积分号与极限号的交换

现在我们要讨论上节定义的积分的一些基本性质, 特别是积分号下求极限的性质. 同学们若把本节的结果与第一册第 6 章 §6.2 及 §6.7 中相应的结果 (§6.2 的练习 6.2.2(i), 练习 6.2.3, 练习 6.2.4 及 §6.7 的练习 6.7.3 和练习 6.7.4 等) 比较, 我们就会认识到, 积分的这些性质 (及以后要介绍的其他性质) 使得我们认识到上一章介绍的测度理论及本章的积分理论的确比 Riemann 积分理论优越, 所以, Riemann 积分概念不得不让位于本章中定义的积分概念了.

定理 10.3.1(Beppo Levi 单调收敛定理)　设 $\{f_n\}$ 是一串可测函数, 且 $0 \leqslant f_n \leqslant f_{n+1}$ 对一切自然数 n 成立, 则

$$\int \lim_{n\to\infty}f_n d\mu = \lim_{n\to\infty}\int f_n d\mu.$$

证　因 $\{f_n\}$ 单调不减, $\lim\limits_{n\to\infty}f_n = \sup\limits_n f_n$. 记 $f = \lim\limits_{n\to\infty}f_n$. 根据引理 10.1.2, f 非负可测. 易见

$$\int f_n d\mu \leqslant \int f_{n+1}d\mu \leqslant \int f d\mu.$$

故极限 $\lim\limits_{n\to\infty}\int f_n d\mu$ 存在 (但可能 $=\infty$), 且

$$\lim_{n\to\infty}\int f_n d\mu \leqslant \int f d\mu.$$

下面只须证明相反方向的不等式. 设 g 是任意一个满足不等式 $g \leqslant f$ 非负简单可测函数, 则对于任何 $\varepsilon > 0$, 因 $\{f_n\}$ 单调不减, 有

$$\{x \in X : f_n(x) \geqslant (1-\varepsilon)g(x)\} \subset \{x \in X : f_{n+1}(x) \geqslant (1-\varepsilon)g(x)\}.$$

$$(10.3.1)_1$$

我们要证明:

$$\bigcup_{n=1}^{\infty} \{x \in X : f_n(x) \geqslant (1-\varepsilon)g(x)\} = X. \qquad (10.3.1)_2$$

左端当然是右端的子集. 设 $x \in X$, 且 $g(x) = 0$, 当然 x 属于左端. 今设 $x \in X$, 且 $g(x) > 0$, 又因 $\lim\limits_{n \to \infty} f_n \geqslant g \geqslant 0$, 必有 $n \in \mathbf{N}$, 使得 $f_n(x) \geqslant (1-\varepsilon)g(x)$. 由此, $(10.3.1)_2$ 证得. 由此我们有

$$\int f_n d\mu \geqslant \int_{\{x \in X : f_n(x) \geqslant (1-\varepsilon)g(x)\}} f_n d\mu$$

$$\geqslant \int_{\{x \in X : f_n(x) \geqslant (1-\varepsilon)g(x)\}} (1-\varepsilon)g(x)d\mu. \qquad (10.3.2)$$

由定理 10.2.1 和 $(10.3.1)_{1,2}$, 有

$$\lim_{n \to \infty} \int_{\{x \in X : f_n(x) \geqslant (1-\varepsilon)g(x)\}} (1-\varepsilon)g(x)d\mu = \int (1-\varepsilon)g(x)d\mu.$$

考虑到 (10.3.2), 有

$$\lim_{n \to \infty} \int f_n d\mu \geqslant \int (1-\varepsilon)g(x)d\mu.$$

由 ε 的任意性, 有

$$\lim_{n \to \infty} \int f_n d\mu \geqslant \int g(x)d\mu.$$

以上不等式对于任意一个满足不等式 $g \leqslant f$ 的非负简单可测函数 g 都成立, 注意到 f 的积分等于满足不等式 $g \leqslant f$ 的非负简单可测函数 g 的积分的上确界, 我们有

$$\lim_{n \to \infty} \int f_n d\mu \geqslant \int f(x)d\mu. \qquad \square$$

推论 10.3.1 设 f 和 g 是两个非负可测函数, 则

$$\int (f+g)d\mu = \int f d\mu + \int g d\mu.$$

证 设 $\{f_n\}$ 和 $\{g_n\}$ 是两串单调不减的非负简单可测函数, 且

$$f = \lim_{n\to\infty} f_n, \quad g = \lim_{n\to\infty} g_n.$$

这样的单调不减的非负简单可测函数串 $\{f_n\}$ 和 $\{g_n\}$ 的存在是由引理 10.1.3 保证的. 由 Beppo Levi 单调收敛定理, 有

$$\int f d\mu = \lim_{n\to\infty} \int f_n d\mu, \quad g = \lim_{n\to\infty} \int g_n d\mu.$$

由引理 10.2.1 的 (ii) 和 Beppo Levi 单调收敛定理, 我们有

$$\begin{aligned}
\int (f+g)d\mu &= \lim_{n\to\infty} \int (f_n + g_n) d\mu \\
&= \lim_{n\to\infty} \left[\int f_n d\mu + \int g_n d\mu \right] \\
&= \int f d\mu + \int g d\mu. \qquad \square
\end{aligned}$$

定理 10.3.2(Fatou 引理) 若 $\{f_n\}$ 是一串非负可测函数, 则

$$\int \liminf_{n\to\infty} f_n d\mu \leqslant \liminf_{n\to\infty} \int f_n d\mu.$$

证 我们知道

$$\liminf_{n\to\infty} f_n = \lim_{n\to\infty} (\inf_{k\geqslant n} f_k),$$

且

$$\forall n \in \mathbf{N}(0 \leqslant \inf_{k\geqslant n} f_k \leqslant \inf_{k\geqslant n+1} f_k).$$

注意到 $\forall j \geqslant n \left(f_j \geqslant \inf_{k\geqslant n} f_k \right)$, 我们有

$$\inf_{j\geqslant n} \int f_j d\mu \geqslant \int \inf_{k\geqslant n} f_k d\mu,$$

再利用 Beppo Levi 定理我们有

$$\int \liminf_{n\to\infty} f_n d\mu = \lim_{n\to\infty} \int \inf_{k\geqslant n} f_k d\mu$$

$$\leqslant \lim_{n\to\infty} \left(\inf_{k\geqslant n} \int f_k d\mu \right) = \liminf_{n\to\infty} \int f_n d\mu. \qquad \square$$

命题 10.3.1 $\mathcal{L}^1$ 相对于函数的加法与数乘函数的运算构成线性空间. 所有几乎处处等于零的函数组成的集合记做 N, 显然,$N \subset \mathcal{L}^1$, 且是 $\mathcal{L}^1$ 的线性子空间. 积分看成映射

$$\int : \mathcal{L}^1 \to \mathbf{R}, \quad \int : f \mapsto \int f d\mu$$

是线性的, 即对于任何实数 a 和 b 与 $f \in \mathcal{L}^1$ 和 $g \in \mathcal{L}^1$, 有

$$\int (af + bg)d\mu = a \int f d\mu + b \int g d\mu.$$

另外

$$\forall f \in N\left(\int f d\mu = 0 \right),$$

换言之,N 包含在积分映射 $\int$ 的零空间 (或称核) 中.

证 积分映射的线性性的证明分两步走. 首先, 等式

$$\int cf d\mu = c \int f d\mu$$

比较容易证明. 留给同学自行完成. 第二步要证明等式

$$\int (f + g)d\mu = \int f d\mu + \int g d\mu. \qquad (10.3.3)$$

因

$$(f + g)^+ - (f + g)^- = f + g = f^+ - f^- + g^+ - g^-,$$

有

$$(f + g)^+ + f^- + g^- = (f + g)^- + f^+ + g^+,$$

以上等式左右各项均非负, 故

$$\int (f + g)^+ d\mu + \int f^- d\mu + \int g^- d\mu = \int (f + g)^- d\mu + \int f^+ d\mu + \int g^+ d\mu.$$

所以

$$\int (f+g)d\mu = \int (f+g)^+ d\mu - \int (f+g)^- d\mu$$

$$= \int f^+ d\mu - \int f^- d\mu + \int g^+ d\mu - \int g^- d\mu$$

$$= \int f d\mu + \int g d\mu.$$

(10.3.3) 证毕. 命题的最后一个结论只是以下简单事实 $f = 0, a.e. \Longrightarrow$ $f^+ = 0, a.e.$ 且 $f^- = 0, a.e.$ 的推论. □

定义 10.3.1 记 $L^1 = L^1(\mu) = \mathcal{L}^1(\mu)/N$(商空间). 既然 N 包含在积分映射 $\int$ 的零空间中, 积分映射 $\int$ 可以看成是 $L^1 \to \mathbf{R}$ 的映射. L^1 中的每个元素是一个由 $\mathcal{L}^1$ 中的函数组成的等价类, 两个函数属于同一个等价类, 当且仅当它们几乎处处相等.

注 事实上, 以 L^1 替代 $\mathcal{L}^1$ 相当于作了如下约定:"把两个几乎处处相等的函数看成是同一个函数". 因为两个几乎处处相等的函数的积分是相等的. 因此, 假若命题中的结论只述及函数的积分, 以上的约定不会带来任何混乱. 设 $[f] \in L^1$ 是一个等价类, $f \in \mathcal{L}^1$ 是这个等价类中的代表. 为了书写方便, 我们愿意把 $[f]$ 和它的代表 f 不加区分, 并常用同一个记号 f 表示之. 我们还愿意定义它的范数为

$$|f|_{L^1} = |f|_1 = \int |f| d\mu.$$

范数的值显然与 $[f]$ 的代表 f 的选择无关. 在 L^1 上引进度量 $\rho(f, g) = |f - g|_{L^1} = |f - g|_1$, 注意到 $\rho(f, g) = 0 \Longleftrightarrow f = g, a.e. \Longleftrightarrow [f] = [g]$. 故 L^1 相对于 $\rho(\cdot, \cdot)$ 是个度量空间. 应该注意的是, 在 $\mathcal{L}^1$ 上 $\rho(f, g) = 0 \Longrightarrow f = g$ 是不成立的. 这就是要用 L^1 替代 $\mathcal{L}^1$ 的理由.

定理 10.3.3(Lebesgue 控制收敛定理) 若 $\{f_n\}$ 是一串可测函数, g 是可积函数. 又设 $\forall n \in \mathbf{N}(|f_n| \leqslant g)$, 且极限 $f = \lim\limits_{n \to \infty} f_n$ 存在, 则 f 可积, 且

$$\int f d\mu = \lim_{n \to \infty} \int f_n d\mu. \tag{10.3.4}$$

证 由命题 10.2.2 的 (ii) 便得 f 的可积性. 今证在所述条件下, 等式 (10.3.4) 成立. 因 $g \pm f_n$ 非负可测, 由 Fatou 引理, 我们有以下两

个不等式:

$$\int g d\mu + \int f d\mu = \int (g+f) d\mu \leqslant \liminf_{n\to\infty} \int (g+f_n) d\mu$$

$$= \liminf_{n\to\infty} \left(\int g d\mu + \int f_n d\mu \right) = \int g d\mu + \liminf_{n\to\infty} \int f_n d\mu$$

和

$$\int g d\mu - \int f d\mu = \int (g-f) d\mu \leqslant \liminf_{n\to\infty} \int (g-f_n) d\mu$$

$$= \liminf_{n\to\infty} \left(\int g d\mu - \int f_n d\mu \right) = \int g d\mu - \limsup_{n\to\infty} \int f_n d\mu.$$

由这两个不等式, 便得到

$$\limsup_{n\to\infty} \int f_n d\mu \leqslant \int f d\mu \leqslant \liminf_{n\to\infty} \int f_n d\mu. \leqslant \limsup_{n\to\infty} \int f_n d\mu.$$

因以上不等式链的两端相等, 不等式链中四项均相等,(10.3.4) 证得. □

因为 Beppo Levi 单调收敛定理,Fatou 引理和 Lebesgue 控制收敛定理的结论只述及函数的积分, 考虑到定义 10.3.1 后的注, 在这三个定理所假设的条件叙述中以 L^1 替代 $\mathcal{L}^1$ 是完全可以的, 换言之, 把两个几乎处处相等的函数看成是同一个函数的约定放到 Beppo Levi 单调收敛定理,Fatou 引理和 Lebesgue 控制收敛定理的假设中是不会影响这三个定理的结论的. 因此, 三个定理中的条件中的 "处处" 均可换成 "几乎处处". 例如,Lebesgue 控制收敛定理可以改成以下形式:

定理 10.3.3′(Lebesgue 控制收敛定理)   若 $\{f_n\}$ 是一串可测函数, g 是非负可积函数. 又设 $\forall n \in \mathbf{N}(|f_n| \leqslant g, a.e.)$, 且极限 $f = \lim\limits_{n\to\infty} f_n$ 几乎处处存在, 则 f 可积, 且

$$\int f d\mu = \lim_{n\to\infty} \int f_n d\mu.$$

证 记

$$N = \{x : f(x) \neq \lim_{n\to\infty} f_n(x)\} \cup \{x : \exists n \in \mathbf{N}(|f_n(x)| > g(x)\}.$$

令

$$\widetilde{f}(x) = \begin{cases} f(x), & \text{若} x \notin N, \\ 0, & \text{若} x \in N. \end{cases} \qquad \widetilde{f_n}(x) = \begin{cases} f_n(x), & \text{若} x \notin N, \\ 0, & \text{若} x \in N, \end{cases}$$

则 $\widetilde{f}(x) = \lim\limits_{n\to\infty} \widetilde{f}_n(x)$ 对一切 x 成立, 且 $|\widetilde{f}_n(x)| \leqslant g(x)$ 对一切 x 成立.
对 $\widetilde{f}$ 和 $\{\widetilde{f}_n\}$ 使用 Lebesgue 控制收敛定理 (定理 10.3,3), 便得

$$\int f d\mu = \int \widetilde{f} d\mu = \lim_{n\to\infty} \int \widetilde{f}_n(x) = \lim_{n\to\infty} \int f_n d\mu. \qquad \square$$

注　以上证明的思路也可用来处理 Beppo Levi 单调收敛定理和 Fatou 引理的相应的推广问题, 请同学自行完成这个工作.

以下的定理有时会有用的:

定理 10.3.4(Fatou 引理的 Lieb 形式)　设 $\{f_n\}$ 是一串可积函数, f 是一个可积函数, 且 $f = \lim\limits_{n\to\infty} f_n$, $a.e.$, 则

$$\lim_{n\to\infty} \left| \int |f_n| d\mu - \int |f| d\mu - \int |f_n - f| d\mu \right|$$

$$= \lim_{n\to\infty} \int \big| |f_n| - |f| - |f_n - f| \big| d\mu = 0. \qquad (10.3.5)$$

特别, 若在 $f = \lim\limits_{n\to\infty} f_n$, $a.e.$ 的条件外, 还满足条件

$$\lim_{n\to\infty} \int |f_n| d\mu = \int |f| d\mu,$$

则

$$\lim_{n\to\infty} \int |f_n - f| d\mu = 0.$$

证　因

$$0 \leqslant \left| \int |f_n| d\mu - \int |f| d\mu - \int |f_n - f| d\mu \right|$$

$$\leqslant \int \big| |f_n| - |f| - |f_n - f| \big| d\mu,$$

只需证明 (10.3.5) 的第二个等式就够了. 注意到

$$\lim_{n\to\infty} \big| |f_n| - |f| - |f_n - f| \big| = 0, a.e.$$

及

$$\big| |f_n| - |f| - |f_n - f| \big| \leqslant \big| |f_n| - |f_n - f| \big| + |f| \leqslant 2|f|,$$

由 Lebesgue 控制收敛定理便得到 (10.3.5) 的第二个等式了.   □

我们已经介绍了逐点收敛和几乎处处收敛两个函数收敛的概念, 前者比后者强. 它们在许多方面作为条件几乎起到同样的作用. 我们现在要介绍另一个函数收敛的概念, 当 $\mu(X) < \infty$ 时, 它比上述两个函数收敛的概念都弱. 在概率论等数学分支中它是很有用的.

定义 10.3.2   可测函数列 $\{f_n\}$ 称为**按测度 μ 收敛**于可测函数 f 的, 假若对于任何 $\varepsilon > 0$, 有

$$\lim_{n \to \infty} \mu(\{x \in X : |f(x) - f_n(x)| > \varepsilon\}) = 0.$$

例 10.3.1   设 $X = [0,1], \mu = m_{[0,1]}$(闭区间 $[0,1]$ 上的 Lebesgue 测度, 也常简记做 m), 和

$$f_{2^k+l} = \mathbf{1}_{[2^{-k}l, 2^{-k}(l+1)]}, \quad k \geq 0, \ 0 \leq l \leq 2^k - 1.$$

不难看出

$$\mu(\{x \in [0,1] : |f_{2^k+l}(x)| > \varepsilon\}) = \begin{cases} 2^{-k}, & \text{若 } \varepsilon < 1, \\ 0, & \text{若 } \varepsilon \geq 1. \end{cases}$$

故 $\{f_n\}$ 按测度 μ 收敛于 0. 但 $\{f_n\}$ 在 $[0,1]$ 的每个点上均不收敛 (同学自行补出最后论断的理由). 故由按测度 μ 收敛并不能推出 (关于测度 μ 的) 几乎处处收敛.

为了讨论几乎处处收敛与按测度收敛之间的关系, 我们先引进以下两个引理:

引理 10.3.1   设 $\{f_n\}$ 是一串取有限实数值的可测函数, f 是一个取有限实数值的可测函数, 则

$$\left\{ x \in X : f(x) = \lim_{n \to \infty} f_n(x) \right\} = \bigcap_{p=1}^{\infty} \bigcup_{k=1}^{\infty} \bigcap_{n=k}^{\infty} B_{n,p}, \tag{10.3.6}$$

其中

$$B_{n,p} = \left\{ x \in X : |f(x) - f_n(x)| < 1/p \right\}. \tag{10.3.7}$$

证   按极限的定义, 对于任何给定的 x, 命题 $f(x) = \lim_{n \to \infty} f_n(x)$ 等价于以下命题:

$$\forall p \in \mathbf{N} \exists k \in \mathbf{N} \forall n \geq k (|f(x) - f_n(x)| < 1/p).$$

(10.3.6) 左端的集合恰是使得第一个命题成立的集合, 而 (10.3.6) 右端的集合恰是使得第二个命题成立的集合. 因而 (10.3.6) 只是用集合的语言来表述这两个命题的等价性. □

引理 10.3.2 设 $\{f_n\}$ 是一串取有限实数值的可测函数, f 是一个取有限实数值的可测函数, 则 $f(x) = \lim\limits_{n\to\infty} f_n(x)$, a.e., 当且仅当

$$\forall p \in \mathbf{N}\left(\mu\left(\bigcap_{k=1}^{\infty}\bigcup_{n=k}^{\infty} C_{n,p}\right) = 0\right), \tag{10.3.8}_1$$

其中

$$C_{n,p} = B_{n,p}^C = \left\{x \in X : |f(x) - f_n(x)| \geqslant 1/p\right\} \tag{10.3.8}_2$$

(式中的 $B_{n,p}$ 如 (10.3.7) 所定义). 假若

$$\forall p \in \mathbf{N} \exists k_p \in \mathbf{N}\left(\mu\left(\bigcup_{n=k_p}^{\infty} C_{n,p}\right) < \infty\right), \tag{10.3.9}$$

则 $f(x) = \lim\limits_{n\to\infty} f_n(x)$, a.e. 的充分必要条件是

$$\forall p \in \mathbf{N}\left(\lim_{k\to\infty} \mu\left(\bigcup_{n=k}^{\infty} C_{n,p}\right) = 0\right). \tag{10.3.10}$$

证 前半部分证明如下: 由引理 10.3.1, 命题 $f(x) = \lim\limits_{n\to\infty} f_n(x)$, a.e. 等价于

$$\mu\left(\left[\bigcap_{p=1}^{\infty}\bigcup_{k=1}^{\infty}\bigcap_{n=k}^{\infty} B_{n,p}\right]^C\right) = 0.$$

由 de Morgan 对偶原理, 上式可改写成

$$\mu\left(\bigcup_{p=1}^{\infty}\bigcap_{k=1}^{\infty}\bigcup_{n=k}^{\infty} C_{n,p}\right) = 0.$$

这等价于 $(10.3.8)_1$.

后半部分证明如下: 在 (10.3.9) 的条件下, 利用推论 9.2.1, 由 $(10.3.8)_1$, 便得 (10.3.10). □

注 1 引理 10.3.2 中的条件 "$\{f_n\}$ 是一串取有限实数值的可测函数, f 是一个取有限实数值的可测函数" 均可改为较弱的条件 "$\{f_n\}$

是一串几乎处处取有限实数值的可测函数, f 是一个几乎处处取有限实数值的可测函数", 结论不变. 证明的思路请参看定理 10.3.3′ 证明后的注.

注 2 因为 $\mu(X) < \infty$ 时, 条件 (10.3.9) 当然成立. 所以, 若将条件 (10.3.9) 换成更强的条件 $\mu(X) < \infty$, 引理 10.3.2 的结论当然成立. 在本节以下的定理中, 将 (10.3.9) 换成 $\mu(X) < \infty$ 后, 结论也当然成立.

注 3 引理 10.3.1 和引理 10.3.2. 引进了以下两个以后会经常遇到的集合:

$$B_{n,p} = \{x \in X : |f(x) - f_n(x)| < 1/p\} \tag{10.3.7}'$$

和

$$C_{n,p} = B_{n,p}^C = \{x \in X : |f(x) - f_n(x)| \geqslant 1/p\}. \tag{10.3.8}'_2$$

它们以下的性制质是经常要用到的:

$$p \leqslant q \Longrightarrow B_{n,p} \supset B_{n,q}, \quad p \leqslant q \Longrightarrow C_{n,p} \subset C_{n,q}.$$

定理 10.3.5 设 $\{f_n\}$ 是一串几乎处处取有限实数值的可测函数, f 是一个几乎处处取有限实数值的可测函数. 若条件 (10.3.9) 成立, 则 $\{f_n\}$ 几乎处处收敛于 f 将蕴涵 $\{f_n\}$ 按测度 μ 收敛于 f.

证 由引理 10.3.2, 在条件 (10.3.9) 成立时, $\{f_n\}$ 几乎处处收敛于 f 将蕴涵

$$\forall p \in \mathbf{N}\left(\lim_{k \to \infty} \mu\left(\bigcup_{n=k}^{\infty} C_{n,p}\right) = 0\right), \tag{10.3.11}$$

而 $\{f_n\}$ 按测度 μ 收敛于 f 的充分必要条件是

$$\forall p \in \mathbf{N}\left(\lim_{k \to \infty} \mu(C_{k,p}) = 0\right). \tag{10.3.12}$$

因 $C_{k,p} \subset \bigcup\limits_{n=k}^{\infty} C_{n,p}$, (10.3.11) 当然蕴涵 (10.3.12). □

例 10.3.1 告诉我们, 定理 10.3.5 的逆命题是不成立的, 以下由匈牙利数学家 F.Riesz 给出的结果深刻地揭露了按测度收敛与几乎处处收敛之间的重要联系.

定理 10.3.6(F.Riesz) 设 $\{f_n\}$ 是一串几乎处处取有限实数值的可测函数, f 是一个几乎处处取有限实数值的可测函数. 假设 $\{f_n\}$

按测度 μ 收敛于 f. 若条件 (10.3.9) 成立, 则 $\{f_n\}$ 有一个子列 $\{f_{n_i}\}$, 它几乎处处收敛于 f.

证 不妨设 $\{f_n\}$ 是一串处处取有限实数值的可测函数和 f 是一个处处取有限实数值的可测函数. 令

$$C_{n,p} = \{x \in X : |f(x) - f_n(x)| \geqslant 1/p\}.$$

$\{f_n\}$ 按测度 μ 收敛于 f 的充分必要条件是

$$\forall p \in \mathbf{N}\big(\lim_{k \to \infty} \mu(C_{k,p}) = 0\big).$$

因此

$$\forall p \in \mathbf{N} \forall q \in \mathbf{N} \exists\, l(p,q) \in \mathbf{N}\big(k \geqslant l(p,q) \Longrightarrow \mu(C_{k,p}) \leqslant 2^{-q}\big).$$

对于任何 $i \in \mathbf{N}$, 记 n_i 是这样一个自然数, 使得

$$\mu(C_{n_i,i}) \leqslant 2^{-i} \quad (i = 1, 2, \cdots).$$

我们还可要求这串自然数 $\{n_i\}$ 满足以下条件:

$$n_1 < n_2 < \cdots < n_i < n_{i+1} < \cdots.$$

(同学可以检验: 让 $n_i = \max\limits_{1 \leqslant p,q \leqslant i} l(p,q) + i$ 便能满足以上全部要求.) 因此, 当 $j \geqslant p$ 时, 以下不等式成立:

$$\mu\bigg(\bigcup_{i=j}^{\infty} C_{n_i,p}\bigg) \leqslant \mu\bigg(\bigcup_{i=j}^{\infty} C_{n_i,i}\bigg) \leqslant \sum_{i=j}^{\infty} 2^{-i} = 2^{1-j}.$$

由此得

$$\forall p \in \mathbf{N}\bigg(\mu\bigg(\bigcap_{j=1}^{\infty}\bigcup_{i=j}^{\infty} C_{n_i,p}\bigg) = 0\bigg).$$

根据引理 10.3.2, 这就证明了 $\{f_{n_i}\}$ 几乎处处收敛于 f. $\qquad\square$

注 1 这个 F.Riesz 定理告诉我们: 假若函数列的按测度收敛的极限存在, 它是唯一确定的 (在把几乎处处相等的函数看成是同一个函数的约定下).

注 2 F.Riesz 的弟弟 M.Riesz 也是出色的数学家. 为区别起见, 在提到他们时, 除用他们的姓 Riesz 外, 还要说出他们的名的缩写 "F." 或 "M.".

注 3　许多积分号下求极限的定理中的几乎处处收敛的条件可以改成按测度收敛, 而结论不变. 例如, Lebesgue 控制收敛定理可以改述为以下形式:

定理 10.3.3″.(Lebesgue 控制收敛定理)　若 $\{f_n\}$ 是一串可测函数, g 是可积函数. 又设 $\forall n \in \mathbf{N}(|f_n| \leqslant g, a.e.)$, 且 $\{f_n\}$ 按测度 μ 收敛于 f, 则 f 可积且

$$\int f d\mu = \lim_{n \to \infty} \int f_n d\mu.$$

证　f 可积是显然的. 今证最后的等式. 因

$$\left| \int f_n d\mu \right| \leqslant \int g d\mu,$$

为了证明定理中最后的等式, 只须证明: $\int f d\mu$ 是序列 $\int f_n d\mu (n = 1, 2, \cdots)$ 的唯一的极限点. 若它有极限点 $l \neq \int f d\mu$. 因而, 它有子列 $\int f_{n_i} d\mu (i = 1, 2, \cdots)$ 收敛于 l. 由定理 10.3.6, $\{f_{n_i}\}$ 有几乎处处收敛于 f 的子列 $\{h_n\}$. 当然, $\int h_n d\mu, (n = 1, 2, \cdots)$ 应收敛于 l. 但由定理 10.3.3′, $\int h_n d\mu (n = 1, 2, \cdots)$ 应收敛于 $\int f d\mu \neq l$. 这个矛盾证明了定理最后的等式的成立.　　　　□

关于函数列收敛的概念, 我们已学过四种: (1) 一致收敛; (2) 点点收敛; (3) 几乎处处收敛和 (4) 按测度收敛. 我们知道这四种收敛之间有以下的逻辑关系:

$$(1) \Longrightarrow (2) \Longrightarrow (3)(\text{在 } \mu(X) < \infty \text{ 的条件下}) \Longrightarrow (4).$$

现在我们要介绍一个由 (3) 得到一个减弱了的 (1) 形式收敛的结果.

定理 10.3.7(Egorov)　设 $\{f_n\}$ 是一串几乎处处有限的可测函数, f 是一个几乎处处有限的可测函数. 假设 $\{f_n\}$ 几乎处处收敛于 f. 若条件 (10.3.9) 成立, 则对于任何 $\varepsilon > 0$, 有可测集 $K \subset X$, 使得 $\mu(X \setminus K) < \varepsilon$, 且在 K 上 $\{f_n\}$ 一致收敛于 f.

证　由引理 10.3.2, 我们有

$$\forall p \in \mathbf{N} \left(\lim_{k \to \infty} \mu \left(\bigcup_{n=k}^{\infty} C_{n,p} \right) = 0 \right), \tag{10.3.13}$$

其中

$$C_{n,p} = \left\{ x \in X : |f(x) - f_n(x)| \geqslant 1/p \right\}. \tag{10.3.14}$$

对于任何 $p \in \mathbf{N}$, 由 (10.3.13) 和 (10.3.14), 有一个 $k(p) \in \mathbf{N}$, 使得

$$\mu \left(\bigcup_{n=k(p)}^{\infty} C_{n,p} \right) < 2^{-p}, \tag{10.3.15}$$

且可要求

$$k(p) < k(p+1), \quad p = 1, 2, \cdots.$$

记

$$E_q = \bigcup_{p=q}^{\infty} \bigcup_{n=k(p)}^{\infty} C_{n,p}. \tag{10.3.16}$$

由 (10.3.15),

$$\mu(E_q) < 2^{1-q}. \tag{10.3.17}$$

对于集合 $E_q^C = \bigcap_{p=q}^{\infty} \bigcap_{n=k(p)}^{\infty} C_{n,p}^C$ 中的任何点 x, 只要 $p > q$ 且 $n \geqslant k(p)$, 便有

$$|f(x) - f_n(x)| < 1/p.$$

这就证明了 $\{f_n\}$ 在 E_q^C 上一致收敛于 f. 选 $q \in \mathbf{N}$ 使得 $2^{1-q} < \varepsilon, K = E_q^C$ 便满足 Egorov 定理的要求了. $\qquad \square$

注 1 Egorov 定理告诉我们, 虽然几乎处处收敛是一个比一致收敛远为弱的收敛. 但是, 若条件 (10.3.9) 成立, 只要挖掉一个测度小于预先任意给定的正数的可测集后, 它在剩下的集合上就成为一致收敛了.

注 2 假若 $\mu(X) < \infty$, 则条件 (10.3.9) 一定成立, 这时 Egorov 定理的结论 (几乎处处收敛将导致挖掉一个测度小于预先任意给定的正数的可测集后的一致收敛) 自然成立.

定义 10.3.3 设 $\{\mu_n\}$ 是定义在 σ-代数 $\mathcal{A} \subset 2^X$ 上的一个测度序列和 ν 是定义在 σ-代数 $\mathcal{A} \subset 2^X$ 上的一个测度. 测度序列 $\{\mu_n\}$ 称

为关于测度 ν 是**等度绝对连续的**, 假若对于任何 $\varepsilon > 0$, 有一个 $\delta > 0$, 使得

$$\forall n \in \mathbf{N} \forall E \in \mathcal{A}\big(\nu(E) < \delta \Longrightarrow \mu_n(E) \leqslant \varepsilon\big).$$

定理 10.3.8(Vitali) 设 $(X, \mathcal{A}, \nu)$ 是测度空间,$\{f_n\}$ 是 X 上的一串可积函数, f 是 X 上的一个可积函数. 对于任何 $E \in \mathcal{A}$, 记

$$\mu(E) = \int_E |f| d\nu, \quad \mu_n(E) = \int_E |f_n| d\nu (n \in \mathbf{N}).$$

假设以下四个条件成立:

(i) $\{f_n\}$ 几乎处处收敛于 f;

(ii) 测度序列 $\{\mu_n\}$ 关于测度 ν 是等度绝对连续的;

(iii) 条件 (10.3.9) 成立;

$$\forall p \in \mathbf{N} \exists k_p \in \mathbf{N}\left(\nu\bigg(\bigcup_{n=k_p}^{\infty} C_{n,p}\bigg) < \infty\right);$$

(iv) 对于任何 $\varepsilon > 0$, 有一个可测集 E_ε, 使得 $\nu(E_\varepsilon) < \infty$, 且

$$\forall n \in \mathbf{N}\big(\mu(X \setminus E_\varepsilon) < \varepsilon, \ \mu_n(X \setminus E_\varepsilon) < \varepsilon\big).$$

在以上条件下, 我们有

$$\lim_{n \to \infty} \int_X f_n d\nu = \int_X f d\nu.$$

证 任给了 $\varepsilon > 0$, 我们有

$$\begin{aligned}
\left|\int_X f_n d\nu - \int_X f d\nu\right| &\leqslant \int_X |f_n - f| d\nu \\
&= \int_{E_\varepsilon} |f_n - f| d\nu + \int_{X \setminus E_\varepsilon} |f_n - f| d\nu \\
&\leqslant \int_{E_\varepsilon} |f_n - f| d\nu + \int_{X \setminus E_\varepsilon} |f_n| d\nu + \int_{X \setminus E_\varepsilon} |f| d\nu \\
&= \int_{E_\varepsilon} |f_n - f| d\nu + \mu_n(X \setminus E_\varepsilon) + \mu(X \setminus E_\varepsilon) \\
&\leqslant \int_{E_\varepsilon} |f_n - f| d\nu + 2\varepsilon.
\end{aligned} \tag{10.3.18}$$

由 (10.3.18), 为了完成 Vitali 定理的证明, 我们只要证明: 当 n 充分大时, $\displaystyle\int_{E_\varepsilon} |f_n - f| d\nu < 3\varepsilon$ 就可以了.

因测度序列 $\{\mu_n\}$ 关于测度 ν 是等度绝对连续的, 对于给定的 $\varepsilon > 0$, 有一个 $\delta_1 > 0$, 使得

$$\forall n \in \mathbf{N} \forall E \in \mathcal{A}\left(\nu(E) < \delta_1 \Longrightarrow \int_E |f_n| d\nu \leqslant \varepsilon\right). \qquad (10.3.19)$$

因 $\displaystyle\int_E |f| d\nu$ 关于测度 ν 绝对连续, 有一个 $\delta_2 > 0$, 使得

$$\forall E \in \mathcal{A}\left(\nu(E) < \delta_2 \Longrightarrow \int_E |f| d\nu \leqslant \varepsilon\right). \qquad (10.3.20)$$

记 $\delta = \min(\delta_1, \delta_2)$. 根据 Egorov 定理, 对于这个 $\delta > 0$, 有可测集 $K \subset E_\varepsilon$, 使得

$$\nu(E_\varepsilon \setminus K) < \delta, \qquad (10.3.21)$$

且在 K 上 $\{f_n\}$ 一致收敛于 f. 注意到可测集 $K \subset E_\varepsilon$ 的测度有限, 我们有 $N \in \mathbf{N}$, 使得

$$n \geqslant N \Longrightarrow \int_K |f - f_n| d\nu < \varepsilon. \qquad (10.3.22)$$

由 (10.3.19), (10.3.20), (10.3.21) 和 (10.3.22) 可知, 当 $n \geqslant N$ 时, 我们有

$$\begin{aligned}
\int_{E_\varepsilon} |f - f_n| d\nu &\leqslant \int_K |f - f_n| d\nu + \int_{E_\varepsilon \setminus K} |f - f_n| d\nu \\
&\leqslant \int_K |f - f_n| d\nu + \int_{E_\varepsilon \setminus K} |f| d\nu + \int_{E_\varepsilon \setminus K} |f_n| d\nu < 3\varepsilon. \quad \square
\end{aligned}$$

为了通过 Egorov 定理推出 Lebesgue 控制收敛定理, 我们需要以下三条引理.

引理 10.3.3 设 $(X, \mathcal{A}, \nu)$ 是测度空间. 若 $\{f_n\}$ 是 $(X, \mathcal{A}, \nu)$ 上的一串可测函数, g 是 $(X, \mathcal{A}, \nu)$ 上的可积函数. 又设 $\forall n \in \mathbf{N}(|f_n| \leqslant g, a.e.)$, 且 $\{f_n\}$ 几乎处处收敛于 f, 则条件 (10.3.9) 成立.

证 由引理给出的条件, 我们有 $|f| \leqslant g, a.e..$ 又

$$|f - f_n| \leqslant |f| + |f_n| \leqslant 2g,$$

所以, 我们有

$$\bigcup_{n=1}^{\infty}\{x \in X : |f(x) - f_n(x)| \geqslant 1/p\} \subset \{x \in X : g(x) \geqslant 2/p\}.$$

故

$$\nu\left(\bigcup_{n=1}^{\infty}\{x \in X : |f(x) - f_n(x)| \geqslant 1/p\}\right)$$

$$\leqslant \nu(\{x \in X : g(x) \geqslant 2/p\}) \leqslant \frac{p}{2}\int_X g d\nu < \infty. \qquad \square$$

引理 10.3.4　设 $(X, \mathcal{A}, \nu)$ 是测度空间. 若 $\{f_n\}$ 是 $(X, \mathcal{A}, \nu)$ 上的一串可测函数,g 是 $(X, \mathcal{A}, \nu)$ 上的可积函数. 又设 $\forall n \in \mathbf{N}(|f_n| \leqslant g, a.e.)$, 则 $\{\mu_n\}$ 相对于 ν 是等度绝对连续的, 其中

$$\mu_n(E) = \int_E |f_n| d\nu.$$

证　由引理给出的条件, 我们有 $|f_n| \leqslant g, a.e..$ 故

$$\forall 可测集 E \forall n \in \mathbf{N}\left(\int_E |f_n| d\nu \leqslant \int_E |g| d\nu\right).$$

根据 g 的可积性及定理 10.2.2, 对于任何 $\varepsilon > 0$, 有一个 $\delta > 0$, 使得

$$\forall 可测集 E\left(\nu(E) < \delta \Longrightarrow \int_E |g| d\nu \leqslant \varepsilon\right).$$

所以, 对于任何 $n \in \mathbf{N}$, 我们有

$$\forall 可测集 E\left(\mu(E) < \delta \Longrightarrow \int_E |f_n| d\mu \leqslant \varepsilon\right). \qquad \square$$

引理 10.3.5　设 $(X, \mathcal{A}, \nu)$ 是测度空间. 若 $\{f_n\}$ 是 $(X, \mathcal{A}, \nu)$ 上的一串可测函数, g 是 $(X, \mathcal{A}, \nu)$ 上的可积函数. 又设 $\forall n \in \mathbf{N}(|f_n| \leqslant g, a.e.)$ 且 $\{f_n\}$ 几乎处处收敛于 f, 则对于任何 $\varepsilon > 0$, 有一个可测集 E_ε, 使得 $\nu(E_\varepsilon) < \infty$, 且

$$\forall n \in \mathbf{N}(\mu(X \setminus E_\varepsilon) < \varepsilon, \mu_n(X \setminus E_\varepsilon) < \varepsilon).$$

其中

$$\mu(E) = \int_E |f| d\nu, \quad \mu_n(E) = \int_E |f_n| d\nu \quad (n \in \mathbf{N}).$$

证 由引理给出的条件, g 是 $(X, \mathcal{A}, \nu)$ 上的可积函数, 记 $g_K(x) = \min(g(x), K)$, 其中 $K > 0$. 根据 Beppo Levi 单调收敛定理,

$$\lim_{K \to \infty} \int_X g_K d\nu = \int_X g d\nu.$$

再记 $D_K = \{x \in X : g_K(x) = K\} = \{x \in X : g(x) \geqslant K\}$, 则

$$K\nu(D_K) \leqslant \int_X g(x) d\nu.$$

故 $\nu(D_K) < \infty$. 另一方面, Lebesgue 控制收敛定理告诉我们:

$$\lim_{K \to 0+} \mu_n(X \setminus D_K) = \lim_{K \to 0+} \int_{X \setminus D_K} f_n d\nu$$
$$\leqslant \lim_{K \to 0+} \int_{X \setminus D_K} g d\nu = \lim_{K \to 0+} \int_X \mathbf{1}_{X \setminus D_K} g d\nu = 0.$$

同理, 我们有

$$\lim_{K \to 0+} \mu(X \setminus D_K) = 0.$$

只要选择充分大的 K, 让 $E_\varepsilon = D_K$, 这个 E_ε 便满足引理的要求. □

由这三条引理立即看出, Lebesgue 控制收敛定理是上述 Vitali 定理 (定理 10.3.8) 的推论. 由 Lebesgue 控制收敛定理便可得到 Beppo Levi 单调收敛定理 (请同学补出证明的细节), 进而得到 Fatou 引理. Egorov 定理的证明只用到测度理论而未用到积分号与极限号交换的任何定理, 这条经由 Egorov 定理而建立起积分号与极限号交换的一系列定理的途径留给同学自己去思考了.

练　习

10.3.1 设 $(X, \mathcal{A})$ 是个可测空间, $-\infty \leqslant a < b \leqslant \infty$, 函数 $f : (a, b) \times X \to \mathbf{R}$, 又设对于每个 $x \in X, f(\cdot, x) \in C((a, b))$, 且对于每个 $t \in (a, b), f(t, \cdot)$ 在 $(X, \mathcal{A})$ 上可测.

(i) 试证: f 在 $((a, b) \times X, \mathcal{B}_{(a,b)} \times \mathcal{A})$ 上可测.

(ii) 假若在题首的假设之外, 还满足以下条件: 对于每个 $x \in X, f(\cdot, x) \in C^1((a,b))$, f 关于第一个自变量 t 的导数记做 $f' = \dfrac{df(t,x)}{dt}$, $x \in X$. 试证: f' 在 $((a,b) \times X, \mathcal{B}_{(a,b)} \times \mathcal{A})$ 上可测.

(iii) 假若在题首的假设之外, 还满足以下条件: μ 是 $(X, \mathcal{A})$ 上的测度, g 是 X 上关于 μ 可积的函数, 且

$$\forall (t,x) \in (a,b) \times X \Big(\max(|f(t,x)|, |f'(t,x)|) \leqslant g(x) \Big).$$

试证: $\displaystyle\int_X f(\cdot, x) d\mu \in C^1(a,b)$, 且

$$\frac{d}{dt} \int_X f(t,x) d\mu = \int_X f'(t,x) d\mu.$$

(iv) 设 $f(t,x)$ 是 $(a,b) \times [c,d] \to \mathbf{R}$ 的映射, 对于每个 $t \in (a,b), f(t, \cdot)$ 在 $[c,d]$ 上连续. 又设 $\varphi : (a,b) \to [c,d]$ 是可微映射. 试证: 对于任何 $t \in (a,b)$, 我们有

$$\frac{d}{dt} \left(\int_a^{\varphi(t)} f(t,x) dx \right) = \int_a^{\varphi(t)} \frac{\partial f}{\partial t}(t,x) dx + f\Big(t, \varphi(t)\Big) \varphi'(t).$$

10.3.2 设 $0 < a < 1$.

(i) 试证:

$$\int_{[0,1]} \frac{x^{a-1}}{1+x} dx = \sum_{\nu=0}^{\infty} \frac{(-1)^\nu}{a+\nu}.$$

(ii) 试证:

$$\int_{[1,\infty)} \frac{x^{a-1}}{1+x} dx = \sum_{\nu=1}^{\infty} \frac{(-1)^\nu}{a-\nu}.$$

(iii) 试证:

$$\int_{[0,\infty)} \frac{x^{a-1}}{1+x} dx = \frac{\pi}{\sin \pi a}.$$

(iv) 试证 Beta 函数的以下公式: 对于一切 $0 < a < 1$, 有

$$\mathrm{B}(a, 1-a) = \frac{\pi}{\sin \pi a},$$

特别, $\mathrm{B}(1/2, 1/2) = \pi$.

(v) 试证 Gamma 函数的余元公式: 对于一切 $0 < a < 1$, 有

$$\Gamma(a)\Gamma(1-a) = \frac{\pi}{\sin \pi a},$$

特别, $\Gamma(1/2) = \sqrt{\pi}$.

(vi) 试证:

$$\int_{\mathbf{R}_+} \mathrm{e}^{-x^2} dx = \frac{\sqrt{\pi}}{2}.$$

10.3.3 设 $0 < a, b < 1$. 试证:

$$\int_{[0,\infty)} \frac{x^{a-1} - x^{b-1}}{1-x} dx = \pi(\cot \pi a - \cot \pi b).$$

10.3.4 (i) 试证:

$$\Gamma(x) = \lim_{n \to \infty} \int_0^n t^{x-1} \left(1 - \frac{t}{n}\right)^n dt.$$

注 请与第一册第 6 章 §6.9 的练习 6.9.1 的 (i) 相比较. 由此可得 Γ 函数的 Euler-Gauss 表示式.

(ii) 记

$$J(\alpha) = \int_0^\infty e^{-\alpha x} \sin x dx.$$

试证: 当 $\alpha > 0$ 时, $J'(\alpha) = -(1 + \alpha^2)^{-1}$ 及 $\lim_{\alpha \to \infty} J(\alpha) = 0$.

注 请与第一册第 6 章 §6.9 的练习 6.9.8 的 (ii) 和 (iii) 相比较. 由此可得以下的反常积分 $\int_0^\infty \frac{\sin x}{x} dx = \pi/2$.

10.3.5 (i) 试证: $\forall x \in [0,1] (\lim_{n \to \infty} nxe^{-nx^2} = 0)$.

(ii) 试求 $\lim_{n \to \infty} \int_0^1 nxe^{-nx^2} dx = ?$

注 由此可知, Lebesgue 控制收敛定理中的控制条件一旦取消, 积分号与极限号的交换就可能导致错误.

§10.4 Lebesgue 积分与 Riemann 积分的比较

设 $[a, b]$ 是 **R** 上的一个有界闭区间. 我们要研究有界闭区间 $[a, b]$ 上同一个函数的 Lebesgue 积分与 Riemann 积分之间的关系.

命题 10.4.1 若 f 是有界闭区间 $[a, b]$ 上的连续函数, 则 f 在有界闭区间 $[a, b]$ 上既 Riemann 可积又 Lebesgue 可积, 且

$$\int_a^b f dx = \int f dm, \tag{10.4.1}$$

其中, 左端表示 f 在有界闭区间 $[a, b]$ 上的 Riemann 积分, 右端则表示 f 在有界闭区间 $[a, b]$ 上的 Lebesgue 积分.

证 为简单起见, 不妨设 $a = 0, b = 1$. 设 f 是 $[0, 1]$ 上的连续函数, 由命题 6.2.1, f 在闭区间 $[0, 1]$ 上 Riemann 可积. f 在 $[0, 1]$ 上的 Lebesgue 可积的理由是: 对于任何 $k \in \mathbf{R}$, 集合 $\{x \in [0, 1] : f(x) \geqslant k\}$ 是闭集, 因而是可测集. 闭区间 $[0, 1]$ 是 Lebesgue 可测集, 且它的 Lebesgue 测度有限. 作为有界可测函数的 f 在闭区间 $[0, 1]$ 上当然 Lebesgue 可积.

对于任何 $n \in \mathbf{N}$, 令

$$g_n(x) = \begin{cases} f\left(\dfrac{2j+1}{2n}\right), & \text{若} \dfrac{j}{n} \leqslant x < \dfrac{j+1}{n}, j = 0, 1, \cdots, n-1; \\ f(1), & \text{若} x = 1. \end{cases}$$

由推论 6.2.1, g_n 是 Riemann 可积的. 且它的 Riemann 积分

$$\int_0^1 g_n dx = \sum_{j=0}^{n-1} f\left(\frac{2j+1}{2n}\right) \frac{1}{n}. \tag{10.4.2}$$

上式右端恰是 f 的对应于分划

$$0 < 1/n < 2/n < \cdots < (n-1)/n < 1$$

的一个 Riemann 和. 所以

$$\lim_{n\to\infty} \int_0^1 g_n dx = \int_0^1 f dx. \tag{10.4.3}$$

因阶梯函数 g_n 是可测简单函数, 它的 Riemann 积分与 Lebesgue 积分都应等于方程 (10.4.2) 的右端, 所以它们相等:

$$\int_0^1 g_n dx = \int g_n dm. \tag{10.4.4}$$

又 $|g_n| \leqslant \max\limits_{0 \leqslant x \leqslant 1} |f(x)|$, 且 $\lim\limits_{n\to\infty} g_n = f$.Lebesgue 控制收敛定理告诉我们,

$$\lim_{n\to\infty} \int g_n dm = \int f dm. \tag{10.4.5}$$

由 (10.4.3), (10.4.4) 和 (10.4.5), 得到 (10.4.1).　　　　□

为了建立本节的主要结论, 我们先重述在 §6.13 中介绍过的一些概念及关于这些概念的性质.

闭区间 $[a, b]$ 上的有界函数 f 在 $[a, b]$ 上的上积分与下积分分别定义为

$$\overline{\int_a^b} f(x)dx = \inf_{g \in S, \, g \geqslant f} \int_a^b g dx,$$

$$\underline{\int_a^b} f(x)dx = \sup_{g \in T,\, g \leqslant f} \int_a^b gdx,$$

其中, T 和 S 分别表示 $[a,b]$ 上的下半连续和上半连续的阶梯函数全体.

给了闭区间 $[a,b]$ 上的有界函数 f, 记

$$\mathcal{L} = \{g \in C[a,b] : g \leqslant f\}, \quad \mathcal{U} = \{h \in C[a,b] : h \geqslant f\}.$$

引理 10.4.1 给了闭区间 $[a,b]$ 上的有界函数 f, 则

(i) 有 $g_n \in \mathcal{L}\,(n = 1,2,\cdots)$, 使得

$$g_1 \leqslant g_2 \leqslant \cdots \leqslant g_n \leqslant \cdots,$$

且

$$\underline{\int_a^b} f(x)dx = \lim_{n\to\infty} \int_a^b g_n dx;$$

(ii) 有 $h_n \in \mathcal{U}\,(n = 1,2,\cdots)$, 使得

$$h_1 \geqslant h_2 \geqslant \cdots \geqslant h_n \geqslant \cdots,$$

且

$$\overline{\int_a^b} f(x)dx = \lim_{n\to\infty} \int_a^b h_n dx;$$

(iii) 我们有

$$\underline{\int_a^b} f(x)dx = \sup_{g \in \mathcal{L}} \int_a^b gdx;$$

(iv) 我们有

$$\overline{\int_a^b} f(x)dx = \inf_{g \in \mathcal{U}} \int_a^b gdx.$$

证 由下积分的定义, 有函数列 $f_n \in T\,(n = 1,2,\cdots)$, 使得 $f \geqslant f_n \in T\,(n = 1,2,\cdots)$, 且

$$\underline{\int_a^b} f(x)dx = \lim_{n\to\infty} \int_a^b f_n dx. \tag{10.4.6}$$

不妨设 $f_n \leqslant f_{n+1}$, 不然, 以 $\max(f_1, \cdots, f_n)$ 替代 f_n 就可以了. 定理 4.6.1 告诉我们, 每个 f_n 可以被一串由连续函数构成的单调不减的序列 $\{f_{nk} : k \in \mathbf{N}\}$ 的极限表示:

$$f_n = \lim_{k \to \infty} f_{nk}, \quad f_{n1} \leqslant f_{n2} \leqslant \cdots, \quad f_{nk} \in C[a,b]. \quad (10.4.7)$$

令

$$g_k = \max(f_{1k}, f_{2k}, \cdots, f_{kk}), \quad k = 1, 2, \cdots, \quad (10.4.8)$$

易见

$$f_{nk} \leqslant g_k \leqslant g_{k+1} \leqslant f, \ g_k \in C[a,b], \quad k = 1, 2, \cdots, \ 1 \leqslant n \leqslant k \quad (10.4.9)$$

和

$$g_k \leqslant \max(f_1, f_2, \cdots, f_k) = f_k, \quad k = 1, 2, \cdots. \quad (10.4.10)$$

由 (10.4.9) 和 Beppo Levi 定理, 我们得到: 对于任何 $n \in \mathbf{N}$, 有

$$\int_a^b f_n dm = \lim_{k \to \infty} \int_a^b f_{nk} dm \leqslant \lim_{k \to \infty} \int_a^b g_k dm.$$

故

$$\underline{\int_a^b} f(x) dx = \lim_{n \to \infty} \int_a^b f_n dx \leqslant \lim_{k \to \infty} \int_a^b g_k dm. \quad (10.4.11)$$

另一方面, 由 (10.4.6), (10.4.10) 和 Beppo Levi 定理, 我们得到

$$\lim_{k \to \infty} \int_a^b g_k dm \leqslant \lim_{k \to \infty} \int_a^b f_k dm = \underline{\int_a^b} f(x) dx. \quad (10.4.12)$$

结合 (10.4.11) 和 (10.4.12), 得到

$$\lim_{k \to \infty} \int_a^b g_k dm = \underline{\int_a^b} f(x) dx. \quad (10.4.13)$$

(i) 证毕. (ii) 可和 (i) 一样地证明. 由 (i), 我们有

$$\underline{\int_a^b} f(x) dx \leqslant \sup_{g \in \mathcal{L}} \int_a^b g dm.$$

另半边不等式

$$\underline{\int_a^b} f(x)dx \geqslant \sup_{g\in\mathcal{L}} \int_a^b g\,dm$$

的证明和 (i) 完全一样, 只要把 $\mathcal{L}$ 换成 $\mathcal{U}$ 便得 (要用到命题 4.6.3).(iii) 证毕.(iv) 可和 (iii) 一样地证明. $\qquad\square$

下面我们要叙述并证明本节的主要结果了.

定理 10.4.1 闭区间 $[a,b]$ 上的有界函数 f 是 Riemann 可积的, 当且仅当 f 在 $[a,b]$ 上几乎处处连续. 这时,f 也是 Lebesgue 可积的, 且 f 在闭区间 $[a,b]$ 上的 Lebesgue 积分与 Riemann 积分相等.

证 因 f 有界, $\mathcal{L},\mathcal{U}$ 均非空集. 又令

$$f_* = \sup\{g : g\in\mathcal{L}\}, \quad f^* = \inf\{h : h\in\mathcal{U}\}.$$

对于任何 $t\in\mathbf{R}$, 易见, 集合

$$\{x\in[a,b] : f^*(x) < t\} = \bigcup_{h\in\mathcal{U}} \{x\in[a,b] : h(x) < t\}$$

在 $[a,b]$ 的由 $\mathbf{R}$ 的拓扑诱导得到的相对拓扑中开. 故 f^* 在闭区间 $[a,b]$ 上有界且 Lebesgue 可测. 因而, f^* 在闭区间 $[a,b]$ 上 Lebesgue 可积. 同理, f_* 在闭区间 $[a,b]$ 上也 Lebesgue 可积. 又因 $f_* \leqslant f \leqslant f^*$, 我们有

$$\underline{\int_a^b} f(x)dx = \sup_{g\in\mathcal{L}} \int_a^b g\,dx \leqslant \int_a^b f_*\,dm$$

$$\leqslant \int_a^b f^*\,dm \leqslant \inf_{g\in\mathcal{U}} \int_a^b g\,dx = \overline{\int_a^b} f(x)dx. \quad (10.4.14)$$

由定理 6.13.1, 若 f Riemann 可积, 则

$$\underline{\int_a^b} f(x)dx = \overline{\int_a^b} f(x)dx.$$

因此, 当 f Riemann 可积时, 必有

$$\int_a^b f_*\,dm = \int_a^b f^*\,dm.$$

因 $f^* \geqslant f_*$, 我们有 $f^* = f_*, a.e..$

由命题 4.6.1, 作为一族连续函数的上确界的 f_* 是下半连续的有界函数. 由定理 4.6.1, 它可以表示成一个由连续函数构成的单调不减的函数列的极限. 由 Beppo Levi 定理, 它的积分等于这串由连续函数构成的单调不减的函数列的积分的极限. 而这些连续函数均不大于 f, 故

$$\int f_* dm \leqslant \underline{\int_a^b} f(x)dx.$$

注意到 (10.4.14), 我们有

$$\int f_* dm = \underline{\int_a^b} f(x)dx.$$

同理,

$$\int f^* dm = \overline{\int_a^b} f(x)dx.$$

故 $f^* = f_*$, $a.e.$, 当且仅当

$$\underline{\int_a^b} f(x)dx = \overline{\int_a^b} f(x)dx.$$

由此, f Riemann 可积的充分必要条件是 $f^* = f_*$, $a.e..$

设 $x \in [a, b]$ 使得 $f^*(x) = f_*(x)$. 这时, $f(x) = f^*(x) = f_*(x)$. 因此, 对于任何 $\varepsilon > 0$, 因 f_* 下半连续, 有 $\delta_1 > 0$, 使当 $x - \delta_1 < y < x + \delta_1$ 时, $f_*(y) > f_*(x) - \varepsilon$. 同理, 因 f^* 上半连续, 有 $\delta_2 > 0$, 使当 $x - \delta_2 < y < x + \delta_2$ 时, $f^*(y) < f^*(x) + \varepsilon$. 所以, 当 $|x - y| < \min(\delta_1, \delta_2)$ 时, 有

$$f(x) - \varepsilon = f_*(x) - \varepsilon < f_*(y) \leqslant f(y) \leqslant f^*(y) < f^*(x) + \varepsilon = f(x) + \varepsilon.$$

这表明 f 在 x 点连续. 由此得到: 当 $f^* = f_*, a.e.$ 时, f 几乎处处连续. 反之, 假设 f 在 x 处连续, 由定理 4.6.1, 有一串单调不减的连续函数 s_n, 使得 $s_n \leqslant f$, 且在 x 处收敛于 $f(x)$, 同时, 又有一串单调不增的连续函数 t_n, 使得 $t_n \geqslant f$, 且在 x 处收敛于 $f(x)$. 故 $f^*(x) = f_*(x)$.

总结之, $f^* = f_*$, $a.e.$ 等价于 f 几乎处处连续. 所以, f Riemann 可积的充分必要条件是 f 几乎处处连续. □

在第 6 章的 §6.7, 我们介绍了反常积分的概念. 反常积分分为两类: 一类是积分区间是无限区间, 另一类是被积函数是无界函数. 当然, 也有积分区间既是无限区间, 而被积函数又是无界函数的情形. 为明确起见, 我们下面只讨论积分区间是无限区间 $[0, \infty)$ 的情形, 其他情形可以相仿地处理. 假设对于任何 $A > 0, f$ 在 $[0, A)$ 上 (正常)Riemann 可积, 按反常积分的定义, f 在 $[0, \infty)$ 上的反常积分是

$$\int_0^\infty f(x)dx = \lim_{A \to \infty} \int_0^A f(x)dx = \lim_{A \to \infty} \int_0^A f(x)dm$$
$$= \lim_{A \to \infty} \int_0^\infty 1_A(x)f(x)dm.$$

假若 f 在 $[0, \infty)$ 上 Lebesgue 可积, 则 $|f|$ 在 $[0, \infty)$ 上也 Lebesgue 可积. 因 $\forall x \in [0, \infty) \big(|1_A(x)f(x)| \leqslant |f(x)|\big)$, 由 Lebesgue 控制收敛定理, 我们有

$$\int_0^\infty f(x)dx = \int_0^\infty fdm,$$

其中左侧是 f 的反常积分, 右侧是 f 的 Lebesgue 积分.

另一方面, 我们得到如下结论: 若反常积分中的被积函数的绝对值函数是 Riemann 可积的, 它必 Lebesgue 可积, 它的反常积分的值必等于它的 Lebesgue 积分. 这时, 这个反常积分可以作为 Lebesgue 积分处理. 假若某函数的反常积分存在, 而它的绝对值函数的反常积分发散于 ∞, 则它不是 Lebesgue 可积的, 这个反常积分是不能看成 Lebesgue 积分的, 因而 Lebesgue 积分理论中的结果不适用于它, 处理这样的反常积分应特别小心. 这时, 积分第二中值定理及由它推得的 Abel 判别法和 Dirichlet 判别法等常会帮助我们解决所面临的问题. 当然, 有时需要用到更复杂的技巧.

以上关于积分区间是无限区间 $[0, \infty)$ 的反常积分的结论对于无界函数的反常积分以及无界函数在无限区间的反常积分也适用.

§10.5 Fubini-Tonelli 定理

本节要讨论二元函数或多元函数的重积分的计算. 主要是讨论重积分与累次积分之间的关系. 为此, 我们先引进两个在别的问题上也会

有用的概念.

定义 10.5.1 集合 X 的一个子集类 $\mathcal{P} \subset 2^X$ 称为一个 **π-系**, 假若它对于有限交运算封闭, 换言之, 以下条件成立:

$$\forall A, B \in \mathcal{P}(A \cap B \in \mathcal{P}).$$

集合 X 的一个子集类 $\mathcal{L} \subset 2^X$ 称为一个 **λ-系**, 假若它对于正常差运算和递增极限封闭, 并且含有 X, 换言之, 它满足以下三个条件:

(1) $X \in \mathcal{L}$;

(2) $A, B \in \mathcal{L}, A \subset B \Longrightarrow B \setminus A \in \mathcal{L}$;

(3) $A_n \in \mathcal{L}$, 且 $A_n \subset A_{n+1} (n = 1, 2, \cdots) \Longrightarrow \bigcup_{n=1}^{\infty} A_n \in \mathcal{L}$.

引理 10.5.1 若集合 X 的一个子集类 $\mathcal{A} \subset 2^X$ 既是 π-系, 又是 λ-系, 则 $\mathcal{A}$ 是个 σ-代数.

证 根据 λ-系的条件 (1) 和 (2), $\mathcal{A}$ 相对于取余集运算封闭. 又由 π-系的条件和 de Morgan 对偶原理, $\mathcal{A}$ 相对于有限并运算封闭, 故 $\mathcal{A}$ 是代数. 设 $A_n \in \mathcal{A}(n = 1, 2, \cdots)$, 则 $B_n = \bigcup_{k=1}^{n} A_k \in \mathcal{A}$, 且 $B_n \subset B_{n+1}$. 由 λ-系的条件 (3), $\bigcup_{n=1}^{\infty} A_n = \bigcup_{n=1}^{\infty} B_n \in \mathcal{A}$. 故 $\mathcal{A}$ 是 σ-代数. □

定理 10.5.1(Dynkin π-λ 定理) 若 λ-系 $\mathcal{L} \subset 2^X$ 包含 π-系 $\mathcal{P}$, 则 λ-系 $\mathcal{L}$ 包含由 π-系 $\mathcal{P}$ 生成的 σ-代数, 后者是指包含 $\mathcal{P}$ 的最小 σ-代数, 换言之, 它等于所有包含 $\mathcal{P}$ 的 σ-代数之交.

证 设 $\mathcal{A}$ 表示所有包含 $\mathcal{P}$ 的 λ-系之交. 易见, $\mathcal{A}$ 是 λ-系, 且 $\mathcal{P} \subset \mathcal{A} \subset \mathcal{L}$. 我们要证明, $\mathcal{A}$ 是个 π-系.

任给 $A \in \mathcal{A}$, 记 $\mathcal{G}_A = \{B \in \mathcal{A} : A \cap B \in \mathcal{A}\}$. 易见, 对一切 $A \in \mathcal{A}, \mathcal{G}_A$ 是个 λ-系. 另一方面, 若 $A \in \mathcal{P}$, 则 $\mathcal{G}_A \supset \mathcal{P}$. 因 $\mathcal{A}$ 是所有包含 $\mathcal{P}$ 的 λ-系之交, $\mathcal{G}_A \supset \mathcal{A}$. 但从 $\mathcal{G}_A$ 的定义看, $\mathcal{G}_A \subset \mathcal{A}$. 故对于一切 $A \in \mathcal{P}, \mathcal{G}_A = \mathcal{A}$. 这意味着,

$$A \in \mathcal{P}, B \in \mathcal{A} \Longrightarrow A \cap B \in \mathcal{A}.$$

换言之,

$$A \in \mathcal{P}, B \in \mathcal{A} \Longrightarrow A \in \mathcal{G}_B.$$

也就是说,

$$\forall B \in \mathcal{A}(\mathcal{P} \subset \mathcal{G}_B).$$

和以前的推理一样 (因 $\mathcal{A}$ 是所有包含 $\mathcal{P}$ 的 λ-系之交,$\mathcal{G}_B \supset \mathcal{A}$. 另一方面, 从 $\mathcal{G}_B$ 的定义看,$\mathcal{G}_B \subset \mathcal{A}$), 有

$$\forall B \in \mathcal{A}(\mathcal{A} = \mathcal{G}_B).$$

而这恰是说,$\mathcal{A}$ 对交运算封闭, 换言之, 它是 π-系. 由引理 10.5.1,$\mathcal{A}$ 是 σ-代数. $\qquad\square$

注 Dynkin π-λ 定理的证明方法和 §9.2 的练习 9.2.10(xii) 的单调族定理的证明方法有许多共同点, 它们的用途也相似, 事实上, 当 Dynkin 的 π-λ 定理尚未在概率论中广泛使用以前, 人们用的是单调族定理. 在前苏联数学家 Dynkin 于 1959 年出版的《马尔可夫过程理论基础》(顺便指出, 该书是在 Dynkin 于 1958 年到北京大学讲学的讲稿基础上写成的) 中第一次称它为 π-λ 定理后, 人们常称它为 Dynkin π-λ 定理. 在 1997 年出版的 [11] 的作者们指出, 这个 π-λ 定理是由波兰数学家 Sierpiński 在 1928 年首先提出的, 所以他们把 Dynkin π-λ 定理称为 Sierpiński 类定理. 因为 Dynkin π-λ 定理 (或称为 Sierpiński 类定理) 的出发点是 π-系而不是代数, 用起来常常比单调族定理更方便.

定理 10.5.2 设 σ-代数 $\mathcal{A} \subset 2^X$ 是由 π-系 $\mathcal{P}$ 生成的,μ 和 ν 是 σ-代数 $\mathcal{A}$ 上定义的两个有限测度. 若

$$\mu(X) = \nu(X), \text{ 且 } \forall A \in \mathcal{P}(\mu(A) = \nu(A)),$$

则

$$\forall A \in \mathcal{A}(\mu(A) = \nu(A)),$$

证 令 $\mathcal{L} = \{A \in \mathcal{A} : \mu(A) = \nu(A)\}$, 我们想证明 $\mathcal{L} \supset \mathcal{A}$. 显然,$\mathcal{L} \supset \mathcal{P}$. 由 Dynkin π-λ 定理 (定理 10.5.1), 只须证明 $\mathcal{L}$ 是个 λ-系就够了. 设 $A, B \in \mathcal{L}$, 其中 $A \subset B$. 因 μ 和 ν 是两个有限测度, 有

$$\mu(B \setminus A) = \mu(B) - \mu(A) = \nu(B) - \nu(A) = \nu(B \setminus A),$$

故 $B \setminus A \in \mathcal{L}$. 又设对于任何 $n \in \mathbf{N}, A_n \in \mathcal{L}$, 且 $A_n \subset A_{n+1}$, 则

$$\mu\left(\bigcup_{n=1}^{\infty} A_n\right) = \lim_{n \to \infty} \mu(A_n) = \lim_{n \to \infty} \nu(A_n) = \nu\left(\bigcup_{n=1}^{\infty} A_n\right).$$

故 $\bigcup_{n=1}^{\infty} A_n \in \mathcal{L}.X \in \mathcal{L}$ 是假设所给的. 故 $\mathcal{L}$ 是个 λ-系. $\qquad\square$

以上定理中的条件 "μ 和 ν 是两个有限测度" 是不可缺少的. 下例可以说明这一点.

例 10.5.1   设 $X = \mathbf{R}$, μ 和 ν 定义如下:

$$\mu(A) = \sum_{x \in \mathbf{R}} \mathbf{1}_A(x), \quad \nu(A) = \sum_{x \in \mathbf{Q}} \mathbf{1}_A(x).$$

对于任何非空开区间 $I, \mu(I) = \nu(I) = \infty$. 而 $\mu(\varnothing) = \nu(\varnothing) = 0$. 全体开区间构成个 π-系, 后者生成全体 Borel 集组成的 σ-代数. 但 $\mu(\mathbf{R} \setminus \mathbf{Q}) = \infty$, 而 $\nu(\mathbf{R} \setminus \mathbf{Q}) = 0$.

但是, 定理 10.5.2 中的条件 "μ 和 ν 是两个有限测度" 可以减弱成如下的形式, 以使它能包含 $\mathbf{R}^n$ 上的 Lebesgue-Stieltjes 测度:

定义 10.5.2   设 μ 是 σ-代数 $\mathcal{A} \subset 2^X$ 上定义的测度, σ-代数 $\mathcal{A} \subset 2^X$ 是由 π-系 $\mathcal{P}$ 生成的. 若 $X = \bigcup_{n=1}^{\infty} K_n$, 对一切 $n \in \mathbf{N}$, 有 $K_n \in \mathcal{P}$, $K_n \subset K_{n+1}$, 且 $\mu(K_n) < \infty$, 则称 μ 是个相对于 π-系 $\mathcal{P}$ 的 **σ-有限的测度**.

推论 10.5.1   设 σ-代数 $\mathcal{A} \subset 2^X$ 是由 π-系 $\mathcal{P}$ 生成的. μ 和 ν 是 σ-代数 $\mathcal{A}$ 上定义的两个测度. 又设 μ 是个相对于 π-系 $\mathcal{P}$ 的 σ- 有限的测度. 若

$$\forall A \in \mathcal{P}\big(\mu(A) = \nu(A)\big),$$

则

$$\forall A \in \mathcal{A}\big(\mu(A) = \nu(A)\big),$$

证   定义测度 μ_n 和 ν_n 如下: 对于任何 $A \in \mathcal{A}$,

$$\mu_n(A) = \mu(A \cap K_n), \quad \nu_n(A) = \nu(A \cap K_n),$$

其中 K_n 是定义 10.5.2 中述及的 K_n. 由定理 10.5.2, $\mu_n = \nu_n$. 由命题 9.2.1,

$$\mu(A) = \lim_{n \to \infty} \mu_n(A) = \lim_{n \to \infty} \nu_n(A) = \nu(A). \qquad \square$$

作为以上推论的常用的特例, 我们有

推论 10.5.2   设 μ 和 ν 是 $\mathbf{R}^n$ 上的两个 Borel 测度, 且对于任何端点为有理数的有界左闭右开区间 $I = \{\mathbf{x} = (x_1, \cdots, x_n) : a_j \leqslant x_j < b_j \, (j = 1, \cdots, n)\}$, 其中 $a_j, b_j \in \mathbf{Q} \, (j = 1, \cdots, n)$, 均有

$$\mu(I) = \nu(I) < \infty,$$

则在 $\mathbf{R}^n$ 的 Borel 代数上 $\mu = \nu$.

定理 10.5.3 设 μ 是 $\mathbf{R}^n$ 上平移不变的, 在任何有界左闭右开区间上取有限值的 Borel 测度, 则有常数 C, 使得任何 Borel 集 A 都满足方程

$$\mu(A) = Cm(A).$$

证 记

$$I = [0,1)^n = \{(x_1, \cdots, x_n) : 0 \leqslant x_j < 1, 1 \leqslant j \leqslant n\}.$$

对于 $(k_1, \cdots, k_n) \in \mathbf{N}^n$, 令

$$J = \{(x_1, \cdots, x_n) : 0 \leqslant x_j < 1/k_j, 1 \leqslant j \leqslant n\}.$$

对于 $0 \leqslant l_m \leqslant k_m - 1$ $(m = 1, \cdots, n)$, 记

$$J_{l_1, \cdots, l_n} = \{(x_1, \cdots, x_n) : l_j/k_j \leqslant x_j < (l_j + 1)/k_j, 1 \leqslant j \leqslant n\}.$$

易见

$$I = \bigcup_{0 \leqslant l_m \leqslant k_m - 1 \ (m=1, \cdots, n)} J_{l_1, \cdots, l_n}$$

且

$$(l_1, \cdots, l_n) \neq (j_1, \cdots, j_n) \Longrightarrow J_{l_1, \cdots, l_n} \cap J_{j_1, \cdots, j_n} = \varnothing.$$

由此可以看出 $\mu(I) = k_1 \cdots k_n \mu(J)$. 令 $C = \mu(I) = \mu(I)/m(I)$, 则对于上述形状的 J 及其平移也有

$$\mu(J_{l_1, \cdots, l_n}) = Cm(J_{l_1, \cdots, l_n}), \quad 0 \leqslant l_m \leqslant k_m - 1 \ (m = 1, \cdots, n).$$

因任何端点为有理数的有界区间 I 是上述形状的 J 及其平移的两两不相交的有限并, 故上式对于任何端点为有理数的有界区间 I 也成立. 由推论 10.5.2, $\mu(A) = Cm(A)$ 对于任何 Borel 集 A 成立. $\qquad \square$

设 X_1 和 X_2 是两个非空集合, $\mathcal{A}_1$ 和 $\mathcal{A}_2$ 分别是 X_1 和 X_2 上的两个 σ-代数. 在笛卡儿积 $X_1 \times X_2$ 上, 有集合族

$$\mathcal{A}_1 \times \mathcal{A}_2 = \{A_1 \times A_2 \subset X_1 \times X_2 : A_1 \in \mathcal{A}_1, A_2 \in \mathcal{A}_2\}.$$

一般来说, $\mathcal{A}_1 \times \mathcal{A}_2$ 不是 σ-代数, 甚至不是代数. 在以后的讨论中, 由 $\mathcal{A}_1 \times \mathcal{A}_2$ 所生成的 σ-代数记做 $\mathcal{A}_1 \otimes \mathcal{A}_2$, 它将扮演一个重要角色.

注   有的文献中, 把 $\mathcal{A}_1 \otimes \mathcal{A}_2$ 记做 $\mathcal{A}_1 \times \mathcal{A}_2$. 但我们觉得 $\mathcal{A}_1 \otimes \mathcal{A}_2$ 这个记号更合适. $\mathcal{A}_1 \otimes \mathcal{A}_2$ 称为 $\mathcal{A}_1$ 和 $\mathcal{A}_2$ 的张量积.

定义 10.5.3   设 X 是个非空集, 由 X 上定义的取值于 $(-\infty, \infty]$ 的某些函数构成的函数集 $\mathcal{L}$ 称为**半格**, 假若

$$\forall f \in \mathcal{L}(f^+, f^- \in \mathcal{L}).$$

半格 $\mathcal{L}$ 的子函数集 $\mathcal{K} \subset \mathcal{L}$ 称为一个 $\mathcal{L}$-系, 若以下四个条件得以满足:

(1) $\mathbf{1} \in \mathcal{K}$, 其中 $\mathbf{1}$ 表示在 X 上恒等于 1 的函数;

(2) 若 $f, g \in \mathcal{K}$, 且 $\{x \in X : f(x) = \infty\} \cap \{x \in X : g(x) = \infty\} = \varnothing$, 则当 $f \leqslant g$ 或 $g - f \in \mathcal{L}$ 时, 有 $g - f \in \mathcal{K}$;

(3) $\alpha, \beta \in [0, \infty)$, $f, g \in \mathcal{K} \Longrightarrow \alpha f + \beta g \in \mathcal{K}$;

(4) $\{f_n\} \subset \mathcal{K}$, $\forall n \in \mathbf{N}(f_n \leqslant f_{n+1})$ 且 $\lim\limits_{n \to \infty} f_n$ 有界, 或 $\lim\limits_{n \to \infty} f_n \in \mathcal{L} \Longrightarrow \lim\limits_{n \to \infty} f_n \in \mathcal{K}$.

引理 10.5.2   设 X 是个非空集, $\mathcal{A}$ 是 X 上的 σ-代数, 它是由 π-系 $\mathcal{P}$ 所生成的. $\mathcal{L}$ 是由 $X \to (-\infty, \infty]$ 的函数所组成的一个半格, $\mathcal{K}$ 是个 $\mathcal{L}$-系, 且

$$\forall A \in \mathcal{P}(\mathbf{1}_A \in \mathcal{K}),$$

则

$$\mathcal{K} \supset \{f \in \mathcal{L} : f \text{ 是} \mathcal{A}\text{-可测的}\}.$$

证   由引理所给的条件, $\{A \subset X : \mathbf{1}_A \in \mathcal{K}\}$ 是个包含 $\mathcal{P}$ 的 λ-系. 由 Dynkin π-λ 定理, 对于任何 $A \in \mathcal{A}$, 有 $\mathbf{1}_A \in \mathcal{K}$. 由 $\mathcal{L}$- 系的条件 (3), $\mathcal{K}$ 包含所有可以表示成 $\sum\limits_{j=1}^{k} c_j \mathbf{1}_{A_j}$ 的函数, 其中 $A_j \in \mathcal{A}$ 而 c_j 是非负实数, 换言之, $\mathcal{K}$ 包含所有的非负 $\mathcal{A}$-可测简单函数.

设 $f \in \mathcal{L}$ 是 $\mathcal{A}$-可测的, 则 f^+ 和 f^- 也 $\mathcal{A}$-可测, 注意到 $\mathcal{L}$- 系的条件 (2), 只须证明 $f^+, f^- \in \mathcal{K}$ 就够了. 因此, 我们可假设 $f \in \mathcal{L}$ 是非负的 X 上的 $\mathcal{A}$-可测函数. 后者是一串不减的非负简单可测函数列的极限. 由 $\mathcal{L}$- 系的条件 (4), $f \in \mathcal{K}$.   □

引理 10.5.3 设 X_1 和 X_2 是两个非空集合, $\mathcal{A}_1$ 和 $\mathcal{A}_2$ 分别是 X_1 和 X_2 上的两个 σ-代数, $\mathcal{A}_1 \otimes \mathcal{A}_2$ 是笛卡儿积 $X_1 \times X_2$ 上由 $\mathcal{A}_1 \times \mathcal{A}_2$ 生成的 σ-代数, 又设 $f : X_1 \times X_2 \to \overline{\mathbf{R}}$ 是 $\mathcal{A}_1 \otimes \mathcal{A}_2$-可测的非负函数, 则

$$\forall x_1 \in X_1\big(f(x_1, \cdot) 在 X_2 上是 \mathcal{A}_2\text{-可测的}\big),$$

$$\forall x_2 \in X_2\big(f(\cdot, x_2) 在 X_1 上是 \mathcal{A}_1\text{-可测的}\big),$$

且函数

$$\int_{X_2} f(\cdot, x_2) d\mu_2 \quad 和 \quad \int_{X_1} f(\cdot, x_1) d\mu_1$$

分别在 X_1 和 X_2 上是 $\mathcal{A}_1$-可测和 $\mathcal{A}_2$-可测的.

证 记 $\mathcal{L}$ 为 $X_1 \times X_2$ 上非负函数的全体, $\mathcal{K}$ 为 $\mathcal{L}$ 中满足引理结论的要求的函数之全体. 换言之, $f \in \mathcal{K}$, 当且仅当以下条件满足:

$$\forall x_1 \in X_1\big(f(x_1, \cdot) 在 X_2 上是 \mathcal{A}_2\text{-可测的}\big),$$

$$\forall x_2 \in X_2\big(f(\cdot, x_2) 在 X_1 上是 \mathcal{A}_1\text{-可测的}\big),$$

且函数

$$\int_{X_2} f(\cdot, x_2) d\mu_2 \quad 和 \quad \int_{X_1} f(\cdot, x_1) d\mu_1$$

分别在 X_1 和 X_2 上是 $\mathcal{A}_1$-可测和 $\mathcal{A}_2$-可测的.

易见,

$$\forall A_1 \in \mathcal{A}_1 \forall A_2 \in \mathcal{A}_2(\mathbf{1}_{A_1 \times A_2} \in \mathcal{K}).$$

又容易检验, $\mathcal{K}$ 是 $\mathcal{L}$- 系. 由引理 10.5.2, $\mathcal{K}$ 将含有所有非负 $\mathcal{A}_1 \otimes \mathcal{A}_2$-可测的函数. □

定理 10.5.4(Tonelli 定理) 设 X_1 和 X_2 是两个非空集合, 而 $\mathcal{A}_1$ 和 $\mathcal{A}_2$ 分别是非空集合 X_1 和 X_2 上的两个 σ-代数, 它们分别是由 X_1 上的 π-系 $\mathcal{P}_1$ 和 X_2 上的 π-系 $\mathcal{P}_2$ 所生成的. 又设 μ_1 和 μ_2 是分别定义在 $\mathcal{A}_1$ 和 $\mathcal{A}_2$ 上的相对于 π-系 $\mathcal{P}_1$ 和 $\mathcal{P}_2$ 的 σ- 有限的测度, 则有唯一的一个定义在 $\mathcal{A}_1 \otimes \mathcal{A}_2$ 上的测度 ν, 使得

$$\forall A_1 \in \mathcal{A}_1 \forall A_2 \in \mathcal{A}_2\big(\nu(A_1 \times A_2) = \mu_1(A_1)\mu_2(A_2)\big).$$

再设函数 $f : X_1 \times X_2 \to [0,\infty)$ 是 $\mathcal{A}_1 \otimes \mathcal{A}_2$-可测的非负函数, 则我们有

$$\int_{X_1 \times X_2} f(x_1, x_2) d\nu = \int_{X_2} \left(\int_{X_1} f(x_1, x_2) d\mu_1 \right) d\mu_2$$

$$= \int_{X_1} \left(\int_{X_2} f(x_1, x_2) d\mu_2 \right) d\mu_1. \quad (10.5.1)$$

证 满足条件

$$\forall A_1 \in \mathcal{A}_1 \forall A_2 \in \mathcal{A}_2 \big(\nu(A_1 \times A_2) = \mu_1(A_1)\mu_2(A_2) \big)$$

的 $\mathcal{A}_1 \otimes \mathcal{A}_2$ 上的测度 ν 的唯一性可由推论 10.5.1 得到. 存在性证明如下:

由引理 10.5.3, 对于任何 $A \in \mathcal{A}_1 \otimes \mathcal{A}_2$, 积分

$$\int_{X_1} \mathbf{1}_A(x_1, x_2) d\mu_1 \quad \text{和} \quad \int_{X_2} \mathbf{1}_A(x_1, x_2) d\mu_2$$

分别定义了在 X_2 和 X_1 上 $\mathcal{A}_2$-可测和 $\mathcal{A}_1$-可测的非负函数. 积分

$$\nu_{1,2}(A) = \int_{X_2} \left(\int_{X_1} \mathbf{1}_A(x_1, x_2) d\mu_1 \right) d\mu_2$$

和

$$\nu_{2,1}(A) = \int_{X_1} \left(\int_{X_2} \mathbf{1}_A(x_1, x_2) d\mu_2 \right) d\mu_1$$

均存在. 不难证明, $\nu_{1,2}$ 和 $\nu_{2,1}$ 是定义在 $\mathcal{A}_1 \otimes \mathcal{A}_2$ 上的相对于 π-系 $\mathcal{P}_1 \times \mathcal{P}_2$ 的 σ- 有限测度. (同学很容易证明 $\mathcal{P}_1 \times \mathcal{P}_2$ 是 π-系. 易见, $\nu_{1,2}$ 和 $\nu_{2,1}$ 是有限可加的. 为了证明 $\nu_{1,2}$ 和 $\nu_{2,1}$ 的可数可加性, 可以利用 Beppo Levi 单调收敛定理. 相对于 π-系 $\mathcal{P}_1 \times \mathcal{P}_2$ 的 σ- 有限性是显然的.) 利用引理 10.5.2, 我们得到以下结论: 对于任何非负 $\mathcal{A}_1 \otimes \mathcal{A}_2$ 可测的函数 f, 有

$$\int f d\nu_{1,2} = \int_{X_2} \left(\int_{X_1} f(x_1, x_2) d\mu_1 \right) d\mu_2 \quad (10.5.2)$$

和

$$\int f d\nu_{2,1} = \int_{X_1} \left(\int_{X_2} f(x_1, x_2) d\mu_2 \right) d\mu_1. \quad (10.5.3)$$

对于任何 $A_1 \in \mathcal{A}_1$ 和 $A_2 \in \mathcal{A}_2$, 我们有

$$
\begin{aligned}
\nu_{1,2}(A_1 \times A_2) &= \int_{X_2} \left(\int_{X_1} \mathbf{1}_{A_1 \times A_2}(x_1, x_2) d\mu_1 \right) d\mu_2 \\
&= \int_{X_2} \left(\int_{X_1} \mathbf{1}_{A_1}(x_1) \cdot \mathbf{1}_{A_2}(x_2) d\mu_1 \right) d\mu_2 \\
&= \int_{X_2} \mathbf{1}_{A_2}(x_2) \left(\int_{X_1} \mathbf{1}_{A_1}(x_1) d\mu_1 \right) d\mu_2 \\
&= \int_{X_2} \mathbf{1}_{A_2}(x_2) d\mu_2 \cdot \int_{X_1} \mathbf{1}_{A_1}(x_1) d\mu_1 = \mu_1(A_1)\mu_2(A_2)).
\end{aligned}
$$

同理可得 $\nu_{2,1}(A_1 \times A_2) = \mu_1(A_1)\mu_2(A_2))$. 由此得到

$$
\forall A_1 \in \mathcal{A}_1 \forall A_2 \in \mathcal{A}_2 \big(\nu_{1,2}(A_1 \times A_2) = \nu_{2,1}(A_1 \times A_2) = \mu_1(A_1)\mu_2(A_2) \big).
$$

由此,$\nu_{1,2}$ 和 $\nu_{2,1}$ 满足定理对 ν 所作的全部要求. 这就证明了 ν 的存在, 且 $\nu = \nu_{1,2} = \nu_{2,1}$. 由方程 (10.5.2) 和 (10.5.3) 便得到 (10.5.1). □

注 1 通常把 Tonelli 定理中的测度 ν 称为测度 μ_1 和 μ_2 的乘积测度. 事实上, 按近代数学的概念来说, 应把 Tonelli 定理中的测度 ν 称为**测度 μ_1 和 μ_2 的张量积**, 记做 $\nu = \mu_1 \otimes \mu_2$. 现在, 越来越多的文献采用后一称呼和记法. 当 μ_1 和 μ_2 是两个互相独立的随机变量的概率测度时, 它们的张量积 $\mu_1 \otimes \mu_2$ 恰是这两个互相独立的随机变量的联合概率测度.

注 2 应该指出的是测度 $\mu_1 \otimes \mu_2$ 在 σ-代数 $\mathcal{A}_1 \otimes \mathcal{A}_2$ 上一般不是完备的. 通常我们使用的是它的完备化后的测度. 本节最后还会讨论这个问题.

推论 10.5.3 设 X_1 和 X_2 是两个非空集合, 又设 $\mathcal{A}_1$ 和 $\mathcal{A}_2$ 分别是 X_1 和 X_2 上由 π-系 $\mathcal{P}_1$ 和 π-系 $\mathcal{P}_2$ 生成的 σ-代数, 而 μ_1 和 μ_2 分别是定义在 $\mathcal{A}_1$ 和 $\mathcal{A}_2$ 上的相对于 π-系 $\mathcal{P}_1$ 和 π-系 $\mathcal{P}_2$ 的 σ- 有限的测度. 设 $E \subset X_1 \times X_2$ 是 $\mathcal{A}_1 \otimes \mathcal{A}_2$-可测的. 对于 $x_1 \in X_1$, $x_2 \in X_2$, 记

$$
E_{x_1} = \{y \in X_2 : (x_1, y) \in E\} \text{ 和 } E_{x_2} = \{y \in X_1 : (y, x_2) \in E\},
$$

则 E_{x_1} 是 $\mathcal{A}_2$-可测的, 而 E_{x_2} 是 $\mathcal{A}_1$-可测的. 又函数

$$
\phi_1(x_1) = \mu_2(E_{x_1}) \text{ 和 } \phi_2(x_2) = \mu_1(E_{x_2})
$$

分别在 X_1 和 X_2 上是 $\mathcal{A}_1$-可测和 $\mathcal{A}_2$-可测的. 若 $\mu_1 \otimes \mu_2(E) = 0$, 则

$$\phi_1(x_1) = 0, \ a.e. \ (\mu_1) \ \text{而} \ \phi_2(x_2) = 0, \ a.e. \ (\mu_2).$$

证　只要让定理 10.5.4(Tonelli 定理) 中的 $f = \mathbf{1}_E$ 便得到推论 10.5.3 了. □

推论 10.5.4　设 X 是一个非空集合,$\mathcal{A}$ 是 X 上的一个 σ-代数,μ 是定义在 σ-代数 $\mathcal{A}$ 上的一个 σ- 有限测度, $f : X \to \overline{\mathbf{R}}_+$ 是非负 $\mathcal{A}$-可测函数. 记

$$\mathbf{G}_f = \{(x,t) \in X \times \overline{\mathbf{R}}_+ : 0 \leqslant t \leqslant f(x)\},$$

则

$$\mu \otimes m(\mathbf{G}_f) = \int_X f(x)d\mu.$$

证　让 $\mathcal{L}$ 表示 X 上非负函数全体. 而 $\mathcal{K}$ 表示 $\mathcal{L}$ 中满足推论 10.5.4 的结论的函数的全体. 不难检验 $\mathcal{K}$ 是 $\mathcal{L}$- 系 (这里要用到 Beppo Levi 定理和推论 10.5.3.). 再用引理 10.5.2 便得推论 10.5.4 的证明. □

注　推论 10.5.4 的结论中的等式也可作为非负可测函数的积分的定义. 有的书就是从这个等式出发推得积分的各种性质的.

定理 10.5.5(Fubini 定理)　设 X_1 和 X_2 是两个非空集合,$\mathcal{A}_1$ 和 $\mathcal{A}_2$ 分别是非空集合 X_1 和 X_2 上的两个 σ-代数, 它们分别由 X_1 上的 π-系 $\mathcal{P}_1$ 和 X_2 上的 π-系 $\mathcal{P}_2$ 所生成.μ_1 和 μ_2 又分别是定义在 $\mathcal{A}_1$ 和 $\mathcal{A}_2$ 上的相对于 π-系 $\mathcal{P}_1$ 和 π-系 $\mathcal{P}_2$ 的 σ- 有限的测度, 则定义在 $X_1 \times X_2$ 上 $\mathcal{A}_1 \otimes \mathcal{A}_2$-可测的实值函数 f 是 $\mu_1 \otimes \mu_2$ 可积的, 当且仅当

$$\int_{X_1} \left(\int_{X_2} |f(x_1, x_2)| d\mu_2 \right) d\mu_1 < \infty,$$

或当且仅当

$$\int_{X_2} \left(\int_{X_1} |f(x_1, x_2)| d\mu_1 \right) d\mu_2 < \infty.$$

记

$$\Lambda_1 = \left\{ x_1 \in X_1 : \int_{X_2} |f(x_1, x_2)| d\mu_2 < \infty \right\}$$

和

$$\Lambda_2 = \left\{ x_2 \in X_2 : \int_{X_1} |f(x_1, x_2)| d\mu_1 < \infty \right\},$$

并在 X_1 和 X_2 上分别定义函数 f_1 和 f_2 如下:

$$f_1(x_1) = \begin{cases} \displaystyle\int_{X_2} f(x_1, x_2)d\mu_2, & \text{若} x_1 \in \Lambda_1, \\ 0, & \text{若} x_1 \notin \Lambda_1 \end{cases}$$

和

$$f_2(x_2) = \begin{cases} \displaystyle\int_{X_1} f(x_1, x_2)d\mu_1, & \text{若} x_2 \in \Lambda_2, \\ 0, & \text{若} x_2 \notin \Lambda_2, \end{cases}$$

则 f_1 和 f_2 分别是 $\mathcal{A}_1$-可测与 $\mathcal{A}_2$-可测实值函数. 又若 f 是 $\mu_1 \otimes \mu_2$-可积函数, 则对于 $i = 1, 2$, $\mu_i(\Lambda_i^C) = 0$, $f_i \in L^1$(相对于测度 μ_i 的), 且

$$\int_{X_i} f_i(x_i)d\mu_i = \int_{X_1 \times X_2} f(x_1, x_2)d(\mu_1 \otimes \mu_2). \tag{10.5.4}$$

证　只要把 Tonelli 定理分别用到 f 的正部和负部上便得.　□

注　早在 19 世纪人们就已经知道 (10.5.4) 对于连续函数 f 是成立的. 到了 1904 年, Lebesgue 证明了它对于有界可测函数 f 是成立的. 1907 年, 意大利数学家 Fubini 指出了它对于无界可测函数 f 也是成立的, 但是他的证明并不完整. 现在公认为第一个正确的证明是意大利数学家 Tonelli 于 1909 年发表的. 过去, 这个定理常称为 Fubini 定理, 现在似乎有把它称为 Fubini-Tonelli 定理的趋势.

我们证明了测度空间 $(X_1 \times X_2, \mathcal{A}_1 \otimes \mathcal{A}_2, \mu_1 \otimes \mu_2)$ 的存在. 但在具体的 $X_1 \times X_2$ 上, 常常已经有现成的 σ-代数及其上的现成的测度, 后者未必就是本节定义的 $\mathcal{A}_1 \otimes \mathcal{A}_2$ 和 $\mu_1 \otimes \mu_2$. 例如, 在 $\mathbf{R}^{n+m} = \mathbf{R}^n \times \mathbf{R}^m$ 上的 Lebesgue 可测集全体构成的 σ-代数并非本节所定义的 $\mathbf{R}^n$ 上的 Lebesgue 可测集全体构成的 σ-代数与 $\mathbf{R}^m$ 上的 Lebesgue 可测集全体构成的 σ-代数的张量积. 在 $\mathbf{R}^{n+m} = \mathbf{R}^n \times \mathbf{R}^m$ 上的 Lebesgue 测度也并非本节所定义的 $\mathbf{R}^n$ 上的 Lebesgue 测度与 $\mathbf{R}^m$ 上的 Lebesgue 测度的张量积. 事实上, $\mathbf{R}^{n+m} = \mathbf{R}^n \times \mathbf{R}^m$ 上的 Lebesgue 可测集全体构成的 σ-代数及 $\mathbf{R}^{n+m} = \mathbf{R}^n \times \mathbf{R}^m$ 上的 Lebesgue 测度所构成的测度空间恰是本节定义的 $\mathbf{R}^n$ 上的 Lebesgue 可测集全体构成的 σ-代数与 $\mathbf{R}^m$ 上的 Lebesgue 可测集全体构成的 σ-代数的张量积及在 $\mathbf{R}^n$ 上的 Lebesgue 测度与 $\mathbf{R}^m$ 上的 Lebesgue 测度的张量积所构成的测度空

间的完备化, 换言之, 把一切零集的子集并入后所生成的 σ-代数. 当然, 它也可理解成由本节定义的 $\mathbf{R}^n$ 上的 Lebesgue 可测集全体构成的 σ-代数与 $\mathbf{R}^m$ 上的 Lebesgue 可测集全体构成的 σ-代数的张量积及在 $\mathbf{R}^n$ 上的 Lebesgue 测度与 $\mathbf{R}^m$ 上的 Lebesgue 测度的张量积经由 Carathéodory 方法得到的测度空间. 遇到这种情形, Tonelli 定理和 Fubini 定理的表述将作适当的修改. 下面只介绍遇到这种情形时的关于 Fubini 定理的表述和证明的修改. Tonelli 定理的表述和证明的修改留给同学自行完成了.

定理 10.5.5′(Fubini 定理) 设 X_1 和 X_2 是两个非空集合, $\mathcal{A}_1$ 和 $\mathcal{A}_2$ 分别是非空集合 X_1 和 X_2 上的两个 σ-代数, 它们分别由两个 π-系 $\mathcal{P}_1$ 和 $\mathcal{P}_2$ 所生成. 又设 μ_1 和 μ_2 分别是定义在 $\mathcal{A}_1$ 和 $\mathcal{A}_2$ 上的相对于 π-系 $\mathcal{P}_1$ 和 π-系 $\mathcal{P}_2$ 的 σ- 有限的完备测度. 若定义在 $X_1 \times X_2$ 上的实值函数 f 是关于 $\mu_1 \otimes \mu_2$ 的完备化 $\overline{\mu_1 \otimes \mu_2}$ 可积的, 则对于几乎一切的 x_2 (相对于测度 μ_2 的) 以下的映射是有定义的:

$$X_1 \ni x_1 \mapsto f(x_1, x_2),$$

且作为 X_1 上的函数是 μ_1- 可积的; 又对于几乎一切的 x_1(相对于测度 μ_1 的), 映射

$$X_2 \ni x_2 \mapsto f(x_1, x_2),$$

是有定义的, 且作为 X_2 上的函数是 μ_2- 可积的. 另外, 对于几乎一切的 x_1(相对于测度 μ_1 的), 以下的映射

$$X_1 \ni x_1 \mapsto \int_{X_2} f(x_1, x_2) d\mu_2$$

是有定义的, 且作为 X_1 上的函数是 μ_1- 可积的. 而对于几乎一切的 x_2(相对于测度 μ_2 的), 以下的映射

$$X_2 \ni x_2 \mapsto \int_{X_1} f(x_1, x_2) d\mu_1$$

也是有定义的, 且作为 X_2 上的函数是 μ_2- 可积的. 最后, 我们还有

$$\int_{X_1 \times X_2} f(x_1, x_2) d\overline{\mu_1 \otimes \mu_2} = \int_{X_1} \left(\int_{X_2} f(x_1, x_2) d\mu_2 \right) d\mu_1$$
$$= \int_{X_2} \left(\int_{X_1} f(x_1, x_2) d\mu_1 \right) d\mu_2.$$

为了证明这个修改了的 Fubini 定理, 我们需要以下引理:

引理 10.5.4 设 X_1 和 X_2 是两个非空集合, $\mathcal{A}_1$ 和 $\mathcal{A}_2$ 分别是 X_1 和 X_2 上的两个 σ-代数, 它们分别由 π-系 $\mathcal{P}_1$ 和 π-系 $\mathcal{P}_2$ 所生成, μ_1 和 μ_2 分别是定义在 $\mathcal{A}_1$ 和 $\mathcal{A}_2$ 上的相对于 π-系 $\mathcal{P}_1$ 和 π-系 $\mathcal{P}_2$ 的 σ- 有限的完备测度. 又设 $X_1 \times X_2$ 的子集 G 是相对于测度 $\overline{\mu_1 \otimes \mu_2}$ 的零集, 则对于几乎一切 $x_1 \in X_1$ (相对于测度 μ_1 的), 集合 $\{x_2 \in X_2 : (x_1, x_2) \in G\}$ 是 (相对于测度 μ_2 的) 零集. 而对于几乎一切 $x_2 \in X_2$ (相对于测度 μ_2 的), 集合 $\{x_1 \in X_1 : (x_1, x_2) \in G\}$ 是 (相对于测度 μ_1 的) 零集.

证 只证引理结论的前半部分, 后半部分的证明雷同. 设 G 是 $\mu_1 \otimes \mu_2$ 零集. 由定理 10.5.5(Fubini 定理), 我们有

$$
\begin{aligned}
0 = \mu_1 \otimes \mu_2(G) &= \int_{X_1 \times X_2} \mathbf{1}_G d(\mu_1 \otimes \mu_2) \\
&= \int_{X_1} \left(\int_{X_2} \mathbf{1}_G d\mu_2 \right) d\mu_1 \\
&= \int_{X_1} \mu_2(\{x_2 \in X_2 : (x_1, x_2) \in G\}) d\mu_1.
\end{aligned}
$$

故 $\mu_2(\{x_2 \in X_2 : (x_1, x_2) \in G\}) = 0$, $a.e.$(相对于测度 μ_1 的), 引理结论的前半部分对于 $\mu_1 \otimes \mu_2$ 零集 G 已证得.

再设 G 是 $\overline{\mu_1 \otimes \mu_2}$ 零集, 则有 $\mu_1 \otimes \mu_2$ 零集 $G_1 \supset G$. 因

$$
\{x_2 \in X_2 : (x_1, x_2) \in G_1\} \supset \{x_2 \in X_2 : (x_1, x_2) \in G\},
$$

故引理结论的前半部分对于 $\overline{\mu_1 \otimes \mu_2}$ 零集 G 也成立. □

定理 10.5.5′ 的证明 由引理 10.5.4, 若 $f = \mathbf{1}_G$, 其中 G 是 $\overline{\mu_1 \otimes \mu_2}$ 零集, 则定理 10.5.5′ 的结论成立. 若 $f = \mathbf{1}_G$, 其中 G 是 $\overline{\mu_1 \otimes \mu_2}$ 可测集, 则有 $\mu_1 \otimes \mu_2$ 可测集 $G_1 \supset G$, 使得 $\overline{\mu_1 \otimes \mu_2}(G_1 \setminus G) = 0$. 因此

$$
\mathbf{1}_G = \mathbf{1}_{G_1} - \mathbf{1}_{G_1 \setminus G}.
$$

由定理 10.5.5, 定理 10.5.5′ 的结论对于 $\mathbf{1}_{G_1}$ 成立. 由引理 10.5.4, 定理 10.5.5′ 的结论对于 $\mathbf{1}_{G_1 \setminus G}$ 也成立. 故定理 10.5.5′ 的结论对于 $\mathbf{1}_G$ 成立. 由此, 定理 10.5.5′ 的结论对于 $\overline{\mu_1 \otimes \mu_2}$ 可测的简单函数成立. 由引理 10.5.2, 定理 10.5.5′ 的结论对于任何 $\overline{\mu_1 \otimes \mu_2}$ 可积函数成立. □

练 习

10.5.1 **定义 10.5.4** 设 $(X_1, \mathcal{A}_1)$ 和 $(X_2, \mathcal{A}_2)$ 是两个可测空间, 映射 $\Phi: X_1 \to X_2$ 称为 $(X_1, \mathcal{A}_1)$ 到 $(X_2, \mathcal{A}_2)$ 的**可测映射**, 假若

$$\forall E \in \mathcal{A}_2 \big(\Phi^{-1}(E) \in \mathcal{A}_1 \big).$$

(i) 设 $(X_1, \mathcal{A}_1)$ 和 $(X_2, \mathcal{A}_2)$ 是两个可测空间, 且 $\mathcal{A}_2$ 是由 $\mathcal{C} \subset 2^{X_2}$ 生成的 σ-代数. 若映射 $\Phi: X_1 \to X_2$ 满足条件

$$\forall E \in \mathcal{C}(\Phi^{-1}(E) \in \mathcal{A}_1),$$

试证: $\Phi: X_1 \to X_2$ 是 $(X_1, \mathcal{A}_1)$ 到 $(X_2, \mathcal{A}_2)$ 的可测映射.

(ii) 设 X_1 和 X_2 是两个拓扑空间, 而 $\mathcal{B}_i$ 是 X_i 上的 Borel 代数, $i = 1, 2$. 又设 $\Phi: X_1 \to X_2$ 是连续映射. 试证: $\Phi: X_1 \to X_2$ 是 $(X_1, \mathcal{B}_1)$ 到 $(X_2, \mathcal{B}_2)$ 的可测映射.

(iii) 设 $(X_0, \mathcal{A}_0), (X_1, \mathcal{A}_1)$ 和 $(X_2, \mathcal{A}_2)$ 是三个可测空间, 又设 $\Phi_i: X_0 \to X_i$ 是可测空间 $(X_0, \mathcal{A}_0)$ 到可测空间 $(X_i, \mathcal{A}_i)$ 的可测映射 $(i = 1, 2)$. 映射 Φ_1 和 Φ_2 的张量积 $\Phi_1 \otimes \Phi_2: X_0 \to X_1 \times X_2$ 定义如下:

$$(\Phi_1 \otimes \Phi_2)(x) = (\Phi_1(x), \Phi_2(x)).$$

试证: $\Phi_1 \otimes \Phi_2$ 是 $(X_0, \mathcal{A}_0)$ 到 $(X_1 \times X_2, \mathcal{A}_1 \otimes \mathcal{A}_2)$ 的可测映射.

10.5.2 为了以后讨论方便, 我们需要引进测度 μ 在可测映射 Φ 下的前推这个概念.

定义 10.5.5 设 $(X_1, \mathcal{A}_1)$ 和 $(X_2, \mathcal{A}_2)$ 是两个可测空间, μ 是 $(X_1, \mathcal{A}_1)$ 上的一个测度, 映射 Φ 是 $(X_1, \mathcal{A}_1)$ 到 $(X_2, \mathcal{A}_2)$ 的可测映射, 我们用下式定义测度 μ 在可测映射 Φ 下的**像(image)** 或称**前推(pushforward)**:

$$\forall A \in \mathcal{A}_2((\Phi_* \mu)(A) = \mu(\Phi^{-1}(A))).$$

(i) 试证: $(X_1, \mathcal{A}_1)$ 上的测度 μ 在可测映射 Φ 下的前推 $\Phi_* \mu$ 是 $(X_2, \mathcal{A}_2)$ 上的测度.

(ii) 试证: $\forall (X_2, \mathcal{A}_2)$ 上的非负可测函数 $\varphi \left(\int_{X_2} \varphi d(\Phi_* \mu) = \int_{X_1} \varphi \circ \Phi d\mu \right).$

(iii) 试证: $\forall (X_2, \mathcal{A}_2)$ 上的可积函数 $\varphi \left(\int_{X_2} \varphi d(\Phi_* \mu) = \int_{X_1} \varphi \circ \Phi d\mu \right).$

(iv) 若映射 $f: X \to \overline{\mathbf{R}}$ 是可测空间 $(X, \mathcal{A})$ 到可测空间 $(\overline{\mathbf{R}}, \mathcal{B})$ 的可测映射, 其中 $\mathcal{B}$ 表示 $\overline{\mathbf{R}}$ 上的 Borel 代数. 可测空间 $(X, \mathcal{A})$ 上的测度 μ 在可测映射 Φ 下的前推常记做 $\mu_f = f_* \mu$, 它称为 f 关于测度 μ 的分布. 试证: 对于任何 $(\overline{\mathbf{R}}, \mathcal{B})$ 上的非负可测函数 φ, 我们有

$$\int_X \varphi \circ f(\mathbf{x}) \mu(dx) = \int_{\overline{\mathbf{R}}} \varphi(t) \mu_f(dt).$$

注 在概率论中, 人们对函数 f(概率论中称为随机变量) 的兴趣主要集中在它的分布 μ_f 身上. 而上式右端的积分常常是个 Riemann-Stieltjes 积分.

10.5.3 设 $(X_1, \mathcal{A}_1, \mu_1)$ 和 $(X_2, \mathcal{A}_2, \mu_2)$ 是两个测度空间, 这两个测度空间分别相对于 π-系 $\mathcal{P}_1$ 和 π-系 $\mathcal{P}_2$(它们分别生成 σ-代数 $\mathcal{A}_1$ 和 σ-代数 $\mathcal{A}_2$) 是 σ- 有限的. 对于任何 $E \in \mathcal{A}_1 \otimes \mathcal{A}_2$, 记

$$\forall x_2 \in X_2(E_1(x_2) = \{x_1 \in X_1 : (x_1, x_2) \in E\});$$

$$\forall x_1 \in X_1(E_2(x_1) = \{x_2 \in X_2 : (x_1, x_2) \in E\}).$$

试证:

(i) $\forall (i, j) \in \{(1, 2), (2, 1)\} \forall x_j \in X_j(E_i(x_j) \in \mathcal{A}_i)$;

(ii) $\forall (i, j) \in \{(1, 2), (2, 1)\}$映射 $x_j \mapsto \mu_i(E_i(x_j)) \in [0, \infty]$是$\mathcal{A}_j$-可测的;

(iii) $\forall (i, j) \in \{(1, 2), (2, 1)\} \mu_1 \otimes \mu_2(E) = 0 \iff \mu_i(E_i(x_j)) = 0, a.e.(\mu_j)$.

10.5.4 设 f 和 g 是闭区间 $[a, b]$ 上的 Lebesgue 可积函数. 对于任何 $x \in [a, b]$, 又设

$$F(x) = F(a) + \int_a^x f(y)dy, \quad G(x) = G(a) + \int_a^x g(y)dy.$$

试证: 以下的分部积分公式:

$$\int_a^b F(x)g(x)dx = F(b)G(b) - F(a)G(a) - \int_a^b G(x)f(x)dx.$$

注 试与命题 6.11.3 比较. 这里给出了分部积分公式的另一个证法, 但它的结果未必比命题 6.11.3 的好.

10.5.5 设 $(X, \mathcal{A}, \mu)$ 是个测度空间, f 是 $(X, \mathcal{A}, \mu)$ 上的一个非负可积函数. 我们知道, 映射

$$\mathcal{A} \ni E \to \int_E f d\mu \in \mathbf{R}$$

是个 $\mathcal{A}$ 上的测度 (参看定理 10.2.1). 记

$$\nu(E) = \int_E f d\mu.$$

试证:

(i) 对于任何非负 $\mathcal{A}$-可测函数 g, 有

$$\int g d\nu = \int g f d\mu.$$

(ii) 对于任何 $(X, \mathcal{A}, \nu)$ 上的可积函数 g, 有

$$\int g d\nu = \int g f d\mu.$$

10.5.6 设 ν 是 $([a, b), \mathcal{B}_{[a,b)})$ 上的一个有限测度, 其中 $-\infty \leqslant a < b \leqslant \infty$, 记 $\psi(t) = \nu([a, t))$, 其中 $t \in [a, b]$.

(i) 试证: ψ 在 $[a,b]$ 上左连续, 在 $[a,b]$ 上单调不减, 且 $\psi(a) = \nu(\varnothing) = 0$. 对于每个 $t \in [a,b], \psi(t+0) - \psi(t) = \nu(\{t\})$, 其中 $\psi(t+0) = \lim\limits_{s \to t+0} \psi(s)$ 是 ψ 在点 t 处的右极限.

(ii) 又设 φ 是 $[a,b]$ 上的有界函数. 试证: φ 在 $[a,b]$ 上相对于 ψ 是 Riemann-Stieltjes 可积的, 当且仅当 φ 在 $(a,b]$ 上相对于 ν 几乎处处连续; 这时, φ 在 $([a,b), \mathcal{B}^{\nu}_{[a,b)})$ 上是可测的, 其中 $\overline{\mathcal{B}}^{\nu}_{[a,b)}$ 表示 $\mathcal{B}_{[a,b)}$ 关于测度 ν 的完备化, 且有

$$\int_{[a,b)} \varphi d\overline{\nu} = \int_a^b \varphi d\psi(t),$$

其中右端是 Stieltjes 积分, 而 $\overline{\nu}$ 表示 ν 在 $\overline{\mathcal{B}}^{\nu}_{[a,b]}$ 上的完备化.

定义 10.5.6 设 $(X, \mathcal{A})$ 是一个可测空间, μ 是 $(X, \mathcal{A})$ 上的一个测度, $f : X \to [-\infty, \infty]$ 是一个 $\mathcal{B}_{[-\infty,\infty]}$-可测的映射, 则 $\mu_f = f_*\mu$ 称为 f 在测度 μ 下的分布测度. 它是 $([-\infty, \infty], \mathcal{B}_{[-\infty,\infty]})$ 上的测度, 其中, $\mathcal{B}_{[-\infty,\infty]}$ 表示 $[-\infty, \infty]$ 上的 Borel 代数.

注 $f_*\mu$ 是测度 μ 关于映射 f 的前推. 前推的定义请参看练习 10.5.2 的定义 10.5.5.

(iii) 试证: 对于任何 $([-\infty, \infty], \mathcal{B}_{[-\infty,\infty]})$ 上的非负可测函数 φ 和可测的映射 $f : X \to [-\infty, \infty]$, 我们有

$$\int_X \varphi \circ f d\mu = \int_{[-\infty,\infty]} \varphi(t) d\mu_f.$$

(iv) 试证: 假若 (iii) 中的非负可测函数 φ 具有以下形状:

$$\varphi(t) = \begin{cases} \nu([0,t)), & \text{若} t > 0, \\ 0, & \text{若} t \leqslant 0, \end{cases}$$

其中 ν 是 $([0,\infty), \mathcal{B}_{[0,\infty)})$ 上的测度, 对于任何 $t > 0, \varphi(t) < \infty$. 设 f 非负可测, $\varphi(t)$ 和函数 $\psi(t) = \mu(\{x : f(x) > t\})$ 无相重的间断点, 则有

$$\int_X \varphi \circ f d\mu = \int_0^\infty \mu(\{x : f(x) > t\}) d\varphi(t),$$

其中右端是 Riemann-Stieltjes 积分. 又若上述 φ 是 $[0, \infty)$ 上连续可微的函数, 则

$$\int_X \varphi \circ f d\mu = \int_0^\infty \varphi'(t) \mu(\{x : f(x) > t\}) dt$$

$$\equiv \lim_{\substack{\delta \to 0+ \\ r \to \infty}} \int_\delta^r \varphi'(t) \mu(\{x : f(x) > t\}) dt,$$

其中右端是反常 Riemann 积分.

(v) 设 f 非负可测. 试证: 对于 $p > 0$, 有

$$\int_X (f(x))^p d\mu = p \int_0^\infty t^{p-1} \mu(\{x : f(x) > t\}) dt.$$

(vi) 设 f 非负可测. 试证以下关于函数 f 的 **"分层蛋糕表示公式"**:

$$f(x) = \int_0^\infty \mathbf{1}_{\{y : f(y) > t\}}(x) dt.$$

§10.6　Jacobi 矩阵与换元公式

本节要把一维情形的 Riemann 积分换元公式 (定理 6.4.2) 推广到任意维的 Lebesgue 积分上. 为此, 我们先讨论线性变换下测度的变换公式, 进而讨论线性变换下的积分换元公式, 最后才讨论一般变换下的积分换元公式.

定理 10.6.1　设 $T : \mathbf{R}^n \to \mathbf{R}^n$ 是可逆线性变换, 则对于每个 Borel 集 $A \subset \mathbf{R}^n$, 有 $m(T(A)) = |\det T| m(A)$.

证　因为线性映射 T^{-1} 是连续的 $\mathbf{R}^n$ 到自身的双射, 若 A 是 Borel 集, $T(A)$ 必是 Borel 集. 对于任何 Borel 集 A, 令 $\mu_T(A) = m(T(A))$. 显然, μ_T 是测度, 且因

$$\mu_T(A + x) = m(T(A + x)) = m(T(A) + Tx) = m(T(A)) = \mu_T(A),$$

μ_T 是平移不变的. 由定理 10.5.3, 存在常数 $C_T > 0$, 使得 $\mu_T = C_T m$. 对于任意两个可逆线性变换 S 和 T, 我们有 $C_{ST} = C_S C_T$. 设 O 是个正交变换, 对于单位球 $B = \{\mathbf{x} \in \mathbf{R}^n : |\mathbf{x}| \leqslant 1\}$, 有 $O(B) = B$, 因而, $\mu_O(B) = m(B)$. 因 $0 < m(B) < \infty$, 故 $C_O = 1$. 我们从线性代数课程中知道, $\det O = \pm 1 = \pm C_O$. 若 D 是个对角线矩阵, 且它的 j 行 j 列的元素 $d_j \geqslant 0$, 又设 $I = \{\mathbf{x} \in \mathbf{R}^n : 0 \leqslant x_j \leqslant 1 (1 \leqslant j \leqslant n)\}$, 则 $D(I) = \{\mathbf{x} \in \mathbf{R}^n : 0 \leqslant x_j \leqslant d_j (1 \leqslant j \leqslant n)\}$, 故 $C_D = d_1 d_2 \cdots d_n = \det D$. 因此, 对于任何形为 $T = O_1 D O_2$ 的矩阵, 其中 O_1 和 O_2 是正交矩阵, 而 D 是对角线上全是正数的对角矩阵, 有 $C_T = C_{O_1} C_D C_{O_2} = \det D = |\det T|$. 对于任何形为 $T = O_1 D O_2$ 的矩阵 T, 定理的结论成立. 只要利用以下的线性代数中的一个初等引理, 定理便证得了.　□

引理 10.6.1　设 $S : \mathbf{R}^n \to \mathbf{R}^n$ 是可逆矩阵, 则有两个正交矩阵 O_1 和 O_2 与一个对角线上全是正数的对角矩阵 D, 使得 $S = O_1 D O_2$.

证　$S S^T$ 是正定矩阵. 故有正交矩阵 O 及对角矩阵 D_1, 它的第 j 行第 j 列的元素是 $d_j^2 > 0$ (为以后讨论方便, 选取 $d_j > 0$), 使得 $S S^T = O D_1 O^T$. 以 D 表示第 j 行第 j 列的元素是 d_j 的对角矩阵, 则 $D_1 = D^2$, 故 $S S^T = O D D O^T$, 或

$$S = O D [D O^T (S^T)^{-1}].$$

我们只要证明 $DO^T(S^T)^{-1}$ 是正交矩阵, 引理就证得了. 因

$$[DO^T(S^T)^{-1}]^T[DO^T(S^T)^{-1}] = S^{-1}OD[DO^T(S^T)^{-1}]$$
$$= S^{-1}[ODDO^T](S^T)^{-1} = S^{-1}SS^T(S^T)^{-1} = I,$$

故 $DO^T(S^T)^{-1}$ 是正交矩阵. $\qquad\square$

作为定理 10.6.1 的一个应用, 我们有以下

推论 10.6.1   若 $\mathbf{S}$ 是 $\mathbf{R}^n$ 的一个仿射子空间, 且 $\dim \mathbf{S} < n$, 则 $m(\mathbf{S}) = 0$.

证   仿射子空间通过适当的平移便成为线性子空间, 而平移不改变 Lebesgue 测度, 不妨假设 $\mathbf{S}$ 是线性子空间. 通过适当的可逆线性变换, $\mathbf{S}$ 便成为 $\{\mathbf{x} \in \mathbf{R}^n : x_1 = 0\}$ 的一个子集. 这个子集可以看成可数个 $\{\mathbf{x} \in \mathbf{R}^n : x_1 = 0\}$ 的有界子集之并, 每个 $\{\mathbf{x} \in \mathbf{R}^n : x_1 = 0\}$ 的有界子集可以被体积任意小的长方块所覆盖, 因而是零集. 可数个零集之并也为零集. 再由定理 10.6.1, $m(\mathbf{S}) = 0$. $\qquad\square$

推论 10.6.2   若 T 是 $\mathbf{R}^n$ 到自身的线性映射, A 是 $\mathbf{R}^n$ 中的 Lebesgue 可测集, 则 $T(A)$ 是 Lebesgue 可测的, 且 $m(T(A)) = |\det T| m(A)$.

证   若 T 是奇异的, 则由推论 10.6.1 便可得到所述之结论. 假设 T 非奇异, 任何 Lebesgue 可测集是一个 Borel 可测集与一个零集之并. 而零集是某 Borel 可测的零集之子集. 由定理 10.6.1 便得所述之结论. $\qquad\square$

定理 10.6.2   设 $T : \mathbf{R}^n \to \mathbf{R}^n$ 是可逆线性变换, 则对于 $\mathbf{R}^n$ 上的每个非负 Lebesgue 可测函数 f, 或 Lebesgue 可积函数 f, 有

$$\int f dm = |\det T| \int f \circ T dm.$$

证   让 $\mathcal{L}$ 表示 $\mathbf{R}^n$ 上的所有的非负 Lebesgue 可测函数构成的半格, $\mathcal{K}$ 表示 $\mathbf{R}^n$ 上的所有满足等式

$$\int f dm = |\det T| \int f \circ T dm$$

的非负 Lebesgue 可测函数 f 构成的集合. 显然, $\mathcal{K}$ 是个 $\mathcal{L}$-系 (参看定义 10.5.3). 由定理 10.6.1 和引理 10.5.2, 定理 10.6.2 的结论对于一切

非负 Lebesgue 可测函数 f 成立. 对于 Lebesgue 可积函数 f, 只须将 f 分解成正负部之差 $f = f^+ - f^-$, 然后对非负 Lebesgue 可测函数 f^+ 和 f^- 分别用已经证得之对于一切非负 Lebesgue 可测函数结果, 再把所得之结果相减, 便得所要的结论. □.

我们现在面临的任务是把只对可逆线性变换建立起来的定理 10.6.1 和定理 10.6.2 推广到逆映射也连续可微的可逆连续可微变换 (即微分同胚) 上去. 具体地说, 我们要建立以下的定理, 它称为**积分的换元公式**.

定理 10.6.3 设 U 和 V 是 $\mathbf{R}^n$ 中的两个开集, φ 是开集 U 到开集 V 上的双射, 又设 φ 和 φ^{-1} 都是连续可微的, 则对于任何 V 上的非负 Lebesgue 可测函数, 或 V 上的可积函数 f, 有

$$\int_V f\,dm = \int_U (f \circ \varphi)|J_\varphi|\,dm,$$

其中 $J_\varphi = \det\varphi'$ 是映射 φ 的 Jacobi 行列式. 特别, 对于任何可测集 $A \subset U$, 有

$$m(\varphi(A)) = \int_A |J_\varphi|\,dm.$$

在证明定理 10.6.3 之前, 我们先引进一些记法, 然后建立一系列的引理为定理 10.6.3 的证明作准备.

中心在 $\boldsymbol{\xi} = (\xi_1, \cdots, \xi_n)$ 的一个 (棱平行于各坐标轴的, 左开右闭的) 立方块是指如下的集合:

$$Q = \{\mathbf{x} \in \mathbf{R}^n : \xi_j - h < x_j \leqslant \xi_j + h, \ 1 \leqslant j \leqslant n\}.$$

本节中谈到的立方块都是指的这种棱平行于各坐标轴的, 左开右闭的立方块. 若 Q 是中心在 $\boldsymbol{\xi}$ 的一个立方块, 则 Q^ε 表示与 Q 同心的, 但每个边长等于 Q 的对应的边长的 $(1 + \varepsilon)$ 倍的立方块, 其中 $\varepsilon > 0$:

$$Q^\varepsilon = \{\mathbf{x} \in \mathbf{R}^n : \xi_j - (1 + \varepsilon)h < x_j \leqslant \xi_j + (1 + \varepsilon)h, \ 1 \leqslant j \leqslant n\}.$$

显然, $m(Q^\varepsilon) = (1 + \varepsilon)^n m(Q)$.

引理 10.6.2 $\mathbf{R}^n$ 上的内积和 (欧氏) 范数是

$$(\mathbf{x}, \mathbf{y})_{\mathbf{R}^n} = \sum_{j=1}^n x_j y_j, \quad |\mathbf{x}|_{\mathbf{R}^n} = \sqrt{(\mathbf{x}, \mathbf{x})} = \sqrt{\sum_{j=1}^n x_j^2},$$

则我们有

$$\forall \mathbf{x} \in \mathbf{R}^n \left(|\mathbf{x}|_{\mathbf{R}^n} = \sup_{|\mathbf{y}|_{\mathbf{R}^n}=1} |(\mathbf{x}, \mathbf{y})_{\mathbf{R}^n}| \right).$$

证 由 Schwarz 不等式,

$$\sup_{|\mathbf{y}|_{\mathbf{R}^n}=1} |(\mathbf{x}, \mathbf{y})_{\mathbf{R}^n}| \leqslant \sup_{|\mathbf{y}|_{\mathbf{R}^n}=1} |\mathbf{x}|_{\mathbf{R}^n} |\mathbf{y}|_{\mathbf{R}^n} \leqslant |\mathbf{x}|_{\mathbf{R}^n}.$$

反之, 因 $\left| \mathbf{x}/|\mathbf{x}| \right|_{\mathbf{R}^n} = 1$, 有

$$|\mathbf{x}|_{\mathbf{R}^n} = \left(\mathbf{x}, \frac{\mathbf{x}}{|\mathbf{x}|} \right)_{\mathbf{R}^n} \leqslant \sup_{|\mathbf{y}|_{\mathbf{R}^n}=1} |(\mathbf{x}, \mathbf{y})_{\mathbf{R}^n}|.$$

将两个不等式结合起来, 便得

$$\forall \mathbf{x} \in \mathbf{R}^n \left(|\mathbf{x}|_{\mathbf{R}^n} = \sup_{|\mathbf{y}|_{\mathbf{R}^n}=1} |(\mathbf{x}, \mathbf{y})_{\mathbf{R}^n}| \right). \qquad \square$$

引理 10.6.3 设 U 和 V 是 $\mathbf{R}^n$ 中的两个开集, φ 是 U 到 V 上的连续可微映射. 又设 $K \subset U$ 是紧集, 而 $\boldsymbol{\xi} \in K \subset U$, $T_{\boldsymbol{\xi}}$ 是在 $\boldsymbol{\xi}$ 附近最接近 φ 的如下的仿射映射 ($T_{\boldsymbol{\xi}}$ 是在 $\boldsymbol{\xi}$ 处的 φ 的一次 Taylor 多项式):

$$T_{\boldsymbol{\xi}}(\mathbf{x}) = \varphi(\boldsymbol{\xi}) + \varphi'(\boldsymbol{\xi})(\mathbf{x} - \boldsymbol{\xi}),$$

则对于任何 $\eta > 0$, 有 $\delta = \delta(K, \eta) > 0$(注意: δ 只依赖于 K, 但不依赖于 $\boldsymbol{\xi}$), 使得对于任何 $\boldsymbol{\xi} \in K$, 都有

$$0 < |\mathbf{x} - \boldsymbol{\xi}| < \delta \Longrightarrow |\varphi(\mathbf{x}) - T_{\boldsymbol{\xi}}(\mathbf{x})| < \eta |\mathbf{x} - \boldsymbol{\xi}|.$$

注 1 引理结论的粗糙说法是: 当 $|\mathbf{x} - \boldsymbol{\xi}| \to 0$ 时, $\varphi(\mathbf{x})$ 与 $T_{\boldsymbol{\xi}}(\mathbf{x})$ 之差是比 $|\mathbf{x} - \boldsymbol{\xi}|$ 更高阶的无穷小, 而且相对于 $\boldsymbol{\xi}$ 是一致的高阶无穷小.

注 2 同学们可以参看推论 5.9.4, 那里在更弱的条件下得到了这里的结论. 但这里的证明方法相对来说简单些. 对我们下面的讨论来说, 这里的结果已经足够了.

证 对于任何 $\mathbf{y} \in \mathbf{R}^n$, 令

$$\psi_{\mathbf{y}}(\mathbf{x}) = (\mathbf{y}, \varphi(\mathbf{x}))_{\mathbf{R}^n} = [\mathbf{y}]^T \varphi(\mathbf{x}), \qquad (10.6.1)$$

上式中的中间的表示式是 (列) 向量 $\mathbf{y}$ 和 $\boldsymbol{\varphi}(\mathbf{x})$ 在 $\mathbf{R}^n$ 中的内积, 而右端的表示式是行向量 $[\mathbf{y}]^T$ 和列向量 $\boldsymbol{\varphi}(\mathbf{x})$ 的 (矩阵) 乘积. 易见, $\psi_{\mathbf{y}}:$ $\mathbf{R}^n \to \mathbf{R}$, 且

$$\psi'_{\mathbf{y}}(\mathbf{x}) = [\mathbf{y}]^T \boldsymbol{\varphi}'(\mathbf{x}),$$

其中 $[\mathbf{y}]^T \boldsymbol{\varphi}'(\mathbf{x})$ 表示行向量 $[\mathbf{y}]^T$ 与矩阵 $\boldsymbol{\varphi}'(\mathbf{x})$ 的 (矩阵) 乘积. 由 Lagrange 中值定理,

$$\psi_{\mathbf{y}}(\mathbf{x}) = \psi_{\mathbf{y}}(\boldsymbol{\xi}) + \psi'_{\mathbf{y}}(\mathbf{z_y})(\mathbf{x} - \boldsymbol{\xi}) = (\mathbf{y}, \boldsymbol{\varphi}(\boldsymbol{\xi}))_{\mathbf{R}^n} + [\mathbf{y}]^T \boldsymbol{\varphi}'(\mathbf{z_y})(\mathbf{x} - \boldsymbol{\xi}),$$
$$(10.6.2)$$

其中 $\mathbf{z_y}$ 是 $\mathbf{x}$ 和 $\boldsymbol{\xi}$ 的连线 $[\mathbf{x}, \boldsymbol{\xi}]$ 上的一个点, $\mathbf{x} - \boldsymbol{\xi}$ 表示列向量. 另一方面,

$$(\mathbf{y}, T_{\boldsymbol{\xi}}(\mathbf{x}))_{\mathbf{R}^n} = (\mathbf{y}, \boldsymbol{\varphi}(\boldsymbol{\xi}))_{\mathbf{R}^n} + [\mathbf{y}]^T \boldsymbol{\varphi}'(\boldsymbol{\xi})(\mathbf{x} - \boldsymbol{\xi}). \qquad (10.6.3)$$

由 (10.6.1), (10.6.2) 和 (10.6.3), 有

$$(\mathbf{y}, \boldsymbol{\varphi}(\mathbf{x}) - T_{\boldsymbol{\xi}}(\mathbf{x}))_{\mathbf{R}^n} = [\mathbf{y}]^T (\boldsymbol{\varphi}'(\mathbf{y}) - \boldsymbol{\varphi}'(\boldsymbol{\xi}))(\mathbf{x} - \boldsymbol{\xi}). \qquad (10.6.4)$$

由引理 10.6.2 和方程 (10.6.4), 我们有

$$\begin{aligned}
|\boldsymbol{\varphi}(\mathbf{x}) - T_{\boldsymbol{\xi}}(\mathbf{x})| &= \sup_{|\mathbf{y}|=1} |(\mathbf{y}, \boldsymbol{\varphi}(\mathbf{x}) - T_{\boldsymbol{\xi}}(\mathbf{x}))_{\mathbf{R}^n}| \\
&= \sup_{|\mathbf{y}|=1} |[\mathbf{y}]^T (\boldsymbol{\varphi}'(\mathbf{z_y}) - \boldsymbol{\varphi}'(\boldsymbol{\xi}))(\mathbf{x} - \boldsymbol{\xi})| \\
&\leqslant \sup_{\mathbf{z} \in [\mathbf{x}, \boldsymbol{\xi}]} \|\boldsymbol{\varphi}'(\mathbf{z}) - \boldsymbol{\varphi}'(\boldsymbol{\xi})\| \cdot |\mathbf{x} - \boldsymbol{\xi}|, \qquad (10.6.5)
\end{aligned}$$

其中 $\|\boldsymbol{\varphi}'(\mathbf{z}) - \boldsymbol{\varphi}'(\boldsymbol{\xi})\|$ 表示 $\boldsymbol{\varphi}'(\mathbf{z}) - \boldsymbol{\varphi}'(\boldsymbol{\xi})$ 的算子范数. 由 $\boldsymbol{\varphi}'(\mathbf{x})$ 在 K 上的一致连续性, 对于任何 $\eta > 0$, 有 $\delta = \delta(K, \eta) > 0$, 使得任何 $\boldsymbol{\xi} \in K$, 都有

$$0 < |\mathbf{x} - \boldsymbol{\xi}| < \delta \text{ 且 } \mathbf{z} \in [\mathbf{x}, \boldsymbol{\xi}] \implies |\mathbf{z} - \boldsymbol{\xi}| < \delta \implies \|\boldsymbol{\varphi}'(\mathbf{z}) - \boldsymbol{\varphi}'(\boldsymbol{\xi})\| < \eta.$$

由不等式 (10.6.5), 我们有

$$0 < |\mathbf{x} - \boldsymbol{\xi}| < \delta \implies |\boldsymbol{\varphi}(\mathbf{x}) - T_{\boldsymbol{\xi}}(\mathbf{x})| \leqslant \eta |\mathbf{x} - \boldsymbol{\xi}|. \qquad \square$$

引理 10.6.4   设 U 和 V 是 $\mathbf{R}^n$ 中的两个开集, φ 是 U 到 V 上的连续可微双射, 且 φ^{-1} 也连续可微. 又设 $K \subset U$ 是紧集, 而 $\boldsymbol{\xi} \in K \subset U$, 记 $T_{\boldsymbol{\xi}}$ 是在 $\boldsymbol{\xi}$ 附近最接近 φ 的如下的仿射映射 ($T_{\boldsymbol{\xi}}$ 是在 $\boldsymbol{\xi}$ 处的 φ 的一次 Taylor 多项式):

$$T_{\boldsymbol{\xi}}(\mathbf{x}) = \varphi(\boldsymbol{\xi}) + \varphi'(\boldsymbol{\xi})(\mathbf{x} - \boldsymbol{\xi}),$$

则对于任何紧集 $K \subset U$ 和 $\varepsilon > 0$, 有 $\delta = \delta(K, \varepsilon) > 0$(注意: δ 只依赖于 K 和 ε, 不依赖于 $\boldsymbol{\xi}$), 使得任何中心在 $\boldsymbol{\xi} \in K$ 的, 直径小于 δ 的立方块 $Q \subset U$, 必有

$$\varphi(Q) \subset T_{\boldsymbol{\xi}}(Q^{\varepsilon}).$$

证   因 K 紧, 又因作为 $\mathbf{x}$ 的函数的 $(\varphi'(\mathbf{x}))^{-1}$ 是连续的, 故有正实数 M, 使得

$$\sup_{\mathbf{x} \in K} \|(\varphi'(\mathbf{x}))^{-1}\| \leqslant M, \tag{10.6.6}$$

其中 $\|\cdot\|$ 表示算子范数.

由引理 10.6.3, 对于任何 $\eta > 0$, 有 $\delta = \delta(K, \eta) > 0$, 使得

$$0 < |\mathbf{x} - \boldsymbol{\xi}|_{\mathbf{R}^n} < \delta \Longrightarrow |\varphi(\mathbf{x}) - T_{\boldsymbol{\xi}}(\mathbf{x})|_{\mathbf{R}^n} < \eta |\mathbf{x} - \boldsymbol{\xi}|_{\mathbf{R}^n}. \tag{10.6.7}$$

设 $\mathbf{y} = \varphi(\boldsymbol{\xi}) + \varphi'(\boldsymbol{\xi})(\mathbf{x} - \boldsymbol{\xi}) = T_{\boldsymbol{\xi}}(\mathbf{x})$ 和 $\mathbf{z} = \varphi(\boldsymbol{\xi}) + \varphi'(\boldsymbol{\xi})(\mathbf{w} - \boldsymbol{\xi}) = T_{\boldsymbol{\xi}}(\mathbf{w})$, 则 $T_{\boldsymbol{\xi}}^{-1}(\mathbf{y}) = \mathbf{x}$ 和 $T_{\boldsymbol{\xi}}^{-1}(\mathbf{z}) = \mathbf{w}$. 因此,

$$T_{\boldsymbol{\xi}}^{-1}(\mathbf{y}) - T_{\boldsymbol{\xi}}^{-1}(\mathbf{z}) = \mathbf{x} - \mathbf{w}.$$

另一方面, $\mathbf{y} - \mathbf{z} = \varphi'(\boldsymbol{\xi})(\mathbf{x} - \mathbf{w})$, 故

$$T_{\boldsymbol{\xi}}^{-1}(\mathbf{y}) - T_{\boldsymbol{\xi}}^{-1}(\mathbf{z}) = \varphi'(\boldsymbol{\xi})^{-1}(\mathbf{y} - \mathbf{z}). \tag{10.6.8}$$

由 (10.6.6),(10.6.7) 和 (10.6.8), 当 $0 < |\mathbf{x} - \boldsymbol{\xi}|_{\mathbf{R}^n} < \delta$ 时, 我们有

$$\begin{aligned}
|T_{\boldsymbol{\xi}}^{-1}(\varphi(\mathbf{x})) - \mathbf{x}|_{\mathbf{R}^n} &= |T_{\boldsymbol{\xi}}^{-1}(\varphi(\mathbf{x})) - T_{\boldsymbol{\xi}}^{-1}(T_{\boldsymbol{\xi}}(\mathbf{x}))|_{\mathbf{R}^n} \\
&= |\varphi'(\boldsymbol{\xi})^{-1}(\varphi(\mathbf{x}) - T_{\boldsymbol{\xi}}(\mathbf{x}))|_{\mathbf{R}^n} \\
&\leqslant M\eta |\mathbf{x} - \boldsymbol{\xi}|_{\mathbf{R}^n}.
\end{aligned}$$

取 $\eta < \varepsilon/(M\sqrt{n})$, 便有

$$|T_{\boldsymbol{\xi}}^{-1}(\varphi(\mathbf{x})) - \mathbf{x}|_{\mathbf{R}^n} < (\varepsilon/\sqrt{n})|\mathbf{x} - \boldsymbol{\xi}|_{\mathbf{R}^n} \leqslant \varepsilon h,$$

其中 h 表示立方块 Q 的棱长之半. 因而, $T_{\boldsymbol{\xi}}^{-1}(\varphi(\mathbf{x})) - \mathbf{x}$ 在任何坐标轴上的投影的绝对值小于或等于 εh. $T_{\boldsymbol{\xi}}^{-1}(\varphi(\mathbf{x})) - \boldsymbol{\xi}$ 在任何坐标轴上的投影的绝对值小于或等于 $T_{\boldsymbol{\xi}}^{-1}(\varphi(\mathbf{x})) - \mathbf{x}$ 和 $\mathbf{x} - \boldsymbol{\xi}$ 在同一坐标轴上的投影的绝对值之和, 因而, 小于或等于 $(1 + \varepsilon)h$.

记 Q 为直径小于 δ, 中心在 $\boldsymbol{\xi} \in K$ 内的立方块, 根据以上的讨论, 对于任何 $\mathbf{x} \in Q$, 必有 $T_{\boldsymbol{\xi}}^{-1}(\varphi(\mathbf{x})) \in Q^\varepsilon$, 换言之, $\varphi(\mathbf{x}) \in T_{\boldsymbol{\xi}}(Q^\varepsilon)$. $\qquad\square$

引理 10.6.5 设 U 和 V 是 $\mathbf{R}^n$ 中的两个开集, φ 是 U 到 V 上的连续可微映射. 又设 $B \subset U$ 是 $\mathbf{R}^n$ 中的 Borel 集, 则

$$m(\varphi(B)) = \int_V \mathbf{1}_{\varphi(B)} dm \leqslant \int_B |J\varphi| dm.$$

证 先设 $B = K(\subset U)$ 是个紧集, 这时 $C = \varphi(K)$ 是 V 的紧子集. 对于任何 $i \in \mathbf{N}$, 令

$$K_i = \{\mathbf{x} \in \mathbf{R}^n : \rho(\mathbf{x}, K) \leqslant 1/i\},$$

其中 $\rho(\mathbf{x}, K) = \inf_{\mathbf{y} \in K} \rho(\mathbf{x}, \mathbf{y})$. 不难证明, $\rho(\mathbf{x}, K)$ 是 $\mathbf{x}$ 的连续映射 (参看 §7.6 的练习 7.6.2 的 (i)). 作为闭区间 $[0, 1/i]$ 关于这个连续映射的原像的 K_i 是闭集, 它显然是有界集, 所以它是紧集. 不难证明: $K_{i+1} \subset K_i$ 且 $\bigcap_{i=1}^{\infty} K_i = K \subset U$ (参看 §7.6 的练习 7.6.2 的 (ii)). 故有 $i_0 \in \mathbf{N}$, 使得 $i \geqslant i_0$ 时, 有 $K_i \subset U$. 由定理 10.2.1, 对于 U 的 Lebesgue 可测子集 A, 映射 $A \mapsto \int_A |J\varphi| dm$ 是 U 上的一个测度, 且对一切 $i \geqslant i_0$, $\int_{K_i} |J\varphi| dm < \infty$, 由推论 9.2.1, $\int_K |J\varphi| dm = \lim_{i \to \infty} \int_{K_i} |J\varphi| dm$. 故对于任何 $\varepsilon > 0$, 有一个 $i \geqslant i_0$, 使得 $\int_{K_i} |J\varphi| dm < \int_K |J\varphi| dm + \varepsilon$. 因 K_i 是紧度量空间, 作为连续函数的 $J\varphi$ 在 K_i 上一致连续, 故有 $\delta > 0$, 使得

$$\forall \mathbf{x}, \mathbf{y} \in K_i(|\mathbf{x} - \mathbf{y}| < \delta \Longrightarrow |J\varphi(\mathbf{x}) - J\varphi(\mathbf{y})| < \varepsilon). \tag{10.6.9}$$

在选取 δ 时, 可以附加要求 $\delta < \min(\delta(K_i, \varepsilon), 1/i)$, 其中 $\delta(K_i, \varepsilon)$ 是引理 10.6.4 中的那个依赖于 K_i 和 ε 的 $\delta(K_i, \varepsilon)$. 作了这样的限制后, 任何直径小于 δ, 且与 K 相交的立方块 Q 必完全包含在 K_i 中. 因 K 有界, 必有有限个 (左开右闭的) 立方块 $Q_1, \cdots, Q_N$, 使得以下四个结论成立:

(i) $K \subset \bigcup\limits_{j=1}^{N} Q_j$;

(ii) $\forall j \in \{1, \cdots, N\}(Q_j \cap K \neq \varnothing)$;

(iii) $\forall j \in \{1, \cdots, N\}(\mathrm{diam} Q_j < \delta)$;

(iv) $\forall j \in \{1, \cdots, N\} \forall k \in \{1, \cdots, N\}(j \neq k \Longrightarrow Q_j \cap Q_k = \varnothing)$.

由 (ii) 和 (iii), 我们知道, $\forall j \in \{1, \cdots, N\}, Q_j \subset K_i$. 由 (i), $C = \boldsymbol{\varphi}(K) \subset \bigcup\limits_{j=1}^{N} \boldsymbol{\varphi}(Q_j)$. 记 $\boldsymbol{\xi}_j$ 为 Q_j 之中心, 我们有

$$m(C) \leqslant m\left(\bigcup\nolimits_{j=1}^{N} \boldsymbol{\varphi}(Q_j)\right) \leqslant \sum_{j=1}^{N} m(\boldsymbol{\varphi}(Q_j))$$

$$\leqslant \sum_{j=1}^{N} m(T_{\boldsymbol{\xi}_j}(Q_j^{\varepsilon})) \ \text{(由引理 10.6.4)}$$

$$= \sum_{j=1}^{N} |\det \boldsymbol{\varphi}'(\boldsymbol{\xi}_j)| m(Q_j^{\varepsilon}) \ \text{(由定理 10.6.1)}$$

$$= \sum_{j=1}^{N} (1 + \varepsilon)^n |J_{\boldsymbol{\varphi}}(\boldsymbol{\xi}_j)| m(Q_j)$$

$$\leqslant (1 + \varepsilon)^n \sum_{j=1}^{N} \int_{Q_j} (|J_{\boldsymbol{\varphi}}| + \varepsilon) dm \ \text{(由不等式(10.6.9))}$$

$$\leqslant (1 + \varepsilon)^n \int_{K_i} (|J_{\boldsymbol{\varphi}}| + \varepsilon) dm.$$

最后一个不等号的获得是因为 $Q_j \subset K_i$ 且 $Q_j(j = 1, \cdots, N)$ 两两不相交. 因映射 $A \mapsto \int_A |J_{\boldsymbol{\varphi}}| dm$ 是 U 上的一个测度, 我们有: 对于任意给定的 $\varepsilon > 0$, 只要 i 充分大, 便有 $\int_{K_i} |J_{\boldsymbol{\varphi}}| dm \leqslant \int_K |J_{\boldsymbol{\varphi}}| dm + \varepsilon$. 注意到 ε 的任意性, 我们有

$$m(\varphi(K)) = m(C) \leqslant \int_K |J_\varphi| dm.$$

当 $B = K$ 是紧集时, 引理的结论已经证得. 利用测度的可数可加性和 Beppo Levi 单调收敛定理, 在 B 是可数个紧集之并时引理的结论也可证得. 在有界 Borel 集 B 上, 只要 $\overline{B} \subset U$, 作为连续可微函数的 φ 在闭包是紧集的 B 上满足局部的 Lipschitz 条件. 利用定理 9.5.2 和 §9.7 的练习 9.7.1 的 (v), 引理的结论对于有界 Borel 集 B 已经证得. 对于一般的 Borel 集 $B \subset U$, 以下的集合串中的任何集合均是闭包包含在 U 内的有界 Borel 集:

$$B_n = \mathbf{B}(\mathbf{0}, n) \cap \{\mathbf{x} : \rho(\mathbf{x}, U^C) \geqslant 1/n\} \cap B, \quad n = 1, 2, \cdots,$$

而且

$$B = \bigcup_{n=1}^{\infty} B_n, \quad B_n \subset B_{n+1}, \quad n = 1, 2, \cdots.$$

再利用测度的可数可加性和 Beppo Levi 单调收敛定理, 便可得到对于一般的 Borel 集 $B \subset U$ 的引理的结论. $\square$

引理 10.6.6 设 U 和 V 是 $\mathbf{R}^n$ 中的两个开集, φ 是 U 到 V 上的连续可微双射, 且 φ^{-1} 也连续可微. 又设 f 是 V 上的非负 Borel 可测函数, 则我们有

$$\int_V f dm \leqslant \int_U (f \circ \varphi)|J_\varphi| dm. \tag{10.6.10}$$

证 让 $\mathcal{L}$ 表示 V 上所有的非负 Borel 可测函数 f 组成的半格. 又让 $\mathcal{K}$ 表示 V 上所有的满足不等式 (10.6.10) 的非负 Borel 可测函数 f 组成的集合. 不难检验 $\mathcal{K}$ 是个 $\mathcal{L}$-系 (参看定义 10.5.3). 由引理 10.6.5 和引理 10.5.2 便得 $\mathcal{K} = \mathcal{L}$. $\square$

现在一切准备妥当, 我们可以回来证明定理 10.6.3 了.

定理 10.6.3 的证明 先证明: 对于 V 上的非负 Borel 可测函数 f, 引理 10.6.6 的结论中的不等式 (10.6.10) 可以改成等式.

将不等式 (10.6.10) 中的 φ 换成 φ^{-1}, f 换成 $(f \circ \varphi)|J_\varphi|$. 对可微映射 φ 与 ψ 的复合的锁链法则 $(\varphi \circ \psi)' = (\varphi' \circ \psi)\psi'$ 两端取行列式,

有 $J_{\varphi\circ\psi} = (J\varphi \circ \psi)J_\psi$. 因此, 对于 V 上非负 Borel 可测函数 f, 有

$$\int_U (f \circ \varphi)|J\varphi|dm \leqslant \int_V (f \circ \varphi \circ \varphi^{-1})(|J\varphi| \circ \varphi^{-1})|J_{\varphi^{-1}}|dm$$

$$= \int_V f|J_{\varphi\circ\varphi^{-1}}|dm = \int_V f dm.$$

(以上推导过程中, 我们用了以下简单的事实: $(f \cdot g) \circ h = (f \circ h) \cdot (g \circ h)$.) 这个不等式与 (10.6.10) 合在一起, 便得到了定理 10.6.3 的关于 V 上的非负 Borel 可测函数的第一个等式了. 第二个等式是第一个等式的特例 (只要让 $f = \mathbf{1}_{\varphi(A)}$), 当然也得到了.

因为任何 V 上的非负 Lebesgue 可测函数 f 都是几乎处处等于一个 V 上的非负 Borel 可测函数 g 的:

$$f = g + h,$$

其中 h 是一个 V 上的几乎处处等于零的 Lebesgue 可测函数, h 的绝对值是被一个 V 上的几乎处处等于零的非负 Borel 可测函数 k 控制住的:

$$|h| \leqslant k.$$

由此,

$$\int_U (f \circ \varphi)|J\varphi|dm = \int_U (g \circ \varphi)|J\varphi|dm + \int_U (h \circ \varphi)|J\varphi|dm$$

$$= \int_V g dm + \int_U (h \circ \varphi)|J\varphi|dm = \int_V f dm + \int_U (h \circ \varphi)|J\varphi|dm.$$

另一方面,

$$\left|\int_U (h \circ \varphi)|J\varphi|dm\right| \leqslant \int_U (|h| \circ \varphi)|J\varphi|dm$$

$$\leqslant \int_U (k \circ \varphi)|J\varphi|dm = \int_V k dm = 0.$$

故

$$\int_U (f \circ \varphi)|J\varphi|dm = \int_V f dm.$$

这就完成了定理中关于非负 Lebesgue 可测函数的部分. 一般的 Lebesgue 可积函数是两个非负 Lebesgue 可积函数之差. 这两个非负 Lebesgue

可积函数有两个等式, 将它们相减, 便得到关于一般的 Lebesgue 可积函数的等式了.　　　　　　　　　　　　　　　　　　　　　□

注 1　积分的换元公式有许多证明的方法 (参看 §10.6 的练习 10.6.11 和练习 10.6.12). 这里的证明方法并不是最简单的, 但从思路来说, 也许是最直接了当的. 而且, 证明中的技巧常有用, 值得学习.

注 2　积分的换元公式很容易推广成十分有用的如下形式:

定理 10.6.3′　设 U 和 V 是 $\mathbf{R}^n$ 中的两个开集, φ 是开集 U 到开集 V 上的映射. 又设 $\widetilde{U} \subset U$ 和 $\widetilde{V} \subset V$ 是两个开集, φ 在 $\widetilde{U}$ 上的限制是开集 $\widetilde{U}$ 到开集 $\widetilde{V}$ 上的双射, 而 $U \setminus \widetilde{U}$ 和 $V \setminus \widetilde{V}$ 都是 Lebesgue 零测度集. φ 在 $\widetilde{U}$ 上的限制和 φ^{-1} 在 $\widetilde{V}$ 上的限制都是连续可微的, 则对于任何 V 上的非负 Lebesgue 可测函数, 或 V 上的可积函数 f, 有

$$\int_V f dm = \int_U (f \circ \varphi)|J\varphi| dm,$$

其中 $J\varphi = \det\varphi'$ 是映射 φ 的 Jacobi 行列式. 特别, 对于任何可测集 $A \subset U$, 有

$$m(\varphi(A)) = \int_A |J\varphi| dm.$$

在讨论直角坐标到球坐标的变换时, 我们就要用这个推广的换元公式.

练　习

10.6.1　设 $\Phi : [0,\infty) \times ([0,\pi])^{n-2} \times [0,2\pi) \to \mathbf{R}^n$ 为 (同一点的)n 维球坐标到 n 维直角坐标的映射 (参看 §8.5 的练习 8.5.3)

$$(x_1,\cdots,x_n) = \Phi(r,\varphi_1,\cdots,\varphi_{n-1}),$$

其中

$$\begin{cases} x_1 = r\cos\varphi_1, \\ x_2 = r\sin\varphi_1\cos\varphi_2, \\ \quad\cdots\cdots\cdots\cdots \\ x_{n-1} = r\sin\varphi_1\sin\varphi_2\cdots\sin\varphi_{n-2}\cos\varphi_{n-1}, \\ x_n = r\sin\varphi_1\sin\varphi_2\cdots\sin\varphi_{n-2}\sin\varphi_{n-1}. \end{cases} \tag{10.6.11}$$

应该注意的是: 如上定义的映射 $\Phi : [0,\infty) \times ([0,\pi])^{n-2} \times [0,2\pi) \to \mathbf{R}^n$ 并非双射. 假若将 Φ 的定义域限制在 $\Phi : (0,\infty) \times ((0,\pi/2) \cup (\pi/2,\pi))^{n-2} \times ((0,\pi/2) \cup (\pi/2,\pi) \cup (\pi,3\pi/2) \cup (3\pi/2,2\pi))$ 上, 将得到一个双射. 这样限制后, Φ 的定义域和

值域都将挖掉一个 Lebesgue 零测度集. 这两个零测度集对于换元公式两端都没有影响. 因此换元公式依然成立, 以下讨论中将自由地使用换元公式. 这样的方法在很多其他情形也适用.

(i) 下面的点集称为张角为 2θ, 半径为 ρ 的以球面为底的正锥 $C(\theta, \rho)$, $0 \leqslant \theta \leqslant \pi$:

$$C(\theta, \rho) = \Phi(\{(r, \varphi_1, \cdots, \varphi_{n-1}) : 0 \leqslant r \leqslant \rho, 0 \leqslant \varphi_1 \leqslant \theta\}).$$

试证: $C(\theta, \rho)$ 在 $\mathbf{R}^n$ 中的体积是

$$V_{C(\theta,\rho)} = \frac{2\pi^{(n-1)/2}}{n\Gamma((n-1)/2)} \rho^n \int_0^\theta \sin^{n-2}\varphi d\varphi.$$

(ii) 给定了 $0 \leqslant \theta_1 \leqslant \theta_2 \leqslant \pi$. 记

$$C(\theta_1, \theta_2, \rho) = \Phi(\{(r, \varphi_1, \cdots, \varphi_{n-1}) : 0 \leqslant r \leqslant \rho, \theta_1 \leqslant \varphi_1 \leqslant \theta_2\}).$$

试证: $C(\theta_1, \theta_2, \rho)$ 的体积是

$$V_{C(\theta_1,\theta_2,\rho)} = \frac{2\pi^{(n-1)/2}}{n\Gamma((n-1)/2)} \rho^n \int_{\theta_1}^{\theta_2} \sin^{n-2}\varphi d\varphi.$$

(iii) 把 $\varphi_1 = \varphi_1(x_1, \cdots, x_n)$ 看成 $\{\mathbf{x} \in \mathbf{R}^n \setminus \{0\} : |\mathbf{x}| < \rho\} \to [0, \pi]$ 的映射. 试证:

$$(\varphi_1)_*(m_n) = \frac{2\pi^{(n-1)/2}}{n\Gamma((n-1)/2)} \rho^n \sin^{n-2}\varphi_1 \cdot m_1,$$

其中 m_n 是 n 维 Lebesgue 测度在 $\{\mathbf{x} \in \mathbf{R}^n \setminus \{0\} : |\mathbf{x}| < \rho\}$ 上的限制, 而 m_1 是 1 维 Lebesgue 测度在 $[0, \pi]$ 上的限制.

(iv) 试证: 半径为 ρ 的 n 维球的体积是

$$V_n(\rho) = \frac{\pi^{n/2}}{\Gamma((n/2)+1)} \rho^n.$$

10.6.2   定义 10.6.1   设映射

$$\Phi : \mathbf{R}^n \setminus \{0\} \to \mathbf{S}^{n-1}, \quad \Phi(\mathbf{x}) = \frac{\mathbf{x}}{|\mathbf{x}|},$$

其中 $\mathbf{S}^{n-1}$ 表示 $\mathbf{R}^n$ 中的以原点为球心的 $(n-1)$ 维的单位球面. Φ_1 表示 Φ 在 n 维空心单位球 $\mathbf{B}_n(0,1) \setminus \{0\}$ 上的限制. $\mathbf{S}^{n-1}$ 上的面积测度, 记做 $m_{\mathbf{S}^{n-1}}$, 定义为 $\mathbf{B}_n(0,1) \setminus \{0\}$ 上的 Lebesgue 测度的 n 倍, 即 $n \cdot m$, 在映射 Φ_1 下的前推:

$$m_{\mathbf{S}^{n-1}} = \Phi_{1*}(n \cdot m).$$

$\mathbf{S}^{n-1}$ 的面积记为 $\omega_{n-1} = m_{\mathbf{S}^{n-1}}(\mathbf{S}^{n-1})$, $\mathbf{B}_n(0,1)$ 的体积记为 $\Omega_n = \omega_{n-1}/n$. 由练习 10.6.1 的 (iv) 知道,

$$\Omega_n = \frac{\pi^{n/2}}{\Gamma((n/2)+1)}, \quad \omega_{n-1} = \frac{n\pi^{n/2}}{\Gamma((n/2)+1)}.$$

注 1   这样定义 $\mathbf{S}^{n-1}$ 上的面积测度可以看成熟知的 $n=1,2$ 情形的推广. 也可看成是正多边形为底的顶点在通过正多边形中心且垂直于底的直线上的锥的体积与底的面积之比的推论.

注 2   另一个常用的解释是: 在球坐标下, n 维体积的微元是

$$dm_n = r^{n-1}\sin^{n-2}\varphi_1\sin^{n-3}\varphi_2\cdots\sin\varphi_{n-2}drd\varphi_1d\varphi_2\cdots d\varphi_{n-1}.$$

而在球坐标下, $(n-1)$ 维单位球面 $\mathbf{S}^{n-1}$ 的面积的微元是

$$dm_{\mathbf{S}^{n-1}} = \sin^{n-2}\varphi_1\sin^{n-3}\varphi_2\cdots\sin\varphi_{n-2}d\varphi_1d\varphi_2\cdots d\varphi_{n-1}.$$

所以

$$dm_{\mathbf{S}^{n-1}} = n\left(\int_0^1 r^{n-1}dr\right)\sin^{n-2}\varphi_1\sin^{n-3}\varphi_2\cdots\sin\varphi_{n-2}d\varphi_1d\varphi_2\cdots d\varphi_{n-1}$$
$$= n\int_0^1 dm_n.$$

(i) 试证: 对于任何在 $(\mathbf{S}^{n-1},\mathcal{B}_{\mathbf{S}^{n-1}})$ 上的非负可测函数 f, 有

$$\int_{\mathbf{B}_n(\mathbf{0},r)\backslash\{\mathbf{0}\}} f\circ\Phi(\mathbf{x})dm = r^n\int_{\mathbf{B}_n(\mathbf{0},1)\backslash\{\mathbf{0}\}} f\circ\Phi_1(\mathbf{x})dm,$$

因而

$$\int_{\mathbf{B}_n(\mathbf{0},r)\backslash\{\mathbf{0}\}} f\circ\Phi(\mathbf{x})dm = \frac{r^n}{n}\int_{\mathbf{S}^{n-1}} f(\boldsymbol{\omega})dm_{\mathbf{S}^{n-1}},$$

其中 $\boldsymbol{\omega}$ 表示 $\mathbf{S}^{n-1}$ 上的一般元, 即,$\mathbf{R}^n$ 中的单位向量.

(ii) 定义映射

$$\Psi:(0,\infty)\times\mathbf{S}^{n-1}\to\mathbf{R}^n\backslash\{\mathbf{0}\},\quad \Psi(r,\boldsymbol{\omega})=r\boldsymbol{\omega}.$$

Ψ 是双射, $(r,\boldsymbol{\omega})=\Psi^{-1}(\mathbf{x})=(|\mathbf{x}|,\Phi(\mathbf{x}))$ 称为点 $\mathbf{x}\in\mathbf{R}^n\backslash\{\mathbf{0}\}$ 的极坐标. 在 $((0,\infty),\mathcal{B}_{(0,\infty)})$ 上定义测度 $R_n(A)=\int_A r^{n-1}dm$. 试证:

$$m_{\mathbf{R}^n\backslash\{\mathbf{0}\}} = \Psi_*(R_n\otimes m_{\mathbf{S}^{n-1}}).$$

(iii) 设 f 是 $(\mathbf{R}^n,\mathcal{B}_{\mathbf{R}^n})$ 上的非负可测函数. 试证:

$$\int_{\mathbf{R}^n} f(\mathbf{x})dm = \int_0^\infty r^{n-1}\left(\int_{\mathbf{S}^{n-1}} f(r\boldsymbol{\omega})dm_{\mathbf{S}^{n-1}}\right)dr$$
$$= \int_{\mathbf{S}^{n-1}}\left(\int_0^\infty f(r\boldsymbol{\omega})r^{n-1}dr\right)dm_{\mathbf{S}^{n-1}}.$$

(iv) 设 f 是 $(\mathbf{R}^n,\mathcal{B}_{\mathbf{R}^n})$ 上的可积函数. 试证:

$$\int_{\mathbf{R}^n} f(\mathbf{x})dm = \int_0^\infty r^{n-1}\left(\int_{\mathbf{S}^{n-1}} f(r\boldsymbol{\omega})dm_{\mathbf{S}^{n-1}}\right)dr$$
$$= \int_{\mathbf{S}^{n-1}}\left(\int_0^\infty f(r\boldsymbol{\omega})r^{n-1}dr\right)dm_{\mathbf{S}^{n-1}}.$$

10.6.3 (i) 设 $\varnothing \neq E \subset \mathbf{S}^{n-1}$ 是 $\mathbf{S}^{n-1}$ 的开子集. 试证: $m_{\mathbf{S}^{n-1}}(E) > 0$.

(ii) 设 $\mathcal{O}$ 是个 $n \times n$ 正交矩阵,$T_{\mathcal{O}}$ 是对应的正交变换. 试证:

$$(T_{\mathcal{O}})_* m_{\mathbf{S}^{n-1}} = m_{\mathbf{S}^{n-1}}.$$

(iii) 试证: 对于任何 $\boldsymbol{\xi} \in \mathbf{R}^n$,

$$\int_{\mathbf{S}^{n-1}} (\boldsymbol{\xi}, \boldsymbol{\omega})_{\mathbf{R}^n} m_{\mathbf{S}^{n-1}}(d\boldsymbol{\omega}) = 0,$$

其中 $(\boldsymbol{\xi}, \boldsymbol{\omega})_{\mathbf{R}^n}$ 表示 $\boldsymbol{\xi}$ 和 $\boldsymbol{\omega}$ 的内积.

(iv) 试证:

$$\int_{\mathbf{S}^{n-1}} (\boldsymbol{\xi}, \boldsymbol{\omega})_{\mathbf{R}^n} (\boldsymbol{\eta}, \boldsymbol{\omega})_{\mathbf{R}^n} m_{\mathbf{S}^{n-1}}(d\boldsymbol{\omega}) = \Omega_n (\boldsymbol{\xi}, \boldsymbol{\eta})_{\mathbf{R}^n},$$

其中 $\Omega_n = \int (\boldsymbol{\omega}, \boldsymbol{\xi}/|\boldsymbol{\xi}|)^2 m_{\mathbf{S}^{n-1}}(d\boldsymbol{\omega})$.

(v) 试证: (iv) 中的 $\Omega_n = \int (\boldsymbol{\omega}, \boldsymbol{\xi}/|\boldsymbol{\xi}|)^2 m_{\mathbf{S}^{n-1}}(d\boldsymbol{\omega})$ 恰等于 n 维单位球的体积:

$$\Omega_n = \frac{\pi^{n/2}}{\Gamma\big((n/2)+1\big)}.$$

10.6.4 令

$$\Phi : [0, 2\pi] \to \mathbf{S}^1, \quad \Phi(\varphi) = \begin{bmatrix} \cos\varphi \\ \sin\varphi \end{bmatrix}, \quad \mu = \Phi_* m_{[0, 2\pi]}.$$

又设 ν 是 $(\mathbf{S}^1, \mathcal{B}_{\mathbf{S}^1})$ 上的旋转不变的有限测度, 即对于任何矩阵为

$$\mathcal{O}_\theta = \begin{bmatrix} \cos\theta & \sin\theta \\ -\sin\theta & \cos\theta \end{bmatrix}$$

的旋转 $T_{\mathcal{O}_\theta}$, 其中 $\theta \in [0, 2\pi]$, 有 $\nu = (T_{\mathcal{O}_\theta})_* \nu$. 试证:$\nu = \dfrac{\nu(\mathbf{S}^1)}{2\pi} \mu$, 由此,$m_{\mathbf{S}^1} = \mu$.

10.6.5 设 $n \in \mathbf{N}$, 令

$$\Xi : [-1, 1] \times \mathbf{S}^{n-1} \to \mathbf{S}^n, \quad \Xi(\rho, \boldsymbol{\omega}) = \begin{bmatrix} \sqrt{1 - \rho^2}\,\boldsymbol{\omega} \\ \rho \end{bmatrix}$$

和

$$\forall E \in \mathcal{B}_{[-1,1]} \otimes \mathcal{B}_{\mathbf{S}^{n-1}} \left(\mu_n(E) = \int_E (1 - \rho^2)^{\frac{n}{2}-1} d(m_{[-1,1]} \otimes m_{\mathbf{S}^{n-1}}) \right).$$

试证: $m_{\mathbf{S}^n} = \Xi_* \mu_n$.

10.6.6 对于任何 $\theta \in \mathbf{S}^n$ 和测度空间 $([-1,1], \mathcal{B}_{[-1,1]}, dm_{[-1,1]})$ 上的任何非负可测函数或可积函数 f, 试证:

$$\int_{\mathbf{S}^n} f(\rho) dm_{\mathbf{S}^n} = \omega_{n-1} \int_{[-1,1]} f(\rho)(1 - \rho^2)^{\frac{n}{2}-1} d\rho.$$

10.6.7 本题想给出 §6.7 的练习 6.7.7 的 (iv) 和练习 6.7.10 的 (viii) 中计算过的 **Euler-Poisson 积分**(也称 **Gauss误差积分**) 的一个通过 Fubini-Tonelli 定理及换元公式而计算的方法. 并通过它给出与 Euler-Poisson 积分相关的一些积分的公式.

(i) 试证:

$$\int_{\mathbf{R}} e^{-|x|^2/2} dx = 2\pi.$$

(ii) 设 A 是 $n \times n$ 的正定矩阵. 试证:

$$\int_{\mathbf{R}^n} \exp\left[-\frac{1}{2}(\mathbf{x}, A^{-1}\mathbf{x})_{\mathbf{R}^n}\right] dm = (2\pi)^{n/2} (\det(A))^{1/2}.$$

(iii) 试证:

$$\omega_{n-1} = \frac{2(\pi)^{n/2}}{\Gamma(n/2)}, \quad \Omega_n = \frac{\pi^{n/2}}{\Gamma((n/2)+1)}.$$

(iv) 试证: 对于 $\alpha, \beta > 0$, 有

$$\int_{(0,\infty)} t^{-1/2} \exp\left[-\alpha^2 t - \frac{\beta^2}{t}\right] dm = \frac{\pi^{1/2} e^{-2\alpha\beta}}{\alpha}.$$

(v) 试证: 对于 $\alpha, \beta > 0$, 有

$$\int_{(0,\infty)} t^{-3/2} \exp\left[-\alpha^2 t - \frac{\beta^2}{t}\right] dm = \frac{\pi^{1/2} e^{-2\alpha\beta}}{\beta}.$$

10.6.8 设 U 和 V 是 $\mathbf{R}^n$ 中的两个开集, $\boldsymbol{\varphi}$ 是 U 到 V 上的连续可微映射, 则

$$m\Big(\{\boldsymbol{\varphi}(\mathbf{x}) \in V : J\boldsymbol{\varphi}(\mathbf{x}) = 0\}\Big) = 0,$$

其中 $J\boldsymbol{\varphi}$ 表示映射 $\boldsymbol{\varphi}$ 的 Jacobi 矩阵.

注 这个结论称为 **Sard引理**, 事实上它是 Sard 引理的一个特殊情形.

10.6.9 设 D 是 $\mathbf{R}^n$ 中的一个 (可能无界的) 区域, f 和 g 是定义在 D 上的无穷次可微的函数, $x_0 \in D$. 我们假设下列两个条件成立:

(1) 有常数 λ_0, 使当 $\lambda \geqslant \lambda_0$ 时, 积分

$$J(\lambda) = \int_D g(\mathbf{x}) e^{-\lambda f(\mathbf{x})} m(d\mathbf{x})$$

绝对收敛;

(2) 对一切 $\varepsilon > 0$, 有

$$\rho(\varepsilon) = \inf_{\mathbf{x} \in D \cap \{\mathbf{x}: |\mathbf{x}-\mathbf{x}_0| \geqslant \varepsilon\}} [f(\mathbf{x}) - f(\mathbf{x}_0)] > 0.$$

(i) 试证: 在点 $\mathbf{x}_0$ 处 f 达到极小值.

(ii) 试证: 若点 $\mathbf{x}_0$ 是 D 的内点, 则点 $\mathbf{x}_0$ 是 f 的稳定点, 换言之, 满足等式: $\nabla f(\mathbf{x}_0) = \mathbf{0}$.

(iii) 试证：在 $\mathbf{x} = \mathbf{x}_0$ 处的 Hesse 矩阵 $\mathbf{H}_{\mathbf{x}_0}$ 是正定矩阵, 它的特征值均大于零.

(iv) 设 D_0 是点 $\mathbf{x}_0$ 的开邻域且 $D_0 \subset D$, 对于任何 $\lambda \geqslant \lambda_0$, 有

$$J(\lambda) = J_1(\lambda) + J_2(\lambda),$$

其中

$$J_1(\lambda) = \int_{D_0} g(\mathbf{x}) \mathrm{e}^{-\lambda f(\mathbf{x})} m(d\mathbf{x}) \quad \text{和} \quad J_2(\lambda) = \int_{D \setminus D_0} g(\mathbf{x}) \mathrm{e}^{-\lambda f(\mathbf{x})} m(d\mathbf{x}).$$

试证：有正的常数 K 和 c, 使得

$$|J_2(\lambda)| \leqslant K \mathrm{e}^{-\lambda[f(\mathbf{x}_0) + c]}.$$

(v) 试证：有个足够小的 D_0, 并存在一个连续可微的 Jacobi 行列式非零的双射 $\mathbf{h} : \Omega \to D_0$, $\mathbf{x} = \mathbf{h}(\mathbf{y})$, 使得

$$J_1(\lambda) = \mathrm{e}^{-\lambda f(\mathbf{x}_0)} \int_\Omega G(\mathbf{y}) \exp\left(-\lambda \sum_{j=1}^n y_j^2 \right) d\mathbf{y},$$

其中 $\Omega = \mathbf{h}^{-1}(D_0)$, $G(\mathbf{y}) = g\big(\mathbf{h}(\mathbf{y})\big) \det \mathbf{h}'_{\mathbf{y}}$, 且 $\det \mathbf{h}'_{\mathbf{y}} > 0$.

(vi) 设 G 的 Taylor 展开是

$$G(\mathbf{y}) = \sum_{|\alpha| < p} \frac{1}{\alpha!} D^\alpha G(\mathbf{0}) \mathbf{y}^\alpha + R_p,$$

其中

$$R_p = \sum_{|\alpha| = p} \frac{1}{\alpha!} D^\alpha G(\boldsymbol{\xi}) \mathbf{y}^\alpha, \quad \boldsymbol{\xi} \in [\mathbf{0}, \mathbf{y}].$$

试证：

$$J_1(\lambda) = \mathrm{e}^{-\lambda f(\mathbf{x}_0)} \left[\sum_{k=0}^{p-1} c_k \lambda^{-n/2-k} + O(\lambda^{-n/2-p}) \right],$$

其中

$$c_k = \sum_{|\alpha| = k} \frac{\Gamma\big((\alpha+1)/2\big)}{\alpha!} D^\alpha G(\mathbf{0}).$$

特别,

$$c_0 = (2\pi)^{n/2} (\det \mathbf{H})^{-1/2} g(\mathbf{x}_0).$$

注　(v) 的结果称为**高维重积分的Laplace渐近公式**.

10.6.10　试证：

$$\sum_{n=0}^\infty \frac{H_n(x) H_n(y)}{2^n n!} r^n = (1 - r^2)^{-1/2} \mathrm{e}^{[2xyr - (x^2 + y^2)r^2]/(1 - r^2)}.$$

10.6.11 (i) 试证以下的 Dirichlet 公式: 设 $p_j \geqslant 0$ $(j = 1, \cdots, n)$, 则

$$\int_{\substack{x_1, \cdots, x_n \geqslant 0 \\ x_1 + \cdots + x_n \leqslant 1}} x_1^{p_1 - 1} \cdots x_n^{p_n - 1} dx_1 \cdots dx_n = \frac{\Gamma(p_1) \cdots \Gamma(p_n)}{\Gamma(p_1 + \cdots p_n + 1)}.$$

(ii) 试证以下推广了的 Dirichlet 公式: 设 a_j, α_j, $p_j \geqslant 0$ $(j = 1, \cdots, n)$, 则

$$\int_{\substack{x_1, \cdots, x_n \geqslant 0 \\ (x_1/a_1)^{\alpha_1} + \cdots + (x_n/a_n)^{\alpha_n} \leqslant 1}} x_1^{p_1 - 1} \cdots x_n^{p_n - 1} dx_1 \cdots dx_n$$

$$= \frac{a_1^{p_1} \cdots a_n^{p_n}}{\alpha_1 \cdots \alpha_n} \frac{\Gamma(p_1/\alpha_1) \cdots \Gamma(p_n/\alpha_n)}{\Gamma((p_1/\alpha_1) + \cdots + (p_n/\alpha_n) + 1)}.$$

(iii) 通过 (ii) 计算 n 维椭球的体积.

§10.7 Lebesgue 函数空间

10.7.1 L^p 空间的定义

定义 10.7.1 设 X 是个非空集合, $\mathcal{A}$ 是 X 上的一个 σ-代数, μ 是 $\mathcal{A}$ 上的一个测度, $1 \leqslant p < \infty$. $\mathcal{L}^p(X, \mu)$(当 X 和 μ 已从上下文不言自明时, 也简记做 $\mathcal{L}^p$) 定义为

$$\mathcal{L}^p = \{f : f : X \to \mathbf{C}, f \text{是} \mu \text{可测的, 且} |f|^p \text{可积}\}.$$

在 $\mathcal{L}^p(X, \mu) = \mathcal{L}^p$ 中引进等价关系 $\sim$ 如下:

$$f \sim g \Longleftrightarrow f = g, a.e.(\mu).$$

$\mathcal{L}^p(X, \mu) = \mathcal{L}^p$ 相对于如上定义的等价关系 $\sim$ 被分成许多等价类, 这样的等价类的全体称为 **L^p 空间**, 记做 $L^p(X, \mu)$, 有时简记做 L^p.

事实上, L^p 空间可理解成把 $\mathcal{L}^p$ 中的几乎处处相等的函数看成同一个元素后而得到的空间. 以后, 为了方便, 等价类 $\tilde{f} \in L^p$ 与它的代表 $f \in \tilde{f}$ 将不加区分. $\tilde{f} \in L^p$ 的代表 $f \in \mathcal{L}^p$ 不是唯一的, 但因不同的代表几乎处处相等, 它们的积分相等, 因此在不同的代表出现在积分号下时结果一样, 故不会引起混乱. 以后, 为了简化记法, 等价类 $\tilde{f} \in L^p$ 与它的代表 $f \in \tilde{f}$ 都记做 f.

由不等式 $|\alpha + \beta|^p \leqslant 2^{p-1}(|\alpha|^p + |\beta|^p)$(同学可用函数 $f(x) = x^p$ 在 $[0, \infty)$ 上的凸性自行证明这个不等式), 我们有

$$a, b \in \mathbf{C}, f, g \in \mathcal{L}^p \Longrightarrow (af + bg) \in \mathcal{L}^p.$$

因此,$\mathcal{L}^p$ 是线性空间. 因等价关系 $\sim$ 关于线性运算不变,L^p 也是线性空间.

对于 $f \in L^p$, 它的范数定义为

$$|f|_p = \left(\int |f|^p d\mu \right)^{1/p}.$$

范数 $|\cdot|_p$ 具有以下三条重要性质:

(i) $\forall \lambda \in \mathbf{C} \forall f \in L^p (|\lambda f|_p = |\lambda| |f|_p)$;

(ii) $\forall f, g \in L^p (|f + g|_p \leqslant |f|_p + |g|_p)$(三角形不等式);

(iii) $|f|_p = 0 \Longleftrightarrow f = 0$.

注   (iii) 的右端的 "0" 表示线性空间 L^p 中的 "0" 元素, 或者说, 它的代表 $f = 0, a.e.(\mu)$.

除了 (ii) 以外, 其他两条性质很易检验. 在证明 (ii) 之前, 我们先引进 L^∞ 的概念如下.

$\mathcal{L}^\infty$ 表示定义在 X 上的满足以下条件的复值 μ-可测函数 f 的全体构成的集合: 对于每个 $f \in \mathcal{L}^\infty$, 有个 (依赖于 f 但不依赖于 x 的) 常数 K, 使得 $|f(x)| \leqslant K, a.e.(\mu)$. 而 L^∞ 是 $\mathcal{L}^\infty$ 相对于等价关系

$$f \sim g \Longleftrightarrow f = g, a.e.(\mu)$$

的等价类全体构成的线性空间.

和以前一样, 对于等价类及其代表我们将用同一个符号表示. 对于 $f \in L^\infty$, 它的范数定义为

$$|f|_\infty = \inf\{K : |f(x)| \leqslant K, a.e.(\mu)\}.$$

$|f|_\infty$ 也称为 f 的**本质上确界**. 易见, 它也具有 (i), (ii) 和 (iii) 这三条性质.

下面我们要证明 $|\cdot|_p$ 的性质 (ii). 为此, 先证明以下的很有用的不等式, 它是离散形式的 Jensen 不等式 (定理 5.6.4) 的连续模拟, 也是离散形式的 Jensen 不等式的推广. 它也称为 Jensen 不等式.

定理 10.7.1(Jensen 不等式)   设 X 是个非空集合,$\mathcal{A}$ 是 X 上的 σ-代数, μ 是定义在 $\mathcal{A}$ 上的测度, 且 $\mu(X) < \infty$. 设实值函数 $f \in L^1 =$

$L^1(X, \mu)$. 又设 $J: \mathbf{R} \to \mathbf{R}$ 是凸函数 (因而连续), $\langle f \rangle$ 表示 f(相对于测度 μ) 的平均值:

$$\langle f \rangle = \frac{1}{\mu(X)} \int_X f d\mu,$$

则

(i) $(J \circ f)(x) = J(f(x))$ 在 X 上 $\mathcal{A}$-可测, 且 $[J \circ f]$ 的负部 $[J \circ f]^-$ 可积, 因而 $\int_X (J \circ f) d\mu$ 有定义, 当然可能取值 $+\infty$.

(ii) 以下形式的 Jensen 不等式成立:

$$\langle J \circ f \rangle \geqslant J(\langle f \rangle). \tag{10.7.1}$$

若 J 严格凸, 则 (10.7.1) 中等号成立的充分必要条件是: f 是个取常值的函数.

证　当然, 我们可以利用定理 5.6.4 的 (离散形式的)Jensen 不等式 (5.6.23) 通过简单函数列取极限而得到定理 10.7.1 的 (连续的)Jensen 不等式 (10.7.1). 下面我们宁可用凸函数的性质 (推论 5.6.4) 直接证明它.

利用 J 的连续性 (参看推论 5.6.2), 便有

$$\forall a \in \mathbf{R}(\{y \in \mathbf{R} : J(y) > a\} \text{是开集}).$$

因为

$$\{x \in X : (J \circ f)(x) > a\} = f^{-1}(\{y \in \mathbf{R} : J(y) > a\}),$$

由引理 10.1.1 的 (v) 可得 $(J \circ f)(x) = J(f(x))$ 在 X 上的 $\mathcal{A}$-可测性.

由推论 5.6.4, 有实数 V, 使得

$$\forall t \in \mathbf{R}(J(t) \geqslant J(\langle f \rangle) + V(t - \langle f \rangle)), \tag{10.7.2}$$

所以, $J(f)$ 的负部被下式控制:

$$[J(f)]^-(x) \leqslant |J(\langle f \rangle)| + |V| \cdot |\langle f \rangle| + |V||f(x)|. \tag{10.7.3}$$

因为 $\mu(X) < \infty$, (i) 得证.

由 (10.7.2), 有

$$
\begin{aligned}
\langle J \circ f \rangle &= \frac{1}{\mu(X)} \int_X J(f) d\mu \\
&\geqslant \frac{1}{\mu(X)} \int_X J(\langle f \rangle) d\mu + \frac{1}{\mu(X)} V \int_X (f - \langle f \rangle) d\mu \\
&= \frac{1}{\mu(X)} \int_X J(\langle f \rangle) d\mu = J(\langle f \rangle).
\end{aligned}
$$

(10.7.1) 证得.

若 J 严格凸, 则 (10.7.2) 是严格不等式, 除非 $t = \langle f \rangle$. 若 f 不是几乎处处等于一个常数, 则在一个正测度集上 $f \neq \langle f \rangle$, 故在一个正测度集上不等式 (10.7.3) 是严格的不等式. 因而, 这时, (10.7.1) 是严格的不等式. □

作为连续形式的 Jensen 不等式的一个应用, 我们得到以下的连续形式的 Hölder 不等式, 它也是离散形式 Hölder 不等式的推广:

定理 10.7.2(Hölder 不等式) 设 X 是个集合, A 是 X 上的 σ-代数, μ 是定义在 A 上的测度, $f \in L^p$, $g \in L^q$, 其中 $1 \leqslant p \leqslant \infty$, $1/p + 1/q = 1$, 则由等式 $(fg)(x) = f(x)g(x)$ 定义的 $fg \in L^1$, 还满足以下的不等式:

$$
\left| \int_X fg d\mu \right| \leqslant \int_X |f||g| d\mu \leqslant |f|_p |g|_q. \tag{10.7.4}
$$

且不等式 (10.7.4) 中第一个不等式的等号成立的充分必要条件是:

(i) $\exists$实数$\theta (f(x)g(x) = \mathrm{e}^{i\theta} |f(x)||g(x)|, a.e., (\mu))$.

又若 f 不是几乎恒等于 0 的函数, (10.7.4) 中第二个不等式的等号成立的充分必要条件是:

(ii) 当 $1 < p < \infty$ 时, $\exists \lambda \in \mathbf{R}(|g(x)| = \lambda |f(x)|^{p-1}, a.e.)$;

(iii) 当 $p = 1$ 时, $\exists \lambda \in \mathbf{R}(|g(x)| \leqslant \lambda, a.e.,$ 且当 $f(x) \neq 0$ 时, $|g(x)| = \lambda)$;

(iv) 当 $p = \infty$ 时, $\exists \lambda \in \mathbf{R}(|f(x)| \leqslant \lambda, a.e.,$ 且当 $g(x) \neq 0$ 时, $|f(x)| = \lambda)$.

注 (10.7.4) 的第二个不等式称为 (**连续形式的**, 或积分形式的) **Hölder不等式**.

证 (10.7.4) 的第一个不等式是显然的, 且等号成立的充分必要条件是 (i) 也是显然的. 因此, 不妨假设 $f \geqslant 0, g \geqslant 0$. 当 $p = 1$ 或 $p = \infty$ 时, 不等式 (10.7.4) 及其等号成立的充分必要条件分别是 (iii) 和 (iv) 也是显然的. 下面讨论中, 永远假设 $1 < p < \infty$. 令 $Y = \{x \in X : g(x) > 0\}, Z = X \setminus Y = \{x \in X : g(x) = 0\}$. 因

$$\int_X f^p d\mu = \int_Y f^p d\mu + \int_Z f^p d\mu,$$

$$\int_X g d\mu = \int_Y g d\mu, \quad \int_X f g d\mu = \int_Y f g d\mu,$$

为了证明 (10.7.4), 不妨假设 $X = Y$. 在 $X = Y$ 的 σ-代数 $\mathcal{A}$ 上引进测度 $\nu : \forall G \in \mathcal{A}\left(\nu(G) = \int_G g(x)^q d\mu\right)$. 令 $F(x) = f(x)g(x)^{-q/p}$(注意: $g > 0$ 保证了定义有意义). 根据引理 10.5.2,

$$\int_X F d\nu = \int_X f g d\mu.$$

故 F 相对于测度 ν 的平均值是

$$\langle F \rangle = \frac{\displaystyle\int_X f g d\mu}{\displaystyle\int_X g^q d\mu}.$$

让 Jensen 不等式中的严格凸函数 $J(t) = t^p$, 有

$$J(\langle F \rangle) = \frac{\left(\displaystyle\int_X f g d\mu\right)^p}{\left(\displaystyle\int_X g^q d\mu\right)^p}$$

和

$$\langle J \circ F \rangle = \langle f^p g^{-q} \rangle = \frac{\displaystyle\int_X f^p d\mu}{\displaystyle\int_X g^q d\mu}.$$

将以上结果代入 Jensen 不等式 $\langle J \circ F \rangle \geqslant J(\langle F \rangle)$, 稍加整理便得 Hölder 不等式. 不难看出,Hölder 不等式及其等号成立的条件都是 Jensen 不等式及其等号成立的条件的推论.   □

注 1   当 $p=q=2$ 时,Hölder 不等式常称为 **Schwarz不等式**, 或 **Cauchy不等式**, 或 **Bunyakowski不等式**. 它的形式是

$$\forall f, g \in L^2 \left(\left| \int_X fg d\mu \right|^2 \leqslant \int_X |f|^2 d\mu \int_X |g|^2 d\mu \right). \tag{10.7.5}$$

注 2   若定理中的条件 "$f \in L^p, g \in L^q$" 改为 f 和 g 是非负 $\mathcal{A}$-可测函数, 则以下不等式成立:

$$\int_X fg d\mu \leqslant \left(\int_X f^p d\mu \right)^{1/p} \left(\int_X g^q d\mu \right)^{1/q}. \tag{10.7.4}'$$

证   若 $f \in L^p, g \in L^q$,$(10.7.4)'$ 的成立已证明. 今设 $(10.7.4)'$ 右端的一个因子 $= \infty$, 另一个 > 0, 则右端 $= \infty$,$(10.7.4)'$ 当然成立. 若 $(10.7.4)'$ 右端的一个因子 $= \infty$, 另一个 $= 0$, 则 f 和 g 中至少有一个几乎处处 $= 0$, 故 $fg = 0 \, a.e.$,$(10.7.4)'$ 左端 $= 0$,$(10.7.4)'$ 也成立.   □

定理 10.7.3(Minkowski 不等式)   设 X, Y 是两个集合, $\mathcal{A}, \mathcal{B}$ 分别是 X, Y 上的 σ-代数, 又它们分别由 X 上的 π-系 $\mathcal{P}$ 和 Y 上的 π-系 $\mathcal{Q}$ 所生成, 而 μ, ν 是分别定义在 $\mathcal{A}, \mathcal{B}$ 上的两个测度, 它们分别相对于 π-系 $\mathcal{P}$ 和 $\mathcal{Q}$ 是 σ- 有限的. 设 f 是 $X \times Y$ 上的非负 $\mathcal{A} \otimes \mathcal{B}$-可测函数, 而 $1 \leqslant p < \infty$, 则

$$\int_Y \left(\int_X f(x,y)^p d\mu \right)^{1/p} d\nu \geqslant \left(\int_X \left(\int_Y f(x,y) d\nu \right)^p d\mu \right)^{1/p}, \tag{10.7.6}$$

这里意味着, 左端有限时右端必有限.

方程 (10.7.6) 两端有限且相等时, 必有非负 $\mathcal{A}$-可测函数 α 和非负 $\mathcal{B}$-可测函数 β, 使得

$$f(x,y) = \alpha(x)\beta(y), \quad a.e.(\mu \otimes \nu).$$

以下的三角形不等式是 (10.7.6) 的特殊情形:

$$\forall p \in [1, \infty] \forall f, g \in L^p(X, \mu)(|f+g|_p \leqslant |f|_p + |g|_p). \tag{10.7.7}$$

当 f 不恒等于零时, 若 $1 < p < \infty, |f + g|_p = |f|_p + |g|_p$ 的充分必要条件是: $\exists \lambda \geqslant 0 (g = \lambda f, a.e.(\mu))$.

三角形不等式 (10.7.7) 告诉我们, 范数 $|\cdot|_p$ 确实具有范数的性质 (ii).

证　由引理 10.5.3, 函数

$$\int_X f(x, y)^p d\mu \ \text{和} \ H(x) = \int_Y f(x, y) d\nu$$

分别是 $\mathcal{B}$-可测和 $\mathcal{A}$-可测函数. $f = 0, a.e.$ 时, 不等式 (10.7.6) 显然成立. 不妨假设 f 在一个正测度集上大于零.

利用 Tonelli 定理, 出现在 (10.7.6) 右端的积分可以写成以下形式:

$$\int_X H(x)^p d\mu = \int_X \left(\int_Y f(x, y) d\nu \right) [H(x)]^{p-1} d\mu$$
$$= \int_Y \left(\int_X f(x, y) [H(x)]^{p-1} d\mu \right) d\nu.$$

利用 Hölder 不等式, 并注意定理 10.7.2 后的注 2, 有

$$\int_X H(x)^p d\mu \leqslant \int_Y \left(\int_X f(x, y)^p d\mu \right)^{1/p} \left(\int_X H(x)^p d\mu \right)^{(p-1)/p} d\nu.$$

由此得到

$$\left(\int_X H(x)^p d\mu \right)^{1/p} \leqslant \int_Y \left(\int_X f(x, y)^p d\mu \right)^{1/p} d\nu.$$

这恰是 (10.7.6).

在上述证明的推演过程中, 所有的步骤都是等号, 只有一个例外: 用了一次 Hölder 不等式. 这个 Hölder 不等式的等号成立的充分必要条件是: 对几乎一切 y (关于测度 ν), 存在一个 (不依赖于 x 只依赖于 y 的) 函数 $\lambda(y)$, 使得

$$\lambda(y) H(x) = f(x, y), \quad a.e.(\mu).$$

因

$$\lambda(y)^p \int_X H(x)^p d\mu = \int_X f(x, y)^p d\mu, \quad a.e.(\text{关于测度} \nu),$$

右端是 $\mathcal{B}$-可测的,$\lambda(y)^p\mathcal{B}$-可测, 因而,$\lambda(y)\mathcal{B}$-可测. 等号成立的充分必要条件已证得.

只要设 $Y = \{1,2\}, \nu(\{1\}) = \nu(\{2\}) = 1$, $F(x,1) = |f(x)|$, $F(x,2) = |g(x)|$, 并注意到 $|f(x) + g(x)| \leqslant |f(x)| + |g(x)|$, 不难看出, 三角形不等式 (10.7.7) 便是 Minkowski 不等式 (10.7.6) 的直接推论.　　　　□

L^p 中有了范数 $|\cdot|_p, L^p$ 中可以通过范数 $|\cdot|_p$ 引进以下形式的距离:

$$\forall f, g \in L^p (\rho(f,g) = |f - g|_p).$$

不难检验 L^p 相对于 ρ 构成个度量空间 (我们这里的三角形不等式 (10.7.7) 正好相当于度量空间的三角形不等式 (定义 7.3.1 的 (iii))). 第七章中关于度量空间的全部理论都可用到 L^p 上. 但是第七章中关于度量空间的较深刻的理论主要集中在完备度量空间上. 因此, 我们有必要研究 L^p 的完备性, 这就是下一小节的任务.

10.7.2　L^p 空间的完备性

定理 10.7.4　设 X 是个非空集合,$\mathcal{A}$ 是 X 上的 σ-代数,μ 是定义在 $\mathcal{A}$ 上的测度,$f_i \in L^p (i = 1, 2, \cdots)$ 是 L^p 中的 Cauchy 列, 其中 $1 \leqslant p \leqslant \infty$. 换言之,

$$\forall \varepsilon > 0 \exists N \in \mathbf{N}(i > N, j > N \Longrightarrow |f_i - f_j|_p < \varepsilon),$$

则有一个 $f \in L^p$, 当 $i \to \infty$ 时, 有 $|f - f_i|_p \to 0$. 这时, 我们常称 f_i(在 L^p 中) 强收敛于 f(简称收敛于 f), 记做

$$\text{当} i \to \infty \text{时}, \ f_i \to f \ (\text{在} L^p \text{中}).$$

而且, L^p 中的 Cauchy 列 $f_i \in L^p$ $(i = 1, 2, \cdots)$ 有子列 $f_{i_1}, f_{i_2}, \cdots$ $(i_1 < i_2 < \cdots)$ 和一个非负函数 $F \in L^p$ 使得

(i) $|f_{i_k}(x)| \leqslant F(x), a.e.(\mu)$;

(ii) $\lim\limits_{k \to \infty} f_{i_k}(x) = f(x), a.e.(\mu)$.

证　只证明 $1 \leqslant p < \infty$ 的情形.$p = \infty$ 时证明更为简单, 留给同学自行完成. 我们知道, 假若一个度量空间中的 Cauchy 列 $\{f_i\}_{i=1}^{\infty}$ 有

收敛子列, 则这个 Cauchy 列必收敛于该子列的极限 (请同学补出证明细节). 今构造 $\{f_i\}_{i=1}^\infty$ 的收敛子列如下:

首先选一个自然数 i_1, 使得当 $n \geqslant i_1$ 时, $|f_n - f_{i_1}|_p \leqslant 1/2$. 然后再选一个自然数 $i_2 > i_1$, 使得当 $n \geqslant i_2$ 时, $|f_n - f_{i_2}|_p \leqslant 1/4$. 如此下去, 得到一串自然数 $i_1 < i_2 < i_3 < \cdots$, 使得

$$|f_{i_k} - f_{i_{k+1}}|_p < 2^{-k}, \quad k = 1, 2, \cdots.$$

令

$$F_l(x) = |f_{i_1}(x)| + \sum_{k=1}^{l} |f_{i_k}(x) - f_{i_{k+1}}(x)|.$$

显然, $F_l \leqslant F_{l+1}$. 又由三角形不等式, 有

$$|F_l|_p \leqslant |f_{i_1}|_p + \sum_{k=1}^{l} |f_{i_k} - f_{i_{k+1}}|_p \leqslant |f_{i_1}|_p + \sum_{k=1}^{l} 2^{-k} \leqslant |f_{i_1}|_p + 1.$$

由 Beppo Levi 单调收敛定理, $\{F_l\}_{l=1}^\infty$ 几乎处处单调收敛于一个非负可测函数 F, 且

$$\left(\int_X |F|^p d\mu \right)^{1/p} = \lim_{l \to \infty} \left(\int_X |F_l|^p d\mu \right)^{1/p} \leqslant |f_{i_1}|_p + 1 < \infty.$$

因此, $F \in L^p$. 故 F 几乎处处有限. 由此, 函数列

$$f_{i_{l+1}} = f_{i_1}(x) - \sum_{k=1}^{l} (f_{i_k}(x) - f_{i_{k+1}}(x))$$

在 X 上几乎处处绝对收敛, 因而它对于几乎一切 $x \in X$ 收敛于一个有限数 $f(x) = \lim\limits_{k \to \infty} f_{i_k}(x)$. 因 $|f_{i_k}(x)|^p \leqslant |F(x)|^p \in L^1$, 由 Lebesgue 控制收敛定理, $f \in L^p$. 又因 $|f_{i_k}(x) - f(x)|^p \leqslant 2^p [F(x)]^p$, 再由 Lebesgue 控制收敛定理, $|f - f_{i_k}|_p \to 0$, 换言之, f_{i_k} 强收敛于 f. □

定理 10.7.4 告诉我们, L^p (相对于距离 $\rho(f,g) = |f - g|_p$) 是个完备度量空间. 若把 Lebesgue 积分换成 Riemann 积分, 这个重要的结论是不成立的 (参看练习 10.7.10). 这是 Riemann 积分不得不让位于 Lebesgue 积分的一个重要原因.

10.7.3 Hanner 不等式

下面需要用到第一册 §5.6 的练习 5.6.3(viii),(ix) 和 (xii) 的结论, 为了讨论方便, 我们愿意将它以引理的形式不加证明地复述于后:

引理 10.7.1 对于 $1 \leqslant p \leqslant \infty$, $0 \leqslant r \leqslant 1$, 设

$$\alpha(r) = (1+r)^{p-1} + (1-r)^{p-1},$$

$$\beta(r) = \begin{cases} [(1+r)^{p-1} - (1-r)^{p-1}]r^{1-p}, & \text{若} r \in (0,1], \\ 0, & \text{若} r = 0, \ p < 2, \\ \infty, & \text{若} r = 0, \ p > 2, \end{cases}$$

则当 $p < 2$ 时, 对于任何复数 A 和 B, 我们有

$$\alpha(r)|A|^p + \beta(r)|B|^p \leqslant |A+B|^p + |A-B|^p; \tag{10.7.8}$$

当 $p > 2$ 时, 对于任何复数 A 和 B, 我们有

$$\alpha(r)|A|^p + \beta(r)|B|^p \geqslant |A+B|^p + |A-B|^p. \tag{10.7.9}$$

定理 10.7.5(Hanner 不等式) 设 $f, g \in L^p(X, \mu)$, 若 $1 \leqslant p \leqslant 2$, 我们有

$$|f+g|_p^p + |f-g|_p^p \geqslant (|f|_p + |g|_p)^p + \big||f|_p - |g|_p\big|^p \tag{10.7.10}$$

和

$$(|f+g|_p + |f-g|_p)^p + \big||f+g|_p - |f-g|_p\big|^p \leqslant 2^p(|f|_p^p + |g|_p^p). \tag{10.7.11}$$

若 $2 \leqslant p \leqslant \infty$, 则上述两个不等式改变方向后成立:

$$|f+g|_p^p + |f-g|_p^p \leqslant (|f|_p + |g|_p)^p + \big||f|_p - |g|_p\big|^p \tag{10.7.10}'$$

和

$$(|f+g|_p + |f-g|_p)^p + \big||f+g|_p - |f-g|_p\big|^p \geqslant 2^p(|f|_p^p + |g|_p^p). \tag{10.7.11}'$$

证 当 $|f|_p = 0$ 或 $|g|_p = 0$ 时,Hanner 不等式显然成立. 下面的讨论中永远假设 $|f|_p > 0$ 且 $|g|_p > 0$. 设 $1 \leqslant p < 2$, 由 f 和 g 在上述

不等式中位置的对称性, 不妨假设 $|g|_p/|f|_p \leqslant 1$. 利用一元微分学中求极值的方法, 我们得到

$$\sup_{0 \leqslant r \leqslant 1} \left[\alpha(r) \int |f|^p d\mu + \beta(r) \int |g|^p d\mu \right] = (|f|_p + |g|_p)^p + ||f|_p - |g|_p|^p.$$

为了证明不等式 (10.7.10), 只需证明如下命题: 对于任何 $r \in [0, 1]$, 我们有以下不等式

$$\int \{|f + g|^p + |f - g|^p\} d\mu \geqslant \alpha(r) \int |f|^p d\mu + \beta(r) \int |g|^p d\mu. \quad (10.7.12)$$

为了证明不等式 (10.7.12), 只须证明: 对于任何复数 f 和 g, 有

$$|f + g|^p + |f - g|^p \geqslant \alpha(r)|f|^p + \beta(r)|g|^p.$$

而这恰是引理 10.7.1 的 (10.7.8). 若把 (10.7.10) 中的 f 和 g 分别换为 $f + g$ 和 $f - g$, 不等式 (10.7.10) 就变成不等式 (10.7.11) 了.

当 $p > 2$ 时, 结论可相仿地推得.

当 $p = 2$ 时, (10.7.10) 和 (10.7.11) 都成为等式. 等式 (10.7.10) 常称为**平行四边形等式**, 或称 **Ptolemy 等式**. 它们可以通过直接计算得到 (请参看 10.7.6 小节中定理 10.7.10 之前的那段讨论). □

定理 10.7.6(L^p **范数的可微性定理**) 设 $(X, \mathcal{A}, \mu)$ 是个测度空间, $1 < p < \infty$, $f, g \in L^p$, 则定义在 $\mathbf{R}$ 上的函数

$$N(t) = \int_X |f(x) + tg(x)|^p d\mu$$

是可微的, 且

$$N'(0) = \frac{p}{2} \int_X |f(x)|^{p-2} [\overline{f}(x) g(x) + f(x) \overline{g}(x)] d\mu.$$

注 当 $p > 1$ 时, 在 $f = 0$ 处, 我们通常约定 $|f|^{p-2} f = 0$. 作此约定后, 便有 $|f|^{p-2} f, |f|^{p-2} \overline{f} \in L^{p'}$, 其中 $1/p + 1/p' = 1$.

证 因

$$|f + tg|^p = [f\overline{f} + t(f\overline{g} + g\overline{f}) + t^2 g\overline{g}]^{p/2},$$

$|f + tg|^p$ 关于 t 可微, 且

$$\frac{d}{dt}|f+tg|^p\Big|_{t=0} = \lim_{\delta\to 0}\frac{|f+\delta g|^p - |f|^p}{\delta} = \frac{p}{2}|f|^{p-2}(f\overline{g} + g\overline{f}).$$

剩下的问题是检验求积与求导 (后者即求极限) 能否交换次序. 由 $x \mapsto x^p$ 的凸性, 当 $|\delta| < 1$ 时, 我们有

$$|f|^p - |f-g|^p \leqslant \frac{|f+\delta g|^p - |f|^p}{\delta}$$

$$\leqslant |f+g|^p - |f|^p,$$

(例如, $|f + \delta g|^p \leqslant (1-\delta)|f|^p + \delta|f+g|^p$). 再由 Lebesgue 控制收敛定理便得求积与求导交换次序的合理性. $\qquad\square$

定理 10.7.7(到闭凸集的投影定理) 设 $(X, \mathcal{A}, \mu)$ 是个测度空间, $1 < p < \infty$, $K \subset L^p$ 是闭凸集 (一个线性空间的子集 K 称为凸集, 若它满足条件: $f, g \in K \Longrightarrow \forall \lambda \in [0,1](\lambda f + (1-\lambda)g \in K)$). 设 $f \in L^p$, 则有一个 $h \in K$, 使得

$$|f - h|_p = \inf_{g\in K}|f-g|_p, \tag{10.7.13}$$

且对于任何 $g \in K$, 有

$$\Re \int_X [(g-h)(\overline{f}-\overline{h})]|f-h|^{p-2}d\mu \leqslant 0. \tag{10.7.14}$$

证 我们只证明 $p \leqslant 2$ 的情形, 留给同学解决 $p > 2$ 的情形. 证明分为两步:

(1) 先证明满足等式 (10.7.13) 的 $h \in K$ 的存在性: 我们主要的工具是 Hanner 不等式 (10.7.11). 不妨设 $f = 0$ (不然, 可以把 f 换成 $0, K$ 换成 $K - f$). 设 $\{h_j\}_{j=1}^\infty \subset K$ 是一个序列, 它使得

$$\lim_{j\to\infty}|h_j|_p = \inf_{g\in K}|g|_p. \tag{10.7.15}$$

现在, 我们要证明: $\{h_j\}_{j=1}^\infty$ 是一个 Cauchy 列. 因为 $(h_j + h_k)/2 \in K$, 故 $|(h_j + h_k)/2|_p \geqslant \inf\limits_{g\in K}|g|_p$. 另一方面, 由 Minkowski 不等式得到 $|(h_j + h_k)/2|_p \leqslant (|h_j|_p + |h_k|_p)/2$. 注意到 (10.7.15), 便有

$$\lim_{j,k\to\infty}|(h_j + h_k)/2|_p = \inf_{g\in K}|g|_p. \tag{10.7.16}$$

由 Hanner 不等式 (10.7.11), 有

$$(|h_j + h_k|_p + |h_j - h_k|_p)^p + \big||h_j + h_k|_p - |h_j - h_k|_p\big|^p \leqslant 2^p(|h_j|_p^p + |h_k|_p^p).$$

上式右端, 当 $j, k \to \infty$ 时, 有极限 $2^{p+1}(\inf\limits_{g \in K} |g|_p)^p$. 假若当 $j, k \to \infty$ 时, $|h_j - h_k|_p$ 不趋于零, 则有无限多个 (j, k) 及 $b > 0$, 使得 $(j, k) \to (\infty, \infty)$, 且 $|h_j - h_k|_p \to b$, 故

$$\Big|2 \inf_{g \in K} |g|_p + b\Big|^p + \Big|2 \inf_{g \in K} |g|_p - b\Big|^p \leqslant 2^{p+1}(\inf_{g \in K} |g|_p)^p.$$

由函数 $x \mapsto \big|2 \inf\limits_{g \in K} |g|_p + x\big|^p$ 的严格凸性 (请同学自行证明), 必有 $b = 0$. 这个矛盾证明了, 当 $j, k \to \infty$ 时, $|h_j - h_k|_p$ 必趋于零, 换言之, $\{h_j\}_{j=1}^\infty$ 是 Cauchy 列. 因 L^p 完备, $\{h_j\}_{j=1}^\infty$ 收敛. 又因为 K 是闭凸集, 我们有 $\lim\limits_{j \to \infty} h_j = h \in K$, 而且还有 $|h|_p = \lim\limits_{j \to \infty} |h_j|_p = \inf\limits_{g \in K} |g|_p$.

(2) 最后证明 h 满足 (10.7.14): 对任意给定的 $g \in K$, 令 $g_t = (1-t)h + tg \in K, 0 \leqslant t \leqslant 1$. 和前面讨论不一样, 从现在开始不再假设 $f = 0$. 令 $N(t) = |f - g_t|_p^p \geqslant \big(\inf\limits_{g \in K} |f - g|_p\big)^p$, 而 $N(0) = |f - h|_p^p = (\inf\limits_{t \in [0,1]} |f - g_t|_p)^p$, 故 $N'(0) \geqslant 0$. 注意到

$$|f - g_t|_p^p = \int_X \big|(f-h) + t(h-g)\big|^p d\mu,$$

由定理 10.7.6 的最后一个等式 (将这里的 $f - h$ 和 $h - g$ 分别替代那里的 f 和 g), 我们便证明了 (10.7.14). $\qquad \square$

10.7.4 L^p 空间的对偶空间

映射 $L : L^p \to \mathbf{C}$ 称为**线性泛函**, 假若

$$\forall a, b \in \mathbf{C} \forall f, g \in L^p\big(L(af + bg) = aL(f) + bL(g)\big).$$

假若 L 又是连续的 (相对于 L^p 的由范数确定的拓扑和 $\mathbf{C}$ 上的二维欧氏空间的拓扑), 则 L 称为**连续线性泛函**. 假若有一个常数 K, 使得

$$\forall f \in L^p\big(|L(f)| \leqslant K|f|_p\big),$$

则称 L 为**有界线性泛函**. 不难证明以下两点:

(i) 线性泛函在 L^p 上是连续的, 当且仅当它在 **0** 点是连续的;

(ii) 线性泛函是连续的, 当且仅当它是有界的.

它们的证明留给同学了.

L^p 上全体连续线性泛函也构成个线性空间, 称为 L^p 的**对偶空间**(老一点的文献中也常称为**共轭空间**), 并记做 $(L^p)'$. 若在这个线性空间上以下法引进范数 (同学可以看出, 它就是算子范数):

$$\forall L \in (L^p)' \Big(|L|_{(L^p)'} = \sup_{|f|_p=1} |L(f)| = \sup_{|f|_p \neq 0} |L(f)|/|f|_p \Big),$$

易见, $(L^p)'$ 上的范数也满足 10.7.1 小节中述及的 L^p 空间的范数 $|\cdot|_p$ 所具有的三条重要性质 (i),(ii) 和 (iii) (证明留给同学了). 这样, $(L^p)'$ 也成为个度量空间, 因而, 也是拓扑空间. 下面的定理要给出一个十分重要的结果: L^p 的对偶空间 $(L^p)'$ 的刻画.

定理 10.7.8(F.Riesz 表示定理) 设 $1 \leqslant p < \infty$, 则空间 L^p 的对偶空间 $(L^p)'$ 与空间 L^q 之间有一个保范数的线性双射, 其中 $q \in (1,\infty]$ 满足方程: $1/p + 1/q = 1$. 确切些说, 每个连续线性泛函 $L \in (L^p)'$ 都具有以下形式: 有唯一的一个 (依赖于 L 的)$v \in L^q$, 使得

$$\forall g \in L^p \Big(L(g) = \int_X v(x)g(x)d\mu \Big). \tag{10.7.17}$$

当 $p=1$ 时 (这时 $q=\infty$), 我们还要附加一个假设: μ 相对于某个 π-系是 σ-有限的. 反之, 无论 p 等于什么, 即使 $p=1$(这时 $q=\infty$), 对于任何 $v \in L^q$, 映射

$$L^p \ni g \mapsto L(g) \equiv \int_X v(x)g(x)d\mu$$

必属于 $(L^p)'$, 且

$$|L|_{(L^p)'} = |v|_q. \tag{10.7.18}$$

注 特别, 我们有以下命题: 假设 $1 \leqslant p < \infty$, $q \in (1,\infty]$ 满足方程: $1/p + 1/q = 1$, $G \subset L^p$ 在 L^p 中稠密, $f \in L^q$, 且

$$\forall g \in G \Big(\int_X f \cdot g d\mu = 0 \Big),$$

则 $f = 0$, $a.e.$.

证 先讨论 $1 < p < \infty$ 的情形. 给定了 $L \in (L^p)'$, 记 $K = \{g \in L^p : L(g) = 0\} = L^{-1}(\{0\})$. 显然, K 是 L^p 中的闭凸集, 事实上, 是闭线性子空间. (因 L 连续线性, 线性子空间的原像是线性子空间, 闭集的原像闭). 若 $L = 0$, 取 $v \equiv 0$ 便满足方程 (10.7.17) 和 (10.7.18). 设 $L \neq 0$, 有 $f \in L^p$, 使得 $L(f) \neq 0$. 由到闭凸集的投影定理, (注意: K 是线性子空间!)

$$\exists h \in K \forall k \in K \left(\Re \int uk\,d\mu \leqslant 0 \right),$$

其中 $u = |f(x) - h(x)|^{p-2}[\overline{f}(x) - \overline{h}(x)]$. 易见, $u \in L^q$. 因 K 是线性子空间, 故 $-k \in K$, $ik \in K$. 前者告诉我们, $\forall k \in K \left(\Re \int uk\,d\mu = 0 \right)$. 后者又告诉我们, $\forall k \in K \left(\int uk\,d\mu = 0 \right)$.

设 $g \in L^p$, 令

$$g_1 = \frac{L(g)}{L(f - h)}(f - h), \quad g_2 = g - g_1.$$

(注意: $L(f - h) = L(f) \neq 0$, 上式有意义.) 显然, $g = g_1 + g_2$. 易见, $L(g_1) = L(g)$. 故 $L(g_2) = 0$, 即 $g_2 \in K$. 根据前段讨论的结果,

$$\int ug\,d\mu = \int ug_1\,d\mu + \int ug_2\,d\mu = \int ug_1\,d\mu = L(g)A,$$

其中 (再次提醒注意:$f \notin K$, $h \in K$, 因而,$L(f - h) = L(f) \neq 0$.)

$$A = \frac{\int u(f - h)\,d\mu}{L(f - h)} = \frac{\int |f - h|^p\,d\mu}{L(f - h)} \neq 0.$$

故 $v = u/A$ 满足条件 (10.7.17). 存在性证毕. 若还有 $w \in L^q$ 满足条件 (10.7.17), 则

$$\forall g \in L^p \left(\int_X [v(x) - w(x)]g(x)\,d\mu = 0 \right).$$

取 $g = \overline{(v - w)}|v - w|^{q-2} \in L^p$ 代入上式, 便得 $w = v$, $a.e.$. 唯一性证毕.

因

$$L(g) = \int_X v(x)g(x)d\mu, \tag{10.7.19}$$

由定理 10.7.2(Hölder 不等式及不等式中等号成立的充分必要条件), (10.7.18) 证得.

下面讨论 L^1 的对偶空间的表示问题. 先考虑 $\mu(X) < \infty$ 的情形. 这时, 由 Hölder 不等式, 有 $p > r \geqslant 1 \Longrightarrow L^p \subset L^r$(请同学补出证明的细节). 若 $L \in (L^1)'$, 由 Hölder 不等式, 它在 $L^p(p \geqslant 1)$ 上的限制 (仍记做 L) 有不等式:

$$|L(f)| \leqslant C|f|_1 \leqslant C\mu(X)^{1/q}|f|_p, \tag{10.7.20}$$

其中 $C = |L|_{(L^1)'}$. 当 $p > 1$ 时, 有唯一的一个 $v_p \in L^q$, 使得 $\forall f \in L^p \left(L(f) = \int v_p f d\mu \right)$. 因 $p > r > 1 \Longrightarrow L^p \subset L^r$, v_p 并不依赖于 p. 今后记它为 v, 且 $\forall r \in (1, \infty)(v \in L^r)$.

若 $1/p + 1/q = 1$, 以 $f = |v|^{q-2}\bar{v}$ 代入不等式 (10.7.20), 有

$$\int |v|^q d\mu \leqslant C(\mu(X))^{1/q} \left(\int |v|^{(q-1)p} d\mu \right)^{1/p} = C(\mu(X))^{1/q} |v|_q^{q-1},$$

故 $\forall q < \infty(|v|_q \leqslant C(\mu(X))^{1/q})$. 我们要证明 $v \in L^\infty$, 且 $|v|_\infty \leqslant C \equiv |L|_{(L^1)'}$. 假设 $\mu(\{x \in X : |v(x)| > C + \varepsilon\}) = M > 0$, 则 $|v|_q \geqslant (C + \varepsilon)M^{1/q}$, 当 q 充分大时, $(C + \varepsilon)M^{1/q} > C(\mu(X))^{1/q}$. 这个矛盾证明了 $v \in L^\infty$, 且 $|v|_\infty \leqslant C = |L|_{(L^1)'}$.

对于任何 $f \in L^p$, $p > 1$, 我们有 $L(f) = \int_X v(x)f(x)d\mu$. 而对于任何 $f \in L^1$, 我们有 $\int_X v(x)f(x)d\mu < \infty$. 令

$$f_k(x) = \begin{cases} f(x), & \text{若} |f(x)| \leqslant k, \\ 0, & \text{若} |f(x)| > k, \end{cases}$$

则 $\forall p > 1(f_k \in L^p)$, 且当 $k \to \infty$ 时, $|f_k - f|_1 \to 0$ 和 $|vf_k - vf|_1 \to 0$. 故

$$L(f) = \lim_{k \to \infty} L(f_k) = \lim_{k \to \infty} \int vf_k d\mu = \int vf d\mu.$$

易见, 等式 (10.7.18) 是定理 10.7.2(Hölder 不等式) 的推论.

最后讨论 μ 在 X 上相对于某 π-系 σ- 有限的情形:

$$X = \bigcup_{j=1}^{\infty} X_j,$$

其中 $\forall j\,(0 < \mu(X_j) < \infty)$, 且对一切 $j \neq k$, $X_j \cap X_k = \varnothing$. 我们有

$$f(x) = \sum_{j=1}^{\infty} f_j(x),$$

其中

$$f_j(x) = 1_{X_j}(x)f(x), \quad j = 1, 2, \cdots.$$

由前段讨论的结果, 有 $v_j \in L^{\infty}(X_j)$, 使得

$$L(f_j) = \int_{X_j} v_j f_j d\mu, \quad j = 1, 2, \cdots,$$

且

$$|L(f_j)| \leqslant C_j \int_X |f_j| d\mu = C_j \int_{X_j} |f_j| d\mu,$$

其中 $C_j = |L|_{\left(L^1(X_j)\right)'}$. 故 $|v_j|_{L^{\infty}(X_j)} = C_j$. 今在 X 上, 定义 $v(x) = v_j(x)$, 若 $x \in X_j\,(j = 1, 2, \cdots)$. 显然,

$$L(f) = \int_X vf d\mu = \sum_{j=1}^{\infty} \int_{X_j} v_j f_j d\mu.$$

易见, 等式 (10.7.18) 是定理 10.7.2(Hölder 不等式) 的推论. $\qquad\square$

10.7.5　Radon-Nikodym 定理

作为 F.Riesz 表示定理的一个应用, 我们愿意介绍一个很有用的定理 ——Radon-Nikodym 定理. 概率论中的条件期望的概念就是建立在 Radon-Nikodym 定理的基础上的. 我们愿意先复述一下绝对连续性的概念 (参看定理 10.2.2 后的注 1 和注 2):

设 μ 和 ν 是定义在同一个 σ-代数 $\mathcal{A} \subset 2^X$ 上的两个测度. 测度 ν 称为关于测度 μ 是绝对连续的, 假若对于任何 $\varepsilon > 0$, 有一个 $\delta > 0$, 使得

$$\forall E \in \mathcal{A}\left(\mu(E) < \delta \Longrightarrow \nu(E) \leqslant \varepsilon \right).$$

定理 10.7.9(Radon-Nikodym 定理)　设 μ 和 ν 是定义在 σ-代数 $\mathcal{A} \subset 2^X$ 上的两个有界测度 (即满足条件 $\mu(X) < \infty$ 和 $\nu(X) < \infty$ 的测度), 测度 ν 关于测度 μ 是绝对连续的, 当且仅当有一个 μ- 可积函数 f, 使得

$$\forall A \in \mathcal{A}\left(\nu(A) = \int_A f d\mu\right).$$

当测度 ν 关于测度 μ 是绝对连续时, μ- 可积函数 f 如前所述, 而 g 是 X 上的 $\mathcal{A}$-可测的非负函数或 ν- 可积的函数, 则以下等式成立:

$$\int_X g d\nu = \int_X g f d\mu.$$

证　"当" 的部分已在定理 10.2.2 及其后的两个注中证明. 下面证明 "仅当" 的部分. 令 $\varpi = \mu + \nu$, 则 ϖ 是 $\mathcal{A}$ 上定义的有界测度. 我们考虑关于这个构造出来的测度 ϖ 的 Lebesgue 函数空间 $L^2 = L^2(\varpi)$ 中的任何元素 f, 我们有

$$\left|\int f d\nu\right| \leqslant \int |f| d\varpi \leqslant |f|_2 \sqrt{\varpi(X)},$$

其中最后一个不等式的推导用了 Schwarz 不等式 (它是 Hölder 不等式的特例). 故泛函 $f \mapsto \int f d\nu$ 是 $L^2(\varpi)$ 上的连续线性泛函. 由 F.Riesz 表示定理, 有 $g \in L^2(\varpi)$, 使得

$$\int f d\nu = \int f g d\varpi. \tag{10.7.21}$$

记 $B = \{x \in X : g(x) \leqslant 0\}$, 则

$$0 \leqslant \nu(B) = \int_B d\nu = \int g \mathbf{1}_B d\varpi \leqslant 0.$$

这里的第一个不等式用了 ν 是测度这个事实, 而最后的不等式用了在 B 上 $g \leqslant 0$ 这个事实. 由此, $\int g \mathbf{1}_B d\varpi \leqslant 0$. 故在 B 上 $g = 0, a.e.(\varpi)$, 换言之, 在 X 上 $g \geqslant 0, a.e.(\varpi)$.

等式 (10.7.21) 可写成

$$\int f d\nu = \int f g d\nu + \int f g d\mu,$$

或

$$\int f(1-g)d\nu = \int fgd\mu, \qquad (10.7.22)$$

记 $B_1 = \{x \in X : g(x) \geqslant 1\}$, 以 $f = \mathbf{1}_{B_1}$ 代入上式, 便得

$$\int_{B_1} (1-g)d\nu = \int_{B_1} gd\mu.$$

上式左端非正而右端非负, 故等式两端必须都等于零. 因此, $\mu(B_1) = 0$. 因 ν 关于 μ 绝对连续 (注意: 整个证明过程中只在这里用到了 ν 关于 μ 绝对连续的条件!), $\nu(B_1) = 0$, 因而 $\varpi(B_1) = 0$.

总结之, $0 \leqslant g < 1$, $a.e.(\varpi)$. 等式 (10.7.22) 对于任何 $f \in L^2$ 成立. 设 f 非负可测, 记 $f_n = \min(f, n)$, 则

$$\int f_n(1-g)d\nu = \int f_n gd\mu$$

成立. 让 $n \to \infty$, 根据 Beppo Levi 单调收敛定理知, 等式 (10.7.22) 对一切非负可测函数 f 成立. 给了任何 $A \in \mathcal{A}$, 以 $f = \mathbf{1}_A(1-g)^{-1}$ 代入等式 (10.7.22), 便得

$$\nu(A) = \int \mathbf{1}_A d\nu = \int_A \frac{g}{1-g} d\mu.$$

只要取 $f = g/(1-g)$, Radon-Nikodym 定理的前半部分的结论证得. 后半部分的结论, 当 g 是 X 上的 $\mathcal{A}$-可测的非负函数时, 可由引理 10.5.2 得到. g 是 X 上的 ν- 可积的函数时, 则将 g 写成它的正部与负部之差便可得到. □

注　在没有测度 ν 关于测度 μ 是绝对连续的假设时, 利用以上的证明方法, 我们可以得到以下的 **Lebesgue 分解定理**:

设 μ 和 ν 是定义在 σ-代数 $\mathcal{A} \subset 2^X$ 上的两个有界测度, 则有一个 $N \in \mathcal{A}$ 和 μ- 可积函数 f, 使得 $\mu(N) = 0$, 且

$$\forall A \in \mathcal{A}\left(\nu(A) = \int_A fd\mu + \nu(A \cap N)\right).$$

关于它的证明的细节, 请同学参考其他关于测度与积分的书, 例如 [16].

10.7.6   Hilbert 空间

线性代数中的欧氏空间与酉空间具有一般的线性空间所没有的一个概念: 内积. 这个特殊概念使得欧氏空间与酉空间有了很强的结构, 由此得到许多很好的结果. 类似地, 空间 $L^2(\mu)$ 具有一般的 $L^p(\mu)$ 空间所不具有的这个特殊概念: 内积. 利用这个概念, 空间 $L^2(\mu)$ 有着许多漂亮的结果. 这方面的全面讨论要留到泛函分析课程中去进行. 我们这里只触及最初步的一些内容. 为了明确起见, 以后讨论中的 $L^2(\mu)$ 约定为复数域上的 $L^2(\mu)$. 作适当的改变, 很容易把所讨论的结果搬到实数域上的 $L^2(\mu)$ 上去, 就像酉空间的结果很容易搬到欧氏空间上去一样.

设 $f, g \in L^2(\mu)$, 则 f 和 g 的内积定义为

$$(f, g)_{L^2} = (f, g) = \int_X f\bar{g}d\mu.$$

由 Cauchy-Schwarz 不等式, 上式右端积分存在且有限. 易见, $f \in L^2(\mu)$ 的范数可用内积表示如下:

$$|f|_2 = \sqrt{(f, f)}.$$

不难检验, 上述内积具有以下四条性质: 对于任何 $f, g, h \in L^2$ 和任何 $\lambda \in \mathbf{C}$, 有

(1) $(f + g, h) = (f, h) + (g, h)$;

(2) $(\lambda f, g) = \lambda(f, g)$;

(3) $(g, f) = \overline{(f, g)}$;

(4) $(f, f) \geqslant 0$, 且 $(f, f) = 0 \Longleftrightarrow f = 0$.

具有上述四条性质的内积的线性空间的理论十分丰富多彩. 因此, 我们引进抽象的 Hilbert 空间的概念:

定义 10.7.2   (复) 线性空间 V 称为**内积空间**, 若有内积映射 $(\cdot, \cdot)_V = (\cdot, \cdot) : V \times V \to \mathbf{C}$, 且这个内积映射具有上述性质 (1),(2),(3) 和 (4).

(复) 内积空间 V 上可以引进范数如下: 对于任何 $f \in V$,

$$|f|_V = \sqrt{(f, f)}.$$

不难检验, 对于任何 $f, g \in L^2$ 和任何 $\lambda \in \mathbf{C}$, 有

$$|\lambda f|_V = |\lambda| |f|_V;$$

$$|f + g|_V \leqslant |f|_V + |g|_V.$$

我们只检验第二条, 比较容易检验的第一条留给同学自己去完成.

若 $g = 0$, 第二条不等式当然成立. 设 $g \neq 0$. 因

$$0 \leqslant |f + \lambda g|_V^2 = (f + \lambda g, f + \lambda g) = (f, f) + 2\Re[\lambda(g, f)] + |\lambda|^2 (g, g),$$

设 $(g, f) = \mathrm{e}^{\mathrm{i}\theta} |(g, f)|$. 取 $\lambda = \mathrm{e}^{-\mathrm{i}\theta} r$, 其中 $r \in \mathbf{R}$, 便有

$$\forall r \in \mathbf{R} \big(0 \leqslant (f, f) + 2r|(g, f)| + r^2 (g, g) \big).$$

故得 **Cauchy-Schwarz不等式**:

$$|(g, f)|^2 \leqslant (f, f)(g, g).$$

由 Cauchy-Schwarz 不等式, 有

$$|f + g|_V^2 = (f + g, f + g) = (f, f) + 2\Re[(g, f)] + (g, g)$$
$$\leqslant (f, f) + 2\sqrt{(f, f)(g, g)} + (g, g) = (|f|_V + |g|_V)^2.$$

第二条不等式证毕.

在证明过程中获得的 Cauchy-Schwarz 不等式 $|(g, f)|^2 \leqslant (f, f)(g, g)$ 告诉我们内积映射 $(\cdot, \cdot): V \times V \to \mathbf{C}$ 是连续的. 这只是以下不等式的推论:

$$|(f, g) - (f_1, g_1)| = |(f, g) - (f_1, g) + (f_1, g) - (f_1, g_1)|$$
$$\leqslant |(f - f_1, g)| + |(f_1, g - g_1)|$$
$$\leqslant |f - f_1| |g| + |f_1| |g - g_1|.$$

将以上讨论总结成以下定义:

定义 10.7.3 (复) 内积空间 V 上可以引进范数如下: 对于任何 $f \in V$,

$$|f|_V = \sqrt{(f, f)}.$$

有了范数, 可以引进距离使之成为度量空间: 对于任何 $f, g \in V$,

$$\rho(f, g) = |f - g|_V.$$

(同学自行检验, 这个距离满足定义 7.3.1 中的条件 (i),(ii) 和 (iii).) 若 (V, ρ) 是完备度量空间, 则称 (复) 内积空间 V 为 (复) **Hilbert空间**.

酉空间和空间 $L^2(\mu)$ 都是 Hilbert 空间. 文献上一般考虑的 Hilbert 空间常是无限维的.(复)Hilbert 空间在微分方程, 函数论和概率论中是十分有用的工具. 更重要的是, 量子物理中的状态是用 (复)Hilbert 空间的向量表示的, 而量子物理中的可观察量的数学表示是 (复)Hilbert 空间上的自伴算子 (有限阶 Hermite 矩阵的推广). 因此, 当今物理系的本科生都熟悉 (复)Hilbert 空间及其上的自伴算子的基本理论.

有了内积的概念, 便可引进**正交**的概念:Hilbert 空间 H 中的两个向量 f 和 g 称为正交的, 记做 $f \perp g$, 假若 $(f, g) = 0$. 不难证明, 当 $f \perp g$ 时, 有勾股弦定理:$|f + g|_H^2 = |f|_H^2 + |g|_H^2$(同学自行证明). 对于一般的 $f, g \in H$, 还有**平行四边形公式**(中学平面几何中的 **Ptolemy定理**):

$$|f + g|_H^2 + |f - g|_H^2 = 2(|f|_H^2 + |g|_H^2).$$

它的证明只是以下的简单计算:

$$\begin{aligned} |f + g|_H^2 + |f - g|_H^2 &= (f + g, f + g) + (f - g, f - g) \\ &= (f, f) + (f, g) + (g, f) + (g, g) + (f, f) \\ &\quad -(f, g) - (g, f) + (g, g) \\ &= 2(|f|_H^2 + |g|_H^2). \end{aligned}$$

应该指出的是, 这个平行四边形公式在形式上恰是 Hanner 不等式 (10.7.10) 变成等式的特殊情形, 换言之, 它是 L^2 中的 Hanner 不等式. 因此, 在前几个小节中通过 Hanner 不等式推得的结果在 Hilbert 空间中都是成立的. 特别, 定理 10.7.7(到闭凸集的投影定理) 在 Hilbert 空间中也成立. 由于它的重要性, 我们愿意将它重述如下:

定理 10.7.10(到闭凸集的投影定理) 设 H 是 Hilbert 空间, $K \subset H$ 是闭凸集. 又设 $f \in H \setminus K$, 则有一个 $h \in K$, 使得

$$|f - h|_H = \inf_{g \in K} |f - g|_H,$$

且对于任何 $g \in K$, 有

$$\Re(g - h, f - h) \leqslant 0.$$

推论 10.7.1 设 H 是 Hilbert 空间, $K \subset H$ 是闭凸集, 则定理 10.7.10(到闭凸集的投影定理) 中的 f 和 h 还满足不等式

$$\forall g \in K \big(|(f - g, f - h)| \geqslant |f - h|_H^2 > 0\big).$$

证 这是因为

$$\begin{aligned}
|(f - g, f - h)| &= |(f - h, f - h) + (h - g, f - h)| \\
&= \big||f - h|_H^2 - (g - h, f - h)\big| \\
&\geqslant |f - h|_H^2 - \Re(g - h, f - h) \\
&\geqslant |f - h|_H^2.
\end{aligned}$$

这里, 最后的不等式用了定理 10.7.10 结论中的不等式: $\Re(g - h, f - h) \leqslant 0$. □

推论 10.7.2 若 G 是 Hilbert 空间 H 的闭线性子空间, 令

$$G^\perp = \{f \in H : \forall g \in G((f, g) = 0)\},$$

则 $G^\perp$ 是闭线性子空间, 且 H 是 G 和 $G^\perp$ 的直接和: 对于任何 $f \in H$, 有唯一确定的 $g \in G$ 和 $h \in G^\perp$, 使得 $f = g + h$. $G^\perp$ 称为 G 在 H 中的**正交补**, g 称为 f 在 G 上的**正交投影**.

证 因内积映射 $(\cdot, \cdot) : H \times H \to \mathbf{C}$ 是连续的, $G^\perp$ 是闭子空间. $G \cap G^\perp = \{\mathbf{0}\}$ 也是显然的. 剩下只须证明: 对于任何 $f \in H$, 有 $g \in G$ 和 $h \in G^\perp$, 使得 $f = g + h$. 不妨设 $f \notin G$, 由定理 10.7.10, 有 $g \in G$, 使得

$$\forall k \in G(\Re(k - g, f - g) \leqslant 0).$$

因 k 跑遍线性子空间 G, 而 $g \in G$, 故 $k - g$ 跑遍线性子空间 G. 又因

$$k \in G \Longrightarrow -k \in G, \quad k \in G \Longrightarrow \mathrm{i}k \in G,$$

故有

$$\begin{aligned}
&\forall k \in G(\Re(k - g, f - g) \leqslant 0) \\
&\Longrightarrow \forall k \in G(\Re(k, f - g) \leqslant 0) \\
&\Longrightarrow \forall k \in G((k, f - g) = 0).
\end{aligned}$$

让 $h = f - g$, 便有 $f = g + h$ 且 $h \in G^{\perp}$. □

推论 10.7.3 设 H 是 Hilbert 空间, $e \in H$, 且 $|e|_H = 1$. 由 e 生成的线性子空间记做 $G = \{\lambda e : \lambda \in \mathbf{C}\}$, 则 H 中的元素 f 在 G 上的正交投影是 $(f, e)e$, 换言之, $|f - (f, e)e|_H = \min_{g \in G} |f - g|_H$.

证 设 $(e, f) = e^{i\theta}|(e, f)|$ 和 $\lambda = e^{i\phi}|\lambda|$, 有

$$|f - \lambda e|_H^2 = (f - \lambda e, f - \lambda e) = |f|_H^2 - 2\Re(\lambda(e, f)) + |\lambda|^2$$
$$= |f|_H^2 - 2\Re(|\lambda||(e, f)|e^{i(\theta + \phi)}) + |\lambda|^2.$$

欲使上式达到最小, 必须 $e^{i(\theta + \phi)} = 1$ 且 $|\lambda| = |(e, f)|$. 故

$$\lambda = e^{i\phi}|\lambda| = e^{-i\theta}|(e, f)| = (f, e).$$ □

定理 10.7.11 设 H 是 Hilbert 空间, $G_i\,(i \in I)$ 是 H 的**一族互相正交的闭线性子空间**, 即

$$\forall f \in G_i \forall g \in G_j (i \neq j \Longrightarrow (f, g) = 0).$$

记

$$G^{\perp} = \left\{ g \in H : \forall h \in \bigcup_{i \in I} G_i \big((h, g) = 0\big) \right\},$$

则每个 $f \in H$ 有以下表示式:

$$f = \sum_{i \in I} f_i + g, \tag{10.7.23}$$

其中 $f_i \in G_i$, $g \in G^{\perp}$, 而且这样的表示式是唯一确定的. 等式 (10.7.23) 右端的级数是绝对收敛的, 它的确切涵义是: 对于任何 $\varepsilon > 0$, 有 I 的一个有限子集 I_ε, 使得任何满足条件 $I_\varepsilon \subset J \subset I$ 的有限集 J, 必有

$$\left| f - \sum_{i \in J} f_i - g \right|_H < \varepsilon.$$

另外, 我们还有以下的**勾股弦定理**:

$$|f|_H^2 = \sum_{i \in I} |f_i|_H^2 + |g|_H^2. \tag{10.7.24}$$

特别, $\{i \in I : f_i \neq 0\}$ 是至多可数集.

证 给定了 $f \in H$, 由推论 10.7.2, $\forall i \in I \exists f_i \in G_i (f - f_i \in G_i^\perp)$. 因 $\forall j \neq i (G_i^\perp \supset G_j)$, 对于任何有限集 $J \subset I$,

$$\forall i \in J \left(g_J \equiv f - \sum_{j \in J} f_j \in G_i^\perp \right).$$

由此, 以下的 **Bessel 不等式**成立:

$$|f|_H^2 = \sum_{j \in J} |f_j|_H^2 + |g_J|_H^2 \geqslant \sum_{j \in J} |f_j|_H^2.$$

所以, $\sum_{j \in J} |f_j|_H^2 \leqslant |f|_H^2$. 因此, $\{i \in I : f_i \neq 0\}$ 是至多可数集, 且 $F = \sum_{i \in I} f_i$ 存在 (因右端级数之部分和是 Cauchy 列, 请同学补出这个论断的证明细节). 记 $g = f - F$, 对于任何 $i \in I$, 有

$$g = (f - f_i) + (f_i - F) = (f - f_i) - \sum_{\substack{j \in J \\ j \neq i}} f_j \in G_i^\perp,$$

因此, $g \in G^\perp$. 特别, $g \perp F$. 任何分解 (10.7.23) 必满足等式 (10.7.24). 由此易得分解的唯一性. □

注 $\sum_{i \in I} f_i$ 是 f 在包含所有 $G_i (i \in I)$ 的最小闭线性子空间上的投影. 因而, 对于一切 $g_i \in G_i (i \in I)$, 有

$$\left| f - \sum_{i \in I} f_i \right|_H \leqslant \left| f - \sum_{i \in I} g_i \right|_H.$$

(请同学补出这个注解中的每个论断的证明.)

定理 10.7.12 设 H 是可分的 Hilbert 空间, 则 H 有 (有限或可数个) 向量列 $e_1, e_2, \cdots$, 它满足以下条件:

$$(e_j, e_k) = \begin{cases} 1, & \text{若 } j = k, \\ 0, & \text{若 } j \neq k, \end{cases} \tag{10.7.25}$$

且 H 中任何向量 f 均可写成以下形式:

$$f = \sum_{j=1}^{\infty} (f, e_j) e_j. \tag{10.7.26}$$

右端级数是指在 H 中的强收敛意义下的极限, 即

$$\lim_{j\to\infty}\left|f-\sum_{k=1}^{j}(f,e_k)e_k\right|_H=0.$$

这时还有

$$|f|_H^2=\sum_{j=1}^{\infty}|(f,e_j)|^2.$$

注　满足条件 (10.7.25) 的向量列 $e_1,e_2,\cdots$ 称为 H 的一个**正交规范向量组**. 若 H 中任何向量 f 均可写成 (10.7.26) 形式, 则这组正交规范向量组称为 H 的一组**正交规范基**.

证　设 $y_1,y_2,\cdots$ 是 H 中的稠密的可数点集, 它的有限线性组合的全体是 H 中的稠密集. 把所有能被 $y_1,\cdots,y_{n-1}$ 线性表示的 y_n 抛弃, 我们得到一组与 $y_1,y_2,\cdots$ 等价的线性无关的可数向量集 $z_1,z_2,\cdots$, 它的有限线性组合的全体也是 H 中的稠密集. 用线性代数中的**Gram-Schmidt 正交化方法**便可得到正交规范基:

$$e_1=z_1/|z_1|_H,$$

对于 $j\geqslant 2$,

$$e_j=Z_j/|Z_j|_H,\ \text{其中}\ Z_j=z_j-\sum_{k=1}^{j-1}e_k(z_j,e_k).$$

可数向量集 $e_1,e_2,\cdots$ 的有限线性组合的全体也是 H 中的稠密集. 故 $(f,e_j)=0\,(j=1,2,\cdots)$ 时, 必有 $f=0$. 由推论 10.7.3 和定理 10.7.11 便得所要的结论.　　　　　　　□

推论 10.7.4　设 H 是 Hilbert 空间, $e_i\,(i\in I)$ 是 H 的一组正交规范向量. 记

$$G^\perp=\left\{g\in H:\forall i\in I(((g,e_i)=0)\right\}.$$

则每个 $f\in H$ 有以下表示式:

$$f=\sum_{i\in I}(f,e_i)e_i+g,\tag{10.7.27}$$

其中 $g \in G^\perp$, 而且这样的表示式是唯一确定的. 以上级数按下述意义说是绝对收敛的: 对于任何 $\varepsilon > 0$, 有 I 的一个有限子集 I_ε, 使得任何满足条件 $I_\varepsilon \subset J \subset I$ 的有限集 J, 必有

$$\left| f - \sum_{i \in J} (f, e_i) e_i - g \right|_H < \varepsilon.$$

另外, 我们还有

$$|f|_H^2 = \sum_{i \in I} |(f, e_i)|^2 + |g|_H^2,$$

特别,

$$|f|_H^2 \geqslant \sum_{i \in I} |(f, e_i)|^2. \tag{10.7.28}$$

因此, $\sum_{i \in I} |(f, e_i)|^2 < \infty$, 故 $\{i \in I : (f, e_i) \neq 0\}$ 是至多可数集.

证 这是推论 10.7.3 和定理 10.7.11 的推论. □

注 不等式 (10.7.28) 就是定理 10.7.11 的证明中提到过的 **Bessel 不等式**.

推论 10.7.5 设 H 是 Hilbert 空间, $e_i \, (i \in I)$ 是 H 的一组正交规范向量, 则以下三条命题中任何一条成立时, 另外两条也成立:

(i) $e_i \, (i \in I)$ 是 H 的一组正交规范基;

(ii) $e_i \, (i \in I)$ 的有限线性组合的全体是 H 中的稠密集;

(iii) 与每个 $e_i \, (i \in I)$ 正交的向量必是零向量.

证 由推论 10.7.4 直接获得. □

下面是三个最常见的正交规范基的例子.

例 10.7.1 设 $L \in (0, \infty)$ 和 $a \in \mathbf{R}$, 则函数列

$$L^{-1/2} \exp\left(\frac{2\pi i n (x - a)}{L} \right), \quad n \in \mathbf{Z}$$

在 $L^2([a, a+L), m; \mathbf{C})$ 中是一组正交规范基, 其中 m 表示左闭右开区间 $[a, a+L)$ 上的 Lebesgue 测度. 由 §6.4 的练习 6.4.4 的 (8), 便得这个函数列的正交规范性. 这个函数列构成 $L^2([a, a+L), m; \mathbf{C})$ 中的一组基, 换言之, 它的元素的有限线性组合在 $L^2([a, a+L), m; \mathbf{C})$ 中稠密.

这个稠密性的证明用到 Weierstrass 的闭区间上的周期连续函数可由三角多项式一致逼近的定理, 细节可参看练习 10.7.2 的 (ix).

因此, 对于任何 $f \in L^2([a, a+L), m; \mathbf{C})$, 有

$$f = L^{-1/2} \sum_{n=-\infty}^{\infty} a_n \exp\left(\frac{2\pi i n(x-a)}{L}\right), \qquad (10.7.29)$$

其中

$$a_n = L^{-1/2} \int_a^{a+L} f \exp\left(\frac{-2\pi i n(x-a)}{L}\right) dx, \; n = 0, 1, 2, \cdots. \quad (10.7.30)$$

等式 (10.7.29) 中的等号是指 L^2 意义下的等号, 即, 右端的级数的收敛是指空间 L^2 中的强收敛. 方程 (10.7.30) 称为 Fourier 系数公式. 等式 (10.7.29) 中右端的级数称为 f 的 Fourier 级数. 我们只证明了 $f \in L^2$ 的 Fourier 级数在 L^2 空间中强收敛于 f. 至于 Fourier 级数在通常意义下的收敛性, 即逐点收敛性或几乎处处收敛性的严格研究是由 19 世纪德国 Göttingen 学派的数学家 Dirichlet 和 Riemann 等开始的. 在 20 世纪的 30 年代, 前苏联数学家 Kolmogorov 举出了一个 L^1 中的函数 f 的 Fourier 级数处处不收敛于 f 的例. 20 世纪 60 年代, 瑞典数学家 Carleson 证明了: 任何函数 $f \in L^p$ $(p > 1)$ 的 Fourier 级数总是几乎处处收敛于 f 的. 本讲义不去讨论这些太复杂的问题了. 在下一章的课文和习题中, 我们将讨论一些较粗浅的关于逐点收敛的充分必要条件.

例 10.7.2   由第一册第 6 章 §6.4 的练习 6.4.6 的 (vi) 和 (vii), $\sqrt{(2n+1)/2}$ 倍的 n 次 Legendre 多项式

$$\sqrt{\frac{2n+1}{2}} P_n(x) = \sqrt{\frac{2n+1}{2}} \frac{1}{2^n \cdot n!} \frac{d^n (x^2-1)^n}{dx^n}, \quad n = 0, 1, 2, \cdots$$
$$(10.7.31)$$

构成 $L^2([-1,1])$ 中的一组正交规范函数. 由于 n 次 Legendre 多项式 P_n 恰是 n 次多项式, $1, x, x^2, \cdots, x^n$ 与 $P_0(x), P_1(x), \cdots, P_n(x)$ 可互相线性表示. 所以, 任何多项式均可由 Legendre 多项式线性表示. 由 Weierstrass 的闭区间上的连续函数可由多项式一致逼近的定理, (10.7.31) 是 $L^2([-1,1])$ 中的一组正交规范基. 任何 $f \in L^2([-1,1])$ 可

写成

$$f(x) = \sum_{n=0}^{\infty} a_n P_n(x),$$

其中

$$a_n = \frac{2n+1}{2} \int_{-1}^{1} f(x) P_n(x) dx, \quad n = 0, 1, 2, \cdots.$$

例 10.7.3 在直线 $\mathbf{R}$ 上引进测度

$$\mu(dx) = \mathrm{e}^{-x^2} dx.$$

由第一册 §6.9 的练习 6.9.14 的 (iii), $\sqrt{1/(2^n n! \sqrt{\pi})}$ 倍的 n 次 Hermite 多项式

$$\sqrt{\frac{1}{2^n n! \sqrt{\pi}}} H_n(x) = \sqrt{\frac{1}{2^n n! \sqrt{\pi}}} (-1)^n \mathrm{e}^{x^2} \frac{d^n \mathrm{e}^{-x^2}}{dx^n}, \quad n = 0, 1, 2, \cdots \tag{10.7.32}$$

构成 $L^2(\mu)$ 中的一组正交规范函数. 在下一章中, 我们将证明它是一组正交规范基.

任何 $f \in L^2(\mu)$ 可写成

$$f(x) = \sum_{n=0}^{\infty} a_n H_n(x),$$

其中

$$\begin{aligned}
a_n &= \frac{1}{2^n n! \sqrt{\pi}} \int_{-\infty}^{\infty} f(x) H_n(x) d\mu \\
&= \frac{1}{2^n n! \sqrt{\pi}} \int_{-\infty}^{\infty} f(x) H_n(x) \mathrm{e}^{-x^2} dx, \quad n = 0, 1, 2, \cdots.
\end{aligned}$$

10.7.7 关于微积分学基本定理

本节要在 Lebesgue 积分的框架内讨论微积分学基本定理, 换言之, 我们要讨论由 Newton-Leibniz 公式表现出来的求导运算与积分运算之间的互逆关系. 为了方便, 我们只在直线 (一维欧氏空间) 上讨论, 高维欧氏空间上的讨论将牵涉到 Vitali 覆盖定理等工具, 有兴趣的同学可以参考其他书籍 (例如,[8] 或 [16]).

除非作出相反的申明, 本节中考虑的测度和积分分别是直线 (一维欧氏空间) 上的 Lebesgue 测度和 Lebesgue 积分. 因此, 本节中的 $L^1 = L^1(\mathbf{R}, m)$.

我们想证明的是以下的结果, 它可以粗略地理解为: 对一切 Lebesgue 可积函数, Newton-Leibniz 公式是几乎处处成立的. 在第 6 章中建立的 Newton-Leibniz 公式只对连续函数成立, 但它是处处成立的. 确切地说, 我们要证明以下命题:

假设 $f \in L^1$, 则对于几乎一切 $x \in \mathbf{R}$ 和任何 $\varepsilon > 0$, 有 $\delta = \delta(x, \varepsilon) > 0$, 使得一切 $a, b \in \mathbf{R}$, 只要 $a < x < b$ 且 $b - a < \delta$, 便有

$$\left| \frac{1}{b-a} \int_a^b f(t)dt - f(x) \right| \leqslant \frac{1}{b-a} \int_a^b |f(t) - f(x)|dt < \varepsilon. \quad (10.7.33)$$

为了达到这个目的, 先引进 Hardy-Littlewood 极大函数这个概念, 它在以后的讨论中扮演重要的角色.

定义 10.7.4 函数 $f \in L^1$ 的 **Hardy-Littlewood极大函数**定义为

$$Mf(x) = \sup_{(a,b) \ni x} \left[\frac{1}{b-a} \int_a^b |f(t)|dt \right], \quad (10.7.34)$$

上式右端的 $\sup\limits_{(a,b) \ni x}$ 表示对一切含有 x 的开区间 (a, b) 求上确界.

我们证明 (10.7.33) 的的路线图是这样的: 对于 $f \in L^1$ 和 $\varepsilon > 0$, 记

$$\Delta(f, \varepsilon) = \left\{ x \in \mathbf{R} : \limsup_{\substack{a \to x-0 \\ b \to x+0}} \frac{1}{b-a} \int_a^b |f(t) - f(x)|dt > \varepsilon \right\}. \quad (10.7.35)$$

易见, 为了证明 (10.7.33), 只须证明: 对于 $f \in L^1$ 和 $\varepsilon > 0$, 我们有

$$\forall \varepsilon > 0 \big(m^*(\Delta(f, \varepsilon)) = 0 \big).$$

记

$$\mathcal{G} = \left\{ f \in L^1 : \forall \varepsilon > 0 \big(m^*(\Delta(f, \varepsilon)) = 0 \big) \right\}. \quad (10.7.36)$$

我们要证明的是: $\mathcal{G} = L^1$. 首先, 我们愿意指出: $\mathcal{G}$ 在 L^1 中稠密. 这是因为 $C_0 \subset \mathcal{G}$, 其中 C_0 表示紧支集的连续函数全体, 而 C_0 在 L^1 中

是稠密的 (参看 §10.7 的练习 10.7.2 的 (iii)). 故只需证明 "$\mathcal{G}$ 在 L^1 中闭" 就够了.

引理 10.7.2 对于任何 $\varepsilon > 0$ 和任何 $f, g \in L^1$, 有

$$\Delta(f, 3\varepsilon) \subset \{x : M(f - g)(x) > \varepsilon\} \cup \Delta(g, \varepsilon) \cup \{x : |g(x) - f(x)| > \varepsilon\}.$$

证   只需证明上式的对偶形式:

$$\{x : M(f - g) \leqslant \varepsilon\} \cap \big(\Delta(g, \varepsilon)\big)^C \cap \{x : |g(x) - f(x)| \leqslant \varepsilon\} \subset \big(\Delta(f, 3\varepsilon)\big)^C.$$

由此, 只需证明:

若 $x \in \mathbf{R}$ 同时满足以下三条件:

(1) $\displaystyle\sup_{(a,b) \ni x} \left[\frac{1}{b-a} \int_a^b |f(t) - g(t)| dt \right] \leqslant \varepsilon$;

(2) $\displaystyle\limsup_{\substack{a \to x-0 \\ b \to x+0}} \frac{1}{b-a} \int_a^b |g(t) - g(x)| dt \leqslant \varepsilon$;

(3) $|g(x) - f(x)| \leqslant \varepsilon$,

则必有 $\displaystyle\limsup_{\substack{a \to x-0 \\ b \to x+0}} \frac{1}{b-a} \int_a^b |f(t) - f(x)| dt \leqslant 3\varepsilon$. 而这是以下不等式的推论:

$$\frac{1}{b-a} \int_a^b |f(t) - f(x)| dt$$
$$\leqslant \frac{1}{b-a} \left[\int_a^b |f(t) - g(t)| dt + \int_a^b |g(t) - g(x)| dt \right.$$
$$\left. + \int_a^b |f(x) - g(x)| dt \right]$$
$$= \frac{1}{b-a} \left[\int_a^b |f(t) - g(t)| dt + \int_a^b |g(t) - g(x)| dt \right]$$
$$+ |f(x) - g(x)|. \qquad \square$$

推论 10.7.6   对于任何 $\varepsilon > 0$ 和任何 $f \in L^1$ 以及 $g \in \mathcal{G}$, 有

$$m^*\big(\Delta(f, 3\varepsilon)\big) \leqslant m^*\big(\{x \in \mathbf{R} : M(f - g)(x) > \varepsilon\}\big) + \frac{1}{\varepsilon}|f - g|_1.$$

证   由引理 10.7.2, 有

$$m^*\big(\Delta(f,3\varepsilon)\big) \leqslant m^*\big(\{x \in \mathbf{R} : M(f-g) > \varepsilon\}\big) + m^*\big(\Delta(g,\varepsilon)\big)$$
$$+ m\big(\{x \in \mathbf{R} : |g(x) - f(x)| > \varepsilon\}\big)$$
$$\leqslant m^*\big(\{x \in \mathbf{R} : M(f-g) > \varepsilon\}\big) + \frac{1}{\varepsilon}|f-g|_1.$$

在最后的不等式的推导中, 我们用了以下两点事实:

(1) $g \in \mathcal{G} \Longrightarrow m^*\big(\Delta(g,\varepsilon)\big) = 0$ 和

(2) **Chebyshev不等式**(参看 §10.7 的练习 10.7.1 的 (ix)):

$$m\big(\{|g(x) - f(x)| > \varepsilon\}\big) \leqslant \frac{|f-g|_1}{\varepsilon}. \qquad \square$$

推论 10.7.7   对于任何 $\varepsilon > 0$ 和任何 $f \in L^1$, 若有 $g_n \in \mathcal{G}$, 使得 $|f - g_n|_1 \to 0$, 则

$$m^*\big(\Delta(f,3\varepsilon)\big) \leqslant \liminf_{n\to\infty} m^*\big(\{x \in \mathbf{R} : M(f-g_n) > \varepsilon\}\big).$$

证   由推论 10.7.6 得到. $\square$

下面我们要讨论 Hardy-Littlewood 极大函数的一些初等性质, 顺便引进 Hardy-Littlewood 单边极大函数的概念.

命题 10.7.1   Hardy-Littlewood 极大函数 Mf 是可测函数.

证   由定义 10.7.4, 易见 Hardy-Littlewood 极大函数的以下表示式:

$$Mf(x) = \sup_{c<0<d}\left[\frac{1}{d-c}\int_c^d |f(x+t)|dt\right],$$

式中右端的 $\sup\limits_{c<0<d}$ 表示对一切满足条件 $c < 0 < d$ 的 c 及 d 求上确界.

注意到: 对于任何 $x < y$, 有

$$\left|\frac{1}{d-c}\int_c^d |f(x+t)|dt - \frac{1}{d-c}\int_c^d |f(y+t)|dt\right|$$
$$\leqslant \frac{1}{d-c}\int_{[x+c,y+c]\cup[x+d,y+d]} |f(t)|dt$$

和积分的绝对连续性 (参看定理 10.2.2 及其后的两个注), 我们有: 映射

$$\mathbf{R} \ni x \mapsto \frac{1}{d-c}\int_c^d |f(x+t)|dt \in \mathbf{R}$$

是一致连续的. 对于任何 $\alpha \in \mathbf{R}$, 集合

$$\{x : Mf(x) > \alpha\} = \bigcup_{c < 0 < d} \left\{ x : \frac{1}{d-c} \int_c^d |f(x+t)| dt > \alpha \right\}$$

是开集. 这样, 命题 10.7.1 得证. □

下面我们要引进 Hardy-Littlewood 单边极大函数的定义.

定义 10.7.5 对一切 $f \in L^1$, f 的两个 **Hardy-Littlewood单边极大函数**定义为

$$M_+f(x) = \sup_{h>0} \frac{1}{h} \int_x^{x+h} |f(t)| dt \text{ 和 } M_-f(x) = \sup_{h>0} \frac{1}{h} \int_{x-h}^x |f(t)| dt.$$

命题 10.7.2 对于一切 $f \in L^1$ 和一切 $x \in \mathbf{R}$, 我们有

$$Mf(x) = \max \big(M_+f(x), M_-f(x) \big).$$

证 对任何 $h > 0$, 因

$$\frac{1}{h} \int_x^{x+h} |f(t)| dt = \lim_{k \to 0} \frac{1}{h-k} \int_{x+k}^{x+h} |f(t)| dt.$$

故

$$M_+(f) \leqslant M(f).$$

同理

$$M_-(f) \leqslant M(f).$$

所以

$$\max \big(M_+f(x), M_-f(x) \big) \leqslant M(f). \tag{10.7.37}$$

另一方面, 对于任何 $h > 0 > k$,

$$\begin{aligned}
\frac{1}{h-k} \int_{x+k}^{x+h} |f(t)| dt &= \frac{1}{h-k} \int_{x+k}^x |f(t)| dt + \frac{1}{h-k} \int_x^{x+h} |f(t)| dt \\
&= \frac{-k}{h-k} \frac{1}{(-k)} \int_{x+k}^x |f(t)| dt + \frac{h}{h-k} \frac{1}{h} \int_x^{x+h} |f(t)| dt \\
&\leqslant \frac{-k}{h-k} M_-f(x) + \frac{h}{h-k} M_+f(x) \\
&\leqslant \max \big(M_+f(x), M_-f(x) \big).
\end{aligned}$$

由此, 得到

$$\max\big(M_+f(x), M_-f(x)\big) \geqslant M(f). \tag{10.7.38}$$

将 (10.7.37) 和 (10.7.38) 结合起来, 便得命题的结论. □

命题 10.7.3 对一切 $f \in L^1$, 有 $M_-f(x) = M_+\check{f}(-x)$, 其中 $\check{f}(t) = f(-t)$.

证 显然. □

以下的日出引理已经在习题中遇到过. 因下面要用到它, 我们复述如下:

引理 10.7.3(日出引理) 设 $F : \mathbf{R} \to \mathbf{R}$ 是连续函数, 且 $\lim\limits_{x \to \pm\infty} F(x) = \mp\infty$. F 的阴影集记为

$$G = \big\{x \in \mathbf{R} : \exists y > x\big(F(y) > F(x)\big)\big\},$$

则 G 是开集, 它的任何连通成分都是有界开区间 (α, β), 且 $F(\alpha) \leqslant F(\beta)$.

证 在第一册 §4.2 的练习 4.2.6(i) 中已证明了 G 是开集. 在第 7 章 §7.8 的练习 7.8.4 中已证明 G 的连通成分都是开区间. 因 $\lim\limits_{x \to \pm\infty} F(x) = \mp\infty$, 这些开区间必有界. 又在第一册 §4.2 练习 4.2.6(iv) 中已证明了 $F(\alpha) \leqslant F(\beta)$. □

命题 10.7.4 对一切 $f \in L^1$, $x \in \mathbf{R}$ 和 $\varepsilon > 0$, 构造函数

$$F_\varepsilon(x) = \int_{-\infty}^{x} |f(t)|dt - \varepsilon x, \tag{10.7.39}$$

则 F_ε 是连续函数, 且 $\lim\limits_{x \to \pm\infty} F_\varepsilon(x) = \mp\infty$, 而它的阴影集

$$G_\varepsilon = \big\{x \in \mathbf{R} : \exists y > x\big(F_\varepsilon(y) > F_\varepsilon(x)\big)\big\} = \big\{x \in \mathbf{R} : M_+f(x) > \varepsilon\big\}. \tag{10.7.40}$$

证 论断: F_ε 是连续函数, 且 $\lim\limits_{x \to \pm\infty} F_\varepsilon(x) = \mp\infty$ 是显然的. 而 (10.7.40) 是由以下推演得到的: 对于任何 $y > x$,

$$F_\varepsilon(y) > F_\varepsilon(x) \Longleftrightarrow \int_{-\infty}^{y} |f(t)|dt - \varepsilon y > \int_{-\infty}^{x} |f(t)|dt - \varepsilon x$$

$$\Longleftrightarrow \frac{1}{y-x}\int_{x}^{y} |f(t)|dt > \varepsilon. \qquad \square$$

命题 10.7.5 对一切 $f \in L^1$, $x \in \mathbf{R}$ 和 $\varepsilon > 0$, 集合 $\{x \in \mathbf{R} : M_+ f(x) > \varepsilon\}$ 是有限个或可数个两两不相交的有界开区间之并:

$$\{x \in \mathbf{R} : M_+ f(x) > \varepsilon\} = \bigcup_n (\alpha_n, \beta_n), \tag{10.7.41}$$

而且

$$m(\{x \in \mathbf{R} : M_+ f(x) > \varepsilon\}) = \sum_n (\beta_n - \alpha_n) \leqslant \frac{1}{\varepsilon}|f|_1. \tag{10.7.42}$$

证 由命题 10.7.4, 集合 $\{x \in \mathbf{R} : M_+ f(x) > \varepsilon\}$ 是 $F_\varepsilon(x)$ 的阴影集. 再由日出引理, 集合 $\{x \in \mathbf{R} : M_+ f(x) > \varepsilon\}$ 是有限个或可数个两两不相交的有界开区间之并:

$$\{x \in \mathbf{R} : M_+ f(x) > \varepsilon\} = \bigcup_n (\alpha_n, \beta_n),$$

且

$$0 \leqslant F_\varepsilon(\beta_n) - F_\varepsilon(\alpha_n) = \int_{\alpha_n}^{\beta_n} |f(t)|dt - \varepsilon(\beta_n - \alpha_n).$$

(10.7.42) 由此得证. □

以下的定理将证明一个重要的不等式, 称为 Hardy-Littlewood 极大不等式, 它是本节讨论中的主要结果.

定理 10.7.13(Hardy-Littlewood 极大不等式) 对于一切 $f \in L^1$, $x \in \mathbf{R}$ 和 $\varepsilon > 0$, 我们有

$$m(\{x \in \mathbf{R} : Mf(x) > \varepsilon\}) \leqslant \frac{2}{\varepsilon}|f|_1. \tag{10.7.43}$$

证 因 $M_- f(x) = M_+ \check{f}(-x)$(命题 10.7.3), 由 (10.7.42), 我们有

$$m(\{x \in \mathbf{R} : M_- f(x) > \varepsilon\}) \leqslant \frac{1}{\varepsilon}|f|_1. \tag{10.7.44}$$

由命题 10.7.2 和 (10.7.42) 与 (10.7.44), 我们便得到 (10.7.43). □

推论 10.7.8 $\mathcal{G}$ 在 L^1 中闭.

证 由推论 10.7.7 和 Hardy-Littlewood 极大不等式, 若函数列 $g_n \in \mathcal{G}$ 和 $f \in L^1$ 使得 $|f - g_n|_1 \to 0$, 我们有

$$m^*(\Delta(f, 3\varepsilon)) \leqslant \liminf_{n \to \infty} m^*(\{M(f - g_n) > \varepsilon\}) \leqslant \liminf_{n \to \infty} \frac{2}{\varepsilon}|f - g_n|_1 = 0.$$

故 $f \in \mathcal{G}.\mathcal{G}$ 在 L^1 中闭. □

至此, 我们已完成了证明 "Newton-Leibniz 公式几乎处处成立" 的路线图, 换言之, 我们已经证明了以下的定理, 它被称为 Lebesgue 微分定理.

定理 10.7.14(Lebesgue 微分定理)　对一切 $f \in L^1$,(10.7.33) 成立. 特别, 对于几乎一切 $x \in \mathbf{R}$, 有

$$\lim_{\substack{a \to x-0 \\ b \to x+0}} \frac{1}{b-a} \int_a^b f(t)dt = f(x). \tag{10.7.45}$$

练　习

10.7.1　设 $\{f_n\}$ 是一串 $(X, \mathcal{A}, \mu)$ 上的可测函数.

(i) 假设

$$\forall \varepsilon > 0 \left(\lim_{n \to \infty} \mu\left(\left\{ x \in X : \sup_{j \geqslant n} |f(x) - f_j(x)| > \varepsilon \right\} \right) = 0 \right), \tag{10.7.46}$$

试证:

$$\forall \varepsilon > 0 \left(\lim_{n \to \infty} \mu\left(\left\{ x \in X : \sup_{\substack{j \geqslant n \\ k \geqslant n}} |f_j(x) - f_k(x)| > \varepsilon \right\} \right) = 0 \right). \tag{10.7.47}$$

(ii) 条件 (10.7.47) 满足时, 必有一个可测函数 f, 使得 $\{f_n\}$ 几乎处处收敛于 f.

(iii) 设条件 (10.7.47) 满足, 试证: 必有可测函数 f, 使得 (10.7.46) 成立, 且 $\{f_n\}$ 几乎处处收敛于 f.

(iv) 试证: 条件 (10.7.46) 成立时, $\{f_n\}$ 按测度 μ 收敛于 f.

(v) 试证: 对于给定的 $y \in X$, $f_n(y)$ 不收敛于 $f(y)$ 的充分必要条件是:

$$\exists \varepsilon > 0 \left(y \in \bigcap_{n=1}^{\infty} \left\{ x \in X : \sup_{j \geqslant n} |f(x) - f_j(x)| > \varepsilon \right\} \right).$$

(vi) 当 $\mu(X) < \infty$ 时, 试证: 条件 (10.7.46) 是 $\{f_n\}$ 几乎处处收敛于 f 的充分必要条件.

(vii) 当 $\mu(X) < \infty$ 时, 试证: 几乎处处收敛于 f 的函数列 $\{f_n\}$ 必按测度 μ 收敛于 f. 又问: 当 $\mu(X) = \infty$ 时, 结论成立否?

(viii) 假设

$$\forall \varepsilon > 0 \left(\sum_{n=1}^{\infty} \mu\left(\left\{ x \in X : |f(x) - f_n(x)| > \varepsilon \right\} \right) < \infty \right),$$

试证: 条件 (10.7.46) 成立, 因而 $\{f_n\}$ 几乎处处收敛于 f, 且按测度 μ 收敛于 f.

(ix) 设 f 是个非负可测函数, t 是个正的实数. 试证:

$$\mu\big(\{x : f(x) \geqslant t\}\big) \leqslant \frac{1}{t} \int f d\mu,$$

注 这个不等式常称为 **Chebyshev不等式**(参看推论 10.7.5 的证明). 它在测度论中, 特别在概率论中, 常被用到.

(x) 假设

$$\sum_{n=1}^{\infty} |f - f_n|_1 < \infty,$$

试证: 条件 (10.7.46) 成立, 因而 $\{f_n\}$ 几乎处处收敛于 f, 且按测度 μ 收敛于 f.

注 和这里的结论相似的形式曾在 L^p 的完备性 (定理 10.7.4) 的证明中用过.

10.7.2 (i) 试证: 对于任何 $\varepsilon > 0$, $p \in [1, \infty)$ 和任何有界 Lebesgue 可测集 B 的指示函数 $\mathbf{1}_B$, 有函数 $\phi \in C_0^\infty(\mathbf{R}^n)$, 使得 $|\mathbf{1}_B - \phi|_p < \varepsilon$.

(ii) 试证: 对于任何 $\varepsilon > 0$, $p \in [1, \infty)$ 和任何支集有界的 Lebesgue 可测简单函数 f, 有函数 $\phi \in C_0^\infty(\mathbf{R}^n)$, 使得 $|f - \phi|_p < \varepsilon$.

(iii) 试证: 对于任何 $\varepsilon > 0$, $p \in [1, \infty)$ 和任何函数 $f \in L^p(\mathbf{R}^n, m)$, 有函数 $\phi \in C_0^\infty(\mathbf{R}^n)$, 使得 $|f - \phi|_p < \varepsilon$.

(iv) 试证: 对于任何 $p \in [1, \infty)$ 和任何函数 $\phi \in C_0(\mathbf{R}^n)$, 有

$$\lim_{\mathbf{h} \to \mathbf{0}} |\phi_{\mathbf{h}} - \phi|_p = 0,$$

其中 $\phi_{\mathbf{h}}(\mathbf{x}) = \phi(\mathbf{x} - \mathbf{h})$ 是 ϕ 的 $\mathbf{h}$-平移.

(v) 试证: 对于任何 $p \in [1, \infty)$ 和任何函数 $f \in L^p(\mathbf{R}^n, m)$, 有

$$\lim_{\mathbf{h} \to \mathbf{0}} |f_{\mathbf{h}} - f|_p = 0,$$

其中 $f_{\mathbf{h}}(\mathbf{x}) = f(\mathbf{x} - \mathbf{h})$ 是 f 的 $\mathbf{h}$-平移.

(vi) 试证: 对于任何 $p \in [1, \infty)$ 和任何 $[0, 1]$ 上的连续函数 f 以及 $\varepsilon > 0$, 总可找到一个以 1 为周期的连续周期函数 g, 使得 $|f - g|_p < \varepsilon$.

(vii) 试证: 对于任何 $p \in [1, \infty)$ 和任何函数 $f \in L^p([0, 1])$ 以及 $\varepsilon > 0$, 总可找到一个以 1 为周期的连续周期函数 g, 使得 $|f - g|_p < \varepsilon$.

(viii) 试证: 对于任何 $p \in [1, \infty)$ 和任何实值函数 $f \in L^p([0, 1])$ 以及 $\varepsilon > 0$, 总可找到一个以下形式的三角多项式

$$T_n(x) = \frac{a_0}{2} + \sum_{k=1}^{n} (a_k \cos kx + b_k \sin kx),$$

使得 $|f - T_n|_p < \varepsilon$.

(ix) 试证: 对于任何 $p \in [1, \infty)$ 和任何复值函数 $f \in L^p([a, a+L])$ 以及 $\varepsilon > 0$, 总可找到一个以下形式的三角多项式

$$T_n(x) = \sum_{k=-n}^{n} a_k L^{-1/2} \exp\left(\frac{2\pi \mathrm{i} n(x-a)}{L}\right),$$

使得 $|f - T_n|_p < \varepsilon$.

(x) 试证: 对于任何 $p \in [1, \infty)$, $L^p(\mathbf{R}^n, m)$ 是可分的, 换言之, $L^p(\mathbf{R}^n, m)$ 有可数稠密子集.

10.7.3 (i) 设 $f \in L^p(\mathbf{R}^n, m)$, $g \in L^q(\mathbf{R}^n, m)$, $\frac{1}{p} + \frac{1}{q} = 1$, $p \in [1, \infty]$. 试证: 对于任何 $\mathbf{x} \in \mathbf{R}^n$, 以下积分有意义:

$$f * g(\mathbf{x}) = \int_{\mathbf{R}^n} f(\mathbf{x} - \mathbf{y}) g(\mathbf{y}) m(d\mathbf{y}).$$

(ii) 设 $f \in L^1(\mathbf{R}^n, m)$, $g \in L^1(\mathbf{R}^n, m)$. 试证: 对于几乎一切 $\mathbf{x} \in \mathbf{R}^n$, 以下积分有意义:

$$f * g(\mathbf{x}) = \int_{\mathbf{R}^n} f(\mathbf{x} - \mathbf{y}) g(\mathbf{y}) m(d\mathbf{y}),$$

且 $f * g \in L^1(\mathbf{R}^n, m)$.

(iii) 设 $f \in L^1_{\mathrm{loc}}(\mathbf{R}^n, m)$(即, 在 $\mathbf{R}^n$ 的任何紧集上 f 都是 Lebesgue 可积的. 这样的 f 称为局部 Lebesgue 可积的), $g \in C_0(\mathbf{R}^n, \mathbf{C})$. 试证: 对于一切 $\mathbf{x} \in \mathbf{R}^n$, 以下积分有意义:

$$f * g(\mathbf{x}) = \int_{\mathbf{R}^n} f(\mathbf{x} - \mathbf{y}) g(\mathbf{y}) m(d\mathbf{y}),$$

且 $f * g \in C(\mathbf{R}^n, \mathbf{C})$.

注 当 $f * g$ 有意义时, $f * g$ 称为 f 和 g 的**卷积**.

(iv) 只要 (i),(ii) 和 (iii) 的条件中有一个成立, 便有 $f * g = g * f$, 换言之, 卷积满足交换律.

10.7.4 (i) 设 $1 < p < \infty$, 非负函数 $f, g \in L^p$ 和 $\delta > 0$. 试证:

$$\int f^{p-1} g d\mu \leqslant \delta^{p-1} |g|_p^p + \int_{\{f \geqslant \delta^2\}} f^{p-1} g d\mu + \int_{\{g \leqslant \delta\}} f^{p-1} g d\mu.$$

(ii) 设 $1 < p < \infty$, 非负函数 $f, g \in L^p$ 和 $\delta > 0$. 试证:

$$\int f^{p-1} g d\mu \leqslant \delta^{p-1} |g|_p^p + |f|_p^{p-1} \left[\left(\int_{\{f \geqslant \delta^2\}} g^p d\mu\right)^{1/p} + \left(\int_{\{g \leqslant \delta\}} g^p d\mu\right)^{1/p}\right].$$

(iii) 设 $1 < p < \infty$, 函数列 $\{f_n\}_{n=1}^{\infty} \subset L^p$ 满足不等式 $\sup\limits_{1 \leqslant n < \infty} |f_n|_p < \infty$ 且函数列 $\{f_n\}_{n=1}^{\infty}$ 几乎处处或按测度 μ 收敛于零. 试证: 对于任何 $g \in L^p$ 和 $\delta > 0$, 有

$$\limsup_{n \to \infty} \int f_n^{p-1} g d\mu \leqslant \delta^{p-1} |g|_p^p + \sup_{n \in \mathbf{N}} |f_n|_p^{p-1} |\mathbf{1}_{\{g \leqslant \delta\}} g|_p.$$

(iv) 设 $1 < p < \infty$, 函数列 $\{f_n\}_{n=1}^{\infty} \subset L^p$ 满足 $\sup\limits_{1 \leqslant n < \infty} |f_n|_p < \infty$, 且几乎处处或按测度 μ 函数列 f_n 收敛于零. 试证: 对于任何 $g \in L^p$, 有

$$\lim_{n \to \infty} \int |f_n|^{p-1}|g| d\mu = 0.$$

(v) 设 $1 < p < \infty$, 函数列 $\{f_n\}_{n=1}^{\infty} \subset L^p$ 满足 $\sup\limits_{1 \leqslant n < \infty} |f_n|_p < \infty$, 且几乎处处或按测度 μ 函数列 f_n 收敛于零. 试证: 对于任何 $g \in L^p$, 有

$$\lim_{n \to \infty} \int |f_n||g|^{p-1} d\mu = 0.$$

10.7.5 给定了 $1 \leqslant p < \infty$, 试证:

(i) $\exists K_p < \infty \forall c \in \mathbf{R}\left(\left| |c|^p - 1 - |c-1|^p \right| \leqslant K_p(|c-1|^{p-1} + |c-1|) \right).$

(ii) $\exists K_p < \infty \forall a, b \in \mathbf{R}\left(\left| |b|^p - |a| - |b-a|^p \right| \leqslant K_p(|b-a|^{p-1}|a| + |a|^{p-1}|b-a|) \right).$

(iii) 设 $(X, \mathcal{A}, \mu)$ 是个测度空间, 而 $\{f_n : n = 1, 2, \cdots\} \cup \{f\} \subset L^p(X, \mathcal{A}, \mu)$, 其中 $1 \leqslant p < \infty$. 假若 $\sup\limits_{n \geqslant 1} |f_n|_p < \infty$ 且或几乎处处 (μ) 或按测度 μ 函数列 $\{f_n\}$ 收敛于 f, 则

$$\lim_{n \to \infty} \int \left| |f_n|^p - |f|^p - |f_n - f|^p \right| d\mu = 0;$$

因此, $|f_n|_p \to |f|_p \Longrightarrow |f_n - f|_p \to 0$.

注 结论 (iii) 常称为 **Lieb定理**. 同学试与定理 10.3.4(Fatou 引理的 Lieb 形式) 相比较.

10.7.6 设 $(X_1, \mathcal{A}_1, \mu_1)$ 和 $(X_2, \mathcal{A}_2, \mu_2)$ 是两个测度空间, 这两个测度空间分别相对于 π-系 $\mathcal{P}_1$ 和 π-系 $\mathcal{P}_2$(它们分别生成 σ-代数 $\mathcal{A}_1$ 和 σ-代数 $\mathcal{A}_2$) 是 σ- 有限的. 又设 $1 \leqslant p_1, p_2 < \infty$, 函数 f 在可测空间 $(X_1 \times X_2, \mathcal{A}_1 \otimes \mathcal{A}_2)$ 上是可测的, 记

$$|f|_{(p_1,p_2)} = \left[\int_{X_2} \left(\int_{X_1} |f(x_1, x_2)|^{p_1} \mu_1(dx_1) \right)^{p_2/p_1} \mu_2(dx_2) \right]^{1/p_2}.$$

混合 Lebesgue 函数空间 $L^{(p_1,p_2)}$ 定义为所有满足条件 $|f|_{(p_1,p_2)} < \infty$ 的在可测空间 $(X_1 \times X_2, \mathcal{A}_1 \otimes \mathcal{A}_2)$ 上可测的函数 f 组成的集合, 它是线性空间 (相对于函数的加法和数乘运算), 且映射 $L^{(p_1,p_2)} \ni f \mapsto |f|_{(p_1,p_2)}$ 满足范数应满足的条件. 当 $p_1 = p = p_2$ 时, 混合 Lebesgue 函数空间便成为普通的 Lebesgue 函数空间: $L^{(p_1,p_2)}(X_1 \times X_2, \mathcal{A}_1 \otimes \mathcal{A}_2) = L^p(X_1 \times X_2, \mathcal{A}_1 \otimes \mathcal{A}_2)$, $|f|_{(p_1,p_2)} = |f|_p$. 关于混合 Lebesgue 函数空间, 我们有以下结果.

(i) 设 $\alpha, \beta \in \mathbf{R}$, 试证:

$$|\alpha f + \beta g|_{(p_1,p_2)} \leqslant |\alpha||f|_{(p_1,p_2)} + |\beta||g|_{(p_1,p_2)}.$$

(ii) 设 $1 \leqslant q_1, q_2 < \infty$ 使得 $\dfrac{1}{p_1} + \dfrac{1}{q_1} = 1$, $\dfrac{1}{p_2} + \dfrac{1}{q_2} = 1$. 试证:

$$|fg|_1 \leqslant |f|_{(p_1,p_2)}|g|_{(q_1,q_2)}.$$

(iii) 设 $f_n \in L^{(p_1,p_2)}$ $(n = 1, 2, \cdots)$, $f \in L^{(p_1,p_2)}$, 且 $f_n \to f(a.e, \mu_1 \otimes \mu_2)$, 又设有 $g \in L^{(p_1,p_2)}$, 使得 $|f_n| \leqslant g, a.e.(\mu_1 \otimes \mu_2)$ $(n = 1, 2, \cdots)$. 试证: $|f - f_n|_{(p_1,p_2)} \to 0$.

(iv) 设 μ_1 和 μ_2 是两个概率测度, 即 $\mu_1(X_1) = 1 = \mu_2(X_2)$. $r = \max(p_1, p_2)$. 试证: 对于任何 $f \in L^{(p_1,p_2)}$, 有

$$|f|_{(p_1,p_2)} \leqslant |f|_r.$$

(v) 设 μ_1 和 μ_2 是两个概率测度, $\mathcal{G}$ 表示所有具有以下形式的 $X_1 \times X_2$ 上的函数之全体:

$$\sum_{m=1}^{n} \mathbf{1}_{E_{1,m}}(x_1)\varphi_m(x_2),$$

其中 $E_{1,1}, \cdots, E_{1,n}$ 是 $\mathcal{A}_1$ 中 n 个两两不相交的元素, 而 $\varphi_1, \cdots, \varphi_n$ 是 n 个 $L^{\infty}(\mu_2)$ 中的元素, n 是任何自然数. 试证: 对于任何 $f \in L^{(p_1,p_2)}(\mu_1,\mu_2)$ 和任何 $\varepsilon > 0$, 有 $\psi \in \mathcal{G}$, 使得

$$|f - \psi|_{(p_1,p_2)} < \varepsilon.$$

10.7.7 设 $(X_1, \mathcal{A}_1, \mu_1)$ 和 $(X_2, \mathcal{A}_2, \mu_2)$ 是两个测度空间, 这两个测度空间分别相对于 π-系 $\mathcal{P}_1$ 和 π-系 $\mathcal{P}_2$(它们分别生成 σ-代数 $\mathcal{A}_1$ 和 σ-代数 $\mathcal{A}_2$) 是 σ- 有限的. 又设 $1 \leqslant p_1 \leqslant p_2 < \infty$, 试证:

$$
\begin{aligned}
|f|_{L^{(p_1,p_2)}(\mu_1,\mu_2)} &= \left[\int_{X_2} \left(\int_{X_1} |f(x_1,x_2)|^{p_1} \mu_1(dx_1) \right)^{p_2/p_1} \mu_2(dx_2) \right]^{1/p_2} \\
&\leqslant \left[\int_{X_1} \left(\int_{X_2} |f(x_1,x_2)|^{p_2} \mu_2(dx_2) \right)^{p_1/p_2} \mu_1(dx_1) \right]^{1/p_1} \\
&= |f|_{L^{(p_2,p_1)}(\mu_2,\mu_1)}.
\end{aligned}
$$

注 1 本题的结论是定理 10.7.3(Minkowski 不等式) 的推广. 它也常称为 Minkowski 不等式 (的连续形式).

注 2 本题也可以用定理 10.7.3 的证明方法直接证明之. 应该说, 两个方法的思路都是常用的.

注 3 本题也可以用定理 10.7.3(Minkowski 不等式) 的结论来证明, 只要将这里的 $|f|^{p_1}$ 看成定理 10.7.3 中的 f.

10.7.8 设 $(X_1, \mathcal{A}_1, \mu_1)$ 和 $(X_2, \mathcal{A}_2, \mu_2)$ 是两个测度空间, 这两个测度空间分别相对于 π-系 $\mathcal{P}_1$ 和 π-系 $\mathcal{P}_2$(它们分别生成 σ-代数 $\mathcal{A}_1$ 和 σ-代数 $\mathcal{A}_2$) 是 σ- 有限的. 又设 K 是在可测空间 $(X_1 \times X_2, \mathcal{A}_1 \otimes \mathcal{A}_2)$ 上可测的函数, 且满足条件:

$$M_1 = \sup_{x_2 \in X_2} |K(\cdot, x_2)|_r < \infty \quad \text{与} \quad M_2 = \sup_{x_1 \in X_1} |K(x_1, \cdot)|_r < \infty,$$

其中 $r \in [1, \infty)$. 又设 $p, u \in [1, \infty]$ 满足条件 $\dfrac{1}{u} = \dfrac{1}{p} + \dfrac{1}{r} - 1$.

(i) 对于 $f \in L^s(\mu_2)$, 其中 s 满足条件 $\frac{1}{r} + \frac{1}{s} = 1$, 定义积分算子

$$(\mathcal{K}f)(x_1) = \int_{X_2} K(x_1, x_2) f(x_2) d\mu_2.$$

试证:

$$|\mathcal{K}f|_u \leqslant M_1^{r/u} M_2^{1-r/u} |f|_p.$$

(ii) 设 $f \in L^p(\mu_2)$, 令

$$\Lambda_K(f) = \left\{ x_1 \in X_1 : \int_{X_2} |K(x_1, x_2)||f(x_2)| d\mu_2 < \infty \right\}$$

和

$$\overline{\mathcal{K}}f(x_1) = \begin{cases} \int_{X_2} K(x_1, x_2) f(x_2) d\mu_2, & \text{若 } x_1 \in \Lambda_K(f), \\ 0, & \text{其他情形}. \end{cases}$$

试证:

$$\mu_1\left((\Lambda_K(f)^C \right) = 0, \quad \text{且} \quad |\overline{\mathcal{K}}f|_u \leqslant M_1^{r/u} M_2^{1-r/u} |f|_p,$$

$\overline{\mathcal{K}} : L^p \to L^u$ 是 $\mathcal{K} : L^p \cap L^s \to L^u$ 的唯一的连续延拓, 其中 s 满足条件 $\frac{1}{s} + \frac{1}{r} = 1$.

10.7.9 (i) 设 $p_1, p_2, r \in [1, \infty]$, 且满足条件 $\frac{1}{r} = \frac{1}{p_1} + \frac{1}{p_2} - 1$. 则对于任何 $f \in L^{p_1}(\mathbf{R}^n)$ 和任何 $g \in L^{p_2}(\mathbf{R}^n)$, 试证: 点集

$$\Lambda(f, g) = \left\{ \mathbf{x} \in \mathbf{R}^n : \int_{\mathbf{R}^n} |f(\mathbf{x} - \mathbf{y})||g(\mathbf{y})| m(d\mathbf{y}) < \infty \right\}$$

的余集是零集. 又令

$$f * g(\mathbf{x}) = \begin{cases} \int_{\mathbf{R}^n} f(\mathbf{x} - \mathbf{y}) g(\mathbf{y}) m(d\mathbf{y}), & \text{当} \mathbf{x} \in \Lambda(f, g), \\ 0, & \text{其他情形}, \end{cases}$$

试证: $f * g = g * f$ 且

$$|f * g|_r \leqslant |f|_{p_1} |g|_{p_2}.$$

最后证明: 映射 $(f, g) \in L^{p_1} \times L^{p_2} \mapsto f * g \in L^r$ 是双线形式的, $f * g$ 称为 f 和 g 的**卷积**.

注 不等式 $|f * g|_r \leqslant |f|_{p_1} |g|_{p_2}$ 称为 **Young不等式**. 本题的结果是练习 10.7.3 结果的推广.

(ii) 设 $j \in L^1(\mathbf{R}^n, m)$, 且 $\int_{\mathbf{R}^n} j \, dm = 1$. 对于 $\varepsilon > 0$, 记 $j_\varepsilon(\mathbf{x}) = \varepsilon^{-n} j(\mathbf{x}/\varepsilon)$. 试证: $|j_\varepsilon|_1 = |j|_1$, 且 $\int_{\mathbf{R}^n} j_\varepsilon \, dm = 1$.

(iii) 又设 $f \in L^p(\mathbf{R}^n, m)$, f 和 j_ε 的卷积记为 $f_\varepsilon = f * j_\varepsilon$. 试证: $f_\varepsilon \in L^p(\mathbf{R}^n, m)$, $|f_\varepsilon|_p \leqslant |j|_1 |f|_p$, 且

$$\lim_{\varepsilon \to 0} |f - f_\varepsilon|_p = 0.$$

(iv) 若 (ii) 中的 $j \in C_0^\infty(\mathbf{R}^n)$(紧支集的无穷次连续可微函数空间), 则 $f_\varepsilon \in C^\infty(\mathbf{R}^n)$(无穷次连续可微函数空间) 且

$$D^\alpha f_\varepsilon = f * D^\alpha j_\varepsilon.$$

(v) $C_0^\infty(\mathbf{R}^n)$ 在 $L^p(\mathbf{R}^n, m)$ 中稠密.

(vi) 设函数 $f \in C(\mathbf{R}^n)$ 且有界, f 和 j_ε 的卷积记为 $f_\varepsilon = f * j_\varepsilon$. 试证: $f_\varepsilon \in C(\mathbf{R}^n)$, 且对于任何紧集 $K \subset \mathbf{R}^n$, 有

$$\lim_{\varepsilon \to 0} \max_{\mathbf{x} \in K} |f(\mathbf{x}) - f_\varepsilon(\mathbf{x})| = 0.$$

又设 $f \in C_0^\infty(\mathbf{R}^n)$, f 和 j_ε 的卷积记为 $f_\varepsilon = f * j_\varepsilon$. 试证: $f_\varepsilon \in C_0^\infty(\mathbf{R}^n)$, 且

$$\lim_{\varepsilon \to 0} \max_{\mathbf{x} \in \mathbf{R}^n} |D^{\boldsymbol{\alpha}} f(\mathbf{x}) - D^{\boldsymbol{\alpha}} f_\varepsilon(\mathbf{x})| = 0.$$

10.7.10 本题想证明: 闭区间 $[0,1]$ 上所有 Riemann 可积函数构成的线性空间 $R^1([0,1])$ 相对于范数

$$|f|_{R^1([0,1])} = \int_0^1 |f(x)| dx$$

是不完备的赋范线性空间. 这正是 Riemann 积分不得不让位给 Lebesgue 积分的理由. 为此我们要用到 §9.2 的练习 9.2.11 的结果, 并沿用 §9.2 的练习 9.2.11 的记号. 记

$$A_N = \bigcap_{n=0}^N \Big[\mathcal{S}_{\delta/3^n} \circ \cdots \circ \mathcal{S}_{\delta/3} \circ \mathcal{S}_\delta([0,1]) \Big].$$

(i) 试证: 对于一切 $N \in \mathbf{N}$, 函数

$$\mathbf{1}_{A_N}(x) = \begin{cases} 1, & \text{当} x \in A_N, \\ 0, & \text{当} x \in [0,1] \setminus A_N \end{cases}$$

Riemann 可积.

(ii) 试证:

$$\forall N \in \mathbf{N} \forall x \in [0,1] \Big(1 \geqslant \mathbf{1}_{A_N}(x) \geqslant \mathbf{1}_{A_{N+1}}(x) \geqslant 0 \Big).$$

(iii) 试证: 在 $[0,1]$ 上,

$$\lim_{N \to \infty} \mathbf{1}_{A_N}(x) = \mathbf{1}_A(x),$$

其中 $A = \bigcap_{N=1}^\infty A_N$.

(iv) 试证: 在 $L^1([0,1])$ 中 $\mathbf{1}_{A_N}$ 趋于 $\mathbf{1}_A$, 换言之,

$$\lim_{N \to \infty} \int_{[0,1]} |\mathbf{1}_{A_N}(x) - \mathbf{1}_A(x)| dm = 0.$$

(v) 试证: 若有闭区间 $[0,1]$ 上的可积函数 g, 使得

$$\lim_{N\to\infty}\int_0^1 |\mathbf{1}_{A_N}(x) - g(x)|dx = 0,$$

则在 $[0,1]$ 上, $g = \mathbf{1}_A, a.e.$.

(vi) 试证: 在 $[0,1]$ 上, 函数 $\mathbf{1}_A$ 不可能几乎处处等于一个几乎处处连续的函数.

(vii) 试证: 闭区间 $[0,1]$ 上所有 Riemann 可积函数构成的线性空间 $R^1([0,1])$ 相对于范数

$$|f|_{R^1([0,1])} = \int_0^1 |f(x)|\mathrm{d}x$$

是不完备的赋范线性空间.

10.7.11 设 $f_n \in L^p(X,\mu)$, $n = 1,2,\cdots$, $f \in L^p(X,\mu)$, $p \in [1,\infty]$, 且 $|f_n - f|_p \to 0$. 试证: f_n 在 X 上按测度 μ 收敛于 f.

10.7.12 在测度空间 $(\mathbf{R}^n, m)$ 上考虑问题.

(i) 设 $f \in L^p(\mathbf{R}^n)$, $p \in [1,\infty)$. 试证: 有一串 $\mathbf{R}^n$ 上的紧支集的连续函数 f_j, 使得 $|f - f_j|_p \to 0$.

(ii) 设 $f \in L^p(\mathbf{R}^n)$, $p \in [1,\infty)$. 试证: 有一串 $\mathbf{R}^n$ 上的紧支集的连续函数 f_j, 使得 f_j 几乎处处收敛于 f.

(iii) 设 $f \in L^p(\mathbf{R}^n)$, $p \in [1,\infty)$. 试证: 对于任何 $\varepsilon > 0$, 有一个闭集 $F \subset \mathbf{R}^n$, 使得 $m(F^C) < \varepsilon$, 且 f 在 F 上的限制是连续的.

(iv) 设 f 是 $\mathbf{R}^n$ 上的几乎处处有限的可测函数. 试证: 对于任何 $\varepsilon > 0$, 有一个闭集 $F \subset \mathbf{R}^n$, 使得 $m(F^C) < \varepsilon$, 且 f 在 F 上的限制是连续的.

注 1 结论 (iv) 称为**Lusin 定理**. Lusin长期担任莫斯科大学数学力学系系主任. 在他执掌莫斯科大学数学力学系时, 莫斯科大学数学力学系培养出了 Kolmogorov, Pontrjagin 和 Gelfand 等对 20 世纪数学发展有重大影响的数学家. Lusin 被世界数学界认为是一位对前苏联数学发展有重要贡献的数学家及数学教育家.

注 2 Lusin 定理中的结论 "f 在 F 上的限制是连续的" 与 "F 中的点是 f 的连续点" 的论断完全不一样, 切勿混淆.

10.7.13 试证:

(i) 以下的函数组

$$\left\{(L)^{-1/2}\cos\frac{\pi mx}{L} : m \in \mathbf{N}\right\} \cup \{(2L)^{-1/2}\} \cup \left\{(L)^{-1/2}\sin\frac{\pi mx}{L} : m \in \mathbf{N}\right\}$$

构成 $L^2([-L,L];\mathbf{C})$ 中的正交规范基.

(ii) 以下的函数列

$$\left\{(L/2)^{-1/2}\cos\frac{\pi mx}{L} : m \in \mathbf{N}\right\} \cup \{L^{-1/2}\}$$

构成 $L^2([0,L];\mathbf{R})$ 及 $L^2([0,L];\mathbf{C})$ 中的正交规范基.

(iii) 以下的函数列

$$\left\{(L/2)^{-1/2}\sin\frac{\pi m x}{L} : m \in \mathbf{N}\right\}$$

构成 $L^2([0,L];\mathbf{R})$ 及 $L^2([0,L];\mathbf{C})$ 中的正交规范基.

10.7.14 (i) 设 E 是 $\mathbf{R}$ 上的一个 Lebesgue 可测集, 试证: 对于几乎一切的 $x \in E$, 以下等式成立:

$$\lim_{\varepsilon\to+0}\frac{m\big(E\cap(x-\varepsilon,x+\varepsilon)\big)}{2\varepsilon}=1.$$

注 以上结果称为 **Lebesgue 密度定理**.

(ii) 试证: 闭区间 $[0,1]$ 上没有这样的一个可测子集 $E \subset [0,1]$, 它使得

$$\forall x \in [0,1]\big(m(E\cap[0,x])=x/2\big).$$

10.7.15 设 $f:\mathbf{R}^n \to \mathbf{R}$ 是一个支集 $\subset \{\mathbf{y}\in\mathbf{R}^n:|\mathbf{y}|\leqslant c\}$ 的连续可微函数, 其中 c 是一个正的实数. 又设 $\boldsymbol{\varphi}:\mathbf{R}^n\to\mathbf{R}^n$ 是一个满足以下条件的二次连续可微映射:

$$|\mathbf{x}|\geqslant 1 \Longrightarrow \boldsymbol{\varphi}(\mathbf{x})=\mathbf{x}.$$

记 $g(y_1,y_2,\cdots,y_n)=\displaystyle\int_{-\infty}^{y_1}f(z,y_2,\cdots,y_n)dz.$

(i) 试证:

(1) $g:\mathbf{R}^n\to\mathbf{R}$ 是连续可微函数.

(2) $f=\dfrac{\partial g}{\partial y_1}$.

(3) 若以下两个条件中至少有一个成立: (a) $\exists j\in\{2,\cdots,n\}(|y_j|\geqslant c)$ 或 (b) $y_1\leqslant -c$, 则 $g(y_1,\cdots,y_n)=0$.

(ii) 试证:

$$f\circ\boldsymbol{\varphi}(\mathbf{x})J_{\boldsymbol{\varphi}}(\mathbf{x})=\det\begin{bmatrix}\nabla\big(g(\boldsymbol{\varphi})\big)\\ \nabla\varphi_2\\ \vdots\\ \nabla\varphi_n\end{bmatrix},$$

其中右端表示以方括弧中的 n 个向量为行向量的矩阵的行列式.

(iii) $\boldsymbol{\varphi}$ 的 Jacobi 矩阵是

$$M=\begin{bmatrix}D_1\varphi_1 & D_2\varphi_1 & \cdots & D_n\varphi_1\\ D_1\varphi_2 & D_2\varphi_2 & \cdots & D_n\varphi_2\\ \vdots & \vdots & & \vdots\\ D_1\varphi_n & D_2\varphi_n & \cdots & D_n\varphi_n\end{bmatrix}.$$

记 m_{ij} 为 M 划去第 i 行和第 j 列后得到的 $(n-1) \times (n-1)$ 矩阵的行列式. 又记 $M_i = (-1)^{i+1} m_{1i}$. 试证:

$$\sum_{i=1}^{n} \frac{\partial M_i}{\partial x_i} = 0.$$

注　这个适用于任何二次连续可微映射 $\boldsymbol{\varphi}$ 的等式称为 **Kronecker恒等式**.

(iv) 试证;

$$\int_{\mathbf{R}^n} f \circ \boldsymbol{\varphi}(\mathbf{x}) \, J_{\boldsymbol{\varphi}}(\mathbf{x}) m(d\mathbf{x}) = \int_{\mathbf{R}^n} \sum_{i=1}^{n} M_i \frac{\partial g(\boldsymbol{\varphi})}{\partial x_i} m(d\mathbf{x}).$$

(v) 试证:

$$\int_{\mathbf{R}^n} f \circ \boldsymbol{\varphi}(\mathbf{x}) \, J_{\boldsymbol{\varphi}}(\mathbf{x}) m(d\mathbf{x}) = -\int_{\mathbf{R}^n} g \sum_{i=1}^{n} \frac{\partial M_i}{\partial x_i} m(d\mathbf{x}) + \text{分部后得到的边界项}.$$

(vi) 试证:

$$\int_{\mathbf{R}^n} f \circ \boldsymbol{\varphi}(\mathbf{x}) \, J_{\boldsymbol{\varphi}}(\mathbf{x}) m(d\mathbf{x}) = \int_{\mathbf{R}^n} f(\mathbf{y}) m(d\mathbf{y}).$$

(vii) 如前所述的 $\boldsymbol{\varphi}$, 即 $\boldsymbol{\varphi}: \mathbf{R}^n \to \mathbf{R}^n$ 是一个满足以下条件的二次连续可微映射:

$$|\mathbf{x}| \geqslant 1 \Longrightarrow \boldsymbol{\varphi}(\mathbf{x}) = \mathbf{x}.$$

试证: $\boldsymbol{\varphi}$ 是 $\mathbf{R}^n$ 到自身的满射.

(viii) 试证以下定理:

定理 10.7.15(中间值定理)　设 $\boldsymbol{\varphi}$ 是由 $\mathbf{R}^n$ 的单位闭球到 $\mathbf{R}^n$ 的连续映射, 且在单位闭球的边界上是恒等映射:

$$|\mathbf{x}|_{\mathbf{R}^n} = 1 \Longrightarrow \boldsymbol{\varphi}(\mathbf{x}) = \mathbf{x},$$

则映射 $\boldsymbol{\varphi}$ 的像盖住了整个单位闭球.

(ix) 设 $\boldsymbol{\psi}$ 是由 $\mathbf{R}^n$ 的单位闭球 $\mathbf{B}$ 到自身的连续映射. 假若对于一切 $\mathbf{x} \in \mathbf{B}$, 都有 $\boldsymbol{\psi}(\mathbf{x}) \neq \mathbf{x}$, 则由 $\boldsymbol{\psi}(\mathbf{x})$ 出发穿过 $\mathbf{x}$ 的半直线与 $\partial \mathbf{B}$ 有一个交点, 记它为 $\boldsymbol{\varphi}(\mathbf{x})$. 试证: $\boldsymbol{\varphi}$ 在 $\mathbf{B}$ 上连续.

(x) 试证以下定理:

定理 10.7.16(Brouwer 不动点定理)　设 $\boldsymbol{\psi}$ 是由 $\mathbf{R}^n$ 的单位闭球 $\mathbf{B}$ 到自身的连续映射, 则一定有 $\mathbf{x} \in \mathbf{B}$, 使得 $\boldsymbol{\psi}(\mathbf{x}) = \mathbf{x}$.

10.7.16　本题的目的是给出定理 10.6.3 的另一种证明. 我们只证明定理 10.6.3 的以下的特殊情形. 证得了它, 一般情形不难获证.

定理 10.6.3″　设 U 是 $\mathbf{R}^n$ 中的开集, $\boldsymbol{\varphi}$ 是 $\overline{U}$ 到 $\boldsymbol{\varphi}(\overline{U}) \subset \mathbf{R}^n$ 上的双射, $\boldsymbol{\varphi}$ 是二次连续可微的, 且 $\boldsymbol{\varphi}$ 的 Jacobi 行列式 $J_{\boldsymbol{\varphi}}$ 在 $\overline{U}$ 上恒大于零, 则对于任何支集包含于 $\boldsymbol{\varphi}(U)$ 内的连续函数 f, 有

$$\int_{\boldsymbol{\varphi}(U)} f \, dm = \int_{U} (f \circ \boldsymbol{\varphi}) J_{\boldsymbol{\varphi}} \, dm.$$

我们将分许多小步来完成以上定理的证明. 在以下的讨论中, 我们总是假设: U 是 $\mathbf{R}^n$ 中的开集,$\boldsymbol{\varphi}$ 是 $\overline{U}$ 到 $\boldsymbol{\varphi}(\overline{U}) \subset \mathbf{R}^n$ 上的双射,$\boldsymbol{\varphi}$ 是二次连续可微的, 且 $\boldsymbol{\varphi}$ 的 Jacobi 行列式 $J_{\boldsymbol{\varphi}}$ 在 $\overline{U}$ 上恒大于零.

(i) 在 $\boldsymbol{\varphi}(U)$ 所在的空间 $\mathbf{R}^n$ 上构造一个关于 $\boldsymbol{\varphi}(U)$ 的单位分解

$$\forall \mathbf{y} \in \boldsymbol{\varphi}(U) \left(\sum_j p_j(\mathbf{y}) = 1 \right),$$

其中每个 p_j $(j = 1, 2, \cdots)$ 是支集包含于一个半径不大于 ε 的开球 $\mathbf{B}_j \subset \boldsymbol{\varphi}(U)$ 内的连续函数. (这个单位分解的存在是由定理 8.6.1 保证的) 记 $f_j = f p_j$, $j = 1, 2, \cdots$. 每个 f_j 的支集包含于一个半径不大于 ε 的开球 $\mathbf{B}_j \subset \boldsymbol{\varphi}(U)$ 内. 试证: 若已知

$$\int_{\boldsymbol{\varphi}(U)} f_j dm = \int_U (f_j \circ \boldsymbol{\varphi}) J_{\boldsymbol{\varphi}} dm, \quad j = 1.2, \cdots,$$

则

$$\int_{\boldsymbol{\varphi}(U)} f dm = \int_U (f \circ \boldsymbol{\varphi}) J_{\boldsymbol{\varphi}} dm.$$

注 1   有了 (i) 的结果, 只须证明定理 10.6.3′ 的结论对于支集包含于一个半径为 ε 的开球 $\mathbf{B}$ 中的连续函数 f 成立就够了, 其中 ε 是任何给定的正数. 下文中永远假设 f 是一个支集包含于一个半径不大于 ε 的开球 $\mathbf{B}$ 中的连续函数,ε 的大小将在下文中确定.

注 2   不难证明: 对于每个 $\varepsilon > 0$, 有 $\delta(\varepsilon) > 0$, 使得半径为 ε 的球 $\mathbf{B}$ 关于 $\boldsymbol{\varphi}$ 的原像 $\boldsymbol{\varphi}^{-1}(\mathbf{B})$ 必包含于某个半径为 $\delta(\varepsilon)$ 的球内, 而且 $\delta(\varepsilon)$ 满足条件: $\lim_{\varepsilon \to 0} \delta(\varepsilon) = 0$. 又因为平移对于所述问题的条件和结论均无影响. 下文中永远假设 f 是一个支集包含于一个球心在原点而半径为 ε 的开球 $\mathbf{B}$ 中的连续函数,ε 的大小将在下文中确定, 而 $\boldsymbol{\varphi}^{-1}(\mathbf{0}) = \mathbf{0}$.

(ii) 试证: 存在一个函数 $s : \mathbf{R} \to [0, 1]$, 使得 $s \in C^\infty(\mathbf{R})$, 且

$$s(t) = \begin{cases} 1, & \text{当 } t \leqslant 0, \\ \text{单调地由 1 降至 } 0, & \text{当 } 0 \leqslant t \leqslant 1, \\ 0, & \text{当 } t \geqslant 1. \end{cases}$$

(iii) 试证以下纯属于线性代数的引理:

引理 10.7.4   任何行列式大于零的 $n \times n$ 实矩阵 M 可以光滑地形变到单位矩阵 I, 且形变过程中的矩阵的行列式均夹在 $\det M$ 与 1 之间, 而 n 个列向量的长度最大者的长度保持有界.

(iv) 构筑映射 $\boldsymbol{\psi} : \mathbf{R}^n \to \mathbf{R}^n$ 如下:

(a) $\forall \mathbf{x} \in \mathbf{R}^n \left(|\mathbf{x}|_{\mathbf{R}^n} \leqslant d \Longrightarrow \boldsymbol{\psi}(\mathbf{x}) = \boldsymbol{\varphi}(\mathbf{x}) \right)$, 其中 d 是一个正数, 它的大小将在下文中确定.

(b) 假设 $\boldsymbol{\varphi}$ 在原点的 Taylor 展开是

$$\boldsymbol{\varphi}(\mathbf{x}) = M\mathbf{x} + N(\mathbf{x}),$$

其中 M 可逆, 因而有 $m > 0$, 使得 $|M\mathbf{x}|_{\mathbf{R}^n} \geqslant m|\mathbf{x}|_{\mathbf{R}^n}$, 而

$$|N(\mathbf{x})|_{\mathbf{R}^n} \leqslant o(\mathbf{x})|\mathbf{x}|_{\mathbf{R}^n}.$$

当 $d \leqslant |\mathbf{x}|_{\mathbf{R}^n} \leqslant 2d$ 时, 令

$$\boldsymbol{\psi}(\mathbf{x}) = M\mathbf{x} + s(|\mathbf{x}|_{\mathbf{R}^n}/d - 1)N(\mathbf{x}),$$

其中 $s(\cdot)$ 是 (ii) 中证明存在的函数.

(c) 记 (iii) 中 M 到 I 的光滑形变为 $M(t)$, 使得 $M(0) = M$, $M(1) = I$. 令

$$\boldsymbol{\psi}(\mathbf{x}) = \begin{cases} M(|\mathbf{x}|_{\mathbf{R}^n}/d - 2)\mathbf{x} & \text{若} 2d \leqslant |\mathbf{x}|_{\mathbf{R}^n} \leqslant 3d, \\ \mathbf{x} & \text{若} |\mathbf{x}|_{\mathbf{R}^n} \geqslant 3d. \end{cases}$$

试证: 如上构筑的二次连续可微的映射 $\boldsymbol{\psi}: \mathbf{R}^n \to \mathbf{R}^n$ 满足以下三个条件:

(1) $\forall \mathbf{x} \in \boldsymbol{\varphi}^{-1}(\mathbf{B})\big(\boldsymbol{\psi}(\mathbf{x}) = \boldsymbol{\varphi}(\mathbf{x})\big)$;

(2) $\boldsymbol{\psi}^{-1}(\mathbf{B}) = \boldsymbol{\varphi}^{-1}(\mathbf{B})$;

(3) $\exists r > 0 \forall \mathbf{x} \in \mathbf{R}^n(|\mathbf{x}|_{\mathbf{R}^n} > r \Longrightarrow \boldsymbol{\psi}(\mathbf{x}) = \mathbf{x})$.

(v) 试证: 对于 (iv) 中构筑的具有性质 (1), (2) 和 (3) 的映射 $\boldsymbol{\psi}$, 我们有

$$\int_{\boldsymbol{\varphi}(U)} f\, dm = \int_{\boldsymbol{\psi}(U)} f\, dm,$$

且

$$\int_U (f \circ \boldsymbol{\varphi}) J_{\boldsymbol{\varphi}}\, dm = \int_U (f \circ \boldsymbol{\psi}) J_{\boldsymbol{\psi}}\, dm.$$

(vi) 定理 10.6.3′ 成立.

10.7.17 本题想给出一个也许是最简单的换元公式 (定理 10.6.3) 的证明.

(i) 试证明换元公式 (定理 10.6.3) 对于初等微分同胚是成立的.

(ii) 试证明定理 10.6.3.

10.7.18 我们愿意重温一下临界集和临界点的概念: 设映射 $\boldsymbol{\psi}: \overline{D} \to \mathbf{R}^n$ 是连续可微的. 集合

$$K = \{\mathbf{y} = \boldsymbol{\psi}(\mathbf{x}) \in \boldsymbol{\psi}(\overline{D}) \setminus \boldsymbol{\psi}(\partial D) : J_{\boldsymbol{\psi}}(\mathbf{x}) = 0\}$$

称为映射 $\boldsymbol{\psi}$ 的临界集. 映射 $\boldsymbol{\psi}$ 的临界集中的点称为映射 $\boldsymbol{\psi}$ 的临界值. 映射 $\boldsymbol{\psi}$ 的临界集原像中的点称为映射 $\boldsymbol{\psi}$ 的临界点. 根据 Sard 引理 (参看练习 10.6.8), 映射 $\boldsymbol{\psi}$ 的临界集的 Lebesgue 测度为零.

下面我们要引进在映射 $\boldsymbol{\psi}$ 的非临界点处的映射 $\boldsymbol{\psi}$ 的**映射度**(mapping degree) 的概念.

定义 10.7.6 假设 $\mathbf{y} \in \boldsymbol{\psi}(\overline{D}) \setminus \boldsymbol{\psi}(\partial D)$ 不是 $\boldsymbol{\psi}$ 的临界值, 且方程 $\mathbf{y} = \boldsymbol{\psi}(\mathbf{x})$ 只有有限个解 $\mathbf{x}$. 映射 $\boldsymbol{\psi}$ 在点 $\mathbf{y}$ 处的**(映射) 度**(也称 **Brouwer度**) 定义为

$$\deg_{\boldsymbol{\psi}}(\mathbf{y}) = \sum_{\boldsymbol{\psi}(\mathbf{x}) = \mathbf{y}} \operatorname{sgn} J_{\boldsymbol{\psi}}(\mathbf{x}),$$

其中符号函数 sgn 定义如下:

$$\mathrm{sgn}\, x = \begin{cases} 1, & \text{若 } x > 0, \\ 0, & \text{若 } x = 0, \\ -1, & \text{若 } x < 0. \end{cases}$$

我们要在本题中证明以下的推广了的 $\mathbf{R}^n$ 上积分的换元定理.

定理 10.7.17 设 D 是 $\mathbf{R}^n$ 中的连通开集, 映射 $\boldsymbol{\psi}: \overline{D} \to \mathbf{R}^n$ 在 $\overline{D}$ 上二次连续可微, $O \subset \psi(\overline{D})$ 是开集, 且 $\boldsymbol{\psi}$ 的映射度在 O 上恒等于 1. 又设 f 是一个支集包含于 O 内的连续函数, 则以下换元公式成立:

$$\int_{\boldsymbol{\psi}(D)} f(\mathbf{y}) m(d\mathbf{y}) = \int_D f\big(\boldsymbol{\psi}(\mathbf{x})\big) J_{\boldsymbol{\psi}}(\mathbf{x}) m(d\mathbf{x}).$$

这个定理的证明分成以下几步: 下文中的 $D, O, \boldsymbol{\psi}$ 和 f 满足定理 10.7.17 中所述的条件.

(i) 试证: 对于任何 $\eta > 0$ 与任何 $a > 0$, 有一个包含 $\boldsymbol{\psi}$ 的临界集 K 的开集 C, 使得 $m(C) < \eta$, 且 $\forall \mathbf{y} \in C\big(\rho(\mathbf{y}, K) < a\big)$.

(ii) 假设 $\mathbf{y} \in (\mathrm{supp}f) \cap C^C \subset O \cap C^C$, 则在 D 中有有限个点 $\mathbf{x}_1, \cdots, \mathbf{x}_k$, 使得 $\boldsymbol{\psi}(\mathbf{x}_j) = \mathbf{y}$, 且 $J_{\boldsymbol{\psi}}(\mathbf{x}_j) \neq 0$, $j = 1, \cdots, k$. 试证: 存在一个 $\varepsilon_{\mathbf{y}} > 0$, 使得以 $\mathbf{y}$ 为球心的, 半径不大于 $\varepsilon_{\mathbf{y}}$ 的开球 $\mathbf{B}_{\mathbf{y}}$ 必满足以下三个条件:

(1) $\forall \mathbf{z} \in \mathbf{B}_{\mathbf{y}}\big(\rho(\mathbf{z}, K) > b\big)$, 其中 b 是一个不依赖于 $\mathbf{z}$ 的正数, 而

$$K = \{\mathbf{y} = \boldsymbol{\psi}(\mathbf{x}) \in \psi(\overline{D}) \setminus \psi(\partial D) : J_{\boldsymbol{\psi}}(\mathbf{x}) = 0\}.$$

(2) $\boldsymbol{\psi}^{-1}(\mathbf{B}_{\mathbf{y}})$ 是由 k 个连通成分组成的: $\boldsymbol{\psi}^{-1}(\mathbf{y}) = \bigcup_{i=1}^{k} G_i, G_i$ 是 $\boldsymbol{\psi}^{-1}(\mathbf{B}_{\mathbf{y}})$ 的连通成分, 且 $J_{\boldsymbol{\psi}}$ 在每个连通成分 G_i 上保持常号.

(3) 每个映射 $\boldsymbol{\psi}|_{G_i} : G_i \to \mathbf{B}_{\mathbf{y}}$ $(i = 1, \cdots, k)$ 都是双射, 它和它的逆映射都是一次连续可微的.

(iii) 试证: 存在有限个点 $\mathbf{y}_1, \cdots, \mathbf{y}_N \in \mathrm{supp}f \cap C^C$, 使得对应的 N 个球 $\mathbf{B}_{\mathbf{y}_1}, \cdots,$ $\mathbf{B}_{\mathbf{y}_N}$ 覆盖 $\mathrm{supp}f \cap C^C$, 因而

$$\mathrm{supp}f \subset C \cup \bigcup_{l=1}^{N} \mathbf{B}_{\mathbf{y}_l}.$$

由推论 8.6.2, 必有对应于这个覆盖的单位分解 $\{p_l\}_{l=1}^{N}: \forall \mathbf{y} \in \mathrm{supp}f\left(\sum_{l=1}^{N+1} p_l(\mathbf{y}) = 1\right)$, 且 $\mathrm{supp}\, p_l \subset \mathbf{B}_{\mathbf{y}_l}$ $(l = 1, \cdots, N)$, 而 $\mathrm{supp}\, p_{N+1} \subset C$.

(iv) 记 $f_l = f p_l (l = 1, \cdots, N+1)$. 对于任何 $l \in \{1, \cdots, N\}$, $\boldsymbol{\psi}^{-1}(\mathbf{B}_{\mathbf{y}_l}) = \bigcup_{i=1}^{k} G_{il}$, 其中 G_{il} 是 $\boldsymbol{\psi}^{-1}(\mathbf{B}_{\mathbf{y}_l})$ 的连通成分. 试证:

$$\int_{\mathbf{B}_{\mathbf{y}_l}} f_l(\mathbf{y}) m(d\mathbf{y}) = \mathrm{sgn} J_{\boldsymbol{\psi}}(G_{il}) \int_{G_{il}} f_l(\boldsymbol{\psi}(\mathbf{x})) J_{\boldsymbol{\psi}}(\mathbf{x}) m(d\mathbf{x}),$$

其中 $\mathrm{sgn} J_{\boldsymbol{\psi}}(G_{il})$ 表示 $J_{\boldsymbol{\psi}}$ 在 G_{il} 上保持不变的符号.

(v) 对于任何 $l \in \{1, \cdots, N\}$, 试证:

$$\int_{\boldsymbol{\psi}(D)} f_l(\mathbf{y}) m(d\mathbf{y}) = \sum_i \mathrm{sgn} J_{\boldsymbol{\psi}}(G_{il}) \int_D f_l(\boldsymbol{\psi}(\mathbf{x})) J_{\boldsymbol{\psi}}(\mathbf{x}) m(d\mathbf{x}).$$

(vi) 试证:

$$\left| \int f_{N+1}(\mathbf{y}) m(d\mathbf{y}) \right| \leqslant \max |f| \eta,$$

其中 η 是 (i) 中的任给的正数 η.

(vii) 试证: 对于 (i) 中的 a, 存在 $\delta = \delta(a) > 0$, 使得 $\lim\limits_{a \to 0} \delta(a) = 0$, 且

$$\left| \int f_{N+1}(\boldsymbol{\psi}(\mathbf{x})) J_{\boldsymbol{\psi}}(\mathbf{x}) m(d\mathbf{x}) \right| \leqslant m\big(\boldsymbol{\psi}^{-1}(C)\big) \max |f| \delta.$$

(viii) 给出定理 10.7.17 的证明.

§10.8 二次微分形式的面积分

10.8.1 一次微分形式的外微分

设 G 是 $\mathbf{R}^n$ 中的开集, 函数 $f : G \to \mathbf{R}^m$(或称为 "零次微分形式") 的微分是看成函数 f 从点 $\mathbf{p}$ 到点 $\mathbf{p}+h\mathbf{v}$ 的增量 $f(\mathbf{p}+h\mathbf{v}) - f(\mathbf{p})$ 关于 $h\mathbf{v}$ 的最佳线性近似 (或称一次近似):

$$f(\mathbf{p} + h\mathbf{v}) - f(\mathbf{p}) = h df_{\mathbf{p}}[\mathbf{v}] + o(h) = df_{\mathbf{p}}[h\mathbf{v}] + o(h),$$

其中 $df_{\mathbf{p}}$ 表示一个从 $\mathbf{R}^n$ 到 $\mathbf{R}^m$ 的线性映射, 而 $o(h)$ 是一个当 $h \to 0$ 时比 h 更快地趋于零的变量, 或称比 h 更高阶的无穷小 (参看定义 5.1.2).

本节要把上述零次微分形式的微分 (常称为外微分) 概念推广到一次微分形式上去. 在第 15 和第 16 章中, 我们还要把它推广到流形的高次微分形式上去.

设 $\boldsymbol{\tau} = f dx + g dy$ 是平面上的一个一次微分形式, $\mathbf{p}$ 是给定的一个点, $(\mathbf{v}, \mathbf{w})$ 是两个向量 $\mathbf{v}$ 和 $\mathbf{w}$ 组成的有 (先后次) 序的向量对. 构造定向的平行四边形 $P(h, k)$ 如下: 平行四边形的四个顶点依次是 $\mathbf{p}, \mathbf{p} + h\mathbf{v}, \mathbf{p} + h\mathbf{v} + k\mathbf{w}, \mathbf{p} + k\mathbf{w}$. 平行四边形 $P(h, k)$ 的定向如此定义: 从这四个点中的第一个点 $\mathbf{p}$ 出发, 沿着向量 $h\mathbf{v}$ 的方向前进到达

$\mathbf{p}+h\mathbf{v}$, 再从第二个点 $\mathbf{p}+h\mathbf{v}$ 出发, 沿着向量 $k\mathbf{w}$ 的方向前进到达
$\mathbf{p}+h\mathbf{v}+k\mathbf{w}$, 又从第三个点 $\mathbf{p}+h\mathbf{v}+k\mathbf{w}$ 出发, 沿着向量 $-h\mathbf{v}$ 的方
向前进到达 $\mathbf{p}+k\mathbf{w}$, 最后从第三个点 $\mathbf{p}+k\mathbf{w}$ 出发, 沿着向量 $-k\mathbf{w}$ 的
方向回到第一个点 $\mathbf{p}$. 由 $\mathbf{p}$ 点与有序向量对 $[h\mathbf{v}, k\mathbf{w}]$ 所确定的定向平
行四边形的周边记为 $P(h, k)$(为了使记号不要太累赘, $\mathbf{p}$ 点不在定向平
行四边形记号 $P(h, k)$ 中标出). 由以上讨论, 一次微分形式 $\boldsymbol{\tau}$ 的外微
分$d\boldsymbol{\tau}$ 应该满足以下等式:

$$\int_{P(h,k)} \tau = hk d\boldsymbol{\tau}_{\mathbf{p}}[\mathbf{v}, \mathbf{w}] + o(hk), \qquad (10.8.1)$$

其中, $d\boldsymbol{\tau}_{\mathbf{p}}$ 是个双线性函数, 也称双线性形式, 而 $o(hk)$ 是一个满足
以下条件的变量: 当 $(h, k) \to (0, 0)$ 时, 它是比 hk 更高阶的无穷小.
$d\boldsymbol{\tau}_{\mathbf{p}}$ 是二次微分形式$d\boldsymbol{\tau}$ 在 $\mathbf{p}$ 处的值, 这个值本身是个双线性形式. 而
$d\boldsymbol{\tau}_{\mathbf{p}}[\mathbf{v}, \mathbf{w}]$ 是双线性形式 $d\boldsymbol{\tau}_{\mathbf{p}}$ 作用在有序向量对 $[\mathbf{v}, \mathbf{w}]$ 上的值 (有时
也记做 $d\boldsymbol{\tau}_{\mathbf{p}}(\mathbf{v}, \mathbf{w})$). 为了得到一次微分形式的外微分 $d\boldsymbol{\tau}_{\mathbf{p}}$ 的具体表达
式, 我们假设 $\boldsymbol{\tau} = f dx + g dy$ 的系数 f 和 g 是二次连续可微的. 为了
方便, 先对以下的形式较简单的一次微分形式求外微分:

$$\boldsymbol{\tau} = f dx,$$

其中 f 是二次连续可微的. 方程 (10.8.1) 的左端是在平行四边形的四
个边上求积分. 为了在第一个边 $[\mathbf{p}, \mathbf{p}+h\mathbf{v}]$(它代表由点 $\mathbf{p}$ 到点 $\mathbf{p}+h\mathbf{v}$
的定向联线) 上求积分. 代表第一个边的映射是 $[0, 1] \ni t \mapsto \mathbf{p}+th\mathbf{v}$,
它的分量表示是

$$[0, 1] \ni t \mapsto \begin{pmatrix} x(t) \\ y(t) \end{pmatrix} = \begin{pmatrix} p_1 + thv_1 \\ p_2 + thv_2 \end{pmatrix}.$$

注意到

$$dx\left(\begin{bmatrix} a \\ b \end{bmatrix} \right) = a$$

和 §8.7 中夹在公式 (8.7.12) 与 (8.7.13) 之间的那段讨论, 我们有

$$\int_{[\mathbf{p}, \mathbf{p}+h\mathbf{v}]} \tau = \int_{[\mathbf{p}, \mathbf{p}+h\mathbf{v}]} f dx$$

$$= \int_0^1 f(\mathbf{p}+th\mathbf{v})x'(t)dt = \int_0^1 f(\mathbf{p}+th\mathbf{v})hv_1 dt$$

$$= \int_0^1 f(\mathbf{p}+th\mathbf{v})dx[h\mathbf{v}]dt = hdx[\mathbf{v}]\int_0^1 f(\mathbf{p}+th\mathbf{v})dt.$$

同理, 在第三边 $[\mathbf{p}+h\mathbf{v}+k\mathbf{w}, \mathbf{p}+k\mathbf{w}]$ 上的积分值是

$$\int_{[\mathbf{p}+h\mathbf{v}+k\mathbf{w},\mathbf{p}+k\mathbf{w}]} \tau = -hdx[\mathbf{v}]\int_0^1 f(\mathbf{p}+k\mathbf{w}+th\mathbf{v})dt.$$

两项相加, 得到 τ 在第一边和第三边上的积分和是

$$\int_{[\mathbf{p},\mathbf{p}+h\mathbf{v}]} \tau + \int_{[\mathbf{p}+h\mathbf{v}+k\mathbf{w},\mathbf{p}+k\mathbf{w}]} \tau$$

$$= -hdx[\mathbf{v}]\int_0^1 \left[f(\mathbf{p}+k\mathbf{w}+th\mathbf{v}) - f(\mathbf{p}+th\mathbf{v}) \right]dt.$$

利用 Taylor 公式, 上式右端积分中的被积函数可写成

$$f(\mathbf{p}+k\mathbf{w}+th\mathbf{v}) - f(\mathbf{p}+th\mathbf{v}) = df_{(\mathbf{p}+th\mathbf{v})}[k\mathbf{w}] + O(k^2).$$

将其代入上式, 便得平行四边形的第一和第三边上积分值之和是

$$\int_{[\mathbf{p},\mathbf{p}+h\mathbf{v}]} \tau + \int_{[\mathbf{p}+h\mathbf{v}+k\mathbf{w},\mathbf{p}+k\mathbf{w}]} \tau$$

$$= -hdx[\mathbf{v}]\int_0^1 df_{(\mathbf{p}+th\mathbf{v})}[k\mathbf{w}]dt + O(hk^2).$$

类似地, 平行四边形的第二和第四边上积分值之和是

$$\int_{[\mathbf{p},\mathbf{p}+h\mathbf{v},\mathbf{p}+h\mathbf{v}+k\mathbf{w}]} \tau + \int_{[\mathbf{p}+k\mathbf{w},\mathbf{p}]} \tau$$

$$= kdx[\mathbf{w}]\int_0^1 df_{(\mathbf{p}+tk\mathbf{w})}[h\mathbf{v}]dt + O(h^2k).$$

一次微分形式 $\tau = fdx$ 在定向平行四边形周边 $P(h,k)$ 上的积分值是

$$\int_{P(h,k)} \tau = hk\left[-dx[\mathbf{v}]\int_0^1 df_{(\mathbf{p}+th\mathbf{v})}[\mathbf{w}]dt + dx[\mathbf{w}]\int_0^1 df_{(\mathbf{p}+tk\mathbf{w})}[\mathbf{v}]dt \right]$$

$$+ O(h^2k) + O(hk^2).$$

又因 $df_{(\mathbf{p}+th\mathbf{v})}$ 是 $\mathbf{R}^2 \to \mathbf{R}$ 的线性映射, 在标准坐标系中表示这个线性映射的一行二列矩阵是

$$df_{(\mathbf{p}+th\mathbf{v})} = \left(\frac{\partial f}{\partial x}(\mathbf{p}+th\mathbf{v}), \frac{\partial f}{\partial y}(\mathbf{p}+th\mathbf{v}) \right),$$

由 Lagrange 中值定理, 当 $0 \leqslant t \leqslant 1$ 时, 我们有

$$\frac{\partial f}{\partial x}(\mathbf{p}+th\mathbf{v}) = \frac{\partial f}{\partial x}(\mathbf{p}) + O(h), \quad \frac{\partial f}{\partial y}(\mathbf{p}+th\mathbf{v}) = \frac{\partial f}{\partial y}(\mathbf{p}) + O(h),$$

故

$$df_{(\mathbf{p}+th\mathbf{v})}[\mathbf{w}] = df_{\mathbf{p}}[\mathbf{w}] + O(h).$$

两边求积分, 得到

$$\int_0^1 df_{(\mathbf{p}+th\mathbf{v})}[\mathbf{w}]dt = df_{\mathbf{p}}[\mathbf{w}] + O(h).$$

类似地, 我们有

$$\int_0^1 df_{(\mathbf{p}+tk\mathbf{w})}[\mathbf{v}]dt = df_{\mathbf{p}}[\mathbf{v}] + O(k).$$

将上面两个公式的结果代入定向平行四边形周边 $P(h,k)$ 上的积分公式中, 我们有

$$\int_{P(h,k)} \boldsymbol{\tau} = hk\left[-dx[\mathbf{v}]\int_0^1 df_{(\mathbf{p}+th\mathbf{v})}[\mathbf{w}]dt + dx[\mathbf{w}]\int_0^1 df_{(\mathbf{p}+tk\mathbf{w})}[\mathbf{v}]dt \right]$$
$$+ O(h^2 k) + O(hk^2)$$
$$= hk(df_{\mathbf{p}}[\mathbf{v}]dx[\mathbf{w}] - df_{\mathbf{p}}[\mathbf{w}]dx[\mathbf{v}]) + O(h^2 k) + O(hk^2).$$

根据以上计算的结果及 (10.8.1), 我们很自然地引进以下的定义:

定义 10.8.1   **一次微分形式** $\boldsymbol{\tau} = fdx$ 的**外微分** $d\boldsymbol{\tau}_{\mathbf{p}}$ 是以下形式的双线性形式:

$$d\boldsymbol{\tau}_{\mathbf{p}}[\mathbf{v}, \mathbf{w}] = df_{\mathbf{p}}[\mathbf{v}]dx[\mathbf{w}] - df_{\mathbf{p}}[\mathbf{w}]dx[\mathbf{v}]. \tag{10.8.2}$$

由 (10.8.2) 可知, $d\boldsymbol{\tau}$ 是个反对称的双线性函数, 即, 我们有以下命题:

命题 10.8.1 一次微分形式 τ 的外微分具有以下性质:

$$d\tau[\mathbf{v}, \mathbf{w}] = -d\tau[\mathbf{w}, \mathbf{v}].$$

为了表达式更简练, 也为了便于推广到高次微分形式上去, 我们愿意引进两个 1- 形式的**外积**(或称**楔积**, 英语为 **wedge product**) 的概念:

定义 10.8.2 设 σ 和 λ 是两个 1- 形式, $\mathbf{v}$ 和 $\mathbf{w}$ 是两个向量, 则 σ 和 λ 的外积定义为

$$(\sigma \wedge \lambda)[\mathbf{v}, \mathbf{w}] = \sigma[\mathbf{v}]\lambda[\mathbf{w}] - \sigma[\mathbf{w}]\lambda[\mathbf{v}]. \tag{10.8.3}$$

注 我们已经约定, (光滑) 函数 f 称为零形式. 两个零形式 f 和 g 的外积定义为 f 和 g 的 (函数) 乘积: $f \wedge g = fg$. 一个零形式 f 和一个 1–形式 $\omega = gdx + hdy$ 的外积定义为:

$$f \wedge \omega = fgdx + fhdy.$$

这样的约定使得以后关于 1- 形式外积的许多性质可以搬到零形式与零形式或零形式与 1- 形式的外积上去.

利用外积的概念, 一次微分形式 $\tau = fdx$ 的外微分 $d\tau_{\mathbf{p}}$ 的定义可以改写成:

$$d(fdx) = df \wedge dx. \tag{10.8.2}'$$

易见, 外积具有以下性质:

命题 10.8.2 外积具有**反交换性**:

$$\sigma \wedge \lambda = -\lambda \wedge \sigma. \tag{10.8.4}$$

特别, $\sigma \wedge \sigma = -\sigma \wedge \sigma = 0$. 外积与加法之间还有两个**分配律**:

$$\sigma \wedge (\lambda + \tau) = \sigma \wedge \lambda + \sigma \wedge \tau, \tag{10.8.5$_1$}$$

$$(\lambda + \tau) \wedge \sigma = \lambda \wedge \sigma + \tau \wedge \sigma. \tag{10.8.5$_2$}$$

设 f 是零形式 (即函数), λ 和 σ 是 1- 形式, 则外积满足以下的公式:

$$(f\lambda) \wedge \sigma = \lambda \wedge (f\sigma). \tag{10.8.6}$$

1- 形式 gdy 的外微分可用同样的方法得到:

$$d(gdy) = dg \wedge dy. \tag{10.8.7}$$

把两个公式 (10.8.4) 和 (10.8.7) 相加, 我们得到定义 10.8.1 的如下推广的形式:

定义 10.8.1′ 一次微分形式 $\tau = fdx + gdy$ 的外微分 $d\tau_{\mathbf{p}}$ 是以下形式的双线性形式:

$$d(fdx + gdy) = df \wedge dx + dg \wedge dy. \tag{10.8.8}$$

对于这个推广了的一次微分形式 $\tau = fdx + gdy$ 的外微分 $d\tau_{\mathbf{p}}$, 命题 10.8.1 依然成立. 不难证明以下命题:

命题 10.8.3 我们有

$$d(fdx + gdy) = \left(\frac{\partial g}{\partial x} - \frac{\partial f}{\partial y} \right) dx \wedge dy. \tag{10.8.9}$$

证 因

$$df = \frac{\partial f}{\partial x} dx + \frac{\partial f}{\partial y} dy, \quad dg = \frac{\partial g}{\partial x} dx + \frac{\partial g}{\partial y} dy,$$

注意到 $dx \wedge dx = dy \wedge dy = 0, \ dx \wedge dy = -dy \wedge dx$, 我们有

$$
\begin{aligned}
d(fdx + gdy) &= \left(\frac{\partial f}{\partial x} dx + \frac{\partial f}{\partial y} dy \right) \wedge dx + \left(\frac{\partial g}{\partial x} dx + \frac{\partial g}{\partial y} dy \right) \wedge dy \\
&= \left(\frac{\partial g}{\partial x} - \frac{\partial f}{\partial y} \right) dx \wedge dy. \qquad \square
\end{aligned}
$$

推论 10.8.1 假若

$$\tau = df = \frac{\partial f}{\partial x} dx + \frac{\partial f}{\partial y} dy,$$

则

$$d\tau = 0. \tag{10.8.10}$$

证 假若

$$\tau = df = \frac{\partial f}{\partial x} dx + \frac{\partial f}{\partial y} dy,$$

则由 (10.8.9), 有

$$d\boldsymbol{\tau} = d(df) = \left(\frac{\partial^2 f}{\partial x \partial y} - \frac{\partial^2 f}{\partial y \partial x} \right) dx \wedge dy = 0. \qquad \square$$

定义 10.8.3 1- 形式 $\boldsymbol{\varpi}$ 称为**恰当**的, 若有 0- 形式, 也即连续可微函数 φ, 使得 $\boldsymbol{\varpi} = d\varphi$. 1- 形式 $\boldsymbol{\varpi}$ 称为**闭**的, 若 $d\boldsymbol{\varpi} = 0$.

推论 10.8.1 告诉我们, 恰当形式必闭, 换言之, $d(d\varphi) = 0$, 简言之,

$$d^2 = 0. \qquad (10.8.10)'$$

这个公式是说, 外微分算子的平方等于零算子. 稍后, 这个公式将被推广到更一般的微分形式上去. 应该注意的是, $d^2 = d \circ d$ 中右边的 d 是作用在函数 (0- 形式) 上的, 而左边的 d 是作用在 1- 形式上的. 最后我们介绍以下命题.

命题 10.8.4 设 f 和 $\boldsymbol{\tau}$ 分别是 0- 形式和 1- 形式, 则

$$d(f\boldsymbol{\tau}) = df \wedge \boldsymbol{\tau} + f d\boldsymbol{\tau}. \qquad (10.8.11)$$

证 设

$$\boldsymbol{\tau} = g dx + h dy,$$

则

$$\begin{aligned}
d(f\boldsymbol{\tau}) &= d(fg dx + fh dy) = d(fg) \wedge dx + d(fh) \wedge dy \\
&= g df \wedge dx + f dg \wedge dx + h df \wedge dy + f dh \wedge dy \\
&= df \wedge (g dx + h dy) + f(dg \wedge dx + dh \wedge dy) \\
&= df \wedge \boldsymbol{\tau} + f d\boldsymbol{\tau}. \qquad \square
\end{aligned}$$

10.8.2 二次微分形式和平面的定向

我们已经从方程 (10.8.9) 中看到, (平面上的)1- 形式的外微分具有以下形状:

$$\boldsymbol{\sigma}(\mathbf{p}) = F dx \wedge dy = F(x, y) dx \wedge dy. \qquad (10.8.12)$$

其中 $\mathbf{p} = (x, y)$. (10.8.12) 中的表示式是 $dx \wedge dy$ 的某个函数 (即依赖于 (x, y) 的数) 的倍数. 我们把形如 (10.8.12) 的表式称为二次微分形式, 简称做 2- 形式. 2- 形式是个双线性函数. 首先讨论函数 $F(x, y) \equiv 1$

这个最简单情形时的 2- 形式 $dx \wedge dy$ 的涵义, 即它是什么样的双线性函数? 记

$$\mathbf{e}_1 = \begin{bmatrix} 1 \\ 0 \end{bmatrix}, \quad \mathbf{e}_2 = \begin{bmatrix} 0 \\ 1 \end{bmatrix}.$$

由 (10.8.3), 我们有

$$dx \wedge dy[\mathbf{e}_1, \mathbf{e}_2] = dx[\mathbf{e}_1]dy[\mathbf{e}_2] - dx[\mathbf{e}_2]dy[\mathbf{e}_1] = 1 - 0 = 1. \quad (10.8.13)$$

类似地, 我们有

$$dx \wedge dy[\mathbf{e}_1, \mathbf{e}_1] = 0, dx \wedge dy[\mathbf{e}_2, \mathbf{e}_1] = -1, dx \wedge dy[\mathbf{e}_2, \mathbf{e}_2] = 0. \quad (10.8.14)$$

设

$$A = \begin{bmatrix} a & b \\ c & d \end{bmatrix},$$

而 $\mathbf{v} = A\mathbf{e}_1 = a\mathbf{e}_1 + c\mathbf{e}_2, \mathbf{w} = A\mathbf{e}_2 = b\mathbf{e}_1 + d\mathbf{e}_2$, 则我们有

$$dx \wedge dy[\mathbf{v}, \mathbf{w}] = dx[\mathbf{v}]dy[\mathbf{w}] - dx[\mathbf{w}]dy[\mathbf{v}] = ad - bc = \det A. \quad (10.8.15)$$

对于 (10.8.12) 中的一般的 2- 形式 $\sigma(\mathbf{p})$, 有

$$\boldsymbol{\sigma}(\mathbf{p})[\mathbf{v}, \mathbf{w}] = F(\mathbf{p}) \det A. \quad (10.8.16)$$

(10.8.13) 和 (10.8.14) 告诉我们, $dx \wedge dy$ 在向量序对 $[\mathbf{e}_i, \mathbf{e}_j]$ 上的值表示这个向量序对所张成的**定向平行四边形**的带符号的面积. 向量序对 $[\mathbf{e}_1, \mathbf{e}_2]$ 张成的定向平行四边形是正定向的平行四边形 (在这里, 事实上是正定向的正方形), 它的带符号的面积等于 1. 而向量序对 $[\mathbf{e}_2, \mathbf{e}_1]$ 张成的定向平行四边形是负定向的平行四边形 (在这里, 事实上是负定向的正方形), 它的带符号的面积等于 (-1). 由向量序对 $[\mathbf{e}_1, \mathbf{e}_1]$ 或向量序对 $[\mathbf{e}_2, \mathbf{e}_2]$ 张成的定向平行四边形是退化为一根直线段的平行四边形, 它们的带符号的面积均等于 0. (10.8.15) 告诉我们, $dx \wedge dy$ 在向量序对 $[\mathbf{v}, \mathbf{w}]$ 上的值表示这个向量序对 $[\mathbf{v}, \mathbf{w}]$ 所张成的定向平行四边形的带符号的面积. 向量序对 $[\mathbf{v}, \mathbf{w}]$ 所张成的定向平行四边形是正定向还是负定向取决于 $\det A$ 是正的还是负的. 直观上看, $\det A$ 是

正的还是负的取决于由 **v**(通过小于或等于 π 角) 转向 **w** 的方向和由 x 轴 (通过小于 π 角) 转向 y 轴的方向是否一致. 这里我们看到了二阶行列式的几何涵义: 它等于有定向的平行四边形的面积. 以后还要把这个 (行列式的) 几何涵义推广到 n 阶行列式上去.

我们愿意把以上关于平行四边形的定向的想法延伸为**平面的定向**的概念. 假设平面 $\mathbf{R}^2$ 上给了一个有序的线性无关的向量组 $[\mathbf{e}_1, \mathbf{e}_2]$, 我们便说, 有序的线性无关的向量组 $[\mathbf{e}_1, \mathbf{e}_2]$ 确定了平面 $\mathbf{R}^2$ 的一个定向. 假若平面 $\mathbf{R}^2$ 上又给了一个有序的线性无关的向量组 $[\mathbf{f}_1, \mathbf{f}_2]$, 后者又确定了平面 $\mathbf{R}^2$ 的一个定向. 有序的线性无关的向量组 $[\mathbf{f}_1, \mathbf{f}_2]$ 与有序的线性无关的向量组 $[\mathbf{e}_1, \mathbf{e}_2]$ 之间应有以下关系:

$$\left[\begin{array}{c} \mathbf{f}_1 \\ \mathbf{f}_2 \end{array} \right] = \left[\begin{array}{cc} a & b \\ c & d \end{array} \right] \left[\begin{array}{c} \mathbf{e}_1 \\ \mathbf{e}_2 \end{array} \right],$$

其中

$$A = \left[\begin{array}{cc} a & b \\ c & d \end{array} \right]$$

是个可逆矩阵. 由有序的线性无关的向量组 $[\mathbf{e}_1, \mathbf{e}_2]$ 和有序的线性无关的向量组 $[\mathbf{f}_1, \mathbf{f}_2]$ 确定的同一个平面 $\mathbf{R}^2$ 上的两个定向被称为相同的, 假若 $\det A > 0$. 不然, 这两个定向称为相反的. 显然, 有相同定向的关系是个等价关系 (请同学补出证明的细节). 这个等价关系把对应于同一个平面的定向平面分为两类. 同一类中的定向平面是同定向的, 异类中的两个定向平面是互为反定向的. 若取

$$\mathbf{e}_1 = \left[\begin{array}{c} 1 \\ 0 \end{array} \right], \quad \mathbf{e}_2 = \left[\begin{array}{c} 0 \\ 1 \end{array} \right].$$

常把由有序的向量组 $[\mathbf{e}_1, \mathbf{e}_2]$ 确定的平面的定向称为标准定向. 若有序的线性无关的向量组 $[\mathbf{f}_1, \mathbf{f}_2]$ 确定的平面 $\mathbf{R}^2$ 上的定向与标准定向同向, 则

$$dx \wedge dy[\mathbf{f}_1, \mathbf{f}_2] = \text{由}[\mathbf{f}_1, \mathbf{f}_2]\text{张成的平行四边形之 (绝对) 面积.}$$

若有序的线性无关的向量组 $[\mathbf{f}_1, \mathbf{f}_2]$ 确定的平面 $\mathbf{R}^2$ 上的定向与标准定

向反向, 则

$$-dx \wedge dy[\mathbf{f}_1, \mathbf{f}_2] = \text{由}[\mathbf{f}_1, \mathbf{f}_2]\text{张成的平行四边形之 (绝对) 面积}.$$

假若考虑了由 $[\mathbf{f}_1, \mathbf{f}_2]$ 张成的平行四边形之定向, 因而有了由 $[\mathbf{f}_1, \mathbf{f}_2]$ 张成的平行四边形之带符号的面积概念, 则我们有

$$dx \wedge dy[\mathbf{f}_1, \mathbf{f}_2] = \text{由}[\mathbf{f}_1, \mathbf{f}_2]\text{张成的平行四边形之带符号的面积}.$$

我们不厌其烦地解释平面定向的概念, 不只是因为下面定义二次微分形式的面积分时要用到, 还因为将来要把它推广到高维空间去. 同学们务必把这二维的简单情形真弄明白了. 假若可能, 同学们最好联系中学物理课中学到的左手坐标系及右手坐标系的知识, 把定向的概念尝试着对三维情形进行推广.

10.8.3 二次微分形式的回拉和积分

在 8.7.1 小节中, 一次微分形式的回拉是由以下的公式加以定义的:

$$\boldsymbol{\varphi}^*\left(\sum_{j=1}^n a_j dx_j\right) = \sum_{j=1}^n \boldsymbol{\varphi}^* a_j d(\boldsymbol{\varphi}^* x_j),$$

其中 $\boldsymbol{\varphi}: \mathbf{R}^n \to \mathbf{R}^n$ 是连续可微映射.

为了方便, 以下的讨论限制在平面 $\mathbf{R}^2$ 上.

定义 10.8.4 **平面上的二次微分形式的回拉**是由以下公式定义的:

$$\boldsymbol{\varphi}^*\big(f(x,y)dx \wedge dy\big) = \boldsymbol{\varphi}^* f d(\boldsymbol{\varphi}^* x) \wedge d(\boldsymbol{\varphi}^* y), \tag{10.8.17}$$

其中 $\boldsymbol{\varphi}: \mathbf{R}^2 \to \mathbf{R}^2$ 是如下的可微映射:

$$\boldsymbol{\varphi}\left(\begin{bmatrix} u \\ v \end{bmatrix}\right) = \begin{bmatrix} \varphi_1(u,v) \\ \varphi_2(u,v) \end{bmatrix}, \tag{10.8.18}$$

或

$$\boldsymbol{\varphi}^* x = \varphi_1(u,v), \quad \boldsymbol{\varphi}^* y = \varphi_2(u,v). \tag{10.8.19}$$

命题 10.8.5 我们有

$$\boldsymbol{\varphi}^*\big(f(x,y)dx \wedge dy\big) = f \circ \boldsymbol{\varphi} \cdot J_{\boldsymbol{\varphi}} du \wedge dv, \tag{10.8.20}$$

其中 $J\boldsymbol{\varphi}$ 表示 $\boldsymbol{\varphi}$ 的 Jacobi 行列式:

$$J\boldsymbol{\varphi} = \begin{vmatrix} \dfrac{\partial \varphi_1}{\partial u} & \dfrac{\partial \varphi_1}{\partial v} \\[2mm] \dfrac{\partial \varphi_2}{\partial u} & \dfrac{\partial \varphi_2}{\partial v} \end{vmatrix}.$$

证 通过初等计算, 我们得到

$$\boldsymbol{\varphi}^*\left(f(x,y)dx \wedge dy\right) = \boldsymbol{\varphi}^* f d(\boldsymbol{\varphi}^* x) \wedge d(\boldsymbol{\varphi}^* y)$$

$$= f\left(\varphi_1(u,v), \varphi_2(u,v)\right)\left(\frac{\partial \varphi_1}{\partial u}du + \frac{\partial \varphi_1}{\partial v}dv\right) \wedge \left(\frac{\partial \varphi_2}{\partial u}du + \frac{\partial \varphi_2}{\partial v}dv\right)$$

$$= f\left(\varphi_1(u,v), \varphi_2(u,v)\right)\left(\frac{\partial \varphi_1}{\partial u}\frac{\partial \varphi_2}{\partial v} - \frac{\partial \varphi_1}{\partial v}\frac{\partial \varphi_2}{\partial u}\right)du \wedge dv$$

$$= f \circ \boldsymbol{\varphi} \cdot J\boldsymbol{\varphi}\, du \wedge dv. \qquad \square$$

命题 10.8.6 假设 $\mathbf{w} = w_1\mathbf{u} + w_2\mathbf{v}$, $\mathbf{z} = z_1\mathbf{u} + z_2\mathbf{v}$, 我们有

$$\boldsymbol{\varphi}^*\left(f(x,y)dx \wedge dy\right)[\mathbf{w}, \mathbf{z}] = f \circ \boldsymbol{\varphi}\, du \wedge dv[d\boldsymbol{\varphi}[\mathbf{w}], d\boldsymbol{\varphi}[\mathbf{z}]]. \quad (10.8.21)$$

证 假设 $\mathbf{w} = w_1\mathbf{u} + w_2\mathbf{v}$, $\mathbf{z} = z_1\mathbf{u} + z_2\mathbf{v}$, 由 (10.8.20), 我们有

$$\boldsymbol{\varphi}^*\left(f(x,y)dx \wedge dy\right)[\mathbf{w}, \mathbf{z}] = f \circ \boldsymbol{\varphi} \cdot J\boldsymbol{\varphi}\, du \wedge dv[\mathbf{w}, \mathbf{z}]$$

$$= f \circ \boldsymbol{\varphi} \cdot J\boldsymbol{\varphi}(w_1 z_2 - w_2 z_1)$$

$$= f \circ \boldsymbol{\varphi} \begin{vmatrix} \dfrac{\partial \varphi_1}{\partial u} & \dfrac{\partial \varphi_1}{\partial v} \\[2mm] \dfrac{\partial \varphi_2}{\partial u} & \dfrac{\partial \varphi_2}{\partial v} \end{vmatrix} \cdot \begin{vmatrix} w_1 & z_1 \\ w_2 & z_2 \end{vmatrix}$$

$$= f \circ \boldsymbol{\varphi} \begin{vmatrix} w_1 \dfrac{\partial \varphi_1}{\partial u} + w_2 \dfrac{\partial \varphi_1}{\partial v} & z_1 \dfrac{\partial \varphi_1}{\partial u} + z_2 \dfrac{\partial \varphi_1}{\partial v} \\[3mm] w_1 \dfrac{\partial \varphi_2}{\partial u} + w_2 \dfrac{\partial \varphi_2}{\partial v} & z_1 \dfrac{\partial \varphi_2}{\partial u} + z_2 \dfrac{\partial \varphi_2}{\partial v} \end{vmatrix}$$

$$= f \circ \boldsymbol{\varphi}\left[\left(w_1 \frac{\partial \varphi_1}{\partial u} + w_2 \frac{\partial \varphi_1}{\partial v}\right)\left(z_1 \frac{\partial \varphi_2}{\partial u} + z_2 \frac{\partial \varphi_2}{\partial v}\right)\right.$$

$$-\left(z_1\frac{\partial\varphi_1}{\partial u}+z_2\frac{\partial\varphi_1}{\partial v}\right)\left(w_1\frac{\partial\varphi_2}{\partial u}+w_2\frac{\partial\varphi_2}{\partial v}\right)\Big]$$

$$= f\circ\varphi\big(du[d\varphi[\mathbf{w}]]\,dv[d\varphi[\mathbf{z}]]-du[d\varphi[\mathbf{z}]]\,dv[d\varphi[\mathbf{w}]]\big)$$

$$= f\circ\varphi\,du\wedge dv[d\varphi[\mathbf{w}],d\varphi[\mathbf{z}]].$$

以上推演过程的倒数第二个等式用到了以下事实: 因

$$d\varphi[\mathbf{w}]=\left[\begin{array}{c} w_1\dfrac{\partial\varphi_1}{\partial u}+w_2\dfrac{\partial\varphi_1}{\partial v} \\[2mm] w_1\dfrac{\partial\varphi_2}{\partial u}+w_2\dfrac{\partial\varphi_2}{\partial v} \end{array}\right],$$

故

$$du[d\varphi[\mathbf{w}]]=w_1\frac{\partial\varphi_1}{\partial u}+w_2\frac{\partial\varphi_1}{\partial v}.$$

类似地可得到 $dv[d\varphi[\mathbf{z}]]$, $du[d\varphi[\mathbf{z}]]$ 和 $dv[d\varphi[\mathbf{w}]]$. □

注 公式 (10.8.21) 也可以作为 2- 形式的回拉的定义. 由这个定义出发, 我们可以推导出方程 (10.8.17).

假设 $\mathbf{R}^2$ 是二维欧氏空间 (平面), $\mathbf{e}_1,\mathbf{e}_2$ 是它的标准坐标基向量:

$$\mathbf{e}_1=\left(\begin{array}{c}1\\0\end{array}\right),\quad \mathbf{e}_2=\left(\begin{array}{c}0\\1\end{array}\right).$$

$\mathbf{R}^2$ 中的一般向量是

$$\mathbf{v}=\left(\begin{array}{c}x\\y\end{array}\right)=x\mathbf{e}_1+y\mathbf{e}_2.$$

假设 W 是平面 $\mathbf{R}^2$ 上的一个开集, W 上的定向是由 $\mathbf{R}^2$ 上的标准定向确定的. W 上的二次微分形式总可以写成以下形式: $\tau=f(x,y)dx\wedge dy$, 其中 f 是 W 上的 Lebesgue 可积函数. 我们可以给出这个二次微分形式在平面区域 W 上的积分的定义:

定义 10.8.5 平面上的**二次微分形式** $\tau=f(x,y)dx\wedge dy$ **的积分**是由以下公式定义的:

$$\int_W\tau=\int_W f(x,y)dx\wedge dy=\int_W f(x,y)dm. \tag{10.8.22}$$

设

$$\varphi : U \to W, \quad \varphi\left(\begin{bmatrix} u \\ v \end{bmatrix}\right) = \begin{bmatrix} \varphi_1(u,v) \\ \varphi_2(u,v) \end{bmatrix}$$

是平面区域 U 到平面区域 W 的连续可微双射: $W = \varphi(U)$, 对于我们引进的微分形式的积分概念来说, 非常重要的一点是我们必须考虑 $W = \varphi(U)$ 上的定向和 U 上的定向及微分同胚 φ 之间的联系: 若 (e_1, e_2) 确定了 U 上的定向, 而由 $(d\varphi[e_1], d\varphi[e_2])$ 确定的 W 上的定向与 W 上的原有定向一致, 这样的微分同胚 φ 称为**保定向**的. 不然称为**反定向**的. 若 U 和 W 上的定向分别是关于 (u,v) 坐标和 (x,y) 坐标的标准定向 (只要适当选取坐标系便能实现这一点), 由定理 10.6.3, 命题 10.8.5 和定义 10.8.5, 不管 φ 是保定向的还是反定向的, 我们都有以下的命题:

命题 10.8.7

$$\int_{\varphi(U)} \boldsymbol{\tau} = \int_U \varphi^* \boldsymbol{\tau}. \tag{10.8.23}$$

注 这个二次微分形式的积分的换元公式在形式上更为简练. 虽然回拉的公式 (10.8.20) 中的 Jacobi 行列式未取绝对值, 公式 (10.8.23) 却干净利索地成立了. 在第 6 章的一元 Riemann 积分理论中, 曾作过约定: $\int_a^b f dx = -\int_b^a f dx$. 可以看出, 第 6 章的一元 Riemann 积分实际上是微分形式的积分, 而不是本章前七节中讨论的函数的积分. 一元 Riemann 积分的积分区间是有定向的, 本章前七节中讨论的函数积分的积分区域是无定向的.

最后, 我们介绍一个关于外积与回拉之间关系的命题. 因为它不难证明, 具体证明留给同学了 (或用命题 10.8.5, 或用命题 10.8.6).

命题 10.8.8 设 $\boldsymbol{\lambda}$ 和 $\boldsymbol{\sigma}$ 是两个 1- 形式, 则

$$\varphi^*(\boldsymbol{\lambda} \wedge \boldsymbol{\sigma}) = \varphi^* \boldsymbol{\lambda} \wedge \varphi^* \boldsymbol{\sigma}. \tag{10.8.24}$$

10.8.4 三维空间的二次微分形式

三维空间的**二次微分形式**的典型表示式是

$$a(\mathbf{p})dx \wedge dy + b(\mathbf{p})dx \wedge dz + c(\mathbf{p})dy \wedge dz,$$

其中 $\mathbf{p} = (x, y, z)$ 表示三维空间的点. 若给了三维空间的一个 1- 形式

$$\boldsymbol{\omega} = A dx + B dy + C dz.$$

我们很自然地想这样定义对三维空间的一个作用在 1- 形式上的外微分算子 d, 使得它具有以下三条性质:

(1) 若 $\boldsymbol{\omega}_1$ 和 $\boldsymbol{\omega}_2$ 都是 1- 形式, 则

$$d(\boldsymbol{\omega}_1 + \boldsymbol{\omega}_2) = d\boldsymbol{\omega}_1 + d\boldsymbol{\omega}_2;$$

(2) 若 $\boldsymbol{\omega}_1$ 是 0- 形式, 而 $\boldsymbol{\omega}_2$ 是 1- 形式, 则

$$d(\boldsymbol{\omega}_1 \wedge \boldsymbol{\omega}_2) = d\boldsymbol{\omega}_1 \wedge \boldsymbol{\omega}_2 + \boldsymbol{\omega}_1 \wedge d\boldsymbol{\omega}_2;$$

(3) 若 $\boldsymbol{\omega}$ 是 0- 形式, 则

$$d(d\boldsymbol{\omega}) = 0.$$

由这三条性质, 我们有

$$
\begin{aligned}
d\boldsymbol{\omega} &= d(A dx + B dy + C dz) = d(A \wedge dx + B \wedge dy + C \wedge dz) \\
&= dA \wedge dx + dB \wedge dy + dC \wedge dz \\
&\quad + A \wedge d(dx) + B \wedge d(dy) + C \wedge d(dz) \\
&= dA \wedge dx + dB \wedge dy + dC \wedge dz \\
&= \left(\frac{\partial A}{\partial x} dx + \frac{\partial A}{\partial y} dy + \frac{\partial A}{\partial z} dz \right) \wedge dx \\
&\quad + \left(\frac{\partial B}{\partial x} dx + \frac{\partial B}{\partial y} dy + \frac{\partial B}{\partial z} dz \right) \wedge dy \\
&\quad + \left(\frac{\partial C}{\partial x} dx + \frac{\partial C}{\partial y} dy + \frac{\partial C}{\partial z} dz \right) \wedge dz \\
&= \left(\frac{\partial B}{\partial x} - \frac{\partial A}{\partial y} \right) dx \wedge dy + \left(\frac{\partial C}{\partial x} - \frac{\partial A}{\partial z} \right) dx \wedge dz \\
&\quad + \left(\frac{\partial C}{\partial y} - \frac{\partial B}{\partial z} \right) dy \wedge dz.
\end{aligned}
$$

所以我们引进以下的定义:

定义 10.8.6 三维空间的 1- 形式 $Adx + Bdy + cdz$ 的**外微分**定义为:

$$d(Adx + Bdy + Cdz)$$
$$= \left(\frac{\partial B}{\partial x} - \frac{\partial A}{\partial y}\right)dx \wedge dy + \left(\frac{\partial C}{\partial x} - \frac{\partial A}{\partial z}\right)dx \wedge dz$$
$$+ \left(\frac{\partial C}{\partial y} - \frac{\partial B}{\partial z}\right)dy \wedge dz. \tag{10.8.25}$$

定义 10.8.7 若 $\varphi : \mathbf{R}^2 \to \mathbf{R}^3$ 是连续可微映射, τ 是 $\mathbf{R}^3$ 上的 2- 形式, 则 $\varphi^*\tau$ 是 $\mathbf{R}^2$ 的 2- 形式. 设 M 是 $\mathbf{R}^2$ 上的区域, $\varphi(M)$ 可以看成 $\mathbf{R}^3$ 中的定向曲面, τ 是 $\mathbf{R}^3$ 上的 2- 形式, 则 τ 在定向曲面 $\varphi(M)$ 上的积分可以用下式定义:

$$\int_{\varphi(M)} \tau = \int_M \varphi^*\tau.$$

这样的思路将帮助我们利用 n 维欧氏空间上的 n 次微分形式及其积分的概念来定义 n 次微分形式在高维欧氏空间中的 n 维曲面上的积分的概念. 本节内容及其推广的确切讨论将在本讲义的第 15 章中进行.

10.8.5 平面上的 Green 公式和曲面上的 Stokes 公式

第 8 章 §7 的公式 (8.7.13) 把 Newton-Leibniz 公式推广到 1- 形式在定向曲线上的积分的情形. 它还可写成如下紧凑的形式:

$$\int_\Gamma dF = \int_{\partial\Gamma} F.$$

现在我们想讨论对于平面某区域上的 2- 形式的积分有没有类似的结果. 结果是有的, 它就是所谓的 **Green 公式**:

定理 10.8.1 假设 M 是平面区域, 它的边界 ∂M 是连续而逐段光滑的闭曲线. τ 是在平面闭区域 $\overline{M}$ 上如下的 1- 形式:

$$\tau = fdx + gdy,$$

其中 f 和 g 是闭区域 $\overline{M}$ 上的连续可微函数, 则我们有以下的 **Green 公式**:

$$\int_M d\tau = \int_{\partial M} \tau. \tag{10.8.26}$$

注   应该说明一下 M 与它的边界 ∂M 的定向之间的关系: M 是平面上的一个有定向的区域.∂M 表示 M 的边界, 通常它是个一维流形, 即一条或数条定向曲线.τ 是平面上的 1- 形式, $d\tau$ 是平面上的 2- 形式.∂M 的定向和 M 的定向之间的联系是这样确定的: 假设平面上的定向是由坐标向量 $(\mathbf{e}_1, \mathbf{e}_2)$ 确定的. 为明确起见, 不妨假设由 $\mathbf{e}_1$ 转向 $\mathbf{e}_2$ 的方向是反时针方向. 我们这样定义 ∂M 的正向: 使得当某人沿着 ∂M 的正向行进时,M 应在它的左边. 这是 ∂M 的定向和 M 的定向之间的联系的较直观的描述. 在本讲义的第 13 章中, 我们要给出关于高维流形 M 的定向与它的边界 ∂M 的定向之间的联系的更确切的数学定义.

在 §10.9 的附加题 10.9.4 中有 Gauss 散度定理的严格讨论. 在本讲义的第 16 章中有一般的 Stokes 公式的叙述及其严格证明. 平面上的 Green 公式只是它们的特殊情形. 所以我们将只给出 Green 公式 (10.8.26) 证明的一个粗线条的描述, 虽然它是粗线条的, 但完全可以将这个粗线条的轮廓加工成严格的证明.

证   回忆一下 1- 形式外微分的定义引进时的公式

$$\int_{P(h,k)} \tau = hk\, d\tau(\mathbf{p})[\mathbf{v}, \mathbf{w}] + o(hk). \qquad (10.8.1)'$$

我们试着让区域 M 用有限个平行四边形之并 Π 去近似地代替, 其中 Π 是许多由向量 $h\mathbf{v}$ 和 $k\mathbf{w}$ 张成的两两不相交的顶点各异的平行四边形之并. 在每个平行四边形上 $(10.8.1)'$ 成立, 将这些两两不相交的顶点各异的平行四边形 (内部) 并起来便得到整个区域, $(10.8.1)'$ 的右边的第一项加起来恰是整个区域上的积分. 当把这些两两不相交的平行四边形并起来时, 有些平行四边形的边会出现在两个平行四边形中, 而且, 同一个边在两个不同的平行四边形出现时的定向恰恰相反, 而那些只出现一次的边并起来恰构成整个区域的边界, 且这些边在小平行四边形中的定向及其在整个区域中的定向一致. $(10.8.1)'$ 的左边的平行四边形边界上的积分加起来时, 出现在两个平行四边形中的那些边上积分完全抵消, 剩下的边上的积分之和恰等于整个区域的边界上的积分. 右边第二项加起来便得到 $N \cdot o(hk)$, 其中 N 表示平行四边形的个数. 故我们有

$$\int_{\partial\Pi} \boldsymbol{\tau} = \sum_{i=1}^{N} hk d\boldsymbol{\tau}(\mathbf{p}_i)[\mathbf{v}, \mathbf{w}] + N \cdot o(hk). \qquad (10.8.27)$$

若 $d\boldsymbol{\tau}(\mathbf{p})$ 是 $\mathbf{p}$ 的连续函数 (只需 $\boldsymbol{\tau}(\mathbf{p})$ 的系数一次连续可微就够了, 而这恰是定理中假设的), 则由 (10.8.1)′

$$hk d\boldsymbol{\tau}(\mathbf{p})[\mathbf{v}, \mathbf{w}] = \int_{\Pi(\mathbf{p};\mathbf{v},\mathbf{w})} d\boldsymbol{\tau} + o(hk), \qquad (10.8.28)$$

其中 $\Pi(\mathbf{p}; \mathbf{v}, \mathbf{w})$ 表示顶点在 $\mathbf{p}$, 由 $\mathbf{v}$ 和 $\mathbf{w}$ 张成的平行四边形 (内部). 将 (10.8.28) 代入 (10.8.27), 我们有

$$\int_{\partial\Pi} \boldsymbol{\tau} = \int_{\Pi} d\boldsymbol{\tau} + 2N \cdot o(hk).$$

让 $h \to 0, k \to 0$, 注意到 Nhk 不大于 M 的面积的一个常数倍, (10.8.28) 的右端第二项之和不大于 $2N \cdot o(hk) = o(2N \cdot hk) = o(1)$, 并注意到以下极限等式:

$$\lim \int_{\partial\Pi} \boldsymbol{\tau} = \int_{\partial M} \boldsymbol{\tau} \text{ 和 } \lim \int_{\Pi} d\boldsymbol{\tau} = \int_{M} d\boldsymbol{\tau}.$$

(请同学自行补出这两个极限等式的理由. 当然, 这牵涉到用平行四边形之并 Π 逼近区域 M 时方案的具体设计. 特别应注意的是 Π 逼近 M 时, $\partial\Pi$ 逼近 ∂M 的方式似乎并不很好, 但因为我们讨论的是微分形式的积分, 以上的第一个极限等式依然成立. 在第三册的第 16 章中, 我们将叙述并证明更一般的命题). 由此, 我们得到 Green 公式:

$$\int_{\partial M} \boldsymbol{\tau} = \int_{M} d\boldsymbol{\tau}. \qquad \square$$

Green 公式还有以下的推广. 因为在第 16 章中将有更一般的讨论, 我们在这里只叙述而不证明了.

定理 10.8.2 假设 M 是三维空间 $\mathbf{R}^3$ 中的一个光滑曲面, 它的边界 ∂M 是连续而逐段光滑的闭曲线. $\boldsymbol{\tau}$ 是在三维空间 $\mathbf{R}^3$ 中包含 M 的一个开集 G 上如下的 1- 形式:

$$\boldsymbol{\tau} = A dx + B dy + C dz,$$

其中 A, B 是 G 上的连续可微函数, 则我们有以下的 **Stokes**公式:

$$\int_M d\boldsymbol{\tau} = \int_{\partial M} \boldsymbol{\tau}. \tag{10.8.29}$$

以上的 Green 公式和 Stokes 公式形式上似乎没有区别, 但若用偏导数来表示外微分, 它们的形式并非完全一样. 假设平面 $\mathbf{R}^2$ 上的 1-形式是

$$\boldsymbol{\tau} = f dx + g dy,$$

则它的外微分是

$$d\boldsymbol{\tau} = \left(\frac{\partial g}{\partial x} - \frac{\partial f}{\partial y}\right) dx \wedge dy. \tag{10.8.9$'$}$$

故 Green 公式用偏导数来表示具有以下形式:

$$\int_{\partial M} f dx + g dy = \int_M \left(\frac{\partial g}{\partial x} - \frac{\partial f}{\partial y}\right) dx \wedge dy. \tag{10.8.26$'$}$$

这正是传统的微积分书上的 Green 公式的表达方式. 应该指出, 我们并未严格讨论 Green 公式成立的条件.

相似地, Stokes 公式用偏导数来表示具有以下形式:

$$\int_{\partial M} f dx + g dy + h dz$$
$$= \int_M \left(\frac{\partial g}{\partial x} - \frac{\partial f}{\partial y}\right) dx \wedge dy + \left(\frac{\partial h}{\partial x} - \frac{\partial f}{\partial z}\right) dx \wedge dz$$
$$+ \left(\frac{\partial h}{\partial y} - \frac{\partial g}{\partial z}\right) dy \wedge dz,$$

其中 M 是三维空间 $\mathbf{R}^3$ 中的一个光滑曲面.

Green 公式是 Newton-Leibniz 公式在平面上的形式. Stokes 公式是 Newton-Leibniz 公式在曲面上的形式. 在 §10.9 的练习 10.9.4 中我们将 (严格地) 证明 Gauss 散度定理, 它是 Green 公式在 n 维空间的推广. 在本讲义的第 16 章中我们还要 (严格地) 讨论高维流形上的高次微分形式相应的公式, 称为 (推广了的)Stokes 公式. Newton-Leibniz 公式, Green 公式, Stokes 公式和 Gauss 散度定理都是它的特殊情形.

练 习

10.8.1 在 $\mathbf{R}^3$ 中同一点的直角坐标与球坐标是通过如下映射 φ 表示的 (参看 §8.7 的练习 8.7.1):

$$\varphi\left(\begin{bmatrix} r \\ \theta \\ \psi \end{bmatrix}\right) = \begin{bmatrix} r\sin\theta\cos\psi \\ r\sin\theta\sin\psi \\ r\cos\theta \end{bmatrix} = \begin{bmatrix} x \\ y \\ z \end{bmatrix}.$$

换言之,

$$\varphi^* x = r\sin\theta\cos\psi,$$
$$\varphi^* y = r\sin\theta\sin\psi,$$
$$\varphi^* z = r\cos\theta.$$

试计算以下微分形式的回拉:

(i) $\varphi^*(xdy - ydx)$; (ii) $\varphi^* \dfrac{xdx + ydy + zdz}{(x^2 + y^2 + z^2)^3}$.

10.8.2 假设 $\mathbf{F} = (F_x, F_y, F_z)$ 是 $\mathbf{R}^3 \to \mathbf{R}^3$ 的满足以下条件的连续可微函数:

$$\mathrm{div}\mathbf{F} \equiv \frac{\partial F_x}{\partial x} + \frac{\partial F_y}{\partial y} + \frac{\partial F_z}{\partial z} = 0.$$

令

$$B = \left(\frac{\partial F_z}{\partial y} - \frac{\partial F_y}{\partial z}\right)dx + \left(\frac{\partial F_x}{\partial z} - \frac{\partial F_z}{\partial x}\right)dy + \left(\frac{\partial F_y}{\partial x} - \frac{\partial F_x}{\partial y}\right)dz.$$

试证:

$$dB = -\left(\Delta F_x dy \wedge dz + \Delta F_x dy \wedge dz + \Delta F_x dy \wedge dz\right),$$

其中 Δ 表示 $\mathbf{R}^3$ 上的 Laplace 算子: $\Delta = \dfrac{\partial^2}{\partial x^2} + \dfrac{\partial^2}{\partial y^2} + \dfrac{\partial^2}{\partial z^2}$.

§10.9 附 加 习 题

10.9.1 本题想利用 §8.8 的练习 8.8.1 和练习 8.8.2 及 §9.7 的练习 9.7.3 的记号和结果来讨论 $\mathbf{R}^n$ 中的 $(n-1)$ 维超曲面的 $(n-1)$ 维面积的定义及其计算公式的推导. 在 §8.8 的练习 8.8.1 和练习 8.8.2 及 §9.7 的练习 9.7.3 中用过的记号我们在这里将继续沿用. 为了方便阅读, 简略复述这些记号如下: 假设 $M \subset \mathbf{R}^n$ 是超曲面, $\mathbf{p} \in M$, 二元组 (Ψ, V) 是超曲面 M 在点 $\mathbf{p}$ 处的一个三次连续可微的坐标图卡. 换言之, V 是 $\mathbf{0} \in \mathbf{R}^{n-1}$ 的一个开邻域, $\Psi : V \to \mathbf{R}^n$ 是三次连续可微的单射, 还有一个 $\mathbf{p}$ 在 $\mathbf{R}^n$ 中的开邻域 W, 使得 $\mathbf{p} = \Psi(\mathbf{0})$, 且对于每个 $\mathbf{v} = (v_1, \cdots, v_{n-1}) \in V, (n-1)$ 个 n 维 (列) 向量组

$$\frac{\partial\Psi(\mathbf{v})}{\partial v_1}, \cdots, \frac{\partial\Psi(\mathbf{v})}{\partial v_{n-1}}$$

是线性无关的, 而

$$M \cap W = \big\{ \Psi(\mathbf{v}) : \mathbf{v} \in V \big\}.$$

这时, 有一个二次连续可微的映射 $\mathbf{n} : V \to \mathbf{S}^{n-1}$, 使得 $\mathbf{n}(\mathbf{v}) \perp \mathbf{T}_{\Psi(\mathbf{v})}(M)$, 其中 $\mathbf{T}_{\Psi(\mathbf{v})}(M)$ 表示 M 在点 $\Psi(\mathbf{v})$ 处的切空间, 且

$$\forall \mathbf{v} \in V \left(\det \left[\frac{\partial \Psi}{\partial v_1}(\mathbf{v}) \ \cdots \ \frac{\partial \Psi}{\partial v_{n-1}}(\mathbf{v}) \ \mathbf{n}(\mathbf{v})^T \right] > 0 \right).$$

其中, 方括号表示括号中的 n 个列向量 (按所排顺序) 构成的矩阵, $\mathbf{n}(\mathbf{v})^T$ 表示行向量 $\mathbf{n}(\mathbf{v})$ 的转置.

映射 $\widetilde{\Psi} : V \times \mathbf{R} \to \mathbf{R}^n$ 定义如下:

$$\widetilde{\Psi}(\mathbf{v}, \lambda) = \Psi(\mathbf{v}) + \lambda \mathbf{n}(\mathbf{v})^T, \quad (\mathbf{v}, \lambda) \in V \times \mathbf{R}. \tag{8.8.4$'$}$$

设 M 是 $\mathbf{R}^n$ 中的 $(n-1)$ 维超曲面, $\Gamma \in \mathcal{B}_M$(拓扑空间 M 上的 Borel 代数) 和 $\rho > 0$. 记

$$\Gamma(\rho) \equiv \{\mathbf{y} \in \mathbf{R}^n : \exists \mathbf{p} \in \Gamma((\mathbf{y} - \mathbf{p}) \perp \mathbf{T_p}(M) \text{且} |\mathbf{y} - \mathbf{p}| < \rho)\},$$

§9.7 的练习 9.7.3 告诉我们, $\Gamma(\rho) \in \mathcal{B}_{\mathbf{R}^n}$.

(i) 设 M 是 $\mathbf{R}^n$ 中的一个 $(n-1)$ 维超曲面. 由 §8.8 的练习 8.8.1 的 (vi), 对于每个点 $\mathbf{p} \in M$ 有 M 的坐标图卡 $(\Psi_\mathbf{p}, V_\mathbf{p})$. 选 $r(\mathbf{p}) > 0$ 使得 $\mathbf{B}_{\mathbf{R}^n}(\mathbf{p}, 3r(\mathbf{p})) \subset \widetilde{\Psi}_\mathbf{p}(\widetilde{V}_\mathbf{p})$, 其中 $\widetilde{\Psi}_\mathbf{p}$ 和 $\widetilde{V}_\mathbf{p}$ 分别如 §8.8 的练习 8.8.1 的 (vii)(或等式 (8.8.4)$'$) 和练习 8.8.2 的 (iii) 中所示. 试证: 有可数个点构成的点集 $\{\mathbf{p}_m\}_{m=1}^\infty$, 使得

$$M \subset \bigcup_{m=1}^\infty \mathbf{B}_{\mathbf{R}^n}(\mathbf{p}_m, r_m), \quad \text{其中 } r_m = r(\mathbf{p}_m).$$

(ii) 设 K 是 M 的紧子集, 则有 $k \in \mathbf{N}$, 使得 $K \subset \bigcup_{j=1}^k \mathbf{B}_{\mathbf{R}^n}(\mathbf{p}_j, r_j)$. 记 $r = \min(r_1, \cdots, r_k)$. 试证: 有一个 $\varepsilon \in (0, r/3)$, 使得 $\forall \mathbf{x} \in K \big(\{\mathbf{x}\}(\varepsilon) \subset \bigcup_{j=1}^k \mathbf{B}_{\mathbf{R}^n}(\mathbf{p}_j, r_j) \big)$, 且

$$\forall \mathbf{x} \in K \forall \mathbf{y} \in K (\mathbf{x} \neq \mathbf{y} \Longrightarrow \{\mathbf{x}\}(\varepsilon) \cap \{\mathbf{y}\}(\varepsilon) = \varnothing),$$

其中 $\{\mathbf{x}\}(\varepsilon)$ 和 $\{\mathbf{y}\}(\varepsilon)$ 的涵义如 §8.8 的练习 8.8.2 的 (iii) 中所示.

(iii) 设 (Ψ, V) 是 $\mathbf{R}^n$ 中的 $(n-1)$ 维超曲面 M 的一个坐标图卡, $\Gamma \in \mathcal{B}_M$ 是有界集, 且 $\overline{\Gamma} \subset \Psi(V)$. 试证:

$$\lim_{\rho \to 0+} \frac{1}{2\rho} m_{\mathbf{R}^n}(\Gamma(\rho)) = \int_{\Psi^{-1}(\Gamma)} \delta\Psi(\mathbf{v}) m_{\mathbf{R}^{n-1}}(d\mathbf{v}),$$

其中

$$\delta\Psi(\mathbf{v}) = \left[\det \left(\left(\frac{\partial \Psi}{\partial v_i}(\mathbf{v}), \frac{\partial \Psi}{\partial v_j}(\mathbf{v}) \right)_{\mathbf{R}^n} \right)_{1 \leqslant i, j \leqslant n-1} \right]^{1/2}.$$

(iv) 设 K 是 M 的紧子集,$\Gamma \in \mathcal{B}_M$ 且 $\Gamma \subset K$. 记 $\Gamma_j = \Gamma \cap M_j$, 其中, 超曲面 M 的子集 M_j $(j = 1, 2, \cdots)$ 归纳地定义如下:

$$M_1 = M \cap \mathbf{B}_{\mathbf{R}^n}(\mathbf{p}_1, r_1), \quad M_j = M \cap \mathbf{B}_{\mathbf{R}^n}(\mathbf{p}_j, r_j) \setminus \bigcup_{l=1}^{j-1} M_l, \ j = 2, \cdots, k.$$

(同学不难看出,M_j 也是超曲面或空集.) 试证:$\{\Gamma_1(\rho), \cdots, \Gamma_m(\rho)\}$ 是 $\Gamma(\rho)$ 的两两互不相交的由可测集组成的覆盖. 因而

$$m_{\mathbf{R}^n}\big(\Gamma(\rho)\big) = \sum_{j=1}^k m_{\mathbf{R}^n}\big(\Gamma_j(\rho)\big).$$

(v) 定义 $(M, \mathcal{B}_M)$ 上的测度如下:对于任何 $\Gamma \in \mathcal{B}_M$, 令

$$m_M(\Gamma) = \sum_{j=1}^\infty \mu_j(\Gamma),$$

其中

$$\mu_j(\Gamma) = \int_{\Psi_j^{-1}(\Gamma \cap M_j)} \delta\Psi_j(\mathbf{v}) m_{\mathbf{R}^{n-1}}(d\mathbf{v}), \quad \Psi_j = \Psi_{\mathbf{p}_j}, \ j = 1, 2, \cdots.$$

设 $K \subset M$ 是紧集,$\Gamma \in \mathcal{B}_{\mathbf{R}^n}$ 且 $\Gamma \subset K$,并设

$$m_M(\Gamma) = \sum_{m=1}^\infty \mu_m(\Gamma).$$

试证:

$$\lim_{\rho \to 0+} \frac{1}{2\rho} m_{\mathbf{R}^n}\big(\Gamma(\rho)\big) = m_M(\Gamma).$$

(vi) 设 (Ψ, V) 是 $\mathbf{R}^n$ 中的 $(n-1)$ 维超曲面 M 的一个坐标图卡, f 是 $\mathcal{B}_{\mathbf{R}^n}[M]$-可测的非负函数,这里 $\mathcal{B}_{\mathbf{R}^n}[M]$ 表示作为 $\mathbf{R}^n$ 的拓扑子空间的 M 上的 Borel 代数. 试证:

$$\int_{\Psi(V)} f(\mathbf{u}) m_M(d\mathbf{u}) = \int_V f \circ \Psi(\mathbf{u}) \delta\Psi(\mathbf{v}) m_{\mathbf{R}^{n-1}}(d\mathbf{v}),$$

其中 $\delta\Psi(\mathbf{v})$ 如 (iii) 中所定义.

注 在传统的微积分书籍中, (vi) 中的公式所给出的积分称为 $\mathbf{R}^n$ 中的 $(n-1)$ 维超曲面 M 上的**第一类型曲面积分**, §8.7 中的 (曲) 线积分和 §10.8 中的 (曲) 面积分则分别称为**第二类型曲线积分**和**第二类型曲面积分**, (事实上, 在第 6 章中讨论的 (一元)Riemann 积分也是第二类型积分, 因为它的值也与积分区间的定向有关). **第一类型曲面积分**与积分区域 ($\mathbf{R}^n$ 中的 $(n-1)$ 维超曲面 M) 的定向毫无关系, 甚至在不可定向的 $(n-1)$ 维超曲面 M 上第一类型曲面积分也是有意义的. 第一类型曲面积分完全属于第 9 章和本章前八节所讨论的测度与积分的范畴. 而第二类型曲面积分和线积分则与积分区域的定向关系密切. 现在的数学文献中, 通常把第一类型的积分称为**函数在流形上的积分**, 而第二类型的

积分则称为**微分形式在流形上的积分**, 在本讲义第三册的最后几章中还要对它们作认真的讨论.

(vii) 若 $\mathbf{R}^n$ 中的 $(n-1)$ 维超曲面 M 的一个坐标图卡 (Ψ, V) 中的 Ψ 有以下形式:
$$\Psi(\mathbf{v}) = \Big(v_1, \cdots, v_{n-1}, \varphi(\mathbf{v})\Big),$$
其中 $\varphi : V \to \mathbf{R}$ 三次连续可微, (等价地, $F : M \to \mathbf{R}$ 具有形式: $F(\mathbf{y}) = y_n - \varphi(y_1, \cdots, y_{n-1})$). 又以 $\mathcal{B}_{\mathbf{R}^n}[M]$ 表示作为 $\mathbf{R}^n$ 的拓扑子空间的 M 上的 Borel 代数. 试证: 当 f 是 $\mathcal{B}_{\mathbf{R}^n}[M]$ 可测的非负函数时, 有
$$\int_{\Psi(V)} f(\mathbf{u}) m_M(d\mathbf{u}) = \int_V f \circ \Psi(\mathbf{v}) \sqrt{1 + |\nabla \varphi(\mathbf{v})|^2} \, m_{\mathbf{R}^{n-1}}(d\mathbf{v})$$
$$= \int_V f(v_1, \cdots, v_{n-1}, \varphi(\mathbf{v})) \sqrt{1 + \sum_{j=1}^{n-1} \Big(\frac{\partial \varphi}{\partial v_j}\Big)^2} \, m_{\mathbf{R}^{n-1}}(d\mathbf{v}).$$

10.9.2 设 $n \geqslant 2$, 非空开集 $G \subset \mathbf{R}^n$ 称为**光滑区域**, 假若它的边界 ∂G 是 $\mathbf{R}^n$ 中的超曲面 (参看 §8.8 的练习 8.8.1), 且对于任何 $\mathbf{p} \in \partial G$ 有 $r > 0$ 和三次连续可微映射 $F : \mathbf{B}_{\mathbf{R}^n}(\mathbf{p}, r) \to \mathbf{R}$, 使得以下三条件得以满足:
$$\mathbf{B}_{\mathbf{R}^n}(\mathbf{p}, r) \cap \partial G = \{\mathbf{y} \in \mathbf{B}_{\mathbf{R}^n}(\mathbf{p}, r) : F(\mathbf{y}) = 0\}, \qquad (8.8.1)'$$
$$\forall \mathbf{y} \in \mathbf{B}_{\mathbf{R}^n}(\mathbf{p}, r)(|\nabla F(\mathbf{y})| \neq 0) \qquad (8.8.2)'$$
和
$$\mathbf{B}_{\mathbf{R}^n}(\mathbf{p}, r) \cap G = \{\mathbf{y} \in \mathbf{B}_{\mathbf{R}^n}(\mathbf{p}, r) : F(\mathbf{y}) < 0\}. \qquad (10.9.1)_1$$
又令
$$\forall \mathbf{x} \in \mathbf{B}_{\mathbf{R}^n}(\mathbf{p}, r) \cap \partial G\Big(\mathbf{n}(\mathbf{x}) = \frac{\nabla F(\mathbf{x})}{|\nabla F(\mathbf{x})|}\Big). \qquad (10.9.1)_2$$

注 在本练习及以后的练习中, 我们总是假定 $G \subset \mathbf{R}^n$ 是光滑区域, 即它的边界 ∂G 是 $\mathbf{R}^n$ 中的超曲面. 事实上, 这个条件可以减弱如下: 它的边界 ∂G 是 $\mathbf{R}^n$ 中的逐段光滑的连续曲面. 为了方便, 我们不想卷入这个细节的讨论了.

(i) 试证: $\mathbf{n}(\mathbf{p}) \in \mathbf{S}^{n-1} \cap \mathbf{T}_{\mathbf{p}}(\partial G)^{\perp}$, 并存在某个 $\varepsilon > 0$, 使得
$$\mathbf{p} + \xi \mathbf{n}(\mathbf{p}) \in \begin{cases} (\overline{G})^C, & \text{若 } \xi \in (0, \varepsilon), \\ G, & \text{若 } \xi \in (-\varepsilon, 0). \end{cases} \qquad (10.9.1)_3$$
$\mathbf{n}(\mathbf{p})$ 称为在点 $\mathbf{p}$ 处的 ∂G 的**单位外法向量**.

(ii) 符号和假设如上所述. 试证: 对于任何紧集 $K \subset \partial G$, 映射
$$K \ni \mathbf{x} \mapsto \mathbf{n}(\mathbf{x}) \in \mathbf{S}^{n-1}$$
在 K 上是 Lipschitz 连续的, 换言之, 有 $\lambda_K > 0$ 使得
$$\forall \mathbf{x}_1 \in K \forall \mathbf{x}_2 \in K\Big(|\mathbf{n}(\mathbf{x}_1) - \mathbf{n}(\mathbf{x}_2)| \leqslant \lambda_K |\mathbf{x}_1 - \mathbf{x}_2|\Big).$$

(iii) 符号和假设如上所述. 试证: 对于任何 $\mathbf{p} \in \partial G$, 有一个 ∂G 的坐标图卡 (Ψ, V) 和一个 $\varepsilon > 0$, 其中 V 有界, 且 $\mathbf{p} \in \Psi(V)$, 并使得如下的映射 $\widetilde{\Psi}$:

$$\widetilde{V} \equiv V \times (-\varepsilon, \varepsilon) \ni (\mathbf{v}, t) \mapsto \widetilde{\Psi}(\mathbf{v}, t) \equiv \Psi(\mathbf{v}) + t\mathbf{n}(\Psi(\mathbf{v}))^T \in \mathbf{R}^n$$

是 $\widetilde{V} \to \widetilde{\Psi}(\widetilde{V})$ 的微分同胚, 确切地说, 映射 $\widetilde{\Psi}$ 和 $\widetilde{\Psi}^{-1}$ 具有有界又连续的一阶和二阶导数, 而且

$$\forall \mathbf{v} \in V \left(G \ni \widetilde{\Psi}(\mathbf{v}, t) \Longleftrightarrow t \in (-\varepsilon, 0) \right).$$

(iv) 记 $\Omega = \widetilde{\Psi}(\widetilde{V})$. 假设函数 $f \in C(\mathbf{R}^n; \mathbf{R})$ 有紧支集 $K \subset \Omega$. 对于一切 $\mathbf{y} \in \Omega$, 定义

$$\mathbf{p}(\mathbf{y}) = \Psi \left(\widetilde{\Psi}^{-1}(\mathbf{y})_1, \cdots, \widetilde{\Psi}^{-1}(\mathbf{y})_{n-1} \right) \text{ 和 } \mathbf{n}(\mathbf{y}) = \mathbf{n}\left(\mathbf{p}(\mathbf{y}) \right). \tag{10.9.2}$$

对于任何给定的 $\boldsymbol{\omega} \in \mathbf{S}^{n-1}$, $\mathbf{y} \in \Omega$, 记

$$\sigma_{\mathbf{n}}(\mathbf{y}) = \left(\boldsymbol{\omega}, \mathbf{n}(\mathbf{y}) \right)_{\mathbf{R}^n} \text{ 和 } \boldsymbol{\omega}_{\mathbf{n}}(\mathbf{y}) = \sigma_{\mathbf{n}}(\mathbf{y})\mathbf{n}(\mathbf{y}).$$

($\boldsymbol{\omega}_{\mathbf{n}}(\mathbf{y})$ 的几何涵义是: $\boldsymbol{\omega}$ 在 $\mathbf{n}(\mathbf{y})$ 上的投影.) 试证:

$$\forall \xi \in \mathbf{R} \left(\Delta(\xi) \equiv \int_G f(\mathbf{x} + \xi\boldsymbol{\omega})m(d\mathbf{x}) - \int_G f(\mathbf{x})m(d\mathbf{x}) = \Delta_1(\xi) + \Delta_2(\xi) \right), \tag{10.9.3}$$

其中

$$\Delta_1(\xi) \equiv \int_{\mathbf{R}^n} \left(\mathbf{1}_G(\mathbf{x} - \xi\boldsymbol{\omega}) - \mathbf{1}_G(\mathbf{x} - \xi\boldsymbol{\omega}_{\mathbf{n}}(\mathbf{x})) \right) f(\mathbf{x})m(d\mathbf{x}), \tag{10.9.4}$$

$$\Delta_2(\xi) \equiv \int_{\mathbf{R}^n} \left(\mathbf{1}_G(\mathbf{x} - \xi\boldsymbol{\omega}_{\mathbf{n}}(\mathbf{x})) - \mathbf{1}_G(\mathbf{x}) \right) f(\mathbf{x})m(d\mathbf{x}). \tag{10.9.5}$$

以下的 (v),(vi) 和 (vii) 三个小题将研究以下的极限:

$$\lim_{\xi \to 0} \frac{\Delta_2(\xi)}{\xi} = ?$$

(v) 小题 (iv) 中的记号继续沿用. 记 $r = \text{dist}(K, \Omega^C)$. 试证: 当 $|\xi| < r$ 时, (10.9.5) 中的 $\Delta_2(\xi)$ 可以写成如下形式:

$$\Delta_2(\xi) = \int_V g(\xi, \mathbf{v})m(d\mathbf{v}),$$

其中

$$g(\xi, \mathbf{v}) \equiv \int_{-\varepsilon}^{\varepsilon} \left[\mathbf{1}_{(-\infty, 0)} \left(t - \xi\sigma_{\mathbf{n}}(\Psi(\mathbf{v})) \right) - \mathbf{1}_{(-\infty, 0)}(t) \right] f\left(\widetilde{\Psi}(\mathbf{v}, t) \right) |J_{\widetilde{\Psi}}(\mathbf{v}, t)| dt. \tag{10.9.6}$$

(vi) $g(\xi, \mathbf{v})$ 如 (v) 中所述. 试证:

$$\lim_{\xi \to 0} \sup_{\mathbf{v} \in V} \left| \frac{g(\xi, \mathbf{v})}{\xi} - f(\Psi(\mathbf{v}))\sigma_{\mathbf{n}}(\Psi(\mathbf{v}))\delta\Psi(\mathbf{v}) \right| = 0. \tag{10.9.7}$$

(vii) $\Delta_2(\xi)$ 和 $g(\xi, \mathbf{v})$ 分别如 (iv) 与 (v) 中所述. 试证:

$$\lim_{\xi \to 0} \frac{\Delta_2(\xi)}{\xi} = \int_V f(\Psi(\mathbf{v})) \sigma_{\mathbf{n}}(\Psi(\mathbf{v})) \delta\Psi(\mathbf{v}) m_{\mathbf{R}^{n-1}}(d\mathbf{v})$$

$$= \int_{\partial G} f(\mathbf{x}) \sigma_{\mathbf{n}}(\mathbf{x}) m_{\partial G}(d\mathbf{x}). \tag{10.9.8}$$

下面的一串小题 (viii), (ix), $\cdots$, 和 (xvii) 用以研究以下的极限:

$$\lim_{\xi \to 0} \frac{\Delta_1(\xi)}{\xi} = ?$$

(viii) 对于 $\mathbf{y} \in \Omega$, 记

$$D(\mathbf{y}) = \widetilde{\Psi}^{-1}(\mathbf{y})_n = \big(\mathbf{y} - \mathbf{p}(\mathbf{y}), \mathbf{n}(\mathbf{y})\big)_{\mathbf{R}^n},$$

其中 $\widetilde{\Psi}^{-1}(\mathbf{y})_n$ 表示向量 $\widetilde{\Psi}^{-1}(\mathbf{y}) \in V \subset \mathbf{R}^n$ 的第 n 个分量, 而向量 $\mathbf{p}(\mathbf{y})$ 和外法向量 $\mathbf{n}(\mathbf{y})$ 是按方程 (10.9.2) 的方式定义的. 事实上, $\mathbf{y} - \mathbf{p}(\mathbf{y})$ 与 $\mathbf{n}(\mathbf{y})$ 平行, 故 $D(\mathbf{y}) = \pm|\mathbf{y} - \mathbf{p}(\mathbf{y})|$, 其中正负号取决于 $\mathbf{y} - \mathbf{p}(\mathbf{y})$ 与外法向量 $\mathbf{n}(\mathbf{y})$ 是同向还是反向. 试证: 若 $\mathbf{q} \in \Omega \cap \partial G$, 则

$$\lim_{t \to 0} \frac{D(\mathbf{q} + t\mathbf{v}) - D(\mathbf{q})}{t} = \begin{cases} 0, & \text{若} \mathbf{v} \in \mathbf{T_q}(\partial G), \\ 1, & \text{若} \mathbf{v} = \mathbf{n}(\mathbf{q}). \end{cases}$$

(ix) 记号同前. 试证: 若 $\mathbf{q} \in \Omega \cap \partial G$, 则

$$\nabla D(\mathbf{q}) = \mathbf{n}(\mathbf{q}).$$

(x) 记号同前. 对于 $(\mathbf{y}, \xi) \in K \times (-r, r)$, 记

$$E(\mathbf{y}, \xi) = D(\mathbf{y} - \xi\boldsymbol{\omega}_{\mathbf{n}}(\mathbf{y})) - D(\mathbf{y} - \xi\boldsymbol{\omega}).$$

试证:

$$|\Delta_1(\xi)| \leqslant \sup_{\mathbf{x} \in K} |f(\mathbf{x})| m_{\mathbf{R}^n}(\Gamma(\xi)),$$

其中 $\Gamma(\xi) \equiv \{\mathbf{x} \in K : |D(\mathbf{x} - \xi\boldsymbol{\omega}_{\mathbf{n}}(\mathbf{x}))| \leqslant |E(\mathbf{y}, \xi)|\}$.

(xi) 记号同前. 试证: 存在常数 $C_1 < \infty$, 使得一切 $(\mathbf{y}, \xi) \in K \times (-r, r)$ 都满足不等式 $|E(\mathbf{y}, \xi)| \leqslant C_1|\xi|$.

(xii) 记号同前. 试证:

$$\forall \mathbf{x} \in \Gamma(\xi)\big(|\mathbf{x} - \xi\boldsymbol{\omega}_{\mathbf{n}}(\mathbf{x}) - \mathbf{p}(\mathbf{x})| \leqslant C_1|\xi|\big).$$

(xiii) 记号同前. 试证: 存在常数 $C_2 < \infty$, 使得

$$\forall \mathbf{x} \in \Gamma(\xi)\big(|\nabla D(\mathbf{x} - \xi\boldsymbol{\omega}_{\mathbf{n}}(\mathbf{x})) - \mathbf{n}(\mathbf{x})| \leqslant C_2|\xi|\big).$$

(xiv) 记号同前. 试证: 存在常数 $C < \infty$, 使得

$$\forall \mathbf{x} \in \Gamma(\xi)\big(|E(\mathbf{x}, \xi)| \leqslant C\xi^2\big).$$

(xv) 记号同前. 试证：

$$\Gamma(\xi) \subset \widetilde{\Psi}\left(\left\{(\mathbf{v}, t) \in \widetilde{V} : \left|t - \xi\sigma_{\mathbf{n}}\big(\Psi(\mathbf{v})\big)\right| \leqslant C\xi^2\right\}\right),$$

其中 C 是 (xiv) 中的常数 C.

(xvi) 记号同前. 试证：

$$m_{\mathbf{R}^n}\big(\Gamma(\xi)\big) \leqslant C\xi^2 \sup_{(\mathbf{v}, t) \in \widetilde{V}} J_{\widetilde{\Psi}}(\mathbf{v}, t) m_{\mathbf{R}^{n-1}}(V).$$

(xvii) 记号同前. 试证：

$$\lim_{\xi \to 0} \frac{\Delta_1(\xi)}{\xi} = 0.$$

(xviii) 记号同前. 试证：对于任何光滑区域 G 和 $f \in C_0^1(\mathbf{R}^n, \mathbf{R})$, 有

$$\frac{d}{d\xi} \int_G f(\mathbf{x} + \xi\omega) m(d\mathbf{x}) \bigg|_{\xi=0} = \int_{\partial G} f(\mathbf{x})\big(\omega, \mathbf{n}(\mathbf{x})\big) m_{\partial G}(d\mathbf{x}).$$

注 C_0^1 表示紧支集的一次连续可微函数全体.

10.9.3 (i) 设函数 $f \in C_0^1(\mathbf{R}^n, \mathbf{R})$, $K \subset \mathbf{R}^n$ 是紧集, $G \subset \mathbf{R}^n$ 是开集, $\operatorname{supp} f \subset K$, $K \cap \partial G = \varnothing$. 试证：对于任何 $\omega \in \mathbf{R}^n$, 当 $|\xi|$ 充分小时, 有

$$\int_G f(\mathbf{x} + \xi\omega) m(d\mathbf{x}) = \int_G f(\mathbf{x}) m(d\mathbf{x}).$$

(ii) 设函数 $f \in C_0^1(\mathbf{R}^n, \mathbf{R})$, $K \subset \mathbf{R}^n$ 是紧集, $G \subset \mathbf{R}^n$ 是开集, $\operatorname{supp} f \subset K$, $K \cap \partial G = \varnothing$. 试证：对于任何 $\omega \in \mathbf{R}^n$,

$$\frac{d}{d\xi} \int_G f(\mathbf{x} + \xi\omega) m(d\mathbf{x}) \bigg|_{\xi=0} = \int_{\partial G} f(\mathbf{x})\big(\omega, \mathbf{n}(\mathbf{x})\big) m_{\partial G}(d\mathbf{x}).$$

(iii) 设函数 $f \in C_0^1(\mathbf{R}^n, \mathbf{R})$, $K \subset \mathbf{R}^n$ 是紧集, $G \subset \mathbf{R}^n$ 是开集, $\operatorname{supp} f \subset K$, $K \cap \partial G \neq \varnothing$. 试证：有有限点集 $\{\mathbf{p}_j\}_{j=1}^k \subset K \cap \partial G$ 和对应的有限个数 $\{r_j\}_{j=1}^k \subset (0, \infty)$ 以及对应的有限个坐标图卡 $\{(\Psi_j, V_j)\}_{j=1}^k$, 使得

$$\mathbf{B}_{\mathbf{R}^n}(\mathbf{p}_j, 4r_j) \subset \widetilde{\Psi}_j(\widetilde{V}_j) \text{ 且 } K \cap \partial G \subset \bigcup_{j=1}^k \mathbf{B}_{\mathbf{R}^n}(\mathbf{p}_j, r_j).$$

(iv) 设函数 $f \in C_0^1(\mathbf{R}^n, \mathbf{R})$. 试证：存在光滑函数 $\phi_j : \mathbf{R}^n \to [0, 1]$, $j = 0, 1, \cdots, k$, 使得

$$\operatorname{supp} \phi_0 \subset \mathbf{R}^n \setminus \bigcup_{j=1}^k \mathbf{B}_{\mathbf{R}^n}(\mathbf{p}_j, r_j),$$

而

$$\operatorname{supp} \phi_j \subset \mathbf{B}_{\mathbf{R}^n}(\mathbf{p}_j, 3r_j), \quad j = 1, \cdots, k,$$

且对于任何 $\mathbf{x} \in \mathbf{R}^n$, 有

$$\sum_{j=0}^{k} \phi_j(\mathbf{x}) = 1.$$

(v) 设函数 $f \in C_0^1(\mathbf{R}^n, \mathbf{R})$. 试证: 对于任何 $\boldsymbol{\omega} \in \mathbf{R}^n$,

$$\frac{d}{d\xi} \int_G f(\mathbf{x} + \xi\boldsymbol{\omega})m(d\mathbf{x})\bigg|_{\xi=0} = \int_{\partial G} f(\mathbf{x})\big(\boldsymbol{\omega}, \mathbf{n}(\mathbf{x})\big) m_{\partial G}(d\mathbf{x}).$$

(vi) 设 $G \subset \mathbf{R}^n$ 是光滑区域, $U \supset \overline{G}$ 是 $\mathbf{R}^n$ 中的开集, 函数 $f \in C^1(U, \mathbf{R})$. 试证: 对于任何 $\boldsymbol{\omega} \in \mathbf{R}^n$,

$$\frac{d}{d\xi} \int_G f(\mathbf{x} + \xi\boldsymbol{\omega})m(d\mathbf{x})\bigg|_{\xi=0} = \int_{\partial G} f(\mathbf{x})\big(\boldsymbol{\omega}, \mathbf{n}(\mathbf{x})\big) m_{\partial G}(d\mathbf{x}).$$

(vii) 设 $G \subset \mathbf{R}^n$ 是光滑区域, $U \supset \overline{G}$ 是 $\mathbf{R}^n$ 中的开集, 函数 $f \in C^1(U, \mathbf{R})$. 试证: 对于任何 $\boldsymbol{\omega} \in \mathbf{R}^n$,

$$\int_G (\nabla f(\mathbf{x}), \boldsymbol{\omega})m(d\mathbf{x}) = \int_{\partial G} f(\mathbf{x})\big(\boldsymbol{\omega}, \mathbf{n}(\mathbf{x})\big) m_{\partial G}(d\mathbf{x}).$$

10.9.4 设 $\mathbf{F} = (F_1, \cdots, F_n): U \to \mathbf{R}^n$ 是一次连续可微的 n 维向量值函数, 则数值函数

$$\operatorname{div} \mathbf{F}(\mathbf{x}) \equiv \sum_{j=1}^{n} \frac{\partial F_j}{\partial x_j}(\mathbf{x})$$

称为 $\mathbf{F}$ 的散度.

设 $G \subset \mathbf{R}^n$ 是光滑区域, $U \supset \overline{G}$ 是 $\mathbf{R}^n$ 中的开集, n 维向量值函数 $\mathbf{F} \in C_0^1(U, \mathbf{R}^n)$. 试证:

$$\int_G \operatorname{div}\mathbf{F}(\mathbf{x})m(d\mathbf{x}) = \int_{\partial G} \big(\mathbf{F}(\mathbf{x}), \mathbf{n}(\mathbf{x})\big)_{\mathbf{R}^n} m_{\partial G}(d\mathbf{x}).$$

注 这个公式称为 **Gauss散度定理**. Gauss 是在研究静电场的 Coulomb 定律的积分表示形式时得到它的. 当 $n = 2$ 时, 它就是平面上的 Green 公式 (10.8.26). 因此, 它是 Green 公式在 n 维空间上的推广. 鉴于这个 Gauss 散度定理及其推广的重要性, 在本讲义的第 16 章中将用别的方法重新讨论它并将其推广成更一般的形式. 用不同的方法从不同的角度去观察和理解这个重要的定理是十分必要的.

10.9.5 设 $G \subset \mathbf{R}^n$ 是光滑区域, $U \supset \overline{G}$ 是 $\mathbf{R}^n$ 中的开集, 函数 $u, v \in C^2(U, \mathbf{R})$, 且 u 有紧支集. 试证:

(i) 以下两个恒等式成立:

$$\int_G \big(v\Delta u + \operatorname{grad} v \cdot \operatorname{grad} u\big)\, m(d\mathbf{x}) = \int_{\partial G} v\frac{\partial u}{\partial \mathbf{n}} m_{\partial G}(d\mathbf{x})$$

和

$$\int_G u\Delta v\, m(d\mathbf{x}) - \int_G v\Delta u\, m(d\mathbf{x}) = \int_{\partial G} u\frac{\partial v}{\partial \mathbf{n}} m_{\partial G}(d\mathbf{x}) - \int_{\partial G} v\frac{\partial u}{\partial \mathbf{n}} m_{\partial G}(d\mathbf{x}),$$

其中

$$\frac{\partial f}{\partial \mathbf{n}} \equiv \frac{d}{d\xi} f(\mathbf{x} + \xi \mathbf{n}(\mathbf{x})) \Big|_{\xi=0}$$

表示 f 在点 $\mathbf{x} \in \partial G$ 处的沿 $\mathbf{n}$ 方向的方向导数, 称为 f 在点 $\mathbf{x} \in \partial G$ 处的外法向的方向导数.

注 所得的两个恒等式称为 **Green 恒等式**. 它们的作用有点像一元定积分的分部积分公式, 例如第二个 Green 恒等式相当于分部积分公式作了如下变化: (1) 一元换成了 n 元; (2) 一次求导算子换成了 Laplace 算子; (3) 边界积分的被积函数作了对称化. 在本讲义的第 16 章还要讨论这个 Green 恒等式及其应用.

(ii) 假设 $n = 3$, $\mathbf{p} = (\xi_1, \xi_2, \xi_3)$, 而

$$v(x_1, x_2, x_3) = \frac{1}{r} + w(x_1, x_2, x_3), \quad r = \sqrt{(x_1 - \xi_1)^2 + (x_2 - \xi_2)^2 + (x_3 - \xi_3)^2},$$

其中 w 在 G 中二次连续可微, 则以下两个恒等式成立:

$$\int_G \left(v \Delta u + \operatorname{grad} v \cdot \operatorname{grad} u \right) m(d\mathbf{x}) = cu(\mathbf{p}) + \int_{\partial G} v \frac{\partial u}{\partial \mathbf{n}} m_{\partial G}(d\mathbf{x})$$

和

$$\int_G u \Delta v \, m(d\mathbf{x}) - \int_G v \Delta u \, m(d\mathbf{x})$$
$$= cu(\mathbf{p}) + \int_{\partial G} u \frac{\partial v}{\partial \mathbf{n}} m_{\partial G}(d\mathbf{x}) - \int_{\partial G} v \frac{\partial u}{\partial \mathbf{n}} m_{\partial G}(d\mathbf{x}),$$

其中

$$c = \begin{cases} 4\pi, & \text{若 } \mathbf{p} \in G, \\ 2\pi, & \text{若 } \mathbf{p} \in \partial G, \\ 0, & \text{若 } \mathbf{p} \notin G \cup \partial G. \end{cases}$$

(iii) 假设 $n = 2$, $\mathbf{p} = (\xi_1, \xi_2)$, 而

$$v(x_1, x_2) = \ln \frac{1}{r} + w(x_1, x_2), \quad r = \sqrt{(x_1 - \xi_1)^2 + (x_2 - \xi_2)^2},$$

其中 w 在 G 中二次连续可微, 则以下两个恒等式成立:

$$\int_G \left(v \Delta u + \operatorname{grad} v \cdot \operatorname{grad} u \right) m(d\mathbf{x}) = cu(\mathbf{p}) + \int_{\partial G} v \frac{\partial u}{\partial \mathbf{n}} m_{\partial G}(d\mathbf{x})$$

和

$$\int_G u \Delta v \, m(d\mathbf{x}) - \int_G v \Delta u \, m(d\mathbf{x})$$
$$= cu(\mathbf{p}) + \int_{\partial G} u \frac{\partial v}{\partial \mathbf{n}} m_{\partial G}(d\mathbf{x}) - \int_{\partial G} v \frac{\partial u}{\partial \mathbf{n}} m_{\partial G}(d\mathbf{x}),$$

其中

$$c = \begin{cases} 4\pi, & \text{若 } \mathbf{p} \in G, \\ 2\pi, & \text{若 } \mathbf{p} \in \partial G, \\ 0, & \text{若 } \mathbf{p} \notin G \cup \partial G. \end{cases}$$

(iv) (ii) 和 (iii) 可如下推广到一般的 $n(\geqslant 3)$ 维空间上: 假设 $G \subset \mathbf{R}^n$ 是光滑的 n 维区域, u 是 G 上二次连续可微函数, 而

$$v = \frac{1}{(n-2)r^{n-2}} + w, \quad r = \sqrt{(x_1 - \xi_1)^2 + (x_2 - \xi_2)^2 + \cdots + (x_n - \xi_n)^2},$$

其中 w 是 G 上二次连续可微函数, 则

$$\int_G \left(\operatorname{grad} u \cdot \operatorname{grad} v + u\Delta w \right) m(dx) = cu(\mathbf{p}) + \int_{\partial G} u \frac{\partial v}{\partial \boldsymbol{\nu}} d\sigma,$$

$$\int_G \left(u\Delta w - v\Delta u \right) m(dx) = cu(\mathbf{p}) + \int_{\partial G} \left(u \frac{\partial v}{\partial \boldsymbol{\nu}} - v \frac{\partial u}{\partial \boldsymbol{\nu}} \right) d\sigma,$$

其中 $\boldsymbol{\nu}$ 表示 ∂G 的单位外法向量, 而 c 为常数:

$$c = \begin{cases} \omega_n, & \text{若 } \mathbf{p} \in G, \\ \omega_n/2, & \text{若 } \mathbf{p} \in \partial G, \\ 0, & \text{若 } \mathbf{p} \notin G \cup \partial G. \end{cases}$$

(v) 假设 $n = 3$, 则对于任何二次连续可微的函数 u, 我们有

$$u(\mathbf{p}) = \frac{1}{4\pi R^2} \int_{\mathbf{S}^2(\mathbf{p}, R)} u d\sigma - \frac{1}{4\pi} \int_{\mathbf{B}^3(\mathbf{p}, R)} \left(\frac{1}{r} - \frac{1}{R} \right) \Delta u m(dx).$$

(vi) 假设 $n = 2$, 则对于任何二次连续可微的函数 u, 我们有

$$u(\mathbf{p}) = \frac{1}{\pi R^2} \int_{\mathbf{S}^1(\mathbf{p}, R)} u d\lambda - \frac{1}{2\pi} \int_{\mathbf{B}^2(\mathbf{p}, R)} \ln \frac{R}{r} \Delta u m(dx).$$

(vii) 对于一般的 $n \geqslant 3$ 和任何二次连续可微的函数 u, 我们有

$$u(\mathbf{p}) = \frac{1}{\omega_n R^{n-1}} \int_{\mathbf{S}^{n-1}(\mathbf{p}, R)} u d\sigma - \frac{1}{(n-2)\omega_n} \int_{\mathbf{B}^n(\mathbf{p}, R)} \left(\frac{1}{r^{n-2}} - \frac{1}{R^{n-2}} \right) \Delta u m(dx).$$

10.9.6 令

$$\forall \mathbf{x} \in \mathbf{R}^n \setminus \{\mathbf{0}\} \left(g(\mathbf{x}) = \begin{cases} -\ln |\mathbf{x}|, & \text{若 } n = 2 \\ |\mathbf{x}|^{2-n}, & \text{若 } n \geqslant 3 \end{cases} \right).$$

(i) 试证: $g \in L^1_{\text{loc}}(\mathbf{R}^n)$ (即 g 在 $\mathbf{R}^n$ 的任何紧集上都是 Lebesgue 可积的), 且 $\forall \mathbf{x} \in \mathbf{R}^n \setminus \{\mathbf{0}\} (\Delta g(\mathbf{x}) = 0)$.

(ii) 试证:

$$\forall \mathbf{x} \in \mathbf{R}^n \setminus \{\mathbf{0}\} \left(|\mathbf{x}|^n \nabla g(\mathbf{x}) = \begin{cases} -\mathbf{x}, & \text{若 } n = 2 \\ (2-n)\mathbf{x}, & \text{若 } n \geqslant 3 \end{cases} \right).$$

(iii) 设 $f \in C_0^2(\mathbf{R}^n; \mathbf{R})$, 在 $\mathbf{R}^n$ 上定义函数

$$u_f(\mathbf{x}) = \frac{1}{c_n} \int_{\mathbf{R}^n} g(\mathbf{x} - \mathbf{y}) f(\mathbf{y}) m(dy),$$

其中

$$c_n = \begin{cases} 2\pi = \omega_1, & \text{若 } n = 2, \\ \dfrac{2(n-2)(\pi)^{n/2}}{\Gamma(n/2)} = (n-2)\omega_{n-1}, & \text{若 } n \geqslant 3. \end{cases}$$

这里的 ω_{n-1} 表示 $\mathbf{R}^n$ 中的 $(n-1)$ 维单位球面的面积 (参看 §10.6 的练习 10.6.7 的 (iii)), 试证: $u_f \in C^2(\mathbf{R}^n; \mathbf{R})$, 且

$$\Delta u_f = \frac{1}{c_n} \int_{\mathbf{R}^n} g(\mathbf{y}) \Delta f(\mathbf{x} - \mathbf{y}) m(d\mathbf{y}).$$

(iv) 设 $f \in C_0^2(\mathbf{R}^n; \mathbf{R})$, 固定 $\mathbf{x}$, 选取 $R > 1$, 使得 $\operatorname{supp} f \subset \mathbf{B}_{\mathbf{R}^n}(\mathbf{x}, R-1)$. 对一切 $r \in (0, R)$, 记 $G_r = \mathbf{B}_{\mathbf{R}^n}(\mathbf{0}, R) \setminus \overline{\mathbf{B}_{\mathbf{R}^n}(\mathbf{0}, r)}$. 试证:

$$\int_{G_r} g(\mathbf{y}) \Delta f(\mathbf{x} - \mathbf{y}) m(d\mathbf{y}) = -r^{n-1} \int_{\mathbf{S}^{n-1}} g(r\boldsymbol{\omega}) \frac{\partial f}{\partial r}(\mathbf{x} + r\boldsymbol{\omega}) m_{\mathbf{S}^{n-1}}(d\boldsymbol{\omega})$$
$$+ r^{n-1} \int_{\mathbf{S}^{n-1}} f(\mathbf{x} + r\boldsymbol{\omega}) \frac{\partial g}{\partial r}(r\boldsymbol{\omega}) m_{\mathbf{S}^{n-1}}(d\boldsymbol{\omega}),$$

其中 $\mathbf{S}^{n-1}$ 表示 $(n-1)$ 维单位球面.

(v) 设 $\boldsymbol{\omega} \in \mathbf{S}^{n-1}$. 试证:

$$\lim_{r \to 0+} r^{n-1} g(r\boldsymbol{\omega}) = 0.$$

(vi) 设 $\boldsymbol{\omega} \in \mathbf{S}^{n-1}$. 试证:

$$r^{n-1} \frac{\partial g}{\partial r}(r\boldsymbol{\omega}) = \begin{cases} -1, & \text{若 } n = 2, \\ -(n-2), & \text{若 } n \geqslant 3. \end{cases}$$

(vii) 记号同前. 试证:

$$\Delta u_f = -f.$$

注 $\Delta u = -f$ 称为 (关于未知函数 u 的)**Poisson 方程**. (vii) 的结果是说, (iii) 中用卷积定义的 u_f 是 Poisson 方程的解. g/c_n 称为 **Poisson 方程的 基本解**.

10.9.7 函数 u 称为在区域 G 上是**调和**的, 若

$$\forall \mathbf{x} \in G(\Delta u(\mathbf{x}) = 0).$$

(i) 设开区间 $(a, b) \subset \mathbf{R}$, u 在 (a, b) 上调和, 且在 $[a, b]$ 上连续. 试证:

$$\forall x \in [a, b]\left(u(x) = \frac{(b-x)u(a)}{b-a} + \frac{(x-a)u(b)}{b-a}\right),$$

特别, 有

$$u\left(\frac{a+b}{2}\right) = \frac{u(a) + u(b)}{2}.$$

(ii) 设 $u \in C^2(G, \mathbf{R})$, 且在区域 G 上调和. 又设 $\mathbf{x} \in G$, $R > 0$ 且 $\overline{\mathbf{B}_{\mathbf{R}^n}(\mathbf{x}, R)} \subset G$. 试证以下的**调和函数的平均值定理**:

$$u(\mathbf{x}) = \frac{1}{\omega_{n-1}} \int_{\mathbf{S}^{n-1}} u(\mathbf{x} + R\boldsymbol{\omega}) m_{\mathbf{S}^{n-1}}(d\boldsymbol{\omega}).$$

10.9.8 $\mathbf{R}^n$ 中单位球 $\mathbf{B}^n(\mathbf{0}, 1)$ 上的 **Poisson核**定义如下:

$$P(\mathbf{x}, \mathbf{t}') = \frac{1}{\omega_{n-1}} \frac{1 - |\mathbf{x}|^2}{|\mathbf{x} - \mathbf{t}'|^n}.$$

设 $f \in C(\mathbf{B}^n(\mathbf{0}, 1))$, 在开单位球 $\mathbf{B}^n(\mathbf{0}, 1)$ 内定义函数

$$u(\mathbf{x}) = \int_{\mathbf{S}^{n-1}} P(\mathbf{x}, \mathbf{t}') f(\mathbf{t}') m_{\mathbf{S}^{n-1}}(d\mathbf{t}').$$

试证: (i) 对于任何固定的 $\mathbf{t}' \in \mathbf{S}^{n-1}$, $P(\mathbf{x}, \mathbf{t}')$ 在 $\mathbf{x} \in \mathbf{B}^n(\mathbf{0}, 1)$ 内是调和函数;

(ii) u 在 $\mathbf{B}^n(\mathbf{0}, 1)$ 内是调和函数;

(iii) 对于任何 $\mathbf{x} \in \mathbf{B}^n(\mathbf{0}, 1)$, 我们有

$$\int_{\mathbf{S}^{n-1}} P(\mathbf{x}, \mathbf{t}') m_{\mathbf{S}^{n-1}}(d\mathbf{t}') = 1;$$

(iv) u 可以连续地延拓至 $\overline{\mathbf{B}^n(\mathbf{0}, 1)}$ 上 (为了方便, 延拓所得的函数仍记做 u);

(v) $u|_{\mathbf{S}^{n-1}} = f$.

进一步阅读的参考文献

以下文献中的有关章节可以作为测度和积分理论的进一步学习的参考:

[1] 的第十章相当详细地介绍了积分理论, 包括向量值函数的 Bochner-Lebesgue 积分理论.

[3] 这篇短文包含积分在非双射的映射下的一个换元公式及其在不动点定理上的应用. 文章用了微分形式的知识. 在《数学分析讲义》的第三册的第 16 章的练习中将介绍这篇短文的内容.

[6] 的第十章介绍了积分理论.

[8] 的第三章相当详细地介绍了积分理论, 第五章相当详细地介绍了函数空间.

[13] 的第三卷的第一章介绍了测度和积分理论. 这里用直接延拓积分定义域的 Riesz-Daniell 方法来介绍 $\mathbf{R}^n$ 上的 Lebesgue 积分. 介绍得十分简练.

[14] 本书是一本关于测度与积分的经典著作, 虽然老了一些, 但经常被引到.

[15] 的第十六章介绍了积分理论. 这里用直接延拓积分定义域的 Riesz-Daniell 方法来介绍 $\mathbf{R}$ 上的 Lebesgue 积分. 第二十六章介绍了 $\mathbf{R}^n$ 上的 Lebesgue 积分理论. 介绍得十分简练.

[16] 这本小册子用直接延拓积分定义域的 Riesz-Daniell 方法来介绍 $\mathbf{R}^n$ 上的 Lebesgue-Stieltjes 积分. 还包括了带符号的所谓 Radon 测度, Jordan 分解, Hahn 分解和 Radon-Nikodym 定理等内容. 介绍得十分简练.

[17] 的第四章介绍了积分理论. 这里用直接延拓积分定义域的 Riesz-Daniell 方法来介绍 $\mathbf{R}$ 上的 Lebesgue 积分.

[19] 这两篇短文包含积分在非双射的映射下的一个换元公式及其在不动点定理上的应用.

[20] 的第一章介绍了测度和积分理论, 第二章介绍了 Lebesgue 函数空间的理论.

[22] 的第十三章用直接延拓积分定义域的 Riesz-Daniell 方法详细地介绍测度和积分理论.

[23] 的第六章介绍了测度和积分理论.

[24] 本书较详细地介绍了测度和积分理论. 它交替使用 Lebesgue-Carathéodory 测度论的方法和直接延拓积分定义域的 Riesz-Daniell 方法, 揭示了两个方法的联系. 内容丰富. 并附有一套很好的习题.

附录　部分练习及附加习题的提示

第 7 章

7.1.1 (i) 非空集合 E 的全体子集组成之集族非滤子.

(ii) 设 E 是拓扑空间, $a \in E$, 点 a 的邻域全体组成之集族是滤子 (它称为点 a 的邻域滤子).

(iii) 设 $E = \mathbf{R} \cup \{\infty\}$, 集族 $\{(a, \infty] : a \in \mathbf{R}\}$ 非滤子.

(iv) 设 $E = \mathbf{R} \cup \{-\infty\}$, 集族 $\{[-\infty, a) : a \in \mathbf{R}\}$ 非滤子.

(v) 设 $E = \mathbf{R}$, 集族 $\{(-\infty, a) \cup (b, \infty) : a, b \in \mathbf{R}\}$ 非滤子.

(vi) 设 $E = \mathbf{N}$, 集族 $\Big\{ \{n \in \mathbf{N} : n \geqslant m\} : m \in \mathbf{N} \Big\}$ 非滤子.

(vii) 设 $E = \mathbf{Z}$, 集族 $\Big\{ \{n \in \mathbf{Z} : |n| \geqslant m\} : m \in \mathbf{N} \Big\}$ 非滤子.

(viii) 设 $E = \mathbf{R}$, 集族 $\{S \subset E : \exists a \in \mathbf{R}(S \supset (a, \infty))\}$ 是滤子.

(ix) 设 $E = \mathbf{R}$, 集族 $\{S \subset E : \exists a \in \mathbf{R}(S \supset (-\infty, a))\}$ 是滤子.

(x) 设 $E = \mathbf{R}$, 集族 $\{S \subset E : \exists a, b \in \mathbf{R}(S \supset (-\infty, a) \cup (b, \infty))\}$ 是滤子.

(xi) 设 $E = \mathbf{N}$, 集族 $\Big\{ S \subset \mathbf{N} \big(\exists m \in \mathbf{N}(S \supset \{n \in \mathbf{N} : n \geqslant m\}) \big) \Big\}$ 是滤子.

(xii) 设 $E = \mathbf{Z}$, 集族 $\Big\{ S \subset \mathbf{Z} \big(\exists m \in \mathbf{N}(S \supset \{n \in \mathbf{Z} : |n| \geqslant m\}) \big) \Big\}$ 是滤子.

(xiii) 给定了一个 $\mathbf{R}$ 上的有界闭区间 $[a, b]$ 以及闭区间 $[a, b]$ 上的一个分划

$$\mathcal{C} : a = x_0 < x_1 < \cdots < x_{n-1} < x_n = b,$$

并在分划的每个小区间上选一个点 $\xi_i \in [x_{i-1}, x_i]$, 这个选出的点组成的集合称为从属于上述分划的选点组, 记做 $\boldsymbol{\xi} = (\xi_1, \cdots, \xi_n)$. $E = \{(\mathcal{C}, \boldsymbol{\xi})\}$ 表示所有 $[a, b]$ 上的分划及从属这个分划的选点组 $\boldsymbol{\xi}$ 形成的组对 $(\mathcal{C}, \boldsymbol{\xi})$ 构成的集合. 集族

$$\Big\{ S_\delta = \{(\mathcal{C}, \boldsymbol{\xi}) : \mathcal{C} \text{的小区间长度的最大者} = \max_{1 \leqslant i \leqslant n} (x_i - x_{i-1}) < \delta\} : \delta > 0 \Big\}$$

非滤子.

(xiv) 给定了拓扑空间 E 上的一个点列

$$x_1, x_2, \cdots, x_k, \cdots,$$

如下构造的 E 上的集族: $\mathcal{B} = \left\{ \{x_k, x_{k+1}, \cdots\} : k \in \mathbf{N} \right\}$ 非滤子.

7.1.2 (i), (ii), (iii) 显然.

7.1.3 (i) 非空集合 E 的全体子集组成之集族非滤子基.

(ii) 设 E 是拓扑空间, $a \in E$, 点 a 的邻域全体组成之集族是滤子基.

(iii) 设 $E = \mathbf{R} \cup \{\infty\}$, 集族 $\{(a, \infty] : a \in \mathbf{R}\}$ 是滤子基.

(iv) 设 $E = \mathbf{R} \cup \{-\infty\}$, 集族 $\{[-\infty, a) : a \in \mathbf{R}\}$ 是滤子基.

(v) 设 $E = \mathbf{R}$, 集族 $\{(-\infty, a) \cup (b, \infty) : a, b \in \mathbf{R}\}$ 是滤子基.

(vi) 设 $E = \mathbf{N}$, 集族 $\left\{ \{n \in \mathbf{N} : n \geqslant m\} : m \in \mathbf{N} \right\}$ 是滤子基.

(vii) 设 $E = \mathbf{Z}$, 集族 $\left\{ \{n \in \mathbf{Z} : |n| \geqslant m\} : m \in \mathbf{N} \right\}$ 是滤子基;

(viii) 设 $E = \mathbf{R}$, 集族 $\{S \subset E : \exists a \in \mathbf{R}(S \supset (a, \infty))\}$ 是滤子基.

(ix) 设 $E = \mathbf{R}$, 集族 $\{S \subset E : \exists a \in \mathbf{R}(S \supset (-\infty, a))\}$ 是滤子基;

(x) 设 $E = \mathbf{R}$, 集族 $\{S \subset E : \exists a, b \in \mathbf{R}(S \supset (-\infty, a) \cup (b, \infty))\}$ 是滤子基.

(xi) 设 $E = \mathbf{N}$, 集族 $\left\{ S \subset \mathbf{N} \left(\exists m \in \mathbf{N}(S \supset \{n \in \mathbf{N} : n \geqslant m\}) \right) \right\}$ 是滤子基.

(xii) 设 $E = \mathbf{Z}$, 集族 $\left\{ S \subset \mathbf{Z} \left(\exists m \in \mathbf{N}(S \supset \{n \in \mathbf{Z} : |n| \geqslant m\}) \right) \right\}$ 是滤子基.

(xiii) 给定了一个 $\mathbf{R}$ 上的有界闭区间 $[a, b]$ 以及闭区间 $[a, b]$ 上的一个分划

$$\mathcal{C} : a = x_0 < x_1 < \cdots < x_{n-1} < x_n = b,$$

并在分划的每个小区间上选一个点 $\xi_i \in [x_{i-1}, x_i]$, 这个选出的点组成的集合称为从属于上述分划的选点组, 记做 $\boldsymbol{\xi} = (\xi_1, \cdots, \xi_n)$. $E = \{(\mathcal{C}, \boldsymbol{\xi})\}$ 表示所有 $[a, b]$ 上的分划及从属于这个分划的选点组 $\boldsymbol{\xi}$ 形成的组对 $(\mathcal{C}, \boldsymbol{\xi})$ 构成的集合. 集族

$$\left\{ S_\delta = \{(\mathcal{C}, \boldsymbol{\xi}) : \mathcal{C} \text{的小区间长度的最大者} = \max_{1 \leqslant i \leqslant n}(x_i - x_{i-1}) < \delta\} : \delta > 0 \right\}$$

是滤子基.

(xiv) 给定了拓扑空间 E 上的一个点列

$$x_1, x_2, \cdots, x_k, \cdots.$$

如下构造的 E 上的集族: $\mathcal{B} = \left\{ \{x_k, x_{k+1}, \cdots\} : k \in \mathbf{N} \right\}$ 是滤子基.

7.1.7 $X \setminus E^\circ$ 是闭集, 且 $X \setminus E^\circ \supset X \setminus E$, 故 $X \setminus E^\circ \supset \overline{X \setminus E}$. 另一方面, $\overline{X \setminus E}$ 是闭集, 且 $\overline{X \setminus E} \supset X \setminus E$. 所以, $X \setminus (\overline{X \setminus E})$ 是开集, 且

$X \setminus (\overline{X \setminus E}) \subset E$. 因此, $X \setminus (\overline{X \setminus E}) \subset E^\circ$, 换言之, $\overline{X \setminus E} \supset X \setminus E^\circ$. 和前面得到结果结合起来, $\overline{X \setminus E} = X \setminus E^\circ$.

7.2.2 (i) 上述条件等价于 "闭集的原像必闭".

(ii) 不妨设 f 是满射 (不然, 将 Y 换成 $f(X)$ 便可满足这个要求). 这时, $f[f^{-1}(E)] = E$. 若条件 (ii) 成立, 则 $f^{-1}(\overline{E}) = f^{-1}[\overline{f(f^{-1}(E))}] \supset f^{-1}[f(\overline{f^{-1}(E)})] \supset \overline{f^{-1}(E)}$. 故条件 (i) 成立. 又设 f 连续, $x \in \overline{E}$, V 是 $f(x)$ 的开邻域, 则 $f^{-1}(V)$ 是 x 的邻域, $f^{-1}(V) \cap E \neq \varnothing$. 因此, $V \cap f(E) \supset f[f^{-1}(V) \cap E] \neq \varnothing$.

7.3.1 (v) 用 Cauchy-Schwarz 不等式.

7.3.2 例如, X 是至少有两个点的离散度量空间, $a \in X$, $r = 1$, 则 $\overline{\mathbf{B}(a,1)} \neq \{x \in X : \rho(x,a) \leqslant 1\}$.

7.3.3 (ii) 证明 $\{\mathbf{B}(x; 1/n) : n = 1, 2, \cdots\}$ 是 x 的一组邻域基.

7.4.2 假设 $\{U_n : n \in \mathbf{N}\}$ 是 X 的一组可数基, 对于每个 $x \in X$ 和每个 $U_n \ni x$, 有一个 x 的邻域 $V_{\alpha(x,n)} \in \{V_\alpha : \alpha \in A\}$ 使得 $x \in V_{\alpha(x,n)} \subset U_n$. 又有一个 x 的邻域 $U_{m(x,n)} \in \{U_n : n \in \mathbf{N}\}$, 使得 $x \in U_{m(x,n)} \subset V_{\alpha(x,n)} \subset U_n$. 当 x 跑遍 X 的点, n 跑遍 $\mathbf{N}$ 时, $\{U_{m(x,n)}\}$ 作为 $\{U_n : n \in \mathbf{N}\}$ 的子族, 只有可数个 $U_{m(x_j,n_j)}$, $j = 1, 2, \cdots$, 对应的 $V_{\alpha(x_j,n_j)}$ 也只有可数个.

7.5.1 (i) 证明以下两个不等式,

$$\rho(x,y) \leqslant \rho(x,p) + \rho(p,q) + \rho(q,y), \quad \rho(p,q) \leqslant \rho(p,x) + \rho(x,y) + \rho(y,q).$$

(ii) 利用三角形不等式:

$$\rho\Big(x_n, \lim_{k \to \infty} x_{n_k}\Big) \leqslant \rho\Big(x_n, x_{n_k}\Big) + \rho\Big(x_{n_k}, \lim_{k \to \infty} x_{n_k}\Big).$$

(iv) 用 (i).

(ix) 对于每个 n, $\xi_n = \{x_n^{(m)}\}_{m=1}^\infty$ 是 X 中的一个 Cauchy 列, 而 $\{\xi_n\}_{n=1}^\infty$ 是 $\mathcal{X}$ 中的 Cauchy 列. 根据 (viii), 不妨假设

$$\forall n \in \mathbf{N} \forall q \in \mathbf{N}\Big(d(\xi_n, \xi_{n+q}) \leqslant 2^{-n}\Big)$$

和

$$\forall m \in \mathbf{N} \forall p \in \mathbf{N} \forall n \in \mathbf{N}\Big(\rho(x_n^{(m)}, x_n^{(m+p)}) \leqslant 2^{-m}\Big).$$

记 $\xi = \{x_n^{(n)}\}_{n=1}^\infty$. 利用以下的推理可以证明 $\lim\limits_{n \to \infty} \xi_n = \xi$: 首先, 有

$$\rho(x_k^{(k)}, x_n^{(k)}) \leqslant \rho(x_k^{(k)}, x_k^{(l)}) + \rho(x_k^{(l)}, x_n^{(l)}) + \rho(x_n^{(l)}, x_n^{(k)})$$

$$\leqslant 2^{-n} + 2^{-k} + \rho(x_k^{(l)}, x_n^{(l)}).$$

另一方面, 有
$$d(\xi_k, \xi_n) = \lim_{l \to \infty} \rho(x_k^{(l)}, x_n^{(l)}).$$

所以, 只要 l 充分大, 便有
$$\rho(x_k^{(l)}, x_n^{(l)}) \leqslant 2^{1-\min(n,k)}.$$

和已经得到的不等式结合起来, 有
$$\rho(x_k^{(k)}, x_n^{(k)}) \leqslant 2^{-n} + 2^{-k} + 2^{1-\min(n,k)}.$$

只要 n 和 k 充分大, 上式右端便可任意小. 换言之, 只要 n 充分大, $d(\xi, \xi_n)$ 便任意小.

(x) 设 $\xi = \{x_n\}_{n=1}^{\infty}$. 令
$$\eta_n = \{y_n^{(m)}\}_{m=1}^{\infty}, \quad n = 1, 2, \cdots,$$

其中 $y_n^{(m)} = x_n$, $m = 1, 2, \cdots$. 易见, $\eta_n \in i(X)$, 且 $\lim_{n \to \infty} \eta_n = \xi$.

7.5.2 答案是:

(i) 非处处不稠密.   (ii) 是处处不稠密.

(iii) 是处处不稠密.   (iv) 是处处不稠密.

(v) 是处处不稠密.   (vi) 非处处不稠密.

(vii) 非处处不稠密.   (viii) 是处处不稠密.

7.5.3 (i) 是 Baire 纲定理的对偶叙述.

试用以下程序证明 (ii), (iii) 和 (iv): (i)$\Longrightarrow$(ii)$\Longrightarrow$(iii)$\Longrightarrow$(iv). (ii)$\Longrightarrow$(iii) 时把 X 换成那个非空开集的闭包, 应细心些. 值得指出的是: 由 (iv) 可推出 Baire 纲定理.

(v) $\mathbf{Q} = \bigcup_{r \in \mathbf{Q}} \{r\}$.

(vi) $\mathbf{R}$ 是 $\mathbf{R}$ 中的第二纲集, 再注意 (v).

7.5.4 (ii) (压缩) 锯齿函数
$$\sigma_\lambda^\mu(x) = \mu \sigma_0 \left(\frac{x}{\lambda} \right).$$

的周期为 2λ, 上下确界分别为 μ 和 0, 构成它的图像的每根直线段的斜率为 μ/λ;

(iii) 利用 (ii).

(iv) 利用 $[a, b]$ 上的连续函数必一致连续的命题.

(v) 利用 (ii), (iii) 和 (iv).

(vi) 利用 R_n 和 L_n 的定义和 $[a, b]$ 的紧性.

(vii) 利用 (v) 和 (vi).

(viii) 利用 R_n 和 L_n 的定义.

(ix) 利用 (vii) 和 (viii).

7.5.5 (i) 显然.

(ii) 由 (i), $f_2 - f_1$ 上连续. 故

$$G_n = \{x \in \mathbf{R} : f_2(x) - f_1(x) < 1/n\}$$

是开集. 又因

$$\{x \in \mathbf{R} : f_2(x) = f_1(x)\} = \bigcap_{n=1}^{\infty} G_n,$$

注意到 (i), f 在 x 处连续的充分必要条件应该是 $x \in \bigcap_{n=1}^{\infty} G_n$.

(iii) 由 (ii).　　(iv) 由 (iii)..

7.5.6 显然.

7.5.7 这是 **Banach不动点定理**的加强形式. 依赖于参数 z 的不动点 $\xi(z)$ 存在性的证明和 Banach 不动点定理 (定理 7.5.3) 的证明完全一样 (用迭代法). 给定了 $z_0 \in Z$, 我们要证明以下结论: "有一个 z_0 的邻域 V, 当 $z_0 \in V$ 时, $\rho\big(\xi(z), \xi(z_0)\big)$ 小于预先给定的任意小的正数." 为了估计方便, 我们让求不动点 $\xi(z)$ 的迭代法的起点 $x_0(z) = \xi(z_0)$(注意: 不动点 $\xi(z)$ 是唯一的, 它与迭代法的起点的选择无关). 由定理 7.5.3 的证明, 有

$$\rho\big(x_{n+p}(z), x_n(z)\big) \leqslant \frac{\rho\big(x_1(z), x_0(z)\big)}{1 - \alpha} \alpha^n.$$

让 $n = 0$ 且 $p \to \infty$, 注意到: $f(\xi(z_0), z_0) = \xi(z_0) = x_0(z)$ 和 $f(\xi(z_0), z) = x_1(z)$, 有

$$\rho\big(\xi(z), \xi(z_0)\big) = \rho\big(\xi(z), x_0\big) \leqslant \frac{\rho\big(x_1(z), x_0(z)\big)}{1 - \alpha} = \frac{\rho\big(f(\xi(z_0), z), f(\xi(z_0), z_0)\big)}{1 - \alpha}.$$

7.5.8 显然.　　**7.5.9** 显然.

7.5.10 (i) 对于每个 $m \in \mathbf{N}$, $|x_m^{(n)} - x_m^{(n+p)}| \leqslant \big[\sum_{k=1}^{\infty}(x_k^{(n)} - x_k^{(n+p)})^2\big]^{1/2} \equiv \rho(\xi_n, \xi_{n+p})$.

(ii) 这是因为

$$\sum_{m=1}^{\infty} y_m^2 = \sup_{M \in \mathbf{N}} \sum_{m=1}^{M} y_m^2 = \sup_{M \in \mathbf{N}} \sum_{m=1}^{M} \lim_{n \to \infty} |x_m^{(n)}|^2$$

$$= \sup_{M \in \mathbf{N}} \lim_{n \to \infty} \sum_{m=1}^{M} |x_m^{(n)}|^2 \leqslant \limsup_{n \to \infty} |\boldsymbol{\xi}_n|^2 < \infty.$$

(iii) 任意给定 $\varepsilon > 0$, 而 N 是这样一个自然数, 使得对于任何自然数 p, 都有

$$\rho(\boldsymbol{\xi}_N - \boldsymbol{\xi}_{N+p}) < \varepsilon.$$

又设 M 是这样一个自然数, 使得

$$\left[\sum_{m=M}^{\infty} |x_m^{(N)}|^2 \right]^{1/2} < \varepsilon.$$

根据以上两个不等式, 对于任何自然数 p, 有

$$\left[\sum_{m=M}^{\infty} |x_m^{(N+p)}|^2 \right]^{1/2} < 2\varepsilon.$$

因此

$$\left[\sum_{m=M}^{\infty} |y_m|^2 \right]^{1/2} = \lim_{q \to \infty} \left[\sum_{m=M}^{M+q} |y_m|^2 \right]^{1/2} = \lim_{q \to \infty} \left[\sum_{m=M}^{M+q} \lim_{p \to \infty} |x_m^{(N+p)}|^2 \right]^{1/2}$$

$$= \lim_{q \to \infty} \lim_{p \to \infty} \left[\sum_{m=M}^{M+q} |x_m^{(N+p)}|^2 \right]^{1/2} \leqslant 2\varepsilon.$$

这样我们得到

$$\rho(\boldsymbol{\eta} - \boldsymbol{\xi}_{N+p}) = \left[\sum_{m=1}^{\infty} |y_m - x_m^{(N+p)}|^2 \right]^{1/2}$$

$$\leqslant \left[\sum_{m=1}^{M-1} |y_m - x_m^{(N+p)}|^2 \right]^{1/2} + \left[\sum_{m=M}^{\infty} |y_m - x_m^{(N+p)}|^2 \right]^{1/2}$$

$$\leqslant \left[\sum_{m=1}^{M-1} |y_m - x_m^{(N+p)}|^2 \right]^{1/2} + \left[\sum_{m=M}^{\infty} |y_m|^2 \right]^{1/2}$$

$$+ \left[\sum_{m=M}^{\infty} |x_m^{(N+p)}|^2 \right]^{1/2}$$

$$\leqslant \left[\sum_{m=1}^{M-1} |y_m - x_m^{(N+p)}|^2 \right]^{1/2} + 3\varepsilon.$$

所以
$$\limsup_{p\to\infty} \rho(\boldsymbol{\eta}, \boldsymbol{\xi}_{N+p}) \leqslant 3\varepsilon.$$

由 ε 的任意性, 我们得到了 $\boldsymbol{\eta} = \lim\limits_{n\to\infty} \boldsymbol{\xi}_n$.

(iv) (iii) 的推论.

7.6.1 (iii) 令
$$\mathcal{B}_3 = \{A_1 \cap A_2 : A_1 \in \mathcal{B}_1, A_2 \in \mathcal{B}_2\},$$

则 $\mathcal{B}_3$ 是一个比滤子基 $\mathcal{B}_1$ 和 $\mathcal{B}_2$ 更精细的滤子基.

(iv) 对于每一点 $x \in E$, 有一个 x 的邻域基 $\mathcal{B}_x$. 若滤子基 $\mathcal{B}_x$ 中的元素都与滤子基 $\mathcal{B}$ 中的任何元素相交, 则滤子基 $\mathcal{B}$ 有一个 E 上的比 $\mathcal{B}$ 更精细的收敛的滤子基. 若对于每一点 $x \in E$, 有一个 x 的邻域基 $\mathcal{B}_x$, 使得滤子基 $\mathcal{B}_x$ 中至少有一个元素 $U_x \in \mathcal{B}_x$ 与滤子基 $\mathcal{B}$ 中的某个元素 $V_x \in \mathcal{B}$ 不相交. 因 E 紧, E 中有有限个点 $x_1, x_2, \cdots, x_n$, 使得
$$E \subset \bigcup_{j=1}^{n} U_{x_j}, \quad \text{且} \quad U_{x_j} \cap V_{x_j} = \varnothing.$$

因此,
$$\left[\bigcap_{j=1}^{n} V_{x_j}\right] = E \cap \left[\bigcap_{j=1}^{n} V_{x_j}\right] \subset \left[\bigcup_{j=1}^{n} U_{x_j}\right] \cap \left[\bigcap_{j=1}^{n} V_{x_j}\right] = \varnothing.$$

但这与 V_{x_j} $(j = 1, \cdots, n)$ 是滤子基 $\mathcal{B}$ 中的有限个元素相悖.

(v) (iv) 的推论.

7.6.2 (i) 试证不等式 $|\rho(x, E) - \rho(y, E)| \leqslant \rho(x, y)$.

(ii) 利用命题 7.1.2.   (iii) 利用 (i).   (iv) 利用 (ii) 和 (iii).

(v) 利用 (i) 和定理 4.1.1, 再用 (ii).   (vi) 利用 (v).

(vii) E 中的点构成的 Cauchy 列的极限必在 E 中.

(viii) $\forall x \in K \exists \delta_x > 0 (\mathbf{B}(x, \delta_x) \cap F = \varnothing)$, 其中 $\mathbf{B}(x, \delta_x) = \{y \in X : \rho(y, x) < \delta_x\}$. 必有有限个点 $x_j \in K$ $(j = 1, \cdots, n)$, 使得
$$K \subset \bigcup_{j=1}^{n} \mathbf{B}(x_j, \delta_{x_j}/2).$$

易见, $\inf\limits_{\substack{x \in K \\ y \in F}} \rho(x, y) > \min\limits_{1 \leqslant j \leqslant n} \delta_{x_j}/2$.

(ix) 用 (vi) 或 (viii).

(x) 必有有限个开集 $U_{\alpha(j)}$ $(j = 1, \cdots, n)$, 使得 $K \subset \bigcup\limits_{j=1}^{n} U_{\alpha(j)}$. $K \setminus \bigcup\limits_{j=2}^{n} U_{\alpha(j)}$ 是紧集, 且 $K \setminus \bigcup\limits_{j=2}^{n} U_{\alpha(j)} \subset U_{\alpha(1)}$. 由 (ix), 必有开集 V_1, 使得 $K \setminus \bigcup\limits_{j=2}^{n} U_{\alpha(j)} \subset V_1 \subset \overline{V_1} \subset U_{\alpha(1)}$. 由此, $K \subset V_1 \cup \left(\bigcup\limits_{j=2}^{n} U_{\alpha(j)} \right)$. 然后用归纳法.

7.6.3 (i) 必要性显然. 充分性证明如下: X 的任何开覆盖 $\{G_\alpha\}_{\alpha \in I}$ 必有一组由 $\mathcal{B}$ 中的元素构成的 X 的开覆盖 $\{O_\beta\}_{\beta \in J}$ 与之对应, 使得

$$\forall \beta \in J \exists \alpha(\beta) \in I \left(O_\beta \subset G_{\alpha(\beta)} \right).$$

若 $\{O_{\beta_i}\}_{i=1}^{n}$ 是 X 的有限开覆盖, 则 $\{G_{\alpha(\beta_i)}\}_{i=1}^{n}$ 是 X 的有限开覆盖.

(ii) 设 $\{G_\alpha : \alpha \in A\}$ 是 $X \times Y$ 的一组开覆盖, 则对于任何 $x \in X$, $\{x\} \times Y$ 与 Y 同胚 (请同学按同胚及乘积拓扑的定义补出证明细节), 必有 $\{G_\alpha : \alpha \in A\}$ 的盖住 $\{x\} \times Y$ 的有限子覆盖:

$$G_{x1}, \cdots, G_{xn_x}.$$

可以证明: 有 x 的开邻域 U_x, 使得

$$U_x \times Y \subset \bigcup_{j=1}^{n_x} G_{xj}.$$

由 $X \subset \bigcup\limits_{x \in X} U_x$ 及 X 的紧性, 便可达到最后目的.

7.6.4 (i) 显然. (ii) 显然.

7.6.5 (i) 前半段的结论显然. 后半段的结论是前半段结论与练习 7.6.3 的 (ii) 相结合后的推论.

(ii) 让 $M = \sum\limits_{j=1}^{n} |\mathbf{e}_j|_1$.

(iii) 紧空间上的连续函数达到极小值.

(iv) (ii) 和 (iii) 相结合后的推论.

(v) 设 E 有一组基 $\mathbf{e}_1, \mathbf{e}_2, \cdots, \mathbf{e}_n$, 在 E 上引进范数

$$\left| \sum_{j=1}^{n} a_j \mathbf{e}_j \right|_1 = \sum_{j=1}^{n} |a_j|.$$

这个范数与 E 原范数等价. 以后我们将只考虑 E 上的这个范数. 它所诱导出的拓扑与 E 上的原拓扑一致. 令

$$M = \max_{1 \leqslant j \leqslant n} |A\mathbf{e}_j|_F.$$

易见,

$$\left| A\left(\sum_{j=1}^{n} a_j \mathbf{e}_j \right) \right|_F = \left| \sum_{j=1}^{n} a_j A\mathbf{e}_j \right|_F = \sum_{j=1}^{n} |a_j| |A\mathbf{e}_j|_F$$
$$\leqslant M \sum_{j=1}^{n} |a_j| = M \left| \sum_{j=1}^{n} a_j \mathbf{e}_j \right|_1.$$

(a) 得证. (b) 是 (a) 的推论.

7.6.6 (i) 显然.   (ii) $\rho(\boldsymbol{\lambda}_n, \boldsymbol{\lambda}_m) = \sqrt{2}\delta_{nm}$.   (iii) 由 (i) 和 (ii) 得到.

7.7.1 (i) 对 n 作归纳.

(ii) 利用连续函数在闭区间 $[a, b]$ 上的一致连续性.

(iii) 由引理 7.7.1, 有多项式 q_n, 使得

$$\forall x \in [-1, 1]\forall n \in \mathbf{N}(|q_n(x) - |x|| < 1/n^2).$$

令 $p_n(x) = nq_n((x-c)/n))$.

(iv) 利用 (i), (ii) 和 (iii).

7.7.2 (i) 当 $\varepsilon > 0$ 且 $t \in [0, 1]$ 时,

$$\left| \frac{t - \dfrac{1}{2}}{\varepsilon^2 + \dfrac{1}{2}} \right| < 1.$$

故右端的二项级数在 $t \in [0, 1]$ 时一致收敛.

(ii) 由 (i).   (iii) 由 (ii).   (iv) 由 (ii) 和 (iii).

7.7.3 (i) 用二项式定理.   (ii) 用二项式定理.

(iii) 对 (i) 的左右两边关于 y 求导, 然后让 $y = \ln x$ 代入.

(iv) 在 (i) 的左右两边关于 y 二次求导, 然后让 $y = \ln x$ 代入.

(v) 用 (ii).   (vi) 利用 f 在 $[0, 1]$ 上的一致连续性.

(vii) 利用由 (ii), (iii), (iv) 推得的以下不等式:

$$p^{3/2} \sum_{|m-px|>p^{3/4}} \left[f(x) - f\left(\frac{m}{p} \right) \right] \begin{pmatrix} p \\ m \end{pmatrix} x^m (1-x)^{p-m}$$
$$\leqslant 2M \sum_{m=0}^{p} (m - px)^2 \begin{pmatrix} p \\ m \end{pmatrix} x^m (1-x)^{p-m} = 2Mpx(1-x) \leqslant \frac{pM}{2}.$$

(viii) 由 (v), (vi) 和 (vii).

(ix) 按 Bernstein 多项式的定义:

$$|B_p[f](x)| = \left| \sum_{m=0}^{p} f\left(\frac{m}{p}\right) \binom{p}{m} x^m (1-x)^{p-m} \right| \leqslant (|x|+|1-x|)^p \sup_{0 \leqslant y \leqslant 1} |f(y)|.$$

特别, 有 $\sup\limits_{0 \leqslant x \leqslant 1} |B_p[f](x)| \leqslant \sup\limits_{0 \leqslant x \leqslant 1} |f(x)|.$

7.7.4 注意到任何复值连续函数的实部与虚部都是实值连续函数, 然后利用实值连续函数的 Stone-Weierstrass 定理便得.

7.8.1 按算子范数的定义通过常规推演获得.

7.8.2 它是开的, 但非闭且非连通. 这一切是由以下事实推得的: 映射 det : $A \mapsto \det A$ 是 $\mathbf{R}^{n^2} \to \mathbf{R}$ 的连续映射, 而

$$GL(n) = \det^{-1}\left(\{x \in \mathbf{R} : x \neq 0\} \right).$$

7.8.3 (i) 设连接 x 和 y 的道路是 γ_1, 而连接 y 和 z 的道路是 γ_2. 令

$$\gamma_3(t) = \begin{cases} \gamma_1(2t), & \text{若 } 0 \leqslant t \leqslant 1/2, \\ \gamma_2(2t-1), & \text{若 } 1/2 < t \leqslant 1. \end{cases}$$

可证: γ_3 是连接 x 和 z 的道路.

(ii) 利用定理 7.8.1, 定理 7.8.2 和命题 7.8.2.

(iii) 利用定理 7.8.1, 定理 7.8.2 和命题 7.8.3.

(iv) 设法证明: $\mathbf{R}^2$ 的子集 X 上的两个点 $(0,1)$ 和 $(1/\pi, 0)$ 在 X 上无道路可以把它们连起来的. 这个结论可通过如下的反证法获得: 假设 $\mathbf{p}(t) = (x(t), y(t))$ 是 $[0,1] \to X$ 的连续映射, 且 $\mathbf{p}(0) = (x(0), y(0)) = (0,1)$, $\mathbf{p}(1) = (x(1), y(1)) = (1/\pi, 0)$. 令

$$t_0 = \sup\{t \in [0,1] : x(t) = 0\}, \quad y(t_0) = y_0.$$

显然, $x(t_0) = 0$. 当 t 在 t_0 的某个小邻域内时, $|y(t) - y(t_0)| < 1/2$. 因而, 当 t 在 t_0 的某个小邻域内时, $y(t)$ 的值集不能盖住闭区间 $[-1,1]$. 但是根据一元连续函数的介值定理, t 在 t_0 的任何小邻域内, $x(t)$ 的值集应盖住 $[0,\varepsilon]$ 或 $(-\varepsilon, 0]$, 其中 ε 是某个正数. 所以, t 在 t_0 的任何小邻域内, $x(t)$ 必取到 $[(2n \pm 1/2)\pi]^{-1}$ 或 $-[(2n \pm 1/2)\pi]^{-1}$, 其中 n 是充分大的自然数. 因此, t 在 t_0 的任何小邻域内, $y(t) = 1/(\sin x(t))$ 必既取到 1 又取到 -1. 这与 $|y(t) - y(t_0)| < 1/2$ 是个矛盾, 它证明了 X 非道路连通.

(v) 设 E 是 $\mathbf{R}^n$ 中的连通开集. 任取一点 $\mathbf{p} \in E$. 令

$$G = \{\mathbf{q} \in E : \text{有一条 } E \text{ 中的由有限个直线段构成的折线道路能把}$$

$$\mathbf{q} \text{ 与 } \mathbf{p} \text{ 连接起来的}\},$$

然后设法证明 G 是 E 的既开又闭的非空子集.

(vi) (v) 的推论.

7.8.4 (i) 考虑 G 的连通成分.

(ii) 对于任何自然数 k 和任何整数 j_i $(i = 1, \cdots, n)$, 记

$$C_k^{(j_1, \cdots, j_n)} = \left\{ \mathbf{x} = (x_1, \cdots, x_n) : \frac{j_i}{2^k} < x_i \leqslant \frac{j_i + 1}{2^k} \right\}.$$

易见, 每个 $C_k^{(j_1, \cdots, j_n)}$ 是边长为 2^{-k} 的左开右闭的正立方块. 易见, 这样定义的正立方块族有以下三条性质:

(a) $(j_1, \cdots, j_n) \neq (l_1, \cdots, l_n) \Longrightarrow C_k^{(j_1, \cdots, j_n)} \cap C_k^{(l_1, \cdots, l_n)} = \varnothing$;

(b) $\mathbf{R}^n = \bigcup\limits_{(j_1, \cdots, j_n)} C_k^{(j_1, \cdots, j_n)}$;

(c) $\forall C_k^{(j_1, \cdots, j_n)} \forall C_{k+1}^{(l_1, \cdots, l_n)} \left(\left(C_k^{(j_1, \cdots, j_n)} \supset C_{k+1}^{(l_1, \cdots, l_n)} \right) \vee \left(C_k^{(j_1, \cdots, j_n)} \cap C_{k+1}^{(l_1, \cdots, l_n)} = \varnothing \right) \right)$.

选 $k_0 \in \mathbf{N}$, 使得 $2^{-k_0} < \delta$. 归纳地定义一串左开右闭的正立方块族如下: 令

$$P_0 = \{ C_{k_0}^{(j_1, \cdots, j_n)} : C_{k_0}^{(j_1, \cdots, j_n)} \subset G \},$$

假设 $P_0, \cdots, P_{m-1}$ 已定义, P_m 定义为

$$P_m = \left\{ C_{k_0+m}^{(j_1, \cdots, j_n)} : C_{k_0+m}^{(j_1, \cdots, j_n)} \subset G \setminus \bigcup_{l=0}^{m-1} \bigcup_{C_{k_0+l} \in P_l} C_{k_0+l} \right\}.$$

利用正立方块族的三条性质 (a), (b) 和 (c) 以及 G 是开集这个假设, 不难证明: 正立方块族 $\bigcup\limits_{m=0}^{\infty} P_m$ 满足 (ii) 中提出的要求.

7.8.5 (i), (ii), (iii) 和 (iv) 显然.

7.8.6 (i) 由定义直接推得.

(ii) 由 (i), $\{x\} \times Y$ 和 $X \times \{y\}$ 均连通. 又 $(x, y) \in \{x\} \times Y \cap X \times \{y\} \neq \varnothing$. 由命题 7.8.2, $(\{x\} \times Y) \cup (X \times \{y\})$ 连通.

(iii) 任选 $x \in X$. 因 $X \times Y = \bigcup\limits_{y \in Y} (\{x\} \times Y) \cup (X \times \{y\})$, 又 $\bigcap\limits_{y \in Y} (\{x\} \times Y) \cup (X \times \{y\}) = \{x\} \times Y \neq \varnothing$. 由命题 7.8.2, $X \times Y$ 连通.

7.8.7 若 $\varnothing \neq F \neq \mathbf{R}^n$, 任选 $\mathbf{x} \in F$ 及 $\mathbf{y} \in F^C$, $\mathbf{y}$ 有开邻域 $U \subset F^C$, 则 $\mathbf{x}$ 与 $\mathbf{y}$ 的开邻域 U 的任何点的连线上至少有一个属于 F 的边界的点.

7.8.8 (i) 因 $f^{(m)}$ 连续, $\left(f^{(m)}\right)^{-1}(\{0\})$ 闭. 又因对于每个 $n \in \mathbf{N}$,

$$V_n = \{x \in [a, b] : \forall m \geqslant n(f^{(m)}(x) = 0)\} = \bigcap_{m=n}^{\infty} \left(f^{(m)}\right)^{-1}(\{0\}).$$

故对于每个 $n \in \mathbf{N}$, V_n 在 $[a, b]$ 中闭. 由 Baire 纲定理, 至少有一个 $n_0 \in \mathbf{N}$, 使得 V_{n_0} 在 $[a, b]$ 中非处处不稠密. 作为闭的非处处不稠密集, V_{n_0} 至少包含有一个 $[a, b]$ 的相对开的非空子区间, 在这个开的非空子区间上 f 是个 $n_0 - 1$ 次多项式;

(ii) 显然;

(iii) 注意以下容易证明的事实: 若有两个开区间 I_1 和 I_2, 使得 $I_1 \cap I_2 \neq \varnothing$, 且

$$\forall x \in I_i\Big(f(x) = p_i(x)\Big) \quad (i = 1, 2),$$

其中 p_1 和 p_2 是两个多项式, 则 p_1 和 p_2 是两个系数完全相同的多项式. 利用这个简单的事实和 Heine-Borel 有限覆盖定理可以证明: 在 G 的任何连通成分 I_α 的闭子区间上 f 是个多项式, 由此可得: 在 G 的任何连通成分 I_α 上 f 是个多项式.

(iv) $[a, b] \setminus G$ 作为 $\mathbf{R}$ 的度量子空间, 是完备的, 故它是自身的第二纲集. 由此, $(a, b) \setminus G$ 也是第二纲集. 对这个第二纲集 $(a, b) \setminus G$ 再用一次 Baire 纲定理.

(v) 均用反证法证明之. 若有孤立点, 将孤立点两侧的区间 (及孤立点) 并成一个大区间, 在这个大区间上 f 的某个高阶导数将恒等于零, 因此, 在这个大区间上 f 将等于一个多项式. 若有内点, 则包含一个开区间, 在这个开区间上如 (i) 的提示中所说的那样再用一次 Baire 纲定理.

(vi) 显然.

(vii) 由 (iv), 至少有一个点 $x \in J \cap ([a, b] \setminus G)$. 又由 (v), $J \cap G \neq \varnothing$(不然, $(a, b) \setminus G$ 将含有内点). 有一个 G 的连通成分 $I_\alpha = (u, v)$, 使得 $J \cap (u, v) \neq \varnothing$. 设 $y \in J \cap (u, v)$. 在 x 和 y 的连线上一定有 $I_\alpha = (u, v)$ 的一个端点, 这个端点属于 J, 且不是 a 或 b.

(viii) 利用多项式的 Taylor 展开.

(ix) 利用 (viii).

(x) 注意 $J \cap [a, b] = [J \cap ([a, b] \setminus G)] \cup [J \cap G]$. 然后利用 (ix) 的结论.

(xi) 用反证法证之.

第 8 章

8.1.1 (i) 因为

$$\mathbf{g}(\mathbf{v} + \mathbf{h}) = (A + X)(B + Y) = AB + XB + AY + XY$$
$$= \mathbf{g}(\mathbf{v}) + XB + AY + \mathbf{o}(\mathbf{h}).$$

(ii) 因 $\mathbf{f}$ 是线性映射, 故

$$d\mathbf{f}_A(X) = \begin{pmatrix} X \\ X \end{pmatrix}.$$

(iii) 利用 (i), (ii) 和锁链法则, 有

$$d(A^2)(X) = d(\mathbf{g} \circ \mathbf{f})_A(X) = d\mathbf{g}_{\mathbf{f}(A)} \circ d\mathbf{f}_A(X) = d\mathbf{g}_{\mathbf{f}(A)} \begin{pmatrix} X \\ X \end{pmatrix} = AX + XA.$$

8.1.2 (i) 先证明右端级数在完备度量空间 M_n 上收敛, 然后以 $I + X$ 乘上式右端的收敛级数的部分和, 证明它收敛于 I.

(ii) 利用 (i) 和关系式 $(A+X)^{-1} = [(I+XA^{-1})A]^{-1} = A^{-1}(I+XA^{-1})^{-1}$, 只要 $(I + XA^{-1})^{-1}$ 存在.

(iii) $\forall A \in M_n \big(A \in GL(n, \mathbf{R}) \iff \det A \neq 0 \big)$, 而 $\det$ 是 M_n 到 $\mathbf{R}$ 的连续映射.

(iv) 利用 (i) 和 (ii), 只要 X 的算子范数充分小,

$$(A + X)^{-1} = [(I + XA^{-1})A]^{-1} = A^{-1}(I + XA^{-1})^{-1}$$
$$= A^{-1}(I - XA^{-1} + \mathbf{o}(X)) = A^{-1} - A^{-1}XA^{-1} + \mathbf{o}(X).$$

(v) 设 B 是个不依赖于 t 的 n 阶矩阵. 记

$$F(A) = ABA^{-1},$$

则当 Y 充分小时,

$$F(A + Y) = (A + Y)B(A + Y)^{-1} = (A + Y)B(A^{-1} - A^{-1}YA^{-1} + \mathbf{o}(Y))$$
$$= AB(A^{-1} - A^{-1}YA^{-1} + \mathbf{o}(Y)) + YB(A^{-1} - A^{-1}YA^{-1} + \mathbf{o}(Y))$$
$$= F(A) - ABA^{-1}YA^{-1} + YBA^{-1} + \mathbf{o}(Y).$$

所以

$$dF_A(Y) = -ABA^{-1}YA^{-1} + YBA^{-1}.$$

特别, 当 $A = I$ 时, 有

$$dF_I(Y) = YB - BY.$$

利用锁链法则, 便有

$$C'(0) = [X, B] = XB - BX.$$

8.1.3　(i) 两条抛物线 $y - x^2 = 0$ 和 $y - 3x^2 = 0$ 将 $\mathbf{R}^2$ 分割成三个区域, f 在这三个区域上取值的符号是 $+$, $-$, $+$. $\mathbf{0}$ 属于这三个区域的闭包之交.

(ii) 在 Y 轴上, $f(0, y) = y^2$ 在原点达到极小. 在过原点的直线 $y = ax$ 上, $f(x, ax) = (ax - x^2)(ax - 3x^2) = x^2(a - x)(a - 3x)$. 易见, $f(0, a \cdot 0) = 0$, 而当 $|x|$ 充分小而非零时, $f(x, ax) > 0$. 故 f 在每一条过原点的直线上的限制, 看做一元函数, 在原点达到局部极小值.

8.1.4　用 Cauchy 不等式.

8.1.5　(i) M_n 相对于算子范数产生的距离是完备度量空间, 而

$$\left\| \sum_{n=k}^{k+l} \frac{A^n}{n!} \right\| \leqslant \sum_{n=k}^{k+l} \frac{\|A\|^n}{n!}.$$

因 $\sum_{n=0}^{\infty} \dfrac{\|A\|^n}{n!}$ 是一个收敛级数, 上式右端当 k 充分大时可任意小.

(ii) 和第一册 §3.5 的命题 3.5.1 的证明相仿.

(iii) 由例 8.1.3 及定理 8.1.1(锁链法则) 得到 $\mathbf{f}(t)$ 是所述常微分方程组的 Cauchy 问题在 $\mathbf{R}$ 上的解. 解的唯一性是由 §7.5 的定理 7.5.4 及有界闭区间是紧的, 可以用上 Heine-Borel 有限覆盖定理而获得.

8.3.1　(i) 用 Heine-Borel 有限覆盖定理.

(ii) 显然.

(iii) 对等式 $f(t\mathbf{x}) = t^n f(\mathbf{x})$ 关于 t 求导数.

(iv) 由条件, 函数 $f(t\mathbf{x}) - t^n f(\mathbf{x})$ 关于 t 导数应恒等于零. 选一个以 $\mathbf{x}$ 为球心的包含在 G 中的开球 B. 对于任何 $\mathbf{y} \in B$, $f(t\mathbf{y}) - t^n f(\mathbf{y})$ 在 $t = 1$ 的某邻域内恒等于零. 故 f 在 B 上 n 次齐次, f 在 G 上局部 n 次齐次.

8.3.2　(i) 由隐函数定理, 三个函数 $x(y, z), y(x, z)$ 和 $z(x, y)$ 存在, 且

$$\frac{\partial z}{\partial y} = -\frac{\partial f}{\partial y}\left(\frac{\partial f}{\partial z}\right)^{-1}, \quad \frac{\partial y}{\partial x} = -\frac{\partial f}{\partial x}\left(\frac{\partial f}{\partial y}\right)^{-1}, \quad \frac{\partial x}{\partial z} = -\frac{\partial f}{\partial z}\left(\frac{\partial f}{\partial x}\right)^{-1}.$$

因此

$$\frac{\partial z}{\partial y} \cdot \frac{\partial y}{\partial x} \cdot \frac{\partial x}{\partial z} = -1.$$

(ii) 简单计算即得.

(iii) 设 $f(x_1, x_2, \cdots, x_n) = 0$ 确定的隐函数存在, 则

$$\frac{\partial x_2}{\partial x_1} \cdot \frac{\partial x_3}{\partial x_2} \cdots \frac{\partial x_n}{\partial x_{n-1}} \cdot \frac{\partial x_1}{\partial x_n} = (-1)^n.$$

8.3.3 (i) 由 Cauchy-Riemann 方程, 我们有

$$\det \mathbf{f}'(\mathbf{x}) = \begin{vmatrix} \dfrac{\partial f_1}{\partial x_1} & \dfrac{\partial f_1}{\partial x_2} \\ \dfrac{\partial f_2}{\partial x_1} & \dfrac{\partial f_2}{\partial x_2} \end{vmatrix} = \frac{\partial f_1}{\partial x_1}\frac{\partial f_2}{\partial x_2} - \frac{\partial f_1}{\partial x_2}\frac{\partial f_2}{\partial x_1} = \left(\frac{\partial f_1}{\partial x_1}\right)^2 + \left(\frac{\partial f_1}{\partial x_2}\right)^2.$$

所以, $\mathbf{f}'(\mathbf{x}) = \mathbf{0} \Longleftrightarrow \det \mathbf{f}'(\mathbf{x}) = 0$.

(ii) 复合映射 $\mathbf{f} \circ \mathbf{g}$ 的导数是

$$(\mathbf{f} \circ \mathbf{g})'(\mathbf{y}) = \begin{bmatrix} \dfrac{\partial f_1}{\partial x_1} & \dfrac{\partial f_1}{\partial x_2} \\ \dfrac{\partial f_2}{\partial x_1} & \dfrac{\partial f_2}{\partial x_2} \end{bmatrix} \begin{bmatrix} \dfrac{\partial g_1}{\partial y_1} & \dfrac{\partial g_1}{\partial y_2} \\ \dfrac{\partial g_2}{\partial y_1} & \dfrac{\partial g_2}{\partial y_2} \end{bmatrix}$$

$$= \begin{bmatrix} \dfrac{\partial f_1}{\partial x_1}\dfrac{\partial g_1}{\partial y_1} + \dfrac{\partial f_1}{\partial x_2}\dfrac{\partial g_2}{\partial y_1} & \dfrac{\partial f_1}{\partial x_1}\dfrac{\partial g_1}{\partial y_2} + \dfrac{\partial f_1}{\partial x_2}\dfrac{\partial g_2}{\partial y_2} \\ \dfrac{\partial f_2}{\partial x_1}\dfrac{\partial g_1}{\partial y_1} + \dfrac{\partial f_2}{\partial x_2}\dfrac{\partial g_2}{\partial y_1} & \dfrac{\partial f_2}{\partial x_1}\dfrac{\partial g_1}{\partial y_2} + \dfrac{\partial f_2}{\partial x_2}\dfrac{\partial g_2}{\partial y_2} \end{bmatrix}.$$

因 $\mathbf{f}(\mathbf{x})$ 与 $\mathbf{g}(\mathbf{y})$ 均满足 Cauchy-Riemann 方程组, 故有

$$\frac{\partial f_1}{\partial x_1}\frac{\partial g_1}{\partial y_1} + \frac{\partial f_1}{\partial x_2}\frac{\partial g_2}{\partial y_1} = \frac{\partial f_2}{\partial x_1}\frac{\partial g_1}{\partial y_2} + \frac{\partial f_2}{\partial x_2}\frac{\partial g_2}{\partial y_2}$$

和

$$\frac{\partial f_1}{\partial x_1}\frac{\partial g_1}{\partial y_2} + \frac{\partial f_1}{\partial x_2}\frac{\partial g_2}{\partial y_2} = -\left(\frac{\partial f_2}{\partial x_1}\frac{\partial g_1}{\partial y_1} + \frac{\partial f_2}{\partial x_2}\frac{\partial g_2}{\partial y_1}\right).$$

复合映射 $\mathbf{f} \circ \mathbf{g}$ 也满足 Cauchy-Riemann 方程组.

8.3.4 (i) 通过简单计算得到:

$$-\frac{m}{|\mathbf{x} - \mathbf{a}|^3}(\mathbf{x} - \mathbf{a}) = \operatorname{grad}\left(\frac{m}{|\mathbf{x} - \mathbf{a}|}\right).$$

(ii) 在 n 个点 $\mathbf{a}_j = (\xi_j, \eta_j, \zeta_j)\,(j = 1, \cdots, n)$ 分别置有质量为 $m_j\,(j = 1, \cdots, n)$ 的质点组生成的 **Newton引力场**(单点 Newton 引力场之和) 是

$$-\sum_{j=1}^{n} \frac{m_j}{|\mathbf{x} - \mathbf{a}_j|^3}(\mathbf{x} - \mathbf{a}_j).$$

它所对应的位 (势) 场是

$$\sum_{j=1}^{n} \frac{m_j}{|\mathbf{x} - \mathbf{a}_j|}.$$

(iii) 在 n 个点 $(\xi_j, \eta_j, \zeta_j)\,(j = 1, \cdots, n)$ 处分别置有电荷量为 $e_j\,(j = 1, \cdots, n)$ 的点电荷组生成的 **静电力场**(静电力场作用在处于点 $\mathbf{x}$ 的单位电荷上的力) 是

$$\sum_{j=1}^{n} \frac{e_j}{|\mathbf{x} - \mathbf{a}_j|^3}(\mathbf{x} - \mathbf{a}_j).$$

它所对应的位 (势) 场是

$$-\sum_{j=1}^{n} \frac{e_j}{|\mathbf{x} - \mathbf{a}_j|}.$$

8.4.1 (i) 若映射 $f : U(\mathbf{x}) \to \mathbf{R}$ 在点 $\mathbf{x}$ 处达到局部极大 (或局部极小), 则 $f(\mathbf{y})$ 在直线 $y_k = x_k\,(k = 1, \cdots, j-1, j+1, \cdots, n)$ 上的限制在 $y_j = x_j$ 处达到局部极大 (或局部极小). 因此, 点 $\mathbf{x}$ 是映射 f 的一个临界点.

(ii) 假设 $f : \overline{\mathbf{B}}(\mathbf{0}, r) \to \mathbf{R}$ 在闭球 $\overline{\mathbf{B}}(\mathbf{0}, r)$ 上恒等于零, 则开球 $\mathbf{B}(\mathbf{0}, r)$ 的每一点都是 f 的临界点. 假设 $f : \overline{\mathbf{B}}(\mathbf{0}, r) \to \mathbf{R}$ 在闭球 $\overline{\mathbf{B}}(\mathbf{0}, r)$ 上不恒等于零, 则在开球 $\mathbf{B}(\mathbf{0}, r)$ 上至少有一点不等于零, 不妨假设它大于零. f 在闭球 $\overline{\mathbf{B}}(\mathbf{0}, r)$ 上的最大点应在开球 $\mathbf{B}(\mathbf{0}, r)$ 内, 该点应是 f 的临界点.

(iii) 显然, $\mathbf{g}$ 在二维单位闭圆盘 $\overline{\mathbf{B}}(\mathbf{0}, 1)$ 上连续, 在二维单位开圆盘 $\mathbf{B}(\mathbf{0}, 1)$ 上可微, 在一维单位圆周 $\{(x, y) \in \mathbf{R}^2 : x^2 + y^2 = 1\}$ 上恒等于零. $\mathbf{g}$ 在二维单位开圆盘 $\mathbf{B}(\mathbf{0}, 1)$ 内无临界点证明如下: 通过计算, 我们有

$$\mathbf{g}'\left(\begin{bmatrix} x \\ y \end{bmatrix}\right) = \begin{bmatrix} 2x & 2y \\ 3x^2 + y^2 - 1 & 2xy \\ 2xy & x^2 + 3y^2 - 1 \end{bmatrix},$$

$$\begin{vmatrix} 2x & 2y \\ 3x^2 + y^2 - 1 & 2xy \end{vmatrix} = -2y(x^2 + y^2 - 1),$$

$$\begin{vmatrix} 2x & 2y \\ 2xy & x^2 + 3y^2 - 1 \end{vmatrix} = 2x(x^2 + y^2 - 1),$$

$$\begin{vmatrix} 3x^2 + y^2 - 1 & 2xy \\ 2xy & x^2 + 3y^2 - 1 \end{vmatrix} = 3x^4 + 10x^2y^2 + 3y^4 - 4x^2 - 4y^2 + 1.$$

在二维单位开圆盘 $\mathbf{B(0}, 1)$ 内使得前两个行列式等于零的点只有 $\mathbf{0} = (0, 0)$, 而

第三个行列式在 $\mathbf{0} = (0,0)$ 点不等于零. 故矩阵 $\mathbf{g}'\left(\begin{bmatrix} x \\ y \end{bmatrix}\right)$ 的秩在二维单位

开圆盘 $\mathbf{B(0}, 1)$ 内恒等于 2.

8.4.2 设

$$g(t) = f(\mathbf{x} + t\mathbf{h}) - f(\mathbf{x}),$$

然后写出 $g(t)$ 在 $t = 0$ 处带积分余项的 Taylor 展开.

8.4.3   (i) 由 Leibniz 公式得到

$$\frac{\partial^2(fg)}{\partial x_j^2} = f\frac{\partial^2 g}{\partial x_j^2} + 2\frac{\partial f}{\partial x_j}\frac{\partial g}{\partial x_j} + g\frac{\partial^2 f}{\partial x_j^2}.$$

将上式左右两端对 j 求和便得所求公式.

(ii) 易见, 对于任何 $\mathbf{x} \in \mathbf{R}^m \setminus \{\mathbf{0}\}$,

$$\frac{\partial(|\mathbf{x}|^p)}{\partial x_j} = p|\mathbf{x}|^{p-1}\frac{x_j}{|\mathbf{x}|} = p|\mathbf{x}|^{p-2}x_j.$$

由此得到第一个等式. 对上式再求一次导数, 得到: 对于任何 $\mathbf{x} \in \mathbf{R}^m \setminus \{\mathbf{0}\}$,

$$\frac{\partial^2(|\mathbf{x}|^p)}{\partial x_j^2} = p|\mathbf{x}|^{p-2} + p(p-2)|\mathbf{x}|^{p-4}x_j^2.$$

由此便有

$$\forall \mathbf{x} \in \mathbf{R}^m \setminus \{\mathbf{0}\} \forall p \in \mathbf{C}\Big(\Delta(|\mathbf{x}|^p) = p(p + m - 2)|\mathbf{x}|^{p-2}\Big).$$

特别,

$$\forall \mathbf{x} \in \mathbf{R}^m \setminus \{\mathbf{0}\}\Big(\Delta(|\mathbf{x}|^{2-m}) = 0\Big).$$

(iii) 利用 (i) 和 (ii).

(iv) 用 (iii) 和 §8.3 的练习 8.3.1(iii) 的 (齐次函数的)Euler 等式.

(v) 通过计算得到:

$$\frac{\partial f}{\partial t} = \frac{m}{-2t(2a\sqrt{\pi t})^m} \exp\left(-\frac{|\mathbf{x}|^2}{4a^2t}\right) + \frac{1}{(2a\sqrt{\pi t})^m} \exp\left(-\frac{|\mathbf{x}|^2}{4a^2t}\right) \frac{|\mathbf{x}|^2}{4a^2t^2}$$

$$= \left(\frac{|\mathbf{x}|^2}{4a^2t^2} - \frac{m}{2t}\right) \frac{1}{(2a\sqrt{\pi t})^m} \exp\left(-\frac{|\mathbf{x}|^2}{4a^2t}\right),$$

$$\frac{\partial f}{\partial x_j} = \left(\frac{-x_j}{2a^2t}\right) \frac{1}{(2a\sqrt{\pi t})^m} \exp\left(-\frac{|\mathbf{x}|^2}{4a^2t}\right),$$

$$\frac{\partial^2 f}{\partial x_j^2} = \left(\frac{-1}{2a^2t}\right) \frac{1}{(2a\sqrt{\pi t})^m} \exp\left(-\frac{|\mathbf{x}|^2}{4a^2t}\right) + \left(\frac{-x_j}{2a^2t}\right)^2 \frac{1}{(2a\sqrt{\pi t})^m} \exp\left(-\frac{|\mathbf{x}|^2}{4a^2t}\right),$$

$$\Delta f = \left(\frac{-m}{2a^2t}\right) \frac{1}{(2a\sqrt{\pi t})^m} \exp\left(-\frac{|\mathbf{x}|^2}{4a^2t}\right) + \frac{|\mathbf{x}|^2}{4a^4t^2} \frac{1}{(2a\sqrt{\pi t})^m} \exp\left(-\frac{|\mathbf{x}|^2}{4a^2t}\right).$$

故 f 满足热 (传导) 方程.

8.4.4 (i) 通过计算得到

$$[L_1, L_2]f = \left(\frac{\partial}{\partial x_2}x_3 - \frac{\partial}{\partial x_3}x_2\right)\left(\frac{\partial f}{\partial x_3}x_1 - \frac{\partial f}{\partial x_1}x_3\right)$$

$$- \left(\frac{\partial}{\partial x_3}x_1 - \frac{\partial}{\partial x_1}x_3\right)\left(\frac{\partial f}{\partial x_2}x_3 - \frac{\partial f}{\partial x_3}x_2\right)$$

$$= x_3 x_1 \frac{\partial^2 f}{\partial x_2 \partial x_3} - x_3^2 \frac{\partial^2 f}{\partial x_2 \partial x_1} - x_2 x_1 \frac{\partial^2 f}{\partial x_3^2} + x_2 x_3 \frac{\partial^2 f}{\partial x_3 \partial x_1} + x_2 \frac{\partial f}{\partial x_1}$$

$$- \left(x_3 x_1 \frac{\partial^2 f}{\partial x_2 \partial x_3} - x_3^2 \frac{\partial^2 f}{\partial x_2 \partial x_1} - x_2 x_1 \frac{\partial^2 f}{\partial x_3^2} + x_2 x_3 \frac{\partial^2 f}{\partial x_3 \partial x_1}\right) - x_1 \frac{\partial f}{\partial x_2}$$

$$= x_2 \frac{\partial f}{\partial x_1} - x_1 \frac{\partial f}{\partial x_2} = L_3 f.$$

这就证明了 $[L_1, L_2] = L_3$. 同理可证: $[L_2, L_3] = L_1$, $[L_3, L_1] = L_2$.

(ii) 公式

$$\frac{1}{i}Y = (x_1 - ix_2)\frac{\partial}{\partial x_3} - x_3\left(\frac{\partial}{\partial x_1} - i\frac{\partial}{\partial x_2}\right),$$

$$\frac{1}{i}X = (x_1 + ix_2)\frac{\partial}{\partial x_3} - x_3\left(\frac{\partial}{\partial x_1} + i\frac{\partial}{\partial x_2}\right)$$

容易直接算得. 下面利用 (i) 的结果作以下计算:

$$[H, X] = [2iL_3, L_1 + iL_2] = 2i[L_3, L_1] - 2[L_3, L_2] = 2iL_2 + 2L_1 = 2X.$$

同理可证: $[H, Y] = -2Y$. 最后一个等式证明如下:

$$[X, Y] = [L_1 + \mathrm{i}L_2, -L_1 + \mathrm{i}L_2]$$
$$= -[L_1, L_1] - \mathrm{i}[L_2, L_1] + \mathrm{i}[L_1, L_2] - [L_2, L_2]$$
$$= 2\mathrm{i}[L_1, L_2] = 2\mathrm{i}L_3 = H.$$

(iii) 根据 C 和换位算子的定义,

$$[C, L_1] = -\sum_{j=1}^{3} [L_j^2, L_1] = -[L_2^2, L_1] - [L_3^2, L_1]$$
$$= -L_2^2 L_1 + L_1 L_2^2 - L_3^2 L_1 + L_1 L_3^2$$
$$= -L_2^2 L_1 + L_2 L_1 L_2 - L_2 L_1 L_2 + L_1 L_2^2$$
$$\quad - L_3^2 L_1 + L_3 L_1 L_3 - L_3 L_1 L_3 + L_1 L_3^2$$
$$= L_2[L_1, L_2] + [L_1, L_2]L_2 - L_3[L_3, L_1] - [L_3, L_1]L_3$$
$$= L_2 L_3 + L_3 L_2 - L_3 L_2 - L_2 L_3 = \mathbf{0}.$$

同理可证: $[C, L_2] = [C, L_3] = \mathbf{0}$.

(iv) 通过计算得到以下公式:

$$L_1^2 = \left(x_3 \frac{\partial}{\partial x_2} - x_2 \frac{\partial}{\partial x_3} \right)^2 = x_3^2 \frac{\partial^2}{\partial x_2^2} + x_2^2 \frac{\partial^2}{\partial x_3^2} - 2x_3 x_2 \frac{\partial^2}{\partial x_2 \partial x_3} - x_2 \frac{\partial}{\partial x_2} - x_3 \frac{\partial}{\partial x_3}.$$

类似地可得 L_2^2, L_3^2 的公式. 因此, 我们有

$$-C = |\mathbf{x}|^2 \Delta - \sum_{j=1}^{3} x_j^2 \frac{\partial^2}{\partial x_j^2} - \sum_{\substack{1 \leqslant k \leqslant 3 \\ l \neq k}} \frac{\partial^2}{\partial x_k \partial x_l} - 2\sum_{j=1}^{3} x_j \frac{\partial}{\partial x_j}.$$

另一方面, 我们有

$$E(E + I) = E^2 + E = \sum_{i=1}^{3} x_i \frac{\partial}{\partial x_i} \left(\sum_{j=1}^{3} x_j \frac{\partial}{\partial x_j} \right) + \sum_{i=1}^{3} x_i \frac{\partial}{\partial x_i}$$
$$= \sum_{i=1}^{3} x_i \left(\sum_{j=1}^{3} \left[x_j \frac{\partial^2}{\partial x_j \partial x_i} + \delta_{ij} \frac{\partial}{\partial x_j} \right] \right) + \sum_{i=1}^{3} x_i \frac{\partial}{\partial x_i}$$
$$= \sum_{i=1}^{3} \sum_{j=1}^{3} x_i x_j \frac{\partial^2}{\partial x_j \partial x_i} + 2\sum_{i=1}^{3} x_i \frac{\partial}{\partial x_i}.$$

由此得到公式:

$$-C + E(E+I) = |\cdot|^2 \Delta.$$

(v) 易见,

$$XY = (L_1 + iL_2)(-L_1 + iL_2) = -L_1^2 - L_2^2 + i[L_1, L_2] = -L_1^2 - L_2^2 + iL_3,$$

$$YX = -L_1^2 - L_2^2 - iL_3.$$

再注意到

$$H = 2iL_3, \quad H^2 = -4L_3^2,$$

便得公式:

$$C = \frac{1}{2}\left(XY + YX + \frac{1}{2}H^2\right) = YX + \frac{1}{2}H + \frac{1}{4}H^2.$$

8.4.5 (i) 和 (ii) 参看推论 8.3.1 及其后的注.

(iii) 分三种情形讨论: (1) 重指标 α 中有一个分指标大于重指标 β 中对应的分指标; (2) 重指标 α 中有一个分指标小于重指标 β 中对应的分指标; (3) $\alpha = \beta$.

(iv) 利用 (iii).

8.4.6 (i) 参看 §8.3 的练习 8.3.4 的 (i).

(ii) 向量值函数的叉乘积的导数与数值函数普通乘积的导数有相似的公式, 故

$$\frac{d}{dt}\left(\mathbf{r} \times \frac{d\mathbf{r}}{dt}\right) = \frac{d\mathbf{r}}{dt} \times \frac{d\mathbf{r}}{dt} + \mathbf{r} \times \frac{d^2\mathbf{r}}{dt^2} = \mathbf{0} - \mathbf{r} \times k\frac{\mathbf{r}(t)}{\left(r(t)\right)^3} = \mathbf{0}.$$

(iii) 因 (ii), $\mathbf{r} \times \frac{d\mathbf{r}}{dt}$ 是常向量. $\mathbf{r}(t)$ 在一个过太阳并与常向量 $\mathbf{r} \times \frac{d\mathbf{r}}{dt}$ 垂直的平面上运动.

(iv) 先证明,

$$\frac{d\mathbf{r}(t)}{dt} = \begin{pmatrix} r'(t)\cos\theta(t) - r(t)\sin\theta(t)\theta'(t) \\ r'(t)\sin\theta(t) + r(t)\cos\theta(t)\theta'(t) \end{pmatrix}.$$

利用 (ii), 有

$$\left|\mathbf{r} \times \frac{d\mathbf{r}}{dt}\right| = \begin{vmatrix} r(t)\cos\theta(t) & r'(t)\cos\theta(t) - r(t)\sin\theta(t)\theta'(t) \\ r(t)\sin\theta(t) & r'(t)\sin\theta(t) + r(t)\cos\theta(t)\theta'(t) \end{vmatrix}$$

$$= \begin{vmatrix} r(t)\cos\theta(t) & -r(t)\sin\theta(t)\theta'(t) \\ r(t)\sin\theta(t) & r(t)\cos\theta(t)\theta'(t) \end{vmatrix} = \left(r(t)\right)^2\frac{d\theta(t)}{dt} = \text{const}.$$

(v) 由 (8.4.7) 得到

$$\frac{d}{dt}\left(\frac{m}{2}\left|\frac{d\mathbf{r}(t)}{dt}\right|^2\right) = m\frac{d\mathbf{r}(t)}{dt}\cdot\frac{d^2\mathbf{r}(t)}{dt^2} = -\frac{d\mathbf{r}(t)}{dt}\cdot\operatorname{grad}V = -\frac{dV\Big(\mathbf{r}(t)\Big)}{dt}.$$

(vi) 由 (iv) 的提示中的公式

$$\frac{d\mathbf{r}(t)}{dt} = \left(\begin{array}{c} r'(t)\cos\theta(t) - r(t)\sin\theta(t)\theta'(t) \\ r'(t)\sin\theta(t) + r(t)\cos\theta(t)\theta'(t) \end{array}\right),$$

立即得到

$$\left|\frac{d\mathbf{r}(t)}{dt}\right|^2 = \left(\frac{dr(t)}{dt}\right)^2 + r^2\left(\frac{d\theta(t)}{dt}\right)^2.$$

(vii) 用 (vi) 和 (iv).

(viii) 用方程 (8.4.8) 和 (8.4.9) 并注意到 (i) 中 $V(r)$ 的具体表示式及 $\dfrac{d\theta}{dr} = \dfrac{d\theta}{dt}\Big/\dfrac{dr}{dt}$ (第一册 §5.3 的练习 5.3.10 的 (i)).

(ix) 显然.

(x) 利用 (viii), 并作换元 $u = M/(mr)$. 最后的等式通过配方法获得.

(xi) 由 (x) 得到.

(xii) 由 (xi) 得到.

8.4.7 (i) 前一等式由函数 $\mathbf{y}\mapsto\mathbf{y}^{\boldsymbol{\alpha}}/\boldsymbol{\alpha}!$ 的 Taylor 展式得到. 后一等式的左端是函数乘积 fg 的 Taylor 展式的 $\boldsymbol{\alpha}$ 次项, 右端则是 f 和 g 的 Taylor 展式的乘积的 $\boldsymbol{\alpha}$ 次项.

(ii) 利用函数 $\mathbf{x}\mapsto\dfrac{(\mathbf{x},\mathbf{y})^k}{k!}$ 在 $\mathbf{x}=\mathbf{0}$ 处的 Taylor 展式.

8.4.8 (i) 平面的直角坐标与极坐标之间的关系是:

$$\left\{\begin{array}{l} x = r\cos\phi, \\ y = r\sin\phi \end{array}\right. \quad \text{和} \quad \left\{\begin{array}{l} r = \sqrt{x^2+y^2}, \\ \phi = \arctan(y/x). \end{array}\right.$$

注意到

$$\frac{\partial}{\partial x} = \cos\phi\frac{\partial}{\partial r} - \frac{\sin\phi}{r}\frac{\partial}{\partial\phi}, \quad \frac{\partial}{\partial y} = \sin\phi\frac{\partial}{\partial r} + \frac{\cos\phi}{r}\frac{\partial}{\partial\phi},$$

$$\frac{\partial^2}{\partial x^2} = \left(\cos\phi\frac{\partial}{\partial r} - \frac{\sin\phi}{r}\frac{\partial}{\partial\phi}\right)^2$$

$$= \cos^2\phi\frac{\partial^2}{\partial r^2} + 2\frac{\cos\phi\sin\phi}{r^2}\frac{\partial}{\partial\phi} - 2\frac{\cos\phi\sin\phi}{r}\frac{\partial^2}{\partial r\partial\phi}$$

$$+ \frac{\sin^2\phi}{r}\frac{\partial}{\partial r} + \frac{\sin^2\phi}{r^2}\frac{\partial^2}{\partial\phi^2},$$

$$\frac{\partial^2}{\partial y^2} = \left(\sin\phi \frac{\partial}{\partial r} + \frac{\cos\phi}{r} \frac{\partial}{\partial \phi} \right)^2$$

$$= \sin^2\phi \frac{\partial^2}{\partial r^2} - 2\frac{\cos\phi\sin\phi}{r^2} \frac{\partial}{\partial \phi} + 2\frac{\cos\phi\sin\phi}{r} \frac{\partial^2}{\partial r\partial\phi}$$

$$+ \frac{\cos^2\phi}{r} \frac{\partial}{\partial r} + \frac{\cos^2\phi}{r^2} \frac{\partial^2}{\partial \phi^2},$$

我们有

$$\Delta = \frac{\partial^2}{\partial r^2} + \frac{1}{r} \frac{\partial}{\partial r} + \frac{1}{r^2} \frac{\partial^2}{\partial \phi^2},$$

换言之,

$$\Delta u = \frac{1}{r} \left[\frac{\partial}{\partial r} \left(r\frac{\partial u}{\partial r} \right) + \frac{\partial}{\partial \phi} \left(\frac{1}{r} \frac{\partial u}{\partial \phi} \right) \right].$$

(ii) 记 $\xi = (\cos\phi)/r,\ \eta = (\sin\phi)/r$, 我们有

$$v(x,y) = u\left(\frac{x}{r^2}, \frac{y}{r^2} \right) = u\left(\frac{\cos\phi}{r}, \frac{\sin\phi}{r} \right) = u(\xi,\eta).$$

$$\Delta v = \frac{1}{r} \left[\frac{\partial}{\partial r} \left(r\frac{\partial v}{\partial r} \right) + \frac{\partial}{\partial \phi} \left(\frac{1}{r} \frac{\partial v}{\partial \phi} \right) \right]$$

$$= \frac{1}{r} \left[\frac{\partial}{\partial r} \left(r\frac{\partial}{\partial r} \right) + \frac{\partial}{\partial \phi} \left(\frac{1}{r} \frac{\partial}{\partial \phi} \right) \right] u\left(\frac{\cos\phi}{r}, \frac{\sin\phi}{r} \right)$$

$$= \frac{1}{r} \left[\frac{\partial}{\partial r} \left(r\frac{\partial}{\partial r} \right) \right] u\left(\frac{\cos\phi}{r}, \frac{\sin\phi}{r} \right) + \frac{1}{r} \left[\frac{\partial}{\partial \phi} \left(\frac{1}{r} \frac{\partial}{\partial \phi} \right) \right] u\left(\frac{\cos\phi}{r}, \frac{\sin\phi}{r} \right)$$

$$= -\frac{1}{r} \frac{\partial}{\partial r} \left[\frac{\cos\phi}{r} \frac{\partial}{\partial \xi} u(\xi,\eta) + \frac{\sin\phi}{r} \frac{\partial}{\partial \eta} u(\xi,\eta) \right]$$

$$+ \frac{1}{r^2} \frac{\partial}{\partial \phi} \left[\frac{\cos\phi}{r} \frac{\partial}{\partial \eta} u(\xi,\eta) - \frac{\sin\phi}{r} \frac{\partial}{\partial \xi} u(\xi,\eta) \right]$$

$$= \frac{1}{r^3} \left[\cos\phi \frac{\partial}{\partial \xi} u(\xi,\eta) + \sin\phi \frac{\partial}{\partial \eta} u(\xi,\eta) \right]$$

$$+ \frac{\cos^2\phi}{r^4} \frac{\partial^2}{\partial \xi^2} u(\xi,\eta) + \frac{\sin^2\phi}{r^4} \frac{\partial^2}{\partial \eta^2} u(\xi,\eta) + 2\frac{\cos\phi\sin\phi}{r^4} \frac{\partial^2}{\partial \xi\partial\eta} u(\xi,\eta)$$

$$- \frac{1}{r^3} \left[\sin\phi \frac{\partial}{\partial \eta} u(\xi,\eta) + \cos\phi \frac{\partial}{\partial \xi} u(\xi,\eta) \right]$$

$$+ \frac{1}{r^2} \left[\left(\frac{\cos\phi}{r} \right)^2 \frac{\partial^2}{\partial \eta^2} u(\xi,\eta) + \left(\frac{\sin\phi}{r} \right)^2 \frac{\partial^2}{\partial \xi^2} u(\xi,\eta) \right]$$

$$- 2 \frac{\cos \phi \sin \phi}{r^4} \frac{\partial^2}{\partial \xi \partial \eta} u(\xi, \eta)$$

$$= \frac{\cos^2 \phi}{r^4} \frac{\partial^2}{\partial \xi^2} u(\xi, \eta) + \frac{\sin^2 \phi}{r^4} \frac{\partial^2}{\partial \eta^2} u(\xi, \eta)$$

$$+ \frac{1}{r^2} \left[\left(\frac{\cos \phi}{r} \right)^2 \frac{\partial^2}{\partial \eta^2} u(\xi, \eta) + \left(\frac{\sin \phi}{r} \right)^2 \frac{\partial^2}{\partial \xi^2} u(\xi, \eta) \right]$$

$$= \frac{\cos^2 \phi}{r^4} \left(\frac{\partial^2}{\partial \xi^2} + \frac{\partial^2}{\partial \eta^2} \right) u(\xi, \eta) + \frac{\sin^2 \phi}{r^4} \left(\frac{\partial^2}{\partial \xi^2} + \frac{\partial^2}{\partial \eta^2} \right) u(\xi, \eta)$$

$$= \frac{1}{r^4} \left(\frac{\partial^2}{\partial \xi^2} + \frac{\partial^2}{\partial \eta^2} \right) u(\xi, \eta) = 0.$$

(iii) $\mathbf{R}^3$ 中的直角坐标与球坐标之间的关系是

$$\begin{cases} x = r \sin \theta \cos \phi, \\ y = r \sin \theta \sin \phi, \\ z = r \cos \theta \end{cases} \quad \text{和} \quad \begin{cases} r = \sqrt{x^2 + y^2 + z^2}, \\ \phi = \arctan \dfrac{y}{x}, \\ \theta = \arccos \dfrac{z}{\sqrt{x^2 + y^2 + z^2}}. \end{cases}$$

注意到

$$\frac{\partial}{\partial x} = \sin \theta \cos \phi \frac{\partial}{\partial r} - \frac{\sin \phi}{r \sin \theta} \frac{\partial}{\partial \phi} + \frac{\cos \theta \cos \phi}{r} \frac{\partial}{\partial \theta},$$

$$\frac{\partial}{\partial y} = \sin \theta \sin \phi \frac{\partial}{\partial r} + \frac{\cos \phi}{r \sin \theta} \frac{\partial}{\partial \phi} + \frac{\cos \theta \sin \phi}{r} \frac{\partial}{\partial \theta},$$

$$\frac{\partial}{\partial z} = \cos \theta \frac{\partial}{\partial r} - \frac{\sin \theta}{r} \frac{\partial}{\partial \theta},$$

$$\frac{\partial^2}{\partial x^2} = \left(\sin \theta \cos \phi \frac{\partial}{\partial r} - \frac{\sin \phi}{r \sin \theta} \frac{\partial}{\partial \phi} + \frac{\cos \theta \cos \phi}{r} \frac{\partial}{\partial \theta} \right)^2$$

$$= \sin^2 \theta \cos^2 \phi \frac{\partial^2}{\partial r^2} + \frac{\sin^2 \phi}{r^2 \sin^2 \theta} \frac{\partial^2}{\partial \phi^2} + \frac{\cos^2 \theta \cos^2 \phi}{r^2} \frac{\partial^2}{\partial \theta^2}$$

$$- 2 \frac{\cos \theta \sin \phi \cos \phi}{r^2 \sin \theta} \frac{\partial^2}{\partial \phi \partial \theta} - 2 \frac{\cos \phi \sin \phi}{r} \frac{\partial^2}{\partial r \partial \phi} + 2 \frac{\cos \theta \sin \theta \cos^2 \phi}{r} \frac{\partial^2}{\partial r \partial \theta}$$

$$+ \frac{\cos \phi \sin \phi}{r^2} \frac{\partial}{\partial \phi} - \frac{\cos \theta \sin \theta \cos^2 \phi}{r^2} \frac{\partial}{\partial \theta}$$

$$+ \frac{\sin^2 \phi}{r} \frac{\partial}{\partial r} + \frac{\sin \phi \cos \phi}{r^2 \sin^2 \theta} \frac{\partial}{\partial \phi} + \frac{\cos \theta \sin^2 \phi}{r^2 \sin \theta} \frac{\partial}{\partial \theta}$$

$$+ \frac{\cos^2 \theta \cos^2 \phi}{r} \frac{\partial}{\partial r} + \frac{\cos^2 \theta \sin \phi \cos \phi}{r^2 \sin^2 \theta} \frac{\partial}{\partial \phi} - \frac{\cos \theta \sin \theta \cos^2 \phi}{r^2} \frac{\partial}{\partial \theta},$$

$$\frac{\partial^2}{\partial y^2} = \left(\sin\theta\sin\phi \frac{\partial}{\partial r} + \frac{\cos\phi}{r\sin\theta} \frac{\partial}{\partial\phi} + \frac{\cos\theta\sin\phi}{r} \frac{\partial}{\partial\theta} \right)^2$$

$$= \sin^2\theta\sin^2\phi \frac{\partial^2}{\partial r^2} + \frac{\cos^2\phi}{r^2\sin^2\theta} \frac{\partial^2}{\partial\phi^2} + \frac{\cos^2\theta\sin^2\phi}{r^2} \frac{\partial^2}{\partial^2\theta}$$

$$+ 2\frac{\cos\phi\sin\phi}{r} \frac{\partial^2}{\partial r\partial\phi} + 2\frac{\sin\theta\cos\theta\sin^2\phi}{r} \frac{\partial^2}{\partial r\partial\theta} + 2\frac{\cos\theta\sin\phi\cos\phi}{r^2\sin\theta} \frac{\partial^2}{\partial\phi\partial\theta}$$

$$- \frac{\sin\phi\cos\phi}{r^2} \frac{\partial}{\partial\phi} - \frac{\cos\theta\sin\theta\sin^2\phi}{r^2} \frac{\partial}{\partial\theta}$$

$$+ \frac{\cos^2\phi}{r} \frac{\partial}{\partial r} - \frac{\sin\phi\cos\phi}{r^2\sin^2\theta} \frac{\partial}{\partial\phi} + \frac{\cos\theta\cos^2\phi}{r^2\sin\theta} \frac{\partial}{\partial\theta}$$

$$+ \frac{\cos^2\theta\sin^2\phi}{r} \frac{\partial}{\partial r} - \frac{\cos^2\theta\cos\phi\sin\phi}{r^2\sin^2\theta} \frac{\partial}{\partial\phi} - \frac{\cos\theta\sin\theta\sin^2\phi}{r^2} \frac{\partial}{\partial\theta},$$

$$\frac{\partial^2}{\partial z^2} = \left(\cos\theta \frac{\partial}{\partial r} - \frac{\sin\theta}{r} \frac{\partial}{\partial\theta} \right)^2$$

$$= \cos^2\theta \frac{\partial^2}{\partial r^2} + \frac{\sin^2\theta}{r^2} \frac{\partial^2}{\partial\theta^2} - 2\frac{\cos\theta\sin\theta}{r} \frac{\partial^2}{\partial r\partial\theta}$$

$$+ \frac{\sin^2\theta}{r} \frac{\partial}{\partial r} + 2\frac{\cos\theta\sin\theta}{r^2} \frac{\partial}{\partial\theta}.$$

因此, 我们有

$$\Delta = \frac{\partial^2}{\partial x^2} + \frac{\partial^2}{\partial y^2} + \frac{\partial^2}{\partial z^2}$$

$$= \frac{\partial^2}{\partial r^2} + \frac{1}{r^2\sin^2\theta} \frac{\partial^2}{\partial\phi^2} + \frac{1}{r^2} \frac{\partial^2}{\partial\theta^2} + \frac{\cos\theta}{r^2\sin\theta} \frac{\partial}{\partial\theta} + \frac{2}{r} \frac{\partial}{\partial r},$$

换言之,

$$\Delta u = \frac{1}{r^2\sin\theta} \left[\frac{\partial}{\partial r} \left(r^2\sin\theta \frac{\partial u}{\partial r} \right) + \frac{\partial}{\partial\theta} \left(\sin\theta \frac{\partial u}{\partial\theta} \right) + \frac{\partial}{\partial\phi} \left(\frac{1}{\sin\theta} \frac{\partial u}{\partial\phi} \right) \right].$$

(iv) 我们有

$$v(x,y,z) = \frac{1}{r} u\left(\frac{x}{r^2}, \frac{y}{r^2}, \frac{z}{r^2} \right) = \frac{1}{r} u\left(\frac{\sin\theta\cos\phi}{r}, \frac{\sin\theta\sin\phi}{r}, \frac{\cos\theta}{r} \right).$$

然后代入 (iii) 中所得的方程计算便得. 或用 (v) 中结果得到.

(v) 易见以下两个等式, 它们在以后的计算中将反复使用:

$$\frac{\partial r}{\partial x_i} = \frac{x_i}{r} \quad \text{和} \quad \frac{\partial(x_i/r^2)}{\partial x_j} = \frac{r^2\delta_{ij} - 2x_ix_j}{r^4}.$$

记

$$v(x_1, x_2, \cdots, x_n) = \frac{u(y_1, y_2, \cdots, y_n)}{r^{n-2}}, \quad \text{其中} \quad y_j = \frac{x_j}{r^2}, \quad j = 1, 2, \cdots, n.$$

通过求导计算可得以下等式:

$$\frac{\partial v}{\partial x_j} = u \frac{(2-n)x_j}{r^n} + \frac{1}{r^{n+2}} \sum_{i=1}^{n} \frac{\partial u}{\partial y_i}(r^2\delta_{ij} - 2x_ix_j).$$

再求一次导数, 有

$$\begin{aligned}
\frac{\partial^2 v}{\partial x_j^2} = {} & (2-n)(-n)u\frac{x_j^2}{r^{n+2}} + u\frac{2-n}{r^n} + \frac{2-n}{r^{n+4}}x_j \sum_{i=1}^{n} \frac{\partial u}{\partial y_i}(r^2\delta_{ij} - 2x_ix_j) \\
& - \frac{2+n}{r^{n+4}}x_j \sum_{i=1}^{n} \frac{\partial u}{\partial y_i}(r^2\delta_{ij} - 2x_ix_j) + \frac{1}{r^{n+2}} \sum_{i=1}^{n} \frac{\partial u}{\partial y_i}(-2x_i) \\
& + \frac{1}{r^{n+6}} \sum_{i=1}^{n}\sum_{k=1}^{n} \frac{\partial^2 u}{\partial y_i \partial y_k}(r^2\delta_{ij} - 2x_ix_j)(r^2\delta_{kj} - 2x_kx_j).
\end{aligned}$$

为了计算 Δv, 我们需要将上式右端对 j 求和, 为此注意以下三个等式:

$$\sum_{j=1}^{n}\left[(2-n)(-n)u\frac{x_j^2}{r^{n+2}} + u\frac{2-n}{r^n}\right] = 0,$$

$$\begin{aligned}
& \sum_{j=1}^{n}\left[\frac{2-n}{r^{n+4}}x_j \sum_{i=1}^{n} \frac{\partial u}{\partial y_i}(r^2\delta_{ij} - 2x_ix_j) - \frac{2+n}{r^{n+4}}x_j \sum_{i=1}^{n} \frac{\partial u}{\partial y_i}(r^2\delta_{ij} - 2x_ix_j)\right. \\
& \left. \quad + \frac{1}{r^{n+2}} \sum_{i=1}^{n} \frac{\partial u}{\partial y_i}(-2x_i)\right] \\
= {} & \sum_{j=1}^{n}\left[-\frac{2n}{r^{n+4}}x_j \sum_{i=1}^{n} \frac{\partial u}{\partial y_i}(r^2\delta_{ij} - 2x_ix_j) + \frac{1}{r^{n+2}} \sum_{i=1}^{n} \frac{\partial u}{\partial y_i}(-2x_i)\right] \\
= {} & \sum_{j=1}^{n}\left[-\frac{2n}{r^{n+4}}x_j \sum_{i=1}^{n} \frac{\partial u}{\partial y_i}(r^2\delta_{ij}) - \frac{2n}{r^{n+4}} \sum_{i=1}^{n} \frac{\partial u}{\partial y_i}(-2x_ix_j^2)\right. \\
& \left. \quad + \frac{1}{r^{n+2}} \sum_{i=1}^{n} \frac{\partial u}{\partial y_i}(-2x_i)\right] \\
= {} & -\frac{2n}{r^{n+4}} \sum_{i=1}^{n} \frac{\partial u}{\partial y_i}(r^2x_i) - \frac{2n}{r^{n+4}} \sum_{i=1}^{n} \frac{\partial u}{\partial y_i}(-2x_ir^2) \\
& + \frac{n}{r^{n+2}} \sum_{i=1}^{n} \frac{\partial u}{\partial y_i}(-2x_i) = 0,
\end{aligned}$$

以及

$$\sum_{j=1}^{n}\left[\frac{1}{r^{n+6}}\sum_{i=1}^{n}\sum_{k=1}^{n}\frac{\partial^2 u}{\partial y_i \partial y_k}(r^2\delta_{ij}-2x_ix_j)(r^2\delta_{kj}-2x_kx_j)\right]$$

$$=\sum_{j=1}^{n}\left[\frac{1}{r^{n+6}}\sum_{i=1}^{n}\sum_{k=1}^{n}\frac{\partial^2 u}{\partial y_i \partial y_k}r^4\delta_{ij}\delta_{kj}\right]$$

$$+\sum_{j=1}^{n}\left[\frac{1}{r^{n+6}}\sum_{i=1}^{n}\sum_{k=1}^{n}\frac{\partial^2 u}{\partial y_i \partial y_k}4x_ix_j^2x_k\right]$$

$$-\sum_{j=1}^{n}\left[\frac{1}{r^{n+6}}\sum_{i=1}^{n}\sum_{k=1}^{n}\frac{\partial^2 u}{\partial y_i \partial y_k}2x_ix_jr^2\delta_{kj}\right]$$

$$-\sum_{j=1}^{n}\left[\frac{1}{r^{n+6}}\sum_{i=1}^{n}\sum_{k=1}^{n}\frac{\partial^2 u}{\partial y_i \partial y_k}2r^2\delta_{ij}x_kx_j\right]$$

$$=\sum_{j=1}^{n}\frac{1}{r^{n+2}}\frac{\partial^2 u}{\partial y_j^2}+\frac{4}{r^{n+4}}\sum_{i=1}^{n}\sum_{k=1}^{n}\frac{\partial^2 u}{\partial y_i \partial y_k}x_ix_k$$

$$-\frac{2}{r^{n+4}}\sum_{i=1}^{n}\sum_{k=1}^{n}\frac{\partial^2 u}{\partial y_i \partial y_k}x_ix_k-\frac{2}{r^{n+4}}\sum_{i=1}^{n}\sum_{k=1}^{n}\frac{\partial^2 u}{\partial y_i \partial y_k}x_kx_i$$

$$=\frac{1}{r^{n+2}}\sum_{j=1}^{n}\frac{\partial^2 u}{\partial y_j^2}=0.$$

最后的等号利用了 $\Delta u=0$ 的假设. 由此 $\Delta v=0$.

在 $n=2$ 时的 $\Delta\ln r=0$ $(r\neq 0)$ 可直接计算得到.

8.5.1　(i) 显然.

(ii) $|\mathbf{s}|=4\varepsilon \implies |\mathbf{f}(\mathbf{s})|=|\mathbf{s}-(\mathbf{I}-\mathbf{f})(\mathbf{s})|\geqslant |\mathbf{s}|-|(\mathbf{I}-\mathbf{f})(\mathbf{s})|$

$$\geqslant 4\varepsilon-\sup_{\mathbf{u}\in[0,\mathbf{s}]}\|\mathbf{I}-d\mathbf{f}_{\mathbf{u}}\|\,|\mathbf{s}|>2\varepsilon.$$

(iii) 沿用 (ii) 中的符号. $d\varphi_{\mathbf{s}_0}(1)=(\mathbf{f}(\mathbf{s}_0)-\mathbf{t})\cdot(d\mathbf{f}_{\mathbf{s}_0}\mathbf{h})=0$, 其中 $\mathbf{s}_0$ 是 (ii) 中所述的 $\mathbf{s}_0$, 而 $\mathbf{h}$ 是 $\mathbf{R}^n$ 中任意的向量.

(iv) 由 (iii), 并注意到 $d\mathbf{f}_{\mathbf{s}_0}$ 可逆, 而 $\mathbf{h}$ 是 $\mathbf{R}^n$ 中任意的向量.

8.5.2　(i) 显然.

(ii) 计算 φ 在 $\mathbf{x}_0$ 处的 Jacobi 行列式 $\det\varphi'(\mathbf{x}_0)$ 并用反函数定理.

(iii) 注意 (ii) 中 φ 的定义.

(iv) 利用锁链法则, $\mathbf{g}'(\mathbf{u})$ 的秩不大于 $\mathbf{f}'\big(\varphi^{-1}(\mathbf{u})\big)$ 的秩 k. 再注意到 $\mathbf{g}$ 的定义域 $\widetilde{O}(\mathbf{u}_0)$ 是凸的, 然后利用推论 8.2.3.

(v) 计算 ψ 在 $\mathbf{y}_0$ 处的的 Jacobi 行列式, 并用反函数定理.

(vi) 利用 (iv) 和 (v), 让 $O(\mathbf{u}_0) = \mathbf{g}^{-1}\big(O(\mathbf{y}_0)\big)$.

(vii) 显然.   (viii) 注意 (ii), (iii) 和 (iv).

(ix) 利用 (iii) 和 (iv): (当 (i) 的最后所述的假设成立时) 让 N_1 表示 $\mathbf{R}^n$ 中前 k 个 (标准) 基向量所张成的子空间, 而 N_2 表示 $\mathbf{R}^n$ 中后 $(n-k)$ 个 (标准) 基向量所张成的子空间.

8.5.3 (i) 代入计算即得.   (ii) 这是个三角形矩阵.

(iii) 这也是个三角形矩阵.   (iv) 用隐函数定理.

8.5.4 用隐函数定理.

8.5.5 利用不等式 $|\mathbf{F}(\mathbf{x}) - \mathbf{x}_0| \leqslant |\mathbf{F}(\mathbf{x}) - \mathbf{F}(\mathbf{x}_0)| + |\mathbf{F}(\mathbf{x}_0) - \mathbf{x}_0|$, 先证明 $\mathbf{F}(\overline{\mathbf{B}}) \subset \overline{\mathbf{B}}$. 再用 Banach 不动点定理证明: 方程 $\mathbf{f}(\mathbf{x}) = \mathbf{0}$ 有解 $\mathbf{x}$. 又用关系式 $|A\mathbf{f}(\mathbf{x}_0)| = |\mathbf{x}_0 - \mathbf{F}(\mathbf{x}_0)| = |\mathbf{x}_0 - \mathbf{x} - [\mathbf{F}(\mathbf{x}_0) - \mathbf{F}(\mathbf{x})]|$, 便得最后的估计.

8.5.6 (i) 注意到 Ω 开, 有 $\delta_1 > 0$ 和 $\eta_1 > 0$, 使得任何 $\mathbf{x} \in \mathbf{B}(\mathbf{a}, \eta_1)$ 和 $\mathbf{y} \in \mathbf{B}(\mathbf{b}, \delta_1)$ 必满足 (1). 再注意到 $|\mathbf{k} - T^{-1} d\mathbf{f}_{(\mathbf{x},\mathbf{y})}(\mathbf{0}, \mathbf{k})| = |T^{-1}(d\mathbf{f}_{(\mathbf{a},\mathbf{b})} - d\mathbf{f}_{(\mathbf{x},\mathbf{y})})(\mathbf{0}, \mathbf{k})|$, 有 $\delta \in (0, \delta_1)$ 和 $\eta_2 \in (0, \eta_1)$, 使得任何 $\mathbf{x} \in \mathbf{B}(\mathbf{a}, \eta_2)$ 和 $\mathbf{y} \in \mathbf{B}(\mathbf{b}, \delta)$ 必满足 (2). 最后注意到 $\mathbf{f}(\mathbf{a}, \mathbf{b}) = \mathbf{0}$, 有 $\eta \in (0, \eta_2)$, 使得任何 $\mathbf{x} \in \mathbf{B}(\mathbf{a}, \eta)$ 必满足 (3).

(ii) 用练习 8.5.5 和本练习的 (i): 若让练习 8.5.5 中的 A 等于这里的 T^{-1}, 而练习 8.5.5 中的 $\mathbf{f}(\cdot)$ 等于这里的 $\mathbf{f}(\mathbf{x}, \cdot)$, 又练习 8.5.5 中的 $\mathbf{x}_0$ 等于这里的 $\mathbf{b}$. 不难由 (i) 的 (3) 证明练习 8.5.5 的条件 (ii) 得到满足. 由 (i) 的 (2) 和有限增量定理证明练习 8.5.5 的条件 (i) 得到满足.

(iii) 用带 Peano 余项的 Taylor 公式

$$\mathbf{f}(\mathbf{x}, \mathbf{y}) = d\mathbf{f}_{(\mathbf{a},\mathbf{b})}(\mathbf{x} - \mathbf{a}, \mathbf{y} - \mathbf{b}) + R(\mathbf{x}, \mathbf{y}) = S(\mathbf{x} - \mathbf{a}) + T(\mathbf{y} - \mathbf{b}) + R(\mathbf{x}, \mathbf{y}).$$

(iv) 用 (iii) 并注意以下事实: $\mathbf{0} = S(\mathbf{x} - \mathbf{a}) + T(\mathbf{g}(\mathbf{x}) - \mathbf{b}) + R(\mathbf{x}, \mathbf{g}(\mathbf{x}))$.

(v) 将 $\mathbf{a}$ 移到离 $\mathbf{a}$ 充分近的 $\mathbf{x}$, 利用 (iv) 的结论.

(vi) 利用 (v) 中 $d\mathbf{g}_{\mathbf{x}}$ 的公式, 并用定理 8.5.1 的证明中第 (6) 段的方法完成之.

8.5.7 (i) 设

$$p(z) = a_n z^n + \cdots + a_0, \quad a_n \neq 0.$$

利用关系式

$$p(z) = a_n z^n \left(1 + \frac{a_{n-1}}{a_n}\frac{1}{z} + \cdots + \frac{a_0}{a_n}\frac{1}{z^n}\right).$$

(ii) 若 $\lim p(z_n)$ 存在, 由 (i), z_n 有界. 再用 Bolzano-Weierstrass 定理选收敛子列.

(iii) 用实多项式对应公式的证明方法证明之.

(iv) 设 $h = h_1 + \mathrm{i}h_2$, 我们有

$$\lim_{h \to 0} \frac{p(z+h) - p(z)}{h} = \lim_{h_1 \to 0} \frac{p(z+h_1) - p(z)}{h_1} = \lim_{h_2 \to 0} \frac{p(z+\mathrm{i}h_2) - p(z)}{\mathrm{i}h_2}.$$

(v) 任何多项式的零点的个数不超过多项式的次数, 参看第一册 §4.2 的练习 4.2.11.

(vi) 利用 (iv), (v) 和反函数定理.　　　(vii) 利用 (ii).

(viii) 利用反函数定理.　　　(ix) 利用 (v) 和 (viii).

(x) 利用 §7.8 的练习 7.8.7.

8.5.8　(i) 用反函数定理.

(ii) 令

$$A = \{w \in Z : \phi_1(w) = \phi_2(w)\}.$$

不难证明: A 非空且闭. 若 $w \in A$, 由所给的条件 $\forall \mathbf{x} \in \mathbf{R}^n \left(d\mathbf{f}_\mathbf{x} 可逆\right)$, 利用反函数定理, 点 $\phi_1(w) = \phi_2(w)$ 有一个开邻域 W, 使得 $\mathbf{f}|_W : W \to \mathbf{f}(W)$ 是微分同胚. 可以证明: w 的开邻域 $\phi_1^{-1}(W) \cap \phi_2^{-1}(W) \subset A$, 故 A 开.

(iii) 令

$$A = \{a \in [0,1] : \gamma|_{[0,a]} 有一个 [0,a] \to \mathbf{R}^n 的提升 \tilde{\gamma}, \ \text{使得} \tilde{\gamma}(0) = \mathbf{x}\}.$$

然后利用反函数定理逐步证明: (1)　$A \neq \varnothing$;　(2)　$\sup A \in A$;　(3)　$\sup A = 1$. 为了证明 (2) 先应证明 $\tilde{\gamma}$ 是以 $K|\mathbf{z} - \mathbf{y}|$ 为 **Lipschitz常数的Lipschitz连续的函数**: $|\tilde{\gamma}(s) - \tilde{\gamma}(t)| \leqslant K|\mathbf{z} - \mathbf{y}||t - s|$. 后者的证明要用到条件 $\|d\mathbf{f}_\mathbf{x}^{-1}\| \leqslant K$ 及有限增量定理.

(iv) 构造映射 $\phi_t : [0,1] \to \mathbf{R}^n$, $\phi_t(s) = \phi(t,s) = s\gamma(t)$. ϕ_t 是由 $\mathbf{0}$ 到 $\gamma(t)$ 的匀速直线运动. 根据 (ii) 与 (iii), ϕ_t 有唯一确定的一个 (关于 $\mathbf{f}$ 的) 提升 $\tilde{\phi}_t$, 使得 $\tilde{\phi}_t(0) = \mathbf{x}$. 令 $\tilde{\phi}(t,s) = \tilde{\phi}_t(s)$. 根据反函数定理和 (iii) 的结论可以证明: $\tilde{\phi} : Z \to \mathbf{R}^n$ 是连续函数. 证明的路线与 (iii) 相似: 令 $A = \{a \in [0,1] : \forall s \in [0,a] (映射 \psi_s 是一个以 \mathbf{x} 为起点的回路)\}$. 然后证明: (1)　$A \neq \varnothing$;　(2)　$\sup A \in A$;　(3)　$\sup A = 1$. 记 $\psi_s(t) = \tilde{\phi}(t,s)$, 不难看出, 映射 $\psi_s(t)$ 是一个以 $\mathbf{x}$ 为起点的回路.

(v) 由 (iv), 令 $\tilde{\gamma}(t) = \tilde{\phi}(t,1)$.

(vi) 设 $\mathbf{x}, \mathbf{x}' \in \mathbf{R}^n$ 使得 $\mathbf{y} = \mathbf{f}(\mathbf{x}) = \mathbf{f}(\mathbf{x}')$, 则连接 $\mathbf{x}$ 和 $\mathbf{x}'$ 的直线段在映射 $\mathbf{f}$ 下的像应是以 $\mathbf{y}$ 为起点与终点的回路 $\tilde{\gamma}$. 这个回路有唯一的一个回路为提升. 故 $\mathbf{x} = \mathbf{x}'$.

8.5.9 (i) 由严格单调映射的定义,

$$\forall \mathbf{x}, \mathbf{y} \in \mathbf{R}^n \forall t \in \mathbf{R}\Big(\big(\mathbf{f}(\mathbf{x}+t\mathbf{y}) - \mathbf{f}(\mathbf{x})\big) \cdot (t\mathbf{y}) \geqslant kt^2|\mathbf{y}|^2\Big).$$

(ii) 用正定矩阵的标准形便得.

(iii) 用 (ii) 和 Hadamard-Levy 反函数整体存在定理.

8.5.10 (i) 代入切面方程便得结论 (a). (b) 可通过 Taylor 公式获得.

(ii) 定义 f^* 的等式 $(8.5.17)_2$ 右端中的 x^j $(j = 1, \cdots, m)$ 应看成是 ξ_j $(j = 1, \cdots, m)$ 的函数, 后者是由方程组 $(8.5.17)_1$ 确定的. 为了保证由方程组 $(8.5.17)_1$ 能局部地解出 x^j $(j = 1, \cdots, m)$, 应利用反函数定理.

(iii) 利用一次微分形式不变性.   (iv) 由定义得到.

(v) 利用 (iii) 和 (iv).   (vi) 由定义得到.   (vii) 利用 (vi).

(viii) 先证: 假若 f 的 Hesse 矩阵是可逆矩阵, 则 f 是凸函数, 当且仅当它的 Hesse 矩阵是正定矩阵. 然后再利用 (vii).

8.5.11 (i) 利用等式

$$f(x_1, \cdots, x_m) = \int_0^1 \frac{df(tx_1, \cdots, tx_m)}{dt} dt.$$

(ii) 令

$$g_i(x_1, \cdots, x_m) = \int_0^1 \frac{\partial f}{\partial x_i}(tx_1, \cdots, tx_m)dt, \quad i = 1, \cdots, m.$$

(iii) 连续两次使用 Hadamard 引理 (本题 (ii)), 再把二次型的系数对称化.

(iv) 因 $\mathbf{0}$ 是映射 f 的一个非退化临界点.

(v) 适当改换因变量与自变量的顺序.

(vi) 用配方法, 在 $\mathbf{0}$ 点的某个连通邻域 $U_2 \subset U_1$ 上有 $H_{rr}(\mathbf{u}) \neq 0$, 令

$$v_i = \begin{cases} u_i, & \text{当 } i \neq r, \\ \sqrt{|H_{rr}(\mathbf{u})|}\left[u_r + \sum_{j=r+1}^m \frac{u_j H_{jr}(\mathbf{u})}{H_{rr}(\mathbf{u})}\right], & \text{当 } i = r. \end{cases}$$

(vii) 用归纳法.

8.5.12 当 $\mathbf{f}'(\mathbf{x}) \neq \mathbf{0}$ 时, 逆映射 $\mathbf{f}^{-1}$ 在 $\mathbf{f}(\mathbf{x})$ 的某邻域内有定义. 由 Cramer 法则, 有

$$(\mathbf{f}^{-1})'\Big(\mathbf{f}(\mathbf{x})\Big) = \left[\left(\frac{\partial f_1}{\partial x_1}\right)^2 + \left(\frac{\partial f_1}{\partial x_2}\right)^2\right]^{-1} \begin{pmatrix} \dfrac{\partial f_2}{\partial x_2} & -\dfrac{\partial f_2}{\partial x_1} \\ -\dfrac{\partial f_1}{\partial x_2} & \dfrac{\partial f_1}{\partial x_1} \end{pmatrix},$$

故在该邻域内逆映射 $\mathbf{f}^{-1}$ 也满足 Cauchy-Riemann 方程组.

8.7.1 通过初等计算便得

$$\varphi^* x \left(\begin{bmatrix} r \\ \theta \\ \psi \end{bmatrix}\right) = r \sin\theta\cos\psi, \quad \varphi^* y \left(\begin{bmatrix} r \\ \theta \\ \psi \end{bmatrix}\right) = r \sin\theta\sin\psi,$$

$$\varphi^* z \left(\begin{bmatrix} r \\ \theta \\ \psi \end{bmatrix}\right) = r \cos\theta,$$

及

$$\varphi^* dx = \sin\theta\cos\psi\, dr + r\cos\theta\cos\psi\, d\theta - r\sin\theta\sin\psi\, d\psi;$$

$$\varphi^* dy = \sin\theta\sin\psi\, dr + r\cos\theta\sin\psi\, d\theta + r\sin\theta\cos\psi\, d\psi$$

$$\varphi^* dz = \cos\theta\, dr - r\sin\theta\, d\theta.$$

8.7.2 利用 8.7.2 小节刚开始时用的记号, 有

$$A = \frac{1}{2}\int_\Gamma \left(x\,dy - y\,dx\right) = \lim \frac{1}{2}\sum_{j=0}^{n-1}\left[x_j(y_{j+1}-y_j) - y_j(x_{j+1}-x_j)\right]$$

$$= \lim \frac{1}{2}\sum_{j=0}^{n-1}\left[(x_j + x_{j+1})(y_{j+1}-y_j) - y_j(x_{j+1}-x_j) - x_{j+1}(y_{j+1}-y_j)\right]$$

$$= \lim \frac{1}{2}\sum_{j=0}^{n-1}\left[(x_j + x_{j+1})(y_{j+1}-y_j) + y_j x_j - x_{j+1}y_{j+1}\right]$$

$$= \lim \frac{1}{2}\sum_{j=0}^{n-1}\left[(x_j + x_{j+1})(y_{j+1}-y_j)\right] + y_0 x_0 - y_n x_n$$

$$= \lim \frac{1}{2}\sum_{j=0}^{n-1}\left[(x_j + x_{j+1})(y_{j+1}-y_j)\right] = \int_\Gamma x\,dy.$$

同理可证: $A = -\displaystyle\int_\Gamma y\,dx.$

8.8.1 (i) 根据条件 (8.8.2), 至少有一个 $\dfrac{\partial F}{\partial x_j}(\mathbf{p}) \neq 0$. 不妨设 $\dfrac{\partial F}{\partial x_1}(\mathbf{p}) \neq 0$.
利用隐函数定理 (定理 8.5.2), 有映射 $\Psi : V \to W \subset \mathbf{R}^n$:

$$
\Psi \begin{pmatrix} x_2 \\ \vdots \\ x_n \end{pmatrix} = \begin{pmatrix} x_1(x_2, \cdots, x_n) \\ x_2 \\ \vdots \\ x_n \end{pmatrix},
$$

其中 V 是 $\mathrm{pr}(\mathbf{p})$ 的一个邻域, pr 是 $\mathbf{R}^n$ 沿着 x_1 轴到 $\mathbf{R}^{n-1}$ 的投影;W 是 $\mathbf{p}$ 在 $\mathbf{R}^n$ 中的邻域. 而且还满足以下关系式:

$$
M \cap W = \big\{ \Psi(\mathbf{v}) : \mathbf{v} \in V \big\}.
$$

Ψ^{-1} 是投影 pr 在 W 上的限制, 当然连续.

(ii) (1) 为了证明 $\mathbf{T_y}(M) \subset \{ \mathbf{w} \in \mathbf{R}^n : \mathbf{w} \perp \nabla F(\mathbf{y}) \}$, 只须注意以下事实:
对于任何一个连续可微映射 $\boldsymbol{\gamma} : (-\varepsilon, \varepsilon) \to M$, 有

$$
(\nabla F(\mathbf{y}), \boldsymbol{\gamma}'(0))_{\mathbf{R}^n} = \frac{d}{dt}\Big[F \circ \boldsymbol{\gamma}(t) \Big]\Big|_{t=0} = 0.
$$

为了证明 $\mathbf{T_y}(M) \supset \{ \mathbf{w} \in \mathbf{R}^n : \mathbf{w} \perp \nabla F(\mathbf{y}) \}$, 对于满足条件 $\mathbf{w} \perp \nabla F(\mathbf{y})$ 的 $\mathbf{w}$, 令

$$
\mathbf{V}(\mathbf{z}) = \mathbf{w} - \frac{(\mathbf{w}, \nabla F(\mathbf{z}))_{\mathbf{R}^n}}{|\nabla F(\mathbf{z})|^2} \nabla F(\mathbf{z}).
$$

由 §7.5 的练习 7.5.8, 以下常微分方程组的 Cauchy 问题有唯一的一个 (局部)
解:

$$
\boldsymbol{\gamma}'(t) = \mathbf{V}\big(\boldsymbol{\gamma}(t) \big), \quad \boldsymbol{\gamma}(0) = \mathbf{y}.
$$

然后证明: 这个解 $\boldsymbol{\gamma}(t)$ 具有以下性质: $\boldsymbol{\gamma}'(0) = \mathbf{w}$ 且 $\forall t \in (-\varepsilon, \varepsilon) \big(\boldsymbol{\gamma}(t) \in M \big)$,
其中 ε 是某个正数. 为了证明后一命题, 只须注意

$$
F\big(\boldsymbol{\gamma}(0) \big) = 0, \text{ 且 } \forall t \in (-\varepsilon, \varepsilon) \left(\frac{d}{dt} F\big(\boldsymbol{\gamma}(t) \big) = \nabla F(\boldsymbol{\gamma}(t)) \cdot \boldsymbol{\gamma}'(t) = 0 \right).
$$

(2) 通过简单计算即得.

(3) 通过简单计算即得.

(iii) 设 $\mathbf{e}_1, \cdots, \mathbf{e}_{n-1}$ 是 V 所在的 $\mathbf{R}^{n-1}$ 中的一组标准基, 令映射 $\boldsymbol{\gamma}_j(t) = \Psi(t\mathbf{e}_j), |t| < \varepsilon$, 其中 ε 是个充分小的正数. 由锁链法则, $\boldsymbol{\gamma}_j'(0) = d\Psi_0(\mathbf{e}_j)$, $j =$

$1, \cdots, n-1$, 由此我们有 $\mathbf{T_p}(M) \supset d\Psi_0(\mathbf{R}^{n-1})$. 反之, 设 $\gamma : (-\varepsilon, \varepsilon) \to M$ 是一个连续可微映射, 使得 $\gamma(0) = \mathbf{p}$ 且 $\gamma'(0) = \mathbf{v}$, 则 $\gamma = \Psi \circ \Psi^{-1} \circ \gamma$, 故 $\gamma'(0) = d\Psi_0((\Psi^{-1} \circ \gamma)'(0))$, 因而 $\mathbf{T_p}(M) \subset d\Psi_0(\mathbf{R}^{n-1})$.

(iv) 通过简单计算即得.

(v) 按超曲面的定义 8.8.1, 对于任何点 $\mathbf{p} \in M$ 有 $r = r(\mathbf{p}) > 0$ 和一个三次连续可微的映射 $F : \mathbf{B_{R^n}}(\mathbf{p}, r) \to \mathbf{R}$, 使得

$$\mathbf{B_{R^n}}(\mathbf{p}, r) \cap M = \{\mathbf{y} \in \mathbf{B_{R^n}}(\mathbf{p}, r) : F(\mathbf{y}) = 0\}. \tag{8.8.1$'$}$$

记 $M_m = M \cap \overline{\mathbf{B}(0, m)}$, 则 $M = \bigcup\limits_{m=1}^{\infty} M_m$, 且 M_m 紧. 因此, 有 M_m 的有限个点 $\mathbf{p}_1^{(m)}, \cdots, \mathbf{p}_{k_m}^{(m)}$ 和对应的正数 $r_1^{(m)}, \cdots, r_{k_m}^{(m)}$, 使得 $M_m \subset \bigcup\limits_{j=1}^{k_m} \mathbf{B_{R^n}}(\mathbf{p}_j^{(m)}, r_j^{(m)})$.

(vi) 秩为 $(n-1)$ 的 $n \times (n-1)$ 矩阵

$$\left[\frac{\partial \Psi(\mathbf{v})}{\partial v_1} \quad \cdots \quad \frac{\partial \Psi(\mathbf{v})}{\partial v_{n-1}} \right]$$

划去第 j 行后的 $(n-1) \times (n-1)$ 矩阵记为 $M_j(\mathbf{v})$, 则 $\sum\limits_{j=1}^{n} |\det M_j(\mathbf{v})|^2 \neq 0$. 单位法向量 $\mathbf{n}(\mathbf{v})$ 可用下式定义:

$$\mathbf{n}(\mathbf{v}) = \frac{(-1)^n}{\sqrt{\sum\limits_{j=1}^{n} |\det M_j(\mathbf{v})|^2}} \left(-\det M_1(\mathbf{v}), \cdots, (-1)^n \det M_n(\mathbf{v}) \right).$$

当然, 也可以通过超曲面定义中的 F 用以下方法定义 $\mathbf{n}(\mathbf{v})$:

$$\mathbf{n}(\mathbf{v}) = \pm \frac{\nabla F(\mathbf{p})}{|\nabla F(\mathbf{p})|},$$

其中 $(\pm)$ 应这样选取, 使得 $\det \left[\dfrac{\partial \Psi(\mathbf{v})}{\partial v_1} \quad \cdots \quad \dfrac{\partial \Psi(\mathbf{v})}{\partial v_{n-1}} \quad \mathbf{n}(\mathbf{v})^T \right] > 0$. 可以证明, 通过两个途径得到的 $\mathbf{n}(\mathbf{v})$ 是同一个向量.

(vii) (a) 由 $\tilde{\Psi}$ 的定义, 有

$$[J_{\tilde{\Psi}}(\mathbf{v}, 0)]^2 = \left(\det \left[\frac{\partial \Psi(\mathbf{v})}{\partial v_1} \quad \cdots \quad \frac{\partial \Psi(\mathbf{v})}{\partial v_{n-1}} \quad \mathbf{n}(\mathbf{v})^T \right] \right)^2$$

$$
= \det\left(\begin{bmatrix} \left(\frac{\partial\Psi(\mathbf{v})}{\partial v_1}\right)^T \\ \vdots \\ \left(\frac{\partial\Psi(\mathbf{v})}{\partial v_{n-1}}\right)^T \\ \mathbf{n}(\mathbf{v}) \end{bmatrix} \begin{bmatrix} \dfrac{\partial\Psi(\mathbf{v})}{\partial v_1} & \cdots & \dfrac{\partial\Psi(\mathbf{v})}{\partial v_{n-1}} & \mathbf{n}(\mathbf{v})^T \end{bmatrix}\right)
$$

$$
= \det\begin{bmatrix} \left(\left(\dfrac{\partial\Psi(\mathbf{v})}{\partial v_i}, \dfrac{\partial\Psi(\mathbf{v})}{\partial v_j}\right)_{\mathbf{R}^n}\right)_{1\leqslant i,j\leqslant n-1} & \mathbf{0}_{(n-1)\times 1} \\ \mathbf{0}_{1\times(n-1)} & 1 \end{bmatrix} = [\delta\Psi(\mathbf{v})]^2.
$$

(b) 用 (a) 及反函数定理.

(viii) 由 $\widetilde{\Psi}$ 的定义和 Taylor 展开, 我们有

$$
F\Big(\widetilde{\Psi}(\mathbf{t},\lambda)\Big) = F\left(\Psi(\mathbf{t}) \pm \lambda\frac{\nabla F\big(\Psi(\mathbf{t})\big)}{|\nabla F\big(\Psi(\mathbf{t})\big)|}\right)
$$

$$
= F\big(\Psi(\mathbf{t})\big) \pm \lambda\nabla F\big(\Psi(\mathbf{t})\big)\cdot\frac{\nabla F\big(\Psi(\mathbf{t})\big)}{|\nabla F\big(\Psi(\mathbf{t})\big)|} + O(\lambda^2)
$$

$$
= \pm\lambda|\nabla F\big(\Psi(\mathbf{t})\big)| + O(\lambda^2).
$$

(ix) 参看 (v) 的提示.

8.8.2 (i) 关键是要证明: $\forall k\in\mathbf{N}(\kappa_k>0)$. 假设有个 k, 使得 $\kappa_k=0$, 而 $\kappa_j>0\,(j=1,\cdots,k-1)$. 注意到 $\overline{\mathbf{B}_{k+1}}\setminus\bigcup_{j=1}^{k}\mathbf{B}_j$ 是 $\mathbf{R}^{n-1}$ 中的紧集而 K_k 是 $\mathbf{R}^n$ 中的紧集, 故有 $\mathbf{v}\in\overline{\mathbf{B}_{\mathbf{R}^{n-1}}(\mathbf{v}_{k+1},\rho_{k+1})}$ 和满足不等式 $1\leqslant m\leqslant k$ 的自然数 m 以及点 $(\mathbf{t},\lambda)\in\overline{\mathbf{B}_{\mathbf{R}^{n-1}}(\mathbf{v}_m,\rho_m/3)\times[-\varepsilon_m,\varepsilon_m]}$, 使得 $\widetilde{\Psi}(\mathbf{t},\lambda)=\Psi(\mathbf{v})\in M$. 再注意到以下事实: 由 §8.8 的练习 8.8.1(vii) 的 (b), $\widetilde{\Psi}(\mathbf{t},\lambda)=\Psi(\mathbf{v})\in M\Longrightarrow\lambda=0$, 换言之, $\Psi(\mathbf{t})=\Psi(\mathbf{v})$. 这与 Ψ 在 V 上是单射矛盾.

(ii) 利用数学归纳原理证明这个结论. 假若 $\widetilde{\Psi}$ 在 $K_j\,(j=1,\cdots,k)$ 上的限制是单射, 我们便可证明: $\widetilde{\Psi}$ 在 K_{k+1} 上的限制是单射. 为此只需证明以下命题: 若 $(\mathbf{v},\lambda)\neq(\mathbf{t},\mu)$, 且 $(\mathbf{t},\mu)\in K_k$ 而 $(\mathbf{v},\lambda)\in\left(\overline{\mathbf{B}_{k+1}}\setminus\bigcup_{j=1}^{k}\mathbf{B}_j\right)\times[-\varepsilon_{k+1},\varepsilon_{k+1}]$, 则

$$
\widetilde{\Psi}(\mathbf{v},\lambda)\neq\widetilde{\Psi}(\mathbf{t},\mu).
$$

欲证明此命题, 分两种情形处理:

(a) 当 $|\mathbf{v} - \mathbf{t}| < R_{k+1}/3$ 时, 假设 $m \leqslant k$ 使得 $(\mathbf{t}, \mu) \in \overline{\mathbf{B}_m} \times [-\varepsilon_m, \varepsilon_m]$, 则 $|\mathbf{v} - \mathbf{v}_m| \leqslant |\mathbf{v} - \mathbf{t}| + |\mathbf{t} - \mathbf{v}_m| < R_{k+1}/3 + \rho_m/3 < \rho_m$. 故 $(\mathbf{v}, \lambda) \in \mathbf{B}_{\mathbf{R}^{n-1}}(\mathbf{v}_m, \rho_m) \times (-\varepsilon_m, \varepsilon_m)$ 中. 再注意 $\widetilde{\Psi}$ 在 $\mathbf{B}_{\mathbf{R}^{n-1}}(\mathbf{v}_m, \rho_m) \times (-\varepsilon_m, \varepsilon_m)$ 上是单射 (参看 §8.8 练习 8.8.1(vii) 的 (b)).

(b) 不等式 $\widetilde{\Psi}(\mathbf{v}, \lambda) \neq \widetilde{\Psi}(\mathbf{t}, \mu)$ 成立, 且当 $|\mathbf{v} - \mathbf{t}| \geqslant R_{k+1}/3$ 时, 我们有 $|\widetilde{\Psi}(\mathbf{v}, \lambda) - \widetilde{\Psi}(\mathbf{t}, \mu)| \geqslant |\Psi(\mathbf{v}) - \widetilde{\Psi}(\mathbf{t}, \mu)| - |\lambda| \geqslant \kappa_k - \varepsilon_{k+1} > 0$.

(iii) 用 (i) 和 (ii) 的记号, 一定有有限个 $\mathbf{v}_k$ $(k = 1, \cdots, l)$ 使得 $\overline{\Gamma} \subset \bigcup\limits_{k=1}^{l} \mathbf{B}_k$. 然后定义 ρ_{Γ} 如下: $\rho_{\Gamma} = \min\limits_{1 \leqslant k \leqslant l} \varepsilon_k$.

第 9 章

9.1.1 (i) 利用实数的加法与乘法运算的分配律.

(ii) 设 $J = \prod\limits_{k=1}^{n} (a_k, b_k]$. 设法证明以下命题: 可构筑 n 串数:

$$a_k = c_{k,0} \leqslant c_{k,1} \leqslant \cdots \leqslant c_{k,j_k} = b_k, \quad 1 \leqslant k \leqslant n,$$

使得每个 I_k 是有限个形为 $I_{i_1, \cdots, i_n} = \prod\limits_{k=1}^{n} (c_{k, i_k-1}, c_{k, i_k}]$ 的两两不相交的左开右闭区间之并, 然后利用 (i).

(iii) 利用 (i) 的结果和 (ii) 的方法. (iv) 利用 (ii) 和 (iii).

(v) 显然. (vi) 用 (ii) 的方法.

(vii) 先证明以下命题: 有有限个两两不相交的左开右闭区间 K_l $(l = 1, \cdots, p)$, 使得每个 I_j 或 J_u 都是集合 $\{K_l : l = 1, \cdots, p\}$ 中有限个元素之并.

(viii) 由 (vii) 得到. (ix) 显然.

(x) 几乎可完全平行地获得.

9.1.2 (i) $E = (E \setminus F) \cup (E \cap F), F = (F \setminus E) \cup (E \cap F), E \cup F = (E \setminus F) \cup (F \setminus E) \cup (E \cap F)$, 以上三公式之右端各项均两两不相交.

(ii) 用 (i) 的结果和归纳法. (iii) 用 (i). (iv) 用 (iii) 的结果和归纳法.

9.2.1 (i) 利用练习 9.1.1 的 (vii).

(ii) 利用 §9.1 中练习 9.1.1 的 (iii), 并注意以下事实: 可以找到一个闭区间 J_1, 使得 $J_1 \subset J$ 且 $m(J_1) + \varepsilon > m(J)$. 又对于任何 k, 可以找到一个开区间 $\tilde{I}_k$ 使得 $\tilde{I}_k \supset I_k$ 且 $m(\tilde{I}_k) < m(I_k) + \varepsilon/2^k$. 再用 Heine-Borel 有限覆盖定理.

(iii) 利用 (i) 和 (ii).

(iv) $J = \bigcup\limits_{u=1}^{v} J_u$, 其中 J_u $(u = 1, \cdots, v)$ 是有限个两两不相交的左开右闭区间. 把 (iii) 的结果用到 J_u 和 $J_u \cap I_k$ $(k = 1, 2, \cdots)$ 身上.

(v) 利用 (iv) 的结果.   (vi) 完全平行地完成.

9.2.2 注意到 $\mu\left(\bigcup\limits_{j=1}^{\infty} E_n\right) = \lim\limits_{n\to\infty} \mu\left(\bigcup\limits_{j=1}^{n} E_n\right)$, 并利用 §9.1 练习 9.1.2 的 (iv).

9.2.3 设 $X = \mathbf{R}$, $\mu = m$ 表示 $\mathbf{R}$ 上的 Lebesgue 测度, 而 $E_j = [j, \infty)$, $j = 1, 2, \cdots$.

9.2.4 (i) $x \in \liminf E_j = \bigcup\limits_{n=1}^{\infty}\left(\bigcap\limits_{j=n}^{\infty} E_j\right)$, 当且仅当有 $n \in \mathbf{N}$ 使得 $\forall j \geqslant n\left(x \in E_j\right)$, 换言之, 当且仅当最多只有有限个 j 使得 $x \notin E_j$.

(ii) $\mu(\liminf E_j) = \lim\limits_{n\to\infty} \mu\left(\bigcap\limits_{j=n}^{\infty} E_j\right) \leqslant \liminf \mu(E_j)$.

(iii) 由 (i) 得到.

9.2.5 (i) 用 de Morgan 对偶原理;

(ii) 用 (i) 及练习 9.2.4 的 (i);   (iii) 用 (i) 及练习 9.2.4 的 (ii);

(iv) $\sum\limits_{j=1}^{\infty} \mu(E_j) < \infty \Longrightarrow \lim\limits_{n\to\infty} \sum\limits_{j=n}^{\infty} \mu(E_j) = 0$. 另一方面,

$$\mu(\limsup E_j) \leqslant \lim\limits_{n\to\infty} \mu\left(\bigcup\limits_{j=n}^{\infty} E_j\right) \leqslant \lim\limits_{n\to\infty} \sum\limits_{j=n}^{\infty} \mu(E_j);$$

(iv) 用 (i) 及练习 9.2.4 的 (iii).

9.2.6 利用 §9.1 的练习 9.1.2 的 (ii).

9.2.7 (i) $\mathbf{R}^n$ 的单点集

$$\{\mathbf{x} = (x_1, \cdots, x_n)\} = \bigcap\limits_{k=1}^{\infty} \prod\limits_{j=1}^{n} (x_j - 1/k, x_j + 1/k),$$

因而它的 Lebesgue 测度 $= \lim\limits_{k\to\infty} \left(2/k\right)^n = 0$.

(ii) 由 (i) 及测度的可数可加性得到.

(iii) $\mathbf{R}$ 上的 Cantor 三分集的 Lebesgue 测度应为

$$1 - \left(\frac{1}{3} + 2\left(\frac{1}{3}\right)^2 + \cdots + 2^n\left(\frac{1}{3}\right)^{n+1} + \cdots\right) = 0.$$

(iv) 有, 例如: $\mathbf{R}$ 上的函数

$$H(x) = \begin{cases} 0, & \text{当 } x < 0 \text{时}, \\ 1, & \text{当 } x \geqslant 0 \text{时} \end{cases}$$

定义的 Lebesgue-Stieltjes 测度 $\mu\big((a,b]\big) = H(b) - H(a)$.

9.2.8　(i) 利用定理 9.2.1.

(ii) 对于任何 $N \in \mathbf{N}$, 易证: $\sum\limits_{x \in X} p(x) \geqslant \sum\limits_{n=1}^{N} \sum\limits_{x \in X_n} p(x)$, 故

$$\sum_{x \in X} p(x) \geqslant \sum_{n=1}^{\infty} \sum_{x \in X_n} p(x).$$

另一方面, 设 F 是 X 的一个有限子集, 不难看出: $\sum\limits_{x \in F} p(x) \leqslant \sum\limits_{n=1}^{\infty} \sum\limits_{x \in X_n} p(x)$.
由此,

$$\sum_{x \in X} p(x) \leqslant \sum_{n=1}^{\infty} \sum_{x \in X_n} p(x).$$

(iii) 由 (ii) 得到.

9.2.9　(i) 因 $E_1 \setminus E_2 \subset (E_1 \setminus E) \cup (E \setminus E_2)$ 和 $E_2 \setminus E_1 \subset (E_2 \setminus E) \cup (E \setminus E_1)$,
所以 $E_1 \setminus E_2$ 及 $E_2 \setminus E_1$ 均为零集. 故 $\mu(E_1) = \mu(E_2) + \mu(E_1 \setminus E_2) - \mu(E_2 \setminus E_1) = \mu(E_2)$.

(ii) $\varnothing \in \overline{\mathcal{A}}$ 是显然的. 因 $(E \setminus E_1) \cup (E_1 \setminus E) = (E \cap E_1^C) \cup (E_1 \cap E^C)$, 故
$E \in \overline{\mathcal{A}} \Rightarrow E^C \in \overline{\mathcal{A}}$. 因 $\widetilde{N}$ 对可数并封闭, 故 $\overline{\mathcal{A}}$ 对可数并也封闭. $\overline{\mathcal{A}}$ 是 σ- 代数,
且 $\overline{\mathcal{A}} \supset \mathcal{A}$.

(iii) 显然.　　(iv) 显然.

9.2.10　(i) 显然.

(ii) 利用以下分配律 (参看命题 1.2.2): $\bigcap\limits_{j=1}^{\infty} (B_n \cup A) = \Big(\bigcap\limits_{j=1}^{\infty} B_n \Big) \cup A$.

(iii), (iv) 显然.

(v) 先证 $\mathcal{C}(A) \supset \mathcal{A}$.

(vi), (vii), (viii), (ix), (x), (xi), (xii) 显然.

9.2.11　除了表示测度的级数形式稍有不同外, 其他的推理与 Cantor 三分
集的讨论完全一样.

9.2.12　(i), (ii), (iii), (iv) 显然.

(v) 假设

$$A_m = \{\mathbf{x} = (x_1, \cdots, x_n, \cdots) \in S : (x_1, \cdots, x_{k_m}) \in E^{(k_m)}\}, \quad k_1 < k_2 < \cdots.$$

假若 $\forall N \in \mathbf{N}\Big(\bigcap_{m=1}^{N} A_m \neq \varnothing\Big)$, 因 $E^{(k_1)}$ 是有限集, 必有 $(y_1, \cdots, y_{k_1}) \in E^{(k_1)}$
使得

$$\forall m \in \mathbf{N}\Big(\{\mathbf{x} = (x_1, \cdots, x_n, \cdots) \in S : (x_1, \cdots, x_{k_1}) = (y_1, \cdots, y_{k_1})\} \cap A_m \neq \varnothing\Big).$$

反复施行此法, 便得 S 中的一个点 $(y_1, \cdots, y_n, \cdots) \in \bigcap\limits_{m=1}^{\infty} A_m$.

(vi) 利用 (v), 请参看命题 9.2.1 和推论 9.2.1.

(vii) 设法证明 S_1 是可数集, 并请注意: S 中的单点集的 μ 测度为零.

(viii) 利用 $[0,1]$ 上实数的二进位小数的表示.

9.4.1 由定理 9.4.2, $\mathcal{C}$ 中的集均可测, 且在 $\mathcal{C}$ 上 $\mu^* = \lambda$. 在以下的讨论中将反复用到这个结论.

(i) 按外测度的定义, 对于任何 $\varepsilon > 0$ 和 $n \in \mathbf{N}$, 有 $C_n, D_n \in \mathcal{C}$, 使得

$$E \subset \bigcup_{n=1}^{\infty} C_n, \qquad E^C \subset \bigcup_{n=1}^{\infty} D_n,$$

$$\left(\text{因此,} \left(\bigcup_{n=1}^{\infty} C_n \right) \cup \left(\bigcup_{n=1}^{\infty} D_n \right) = X, \right) \text{且}$$

$$\sum_{n=1}^{\infty} \mu^*\left(C_n\right) < \mu^*(E) + \frac{\varepsilon}{3}, \quad \sum_{n=1}^{\infty} \mu^*\left(D_n\right) < \mu^*(E^C) + \frac{\varepsilon}{3}.$$

由此, 根据条件 $\mu_*(E) = \mu^*(E)$, 注意到 C_n 和 D_n 均可测, 我们有

$$\begin{aligned}
\mu^*\left(\left[\bigcup_{n=1}^{\infty} C_n \right] \cap \left[\bigcup_{n=1}^{\infty} D_n \right] \right) &= \mu^*\left(\bigcup_{n=1}^{\infty} C_n \right) + \mu^*\left(\bigcup_{n=1}^{\infty} D_n \right) - \mu^*(X) \\
&\leqslant \sum_{n=1}^{\infty} \mu^*\left(C_n\right) + \sum_{n=1}^{\infty} \mu^*\left(D_n\right) - \mu^*(X) \\
&< \mu^*(E) + \mu^*(E^C) - \mu^*(X) + \varepsilon \\
&= \mu^*(E) - \mu_*(E) + \varepsilon = \varepsilon.
\end{aligned}$$

(ii) 把 (i) 用到测度空间 $(B, \mathcal{B}, \kappa)$ 上, 其中

$$\mathcal{B} = \{ Y \subset B : Y \in \mathcal{A} \}, \quad \forall Y \in \mathcal{B}\left(\kappa(Y) = \lambda(Y) \right).$$

设法证明: 对于任何 $Z \subset B$, 它在两个测度空间 $(X, \mathcal{A}, \lambda)$ 和 $(B, \mathcal{B}, \kappa)$ 中的内测度是相等的.

(iii) 有可数个两两不相交的 $\mathcal{C}$ 中的集合 B_n $(n = 1, 2, \cdots)$, 使得

$$E \cap A \subset \bigcup_{n=1}^{\infty} B_n, \quad \text{且} \quad \mu^*(E \cap A) \leqslant \sum_{n=1}^{\infty} \mu^*\left(B_n\right) < \mu^*(E \cap A) + \frac{\varepsilon}{3}.$$

对每个 $n \in \mathbf{N}$, 有 $C_n^{(m)}, D_n^{(m)} \in \mathcal{C}$ $(m = 1, 2, \cdots)$, 使得

$$E \cap B_n \subset \bigcup_{m=1}^{\infty} C_n^{(m)}, \quad E^C \cap B_n \subset \bigcup_{m=1}^{\infty} D_n^{(m)},$$

$$\mu^* \left(\left[\bigcup_{m=1}^{\infty} C_n^{(m)} \right] \cap \left[\bigcup_{m=1}^{\infty} D_n^{(m)} \right] \right) < \frac{\varepsilon}{2^n},$$

且

$$\sum_{m=1}^{\infty} \mu^* \left(C_n^{(m)} \right) < \mu^* (E \cap B_n) + \frac{\varepsilon}{3 \cdot 2^n}, \quad \sum_{m=1}^{\infty} \mu^* \left(D_n^{(m)} \right) < \mu^* (E^C \cap B_n) + \frac{\varepsilon}{3 \cdot 2^n}.$$

然后让可数个 $\mathcal{C}$ 中的集合 $B_n \cap C_n^{(m)}$ $(n \in \mathbf{N},\ m \in \mathbf{N})$ 重新排号后记做 C_n $(n \in \mathbf{N})$, 又让可数个 $\mathcal{C}$ 中的集合 $B_n \cap D_n^{(m)}$, $n \in \mathbf{N}$, $m \in \mathbf{N}$ 重新排号后记做 D_n $(n \in \mathbf{N})$.

(iv) 沿用 (iii) 中的符号. 根据 (iii) 的结论, 有

$$\mu^*(A) \geqslant \sum_{n=1}^{\infty} \mu^*(B_n) - \frac{\varepsilon}{3} \geqslant \sum_{n=1}^{\infty} \mu^* \left(B_n \cap \left(\bigcup_{m=1}^{\infty} C_m \cup \bigcup_{m=1}^{\infty} D_m \right) \right) - \frac{\varepsilon}{3}$$

$$= \sum_{n=1}^{\infty} \left[\mu^* \left(B_n \cap \bigcup_{m=1}^{\infty} C_m \right) + \mu^* \left(B_n \cap \bigcup_{m=1}^{\infty} D_m \right) \right.$$

$$\left. - \mu^* \left(B_n \cap \bigcup_{m=1}^{\infty} C_m \cap \bigcup_{m=1}^{\infty} D_m \right) \right] - \frac{\varepsilon}{3}.$$

注意到 B_n $(n \in \mathbf{N})$ 是两两不相交的, 我们有

$$\mu^*(A) \geqslant \mu^* \left(\bigcup_{n=1}^{\infty} \bigcup_{m=1}^{\infty} (B_n \cap C_m) \right) + \mu^* \left(\bigcup_{n=1}^{\infty} \bigcup_{m=1}^{\infty} (B_n \cap D_m) \right)$$

$$- \mu^* \left(\bigcup_{n=1}^{\infty} B_n \cap \bigcup_{m=1}^{\infty} C_m \cap \bigcup_{m=1}^{\infty} D_m \right) - \frac{\varepsilon}{3}$$

$$\geqslant \mu^* (E \cap A) + \mu^* (E^C \cap A) - \frac{4\varepsilon}{3}.$$

因 ε 是任意正数, $\mu^*(A) \geqslant \mu^*(E \cap A) + \mu^*(E^C \cap A)$ 证得.

(v) 必要性显然, 充分性由 (iv) 得.

(vi) (v) 的推论.

9.5.1 (i) 是度量外测度. 证明如下: 利用以下事实: 任给 $\varepsilon > 0$ 和任给的左开右闭区间 J, 必有有限个两两不相交的左开右闭区间 J_i $(i = 1, \cdots, k)$, 使得

$$J = \bigcup_{i=1}^{k} J_i, \quad \text{且} \quad \operatorname{diam} J_i < \varepsilon, \quad i = 1, \cdots, k.$$

(ii) 是度量外测度. 证明方法同 (i).

9.7.1   (i) 因 $\mathbf{R}^p$ 中的闭集是可数个紧集之并, 再用定理 7.6.1.

(ii) 用 (i) 和定理 9.5.2.

(iii) 选 $\varepsilon > 0$, 使得一切立方块 Q, 只要直径 $\operatorname{diam} Q < \varepsilon$, 且 $Q \cap F \neq \varnothing$, 便有 $Q \subset G$, 则对于任何 $\mathbf{x} \in Q$, 有 $\Phi(Q) \subset \mathbf{B}\big(\Phi(\mathbf{x}), L \operatorname{diam} Q\big)$.

(iv) 利用外测度的定义, 定理 9.5.2, 本题的 (iii) 和 §7.8 的练习 7.8.4.

(v) 由 (iv) 得到.   (vi) 由 (ii) 和 (iv) 得到.

9.7.2   (i) $D_r^+(x) > C$ 就保证了有 $h > 0$, 使得 $\frac{f(x+h) - f(x)}{h} > C$, 所以, 集合 $\{x \in (a, b) : D_r^+(x) > C\}$ 是函数 $g(x) \equiv f(x) - Cx$ 的阴影点集的子集. 设 (a_k, b_k) $(k \in \mathbf{N})$ 是函数 $g(x) \equiv f(x) - Cx$ 的阴影点集的连通成分, 由日出引理便得

$$C \sum_{k=1}^{\infty} (b_k - a_k) \leqslant \sum_{k=1}^{\infty} [f(b_k) - f(a_k)] \leqslant f(b) - f(a).$$

(ii) 利用 (i).   (iii) 日出引理的推论.

(iv) 将 (iii) 中的不等式加起来.   (v) 证明同 (i).

(vi) 利用 (iv) 和 (v), 再用归纳法并求极限.

(vii) 注意以下关系式:

$$\{x \in (a, b) : D_l^-(x) < D_r^+(x)\}$$
$$= \bigcup_{c \in \mathbf{Q}} \bigcup_{C \in \mathbf{Q} \cap (c, \infty)} \{x \in (a, b) : D_l^-(x) < c < C < D_r^+(x)\}.$$

(viii) 对函数 $-f(-x)$ 利用 (vii) 的结论.

(ix) 只需讨论单调递增的连续函数. 函数 f 的全体不可微点构成的点集是以下三个集合之并:

$$\{x \in (a, b) : D_l^-(x) < D_r^+(x)\}, \quad \{x \in (a, b) : D_r^-(x) < D_l^+(x)\},$$
$$\{x \in (a, b) : D_r^+(x) = \infty\}.$$

9.7.3   由 §8.8 的练习 8.8.1 的 (v), 可以假定 M 紧, 且有映射 $F : \overline{G} \to \mathbf{R}$, 使得

$$\Gamma(\rho) = \left\{ \mathbf{x} + t \frac{\nabla F(\mathbf{x})}{|\nabla F(\mathbf{x})|} : \mathbf{x} \in \Gamma, \ |t| < \rho \right\},$$

其中 G 是开集, 且 $G \supset M$. 再利用练习 9.7.1 的结果, 并注意到以下映射是 Lipschitz 映射:

$$\overline{G} \times \mathbf{R} \ni (\mathbf{x}, t) \to \mathbf{x} + t\frac{\nabla F(\mathbf{x})}{|\nabla F(\mathbf{x})|}.$$

第 10 章

10.3.1 (i) 不妨设 $a = 0$, $b = 1$. 令

$$f_n(t, x) = f(k/n, x), \quad \text{当 } t \in [k/n, (k+1)/n) \text{ 时}, \quad k = 0, \cdots, n-1.$$

然后证明 f_n 在 $((a, b) \times X, \mathcal{B}_{(a,b)} \times \mathcal{A})$ 上可测, 且 $f_n \to f$.

(ii) 不妨设 $a = 0$, $b = 1$. 令

$$g_n(t, x) = \frac{f((k+1)/n, x) - f(k/n, x)}{1/n}, \quad \text{当 } t \in [k/n, (k+1)/n) \text{ 时}, \ k = 0, \cdots, n-1.$$

然后证明 g_n 在 $((a, b) \times X, \mathcal{B}_{(a,b)} \times \mathcal{A})$ 上可测, 且 $g_n \to f'$.

(iii) 用 Lagrange 中值定理和 Lebesgue 控制收敛定理.

(iv) 利用 (iii), Newton-Leibniz 公式和二元函数的锁链法则.

10.3.2 (i) 利用展开式 $\dfrac{x^{a-1}}{1+x} = \sum\limits_{\nu=0}^{\infty} (-1)^{\nu} x^{a+\nu-1}$ 和 Lebesgue 控制收敛定理.

(ii) 作替换 $x = 1/z$, 利用 (i).

(iii) 利用 (i), (ii) 和第一册 §5.8 的练习 5.8.5 的 (vi).

(iv) 利用 (iii) 和第一册 §6.9 练习 6.9.3 的 (ii).

(v) 利用第一册 §6.9 练习 6.9.3 的 (vi). 请与第一册 §6.9 练习 6.9.2 的 (ii) 相比较.

(vi) 作替换 $t = x^2$, 上式左端的积分可由 $\Gamma(1/2)$ 表示. 请与第一册 §6.7 的练习 6.7.7 的 (ii) 及练习 6.7.10 的 (viii) 相比较.

10.3.3 和练习 10.3.2 做法相仿, 有

$$\int_{[0,\infty)} \frac{x^{a-1} - x^{b-1}}{1-x} dx = I + II,$$

其中

$$I = \int_{[0,1]} \frac{x^{a-1} - x^{b-1}}{1-x} dx, \quad II = \int_{[1,\infty)} \frac{x^{a-1} - x^{b-1}}{1-x} dx.$$

易见,

$$II = -\int_1^0 \frac{\left(\dfrac{1}{u}\right)^{a-1} - \left(\dfrac{1}{u}\right)^{b-1}}{1 - \dfrac{1}{u}} \frac{1}{u^2} du = \int_0^1 \frac{u^{-a} - u^{-b}}{u-1} du.$$

由此得到

$$\int_{[0,\infty)} \frac{x^{a-1}-x^{b-1}}{1-x}dx = \int_{[0,1]} \frac{x^{a-1}-x^{-a}}{1-x}dx - \int_{[0,1]} \frac{x^{b-1}-x^{-b}}{1-x}dx.$$

为了计算右端两个积分, 利用展开

$$\frac{x^{a-1}-x^{-a}}{1-x} = \sum_{\nu=0}^{\infty} x^{a+\nu-1} - \sum_{\nu=0}^{\infty} x^{-a+\nu}$$

和第一册 §5.8 练习 5.8.5 的 (iv) 或练习 5.8.7 的 (iii).

10.3.4 (i) 用 Beppo Levi 定理.

(ii) 用练习 10.3.1 的 (iii) 和 Lebesgue 控制收敛定理.

10.3.5 (i) 显然.   (ii) 作换元 $u = nx^2$, 然后再用 Beppo Levi 定理.

10.5.1 (i) 记 $\mathcal{L} = \{E \in \mathcal{A}_2 : \Phi^{-1}(E) \in \mathcal{A}_1\}$, 对 $\mathcal{L}$ 用 Dynkin π-λ 定理或单调族定理.

(ii) 用 (i).   (iii) 用 (i).

10.5.2 (i) 集合的并 (或交) 的原像是集合的原像的并 (或交).

(ii) 用引理 10.5.2.   (iii) 用 (ii).   (iv) (ii) 的特殊情形.

10.5.3 (i) 显然.   (ii) 显然.

(iii) 把 Fubini-Tonelli 定理用到函数 $\mathbf{1}_E$ 上.

10.5.4 记 $T = \{(x,y) : a \leqslant y \leqslant x \leqslant b\}$, 试证

$$\int_a^b F(x)g(x)dx = \int \mathbf{1}_T(x,y)f(y)g(x)dm_2(x,y) + F(a)\int_a^b g(x)dx,$$

其中 m_2 表示 $\mathbf{R}^2$ 上的测度.

10.5.5 (i) 用引理 10.5.2.   (ii) 由 (i) 得到.

10.5.6 (i) 显然.   (ii) 模仿定理 10.4.1 的证明.

(iii) 用练习 10.5.2 的 (ii).

(iv) 用 (i), (ii), (iii) 和第一册 §6.11 的命题 6.11.3.

(v) 让 (iv) 中 $d\nu = pt^{p-1}dt$.

(vi) 在 (v) 中, 让 $p = 1$ 而测度 μ 定义为: 对一切 $E \in \mathcal{A}$,

$$\mu(E) = \begin{cases} 1, & \text{当} x \in E \text{时}, \\ 0, & \text{当} x \notin E \text{时}. \end{cases}$$

10.6.1 (i) 利用积分换元公式 (定理 10.6.3) 和 §8.5 的练习 8.5.3 的 (iv) 先证明以下等式:

$$V_{C(\theta,\rho)} = 2\pi \int_0^\rho r^{n-1}dr \int_0^\theta \sin^{n-2}\varphi_1 d\varphi_1 \left(\prod_{j=2}^{n-2} \int_0^\pi \sin^{n-j-1}\varphi_j d\varphi_j\right).$$

再用公式 (6.4.7) 或 §6.9 的练习 6.9.3 的 (vii).

(ii) 利用 (i).   (iii) 用 (ii) 和 Dynkin π-λ 定理.   (iv) 用 (ii).

10.6.2 (i) 利用定理 10.6.3.

(ii) 利用 (i) 和 Dynkin π-λ 定理或单调族定理, 并注意 $d(r^n/n) = r^{n-1}dr$.

(iii) 假设 f 是 $\mathbf{R}^n$ 上的连续函数, 记

$$F(r) = \int_{\mathbf{B}_{\mathbf{R}^n}(\mathbf{0},r)} f(\mathbf{x})dm,$$

我们有

$$
\begin{aligned}
F(r+h) - F(r) &= \int_{\mathbf{B}_{\mathbf{R}^n}(\mathbf{0},r+h)\setminus\mathbf{B}_{\mathbf{R}^n}(\mathbf{0},r)} f(\mathbf{x})dm \\
&= \int_{\mathbf{B}_{\mathbf{R}^n}(\mathbf{0},r+h)\setminus\mathbf{B}_{\mathbf{R}^n}(\mathbf{0},r)} f\circ\Psi(r,\Phi(\mathbf{x}))dm \\
&\quad + \int_{\mathbf{B}_{\mathbf{R}^n}(\mathbf{0},r+h)\setminus\mathbf{B}_{\mathbf{R}^n}(\mathbf{0},r)} [f(\mathbf{x}) - f\circ\Psi(r,\Phi(\mathbf{x}))]dm \\
&= \frac{(r+h)^n - r^n}{n}\int_{\mathbf{S}^{n-1}} f\circ\Psi(r,\boldsymbol{\omega})dm_{\mathbf{S}^{n-1}} + o(h).
\end{aligned}
$$

由此求得 F'. 然后利用 Newton-Leibniz 公式和 Tonelli 定理便可证明 (iii) 中的等式对于具有紧支集的连续函数 f 成立. 最后再用引理 10.5.2.

(iv) 将 (iii) 所得的等式两端除以 h, 然后让 $h \to 0$.

10.6.3 (i) 利用练习 10.6.2 中关于 $m_{\mathbf{S}^{n-1}}$ 的定义.

(ii) 利用练习 10.6.2 中关于 $m_{\mathbf{S}^{n-1}}$ 的定义和定理 10.6.1.

(iii) 设 $\mathcal{O}_{\boldsymbol{\xi}}$ 是满足关系式 $\mathcal{O}_{\boldsymbol{\xi}}(\boldsymbol{\omega}) = \mathcal{O}_{\boldsymbol{\xi}}\left(\dfrac{(\boldsymbol{\omega},\boldsymbol{\xi})}{|\boldsymbol{\xi}|^2}\boldsymbol{\xi} + \boldsymbol{\xi}_{\boldsymbol{\omega}}^{\perp}\right) = -\dfrac{(\boldsymbol{\omega},\boldsymbol{\xi})}{|\boldsymbol{\xi}|^2}\boldsymbol{\xi} + \boldsymbol{\xi}_{\boldsymbol{\omega}}^{\perp}$

的正交变换, 其中 $\boldsymbol{\xi}_{\boldsymbol{\omega}}^{\perp} = \boldsymbol{\omega} - \dfrac{(\boldsymbol{\omega},\boldsymbol{\xi})}{|\boldsymbol{\xi}|^2}\boldsymbol{\xi}$, 它垂直于 $\boldsymbol{\xi}$. 然后利用 (ii).

(iv) 利用 (iii) 中提示的变换便可得积分的等式.

(v) 以 (10.6.11) 为 n 维 Euclid 空间的直角坐标与球坐标之间的联系, 让 $\boldsymbol{\xi}/|\boldsymbol{\xi}|$ 为直角坐标系的 x_1 轴. $\boldsymbol{\omega}$ 为单位球面上的一个点, 利用练习 10.6.1 中 (ii) 的结果便有

$$\Omega_n = \int (\boldsymbol{\omega},\boldsymbol{\xi}/|\boldsymbol{\xi}|)^2 m_{\mathbf{S}^{n-1}}(d\boldsymbol{\omega}) = \frac{2\pi^{(n-1)/2}}{\Gamma\big((n-1)/2\big)}\int_0^{\pi}\cos^2\varphi_1\sin^{n-2}\varphi_1 d\varphi_1,$$

然后再用 §6.9 的练习 6.9.3 的 (vii).

10.6.4   注意以下事实: 对于任何 $(\mathbf{S}^1, \mathcal{B}_{\mathbf{S}^1})$ 上的非负可测函数 f, 有

$$\int_{\mathbf{S}^1} f d\nu = \frac{1}{2\pi} \int_0^{2\pi} \left(\int_{\mathbf{S}^1} f \circ T_{\mathcal{O}_\theta} d\nu \right) d\theta = \int_{\mathbf{S}^1} \left(\frac{1}{2\pi} \int_0^{2\pi} f \circ T_{\mathcal{O}_\theta} d\theta \right) d\nu.$$

10.6.5   利用在球坐标下, $(n-1)$ 维单位球面 $\mathbf{S}^{n-1}$ 的面积的微元公式

$$dm_{\mathbf{S}^{n-1}} = \sin^{n-2}\varphi_1 \sin^{n-3}\varphi_2 \cdots \sin\varphi_{n-2} d\varphi_1 d\varphi_2 \cdots \varphi_{n-1}$$

和

$$\sin^{n-1}\varphi d\varphi = -\sin^{n-2}\varphi d\cos\varphi = -(1-\cos^2\varphi)^{n/2-1} d\cos\varphi.$$

10.6.6   利用练习 10.6.5 和引理 10.5.2.

10.6.7   (i) 利用以下等式:

$$\left(\int_{\mathbf{R}} e^{-|x|^2/2} dx \right)^2 = \int_{\mathbf{R}^2} e^{-|\mathbf{x}|^2/2} dm = \sqrt{2\pi} \int_{(0,\infty)} r e^{-r^2/2} dr.$$

这里的计算技巧属于 Gauss.

(ii) 由高等代数知识, 有正交矩阵 $\mathcal{O}$, 使得 $A^{-1} = \mathcal{O}^{-1} D \mathcal{O}$, 其中 D 是对角矩阵, 它的对角线上恰是 A^{-1} 的特征值. 作正交变换 $T_{\mathcal{O}}$ 后再用 Tonelli 定理.

(iii) 利用 $A = I$ 的特殊情形时的 (ii) 的结果, 再利用练习 10.6.2 的 (iii) 和 (iv) 的结果. 最后作适当的换元将积分变成 Γ 函数的积分表示 (请参看例 6.7.3), 便得 ω_{n-1} 的表示式. 并望同学与练习 10.6.2 开始时所述结果比较.

(iv) 作换元 $s = \alpha t^{1/2} - \beta t^{-1/2}$. 定义 $\psi(s)$ 为以下方程的解:

$$s = \alpha(\psi(s))^{1/2} - \beta(\psi(s))^{-1/2}, \quad \text{或} \quad (\psi(s))^{1/2} = \frac{s + (s^2 + 4\alpha\beta)^{1/2}}{2\alpha}, \quad s \in \mathbf{R}.$$

易见,

$$\frac{d}{ds}(\psi(s))^{1/2} = \frac{1}{2\alpha} \left(1 + \frac{s}{(s^2 + 4\alpha\beta)^{1/2}} \right).$$

故

$$e^{2\alpha\beta} \int_{[\psi(-R)^{1/2}, \psi(R)^{1/2}]} t^{-1/2} \exp\left[-\alpha^2 t - \frac{\beta^2}{t} \right] dt$$

$$= \int_{[\psi(-R)^{1/2}, \psi(R)^{1/2}]} t^{-1/2} \exp\left[-\left(\alpha t^{1/2} - \frac{\beta}{t^{1/2}} \right)^2 \right] dt$$

$$= \int_{[-R,R]} \exp\left[-\left(\alpha(\psi(s)^{1/2} - \frac{\beta}{\psi(s)^{1/2}}\right)^2\right] d\psi(s)^{1/2}$$

$$= \frac{1}{2\alpha} \int_{[-R,R]} e^{-s^2}\left(1 + \frac{s}{(s^2+4\alpha\beta)^{1/2}}\right) ds$$

$$= \frac{1}{2\alpha} \int_{[-R,R]} e^{-s^2} ds.$$

换言之,

$$\int_{[\psi(-R)^{1/2}, \psi(R)^{1/2}]} t^{-1/2} \exp\left[-\alpha^2 t - \frac{\beta^2}{t}\right] dt = \frac{e^{-2\alpha\beta}}{2\alpha} \int_{[-R,R]} e^{-s^2} ds.$$

对上式两边相对于 β 求导, 便有

$$\int_{[\psi(-R)^{1/2}, \psi(R)^{1/2}]} t^{-3/2} \exp\left[-\alpha^2 t - \frac{\beta^2}{t}\right] dt = \frac{e^{-2\alpha\beta}}{2\beta} \int_{[-R,R]} e^{-s^2} ds.$$

让 $R \to \infty$, 便得所要结果.

(v) 利用练习 10.3.1(iii) 的结果, 对 (iv) 中等式两端求关于 β 的导数.

10.6.8 用引理 10.6.5.

10.6.9 (i) 由条件 (2) 推得.　　(ii) 由 (i) 及 §8.4 的练习 8.4.1 的 (i).

(iii) 根据 Taylor 公式及 (ii),

$$f(\mathbf{x}) - f(\mathbf{x}_0) = (\mathbf{x} - \mathbf{x}_0)\mathsf{H}|_{\mathbf{x}_0}(\mathbf{x} - \mathbf{x}_0)^T + o(|\mathbf{x} - \mathbf{x}_0|^2),$$

其中

$$\mathsf{H}|_{\mathbf{x}_0} = \begin{bmatrix} \dfrac{\partial^2 f}{\partial x_1^2} & \cdots & \dfrac{\partial^2 f}{\partial x_1 \partial x_n} \\ \vdots & & \vdots \\ \dfrac{\partial^2 f}{\partial x_1 \partial x_n} & \cdots & \dfrac{\partial^2 f}{\partial x_n^2} \end{bmatrix}_{\mathbf{x}=\mathbf{x}_0}$$

表示 f 的 Hesse 矩阵在 $\mathbf{x} = \mathbf{x}_0$ 处的值. 由条件 (2), f 的 Hesse 矩阵在 $\mathbf{x} = \mathbf{x}_0$ 处的值 $\mathsf{H}|_{\mathbf{x}_0}$ 是正定矩阵, 它的特征值当然大于零.

(iv) 利用等式

$$J_2(\lambda) = e^{-\lambda f(\mathbf{x}_0)} \int_{D\backslash D_0} g(\mathbf{x}) e^{-\left(\lambda f(\mathbf{x}) - \lambda f(\mathbf{x}_0)\right)} m(d\mathbf{x}),$$

并注意条件 (1).

(v) 用 Morse 引理, 参看 §8.5 的练习 8.5.11 的 (vii).

(vi) 将 G 的 Taylor 展开代入 (v) 中 J_1 的表示式, 并注意到

$$\int_{\mathbf{R}^n} \mathbf{y}^{\alpha} \exp\left(-\lambda \sum_{j=1}^n y_j^2\right) = \Gamma\left(\frac{\alpha+1}{2}\right) \lambda^{-(n+|\alpha|)/2}.$$

10.6.10   利用 §6.9 的练习 6.9.14 的 (ii) 证明:

$$\sum_{n=0}^{\infty} \frac{H_n(x)H_n(y)}{2^n n!} r^n = \frac{e^{(x^2+y^2)}}{\pi} \int_{-\infty}^{\infty} \int_{-\infty}^{\infty} e^{-(s^2+t^2)+2iys+2ixt-2str} ds\,dt,$$

再作适当换元并利用 §6.9 的练习 6.9.9 的 (iv).

10.6.11   (i) 利用 Fubini-Tonelli 定理, 通过数学归纳法获得.

(ii) 作换元 $\xi_j = (x_j/a_j)^{\alpha_j}$ $(j=1,\cdots,n)$ 将它换成 (i) 中的积分.

(iii) 让 (ii) 中积分的参数 $p_j = 1$, $\alpha_j = 2$, 便得 n 维椭球的体积.

10.7.1   (i) 试证下式

$$\left\{x \in X : \sup_{\substack{j \geqslant n \\ k \geqslant n}} |f_j(x) - f_k(x)| \leqslant \varepsilon\right\} \supset \left\{x \in X : \sup_{j \geqslant n} |f(x) - f_j(x)| \leqslant \varepsilon/2\right\}.$$

(ii) 记

$$A_{n,p} = \left\{x \in X : \sup_{\substack{j \geqslant n \\ k \geqslant n}} |f_j(x) - f_k(x)| > 1/p\right\}.$$

条件 (10.7.47) 告诉我们:

$$\mu\left(\bigcup_{p=1}^{\infty} \bigcap_{n=1}^{\infty} A_{n,p}\right) = 0.$$

然后再证明: 当 x 使得 $\{f_n(x)\}_{n=1}^{\infty}$ 非 Cauchy 列时, 必有 $x \in \bigcup_{p=1}^{\infty} \bigcap_{n=1}^{\infty} A_{n,p}$.

(iii) 记 $f(x)$ 为 (ii) 中所述的 $\{f_n(x)\}$ 在 $x \notin \bigcup_{p=1}^{\infty} \bigcap_{n=1}^{\infty} A_{n,p}$ 时的极限. 试证以下命题:

$$\forall p_0 \in \mathbf{N} \forall x \notin \bigcup_{p=1}^{\infty} \bigcap_{n=1}^{\infty} A_{n,p} \exists n_0 \in \mathbf{N} \forall j \geqslant n_0 (|f_j(x) - f(x)| \leqslant 1/p_0).$$

(iv) 显然.   (v) 显然.   (vi) 利用 (v).   (vii) 参看定理 10.3.5.

(viii) 设法证明

$$\left\{ x \in X : \sup_{j \geqslant n} |f(x) - f_j(x)| > \varepsilon \right\} \subset \bigcup_{j \geqslant n} \left\{ x \in X : |f(x) - f_j(x)| > \varepsilon \right\}.$$

(ix) 因为

$$\frac{1}{t} \int f d\mu \geqslant \frac{1}{t} \int_{\{x \in X : f(x) \geqslant t\}} f d\mu \geqslant \frac{1}{t} \int_{\{x \in X : f(x) \geqslant t\}} d\mu.$$

(x) 用 (viii) 和 (ix).

10.7.2　(i) 利用引理 9.5.2 和推论 8.6.1.　　(ii) 利用 (i).

(iii) 利用 (ii), 引理 10.1.3 和 Beppo Levi 定理, 先证明对于非负的函数 $f \in L^p(\mathbf{R}^n, m)$ 结论是成立的. 进而证明一般情形.

(iv) 函数 $\phi \in C_0(\mathbf{R}^n)$ 是一致连续的.

(v) 用 (iii) 和 (iv).

(vi) 设 $M = \sup\limits_{0 \leqslant x \leqslant 1} |f(x)|$, 令

$$g(x) = \begin{cases} f(x), & \text{若 } \varepsilon/(2M) \leqslant x \leqslant 1, \\ f(1) + (x\varepsilon)/(2M)[f(\varepsilon/(2M)) - f(1)], & \text{若 } 0 \leqslant x < \varepsilon/(2M), \end{cases}$$

并请说明上式中的 g 的图像的几何意义.

(vii) 用 (iii) 和 (vi).

(viii) 用 (vii) 和 Weierstrass 三角多项式逼近周期函数的定理.

(ix) 任何复值函数 $f \in L^p([a, a+L])$ 可写成 $f = f_1 + \mathrm{i}f_2$, 其中 f_1 和 f_2 是 $L^p([a, a+L])$ 中的实值函数.

(x) 利用 (ix) 并注意到 $\mathbf{Q}$ 在 $\mathbf{R}$ 中的稠密性.

10.7.3　(i) 只须对非负的 $f \in L^1(\mathbf{R}^n, m)$ 和 $g \in L^1(\mathbf{R}^n, m)$ 证明之, 为此用 Hölder 不等式.

(ii) 不妨设 f 和 g 皆非负, 然后用 Fubini-Tonelli 定理计算积分

$$\int_{\mathbf{R}^n} f * g m(d\mathbf{x}).$$

(iii) 用练习 10.7.2 的 (v).

(iv) 适当换元.

10.7.4　(i) 利用以下等式: $\displaystyle\int f^{p-1}g d\mu = \int_{\{f \leqslant \delta g\}} f^{p-1}g d\mu + \int_{\{f > \delta g\}} f^{p-1}g d\mu.$

(ii) 利用 (i) 和 Hölder 不等式.

(iii) 利用 (ii) 和 Lebesgue 控制收敛定理.

(iv) 利用 (iii), 让 $\delta \to 0$, 再用 Lebesgue 控制收敛定理.

(v) 和 (iv) 的证明线索相同, 以 f_n^{p-1} 和 g^{p-1} 分别替代 f_n 和 g, 且以 q 替代 p 即可, 其中 $q = p/(p-1)$.

10.7.5 (i) 对于任何不含有 1 的闭区间 $[a,b]$, $\inf\limits_{a \leqslant c \leqslant b}(|c-1|^{p-1}+|c-1|) > 0$, 又注意到 $\left||c|^p - 1 - |c-1|^p\right|$ 是 c 的连续函数, 故只须研究以下四个极限存在且有限就可以了:

$$\lim_{c \to 1+0} \frac{\left||c|^p - 1 - |c-1|^p\right|}{|c-1|^{p-1}+|c-1|}, \qquad \lim_{c \to 1-0} \frac{\left||c|^p - 1 - |c-1|^p\right|}{|c-1|^{p-1}+|c-1|},$$

$$\lim_{c \to \infty} \frac{\left||c|^p - 1 - |c-1|^p\right|}{|c-1|^{p-1}+|c-1|}, \qquad \lim_{c \to -\infty} \frac{\left||c|^p - 1 - |c-1|^p\right|}{|c-1|^{p-1}+|c-1|}.$$

(ii) 利用 (i).

(iii) 利用 (ii) 和练习 10.7.4 的 (iv) 与 (v).

10.7.6 (i) 由混合 Lebesgue 函数空间的定义,

$$|f|_{(p_1,p_2)} = \left\||f(x_1,x_2)|_{L^{p_1}(X_1,\mathcal{A}_1,\mu_1)}\right\|_{L^{p_2}(X_2,\mathcal{A}_2,\mu_2)},$$

然后重复使用 Minkowski 不等式.

(ii) 由混合 Lebesgue 函数空间的定义,

$$|f|_{(p_1,p_2)} = \left\||f(x_1,x_2)|_{L^{p_1}(X_1,\mathcal{A}_1,\mu_1)}\right\|_{L^{p_2}(X_2,\mathcal{A}_2,\mu_2)},$$

然后重复使用 Hölder 不等式.

(iii) 注意关于 (i) 和 (ii) 的提示, 再用 Lebesgue 控制收敛定理.

(iv) 重复使用 Hölder 不等式.

(v) 对于任何 $f \in L^r(\mu_1 \otimes \mu_2)$ 和任何 $\varepsilon > 0$, 一定有 $\varpi = \sum\limits_{m=1}^{n} a_m \mathbf{1}_{E_{1,m} \times E_{2,m}}$, 使得 $|f - \varpi|_r < \varepsilon$, 其中 $\{E_{1,m}\}_{m=1}^{n} \subset \mathcal{A}_1, \{E_{2,m}\}_{m=1}^{n} \subset \mathcal{A}_2$. 一定有有限多个两两互不相交的 $\{F_k\}_{k=1}^{t} \subset \mathcal{A}_1$, 使得每个 $E_{1,m}$ 是某几个 F_k 之并.

10.7.7 先对 $\psi \in \mathcal{G}$(练习 10.7.6(v) 中的 $\mathcal{G}$) 证明上述结论, 然后利用练习 10.7.6 (v) 的结果, 让 $\mathcal{G}$ 中函数 ψ 逼近一般的 $f \in L^{(p_1,p_2)}(\mu_1,\mu_2)$.

10.7.8 (i) 对以下三种情形分别处理:

(1) 用 Hölder 不等式处理 $u = \infty, \dfrac{1}{p} + \dfrac{1}{r} = 1$ 的情形.

(2) 依次用定理 10.7.3 和练习 10.7.7 这两个形式的 Minkowski 不等式处理 $p = 1$ 的情形 (这时 $u = r$): $|\mathcal{K}f|_u \leqslant |K(x_1, x_2)f(x_2)|_{L^{(1,u)}(\mu_2, \mu_1)} \leqslant |K(x_1, x_2)f(x_2)|_{L^{(u,1)}(\mu_1, \mu_2)}$.

(3) 用下法处理 $u \in [1, \infty)$, $p \in (1, \infty)$ 的情形: 记 $\alpha = r/u$, 不难看出: $\alpha \in (0, 1)$ 且 $(1 - \alpha)p' = r$. 由练习 10.7.6 的 (ii), 有

$$|g\mathcal{K}f|_{L^1(\mu_1)} \leqslant |g(x_1)K(x_1, x_2)f(x_2)|_{L^{(1,1)}(\mu_1, \mu_2)}$$
$$\leqslant \left| |K(x_1, x_2)|^\alpha f(x_2) \right|_{L^{(u,p)}(\mu_1, \mu_2)} \left| g(x_1)|K(x_1, x_2)|^{1-\alpha} \right|_{L^{(u',p')}(\mu_1, \mu_2)},$$

其中 u' 和 p' 是由以下方程确定的: $\dfrac{1}{u} + \dfrac{1}{u'} = 1$ 和 $\dfrac{1}{p} + \dfrac{1}{p'} = 1$. 然后再用以下两个不等式:

$$\left| |K(x_1, x_2)|^\alpha f(x_2) \right|_{(u,p)} \leqslant M_1^\alpha |f|_p$$

和

$$\left| g(x_1)|K(x_1, x_2)|^{1-\alpha} \right|_{L^{(u',p')}(\mu_1, \mu_2)} \leqslant \left| g(x_1)|K(x_1, x_2)|^{1-\alpha} \right|_{L^{(p',u')}(\mu_1, \mu_2)}$$
$$\leqslant M_2^{1-\alpha} |g(x_1)|_{L^{u'}(\mu_2)}.$$

(ii) 令 $f_n = f\mathbf{1}_{[-n,n]} \circ f$, $n \in \mathbf{N}$, 则 $f_n \in L^p \cap L^s$, 且 $|f - f_n|_p \to 0$.

10.7.9 (i) 利用练习 10.7.8 的结果.

(ii) 适当换元便得.

(iii) 利用 F.Riesz 表示定理 (定理 10.7.8) 和 Fubini 定理便得到:

$$|f_\varepsilon|_p = \sup_{|g|_q=1} \int_{\mathbf{R}^n} g(\mathbf{x}) \cdot \int_{\mathbf{R}^n} f(\mathbf{x} - \mathbf{y})j_\varepsilon(\mathbf{y})m(d\mathbf{y})m(d\mathbf{x})$$
$$= \sup_{|g|_q=1} \int_{\mathbf{R}^n} \left(\int_{\mathbf{R}^n} g(\mathbf{x}) \cdot f(\mathbf{x} - \mathbf{y})m(d\mathbf{x}) \right) j_\varepsilon(\mathbf{y})m(d\mathbf{y}) \leqslant |j|_1 |f|_p.$$

又我们有

$$|f - f_\varepsilon|_p = \sup_{|g|_q=1} \int_{\mathbf{R}^n} g(\mathbf{x}) \cdot \left[f(\mathbf{x}) - \int_{\mathbf{R}^n} f(\mathbf{x} - \mathbf{y})j_\varepsilon(\mathbf{y})m(d\mathbf{y}) \right] m(d\mathbf{x})$$
$$= \sup_{|g|_q=1} \int_{\mathbf{R}^n} \left(\int_{\mathbf{R}^n} g(\mathbf{x}) \cdot \left[f(\mathbf{x}) - f(\mathbf{x} - \mathbf{y}) \right] m(d\mathbf{x}) \right) j_\varepsilon(\mathbf{y})m(d\mathbf{y})$$
$$\leqslant |j|_1 |f - f_\mathbf{y}|_p.$$

再注意到以下事实: 当 ε 很小时, 真正起作用的平移变量 $\mathbf{y}$ 必很小 (细节请参看下面 (vi) 的提示), 由练习 10.7.2 的 (v) 便得 $\lim\limits_{\varepsilon \to 0} |f - f_\varepsilon|_p = 0$.

(iv) 用 §10.3 的练习 10.3.1 的 (iii).

(v) 用 (iii) 和 (iv).

(vi) 主要的思路是: 任给 $\delta > 0$, 有一个 $R > 0$, 使得

$$\int_{|\mathbf{x}| > R} |j(\mathbf{x})| m(d\mathbf{x}) < \delta.$$

$$\sup_{\mathbf{x} \in K} |f(\mathbf{x}) - f_\varepsilon(\mathbf{x})| = \sup_{\mathbf{x} \in K} \left| f(\mathbf{x}) - \int_{\mathbf{R}^n} f(\mathbf{x} - \mathbf{y}) j_\varepsilon(\mathbf{y}) m(d\mathbf{y}) \right|$$

$$= \sup_{\mathbf{x} \in K} \left| \int_{\mathbf{R}^n} \left(f(\mathbf{x}) - f(\mathbf{x} - \mathbf{y}) \right) j_\varepsilon(\mathbf{y}) m(d\mathbf{y}) \right|$$

$$\leqslant \sup_{\mathbf{x} \in K} \left| \int_{\{\mathbf{y} : |y| \leqslant \varepsilon R\}} \left(f(\mathbf{x}) - f(\mathbf{x} - \mathbf{y}) \right) j_\varepsilon(\mathbf{y}) m(d\mathbf{y}) \right| + 2 \sup_{\mathbf{x} \in \mathbf{R}^n} |f(\mathbf{x})| \cdot \delta.$$

最后一个极限等式要用到 (iv).

10.7.10 (i) 设法证明 $\mathbf{1}_{A_N}$ 在 $[0, 1]$ 上是几乎处处连续的.

(ii) 显然. (iii) 显然.

(iv) 用 (ii), (iii) 和 Beppo Levi 单调收敛定理.

(v) 若有闭区间 $[0, 1]$ 上的可积函数 g, 使得

$$\lim_{N \to \infty} \int_0^1 |\mathbf{1}_{A_N}(x) - g(x)| dx = 0,$$

则 $|g - \mathbf{1}_A|_1 = 0$. 因此, 在 $[0, 1]$ 上, $g = \mathbf{1}_A$, $a.e.$.

(vi) 因在 $[0, 1]$ 上 $g = \mathbf{1}_A$, $a.e.$, 由此可以证明: A 中每个点都是 g 的间断点.

(vii) (v) 与 (vi) 的推论.

10.7.11 用 Chebyshev 不等式, 我们有 $|f_n - f|_p^p \geqslant K^p \mu\left(\{x \in X : |f_n(x) - f(x)| > K\}\right)$.

10.7.12 (i) 用练习 10.7.2 的 (iii).

(ii) 用 (i), 练习 10.7.11 和 F.Riesz 定理 (定理 10.3.6).

(iii) 用 (ii) 和 Egorov 定理.

(iv) 令 $\phi(x) = x/(1 + |x|)$, 并约定 $\phi(\pm \infty) = \pm 1$. 因 f 的可测性及连续性和 $\phi \circ f$ 的对应性质等价, 可把问题转变为对 $\phi \circ f$ 的问题. 而 $1_{[-n, n]} \cdot (\phi \circ f) \in L^1$, 故可利用 (iii).

10.7.13 (i) 证明上述函数组与以下函数组线性等价, 换言之, 可互相线性表示:

$$\left\{(2L)^{-1/2}e^{i\pi mx/L} : m \in \mathbf{Z}\right\}.$$

(ii) $L^2([0, L]; \mathbf{C})$ 与 $L^2([-L, L]; \mathbf{C})$ 中的全体偶函数组成的子空间同构.

(iii) $L^2([0, L]; \mathbf{C})$ 与 $L^2([-L, L]; \mathbf{C})$ 中的全体奇函数组成的子空间同构.

10.7.14 (i) 对 E 的指示函数 $\mathbf{1}_E$ 用 Lebesgue 微分定理 (定理 10.7.14).

(ii) (i) 的推论.

10.7.15 (i) 显然.

(ii) 由 (i) 的 (2),

$$f \circ \boldsymbol{\varphi}(\mathbf{x}) J_{\boldsymbol{\varphi}}(\mathbf{x}) = \frac{\partial g}{\partial y_1} \circ \boldsymbol{\varphi}(\mathbf{x}) J_{\boldsymbol{\varphi}}(\mathbf{x}).$$

由锁链法则:

$$\nabla\left(g(\boldsymbol{\varphi})\right) = \sum_{j=1}^{n} \frac{\partial g}{\partial y_j} \circ \boldsymbol{\varphi} \ \nabla\varphi_j.$$

再将后式代入要证的等式右端的行列式.

(iii) 记 $m_{ij,kl}$ 为 M 划去第 i, k 行和第 j, l 列后得到的 $(n-2) \times (n-2)$ 矩阵的行列式. 利用以下等式

$$\sum_{i=1}^{n} \frac{\partial M_i}{\partial x_i} = \sum_{i=1}^{n} (-1)^{i+1} \frac{\partial m_{1i}}{\partial x_i}$$

$$= \sum_{i=1}^{n} (-1)^{i+1} \frac{\partial}{\partial x_i} \left[\sum_{j<i} (-1)^{j+1} \frac{\partial \varphi_2}{\partial x_j} m_{1i,2j} + \sum_{j>i} (-1)^{j} \frac{\partial \varphi_2}{\partial x_j} m_{1i,2j} \right]$$

$$= \sum_{i=1}^{n} (-1)^{i+1} \left[\sum_{j<i} (-1)^{j+1} \frac{\partial^2 \varphi_2}{\partial x_j \partial x_i} m_{1i,2j} + \sum_{j>i} (-1)^{j} \frac{\partial^2 \varphi_2}{\partial x_j \partial x_i} m_{1i,2j} \right]$$

$$+ \sum_{i=1}^{n} (-1)^{i+1} \left[\sum_{j<i} (-1)^{j+1} \frac{\partial \varphi_2}{\partial x_j} \frac{\partial m_{1i,2j}}{\partial x_i} + \sum_{j>i} (-1)^{j} \frac{\partial \varphi_2}{\partial x_j} \frac{\partial m_{1i,2j}}{\partial x_i} \right].$$

注意到 $m_{1i,2j} = m_{1j,2i}$, 上式右端的第一行的两项正好互相抵消. 第二行的两项可写成以下形式:

$$\sum_{i=1}^{n} (-1)^{i+1} \left[\sum_{j<i} (-1)^{j+1} \frac{\partial \varphi_2}{\partial x_j} \frac{\partial m_{1i,2j}}{\partial x_i} + \sum_{j>i} (-1)^{j} \frac{\partial \varphi_2}{\partial x_j} \frac{\partial m_{1i,2j}}{\partial x_i} \right]$$

$$= \sum_{j=1}^{n-1} (-1)^{j} \frac{\partial \varphi_2}{\partial x_j} \sum_{i>j} (-1)^{i} \frac{\partial m_{1i,2j}}{\partial x_i} + \sum_{j=2}^{n} (-1)^{j} \frac{\partial \varphi_2}{\partial x_j} \sum_{i<j} (-1)^{i+1} \frac{\partial m_{1i,2j}}{\partial x_i}$$

$$= \sum_{j=1}^{n}(-1)^j \frac{\partial \varphi_2}{\partial x_j}\left[\sum_{i>j}(-1)^i \frac{\partial m_{1i,2j}}{\partial x_i} + \sum_{i<j}(-1)^{i+1}\frac{\partial m_{1i,2j}}{\partial x_i}\right].$$

注意到 m_{2j} 是函数 $\varphi_1, \varphi_3, \cdots, \varphi_n$ 关于自变量 $(y_1, \cdots, y_{j-1}, y_{j+1}, \cdots, y_n)$ 的 Jacobi 矩阵! 它是个 $(n-1)$ 行 $(n-1)$ 列的矩阵. 而关于 m_{2j} 的 Kronecker 恒等式恰是上式右端的方括弧中的表达式等于零. 故 Kronecker 恒等式可以归纳地证得.

注   在本讲义的第三册的第 15 章中将以微分形式的外微分运算为工具再次证明 Kronecker 恒等式.

(iv) 利用 (ii),

$$\int_{\mathbf{R}^n} f \circ \varphi(\mathbf{x})\, J_{\varphi}(\mathbf{x})m(d\mathbf{x}) = \int_{\mathbf{R}^n} \det \begin{bmatrix} \nabla\big(g(\varphi)\big) \\ \nabla\varphi_2 \\ \vdots \\ \nabla\varphi_n \end{bmatrix} m(d\mathbf{x}).$$

再对右端积分的被积函数的行列式按第一行展开.

(v) 利用 (iv), 再用 Fubini-Tonelli 定理及分部积分法.

(vi) 利用 (i) 的 (3), (iii) 和 (v), 再注意 g 的定义和 φ 应满足的条件 $|\mathbf{x}| \geqslant 1 \Longrightarrow \varphi(\mathbf{x}) = \mathbf{x}$ 将推出的 φ 的 Jacobi 矩阵在 $|\mathbf{x}| \geqslant 1$ 上是单位矩阵这个事实.

(vii) 假设有 $\mathbf{y}_0 \notin \varphi(\mathbf{R}^n)$, 则 $|\mathbf{y}_0|_{\mathbf{R}^n} < 1$. 先证明有一个以 $\mathbf{y}_0$ 为球心的半径大于零的闭球 $\mathbf{B}_0$, 使得 $\mathbf{B}_0 \cap \varphi(\mathbf{R}^n) = \varnothing$. 设 f 是个支集在 $\mathbf{B}_0$ 内的不恒等于零的非负连续函数, 试证:

$$\int f m(d\mathbf{y}) \neq \int f\big(\varphi(\mathbf{x})\big) J_{\varphi} m(d\mathbf{x}).$$

(viii) 可以把 φ 连续地延拓到整个 $\mathbf{R}^n$ 上, 利用练习 10.7.9(iv) 可以用一串光滑函数逼近它, 且这串光滑函数在单位球外是恒等映射. 对这串光滑函数用 (vii) 的结果. 然后再用紧性原理.

(ix) 先证明 $\inf_{\mathbf{x}\in\mathbf{B}} |\psi(\mathbf{x}) - \mathbf{x}|_{\mathbf{R}^n} > 0$. 然后证明以下等式;

$$\varphi(\mathbf{x}) = \lambda(\mathbf{x}) + \big(1 - \lambda(\mathbf{x})\big)\psi(\mathbf{x}), \quad \lambda(\mathbf{x}) > 1,$$

$$\lambda(\mathbf{x}) = \frac{-\psi(\mathbf{x})\cdot\big(\mathbf{x}-\psi(\mathbf{x})\big) + \sqrt{[\psi(\mathbf{x})\cdot\big(\mathbf{x}-\psi(\mathbf{x})\big)]^2 + (1-|\psi(\mathbf{x})|^2)|\mathbf{x}-\psi(\mathbf{x})|^2}}{|\mathbf{x}-\psi(\mathbf{x})|^2}.$$

(x) 用反证法. 对 (ix) 中的 φ 用 (viii) 的结果.

10.7.16 (i) 显然.

(ii) 参看第一册 §5.5 的练习 5.5.4.

(iii) 若 M 的第 1 列列向量 $\mathbf{c}_1$ 与 $\mathbf{e}_1 = (1, 0, \cdots, 0)^T$ 平行, 我们便可免作下面的第一个形变. 今假设 M 的第 1 列列向量 $\mathbf{c}_1$ 与 $\mathbf{e}_1 = (1, 0, \cdots, 0)^T$ 不平行, 我们相继作以下两个形变: (1) 通过由 $\mathbf{c}_1$ 和 $\mathbf{e}_1$ 所张成的平面上的单参数的 $\mathbf{R}^n$ 的旋转族 $R(t)$, 使得 $R(0) = I$, 而且 $R(1)\mathbf{c}_1 = k\mathbf{e}_1$, 其中 $k > 0$ 恰是 M 的第一列向量的长度. $R(1)M$ 的第一列是 $k\mathbf{e}_1$. 不难看出, 在这个旋转过程中, 矩阵的行列式保持不变. 矩阵各列向量的长度保持不变. (2) 构造如下的光滑形变, 使 $R(1)M$ 的第一行变成 $(k, 0, \cdots, 0)$ 而其他行保持不变: 让第一行的第二到第 n 分量同乘于参数 t, 并让 t 由 1 变到 0. 显然在这个形变过程中, 矩阵的行列式保持不变. 在形变过程中, 第一列向量的长度不变, 第二到第 n 列向量的长度不会增长. 经过这两个形变后的矩阵的第一行及第一列的 $(2n\text{-}1)$ 个元素中只有处于第一行第一列的一个元素非零 $(=k)$. 利用数学归纳法, 可以将 M 变成对角线上的值均大于零的对角矩阵, 并使得在形变过程中矩阵的行列式始终保持不变, 且列向量的长度不会增长. 假设这个对角线上的值均大于零的对角矩阵是 $\mathrm{diag}(a_1, a_2, \cdots, a_n)$, $\det M = a_1 \cdot a_2 \cdots a_n$. 假若 $a_1 < (\det M)^{1/n} < a_2$, 可以通过第一列乘以 $\lambda > 0$, 第二列乘以 λ^{-1}, 使得这样形变过程中的矩阵的行列式不变, 矩阵的列向量的长度的最大者的长度不增, 最终形变成第一列及第二列中有一列成为 $(0, \cdots, 0, (\det M)^{1/n}, 0, \cdots, 0)$. 反复施行如上形变, 矩阵变成 $\mathrm{diag}((\det M)^{1/n}, (\det M)^{1/n}, \cdots, (\det M)^{1/n})$. 在以上的形变过程中, 行列式始终保持不变, 而列向量长度的最大者的长度保持不增. 将上述矩阵乘以一个变化的常数使它形变到单位矩阵, 这样的形变使得行列式在 1 与 M 之间变化, 而列向量的长度的最大者的长度保持有界.

(iv) 先证明:

$$\varepsilon \text{充分小} \implies \varphi^{-1}(\mathbf{B}) \subset \{\mathbf{x} \in \mathbf{R}^n : |\mathbf{x}|_{\mathbf{R}^n} \leqslant d\} \implies \text{(iv)中条件(1)得以满足}.$$

再证明: 存在充分小的正数 d, 使得当 $|\mathbf{x}|_{\mathbf{R}^n} \leqslant 2d$ 时, $|N(\mathbf{x})|_{\mathbf{R}^n} \leqslant (m/2)|\mathbf{x}|_{\mathbf{R}^n}$. 因而当 $d \leqslant |\mathbf{x}|_{\mathbf{R}^n} \leqslant 2d$ 时, 有

$$\psi(\mathbf{x})|_{\mathbf{R}^n} \geqslant (md)/2.$$

只要 $(md)/2 > \varepsilon/2$, 便有 $\psi(\mathbf{x}) \notin \mathbf{B}$.

最后证明: 有一个正数 $l > 0$, 使得 $\forall t \in [0,1] \forall \mathbf{x} \in \mathbf{R}^n (|M(t)\mathbf{x}|_{\mathbf{R}^n} \geqslant l|\mathbf{x}|_{\mathbf{R}^n})$, 因而, 当条件 $|\mathbf{x}|_{\mathbf{R}^n} \geqslant 2d$ 满足时,

$$|\psi(\mathbf{x})|_{\mathbf{R}^n} \geqslant l|\mathbf{x}|_{\mathbf{R}^n} \geqslant 2ld.$$

当 $2d \leqslant |\mathbf{x}| \leqslant 3d$ 时, 只要 $2ld > \varepsilon$, 便有 $\psi(\mathbf{x}) \notin \mathbf{B}$.

注　总结之, 欲构筑具有性质 (1), (2) 和 (3) 之 ψ, d 和 ε 应满足以下两个条件:

(1) d 选得如此之小, 使得 $|\mathbf{x}|_{\mathbf{R}^n} \leqslant 2d$ 时, $|N(\mathbf{x})|_{\mathbf{R}^n} \leqslant (m/2)|\mathbf{x}|_{\mathbf{R}^n}$.

(2) ε 选择得满足以下三条件: (α) $\delta(\varepsilon) < d$; (β) $\varepsilon < (md)/2$; (γ) $\varepsilon < 2ld$,

(v) 由性质 (1), $\forall \mathbf{x} \in \varphi(\mathbf{B})\big(f(\varphi(\mathbf{x})) = f(\psi(\mathbf{x})), J_{\varphi}(\mathbf{x}) = J_{\psi}(\mathbf{x})\big)$. 因 $\forall \mathbf{y} \notin \mathbf{B}\big(f(\mathbf{y}) = 0\big)$, 故 $\forall \mathbf{x} \notin \varphi^{-1}(\mathbf{B})\big(f(\varphi(\mathbf{x})) = 0\big)$. 由性质 (2), $\forall \mathbf{x} \notin \varphi^{-1}(\mathbf{B})\big(f(\psi(\mathbf{x})) = 0\big)$.

(vi) 由 (v) 和练习 10.7.15 的 (vi).

10.7.17　(i) 用 Fubini-Tonelli 定理和一元的换元公式.

(ii) 用 (i), 单位分解定理和定理 8.5.3.

10.7.18　(i) 用 Sard 引理, 即练习 10.6.8, 和引理 9.5.2.

(ii) 注意: $\mathrm{supp}f$ 与 K 的距离大于零. 再用反函数定理.

(iii) 显然.

(iv) 用 (ii) 及定理 10.6.3. 应注意的是: 当 $J_{\psi}(G_{il}) > 0$ 时, 可直接应用定理 10.6.3, 而当 $J_{\psi}(G_{il}) < 0$ 时, 应先做一个镜面反射, 然后再用定理 10.6.3.

(v) 用 (iv).　(vi) 显然.　　(vii) 显然.

(viii)　(v), (vi) 和 (vii) 的推论.

10.8.1　利用 §8.7 的练习 8.7.1 的结果, 通过计算得到

$$\varphi^*(xdy \wedge dz) = r\sin\theta\cos\psi\Big(r\sin\psi d\theta \wedge dr + r\cos\theta\sin\theta\cos\psi d\psi \wedge dr$$
$$- r^2\sin^2\theta\cos\psi d\psi \wedge d\theta\Big),$$

$$\varphi^*(ydz \wedge dx) = r\sin\theta\sin\psi\Big(r\cos\psi dr \wedge d\theta - r\cos\theta\sin\theta\sin\psi dr \wedge d\psi$$
$$+ r^2\sin^2\theta\sin\psi d\theta \wedge d\psi\Big),$$

$$\varphi^*(zdx \wedge dy) = r\cos\theta\Big(r\sin^2\theta dr \wedge d\psi + r^2\cos\theta\sin\theta d\theta \wedge d\psi\Big).$$

由此得到

$$\varphi^*d\tau = \sin\theta d\theta \wedge d\psi.$$

10.9.1 (i) 对于任何 $k \in \mathbf{N}$, $M \cap \{\mathbf{x} \in \mathbf{R}^n : |\mathbf{x}| \leqslant k\}$ 是紧集, 故有有限个点构成的点集 $\{\mathbf{p}_m\}_{m=1}^j$, 使得

$$M \cap \{\mathbf{x} \in \mathbf{R}^n : |\mathbf{x}| \leqslant k\} \subset \bigcup_{m=1}^j \mathbf{B}_{\mathbf{R}^n}(\mathbf{p}_m, r_m), \quad \text{其中 } r_m = r(\mathbf{p}_m).$$

因 $M = \bigcup_{k=1}^{\infty} M \cap \{\mathbf{x} \in \mathbf{R}^n : |\mathbf{x}| \leqslant k\}$, 结论自然成立了.

(ii) 用 §8.8 的练习 8.8.2 的 (iii) 的结论.

(iii) 用 §8.8 的练习 8.8.2 的 (iii) 的 (e), 因 Γ 有界且 $\overline{\Gamma} \subset \Psi(V)$, 有 $\rho > 0$, 使得

$$\forall \mathbf{x} \in \Gamma\Big(\{\mathbf{x}\}(\rho) \subset \widetilde{\Psi}(\widetilde{V})\Big).$$

根据 §9.7 的练习 9.7.3 的结果,

$$\Gamma(\rho) = \widetilde{\Psi}\Big(\Psi^{-1}(\Gamma) \times (-\rho, \rho)\Big) \in \mathcal{B}_{\mathbf{R}^n}.$$

用定理 10.6.3(多元积分换元公式) 和 Tonelli 定理,

$$m_{\mathbf{R}^n}\big(\Gamma(\rho)\big) = \int_{\Psi^{-1}(\Gamma)} \left(\int_{(-\rho, \rho)} |J_{\widetilde{\Psi}}(\mathbf{v}, t)| dt \right) m_{\mathbf{R}^{n-1}}(d\mathbf{v}).$$

再用 §8.8 的练习 8.8.1 的 (vii) 的 (a) 的结果和 Newton-Leibniz 公式, 有

$$\lim_{\rho \to 0+} \frac{1}{2\rho} \int_{(-\rho, \rho)} |J_{\widetilde{\Psi}}(\mathbf{v}, t)| dt = |J_{\widetilde{\Psi}}(\mathbf{v}, 0)| = \delta\Psi(\mathbf{v}).$$

且上式左端被一个不依赖于 ρ 的常数控制住. 再用 Lebesgue 控制收敛定理, 便得所要结果.

(iv) 用 (iii).   (v) 用 (i) 和 (iii).

(vi) 利用前述结果, 并用 Dynkin π-λ 定理和引理 10.5.2.

(vii) 在所述条件下, 注意以下关系式:

$$(\delta\Psi(\mathbf{v}))^2 = \det\left(\left(\frac{\partial \Psi}{\partial v_i}(\mathbf{v}), \frac{\partial \Psi}{\partial v_j}(\mathbf{v})\right)_{\mathbf{R}^n} \right)_{1 \leqslant i, j \leqslant n-1}$$

$$
= \det \begin{bmatrix}
1 + \left(\dfrac{\partial \varphi}{\partial v_1}\right)^2 & \dfrac{\partial \varphi}{\partial v_1}\dfrac{\partial \varphi}{\partial v_2} & \cdots & \dfrac{\partial \varphi}{\partial v_1}\dfrac{\partial \varphi}{\partial v_{n-1}} \\
\vdots & \vdots & & \vdots \\
\dfrac{\partial \varphi}{\partial v_{n-2}}\dfrac{\partial \varphi}{\partial v_1} & \dfrac{\partial \varphi}{\partial v_{n-2}}\dfrac{\partial \varphi}{\partial v_2} & \cdots & \dfrac{\partial \varphi}{\partial v_{n-2}}\dfrac{\partial \varphi}{\partial v_{n-1}} \\
\dfrac{\partial \varphi}{\partial v_{n-1}}\dfrac{\partial \varphi}{\partial v_1} & \dfrac{\partial \varphi}{\partial v_{n-1}}\dfrac{\partial \varphi}{\partial v_2} & \cdots & 1 + \left(\dfrac{\partial \varphi}{\partial v_{n-1}}\right)^2
\end{bmatrix}
$$

$$
= \det \begin{bmatrix}
1 + \left(\dfrac{\partial \varphi}{\partial v_1}\right)^2 & \dfrac{\partial \varphi}{\partial v_1}\dfrac{\partial \varphi}{\partial v_2} & \cdots & \dfrac{\partial \varphi}{\partial v_1}\dfrac{\partial \varphi}{\partial v_{n-1}} \\
\vdots & \vdots & & \vdots \\
\dfrac{\partial \varphi}{\partial v_{n-2}}\dfrac{\partial \varphi}{\partial v_1} & \dfrac{\partial \varphi}{\partial v_{n-2}}\dfrac{\partial \varphi}{\partial v_2} & \cdots & \dfrac{\partial \varphi}{\partial v_{n-2}}\dfrac{\partial \varphi}{\partial v_{n-1}} \\
0 & 0 & \cdots & 1
\end{bmatrix}
$$

$$
+ \det \begin{bmatrix}
1 + \left(\dfrac{\partial \varphi}{\partial v_1}\right)^2 & \dfrac{\partial \varphi}{\partial v_1}\dfrac{\partial \varphi}{\partial v_2} & \cdots & \dfrac{\partial \varphi}{\partial v_1}\dfrac{\partial \varphi}{\partial v_{n-1}} \\
\vdots & \vdots & & \vdots \\
\dfrac{\partial \varphi}{\partial v_{n-2}}\dfrac{\partial \varphi}{\partial v_1} & \dfrac{\partial \varphi}{\partial v_{n-2}}\dfrac{\partial \varphi}{\partial v_2} & \cdots & \dfrac{\partial \varphi}{\partial v_{n-2}}\dfrac{\partial \varphi}{\partial v_{n-1}} \\
\dfrac{\partial \varphi}{\partial v_{n-1}}\dfrac{\partial \varphi}{\partial v_1} & \dfrac{\partial \varphi}{\partial v_{n-1}}\dfrac{\partial \varphi}{\partial v_2} & \cdots & \left(\dfrac{\partial \varphi}{\partial v_{n-1}}\right)^2
\end{bmatrix}
$$

$$
= \det \begin{bmatrix}
1 + \left(\dfrac{\partial \varphi}{\partial v_1}\right)^2 & \dfrac{\partial \varphi}{\partial v_1}\dfrac{\partial \varphi}{\partial v_2} & \cdots & \dfrac{\partial \varphi}{\partial v_1}\dfrac{\partial \varphi}{\partial v_{n-2}} \\
\vdots & \vdots & & \vdots \\
\dfrac{\partial \varphi}{\partial v_{n-3}}\dfrac{\partial \varphi}{\partial v_1} & \dfrac{\partial \varphi}{\partial v_{n-3}}\dfrac{\partial \varphi}{\partial v_2} & \cdots & \dfrac{\partial \varphi}{\partial v_{n-3}}\dfrac{\partial \varphi}{\partial v_{n-2}} \\
\dfrac{\partial \varphi}{\partial v_{n-2}}\dfrac{\partial \varphi}{\partial v_1} & \dfrac{\partial \varphi}{\partial v_{n-2}}\dfrac{\partial \varphi}{\partial v_2} & \cdots & 1 + \left(\dfrac{\partial \varphi}{\partial v_{n-2}}\right)^2
\end{bmatrix}
$$

$$
+ \left(\dfrac{\partial \varphi}{\partial v_{n-1}}\right)^2,
$$

其中最后一个等号的推导中用了以下事实: 最后一个等号之前的那个行列式的前 $(n-2)$ 行减去最后一行的适当的倍数后将得到这样一个行向量, 它在主对角线上的那个分量等于 1 而其他的分量均为零. 得到这个结果后, 再用归纳法计算上式右端的行列式.

10.9.2　(i) 请参看 §8.8 的练习 8.8.1 的 (vi) 和它的提示.

(ii) 注意 $(10.9.1)_2$.

(iii) 利用 §8.8 的练习 8.8.1 的 (vii) 及其提示以及 §8.8 的练习 8.8.2 的 (ii) 和 (iii), 并注意到公式 $(10.9.1)_1$ 及 $(10.9.1)_2$.

(iv) 利用 Lebesgue 测度的平移不变性.

(v) 注意到函数 $f \in C(\mathbf{R}^n; \mathbf{R})$ 有紧支集 $K \subset \Omega = \widetilde{\Psi}(\widetilde{V})$, 然后用 §8.8 的练习 8.8.1 的 (vii) 中的保法坐标图卡 $\widetilde{\Psi}$, 多元积分的换元公式及 Fubini-Tonelli 定理.

(vi) 注意到 (i), 便有下式

$$\mathbf{1}_{(-\infty,0)}\Big(t - \xi\sigma_{\mathbf{n}}(\Psi(\mathbf{v}))\Big) - \mathbf{1}_{(-\infty,0)}(t) = \begin{cases} 1, & \text{若} 0 \leqslant t < \xi\sigma_{\mathbf{n}}(\Psi(\mathbf{v})), \\ -1, & \text{若} 0 > t \geqslant \xi\sigma_{\mathbf{n}}(\Psi(\mathbf{v})), \\ 0, & \text{若} t < \min\Big(0, \xi\sigma_{\mathbf{n}}(\Psi(\mathbf{v}))\Big), \\ 0, & \text{若} t \geqslant \max\Big(0, \xi\sigma_{\mathbf{n}}(\Psi(\mathbf{v}))\Big), \end{cases}$$

利用它以及 §8.8 的练习 8.8.1(vii) 便可获得要证的结果.

(vii) 用 (vi) 和 Lebesgue 控制收敛定理及练习 10.9.1 的 (vi).

(viii) $\mathbf{v} = \mathbf{n}(\mathbf{q})$ 时结论显然成立. 设 $\mathbf{v}$ 是 $\mathbf{T}_{\mathbf{q}}(\partial G)$ 中的向量. 由保法图卡中映射 $\widetilde{\Psi}$ 的定义:

$$\widetilde{\Psi}(\mathbf{u}, \lambda) = \Psi(\mathbf{u}) + \lambda\mathbf{n}(\Psi(\mathbf{u})),$$

记 $\mathbf{u}_0 = \mathbf{u}(0)$, $\Psi(\mathbf{u}_0) = \mathbf{q}$ 和 $\mathbf{v} = d\Psi_{\mathbf{u}_0}(\mathbf{w})$. 当 $|t|$ 充分小时, 有 $\mathbf{u}(t)$ 和 $\lambda(t)$, 使得

$$\mathbf{q} + t\mathbf{v} = \Psi(\mathbf{u}_0) + t d\Psi_{\mathbf{u}_0}(\mathbf{w}) = \Psi(\mathbf{u}(t)) + \lambda(t)\mathbf{n}(\Psi(\mathbf{u}(t))) = \widetilde{\Psi}(\mathbf{u}(t), \lambda(t)).$$

注意到

$$\begin{aligned} \frac{D(\mathbf{q} + t\mathbf{v}) - D(\mathbf{q})}{t} &= \frac{\lambda(t)\mathbf{n}(\Psi(\mathbf{u}(t)))}{t} \\ &= d\Psi_{\mathbf{u}_0}(\mathbf{w}) - \frac{1}{t}[\Psi(\mathbf{u}(t)) - \Psi(\mathbf{u}_0)] \\ &= d\Psi_{\mathbf{u}_0}(\mathbf{w}) - \frac{1}{t}[d\Psi_{\mathbf{u}_0}(\mathbf{u}(t) - \mathbf{u}_0)] + o(1). \end{aligned}$$

再注意:

$$\begin{aligned} \Big(\mathbf{u}(t), \lambda(t)\Big) &= \widetilde{\Psi}^{-1}[\Psi(\mathbf{u}_0) + t d\Psi_{\mathbf{u}_0}(\mathbf{w})] \\ &= \widetilde{\Psi}^{-1}[\Psi(\mathbf{u}_0)] + t d\widetilde{\Psi}^{-1}_{\widetilde{\Psi}(\mathbf{u}_0, 0)}[d\Psi_{\mathbf{u}_0}(\mathbf{w})] + o(t) \end{aligned}$$

$$= (\mathbf{u}_0, 0) + t d\widetilde{\Psi}^{-1}_{\widetilde{\Psi}(\mathbf{u}_0, 0)} \circ d\widetilde{\Psi}_{(\mathbf{u}_0, 0)}(\mathbf{w}, 0) + o(t)$$

$$= (\mathbf{u}_0, 0) + t(\mathbf{w}, 0) + o(t).$$

由此, $\lambda(t) = o(t)$. 所以

$$\frac{D(\mathbf{q} + t\mathbf{v}) - D(\mathbf{q})}{t} = o(1).$$

(ix) 利用 (viii), 并参看 §8.8 的练习 8.8.1 的 (ii) 的 (2) 和 (3), 即所谓梯度向量的刻画.

(x) 通过以下两个命题:

$$\mathbf{x} - \xi\boldsymbol{\omega} \in G \text{而} \mathbf{x} - \xi\boldsymbol{\omega}_\mathbf{n}(\mathbf{x}) \notin G \Longrightarrow 0 \leqslant D(\mathbf{x} - \xi\boldsymbol{\omega}_\mathbf{n}(\mathbf{x})) \leqslant E(\mathbf{x}, \xi);$$

$$\mathbf{x} - \xi\boldsymbol{\omega} \notin G \text{而} \mathbf{x} - \xi\boldsymbol{\omega}_\mathbf{n}(\mathbf{x}) \in G \Longrightarrow 0 \geqslant D(\mathbf{x} - \xi\boldsymbol{\omega}_\mathbf{n}(\mathbf{x})) \geqslant E(\mathbf{x}, \xi)$$

证明之. 而这两个命题的证明请参看 (i) 和 (viii).

(xi) 通过以下计算

$$|D(\mathbf{y} - \xi\boldsymbol{\omega}_\mathbf{n}(\mathbf{y})) - D(\mathbf{y} - \xi\boldsymbol{\omega})| = |\widetilde{\Psi}^{-1}(\mathbf{y} - \xi\boldsymbol{\omega}_\mathbf{n}(\mathbf{y}))_n - \widetilde{\Psi}^{-1}(\mathbf{y} - \xi\boldsymbol{\omega})_n|$$

$$\leqslant \text{const.}|\xi||\boldsymbol{\omega}_\mathbf{n}(\mathbf{y}) - \boldsymbol{\omega}|.$$

(xii) $\mathbf{p}(\mathbf{x} - \xi\boldsymbol{\omega}_\mathbf{n}(\mathbf{x})) = \mathbf{p}(\mathbf{x}) \Longrightarrow |\mathbf{x} - \xi\boldsymbol{\omega}_\mathbf{n}(\mathbf{x}) - \mathbf{p}(\mathbf{x})| = |\mathbf{x} - \xi\boldsymbol{\omega}_\mathbf{n}(\mathbf{x}) - \mathbf{p}(\mathbf{x} - \xi\boldsymbol{\omega}_\mathbf{n}(\mathbf{x}))| = |D(\mathbf{x} - \xi\boldsymbol{\omega}_\mathbf{n}(\mathbf{x}))|$.

(xiii) $|\nabla D(\mathbf{x} - \xi\boldsymbol{\omega}_\mathbf{n}(\mathbf{x})) - \mathbf{n}(\mathbf{x})| = |\nabla D(\mathbf{x} - \xi\boldsymbol{\omega}_\mathbf{n}(\mathbf{x})) - \nabla D(\mathbf{p}(\mathbf{x}))|$.

(xiv) 由 Taylor 展开得到

$$D(\mathbf{x} - \xi\boldsymbol{\omega}) - D(\mathbf{x} - \xi\boldsymbol{\omega}_\mathbf{n}(\mathbf{x})) = \xi\nabla D(\mathbf{x} - \xi\boldsymbol{\omega}_\mathbf{n}(\mathbf{x})) \cdot (\boldsymbol{\omega}_\mathbf{n}(\mathbf{x}) - \boldsymbol{\omega}) + O(\xi^2).$$

注意到

$$|\nabla D(\mathbf{x} - \xi\boldsymbol{\omega}_\mathbf{n}(\mathbf{x})) \cdot (\boldsymbol{\omega}_\mathbf{n}(\mathbf{x}) - \boldsymbol{\omega})|$$

$$= |(\nabla D(\mathbf{x} - \xi\boldsymbol{\omega}_\mathbf{n}(\mathbf{x})) - \mathbf{n}(\mathbf{x})) \cdot (\boldsymbol{\omega}_\mathbf{n}(\mathbf{x}) - \boldsymbol{\omega}) + \mathbf{n}(\mathbf{x}) \cdot (\boldsymbol{\omega}_\mathbf{n}(\mathbf{x}) - \boldsymbol{\omega})|$$

$$= |(\nabla D(\mathbf{x} - \xi\boldsymbol{\omega}_\mathbf{n}(\mathbf{x})) - \mathbf{n}(\mathbf{x})) \cdot (\boldsymbol{\omega}_\mathbf{n}(\mathbf{x}) - \boldsymbol{\omega})|,$$

再用 (xiii).

(xv) 证明下式

$$\left\{\mathbf{x} \in K : \left|D\big(\mathbf{x} - \xi\sigma_\mathbf{n}(\mathbf{x})\big)\right| \leqslant C\xi^2\right\} \subset \widetilde{\Psi}\left(\left\{(\mathbf{v}, t) \in \widetilde{V} : \left|t - \xi\sigma_\mathbf{n}\big(\Psi(\mathbf{v})\big)\right| \leqslant C\xi^2\right\}\right).$$

(xvi) 令

$$I(\xi) = (-\varepsilon, \varepsilon) \cap [\xi\sigma_{\mathbf{n}}\big(\Psi(\mathbf{v})\big) - c\xi^2, \xi\sigma_{\mathbf{n}}\big(\Psi(\mathbf{v})\big) + c\xi^2].$$

用换元公式和 Fubini-Tonelli 定理得到

$$m_{\mathbf{R}^n}\big(\Gamma(\xi)\big) \leqslant \int_V \left(\int_{I(\xi)} \delta\widetilde{\Psi}(\mathbf{v}, t) dt \right) m_{\mathbf{R}^{n-1}}(d\mathbf{v}).$$

(xvii) 用 (x) 和 (xvi).　　　(xviii) 用 (iv), (vii) 和 (xvii).

10.9.3　(i) 先证 $\operatorname{dist}(K, \partial G) > 0$, 然后证明: $|\xi| < \operatorname{dist}(K, \partial G)$ 时上式成立.

(ii) 用 (i).　　　(iii) 参看练习 10.9.2 的 (iii).　　　(iv) 用推论 8.6.2.

(v) 记 $f_j = f\phi_j \; (j = 0, \cdots, k)$. 对每个 $f_j \; (j = 1, \cdots, k)$ 用练习 10.9.2 中 (xviii), 而对 f_0 用本题 (ii).

(vi) 用推论 8.6.1.

(vii) 用 (vi) 和 Lebesgue 控制收敛定理.

10.9.4　在练习 10.9.3 的 (vii) 中, 让 $f = F_j$ 和 $\boldsymbol{\omega} = \mathbf{e}_j$ (第 j 个坐标向量). 将所得结果关于 j 求和.

10.9.5　(i) 利用练习 10.9.4 中的 Gauss 散度定理可得. 为了证明第一个 Green 恒等式, 先证明关系式 $\operatorname{div}\big(v\operatorname{grad}u\big) = \operatorname{grad}v \cdot \operatorname{grad}u + v\Delta u$. 为了证明第二个 Green 恒等式, 先证明关系式 $u\Delta v - v\Delta u = \operatorname{div}(u\operatorname{grad}v - v\operatorname{grad}u)$.

(ii) 假设 $\mathbf{p} \in G$, 当 r 充分小时, 在 $G \setminus \mathbf{B}^3(\mathbf{p}, r)$ 上使用 (i) 中得到的第一个 Green 恒等式, 有

$$\int_{G\setminus\mathbf{B}^3(\mathbf{p},r)} \big(v\Delta u + \operatorname{grad} v \cdot \operatorname{grad} u\big) \, m(d\mathbf{x})$$
$$= \int_{\partial G} u\frac{\partial v}{\partial \mathbf{n}} m_{\partial G}(d\mathbf{x}) - \int_{\mathbf{S}^2(\mathbf{p},r)} u\frac{\partial v}{\partial \mathbf{n}} m_{\partial G}(d\mathbf{x}).$$

注意到 $\mathbf{S}^2(\mathbf{p}, r)$ 的面积是 $4\pi r^2$, $\mathbf{B}^3(\mathbf{p}, r)$ 的体积与 r^3 成正比. 而当 $r \to 0$ 时, 有如下的渐近式:

在 $\mathbf{S}^2(\mathbf{p}, r)$ 上, $\dfrac{\partial v}{\partial \mathbf{n}} = -r^{-2} + O(1)$, 而在 $\mathbf{B}^3(\mathbf{p}, r)$ 上, $v = O(r^{-1})$,
$$|\operatorname{grad} v| = O(r^{-2}).$$

所以

$$\lim_{r\to 0} \int_{\mathbf{S}^2(\mathbf{p},r)} u\frac{\partial v}{\partial \mathbf{n}} m_{\partial G}(d\mathbf{x}) = -4\pi u(\mathbf{p}),$$

$$\lim_{r\to 0}\int_{G\setminus\mathbf{B}^3(\mathbf{p},r)}\Big(v\Delta u+\operatorname{grad} v\cdot\operatorname{grad} u\Big)\,m(d\mathbf{x})=\int_{G}\Big(v\Delta u+\operatorname{grad} v\cdot\operatorname{grad} u\Big)\,m(d\mathbf{x}).$$

由此,

$$\int_{G}\Big(v\Delta u+\operatorname{grad} v\cdot\operatorname{grad} u\Big)\,m(d\mathbf{x})=4\pi u(\mathbf{p})+\int_{\partial G}v\frac{\partial u}{\partial \mathbf{n}}m_{\partial G}(d\mathbf{x}).$$

在 $G\setminus\mathbf{B}^3(\mathbf{p},r)$ 上利用 (i) 中第二个 Green 恒等式, 有

$$\int_{G\setminus\mathbf{B}^3(\mathbf{p},r)}u\Delta v\,m(d\mathbf{x})-\int_{G\setminus\mathbf{B}^3(\mathbf{p},r)}v\Delta u\,m(d\mathbf{x})$$

$$=\int_{\partial G}u\frac{\partial v}{\partial \mathbf{n}}m_{\partial G}(d\mathbf{x})-\int_{\partial G}v\frac{\partial u}{\partial \mathbf{n}}m_{\partial G}(d\mathbf{x})$$

$$-\int_{\mathbf{S}^2(\mathbf{p},r)}u\frac{\partial v}{\partial \mathbf{n}}m_{\partial G}(d\mathbf{x})+\int_{\mathbf{S}^2(\mathbf{p},r)}v\frac{\partial u}{\partial \mathbf{n}}m_{\partial G}(d\mathbf{x}),$$

根据前面用过的估计, 立即得到

$$\int_{G}u\Delta v\,m(d\mathbf{x})-\int_{G}v\Delta u\,m(d\mathbf{x})=4\pi u(\mathbf{p})+\int_{\partial G}u\frac{\partial v}{\partial \mathbf{n}}m_{\partial G}(d\mathbf{x})-\int_{\partial G}v\frac{\partial u}{\partial \mathbf{n}}m_{\partial G}(d\mathbf{x}).$$

$\mathbf{p}\in\partial G$ 和 $\mathbf{p}\notin G\cup\partial G$ 的情形可以相似地处理. 应该注意的是: $\mathbf{p}\in\partial G$ 时, 我们假定 ∂G 在 $\mathbf{p}$ 处是光滑的, $G\setminus\mathbf{S}^2(\mathbf{p},r)$ 在 $\mathbf{p}$ 附近的边界近似地等于一个半球面. 因此 $c=2\pi$.

(iii) 和 (iv) 可以与 (ii) 完全同样地处理.

(v) 在 (ii) 中让 $v=\dfrac{1}{r}-\dfrac{1}{R}$, $G=\mathbf{B}^3(\mathbf{p},R)$, 注意到这个 v 在 ∂G 上恒等于零. 立即得到所要的等式.

(vi) 和 (vii) 仿照 (v) 得到.

10.9.6 (i) 直接计算便得 (参看练习 8.4.8 的 (v)).

(ii) 直接计算便得.

(iii) 利用 §10.7 的练习 10.7.3 的 (iv) 和 §10.3 的练习 10.3.1 的 (iii).

(iv) 利用练习 10.9.5 的 Green 恒等式和 (ii),

$$\int_{G_r}g(\mathbf{y})\Delta f(\mathbf{x}-\mathbf{y})m(d\mathbf{y})$$

$$=\int_{\partial G_r}g(\mathbf{y})\frac{\partial f}{\partial \mathbf{n}}(\mathbf{x}-\mathbf{y})m_{\partial G_r}(d\mathbf{y})-\int_{\partial G_r}f(\mathbf{x}-\mathbf{y})\frac{\partial g}{\partial \mathbf{n}}(\mathbf{y})m_{\partial G_r}(d\mathbf{y}).$$

(v) 直接计算得到.　　(vi) 直接计算得到.

(vii) 先证以下关系式:

$$\int_{\mathbf{R}^n}g(\mathbf{y})\Delta f(\mathbf{x}-\mathbf{y})m(d\mathbf{y})=\lim_{r\to 0+}\int_{G_r}g(\mathbf{y})\Delta f(\mathbf{x}-\mathbf{y})m(d\mathbf{y}),$$

然后利用 (iii), (iv), (v) 和 (vi).

10.9.7 (i) $\dfrac{d^2 f}{dx^2} = 0 \Longrightarrow f = ax + b$, 其中 a 和 b 是两个常数.

(ii) 不妨设 $\mathbf{x} = \mathbf{0}$. 记 $g_R(\mathbf{x}) = g(\mathbf{x}) - g(R\mathbf{e}_1)$, 其中 $\mathbf{e}_1 = (1, 0, \cdots, 0)$. G_r 如练习 10.9.6 的 (iv) 中所定义. 把 Green 恒等式用到区域 G_r 上的函数 u 和 g_R 上去.

10.9.8 (i) $P(\mathbf{x}, \mathbf{t}')$ 关于 $\mathbf{x}$ 是调和函数证明如下:

$$\Delta_{\mathbf{x}} P = \frac{\partial P}{\partial x_m} = -\frac{1}{\omega_{n-1}} \frac{2x_m |\mathbf{x} - \mathbf{t}'|^2 - n(1 - |\mathbf{x}|^2)(x_m - t'_m)}{|\mathbf{x} - \mathbf{t}'|^{n+2}}.$$

$$\frac{\partial^2 P}{\partial x_m^2}(\mathbf{x}, \mathbf{t}')$$
$$= \frac{-2|\mathbf{x} - \mathbf{t}'|^4 + 4nx_m(x_m - t'_m)|\mathbf{x} - \mathbf{t}'|^2 + n(1 - |\mathbf{x}|^2)\big((n+2)(x_m - t'_m)^2 - |\mathbf{x} - \mathbf{t}'|^2\big)}{\omega_{n-1}|\mathbf{x} - \mathbf{t}'|^{n+4}}.$$

$$\Delta_{\mathbf{x}} P(\mathbf{x}, \mathbf{t}') = \sum_{m=1}^{n} \frac{\partial^2 P}{\partial x_m^2}(\mathbf{x}, \mathbf{t}')$$
$$= \sum_{m=1}^{n} \frac{-2|\mathbf{x} - \mathbf{t}'|^4 + 4nx_m(x_m - t'_m)|\mathbf{x} - \mathbf{t}'|^2 + n(1 - |\mathbf{x}|^2)\big((n+2)(x_m - t'_m)^2 - |\mathbf{x} - \mathbf{t}'|^2\big)}{\omega_{n-1}|\mathbf{x} - \mathbf{t}'|^{n+4}}$$
$$= \frac{-2|\mathbf{x} - \mathbf{t}'|^2 + 4n\sum_{m=1}^{n} x_m(x_m - t'_m) + 2n(1 - |\mathbf{x}|^2)}{\omega_{n-1}|\mathbf{x} - \mathbf{t}'|^{n+2}} = 0,$$

其中最后一步的推演用到了 $|\mathbf{t}'| = 1$ 这个事实.

(ii) 由 (i), P 关于 $\mathbf{x}$ 是调和函数, 利用积分号下求导的规则, 便得 u 的调和性.

(iii) 易见, $|\mathbf{x} - \mathbf{t}'| = \left| \mathbf{x}/|\mathbf{x}| - |\mathbf{x}|\mathbf{t}' \right|$. 因此,

$$P(\mathbf{x}, \mathbf{t}') = \frac{1}{\omega_{n-1}} \frac{1 - |\mathbf{x}|^2}{|\mathbf{x} - \mathbf{t}'|^n} = \frac{1}{\omega_{n-1}} \frac{1 - |\mathbf{t}|^2}{|\mathbf{t} - \mathbf{x}'|^n} = P(\mathbf{t}, \mathbf{x}'),$$

其中 $\mathbf{t} = |\mathbf{x}|\mathbf{t}'$, $\mathbf{x}' = \mathbf{x}/|\mathbf{x}|$. 因 $P(\mathbf{t}, \mathbf{x}')$ 当 $\mathbf{x}'$ 固定时是 $\mathbf{t}$ 的调和函数, 由调和函数的平均值定理 (练习 10.9.7 的 (ii), 我们有

$$\frac{1}{\omega_{n-1}} \int_{|\mathbf{t}'|=1} P(\mathbf{x}, \mathbf{t}') d\sigma(\mathbf{t}') = \frac{1}{\omega_{n-1}|\mathbf{x}|^{n-1}} \int_{|\mathbf{t}|=|\mathbf{x}|} P(\mathbf{t}, \mathbf{x}') d\sigma(\mathbf{t}) = 1.$$

(iv) 和 (v) 由 (iii) 及以下很容易证明的事实立即得到: 对于任何 $\delta > 0$, 有

$$\lim_{\mathbf{x} \to \mathbf{t}'} \left[\sup_{\substack{|\mathbf{s}' - \mathbf{t}'| \geqslant \delta \\ |\mathbf{s}'| = 1}} |P(\mathbf{x}, \mathbf{s}')| \right] = 0.$$

参 考 文 献

[1] H.Amann und J.Escher (1998-2001), *Analysis* I II III, Birkhäuser, Basel. (本书是两位作者分别在瑞士的苏黎世大学和德国的卡塞尔大学讲授数学分析用的教材的基础上写成的, 选材丰富、全面, 是十分好的教材和参考书.)

[2] A.Avez (1983), *Calcul Differentiel*, Masson, Paris. (这是作者在法国的 Université Pierre et Marie Curie 讲授数学分析的讲义, 内容丰富, 写得十分简练.)

[3] L.Báez-Duarte (1993), Brouwer's Fixed- Point Theorem and a Generalization of the Formula for Change of Variables in Multiple Integrals, *Journal of Mathematical Analysis and Applications* **177**, 412-414. (这篇短文给出了重积分换元公式的证明和应用的讨论.)

[4] P.Bamberg and S.Sternberg (1991), *A Course in Mathematics for Students of Physics* I II, Cambridge University Press, New York. (本书对线性代数和多元微积分, 包括微分形式, 作了初等而详细的介绍. 它的特色是详细地介绍了多元微积分在物理和几何上的应用. 用微分形式的语言介绍了电磁理论和热力学, 并直观地介绍了拓扑学: 包括上同调, 下同调及 de Rham 定理. 虽然本书是为 Harvard 大学学物理的学生写的讲义, 但对于学数学的学生也有很大的参考价值.)

[5] N.Bourbaki (1989), *General Topology, Chapters 1-4, Chapters 5-10*, Springer-Verlag, New York. (本书是一本关于点集拓扑的经典著作, 虽然老了一些, 但经常被引到.)

[6] A.Browder (1996), *Mathematical Analysis, An Introduction*, Springer-Verlag, New York. (本书选材恰当, 是作者在 Brown 大学讲授数学分析的讲义, 是一本很好的数学分析教材.)

[7] H. Cartan (1977), *Cours de Calcul Différentiel*, 2nd ed., Hermann, Paris. (这是一本在法国流行很广的教材. 不幸, 国内很难找到.)

[8] E.Dibenedetto (2002), *Real Analysis*, Birkhäuser, Boston. (本书是一

本内容丰富的实分析教材, 为读者学习调和分析和概率论作了充分的准备.)

[9] J. Dieudonné (1968), *Éléments d'Analyse, Tom.I: Fondaments de l'Analyse Moderne*, Gauthier-Villars, Paris.

[10] J.J.Duistermaat and J.A.C.Kolk (2004), *Multidimensional Real Analysis* I II, Cambridge University Press, New York. (本书对多元微积分, 包括流形与微分形式, 作了很好的介绍. 它的习题十分精彩, 述及物理, 微分几何, 李群, 偏微分方程, 概率论等多方面的内容.)

[11] B.Fristedt and L.Gray (1997), *A Modern Approach to Probability Theory*, Birkhäuser, Boston. (这本概率论的教材的第一部分从概率论的角度介绍测度与积分, 值得参考.)

[12] W.B.Gordon (1972), On the Diffeomorphisms of Euclidean Space, *American Mathematical Monthly* **79**, 755-759. (本文讨论反函数整体存在定理.)

[13] H.Grauert, I.Lieb und W.Fischer (1976-1977), *Differential- und Intgralrechnung* I II III, Spriger-Verlag, Berlin. (本书是作者们于 20 世纪 60 年代在 Göttingen 大学教微积分的讲义, 他们已经讲 Lebesgue 积分和微分形式了. 选材恰当, 写作简练, 可读性高.)

[14] P.R.Halmos (1974), *Measure Theory*, Springer-Verlag, New York. (本书是一本关于测度与积分的经典著作, 虽然老了一些, 但经常被引到.)

[15] H.Heuser (1980), *Lehrbuch der Analysis* I II, B.G.Teubner, Stuttgart. (本书是作者们在当时的西德的大学中教授数学分析的教材, 选材丰富、全面, 是很好的教材和参考书.)

[16] 霍曼德尔 (1986), 黄明游译, 积分论, 科学出版社, 北京. (这是作者在瑞典的 Stockholm 大学与 Lund 大学的讲义的中译本. 写得十分精炼.)

[17] J.Jost (2003), *Postmodern Analysis*, 2nd Edition, Springer-Verlag, New York. (本书是在不大的篇幅内介绍数学分析的一本好教材. 它在最后还简略介绍了 Sobolev 空间和椭圆型偏微分方程等内容.)

[18] S.G.Krantz and H.R.Parks (2003), *The Implicit Function Theorem, History, Theory and Applications*, Birkhäuser, Boston. (本书对隐函数定理作了较详细的介绍, 特别, 介绍了 Hadamard 整体反函数定理和 Nash-Moser 隐函数定理.)

[19] P.D.Lax (1999, 2001), Change of Variables in Multiple Integrals, I II. *American Mathematical Monthly*, **106**, 497-501, **108**, 115-119. (这两篇短文给出了重积分换元公式的证明和应用的讨论.)

[20] E.H.Lieb and M. Loss (2001), *Analysis*, 2nd Edition, American Mathematical Society, Providence, Rhode Island. (这本分析教材是作者们为了给物理学家和从事自然科学研究的工作者介绍近代分析而写的. 他们避开了一般泛函分析, 而对具体的空间讨论, 介绍了为理解近代量子力学所需的最有用的分析工具.)

[21] L.H.Loomis and S.Sternberg (1968), *Advanced Calculus*. Addison-Wesley Publishing Co. Reading, Massachusetts. (这是作者们在 Harvard 大学给优秀生讲微积分用的教材.)

[22] K.Maurin (1980), *Analysis*, Part I: Elements; Part II: Integration, Distributions, Holomorphic Functions, Tensor and Harmonic Analysis. D.Reidel Publishing Company, Dordrecht. PWN-Polish Scientific Publishers. (这本分析教材是作者在波兰华沙大学教授数学分析用的讲义, 内容极为丰富.)

[23] C.C.Pugh (2001), *Real Mathematical Analysis*, Springer-Verlag, New York. (本书选材恰当, 是作者在伯克莱加利福尼亚大学的讲义, 是一本很好的数学分析教材.)

[24] D.W.Stroock (1999), *A Concise Introduction to the Theory of Integration*, 3rd Edition, Birkhäuser, Boston. (本书把多元微积分和积分论放在一起讲, 是作者在 MIT 的讲义. 特别, 为学习概率论作好了准备.)

[25] V.A.Zorich (2004), *Mathematical Analysis*, Springer-Verlag, New York. (本书是作者于 20 世纪 70 年代在莫斯科大学教数学分析的讲义的英译本, 内容丰富, 习题牵涉面很广, 是十分好的教材.)

名词索引